全国普通高等教育“十三五”规划教材

风景园林苗圃学

赵和文　主编

中国林业出版社

内容提要

《风景园林苗圃学》教材集园林苗木培育与经营管理知识为一体，建立了完整的内容体系。本教材共十一章，系统阐述了苗木生产与经营全过程，包括园林苗圃的规划设计与建立、园林树木的种子生产与品质检验、苗木的播种繁殖和营养繁殖、苗木抚育与大苗培育、苗木质量评价与出圃、苗圃常见病虫草害及防治、设施育苗、园林苗圃的经营管理、常见园林植物的繁殖与培育等方面内容。教材将风景园林苗圃的基础理论与实际生产紧密结合，内容新颖，信息量大。可供高等院校园林、风景园林、林学和观赏园艺等专业教学使用，同时对园林苗圃从业人员具有较大参考价值。

图书在版编目（CIP）数据

风景园林苗圃学／赵和文主编．—北京：中国林业出版社，2017.11
ISBN 978-7-5038-9242-4

Ⅰ．①风…　Ⅱ．①赵…　Ⅲ．①园林－苗圃学　Ⅳ．①S723

中国版本图书馆 CIP 数据核字（2017）第 199734 号

国家林业局生态文明教材及林业高校教材建设项目

中国林业出版社·教育出版分社

策划、责任编辑：许　玮

电　　话：（010）83143559　　　传真：（010）83143516

出版发行　中国林业出版社（100009　北京市西城区德内大街刘海胡同 7 号）
E-mail：jiaocaipublic@163.com　电话：（010）83143500
http://lycb.forestry.gov.cn

经　销　新华书店
印　刷　固安县京平诚乾印刷有限公司
版　次　2017 年 11 月第 1 版
印　次　2017 年 11 月第 1 次印刷
开　本　787mm×1092mm　1/16
印　张　30.25
字　数　737 千字
定　价　42.00 元

全国普通高等教育“十三五”规划教材

《风景园林苗圃学》编写人员

主　　编　赵和文

副 主 编　德永军　崔金腾　郑　健

编写人员　（按姓氏笔画排序）

王文莉（山东农业大学）
叶冬梅（内蒙古农业大学）
包　玉（贵州大学）
朱　婕（海南大学）
何祥凤（北京农学院）
张晓曼（河北农业大学）
郑　健（北京农学院）
孟庆瑞（河北农业大学）
赵和文（北京农学院）
黄俊轩（天津农学院）
崔金腾（北京农学院）
德永军（内蒙古农业大学）

前 言

“风景园林苗圃学”是一门以园林苗木培育与经营管理为主要内容的专业课程。园林苗圃具有一定的地域特点以及艺术性，园林苗圃不仅局限于专门繁殖和培育园林苗木的场圃，园林苗圃已逐步发展为以园林苗木生产为核心、以苗木经营为目的园林苗圃产业，既包括生产场圃，也包括与之相配套的各种类型的温室、组培实验室和微灌系统等生产设施或机构，还包括生产技术管理和苗木营销体系等。随着国家经济高速发展，城市和新农村环境建设提高到前所未有的重要地位，园林苗木需求旺盛，园林绿化苗木面积不断增加，产值持续上升。近年来，各级政府已经认识到园林绿化建设有着巨大的生态、社会效益，纷纷加大了对园林绿化的建设投资，园林苗圃产业发展具有广阔的前景。

本书系统阐述了苗木生产与经营全过程，包括园林苗圃的规划设计与建立、园林树木的种子生产与品质检验、苗木的播种繁殖和营养繁殖、苗木抚育与大苗培育、苗木质量评价与出圃、苗圃常见病虫草害及防治、设施育苗、园林苗圃的经营管理、常见园林植物的繁殖与培育等方面内容。在叙述中，针对性强，图文并茂，使读者一目了然。同时，本书具有较广泛的适用性，可供园林、风景园林、林学专业及其相关专业的本、专科生使用，也是园林绿化工作者及广大植物爱好者的参考用书。

本教材由赵和文任主编，德永军、崔金腾、郑健任副主编。编写人员分工如下：第一章由赵和文、郑健编写，第二章和第七章由德永军、叶冬梅编写，第三章由王文莉编写，第四章由包玉编写，第五章由朱婕编写，第六章和第十章由赵和文、崔金腾编写，第八章由何祥凤编写，第九章由黄俊轩编写，第十一章由张晓曼、孟庆瑞编写。全书由赵和文，崔金腾和郑健负责修改、审核和统稿。

本书出版得到了北京市乡村景观规划设计工程技术研究中心和城乡生态环境北京实验室的共同资助。同时各参编院校教务部门和中国林业出版社对本教材的编写和出版给予了大力支持，在此表示我们最诚挚的谢意。

由于编者水平有限，时间紧迫、教材中不当或错误之处敬望同行专家和广大师生提出宝贵意见。

编　者

2017 年 7 月

目 录

第一章　绪论

随着国家经济高速发展，城市和新农村环境建设提高到前所未有的重要地位，园林苗木需求旺盛，园林绿化苗木面积不断增加，产值持续上升。特别是住建部要求全国各省市、县创建生态园林城市与生态园林县，以及党的十八大报告要求建设美好乡村与美丽中国，这为苗木种植行业的进一步发展起到很大的推动作用。近年来，各级政府已经认识到园林绿化建设有着巨大的生态、社会效益，纷纷加大了对园林绿化的建设投资，园林苗圃产业发展具有广阔的前景。

第一节　园林苗圃的作用

一、园林苗圃的基本概念

随着现代化进程发展，园林苗圃不仅局限于专门繁殖和培育园林苗木的场圃，园林苗圃已逐步发展为以园林苗木生产为核心、以苗木经营为目的园林苗圃产业，既包括生产场圃，也包括与之相配套的各种类型的温室、组培实验室和微灌系统等生产设施或机构，还包括生产技术管理和苗木营销体系等。园林苗圃以园林树木繁育为主，包括城市景观花卉、草坪及地被植物的生产，并从传统的露地生产和手工操作方式，向设施化、智能化过渡，成为植物工厂，以及引进、选育、繁殖新品种的重要基地。

园林苗圃具有一定的地域特点以及艺术性。园林苗圃培育树种多为所在城市的园林绿化提供苗木树种，且多为城市所在地的骨干树种和基调树种。由于不同地域的气候相差悬殊，适生植物种类存在很大差别，使得城市绿化树种各有特色，地方特征十分明显。如哈尔滨市的园林绿化主要树种为杨树类、榆树、银中杨、红皮云杉等为主；而广州的园林绿化主要树种为棕榈类、小叶榕、大叶榕、高山榕、紫荆、蒲桃、凤凰木、黄槐、椰树等。此外，城市园林绿化中可以适当引进外来植物种。在园林苗圃中繁殖和培育引进的植物种时，要综合考虑当地的植物种科学和环境条件，为当地城市园林绿化材料提供更多选择。在进行园林绿化时，不仅要尽可能地配置各种植物种。而且要选择多种多样的苗木类型和苗本造型，使城市装扮得更加美丽，创造更加宜人的生存环境。所以更要求有专门的园林苗圃，不断培育、提供丰富多样的满足各种要求的园林绿化材料。

城市园林绿化离不开园林植物这一最基本的物质基础。随着社会的不断进步，人们越来越认识到绿色植物对调节气候、保持水土、减少污染、美化环境所起的不可替代的重要作用。按照相应标准，园林苗圃应占建成区面积的2%~3%，它既是城市绿地系统中极为重要的一类绿地——生产绿地，又是城市园林绿地的重要增长点之一，对提高人均公共绿地面积、绿化覆盖率、绿地率等指标起着重要的作用。并随着国民经济快速增长、城市化进程加快、重大项目(如奥运会、世博园、高速路等)建设投入力度加强，以及对改善人居生态环境需求的上升等，使得园林绿化材料的生产和供应得到了持续加强与发展。城市园林绿化是城市公用事业，环境建设和国土绿化事业的重要组成部分。一个优美、清洁、文明的现代化城市，离不开绿化。运用城市绿化手段，借助绿色植物向城市输入自然因素，净化空气，涵养水源，防治污染，调节城市小气候，对于改善城市生态环境，美化生活环境，增进居民身心健康，促进城市物质文明和精神文明建设，具有十分重要的意义。城市绿化的水平和质量，已成为评价城市的环境质量、风貌特点、发达程度和文明水平的重要标志。园林苗圃是园林绿化苗木的生产基地，可为城市绿地建设提供大量的园林绿化苗木，是城市园林绿化建设事业的重要保障。

党的十八大报告将生态文明建设列入中国特色社会主义事业总体布局，使“四位一体”上升到“五位一体”；将“美丽中国”建设、“生态文明建设”写入党章，凸显决策层对生态环保的重视已上升到空前高度。随着“美丽中国”建设的推进，全国多数城市都加大了城市园林绿化工作。我国自1992年开始在全国范围内开展创建国家园林城市活动，到2015年全国已评选了19批。截至目前，全国约有半数城市(310个)、1/10的县城(212个)成功创建国家园林城市(县城)。2015年国家园林城市名单中，徐州、苏州、昆山、寿光、珠海、南宁、宝鸡等7个城市成为首批“国家生态园林城市”，这也是国家生态园林城市的首次命名。园林城市创建发挥示范带动作用，有力地推动了城市生态建设和市政基础设施建设，提升了城市宜居品质。与创建之初相比，全国城市园林绿地总量大幅度增长，城市绿地总量增加了4.7倍，人均公园绿地面积提升了6.3倍，城市公园面积增长了8倍。各地有效落实出门“300米见绿，500米见园”指标要求，多数城市公园绿地服务半径覆盖率接近或超过80%，城市公园绿地总量大幅增加，质量明显提高。根据《全国造林绿化规划纲要(2011—2020年)》，到2020年，中国城市建成区绿化覆盖率将达到39.5%。《2015年中国国土绿化状况公报》显示，全国城市建成区绿地率达36.34%，人均公园绿地面积达13.16m^2。城市建成区园林绿地面积为188.8万hm^2，城市公园绿地面积为60.6万hm^2，城市公园数量增至13 662个。

为全面贯彻中央城市工作会议精神，牢固树立和贯彻落实创新、协调、绿色、开放、共享的发展理念，更好地发挥创建园林城市对促进城乡园林绿化建设、改善人居生态环境，加快推进生态文明建设，2016年住城建部修订的《国家园林城市系列标准》规定，城市建成区绿化覆盖面积中乔、灌木所占比率在60%以上；城市新建、改建居住区绿地达标率在95%以上，城市道路绿化普及率在95%以上；园林绿化建设以植物造景为主，以栽植全冠苗木为主，采取有效措施严格控制大树移植、大广场、喷泉、水景、人工大水面、大草坪、大色块、雕塑、灯具造景、过度亮化等。合理选择应用乡土、适生植物，优先使用本地苗圃培育的种苗，严格控制反季节种植、更换行道树树种等。由此可见，城市园林绿化事业的发展拥有很大潜力，对园林苗圃苗木材料的需求量很大。

城市绿地多种多样，不同类型的绿地具有不同的小气候和土壤环境条件，同时城市绿化建设对不同类型的绿地的绿化要求又有很大差别，这对园林绿化材料提出更高要求，也使园林苗圃在园林绿化中的地位显得更为重要。2002 年 6 月建设部发布《城市绿地分类标准》(CJJ/T 8 2002，J185—2002)，对城市绿地分类标准作相应调整。调整后城市绿地分 5 大类 13 中类 11 小类，5 大类包括：①公园绿地，向公众开放，以游憩为主要功能，兼具生态、美化、防灾等作用的绿地，包括综合公园(含全市性公园、区域性公园)、社区公园(含居住区公园、小区游园)、专类公园(儿童公园、动物园、植物园、历史公园、风景名胜公园、游乐公园及其他专类公园)、带状公园、街旁绿地等；②生产绿地，为城市绿化提供苗木、花草、种子的苗圃、花间、草圃等圃地；③防护绿地，城市中具有卫生、隔离和安全防护功能的绿地；④附属绿地，城市建设用地中绿地之外各类用地中的附属绿化用地，包括居住绿地、公共设施绿地、工业绿地、仓储绿地、对外交通绿地、道路绿地、市政设施绿地、特殊绿地等；⑤其他绿地，对城市生态环境质量、居民休闲生活、城市景观和生态多样性保护有直接影响的绿地。但是无论什么类型的城市绿地，都需要乔、灌、草以及不同树种的合理搭配。乔、灌、草的合理搭配不仅仅丰富了城市绿化的内容、提升绿化效果，还可以起到遮阳降尘、减轻噪音，调节小气候、缓解热岛效应等。同时注意多品种树木组合，使得四时有花，四季绿叶，提高绿化景观的观赏性。例如，北京为延长绿期、增添景观色彩，北京市园林绿化部门计划自 2015 年起用 8 年时间将首都城市绿期和彩色期延长 1 个月时间，在全市范围内示范、推广 80 多个从国内外遴选的植物种类，形成“三季有彩、四季常绿”的宜居景观。随着近年来雾霾问题日益突出，城市道路绿地、小区绿地等采用了吸收雾霾能力强的树种，通过其较强的滞纳作用来防护和治理雾霾。可见，为了美化城市环境，不断调节和改善城市生态环境，不仅需要数量足够的园林苗木，而且需要种类多样的园林苗木供应。

二、园林苗圃的作用

(一)生产作用

园林苗圃产业发展的首要任务是促进园林苗木的生产，其基础作用就是为园林绿化提供所需苗木。园林苗圃是城市绿化的育苗基地，是供应城市绿化用苗的后勤部。园林苗圃作为一个集约化管理的生产单位，通过内部人力、物力和财力的合理分配与使用，实现合理利用土地或其他育苗生产设施，提高单位面积产量，取得最大的生产效益。园林绿化建设离不开苗木等植物材料，若没有园林苗圃的苗木生产，园林绿化建设就会成为“无米之炊”，城市园林苗圃就像是城市绿化建设的“粮仓”。因此，园林苗圃首要的任务是要为城市园林绿化提供各种类型和规格的苗木，为城市绿化建设提供丰富的物质基础。苗圃在培育引种、驯化更多的植物品种，尤其是乡土树种，丰富园林绿化植物材料的同时，也促进生物多样性建设，改变乔灌木品种单调的缺点，形成品种多样、结构稳定的生态型植物群落，有利于城市园林绿化的可持续发展。园林苗圃的苗木生产是城市园林绿化建设中的一项内容，苗圃等生产性绿地同其他城市绿地系统可产生的生态效益及对环境质量的改善，举足轻重，是城市经济发展的基础，符合城市发展及园林绿化行业发展的长远利益。

(二)经济作用

随着经济的不断发展，城市建设步伐的加快和生态环境意识的逐步增强，园林绿化受到越来越多的重视，城市园林绿化的发展迅速，带动了苗木市场的活跃。当前，许多地区把苗木生产作为农业化调整的主要方向，催生了一大批新建苗圃，不少大企业已经开始投资"绿色银行"的苗木生产，园林苗圃已经成为国内具有潜力的朝阳产业。例如，2016 年对滇池流域的调查显示，在 16 种不同农业类型综合经济效益中，苗圃产业排在第一位。园林苗圃要在城建、园林和绿化等有关部门的支持和引导下发展，以市场为导向进行经营。园林苗圃要切合城市发展和绿化建设的需要，运用先进的技术、良好的生产设施和完善的经营管理体制，通过加大科技投入，引进选育、快繁等手段，调整种植结构和降低生产成本等手段，提高苗木的品质，迅速培育出各种用途、各种类型的园林植物苗木，以满足园林绿化市场的需要，取得明显的经济效益和社会效益。同时，对于许多苗圃来说，生产出的各种苗木，并不完全等同于商品，必须通过产品销售的过程，才能实现经营目标。因此，建立营销团队，通过建立信任、创造品牌、加强宣传等各种方式，按照市场经济规则销售产品、创造经济效益，是任何一个园林苗圃除了生产之外必须面对和加强的核心工作。从很大意义上讲，产品的销售经营是一个园林苗圃发展的龙头，生产、管理和产品与技术开发最终都要为这一目标服务。园林苗圃这种以经营为核心的功能只能依靠苗圃自身来承担并完成。

(三)创新研发作用

《国家环境保护"十三五"科技发展规划纲要》中提到要理论创新与技术支撑相结合，通过基础研究和理论创新，以及新技术研发，为苗木培育提供支撑和服务。如何把科技成功转化为现实生产力，是我国科技推广中需要解决的重要课题。就园林绿化行业而言，园林苗圃自然是科技成功示范、推广和应用的最佳途径。从国际上看，园林苗圃产业发展已与知识创新和知识产权密不可分，不断生产和开发具有独立知识产权的新产品(苗木新品种)和新技术。园林苗圃由于在资源、人才、设施、管理和市场信息等方面的诸多优势，具备产品与技术创新的基本条件，可以独立地进行自主创新活动，通过培育新品种、开发新技术，增强自身参与市场竞争和持续发展的能力。新品种和新技术研发与推广是园林苗圃产业不断发展的动力，园林苗圃产业高投入、高效益和高风险以及对种质资源和环境的依赖性强等特点，使其对新品种和新技术的渴求更为强烈。园林苗圃往往会从大专院校、科研院所等专门研究机构，以及从国外或其他企业或个人合法获得科研成果或新品种与新技术，利用自己的生产管理和经营体系进行引种、示范与推广。并且园林苗圃拥有一定的资源与人才，有条件独立地培育新品种以及开发新技术，从而形成具有自己独立知识产权的产品或技术。园林苗圃不断调整生产苗木的品种结构，并通过改进培育技术来提高苗木产量与质量，对促进我国园林苗圃产业的发展以及科技成果的转化有积极的作用。

(四)生态作用

园林苗圃在提供苗木资源的同时，也在生态环境中发挥着一定作用。首先，园林苗圃本身就是风景资源的一部分，有着美化环境的作用。园林苗圃环境优美、充满生机，开花时节有着繁花似锦的植物景观，随着季节的变化产生季相的更替，如落叶树的春色嫩绿，夏被浓荫，秋叶染林等。随着人口的增长，生产力的发展，再加上长期利用自然资源存在着极大的盲目性，生产和生活排放的污染物超过了自然环境的承载量，污染严重，环境质量状况严重下降，空气污染尤为突出。环保部通报了《2015 中国环境状况公报》，公报显示，全国 338 个地级以上城市中，有 265 个城市环境空气质量超标，仅有 73 个城市环境空气质量达标。位于城市近郊的园林苗圃，在改善环境、降低污染等方面发挥着重要作用。苗圃内的植物有放氧、吸毒、除尘、杀菌、减噪、降风沙、蓄水、保土、调节小气候以及对有害物质的指示监测等作用。例如，园林苗圃内的植物能有效吸收和滞纳空气中的颗粒物或改变它们的运动方向，并且能够有效吸收空气中的 SO_2 等污染物，还能够释放氧气、负离子、有机挥发物等，具有改善环境空气质量的重要作用。如在北京和上海等城市建设中，已把环城及近郊的绿化和生态建设作为城市绿化建设和改善城市生态环境的重要内容，园林苗圃可作为这一系统工程的组成部分，发挥它的生态功能。

(五)教学和科普示范作用

园林苗圃有着丰富的种质资源、先进的生产繁殖设备与技术，所以在追求经济效益的同时，也自然地衍生教学和科普示范的作用，发挥着生产技术研究、技术试验示范等公益性作用。园林苗圃是科普教育基地，生态文明宣传教育基地，为中小学生提供社会大课堂，为大专院校提供相应的教学资源与实习基地，为社会公众接近自然、体验自然、享受自然提供了平台。园林苗圃作为科研与生产、生产与市场之间的连接，在园林植物新品种和繁殖育苗新技术推广及普及中发挥着重要的作用。如北京市黄垡苗圃(黄垡国家彩叶树种良种基地)应用林木良种的无性繁育育苗技术，每年可以稳定繁育、供应优良种苗达百万株，组培快繁技术、控根容器技术的管理水平先进、科技水平含量高，吸引着全国各地的大量参观者和学习者，对促进园林苗木的知识普及和技术应用产生了积极作用。

第二节　园林苗圃产业的发展前景

一、苗圃产业现状及发展趋势

(一)生态建设加快，园林苗圃迅速发展

随着城镇化建设快速推进及对城镇绿化建设的高度重视，特别是党的十八大将生态文明提到前所未有的高度，国家对城市环境建设以及园林生态建设的重视程度有所加大，并且投入了大量的物力与财力，全国城市园林绿化固定资产投资额从 2003 年的 321.9 亿元增加到 2014 年的 1817.6 亿元。而城市建设中需要大量苗木，苗木需求量大，从而带动了

园林苗圃行业的发展，大幅增加了苗圃的数量与产量。近两年苗木生产总面积翻了一番还多，产量增加了近2/3。优良品种以及速生苗木推广日趋加快，先进栽培技术以及机器设备使用率不断提高，促进了苗木生产的效率和产品质量的提高。

（二）苗木种类增多

通过乡土树种的广泛应用，多渠道引进树种，以及科研部门育种、推广，使苗木品种日渐多样化，经营树种、品种越来越多。并且随着栽培树种、品种的增多，给广大育苗、经营者带来更多选择和调剂苗木的机会，跨地区、省际之间的种苗采购日趋增多。也使园林苗木更具有观赏性、公益性、时效性。

（三）生产经营主体呈多元化变化趋势

近年来，苗木生产的经营主体由过去的以国有苗圃为主，转向国有、集体及个体共同参与，国有苗圃不再占据主导地位，民营苗圃如雨后春笋般涌现。除了农户转向苗木生产经营之外，其他行业、非农业人士也加入种苗行列，从事苗木生产的已不计其数。特别是近年来实施的生态建设工程及优质种苗补助政策极大促进了园林绿化苗木的发展，发生了根本性转变。北京市苗圃发展也反映了这一特点，民营苗圃占80%，国有与民营混合所有占2%，国有苗圃占18%。

（四）区域性苗圃生产已成规模

随着信息时代的到来，园林苗圃生产信息可以通过网络进行传播、经营，也使得园林苗圃经营者从多种渠道去收集信息，掌握足够的信息，形成成熟的经营理念。部分区域的苗圃生产行业已成规模，并且成为某些苗木品种主要生产地，比如全国观叶植物栽培与销售中心是广东顺德，浙江省园林苗圃的生产中心是萧山。部分地区不仅是一种苗木的生产地，甚至是多种苗木生产中心，比如山东省的曹州生产牡丹、泰安生产盆景、平阴生产玫瑰。

二、苗圃产业发展中的主要问题

当前，我国园林苗圃的发展速度迅猛，在数量上虽已达到空前的盛况，但仍存在苗木种植结构不合理、经营特色不突出、管理方式粗放、缺乏统一的生产标准等问题。

（一）苗木种植结构不合理

当前，园林苗圃的苗木生产面积正不断扩大，有大量苗木存圃，在这些苗木存圃量中，一、二年生的小规格苗木面积占苗木总面积的50%，甚至更多。但是这些小规格苗木不能立即出圃，还需要经过移植及扩繁等环节，需要扩展3倍以上的土地面积。随着科学技术的不断发展，苗木培育设备的广泛应用，使得苗木的产量有所增加，并加快了苗木的生长速度，未来3~5年的时间内，我国大规格苗木的供需将达到平衡，苗木的种植面积则不会继续扩大。因此不应再继续扩大种植面积，适当压缩常规小苗木的生产规模，增加大规格苗木的繁育，注重合格苗木的生产，减小密度、科学培植，尽快培育适合城乡、郊区绿化的各种苗木。

（二）经营特色不突出

苗木品种缺乏独特性，经营特色不突出，“人家种啥，我种啥”现象普遍。苗木种类种植存在严重跟风现象，很多苗圃忽视了市场的客观发展规律，苗木的价格围绕着市场供求关系的变化而出现一定范围的浮动。当年的某种苗木需求量较大，进而导致市场供货紧张，出现价格大幅上涨，许多苗圃开始跟风大范围栽种。但在第二年出售时，出现供大于求的现象，导致苗圃企业出现亏损。这正是由于有的苗圃经营者往往关注其他经营者的种植种类，却没有从自己的实际情况出发选择苗木类别。

（三）管理方式粗放

随着苗圃市场利润的提升，部分苗圃经营者过于追求经济效益，而在苗圃管理方面，由于缺乏基本的苗圃管理常识和对树木生长特性的了解，经营管理方式粗放，导致苗木质量不高。有的苗圃生产方式陈旧，仍依赖于传统的生产方式，缺少先进生产技术和设施的应用，以及新品种的引进培育等，基础设施陈旧，生产效率低下。尤其在进行品种选择时，不能因地制宜的发展苗木，因此许多新的苗圃产业难以发展起来。在苗圃管理过程中，没有考虑到地区气候条件、温差变化、土壤地质等因素对树木种植生产的影响，导致在后期种植管理过程中出现一系列种植问题，以致苗木出圃率不高。

（四）缺乏统一的生产标准

虽然我国苗圃数量众多，规模不断扩大，但没有形成统一的苗木生产标准，市场中的苗木出现了质量参差不齐的现象。在园林苗圃生产领域没有制定统一规范的生产标准，即使一些常规树种的质量标准已经制定，但这些标准在实际运行中也存在操作性不强的问题。这就导致了在不同的地区、不同的苗圃之间难以做到苗木的统一管理，给苗木的销售、种植及质量检测等带来了极大的不便。由于标准难以统一，苗圃的管理经营者和苗木采购方之间存在信息差异，使得苗木在生产阶段不能严格按照标准保障苗木质量，此外，使一些不良经营者有机可乘，通过倒卖、中介等方式，故意抬高苗木价格，扰乱了苗圃市场秩序。

三、主要对策

随着生态园林城市的构建，以及人民群众物质文化水平的不断提高，对环境建设提出了更高的要求。然而目前我国园林苗圃生产难以充分满足实际需要，因而新时期下要采取一定的对策来提高我国园林苗圃的生产水平，促进园林苗圃生产实现可持续发展。

（一）提高机械化生产，进行专业人才培养

现阶段，我国苗圃的机械化种植、科学化管理的整体水平仍然较低，多依赖于人工管

理、人工运行，一定程度上制约了我国苗圃产业的发展。结合现代化的生产和管理技术，增加苗圃生产中机械化使用比例，实现信息化、科学化、自动化苗圃管理，提高苗圃的生产力，减少人工管理的成本费用，是促进园林苗圃产业可持续发展的趋势。未来园林苗圃的生产将变得更加复杂化，要在未来的苗圃市场中做大做强，企业需要不断创新和发展，并采用大量新技术予以支撑，这就需要切实加强与高校、科研院所等科研机构的合作沟通，进行各种人才的培养，实现人才技术实力的提升，从而更好地适应未来行业发展的需要，实现可持续发展。

(二)优化产业结构，向苗圃多元化发展

我国多数地区的苗圃产业结构不成熟，抗风险能力弱，市场产生波动时易导致经济损失。因此，园林苗圃生产必须从绿化发展的实际情况和未来发展的角度考虑，合理地增加和优化产业结构，丰富苗圃苗木种类，积极承担所在区域的苗木订单，并从市场的实际情况出发，根据市场中苗木的供需情况来选择苗木品种进行培育。既能够保证经济效益的稳步增长，也有利于提高苗圃产业的抗风险能力。在日益激烈的苗圃产业竞争中，园林苗圃生产要结合本土苗木特色，又要引进外来优质树种，促进苗木产业的多元化发展。同时培养企业的创新精神，加大资金的投入力度，培育质量良好、适应性广、产量高的新品种，提高苗圃的特色。

(三)制定统一标准，改善苗木质量

为进一步规范苗圃市场，增强优质苗木的市场竞争力，提高市场的青睐度，应从我国园林苗圃行业的发展情况出发，在遵守相关法律法规的基础上，制定统一规范的生产标准，包括苗木培育、苗木运输、苗木装载容器等。政府部门应该加强种苗管理的力度，实现对市场种苗的监管，确保种苗的质量，为园林苗圃行业营造良好的市场氛围，并监督各大企业把生产标准落实在实际生产中。

第三节　风景园林苗圃学的学习内容与学习目标

风景园林苗圃学是论述园林苗木的繁殖、培育理论和生产应用技术的一门科学，园林苗圃学理论建立在植物学、树木学、土壤学、昆虫学、农业气象学、植物遗传育种学、植物生理学和市场营销学等多个学科的基础之上，具有应用性、实践性、季节性强的特点。主要内容包括：园林苗圃的区划与建设、园林树木的种实生产、苗木的播种与繁殖、大苗培育、质量评价与出圃、设施育苗及园林苗圃的经营与管理等。

“风景园林苗圃学”课程的主要任务是为园林苗木的培育提供科学理论依据和先进技术，并使之和实际应用相结合。“风景园林苗圃学”课程的教学目标是使学生了解当前苗圃苗木繁殖栽培的趋势和发展，掌握园林树木的基本繁殖手段和技能，并在实际生产中能熟练运用。可将园林苗圃学的主要任务具体地归纳为以下几方面：

①根据城市园林绿化的发展需要和自然环境条件特点，研究园林苗圃的特点，进行园林苗圃工程设计，合理布局。

②论述园林树木的结实规律，了解园林树木结实的生理基础，为种实的采集、加工、贮藏、运输以及种实品质的检验提供理论依据和具体的技术措施。

③根据播种繁殖苗和营养繁殖苗的发育特点，阐明培育园林苗木的基本方法和技术要点。依据苗木生长发育的生理生态学特性，提出苗圃灌溉排水和土肥调控技术，以及大苗的定向培育管理技术。介绍工厂化育苗、组织培养育苗、无土栽培育苗及容器育苗等设施育苗新技术。

④根据苗木的形态特征、生理生态及遗传学特性，评价园林苗木的质量，设计苗木检疫、包装、运输的关键技术环节。

⑤结合苗木培育的理论和实际应用，简要介绍具有代表性的园林树种的生物学特点及其苗木培育的关键技术。

⑥分析园林苗圃的组织管理、经济管理、市场营销，进行效益和风险评价，探讨园林苗圃经营管理模式。

第二章　园林苗圃的规划设计与建立

园林苗圃是城市绿化建设中的重要组成部分，是苗木培育最基础的实物载体，直接关系到所培育苗木的质量、数量，关系到苗圃的经营管理，也影响到园林树木栽培的成败。如何建立一个适应园林树木栽培要求的苗圃，更好地为城镇绿化服务，是一项极其重要的工作内容。苗圃的设施和设备是衡量苗圃经营水平的一个重要方面，设施设备先进，机械化程度高，表明该苗圃建设起点高，实力较强。苗圃的建立和设施设备配套是苗木培育的基本条件。

第一节　园林苗圃的布局与选址

园林苗圃是专门培育园林绿化苗木的基地，为城镇绿化美化提供各种类型的苗木，有计划地建立园林苗圃是发展园林绿化事业的前提条件。

一、园林苗圃的布局

(一) 园林苗圃布局的原则

建立园林苗圃应对苗圃的数量、位置、面积进行科学规划。要使苗圃分布均匀，根据城市土地资源利用情况，在城市近郊和乡村建立苗圃，方便城镇绿化需要；苗圃所在地应交通运输便利，通信畅通，便于运输和相互联系；苗圃用地要靠近用苗地，以增强苗木的适应性。

(二) 园林苗圃的数量和位置

城市规模大小决定园林苗圃的数量和位置。一般一个城市的园林苗圃总面积应占城区面积的2% ~3%，并根据土地资源情况建立一个大型苗圃或几个中小型苗圃，苗圃选址应距离市中心 20 km 以外，并分布于城市周围。

大城市通常在城区周边设立多个园林苗圃。具体设立时应考虑在城市的不同方位设立苗圃，以便就近提供绿化用苗。中小城市周边设立苗圃主要考虑城市绿化重点发展的方位来设置苗圃。确有必要设立乡村苗圃时，要考虑土地资源较充沛，能够相对集中连片形成规模，交通和通信需便利，以利于技术指导、推广和苗木销售。

二、园林苗圃地的选择

园林苗圃位置选择，直接关系到苗圃今后的生产及经营状况，苗圃地好坏，直接影响苗木产量、质量以及苗木生产成本。特别是固定苗圃由于经营年限长，苗圃地选择不当，会给生产带来难以弥补的损失或导致苗圃地改良土壤成本加大。因此，建立苗圃时选择圃地是非常重要的。

不同类型的苗圃在选择圃地时各有侧重。培育裸根苗的苗圃优先考虑自然条件，其次是社会经济条件；培育容器苗的苗圃优先考虑经济条件，其次才是自然条件。

（一）自然条件

1. 地形

① 苗圃地最好选择排水良好，地形平坦的开阔地带，坡度不大于3°。

② 平地较少时应选择坡度3°~5°的土地。坡度过大容易造成水土流失，也不便于机械化作业和灌溉。南方多雨地区坡度3°~5°的土地更适宜建立苗圃。

③ 在山地丘陵区建立苗圃，应选择东南坡向的缓坡地，土层要深厚，以便修筑水平梯田。

在低洼地、重盐碱地、寒流汇集地、密林中的小块空地、距林缘20 m以内的地段、风口处等不宜建立苗圃。

2. 土壤条件

种子发芽、插穗生根和苗木生长所需的水分、养分和氧气等都来自土壤，土壤条件的好坏对种子发芽、插穗生根和苗木生长都有影响。土壤条件是影响苗木质量和产量的重要因素之一。为了提高苗木的质量和产量，必须有适宜的土壤条件。适宜的土壤条件，主要表现在土壤养分、质地、酸碱度等几个方面。

（1）土壤肥力

土壤肥力是衡量土壤能够提供植物生长所需的各种养分能力的重要指标，直接反映土壤肥沃性的程度。土壤肥力是土壤各种基本性质的综合表现，是土壤区别于成土母质和其他自然体的最本质的特征，也是土壤作为自然资源和苗圃生产资料的物质基础。土壤肥力按成因可分为自然肥力和人为肥力。前者主要存在于未开垦的自然土壤；后者是指长期在人为的耕作、施肥、灌溉等活动影响下表现出的肥力，主要存在于耕作土壤。土壤肥力是土壤的基本属性和本质特征，是土壤为植物生长供应和协调养分、水分、空气和热量的能力，是土壤物理、化学和生物学性质的综合反应。要选用土层深厚（>50 cm）、比较肥沃的土地作苗圃。如果土壤肥力不足，应通过施肥等措施来改善。

（2）土壤质地

土壤质地是根据土壤的颗粒组成划分的土壤类型。土壤质地一般分为砂土、壤土和黏土三类。土壤质地继承了成土母质的类型和特点，是土壤的一种十分稳定的自然属性，同时又受到耕作、施肥、排灌等人为因素的影响，对土壤肥力有很大影响。砂土抗旱能力弱，保肥性能弱，易漏水漏肥；黏土含土壤养分丰富，有机质含量较高，保肥性能好，但排水困难，阻碍根系对土壤养分的吸收；壤土兼有砂土和黏土的优点，是较理想的土壤，其耕性优良。砂壤土、壤土、轻黏土均可用于苗木培育。

（3）酸碱度

土壤酸碱度不仅能直接影响营养物质的吸收和苗木的生长发育，还能影响土壤中各种养分的有效性，对于大多数苗木来说，要求 pH 值微酸性到中性范围。从 pH 值、微生物活动和植物营养元素的有效性之间的关系看，在强碱性土壤中，铁、硼、铜、锰、锌等元素易被固定，喜酸性苗木会因缺铁而发生叶片黄化，生长不良；在 pH 7.5 的石灰性土壤中，由于磷与钙的结合，使有效磷含量降低；在酸性土壤中，则容易引起磷、钾、钙、镁等元素的缺乏，多雨地区还会缺硼、锌、铜等微量元素，故对苗木生长极为不利。当 pH 值在 6~7 时，营养成分最容易变为有效态。不同类型苗木对土壤 pH 值的适应范围为：针叶树多适应于微酸性至中性，pH 值在 5.0~6.5 之间；阔叶树多适应于微酸性至微碱性，pH 值在 5.0~8.0 之间。

（4）盐含量

气候干旱、排水不畅、地下水位过高及海水浸渍是土壤积盐的重要原因。不合理的耕作、灌溉，可使地下水位上升，易溶性盐在表土层积聚，发生次生盐渍化作用，形成盐渍土壤。碱化土壤吸附较多的交换性钠，碱土其碱化层的交换性钠可占交换性阳离子的 20% 以上，盐土中过多的可溶性盐，可增加土壤溶液的渗透压而引起植物生理干旱，均给苗木生长带来不利影响。一般苗圃的全盐含量应控制在 0.1% 以下。

3. 水源

在土壤水分适宜的条件下才能培育出生长健壮、根系发达的苗木。选择苗圃地时，必须注意寻找合适的水源。

① 要尽量利用河流、湖泊、池塘和水库等水源，并修建水利设施引水入圃，用于苗木灌溉，且为苗圃十分理想的水源。上述水源不足或没有，需有打井提水灌溉条件；井水灌溉要与修建晒水池相结合，避免水温太低影响苗木的生长。

② 水源的水量，要能满足旱季育苗所需的灌溉用水。

③ 灌溉用水应为淡水，水中含盐量一般不超过 0.1%，最高含盐量不超过 0.15%。

4. 地下水位

地下水位是指地下含水层中水面的高程。地下水位变化受自然和人为因素的影响，气候干旱或降水量增加、河流改道、地震、人类过度开采地下水或过度灌溉等，均会导致地下水位下降或上升。地下水位过低会增加育苗灌溉用水，相反会造成渍涝，甚至造成次生盐渍化的灾害。苗圃一般用地下水埋深来说明地下水位是否合适，而适宜的地下水埋深因土壤质地而异。最合适的地下水埋深为：砂质土地区 1.0~1.5 m，砂壤土和中壤土 2.5 m

左右，重壤土和黏性壤土4.0 m左右。

5. 病虫害

育苗过程中常因病虫和鸟兽危害造成很大损失，要按照“防重于治”的原则，在选苗圃地时，应进行病虫、鸟兽危害调查，尽量避免病虫害危害严重的土地，避免在鸟兽频繁出入的地方建立苗圃。以下两点要特别注意：

为防止猝倒病，一不选用发生过猝倒病的土地作苗圃；二不选用蛴螬、蝼蛄和地老虎为害较重又较普遍的土地作苗圃。

常年种植马铃薯、茄科、十字花科蔬菜的土地育苗易感染猝倒病；长期种植烟草、棉花、玉米的土地育苗易发生病虫害。要尽量避免使用这些土地建立苗圃。如果必须使用则要在育苗前作好消毒灭菌和灭虫处理。

(二)经营条件

园林苗圃要设在用苗地附近或其中心地区，可减少因苗木运输使苗木失水过多而降低苗木质量；苗圃地的环境条件与栽培地基本一致，栽培后苗木成活率高。

园林苗圃地要尽量设在交通较方便的地方，选择靠近铁路、公路、水路、机场等地方，能以最快的速度运输育苗生产资料、苗木和生活用品，减少不必要的损耗。要选择有电源、通信条件的地方，以利于提高作业效率和方便通信联系。

有条件时尽量靠近相关的科研单位、大专院校附近，有利于及时进行技术咨询，较快地采用先进的生产技术。

建立苗圃时还应该注意远离污染源，空气、土壤和水有污染的地方，不宜选作苗圃。

第二节　园林苗圃的类型及特点

随着国家经济的发展和城市化进程的加快，特别是生态城市建设越来越受到社会的重视，园林绿化建设对苗木的数量、规格、种类的需求发生很大变化，这种变化带动了园林苗圃的迅速发展，呈现出多样化的发展趋势，其种类和特点各有不同。

一、苗圃的种类

根据园林苗圃的面积、位置、育苗种类、经营期限可将园林苗圃划分成不同的类型。

(一)按园林苗圃面积划分

根据苗圃面积大小，我国国家暂行标准将苗圃划分为特大型苗圃(育苗面积≥100 hm^2)、大型苗圃(育苗面积60~100 hm^2)、中型苗圃(育苗面积20~60 hm^2)、小型苗圃(育苗面积10~20 hm^2)。园林苗圃根据面积大小，划分成大型苗圃、中型苗圃、小型苗圃3种，具体如下：

1. 大型苗圃

大型苗圃面积 >20 hm^2。能生产各种类型和规格的苗木，拥有先进设施和大型机械设备，技术力量强，常承担一定的科研和开发任务，生产技术和管理水平高，生产经营期限长。

2. 中型苗圃

中型苗圃面积在 3~20 hm^2之间。能生产较多种类和规格的苗木，育苗设施和设备比较先进，生产技术和管理水平较高，生产经营期限长。

3. 小型苗圃

小型苗圃面积 <3 hm^2。能生产较少种类的苗木，规格单一，生产经营期限不固定，往往随着市场需求变化更换所生产的苗木种类。

（二）按园林苗圃所在位置划分

根据园林苗圃所在位置，可将其划分为城市苗圃、乡村苗圃。

1. 城市苗圃

城市苗圃是位于市区或郊区的园林苗圃。市区苗圃多为城市扩展后由原有“郊区”苗圃转变成市区而至。城市苗圃能够就近供应所在城市绿化用苗，运输方便，苗木适应性强，栽植后成活率高，适宜生产珍贵的、不耐移植的苗木。

2. 乡村苗圃

乡村苗圃是随着城市土地资源紧缺和城市绿化迅速发展形成的苗圃。这类苗圃往往规模较大，是城市绿化用苗的重要来源。由于土地成本和劳力成本较低，适宜生产用量较多、规格较大的苗木。

（三）按园林苗圃育苗种类划分

根据园林苗圃育苗种类，可将其划分为专业苗圃、综合苗圃。

1. 专业苗圃

专业苗圃面积较小，生产苗木种类单一，只有一种或少数几种要求特殊培育措施的苗木，如专门培育月季嫁接苗、专门培育针叶树苗木等。

2. 综合苗圃

综合苗圃多为大中型苗圃，生产较多种类和规格的苗木，设施设备先进，生产技术和管理水平较高，生产经营期限长。一般常把引种试验与新品种开发也作为生产经营范围。

（四）按园林苗圃经营期限划分

根据经营年限长短，可分为固定苗圃和临时苗圃。

1. 固定苗圃

固定苗圃规划的建设使用年限通常在10年以上，面积较大，生产较多种类和规格的苗木，设施设备先进，生产技术和管理水平较高。大中型苗圃一般都是固定苗圃。

2. 临时苗圃

临时苗圃通常是接受大批量育苗合同订单后，需要扩大育苗生产用地面积而设置的苗圃。经营期限仅限于完成合同任务，以后则往往不再继续培育园林苗木。

二、苗圃的特点

我国的国有苗圃和其他所有制苗圃如民营、股份制等的大型苗圃多属于固定苗圃。其特点是使用的年限较长，一般面积较大，培育苗木的种类也较多。为了提高苗圃的效益，有较大的资金投入到基础设施如温室、组培室、机械化生产建设中，苗圃已趋向规模化、集约化和现代化生产经营。

大型苗圃的优点是：苗圃面积大，便于集约经营和实现机械化；便于安装现代化的基础设施和培育设施；便于引进投资和先进的生产技术，实现规模化经营；能根据市场的需要有计划地大量生产苗木；有利于开展种苗技术研发工作，不断地提高和运用先进技术；便于培养技术干部和技术工人，从而提高整个苗圃的经营管理素质和水平。

临时苗圃的特点是：使用的年限较短，为完成某一区域、某一时间段的绿化任务临时设置的苗圃，当任务完成或因苗圃地土壤肥力消耗，不能继续育苗时即停止使用。临时苗圃一般面积相对较小，育苗的种类相对比较单一。临时苗圃距栽培地较近，减少因在苗木运输过程中苗木失水多而导致的栽植成活率低的现象；在与栽培地相同的立地条件下，栽培成活率高。育苗的抚育管理简单省工；因距栽培地较近，减少或不需苗木运输费用，能较好地降低成本。但临时苗圃不具备固定苗圃的优点，常因对苗圃管理相对粗放，苗木的产量和质量相对低一些。

第三节 园林苗圃的规划设计

园林苗圃用地一般包括生产用地和辅助用地两个部分。生产用地是指直接用于培育苗木的土地，包括播种区、营养繁殖区、移植区、大苗区、设施育苗区、采穗圃、母树林、试验区等所占用的土地，未使用的轮作休闲地也是生产用地。辅助用地又称非生产用地，是指苗圃的管理区建筑用地和苗圃道路、排灌系统、防护林、晾晒场、积肥场及仓储建筑等占用的土地。

园林苗圃总体规划设计是在已选定的土地上，根据所培育苗木种类，对圃地进行总体区划和设计，亦即对苗圃的生产用地和辅助用地进行科学合理的区划设计。其主要内容包括：苗圃面积计算，总体区划与平面设计，确定基本建设项目，编制主要苗木生产工艺和育苗技术设计，主要设备选型，提出组织机构和经营管理体制，投资概算等。

园林苗圃规划设计一般可分为准备工作、外业调查和内业设计3个阶段。

一、园林苗圃规划设计的准备工作

园林苗圃规划设计工作开展之前，应从委托设计单位接受园林苗圃规划设计任务委托书。委托书中要明确进行规划设计的地点、范围、完成任务的期限及有关要求。

要会同有关单位组成领导机构，组建规划设计队伍，收集文字、图面材料，并做好物资准备工作。

二、园林苗圃规划设计的外业调查

外业调查是按照园林苗圃规划设计的要求，在苗圃地及其周边地区开展各项调查工作。涉及以下内容：

1. 踏勘

由设计人员会同施工人员、经营管理人员及有关人员到已经确定的拟苗圃范围内进行踏勘和调查访问，了解圃地的现状、地权地界、历史、地势、土壤、植被、水源、病虫害和有害动物以及交通、通信、自然村落等情况，并提出规划的初步意见。

2. 图面材料准备

地形图是进行苗圃设计的基本材料。进行苗圃设计时，首先需要绘制或收集拟建园林苗圃1∶500～1∶2000比例尺，等高距离20～50 m的地形图。对于苗圃规划设计有直接影响的各种地形、地物均绘入图中，重点是高坡、水面、道路、建筑等。

3. 自然条件调查

调查气候、土壤、水文、植被、病虫害情况。水文和植被情况主要通过收集有关资料查明。

（1）气象资料

年、月、日平均气温、绝对最高最低日气温、土表层最高最低气温、日照时数及日照率、≥10℃积温、日平均气温稳定通过0℃的初终期；年、月、日平均降水量、最大降水量、降水时数及分布、最长连续降水日数及雨量和最长连续无降水日数；风力、平均风速、主风方向、各月各风向最大风速、频率、风日数；降雪与积雪日数及初终期和最大积雪深度、霜日数及初终期、雹日数及沙暴、雷暴日数、冻土层深度、最大冻土层深度及地中10 cm和20 cm处结冰与解冻日期，当地小气候等。

(2) 土壤调查

了解拟建苗圃土壤状况是合理区划苗圃生产用地、辅助用地，以及生产用地的各种育苗区的必要条件之一。土壤调查一般采用土壤剖面调查。一般可按 1~5 hm^2 设一个剖面，但总数不少于 3 个。剖面要编号并用草图示位，调查海拔高、坡度、地下水位以及土壤剖面应记载的各项内容，确定土壤的土类、亚类、土种名称。主要包括土层厚度、土壤结构、松紧度、新生体、酸碱度、土壤质地等，对土壤有机质、速效养分(氮、磷、钾)含量、机械组成、pH 值、含盐量和种类等进行测定，全面了解苗圃土壤性质，特别是土壤类型、分布、肥力状况，以便为苗圃土壤区划和土壤改良提供依据。

(3)病虫害调查

主要是调查苗圃地及其周围植物的病虫害种类和感染程度。采用挖土坑分层调查法，样坑面积 1.0 m×1.0 m，深至母岩。样坑数量为 5 hm^2 以下设 5 个，6~20 hm^2 设 6~10 个，21~30 hm^2 设 11~15 个，31~50 hm^2 设 16~20 个，6~60 hm^2 以上设 21~30 个。土坑调查病虫害种类、数量、危害植物程度、发病史和防治方法。依此提出病虫害防治措施。

4. 经营条件调查

经济状况、社会情况调查，苗木市场、生产能力及生产水平调查。如交通条件、电力条件、通信条件、人力条件、周边环境条件、市场和销售条件等。

5. 设备与定额材料收集

园林苗圃专业设备信息和当地建设及生产定额资料收集等。

三、园林苗圃规划的内业设计

完成对拟建苗圃的野外调查和相关资料收集后，要针对拟建苗圃的建设目标，对野外调查和相关资料进行分析整理，并在绘制的拟建苗圃地形图上做出苗圃的初步规划设计图，并与拟建单位进行讨论，确定苗圃规划设计的基本方案。以此为基础，对拟建的园林苗圃进行总体规划设计，即园林苗圃规划设计的内业工作。

(一)规划设计的指导思想和基本原则

指导思想和基本原则是指导园林苗圃规划设计的总纲。在内业设计开始之前，要与有关单位共同讨论，根据所培育树种的特性，培育苗木的种类和工艺要求，结合经营条件、自然条件、区域社会经济条件进行综合分析，找出对拟建苗圃和苗木培育有利条件与不利因素，明确在设计中应该注意的主要问题，确定园林苗圃的设计指导思想和基本原则。总的原则是，既要考虑苗圃尽可能实现科学化、现代化、机械化等远大目标，又要根据实际情况，实事求是，量力而行。一般应始终遵循培育优质、高产、低消耗苗木的基本原则。具体应根据所建园林苗圃的实际情况确定设计指导思想和原则。

对于大型苗圃，一方面需要根据大型苗圃服务对象广泛、培育苗木种类齐全、规格多样、设施设备先进、具有科研和开发能力等方面的特点来确定设计指导思想和原则；另一方面还要考虑建设单位的经济条件，进行适当的修正，作出符合该苗圃具体情况的指导思想和原则。

(二)园林苗圃面积计算

园林苗圃面积大小应与其担负的任务相适应。园林苗圃地的总面积包括生产用地面积和辅助用地面积。应根据勘测结果和圃地条件，对园林苗圃进行土地利用区划和园林苗圃面积计算。

1. 计算园林苗圃面积需要收集的数据

每年生产苗木的种类和数量，某一树种的单位面积或单位长度的产苗量，育苗的年龄，采用的轮作制及每年苗木所占的轮作区数，其他生产用地面积；各种辅助用地面积。

2. 生产用地面积计算

将各树种不同种类、不同类型、不同年龄苗木生产用地和其他生产用地面积汇总，即得到苗圃总的生产用地面积。某一树种同一种类、同一类型、同一苗龄的生产用地计算公式：

$$S_i = \frac{N \times A}{n} \times \frac{B}{C}$$

式中 S_i——某树种生产用地面积；

N——该树种每年生产苗木数量；

A——该树种苗木的培育年龄；

n——该树种单位面积产苗量；

B——该树种轮作区区数；

C——该树种每年育苗所占的轮作区数。

当年苗圃共培育 m 种不同树种、不同种类、不同类型、不同苗龄的苗木，有 p 块其他生产用地，则苗圃生产用地计算公式如下：

$$S_s = \sum_{i=1}^{m} S_i + \sum_{j=1}^{p} D_p$$

式中 S_s——苗圃生产用地面积；

D_p——第 p 种非育苗生产用地面积。

实际计算时应适当增大 3%~5%。

例：每年出圃 5 年生油松播种苗 3 万株，产量为 1.5 万株/hm^2，需要多少育苗地？如果采用 3 区轮作制，需要多少育苗地？

不轮作时 $S_{理} = (3 \div 1.5) \times 5 = 10(hm^2)$，$S_{实} = S_{理} \times (1 + 0.05) = 10.5(hm^2)$

轮作时 $S_{理} = (3 \div 1.5) \times 5 \times (3 \div 2) = 15(hm^2)$，$S_{实} = S_{理} \times (1 + 0.05) = 15.75(hm^2)$

3. 辅助用地面积计算

将各种辅助用地面积汇总到一起即为苗圃的辅助用地面积。辅助用地计算公式如下：

$$S_f = \sum_{q=1}^{q} F_q$$

式中　S_f——苗圃辅助用地面积；

F_q——第 q 种辅助用地面积。

(三)生产用地区划

1. 生产用地区划原则

生产用地是指直接用于育苗的土地。进行区划时应遵循以下原则：

①合理利用土地，便于生产和经营管理。区划时要尽量使各生产区保持完整，同一类型的生产区不要分割成互不相邻的几块。

②为便于生产和管理，通常以道路为基线，将生产区再细划分为若干个作业区。

③根据立地条件与树种生物学特性要求和育苗方法与经营管理水平综合要求，在生产区内进行作业区区划。

④作业区长度与宽度比例适当，一般宜循南北走向。

2. 生产区的设置

生产区是苗圃不同种类苗木的培育场地。在苗圃中，生产用地面积占苗圃总面积的80%左右，为了便于管理，一般需要按照苗圃培育苗木的种类，划分成不同的生产区。苗圃大小不同，包括的生产区也不尽相同，一般根据培育的苗木种类和培育苗木的需要来设定。主要有以下几种生产区：

(1)播种区

播种区是为培育播种苗而设置的生产区。播种育苗的技术要求较高，管理精细，投入人力较多，且幼苗对不良环境条件反应敏感，应选择生产用地中自然条件和经营条件最好的区域作为播种区；人力、物力、生产设施均应优先满足播种育苗的要求；播种区应靠近管理区。一般应设在地势较高而平坦、坡度小、土层厚度50 cm以上、肥力中等、背风向阳、便于防霜冻、易于灌溉和管理的地段；如是坡地，则应选择自然条件最好的南坡。

(2)营养繁殖区

营养繁殖区是为培育营养繁殖苗而设置的生产区。一般应满足扦插、嫁接、压条、分株育苗工艺条件。通常设在土层深厚、疏松又较湿润且排水良好的地段。不同类型的苗木要求不一样。营养繁殖的技术要求也较高，并需要精细管理，一般应选择土壤条件较好的地段作为营养繁殖区。培育硬枝扦插苗时，要求土层深厚，土质疏松而湿润；培育嫩枝扦插苗时，需要插床、荫棚等设施，可以设置在设施育苗区；培育嫁接苗时，因为要培育砧木播种苗，应选择与播种区自然条件相当的地段；压条和分株育苗的繁殖系数低，育苗数量较少，也不需要占用较大面积的土地，一般用零星分散的地块。

(3)移植区

移植区是为培育移植苗而设置的生产区。由播种区和营养繁殖区中培育的苗木，需要进一步培养成较大的苗木时，应将这些苗木栽植到移植区进行培育。应根据苗木培育规格和树种生长速度及其特性，一般每隔 2～3 年还要再移植培育几次，每次移植都要逐渐扩大苗木的株行距，增加营养面积，保证每一株苗木都在适宜的生长空间中不断生长。移植区要求面积较大，一般应设在土壤条件中等、地块整齐的地段。喜湿润土壤的苗木，可以在低湿的地段进行培养；不耐水渍的苗木，应在较高燥且土壤深厚的地段进行培养；进行裸根移植的苗木，可以选择土质疏松的地段进行培养；需要带土球移植的苗木，一般在非砂性土质的地段进行培养。

(4) 大苗区

大苗区是为培育株型和苗龄均较大，并经过整形的各类出圃大苗而设置的生产区。大苗的抗逆性较强，对土壤要求不严格，一般设在土层较厚，地下水位较低，地块整齐，靠近苗圃主干道等运输方便的地段。在移植区经过一至几次移植培养，一般只需要再进行一次移植培养就能达到出圃标准的苗木，通常都移植到大苗区进行培养。在大苗区里培养的苗木出圃前一般不再进行移植，且培育年限较长。大苗培育的特点是株行距大，占地面积大，苗木大，规格高，根系发达，可直接用于园林绿化，在树冠、树形、干高、胸径等方面能满足绿化的特殊需要，有利于提升城市绿化效果，保证重点绿化工程按期完成。

(5) 设施育苗区

设施育苗区是为利用温室、大棚、遮荫棚等设施培育苗木而设置的生产区。设施育苗的技术要求高，管理强度较大，对水、电要求也高，应设在管理区附近。

(6) 采穗圃

采穗圃是为培育优良插条、接穗等繁殖材料而设置的生产区。采穗圃需要面积较小，一般设在苗圃的零散地块上。

(7) 母树区

母树区是为培育优良种子而设置的生产区。母树区不需要很大的面积和整齐的地块，大多是利用一些零散地块以及防护林和沟、渠、路的旁边等处栽植。

(8) 试验区

试验区是为培育、驯化由外地引种或组培的树种和新品种，进行其特性观察和育苗技术试验等而设置的生产区。试验、观察、管理精细，应设在管理区附近，并与设施育苗区统一区划。

3. 作业区区划

作业区是在生产区内部，依据培育苗木的类型、年龄等不同情况划分的育苗地块。一个生产区内包含了同一种型且不同树种、类型、年龄的苗木，其特性和培育技术不尽相同，需要划分成不同的地块进行培育。将生产区划分成若干个作业区，可以实现对上述不同情况的苗木分别管理。作业区是苗圃育苗的基本单位。

作业区的长度依据苗圃的机械化程度确定；作业区的宽度依据苗圃土壤质地与地形是否有利于排水以及排灌系统的设置、耕作和植保机械作业的宽度等因素确定；作业区方向依据苗圃的地形、地势、坡向、主风方向、圃地形状等情况确定。

每个作业区的面积一般在0.2~3.0 hm^{2}或更大一些，采用长方形或正方形，为了计算方便尽量使每个作业区的面积为整数。大型园林苗圃或机械化程度高的苗圃作业区长度在200~300 m之间，中、小型园林苗圃作业区长度在50~200 m之间。作业区的宽度以长度的1/3~1/2为宜，排水良好的可以宽一些。

山地园林苗圃的作业区要结合地形区划，不能强求规整，但应按现有地块形状尽量保持完整形状。

(四)辅助用地区划

辅助用地是为苗圃苗木生产服务所占用的土地，所以也称非生产用地。进行辅助用地设计时，既要满足苗木生产和经营管理上的需要，又要少占土地。一般辅助用地占苗圃总面积的15%~20%。

1. 苗圃道路系统的设计

苗圃道路系统由干道、支道、作业道等组成。大型苗圃还设有环圃路。苗圃道路是保证苗木生产正常进行的基础设施之一。苗圃道路系统的设计主要依据运输车辆、耕作机具、人员作业的正常通行需要，合理设置道路系统和各级道路的路面宽度、标高、转弯半径等。

(1)干道

干道是苗圃的一级路。一般纵贯苗圃中央，对内通向管理区、仓库、机房，对外与公路相连。能够通行载重汽车和大型耕作机具，通常设置1条或相互垂直的2条，设计路面宽度一般为6~8 m，标高高于作业区0.2 m，转弯半径300 m。

(2)支道

支道也称副道，是苗圃的二级路。支路能通达各作业区，能够通行载重汽车和大型耕作机具。一般支道与干道垂直，根据作业区的划分设置多条。设计路面宽度一般为4 m，标高高于作业区0.1 m，转弯半径300 m。

(3)作业道

作业道是苗圃的三级路。是作业区内部的机耕道路和人行道路。一般作业道与支道垂直，设计路面宽度一般为2 m。

(4)环圃路

大型苗圃，机械化程度高，在苗圃周围可设环圃道，便于车辆转弯，一般宽4~8 m，标高高于作业区0.2 m，转弯半径300 m。环圃路一般设在苗圃四周的防护林内侧。

大型苗圃和机械化程度高的苗圃注重苗圃道路设置，通常按三级设置；中、小型苗圃可少设或不设二级路。一般苗圃道路系统占地面积为苗圃总面积的7%~10%。

2. 苗圃灌溉系统的设计

苗圃必须有完善的灌溉系统，保证苗圃对水分的需要。灌溉系统主要由水源、提水设备、输水系统组成。

水源主要有地面水和地下水两类。地面水指河流、湖泊、池塘、水库等，以无污染又能自流灌溉的最为理想。一般地面水温度较高与耕作区土温相近，水质较好，且含有一定养分，有利于苗木生长。地下水指泉水、井水，其水温较低，宜设蓄水池以提高水温。水井应设在地势较高的地方，以便自流灌溉；同时水井设置要均匀分布在苗圃各区，以便缩短引水和送水的距离。

提水设备现在多使用抽水机(水泵)，可依苗圃育苗的需要选用不同规格的抽水机。

输水系统主要包括渠道和管道，对苗圃布局有较大影响。输水渠道一般分主渠、支渠和毛渠。主渠是永久性的大渠道，由水源直接把水引出，一般主渠道渠顶宽 1.5~2.5 m。支渠通常也为永久性的，把水由主渠引向各耕作区，一般支渠顶宽 1~1.5 m。毛渠是临时性的小水渠，一般宽度为 1 m 左右。管道亦分主管和支管，均埋入地下，其深度以不影响机械化耕作为度，开关设在地端使用方便。

灌溉系统设置要以能保证干旱季节最高速度供应苗圃灌水，而又不过多占用土地为原则。有条件的苗圃应采用较现代化的管道输水和喷灌。大型苗圃宜采用固定喷灌系统，中小型苗圃宜用移动式喷灌系统。

现有的灌溉方法有：侧方灌溉、漫灌、喷灌和滴灌等。

侧方灌溉一般应用在高床和高垄作业。水从侧方渗入床内或垄中，在平作的带状配置中，在带间开临时灌水沟，把水引入沟中进行灌溉。这种灌溉方法的优点是因为水从侧方浸润到土壤中，床面或垄面不板结，灌溉后土壤仍有较好的通气性能，但是耗水量较大。

漫灌是低床育苗和大田育苗常用的灌溉方法。这种灌溉方法的好处是湿润充分，可直接用于育苗，其缺点是渠道占地较多，灌溉时破坏土壤结构，使土壤形成板结，灌溉效率低，需用劳力多，劳动强度大，费水而且不易控制灌水量等。

侧方灌溉和漫灌都要设固定渠道或临时渠道。固定渠道占用土地较多。临时渠道节省土地，便于机械通行，但要经常开沟。

喷灌是喷洒灌溉的简称，也叫人工降雨。其设备由水源、输水渠系、水泵、动力、压力输水管道及喷头等组成。喷灌是利用机械的压力将水通过翼管的喷头喷到空中，使充分雾化成细小的水滴，再降到地面进行灌溉。现用的喷灌系统有移动式、固定式和半固定式 3 类。优点是节省水并便于控制灌溉量，进行合理的灌溉，能防止因灌水过多使土壤产生次生盐渍化；减少渠道占地面积，能提高土地利用率；不破坏土壤的结构，土壤不板结并能防止水土流失；工作效率高，节省劳力；在春季灌溉能提高地面温度，并有防霜作用；在高温时喷灌能降低地面温度，使苗木免受高温之害；喷灌均匀，地形稍有不平也能进行较均匀的灌溉。缺点是喷灌所需要的基本建设投资较高，受风的限制较多，风力在 3~4 级以上时喷灌不均。

滴灌即滴水灌溉，是通过管道把水滴到土壤中的灌溉方法。由滴头、毛管、支管、干管和首部枢纽组成，通过管道网把水输送到每一棵苗木。管道网通常是安装在地上，也有的安装在地下。控制滴灌系统的操作可完全自动化。滴灌的优点是滴灌能减少因蒸发而损失的水量；管理得法的滴灌系统能保持土壤通气良好，有利于苗木生长；滴灌因水通过地面管道提高水温，可避免因用地下水灌溉而降低土温，不利于春季种子发芽和根系生长。

滴灌的缺点是造价高，投资较大，滴头和管道容易淤塞。

3. 苗圃排水系统的设计

地势低、地下水位高、雨量多的苗圃，应重视排水系统的建设。排水系统主要由堤坝、截流沟和排水沟组成。排水沟应设在地势较低的地方，如道路两旁。排水沟的规格根据当地降水量和地形、土壤条件而定，以保证盛水期能很快排出积水及少占用土地为原则。排水沟也有主沟、支沟、毛沟之分。主沟一般设在干道的两侧，它承受着圃内的盛水期全部排水流量。出水口必须设在苗圃外，保证在盛水期能将苗圃的全部积水排出苗圃之外。支沟一般设在支道的侧面，各毛沟的水都经过支沟流到主沟。毛沟排出的水是苗床和作业区的水。一般大排水沟宽1.0 m以上，深0.5~1.0 m；作业区内排水沟宽0.3 m，深0.3~0.6 m。苗圃四周设置的堤坝可以防止河水、洪水进入苗圃；较深的截水沟可以防止苗圃外的水入侵，并具有排除内水保护苗圃的作用。一般排水系统占地面积为苗圃总面积的1%~5%。

4. 苗圃防护林的设计

防风林应根据苗圃风沙危害程度进行设计。一般规定为小型苗圃与主风方向垂直设置一条林带，中型苗圃四周设置林带，大型苗圃除四周设置环围林带外，圃内应根据树种防护性能，结合道路、渠道设置若干辅助林带。一般主林带宽度为8~10 m，辅助林带2~4 m；林带间距400~600 m，每条林带由1~4行乔木树种组成，一般株行距3 m×2 m。林带宜选择生长迅速，防护性能好的树种，其结构以乔木、灌木混交的半透风式为宜，要避免选用病虫害严重的或为苗木病虫害中间寄主的树种。在有野兽、家畜、家禽、人为等侵害的地方，应设护栏和绿篱。一般防护林占地面积为苗圃总面积的5%~10%。

5. 苗圃管理区的设计

苗圃管理区包括房屋建筑和圃内场院等部分。房屋建筑主要包括：办公室、宿舍、食堂、仓库、种子贮藏室、苗木分级室、机房、车库、工具房等；圃内场院主要包括：晾晒场、积肥场、运动场等。苗圃管理区应设在地势较高、土壤条件差、便于管理、交通方便的地方。办公区、生活区在大型苗圃一般设在苗圃地中心位置；中、小型苗圃一般设在靠近苗圃出入口的地方。积肥场等应设在比较隐蔽、便于运输的下风处。一般管理区占地面积为苗圃总面积的1%~2%。

（五）苗木培育工艺与技术设计

育苗工作的各环节是相互联系的系统工程，每一种苗木的培育技术又都有很大灵活性和地域性。必须根据培育树种的生物学和生态学特性，结合当地条件，扬长避短，用最短的时间，最低的成本，达到优质、高产、高效的育苗目的。

不同种类苗木的培育工艺和技术不同，一般按苗木种类分别进行育苗工艺与技术设计。如播种育苗工艺与技术，扦插育苗工艺与技术，嫁接育苗工艺与技术等，要使生产各种苗木的主要工艺和技术，技术上先进，经济上合理。一些特殊类型的苗木也可设计育苗工艺与技术。

(六)园林苗圃设计图的绘制

1. 绘制设计图的准备工作

在绘制设计图之前，必须了解苗圃的具体位置、界限、面积，育苗种类、数量、出圃规格、苗木供应范围，苗圃的灌溉方式，苗圃必需的建筑、设施、设备，苗圃管理的组织机构、工作人员编制等，同时应有苗圃建设任务书和各种有关资料，现状平面图、地形图、土壤分布图、植被分布图等，有关经营条件、自然条件、当地经济发展状况资料等。

2. 绘制设计图

依据准备工作的资料对苗圃各种具体条件进行综合分析，确定苗圃的规划设计方案。以苗圃地形图为底图，在图上绘出主要道路、渠道、排水沟、防护林、场院、建筑物、生产设施构筑物等。根据苗圃育苗任务，计算各树种育苗所占用的生产用地面积，设置好各类生产区，形成苗圃设计草图，经多方征求意见，反复修改，确定正式设计方案，即可绘制正式设计图。

在正式设计图中，要按比例尺为 1∶2000 的比例尺，将各类苗木生产区、作业区，以及道路、水井、沟渠、建筑物、场院、防护林等绘制在图上；沟渠用箭头注明排灌方向；在图外标明图例、比例尺及北向。各区应编号，以便说明生产区的位置。

目前，各设计单位都已普遍使用计算机绘制平面图、效果图、施工图等。

(七)园林苗圃规划设计说明书的编写

内业工作最终要提交的成果一般包括园林苗圃总体区划图和总体规划设计说明书两部分。规划设计说明书是园林苗圃规划设计的文字材料，它与规划设计图是园林苗圃规划设计不可缺少的两个组成部分。图纸上表达不出来的内容，都必须在说明书中加以阐述。说明书一般分为总论和设计两个部分。

1. 总论部分

主要叙述苗圃的经营条件、自然条件，并分析其对育苗生产的有利条件和不利因素以及相应的改造措施。

(1)经营条件

① 苗圃所处的位置，当地的经济、生产、劳动力情况及其对苗圃育苗生产的影响；
② 苗圃的交通条件；
③ 电力和机械化条件；
④ 通信条件；
⑤ 周边环境条件；
⑥ 苗圃成品苗供应的区域范围，对苗圃发展的展望，建立苗圃的投资和效益估算。

(2)自然条件

① 地形特点；

② 气象条件；
③ 土壤与植被条件；
④ 水源情况；
⑤ 病虫鼠兔害情况。

2. 设计部分

(1) 苗圃面积计算
① 各树种育苗面积计算；
② 生产用地面积计算；
③ 辅助用地面积计算。
(2) 苗圃区划说明
① 生产区的区划；
② 作业区的区划；
③ 道路系统设计；
④ 排灌系统设计；
⑤ 防护林及防护系统(围墙、栅栏等)设计；
⑥ 管理区建筑设计；
⑦ 设施育苗区温室、组培室设计。
(3) 育苗技术设计
① 培育苗木的种类；
② 各类苗木培育工艺与技术设计；
③ 各类苗木栽培管理的技术要点；
④ 苗木出圃技术要求。

第四节　园林苗圃的建立

园林苗圃建设施工包括土地整理，温室、沟渠、道路、房屋建设，水、电、通信的引入，防护林的营造及防护设施的建设等。苗圃建设应按设计方案进行，但不同项目施工顺序有所不同。

一、土地整理工程施工

苗圃地形坡度不大时，可在路、沟、渠修成后结合土地翻耕进行土地平整，或在苗圃投入使用后结合耕种和苗木出圃等，逐年进行平整，这样可节省苗圃建设施工的投资，也不会造成原有表层土壤的破坏。坡度过大时必须修筑梯田，这是山地苗圃的主要土地整理项目，应尽早施工。地形总体平整，但局部不平时，按照整个苗圃地总坡度进行削高填低，整成具有一定坡度的圃地。

在圃地中，对于土壤瘠薄、盐碱土、砂土、黏土、建筑侵入体土壤，应进行必要的土壤改良。

土壤肥力是指土壤能供给苗木生长所必需的水分、养分、空气、热量等生活条件和调节这些生活条件的能力。一般肥力不足、质地松散、瘠薄的土壤不宜作苗圃地，但对于土地资源比较少的我国，有些时候还必须在这种土壤瘠薄的土地建设苗圃。通过土壤改良措施，土壤肥力可逐步提高，瘠薄的土壤可转化成肥沃的土壤，能够满足苗木生长的需要。主要措施有：一是种植绿肥就地压青，是增加土壤有机质、改善耕作层结构的有效途径，尤其适合在地广人稀、劳力不足的地区，具有投资少、见效快的特点。二是结合深耕增施农家有机肥料，是提高土壤肥力的重要措施。由植物残体或人畜的粪尿等有机物质经过微生物分解腐熟而成的有机肥料，能改良土壤理化性质，促进土壤微生物活动，提高土壤肥力；含有多种营养元素，肥效时间长，能在苗木整个生长过程中始终提供苗木所需营养。常用的有机肥主要有堆肥、厩肥、绿肥、泥炭、人粪尿、饼肥和腐殖酸肥等。

盐碱地的主要危害是土壤含盐量高和离子毒害。当土壤的含盐量高于土壤含盐量的临界值0.2%，土壤溶液浓度过高，植物根系很难从中吸收水分和营养物质，引起“生理干旱”和营养缺乏症。另外，盐碱地的土壤pH值都在8以上，使土壤中各种营养物质的有效性降低。这类土壤改良的技术措施有：一是适时合理地灌溉，洗盐或以水压盐；二是多施微生物有机肥，种植绿肥作物如苜蓿、草木犀、百脉根、田菁、扁蓿豆、偃麦草、黑麦草、燕麦、绿豆等，以改善土壤不良结构，提高土壤中营养物质的有效性；三是化学改良，施用土壤改良剂，提高土壤的团粒结构和保水性能；四是通过中耕切断土表的毛细管和地表覆盖等措施，减少地面过度蒸发，防止盐碱上升。

砂土保水、保肥性能差，有机质含量低，土表温度变化剧烈。这类土壤改良常采用掺入塘泥、河泥，并结合增施纤维含量高的有机肥来改良。近年来国外采用人工合成的高分子化合物作为土壤结构改良剂，施用于砂性土壤作为保水剂或促使土壤形成团粒结构。

黏土空气含量少，通透性差。这类土壤改良常在掺沙的同时混入纤维含量高的作物秸秆、稻壳等有机肥，可有效地改良此类土壤的通透性。在我国长江以南的丘陵山区多为红壤土，土质极其黏重，容易板结，有机质含量少，且严重酸性化。对于红壤土改良的技术措施有：一是掺沙，一般1份黏土掺入2~3份沙；二是增施微生物有机肥和广种绿肥作物，提高土壤肥力和调节酸碱度，如施入750~1050 kg/hm^2磷肥和石灰等，或种植肥田萝卜、紫云英、金光菊、豇豆、蚕豆、二月蓝、大米草、毛叶苕子、油菜等绿肥作物；三是合理耕作，实施免耕或少耕，实施生草法等土壤管理。

在苗圃地中如有城市建设形成的灰渣、砂石等侵入时，应全部清除，并换入好土。

二、水电通信的引入和建筑工程施工

房屋建设和水、电、通信的引入应在其他各项基建之前进行，水、电、通信是搞好基建的先行条件，应最先安装引入。为了节约土地，办公用房、宿舍、仓库、车库、机房、工具库、种子库等最好集中于管理区一起兴建，尽量建成楼房。组培室一般也建在管理区内。温室虽然占用生产用地，但其建设施工也应先于圃路、灌溉等其他建设项目进行。

三、圃路工程施工

园林苗圃道路施工前，先在设计图上选择两个明显的地物或两个已知点，定出干道的实际位置，再以干道的中心线为基线，进行道路系统的定点、放线工作，然后才是修建道路。道路路面有很多种，如土路、沙石路、灰渣路、沥青混凝土路、水泥混凝土路等。大、中型苗圃干道、支道的设置相对固定，有条件的苗圃可建设沥青混凝土路或水泥混凝土路，或者将支道建成沙石路或灰渣路。大、中型苗圃的作业路和小型苗圃的道路系统主要为土路。

四、灌溉工程施工

用于灌溉的水源为地表水时，应先在取水点修筑取水构筑物，安装提水设备；需要开采地下水时，应先打井，然后通过水泵提水。

采用渠道引水方式灌溉时，灌溉渠道有土渠、石砌渠、水泥混凝土渠、钢筋混凝土渠等。施工时干渠、支渠的坡降应符合设计要求，要进行精确测量，准确标出标高，按照标示修建渠道。施工时先按照设计的宽度、高度、边坡比填土，分层夯实，当达到设计高度时，再按渠道设计的过水断面尺寸从顶部开掘。

采用管道引水方式灌溉时，要按照管道铺设的设计要求开挖 1 m 以上的深沟，在沟中铺设管道，并按设计要求布置好出水口。

喷灌等节水灌溉工程的施工，必须在专业技术人员的指导下，严格按照设计要求进行，应对喷灌系统进行调试，通过调试能够正常运行后再投入使用。

五、排水工程施工

一般先挖掘向外排水的主沟。挖掘排水沟与修筑苗圃道路相结合，将挖掘的土填于路面。作业区的小沟可结合整地同时进行。排水沟的坡降和边坡都要符合设计要求。

六、防护林工程施工

应在适宜季节营造防护林，一般以早春造林为主；最好使用大苗造林，以便尽早形成防护功能。造林的株行距要按设计规定的进行施工，造林后要及时浇水，并做好其他抚育管理工作，以保证树木成活和正常生长。

七、园林苗圃技术档案的建立

园林苗圃技术档案是育苗生产实践活动和科学实验的真实历史记录及经验总结。通过技术档案的记录、积累和分析，能够迅速、准确地掌握各种苗木的生长规律，分析总结育苗经验，为科学管理提供客观依据。从苗圃开始建立起，作为苗圃生产经营内容之一，就应建立苗圃技术档案。

(一)建立苗圃技术档案的意义

苗圃技术档案通过逐年连续记录，不断积累苗圃地的使用情况，苗木的生长状况，育苗的技术措施，物料使用情况，苗圃日常作业的劳动组织和用工情况等；能够及时准确和动态地掌握苗圃土地利用率，培育苗木的种类、数量和质量，各种苗木的生长规律，育苗技术措施的科学合理性；整理、分析、总结育苗技术经验和教训，土地、劳力、机具、物料的使用是否合理，能够为建立健全计划管理、劳动组织、制定生产定额和实行科学管理提供依据。

(二)园林苗圃技术档案的主要内容

园林苗圃地的利用档案、苗木生长发育情况及各阶段采取的育苗技术措施档案、各项作业的实际用工量和肥、药、物料的使用情况档案。

1. 苗圃基本情况档案

记载苗圃的位置、面积、经营条件、自然条件、地形图、土壤分布图、苗圃区划图、固定资产、人员及组织结构等，发生变化及时登记。

2. 苗圃土地利用档案

每年记载各作业区面积、土质、育苗树种、育苗方式和方法、整地方法、施肥和施用除草剂的种类和数量及时间、灌水数量和次数及时间、病虫害的种类和危害程度、苗木的产量和质量等。应每年绘制一张苗圃地利用平面图，以便分析苗圃地土壤肥料的变化与耕作之间的关系，为科学的经营苗圃提供依据。

3. 育苗技术措施档案

每年记载苗圃各种苗木的整个培育过程。应从分树种种子、插条、接穗处理开始，直到起苗包装为止，将一系列技术措施进行登记，以便分析总结育苗经验，提高育苗技术。育苗技术措施登记表见表 2-1。

4. 苗木生长调查档案

每年对苗木的生长状况进行观察，记载各种苗木的生长过程，以便分析苗木生长与自然条件和人为因素之间的关系，确定适宜的培育措施。苗木生长登记表见表 2-2。

5. 苗圃作业日记

记录苗圃每天的作业情况。一方面能了解苗圃每天进行的各种作业，可以掌握作业的进展，便于检查、总结和日后作业的安排；另一方面可以根据作业日记统计各树种的用工量和物料的使用情况，核算成本，制定合理定额，更好地组织生产，提高劳动生产率。苗圃作业日记表见表 2-3。

6. 气象观测档案

记载气象因素的变化情况，以便分析气象因素与苗木生长、病虫害发生发展之间的关系，利用有利的气象因素，避免和防止自然灾害，确定适宜的技术措施和实施时间，确保苗木优质高产。一般气象资料可以从附近气象站抄录。确有必要可自行观测记载。

表 2-1　育苗技术措施登记表

<table>
<tr><td colspan="4">树　种：</td><td colspan="6">苗　龄：</td><td colspan="4">育苗年度：</td></tr>
<tr><td colspan="4">育苗面积：</td><td colspan="6">种子/穗条来源：</td><td colspan="4">繁殖方法：</td></tr>
<tr><td colspan="10">种条品质：</td><td colspan="4">种子贮藏方法：</td></tr>
<tr><td colspan="10">种条消毒催芽(催根)方法：</td><td colspan="4">前茬植物：</td></tr>
<tr><td rowspan="2" colspan="2">整　地</td><td colspan="3">耕地日期：</td><td colspan="5">耕地深度：</td><td colspan="4">使用机具：</td></tr>
<tr><td colspan="3">作床日期：</td><td colspan="5">作业方式和面积：</td><td colspan="4">使用机具：</td></tr>
<tr><td colspan="2">项　目</td><td>时　间</td><td colspan="5">种　类</td><td colspan="2">用　量</td><td colspan="4">方　法</td></tr>
<tr><td colspan="2">基　肥</td><td></td><td colspan="5"></td><td colspan="2"></td><td colspan="4"></td></tr>
<tr><td colspan="2">土壤消毒</td><td></td><td colspan="5"></td><td colspan="2"></td><td colspan="4"></td></tr>
<tr><td rowspan="3">追　肥</td><td>1</td><td></td><td colspan="5"></td><td colspan="2"></td><td colspan="4"></td></tr>
<tr><td>2</td><td></td><td colspan="5"></td><td colspan="2"></td><td colspan="4"></td></tr>
<tr><td>3</td><td></td><td colspan="5"></td><td colspan="2"></td><td colspan="4"></td></tr>
<tr><td colspan="2">播种/扦插/嫁接</td><td colspan="4">播量/密度：</td><td colspan="3">时　间：</td><td colspan="3">方　法：</td><td colspan="2">覆土厚度：</td></tr>
<tr><td colspan="2">覆　盖</td><td colspan="7">覆盖物：</td><td colspan="5">起止时间：</td></tr>
<tr><td colspan="2">遮　阴</td><td colspan="7">遮阴物：</td><td colspan="5">起止时间：</td></tr>
<tr><td rowspan="2" colspan="2">间苗定苗</td><td colspan="7">时间，留苗密度：</td><td colspan="5">时间，留苗密度：</td></tr>
<tr><td colspan="7">时间，留苗密度：</td><td colspan="5">时间，留苗密度：</td></tr>
<tr><td colspan="2">灌　水</td><td colspan="12">时间，水量：</td></tr>
<tr><td colspan="2">中　耕</td><td colspan="12">时间，深度：</td></tr>
<tr><td rowspan="2" colspan="2">病虫害
防　治</td><td>病虫名称</td><td colspan="4">发生日期</td><td colspan="2">防治日期</td><td colspan="2">药物名称</td><td colspan="2">浓　度</td><td>防止方法</td></tr>
<tr><td></td><td colspan="4"></td><td colspan="2"></td><td colspan="2"></td><td colspan="2"></td><td></td></tr>
<tr><td colspan="2">出　圃</td><td colspan="5">日　期：</td><td colspan="3">起苗方法：</td><td colspan="4">蘸根假植：</td></tr>
<tr><td colspan="2">包装运输</td><td colspan="12"></td></tr>
<tr><td colspan="2">其　他</td><td colspan="12"></td></tr>
<tr><td colspan="2">填表人</td><td colspan="12"></td></tr>
</table>

表 2-2　苗木生长登记表

<table>
<tr><td colspan="5">树　种：</td><td colspan="5">苗木种类：</td><td colspan="4">育苗年度：</td></tr>
<tr><td rowspan="3">物候期</td><td>开始出苗期
芽膨大期</td><td colspan="5"></td><td colspan="3">大量出苗期
芽展开期</td><td colspan="4"></td></tr>
<tr><td>真叶出现期</td><td colspan="5"></td><td colspan="3">顶芽形成期</td><td colspan="4"></td></tr>
<tr><td>展叶期
叶变色期</td><td colspan="5"></td><td colspan="3">落叶始期
完全落叶期</td><td colspan="4"></td></tr>
<tr><td colspan="2" rowspan="2">项　目</td><td colspan="12">生长量</td></tr>
<tr><td>月–日</td><td>月–日</td><td>月–日</td><td>月–日</td><td>月–日</td><td>月–日</td><td>月–日</td><td>月–日</td><td>月–日</td><td>月–日</td><td>月–日</td><td>月–日</td></tr>
<tr><td colspan="2">苗　高</td><td></td><td></td><td></td><td></td><td></td><td></td><td></td><td></td><td></td><td></td><td></td><td></td></tr>
<tr><td colspan="2">地　径</td><td></td><td></td><td></td><td></td><td></td><td></td><td></td><td></td><td></td><td></td><td></td><td></td></tr>
<tr><td colspan="2">根　系</td><td></td><td></td><td></td><td></td><td></td><td></td><td></td><td></td><td></td><td></td><td></td><td></td></tr>
<tr><td rowspan="10">出圃</td><td>级　别</td><td colspan="4">分级标准</td><td colspan="4">单　产</td><td colspan="4">总产量</td></tr>
<tr><td rowspan="3">Ⅰ级</td><td colspan="4">苗　高：</td><td colspan="4" rowspan="3"></td><td colspan="4" rowspan="3"></td></tr>
<tr><td colspan="4">地　径：</td></tr>
<tr><td colspan="4">根　系：</td></tr>
<tr><td rowspan="3">Ⅱ级</td><td colspan="4">苗　高：</td><td colspan="4" rowspan="3"></td><td colspan="4" rowspan="3"></td></tr>
<tr><td colspan="4">地　径：</td></tr>
<tr><td colspan="4">根　系：</td></tr>
<tr><td rowspan="3">Ⅲ级</td><td colspan="4">苗　高：</td><td colspan="4" rowspan="3"></td><td colspan="4" rowspan="3"></td></tr>
<tr><td colspan="4">地　径：</td></tr>
<tr><td colspan="4">根　系：</td></tr>
<tr><td colspan="2">其　他</td><td colspan="4"></td><td colspan="8">填表人：</td></tr>
</table>

表 2-3　苗圃作业日记

年　　月　　日　　　星期　　　　　　　　　　　　　　　　填表人：

<table>
<tr><td rowspan="2">树种</td><td rowspan="2">作业区号</td><td rowspan="2">育苗方法</td><td rowspan="2">作业方式</td><td colspan="3">人　工</td><td colspan="3">机　工</td><td colspan="3">畜　工</td><td colspan="2">作业量</td><td colspan="3">物料使用量</td><td rowspan="2">作业质量说明</td><td rowspan="2">备注</td></tr>
<tr><td>小计</td><td>长工</td><td>短工</td><td>小计</td><td>长工</td><td>短工</td><td>小计</td><td>长工</td><td>短工</td><td>单位</td><td>数量</td><td>名称（规格）</td><td>单位</td><td>数量</td></tr>
<tr><td></td><td></td><td></td><td></td><td></td><td></td><td></td><td></td><td></td><td></td><td></td><td></td><td></td><td></td><td></td><td></td><td></td><td></td><td></td><td></td></tr>
<tr><td>总计</td><td></td><td></td><td></td><td></td><td></td><td></td><td></td><td></td><td></td><td></td><td></td><td></td><td></td><td></td><td></td><td></td><td></td><td></td><td></td></tr>
<tr><td>记事</td><td></td><td></td><td></td><td></td><td></td><td></td><td></td><td></td><td></td><td></td><td></td><td></td><td></td><td></td><td></td><td></td><td></td><td></td><td></td></tr>
</table>

(三)建立苗圃技术档案的要求

园林苗圃技术档案管理应做到收集完整、记录准确、归档及时、查找方便。应有专人记载，有条件应按统一程序进行计算机管理。每年年底和一个生产周期结束后，都要及时分类整埋，按时间顺序装订成册，登记归档，长期妥善保管。

第五节　园林苗圃林木生产设施与设备

“十五”至“十二五”期间，我国对苗圃机械化关键技术和难点问题进行了攻关研究，并已经在少量播种技术、高密度苗木移植技术、精细筑床技术等领域取得了重大突破，使目前在苗圃中使用的生产设施和设备质量、种类有了明显提高。

一、生产设施与设备的分类

设施是在园林苗圃中，为满足园林苗木培育的需要而设立的建筑、设备等称为园林苗圃苗木生产设施。如场院、房舍、道路、温室以及培育苗木需要的生产设备等。设备是指基本具有特定实物形态和特定功能，可供人们长期使用的一套装置，如：铧式犁、作床机、撒粪车、播种机、喷灌机、起苗犁、拖拉机等。

随着科学技术水平的发展，苗木培育设施和设备发展较快，苗木培育的主要工序基本上都有了相应的生产设施和设备，为园林苗木的培育提供了良好的条件。我国地域辽阔，自然地理分异较大，不同地区苗圃的面积、育苗树种、作业方式不尽相同，在选用园林苗圃林木生产设施与设备时，应因地制宜，经过试验，行之有效后再推广使用。

(一)生产设施

根据园林苗圃的特点，园林苗圃苗木生产设施可分为：①建筑设施，如办公室、库房、实验室、场院、积肥池、道路系统、温室等；②灌排设施，如机井、晒水池、提水设备、渠、管道、喷灌设备、排水沟等；③电力设施，如高压线路、低压线路、变压设备等；④通信设施，如固定电话、手机、对讲机等；⑤育苗设施，如各种育苗设备等。

(二)生产设备

按照园林苗圃苗木培育主要作业的性质和特点，结合生产设备的产品特性、作业功能，园林苗圃苗木生产设备可分为：①耕地整地设备，如铧式犁、旋耕机、圆盘耙等；②种植和施肥设备，如播种设备、育苗机械设备、栽植设备、地膜设备、捣粪机械等；③田间管理设备，如中耕设备、植保设备、修剪设备等；④起苗设备，如起苗犁等；⑤排灌设备，如水泵、喷灌机械设备等；⑥搬运设备，如运输设备、装卸设备等；⑦设施育苗设备，如日光温室设施设备、塑料大棚设施设备、连栋温室设施设备等；⑧动力设备，如拖拉机、内燃机、燃油发电机组等。

二、耕地整地设备

园林苗圃土壤耕作包括平地、浅耕、耕地、耙地、作床、作垄、镇压、中耕等环节，完成这些作业的设备包括耕地设备和整地设备。在苗圃耕地和整地作业中，多引用农业机械。耕地设备有铧式犁、旋耕机等；整地设备有各种耙、镇压器、平地机具和开沟、作床、作垄等机具。

耕地可以翻耕土壤，但耕地后一般土块较大，地表不平，土壤中留有较大空隙，还需要通过整地作业，进一步破碎土壤，平整地面并压实土层，混合肥料、除草剂和机械除草等，从而消除土块间的过大空隙，保持土壤水分，消灭杂草和病虫害，并通过改良土壤为苗木的生长创造良好条件，达到地表平整，无沟垄起伏，表层松软，下层密实，作业深度符合要求且均匀一致，不漏耙，不漏压的旱田整地要求。

(一)铧式犁

铧式犁是一种耕地的机具，为全悬挂式铧式犁，由在一根横梁端部的厚重的刃构成，目前通常系在一组牵引它的机动车上，用来破碎土块并耕出槽沟从而为播种做好准备。

1. 铧式犁基本构造和主要作用

铧式犁的型号很多，结构繁简和形式不同，但基本组成部分大致相同，一般由主犁体、行走限深装置、机架、牵引悬挂装置组成(图 2-1)。主犁体是铧式犁的核心工作部件，其作用是切割、破碎和翻转土垡、杂草、残茬和肥料。主要有犁铧、犁壁、犁侧板、犁托、犁柱和撑杆等部件组成(图 2-2)。园林苗圃的土壤耕作为旱耕，且田块较小，圃地残茬较少，多为砂壤土、轻壤土，悬挂中型铧式犁的应用比较普遍(图 2-3)。

犁铧又称犁铲或犁尖。是铧式犁体上入土和切土的部件，也是最易磨损的部件。

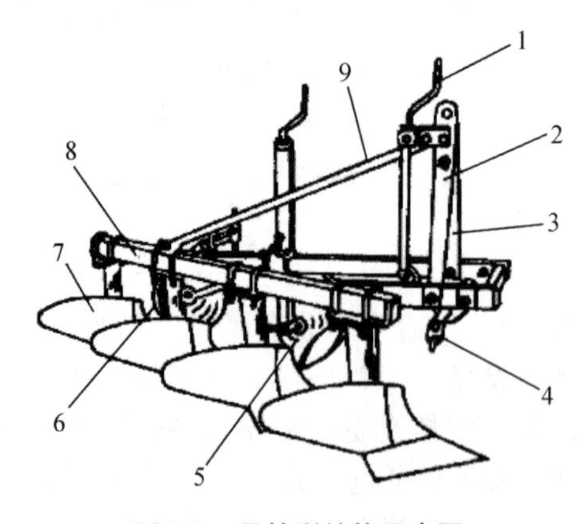

图 2-1　悬挂犁结构示意图

1. 调节手柄　2、3. 右、左支杆　4. 悬挂轴　5. 限深轮　6. 圆犁刀　7. 犁体　8. 犁架　9. 中央支杆

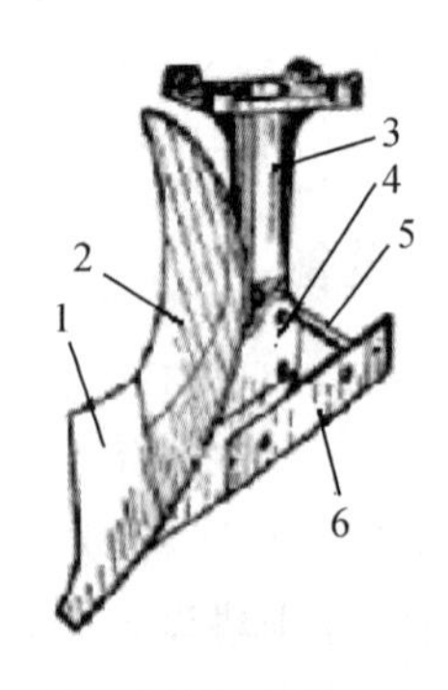

图 2-2　主犁体结构示意图

1. 犁铧　2. 犁壁　3. 犁柱　4. 犁托　5. 撑杆　6. 犁侧板

图 2-3　拖拉机牵引悬挂式铧式犁

犁壁又称犁镜或翻土板。主要是用于翻土和碎土。犁壁和犁铧组成犁体曲面，根据犁体耕翻时土垡运动特点分为滚垡型、窜垡型和滚窜垡型三大类。耕地质量的好坏、牵引阻力的大小与犁壁和犁铧组成犁体曲面的形状有很大关系。滚垡型根据其翻土和碎土作用不同又可分为碎土型、通用型和翻土型。

犁铧、犁壁和犁侧板通过埋头螺栓与犁托相连，保持三者位置不变；犁柱上、下两端分别与犁架和犁托相连；犁侧板固定在犁托的直壁部分，用于支持犁体，并平衡犁体工作时承受到的侧压力，而犁壁与犁侧板之间的撑杆是为了加强犁壁和犁侧板之刚度；犁架用来支持犁体，把牵引力传给犁体；悬挂架是用来将整台犁悬挂到拖拉机的悬挂机构上，控制犁的升降；限深轮用来调节耕深。

安装在主犁体和小前犁前方的犁刀，其功能是垂直切开土壤和杂草残渣，减轻阻力，减少主犁体胫刃的磨损，保证沟壁整齐，改善覆盖质量。

2. 铧式犁的选择

铧式犁的选择要根据园林苗圃所在地区和苗圃土壤、动力条件以及育苗的要求进行选择(表 2-4)。① 根据苗圃土壤条件和育苗要求来选择犁体型式，是通用型还是碎土型或者翻土型；② 根据耕地时拖拉机有无悬挂装置、田块大小，选择犁的挂结型；③ 根据耕地时拖拉机常用工作挡位的牵引力、土壤比阻、要求耕深和犁体幅宽，来选择铧的个数。

在园林苗圃，一般选用北方系列中型犁和南方水田系列中型犁，均可满足耕地要求。对于育苗面积较小的苗圃，选择与主机功率匹配合理的悬挂液压双向翻转犁更好，它不仅在作业时机动灵活，更由于它可以改变犁体的翻转方向，在往返工作时可使土垡向一侧翻转，在犁耕时无开闭垄，耕后地面较平整，减少了平地的工作量(图 2-4)。

表 2-4　1LF－345 铧式犁主要技术参数

规格名称	1LF－345	离地间隙(mm)	780
总宽度(mm)	1420/1220	犁体距离(mm)	85
长　度(mm)	2960	工作幅宽(cm)	114～135
高　度(mm)	1740	动力匹配(hp*)	70～85
耕　深(mm)	200～300	悬挂标准	通用二类悬挂

*　1hp＝0.7457kW

图 2-4　拖拉机牵引 1LF－345 铧式翻转犁

(二) 旋耕机

旋耕机是与拖拉机配套完成耕、耙作业的耕耘机械。因其具有碎土能力强、耕后地表平坦等特点，而得到了广泛的应用；同时能够切碎埋在地表以下的根茬，便于播种机作业，为后期播种提供良好种床。

1. 旋耕机基本构造和主要作用

以旋转刀齿为工作部件的驱动型土壤耕作机械。由旋耕刀轴、传动装置、挡泥板、机架和悬挂架等组成。耕地时旋耕刀齿连续切削土壤，并抛至后方与挡泥板撞击而碎土。按旋耕机旋耕刀轴的配置方式分为横轴式和立轴式两类(图 2-5、图 2-6)。以刀轴水平横置的横轴式旋耕机应用较多。旋耕机有较强的碎土能力，一次作业即能使土壤细碎，土肥掺和均匀，地面平整，达到旱地播种和扦插的要求，减少了耕地和整地次数，提高工效，并能充分利用拖拉机的功率。但对残茬、杂草的覆盖能力较差，不利于消灭杂草，耕深较浅，一般旱耕为 12～16 cm，能量消耗较大。重型横轴式旋耕机的耕深可达 20～25 cm。

图 2-5　横轴式旋耕机

图 2-6　立轴式旋耕机

2. 旋耕机的选择

横轴式旋耕机有较强的碎土能力，多用于开垦灌木地的耕作，工作部件包括旋耕刀辊和按多头螺线均匀配置的若干把切土刀片，由拖拉机动力输出轴通过传动装置驱动，刀辊的旋转方向通常与拖拉机轮子转动的方向一致，切土刀片由前向后切削土层，并将土块向后上方抛到罩壳和拖板上，使之进一步破碎，刀辊切土和抛土时，土壤对刀辊的反作用力有助于推动机组前进，因而卧式旋耕机作业时所需牵引力很小，有时甚至可以由刀辊推动机组前进，比较适合园林苗圃土壤耕作(表 2-5、图 2-7)。

表 2-5　IGNA 型旋耕机主要技术参数

型　号	IGNA－200	IGNA－220	IGNA－230
整机外形(长×宽×高)(mm)	2172×990×1150	2372×990×1150	2472×990×1150
作业幅宽(mm)	2000	2200	2300
刀组数量	9	10	10
正刀数量	27	30	30
反刀数量	27	30	30
作业深度调整范围(mm)	80～160	80～160	80～160
拖拉机挂接	通用二类悬挂	通用二类悬挂	通用二类悬挂
整机重量(kg)	478	498	512
动力需求(hp)	50～60	60～70	65～75

图 2-7　拖拉机牵引旋耕机作业

(三)耙地机具

耙地机具是一类整地机械，包括圆盘耙、联合整地机、钉齿耙等。

1. 圆盘耙

主要作用是碎土、平整地面等，使土壤“上虚下实”，可用于浅耕灭茬，搅土混肥（图2-8）。土壤过干时圆盘耙的使用效果不好。1BQX系列轻耙适用于耕后碎土、播前整地、疏松土壤、土肥混合、轻质土壤的灭茬工作，其主要技术参数如表2-6。

图2-8　悬挂轻耙

表2-6　1BQX系列轻耙主要技术参数

型　号	1BQX－1.1	1BQX－1.3	1BQX－1.5	1BQX－1.7
外形尺寸(cm)	159×123×83	159×144×83	190×160×112	190×182×112
重量（kg）	200	220	240	260
耙幅(m)	1.1	1.3	1.5	1.7
工作深度(cm)	8～14			
耙片数量	12	14	16	18
耙片直径（mm）	460			
耙片厚度（mm）	3			
耙间距离（mm）	200			
生产效率（hm^2/h）	0.7	0.84	0.97	1.1
挂接方式	三点悬挂			
配套动力(hp)	12～20	14～25	25～35	30～45

2. 联合整地机

联合整地机能一次完成耕后碎土、疏松土壤、土肥混合、播前整平、镇压等作业，直接备好平坦苗床，可以提高效率，降低作业成本；根茬粉碎还田以后，可以提高土壤有机质含量，改善土壤结构，起到培肥地力、提高苗木质量的作用(图2-9、表2-7)。

图2-9　液压联合整地机

表2-7　1LZ－5.4液压联合整地机主要技术参数

型　号	1LZ－3.6	1LZ－4.2	1LZ－5.4	1LZ－7.2
最大幅宽(m)	3.6	4.2	5.4	7.2
最大耕深(mm)	14			
耙片直径(mm)	460(510)			
耙片间距(mm)	170			
耙组偏角(°)	3、6、9、11、13			
作业速度(km/h)	7～9			
生产效率(hm^2/h)	2.28	2.66	3.33	4.44
运输间隙(mm)	>280			
配套动力(hp)	>65	>80	>100	>120
外形尺寸(cm)	660×380×100	660×440×100	660×560×100	700×750×100

3. 钉齿耙

主要作用是平整地面、破碎土块、清除根系杂草、疏松土壤等。当土壤含水量适宜时，钉齿耙的使用效果较好，土壤过干、过湿时效果不好。钉齿耙一般情况下都与犁或其他整地机具相配合，进行复式作业。

(四)镇压器

镇压器包括拖架、主轴和镇压体部分，拖架上设有挂环，拖架通过螺栓与主轴相连接；主轴上穿装有镇压器；所述的镇压器包括单元镇压体、边缘镇压体和套筒轴；套筒轴穿装在主轴上，套筒轴两端固定装有相对的锥台形边缘镇压体，在相对的边缘镇压体之间的套筒轴上固定装有一个以上的菱形单元镇压体；单元镇压体之间以及单元镇压体与边缘镇压体之间为梯形环形空间。其特点是：结构简单，设计合理，使用方便。能收到对起垅地的扶正、压实、保墒、保苗的良好效果，特别是能使喷洒的封闭农药得以完全吸收。

常用的镇压器有圆筒形镇压器、V 形镇压器、锥形镇压器、网纹形镇压器、链齿形镇压器等。

1. 圆筒形镇压器

工作部件是石制(实心)或铁制(空心)圆柱形压磙，能压实 3~5 cm 的表层土壤，表面光滑，可减少风蚀。

2. V 形镇压器

工作部件由轮缘有凸环的铁轮套装在轴上组成，每一铁轮均能自由转动；一台镇压器通常由前后两列工作部件组成。前列直径较大，后列直径较小，前后列铁轮的凸环横向交错配置。作用于土层的深度和压实土壤的程度决定于其工作部件的形状、大小和重量。压后地面呈 V 形波状，波峰处土壤较松，波谷处则较紧密，松实并存，有利于保墒。在砂土地作业容易拥土。

3. 锥形镇压器

工作部件由若干对配装的锥形压磙组成，每对前后两个压磙的锥角方向相反，作业时对土壤有较强的搓擦作用。

4. 网纹形镇压器

工作部件由许多轮缘上有网状突起的铁轮组成，作业时网状突起深入土中将次表层土壤压实，在地表形成松软的呈网状花纹的覆盖层，达到上松下实的要求，并有一定的碎土效果。

5. 链齿形镇压器

工作部件带有类似链轮的带齿圆盘。

拖拉机牵引的镇压器一般由 3 组工作部件组成品字形(图 2-10)，前后组之间在宽度上有少量重叠。有些镇压器在机架上设有承重框，可根据需要装上石块等重物；铁制圆筒形镇压器的圆筒内可以灌水，以增加其重量，达到适宜的压实要求。

图 2-10　拖拉机牵引镇压器

(五)地表成型机具

1. 起垄机

我国北方很多进行垄作育苗的苗圃，都是使用农业上的起垄机进行起垄作业(图 2-11)。可调试起垄犁主要用于垄种作业的农田耕后起垄，垄的高度和宽度均可调整，并与拖拉机配套使用。起垄犁可分为铧式起垄犁、圆盘式起垄犁和旋耕起垄机三种类型。3QL型铧式开沟起垄犁机采用方管焊接整体式机械架为主，配以角度可调试的犁盘起垄器，其主要技术参数见表 2-8。该机具有结构简单合理，坚固耐用，运输方便，维护方便，配套范围广泛等特点，一次性完成破茬，起垄作业。

表 2-8　3QL 型铧式开沟起垄犁机主要技术参数

型　号	3QL－2	3QL－3	3QL－4	3QL－5
幅宽(mm)	1700	2500	3200	3900
垄宽(mm)	700～900	700～900	700～900	700～900
垄高(mm)	200～250	200～250	200～250	200～250
犁体数量(个)	2	3	4	5
起垄数量	1	2	3	4
配套动力(hp)	18～25	25～40	50～80	65～90
重量(kg)	200	260	320	400
挂接方式	三点悬挂			

图 2-11　3QL－4 起垄机

2. 筑床机

筑床机是苗圃专用机具。黑龙江省研制的 ZCX－1.1A 型、2MC－1.1 型、ZC－1.25 型在生产中推广使用较多。其筑床工艺和主要结构基本相似，一般筑床机主要结构包括万向传动轴、悬挂架、步道犁、变速箱、侧边链轮箱、卧式旋耕器及罩壳、成型器、划印器等部分。作业时由拖拉机牵引，一次完成开步道沟、粉碎土壤和搅拌粪肥、苗床成型 3 道工序。旋耕器的动力由拖拉机动力输出轴经传动轴、变速箱、半轴、侧边链轮与链条带动刀轴转动进行悬耕作业；当旋耕器旋转时，土壤被旋耕器的刀齿击碎与抛翻后，经成形器强制整形，从而形成了土壤细碎而坚实的苗床。

2MCX－1100 型精细筑床机是"十一五"国家科技支撑计划课题"营林机械化关键技术研究与开发"所取得的创新型科研成果。该苗圃精细筑床机包括开沟犁、液压油缸、旋耕机、成形器，其中：旋耕机由悬挂架、旋耕机传动系统、旋耕装置、旋耕机机罩组成；开沟犁装在拖拉机前端配重块的安装架上；液压油缸的一端与开沟犁连接，液压油缸的另一端与拖拉机连接。具有使床面更加平整、土壤结构更加合理、保水保墒、作业阻力小的优点。该机从整体结构到关键部件都进行了较大改进和完善，创新研制的土壤颗粒大小分区成形装置填补了国内空白，实现了土壤精细作业，改善了土壤结构，提高了土壤墒情，使设备的作业质量和效率都有显著提高。该机采用土壤颗粒大小分区成形装置实现土壤精细作业，解决了我国现有机型存在的消耗功率大、床体土壤分布不合理、旋耕部件缠草以及悬挂架下拉杆挡土等问题，可为育苗播种和苗木移植作业提供良好的土壤条件。通过性能和生产试验表明：该机作业质量显著提高，与 2MC－1.1 型比较，生产率提高了 60% 以上，作业成本则降低了 30% 以上。

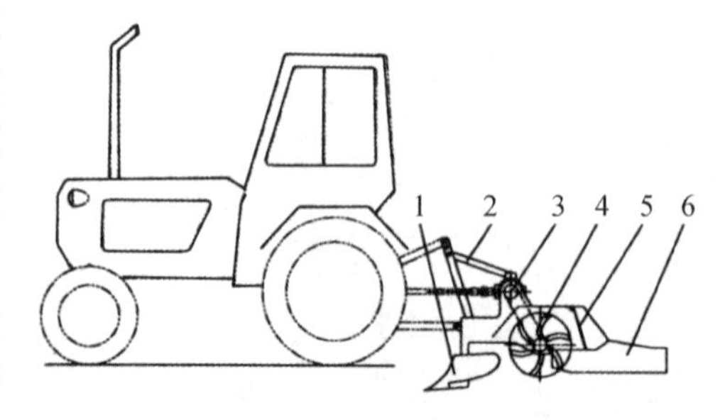

图 2-12　2MCX－1100 型精细筑床机结构简图

1. 左右步道犁总成　2. 悬挂架　3. 动力传动装置
4. 旋耕碎土装置　5. 土壤颗粒大小分区装置
6. 成形器

2MCX－1100 型精细筑床机的结构如图 2-12 所示。其中步道犁总成由犁柱、犁托、犁臂、犁侧板和犁铧等零部件组成；悬挂架由立杆、横拉杆、杆座和销轴等零部件组成；动力传动装置由万向节传动轴、安全销、输入轴、锥齿轮变速箱、中间传动轴、双排链传动装置及其罩壳等零部件组成；旋耕碎土装置由刀轴、刀裤、旋耕刀和棱角式机罩等零部件组成；土壤颗粒大小分区装置由横梁、弹性梳齿、压板及压板螺栓等零部件组成；成形器由左右翼板、平床板及其连接件等零部件组成(图 2-13)。其主要技术参数见表 2-9 所列。

图 2-13　拖拉机牵引 2MCX－1100 型精细筑床机作业

表 2-9　2MCX－1100 型精细筑床机主要技术参数

项　目	设计指标	备　注
床面宽(mm)	1100 ± 30	
床高(mm)	150 ~ 200	最大高度 236
床侧坡角(°)	55 ± 5	
旋耕器耕宽(mm)	1250	
旋耕器耕深(mm)	150 ~ 200	
步道犁耕宽(mm)	200	
步道犁耕深(mm)	130 ~ 190	
碎土系数(%)	≥95	
入土行程(mm)	2200 ~ 2800	
旋耕器转速(r/min)	270，500	
机组作业速度(km/h)	1.6 ~ 3.0	
生产率(亩*/h)	≥3	
配套动力(kW)	36 ~ 60	

(续)

项 目	设计指标	备 注
步道犁外侧宽度(mm)	1700	
旋耕刀数量(个)	31	
旋耕刀回转半径(mm)	284	
滤土器间隙(mm)	16	
运输间隙(mm)	320	与拖拉机型号有关
外形尺寸(mm)	2025 × 1810 × 1260	
挂接方式	三点悬挂	

* 1 亩 = 666.67 m^2

筑床机与拖拉机采用三点悬挂连接，旋耕碎土装置的动力由拖拉机动力输出轴经万向节传动轴输入给左右两个步道犁，两个步道犁在分别开出步道沟的同时将土翻到中间，旋耕碎土装置则将床体的土壤进行碎化、疏松和均布处理，然后由成形器进行压实整形作业。

3. YPZ－4 型平地筑埂机

该机适用于西北沙荒地区灌溉造林宜林地、苗圃及农田的大面平整和筑埂作业。其主特点是刮土铲入土角和翻土角调节范围大，对各种宜林地及苗圃和农田均有较好的适应性，一机两用，提高设备利用率。其配套动力为东方红 75 拖拉机，工作幅度为平地 4000 mm，筑埂 1860～2500 mm，筑埂高度为 250～400 mm，筑埂底宽为 700～1000 mm，如图 2-14 所示。

图 2-14 拖拉机牵引 YPZ－4 型平地筑埂机作业

三、施肥及粪肥处理机具

厩肥也叫圈肥、栏肥。是牛粪、马粪、猪粪、羊粪、禽粪和各种垫圈材料等经过堆积发酵腐熟而成，具有肥效持久均衡，可改善土壤结构，提高土壤肥力，改善土壤物理性和化学性生物活性，使土壤中水、肥、气达到协调。园林育苗产量大，消耗土壤的养分较多，需要大量的厩肥，一些树种的苗木每年的施肥量达几千公斤，施肥和粪肥处理是一项繁重和耗工较多的作业。旋耕机除了耕地之外，也是苗圃常用的捣粪机械。近年来，肥料设备有了较快的发展，出现了一批质量和效益较好的肥料设备。

从肥料设备性能可分为：造粒机、搅拌机、翻堆机、粉碎机、脱水机、筛分机、输送机、自动包装机、烘干冷却机、连续式配料机等系列，形成专业的有机肥料处理系列产品。

(一)捣粪机械

根据作业方式分为槽式翻抛机、地面翻堆机等。一般有机肥生产线工艺流程为：地面条堆用地面翻堆机或发酵池投放的物料用槽式翻抛机，均匀撒入菌剂、翻堆发酵达到升温、处臭、腐熟、杀灭杂菌草籽的作用，经过7~12天发酵和适宜次数的翻倒，完全发酵腐熟后出池，用分级筛进行粗细筛选，把筛选出的大块用粉碎机粉碎后返回分级筛，把所需微量元素用预混机进行混合，用造粒机进行造粒，送入烘干机和冷却机干燥降温，再用自动包装机包装出售。

1. 槽式翻抛机

槽式翻抛机也称翻堆机(图2-15)，是应用槽式堆肥的翻抛设备，根据槽宽的不同，翻抛机可分为3 m、4.5 m、5 m的设备，一般槽高为2 m左右，国产的设备多以电力为驱

a

b

图2-15　槽式翻抛机

a. 整机　b. 细部

动，日处理量在 800 m^3 左右。翻抛机是好氧动态堆肥的核心设备。作为一种新型机械取代人工、铲车对物料翻堆的高效机器，是影响堆肥产业发展趋势的主流产品。翻抛机在堆肥生产中的翻堆机作用如下：

(1) 原料调质中的搅拌功能

制肥中，为调整原料碳氮比、酸碱度、含水量等，必须添加一些辅料。按比例粗略堆置在一起的主要原料与各种辅料，可依靠翻堆机做搅拌作业，均匀混合，达到调质的目的。

(2) 调解原料堆的温度

翻抛机作业中，原料团粒与空气充分接触、混合，料堆中可涵养大量新鲜空气，有助于好氧微生物活跃产生发酵热，堆温升高；当温度高了，新鲜空气的补充可使堆温降下来，形成中温—高温—中温—高温交替的状态，各种有益微生物菌在其适应的温度段成长繁殖。

(3) 改善原料堆的通透性

翻堆系统能把物料处理成小的团块，使质地黏稠、密实的原料堆变得蓬松，富有弹性，形成适宜的孔隙度。

(4) 调整原料堆的水分

原料发酵适宜的含水量在 55% 左右，成品有机肥水分标准在 20% 以下。发酵中，生化反应会生成新的水分，微生物对原料的消耗也会使水失去载体而游离出来。因此，随制肥进程及时缩减水分，除了靠热传导形成的蒸发，翻抛机翻动原料会形成强制性水蒸气散发。

(5) 实现堆肥工艺的特殊要求

如对原料的破碎，赋予原料堆一定的形状或实现原料定量移位等。

2. 铲车翻抛机

铲车翻抛机是应用于地面翻堆和装运的翻抛机(图 2-16)。针对槽式翻抛机存在的问题，如在有机肥进行翻堆时，需要在物料放置区两侧搭设滑轨，滑轨上架设翻抛机对物料进行翻堆，其翻堆是在物料上方对物料进行，处于底层的物料时常不能被翻堆，翻堆粗糙，不均匀，且只能对物料进行翻堆，当需要对物料进行粉碎时还需要另外加设粉碎机，当物料进行转运时需要另外的转运工具，局限性强，使用不便等问题，在铲车的基础上研制出新一代翻抛机——铲车翻抛机。该机的特点是：实用、新型、结构合理，适合多种物料的转运，性能安全可靠、易操控、翻堆效果好，可同时对物料实时破碎，对场地适应性强，使用与维修方便。铲车翻抛机的主要技术参数见表 2-10。

a

b

c

图 2-16　LG 铲车翻抛机

a. 整机　b. 产斗背面　c. 产斗正面

表 2-10　LG 铲车翻抛机主要技术参数

类　别	参数数据	类　别	参数数据
产品型号	LG 铲车翻抛机	铲斗举升时间满载(s)	6
外形尺寸(mm)	4930×1620×2660	铲斗下降时间(s)	4
铲斗宽度(mm)	1730	最大掘起动力(kN)	30
轴　距(mm)	2060	最高行驶速度(km/h)	22
轮　距(mm)	1340	最小转弯半径(m)	4
最小离地间隙(mm)	270	柴油机型号	锡柴 4DW91－45
整机质量(kg)	2970	标定功率(kW)	37
额定装料质量(kg)	1800	转向器	BZZ－200
额定斗容量(m^3)	1	分配器	ZL15. 2
最大卸料高度(mm)	3200	系统压力(MPa)	16
卸料距离(mm)	850		

(二)撒粪车

1. TMS10700 厩肥抛撒机

目前国内厩肥在田间的抛撒作业还处于人工作业的阶段，存在着运输不方便，抛撒效率低，抛撒不均匀，劳动强度大等弊端。世达尔 TMS10700 型厩肥抛撒机是一种以拖拉机为动力，把发酵后的厩肥(包括堆肥)进行抛撒还田的新型农机具(图 2-17、表 2-11)。该机利用拖拉机后动力输出，带动车厢内部的输送链自动把肥料向后输送、然后通过高速旋转的破碎轮对肥料进行打碎、均匀抛撒还田。该机在短时间内可抛撒所装载的肥料，输送链速度也可以根据肥料的量和硬度进行调节，适用于各种类型的农牧场、种植场等。

图 2-17 拖拉机牵引 TMS10700 厩肥抛撒机及抛撒作业

表 2-11 世达尔 TMS10700 厩肥抛撒机主要技术参数

类 别		参数数据	
型 号		TMS10700	TMS6700
安装方式		牵引	牵引
破碎形式		横 2 段破碎	横 2 段破碎
最大装卸重量(kg)		8600	5400
最大装卸容量(m^3)		10.7	6.7
机体尺寸	全长(cm)	725	580
	全幅(cm)	290	270
	作业速度(km/h)	240	225
重 量(kg)		2800	2130
车台尺寸	长度(cm)	530	384
	宽度(cm)	185	185
	高度(cm)	75	62
离地高	侧板(cm)	160	134
驱动方式		PTO540rpm	PTO540rpm
传送带速度	变速挡数	5	5

（续）

类　别		参数数据	
性　能	散布宽度(m)	3	3
	工作速度(km/h)	3～7	3～7
	散布量(kg/亩)	1200～6667	1200～6667
轮　胎	轮距(cm)	248	240
	尺寸(代号)	16/70－20－12PR	11L－15－8PR
	直径(cm)×宽度(cm)	108×42	78×30
适应拖拉机	kW(ps*)	59～92(80～125)	37～66(50～90)

*　1ps＝0.7355 kW

2. 2FS－1200 撒肥机

2FS－1200 撒肥机为塑料材质的料斗，不锈钢材质的撒播器，具有耐腐蚀性强的特点。装肥容量为 600L 和 1200L 两种，有摆动管式、单圆盘离心式、双圆盘离心式 3 种撒播方式的机型，用户可以按照施肥要求进行选择。撒播量可根据需要进行 18 档调节，料斗也可以翻转，便于与拖拉机的连接和清扫(图 2-18、表 2-12)。

图 2-18　2FS－1200 撒肥机抛撒作业

表 2-12　2FS－1200 撒肥机主要技术参数

类　别		参数数据
型　号		2FS－1200
作业形式		双圆盘旋转离心式施撒
肥料箱容量(L)		600/1200
作业幅宽(m)	结晶状化肥	6～12
	粒状化肥	12～24
撒播幅宽调节		分档可调
撒播量调节		18 档调节
作业速度(km/h)		3～10
配套动力(hp)	肥料箱容量 600L	≥45
	肥料箱容量 1200L	≥70
匹配 PTO 转速		500～540

四、种植机具

(一)播种机

我国在20世纪70~80年代先后研发了几种苗圃播种机，2004年，国家林业局哈尔滨林机所创新研制了2ZDB－1000型林木种子带制作机、2ZBJS－8型助力式精少量播种机和2BTR－5型人力式精少量播种机，这些设备的共性问题就是排种机构伤种现象严重，作业质量也不够理想，所以一直没有得到大面积推广应用。目前，我国苗圃的播种作业绝大多数还是处于手工作业阶段，浪费种子现象非常严重。

1. 2BTR－5型推式播种机及其配套设备

图2-19所示的2BTR－5型推式播种机是国家林业局哈尔滨林业机械研究所近年来的创新科研成果，主要适用于落叶松、樟子松、云杉、红松等类似大小的林木种子床作精少量播种作业，作业幅宽1000 mm，播种量3~6千粒/m^2，生产率3~6亩/h。该机在设计上充分考虑了种子经催芽处理后的物理性状，从整体结构到关键部件都采用了全新逆向思维的设计理念和思路，把现有较大直径的凹形窝眼(或外槽轮)式排种辊改成较小直径的凸齿形排种辊，凸齿使刮种毛刷形成一定形状和大小的沟槽，种子可顺着柔性沟槽排下，这种创新研制的凸齿式柔性护种排种装置填补了国内空白，实现了床作精少量播种作业，彻底解决了长期以来一直无法解决的伤种、伤芽问题，使作业质量和作业效率显著提高，改变了我国苗圃一直没有定型床作播种机械的现状。

2BTR－5型精少量播种机结构简单，成本低廉，避免了排种机构伤种现象，具有操作方便、性能可靠、节约良种、提高生产率和苗木质量、降低育苗生产成本等特点。2012年5月21日和22日，2BTR－5型推式播种机在黑龙江省亚布力林业局亮河苗圃进行了落叶松播种生产试验。生产试验结果表明，该机可节约良种20%~40%，提高优质产苗率10%以上，平均每亩育苗生产综合成本可以降低300元以上。该机既可实现人力推式作业，又可联机同时完成压实、播种、覆土的复式机械化作业。已推广100余台，使用效果良好，样机生产试验结果见表2-13。

为了提高2BTR－5型推式精少量播种机工作效率，该研究所还为该播种机配置了高效辅助设备2FT－1250型播种覆土机，如图2-20所示。

表2-13 样机生产试验结果

项 目	试验日期及班次				合 计	备 注
	2012年5月21日		2012年5月22日			
	第1班	第2班	第3班	第4班		
作业面积(亩)	9.0	10.2	9.8	11.0	40.0	
用种量(kg)	32.6	36.9	35.5	39.9	144.9	
班次时间(h)	4	4	4	4	16	

（续）

项　目	试验日期及班次				合　计	备　注
	2012 年 5 月 21 日		2012 年 5 月 22 日			
	第 1 班	第 2 班	第 3 班	第 4 班		
故障维修时间(h)	0	0	0	0	0	
纯工作时间(h)	3.5	3.8	3.7	3.8	14.8	
班次生产率(亩/h)	2.25	2.55	2.45	2.75	2.50	平均值
纯工作生产率(亩/h)	2.57	2.68	2.65	2.89	2.70	平均值
使用可靠性(%)	100	100	100	100	100	平均值

图 2-19　2BTR－5 型推式播种机

图 2-20　2FT－1250 型播种覆土机

图 2-21　2JB－9 型联合播种机

2. 2JB－9 型联合播种机

2JB－9 型联合播种机(图 2-21)用于苗圃中、小粒种子带状播种，可同时完成开沟(或压沟)、排种、覆土、镇压等联合作业。其配套动力为12 hp四轮拖拉机，行数为 9，行距为 70 mm，带宽为 60 mm，开沟深度为 10～40 mm，工作速度为 1.39 km/h。

(二)切条机

1. QT-25 型切条机

QT-25 型切条机主要用于苗圃扦插育苗切割插穗，稍加改装后也可用于小木加工。其特点是：结构简单小巧，操作灵活、安全。该机的工作台是 4 个滚动轴承支撑的移动台面，当喂入苗条与切割时轻便安全。锯切工作头转速高，超过 5000 r/min，切削效率高，切穗质量好。整机由机架、锯切工作头、移动式工作台面 3 部分组成，如图 2-22 所示。

表 2-14 QT-25 型切条机主要技术参数

类 别	参数数据
外形尺寸(长×宽×高)(mm)	730×590×800
工作台尺寸(长×宽)(mm)	680×590
工作台行程(mm)	200
工作台往返频率(次/min)	45
工作头圆盘锯直径(mm)	250
工作头圆盘锯转速(r/min)	5000
蜗杆转速(r/min)	1530
电动机转速(r/min)	2860
电动机功率(kW)	1.7~2.2
蜗轮模数	3
蜗轮齿数	34
最大切割直径(mm)	70
切割插穗长度(mm)	180(可调节)
插穗切口角度(°)	平茬；45(可调节)
操作人员(人)	1
工作效率(穗/台班)	250 000~285 000

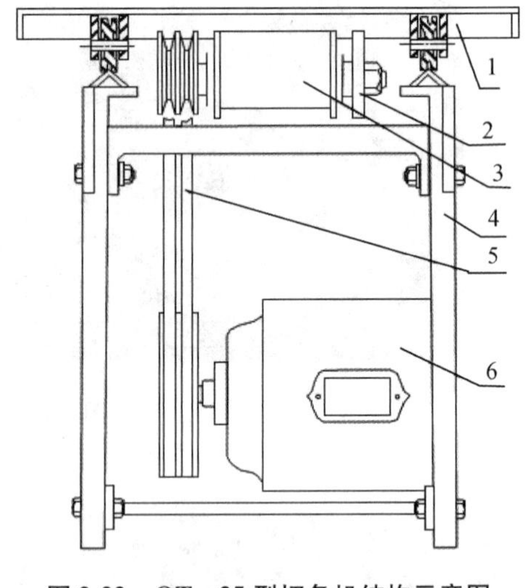

图 2-22 QT-25 型切条机结构示意图

1. 工作台 2. 锯片 3. 锯切工作台 4. 机架 5. 三角皮带 6. 电动机

切条作业时，待切苗条单根或成捆置于工作台切割槽内，以左侧定位挡片确定切割长度，推动工作台沿滑道移动，工作头高速进行切割，切割完毕工作台弹簧自动返回原位，以保证安全喂料，继续工作。多根同时切割时，其梢的方向要一致，改切的插穗置于打捆盒内，定容量进行打捆。

使用时要注意在接通电源试运转，并切实注意锯切工作头的旋转方向(锯切工作头的轴端压紧螺母为右旋，安装使用时要特别注意其转向)。定期检查各轴承座及移动工作台滚轮润滑情况。每工作 4~8 h 要修磨锯齿，以保证切割质量。切条作业只允许一人操作，禁止他人助力推动工作台。切锯物不得超过刀盘最大高度。

2. ZXQ－1 型自动选芽切条机

ZXQ－1 型自动选芽切条机是专门用于苗圃扦插育苗切割插穗(图 2-23)，其特点是：整机结构紧凑，布局合理，制造简单，样式新颖，无噪音，工作可靠、安全，选芽合格率高，可提高工效和降低作业费用，并可为机械插条提供扦插标准穗材。

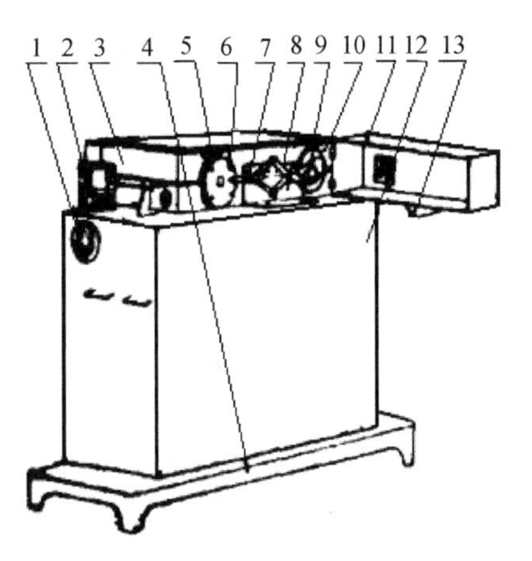

图 2-23　ZXQ－1 型自动选芽切条机

1. 总开关　2. 切根刀　3. 定轮箱　4. 机座　5. 制动带架　6. 被动毂　7. 连杆　8. 刀架　9. 切刀　10. 选芽器　11. 防护罩　12. 机架　13. 漏斗

根据北方扦插育苗对插穗的技术要求，插穗的长度可以因地制宜，但是插穗顶芽至切口距离一般以 10～15 mm为宜。顶芽至切口距离留的过短，切口水分蒸发快，芽苞枯干，不易发芽；过长则芽叶出土过晚，容易形成弱苗，接穗顶端剪口不易被苗干包裹。根据上述育苗技术要求，该机主要由机架、齿轮传动箱、剪切刀、自动选芽器、输条机构及电器设备等组成，由 0.4 kW 电动机驱动，如图 2-23 所示。

ZXQ－1 型自动选芽切条机的自动选芽器为该机主要部件，选芽机构为回转式自动选芽器，由 6 个长 45 mm、宽 25 mm、高 12 mm，前角 60°的选芽块组成，圆周排列，由两块直径 135 mm、厚 8 mm 的圆形绝缘板固定，形成内六角孔选芽器(图 2-24)。由于芽苞比萌条本身高 1～3 mm，手可以摸着，据此采用回转着的六片选芽块，配以微动开关，电器控制，发出选芽电信号，控制剪切式切条机构的动作，完成自动选芽切条作业(表 2-15)。

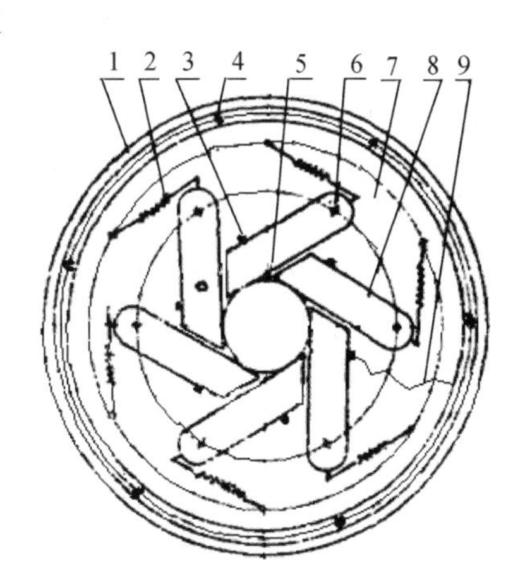

图 2-24　选芽器结构示意图

1. 铜环　2. 回位拉簧　3. 接线柱　4. 铜环固定螺丝　5. 萌条孔　6. 摆动轴　7. 选芽块支承板　8. 选芽块　9. 连接电线

ZXQ－1 型自动选芽切条机选芽长短一致，穗材长度整齐，切口光滑无劈裂，符合插穗技术规程要求，合格率占总数的 95.4%，一般比手工制穗选芽准确率提高 10% 左右。试验表明，在气温、水分适宜的情况下，切条机所切穗材扦插 20 天发芽率为 98.7%。

(三)插条机

1. CT－4A 型插条机

CT－4A 型插条机用于杨树、柳树扦插育苗生产的扦插作业。该插条机采用人工投苗，强制埋条方式插条，插穗不易损伤，作业质量好。该机作业时可一次连续完成开沟、人工投苗、机械覆土、镇压、起垄五项作业，生产效率高，能满足插条需要，作业质量好，工作稳定、可靠，作业成本较低。

表 2-15 ZXQ－1 型自动选芽切条机主要技术参数

类　别	参数数据
外形尺寸(长×宽×高)(mm)	700×420×900
电动机转速(r/min)	1450
电动机功率(kW)	0.4
最大切割直径(mm)	5~25
切割插穗长度(mm)	100~250
电磁离合器型号	DZ－100 型
变压器型号	BK－100 型
操作人员(人)	1
工作效率(穗/台班)	28 000

该插条机主要由悬挂式机架、栽植机构、传动系统、覆土镇压轮、起垄犁等组成(表2-16)。机架采用80 cm×80 cm×5 cm角钢焊成正方形截面的框架结构。机架上的装苗箱用以贮放插穗，开沟深度微调装置可通过手轮调节开沟深度，机架两侧4个轮子在停放时用以支撑整机。

栽植机构由栽植机架、开沟器、栽植盘、定位夹苗器、开夹器等组成。开沟器、栽植盘等部件用螺栓联接在栽植机架上。栽植盘由圆盘、夹苗装置组成，可以完成夹条和插条作业。传动系统由2级齿轮传动组成，它不仅能把动力传到栽植圆盘上使其旋转，并且通过变换齿轮还可以调整株距。覆土镇压轮不仅用来驱动栽植圆盘旋转，而且用来复土、镇压。起垄犁选用农机具七烨犁配件，用以完成覆土培垄作业。

表 2-16 CT－4A 型插条机主要技术参数

类　别	参数数据
型　式	三点悬挂半自动圆盘投苗
行　距	500~1000(可调)
株距(mm)	100、200、300、400、500、600、700
最大工作坡度(°)	5
插穗直径(mm)	8~15
插穗长度(mm)	120~200
贮条数量(根)	14 000
工作速度(km/h)	1~2
工作效率(亩/台班)	32~64
栽植深度调整范围(mm)	0~100
栽植角度调整范围(°)	90±20
操作人员(人)	5(包括1名司机)
拖拉机配套动力(hp)	50~55
工作效率(穗/台班)	28 000

作业时，插条机由 50~55 hp 拖拉机牵引，作业时由 1 名司机和 4 名投苗员操作。插条机安装在拖拉机液压悬挂装置上，短距离时可提升运输；作业时由拖拉机液压装置控制插条机工作位置。栽植圆盘由驱动轮经传动系统变速后，带动旋转，苗夹转到上部时，投苗员将插穗投入到苗夹夹紧，栽植盘上的苗夹转到插穗入土位置后，由开夹器开夹并将插穗插入土中。

2. 链盘式投苗全自动插条机

链盘式投苗全自动插条机主要用于杨树扦插育苗生产的扦插作业。该插条机主要由机架、悬挂装置、地轮、传动链、犁体总成、投苗筒、压实轮总成、减振机构、传动机构、锥齿轮、链盘拨动轮、链盘式装条盒和链盘回收盒等组成(表 2-17)。为解决插条机分苗和投苗的技术难点，该插条机采用了"链盘式装条链(盒)"的新方法，将分条工序提前由人工在车间完成。装条时首先将切好的杨树插穗投放到每一个圆盘盒中的装条链孔腔内(装条链缠绕成盘状并装入圆盘形盒内)，然后将装好树条的链盘式装条链(盒)安放在机械上，由机械一次性完成开植条沟、拨链分条、投递、培土和镇压等多项作业。整机结构如图 2-25 所示。

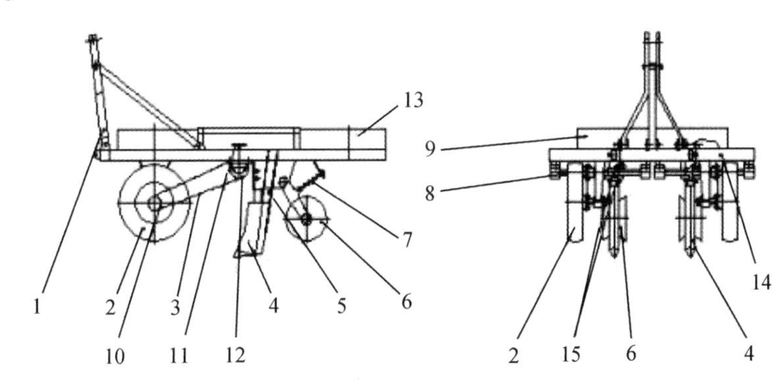

图 2-25　链盘式投苗全自动插条机总体结构示意图

1. 悬挂装置　2. 地轮　3. 传动链　4. 犁体总成　5. 投苗筒　6. 压实轮　7. 减振机构　8. 传动机构　9. 链盘式装条链(盒)　10. 小链轮　11. 链盘拨动轮　12. 大链轮　13. 链盘回收盒　14. 机架　15. 锥齿轮

表 2-17　链盘式投苗全自动插条机主要技术参数

类　别	参数数据
外形尺寸(长×宽×高)(mm)	2500×1800×2110
拖拉机配套动力(hp)	65~75
悬挂形式	三点悬挂、液压升降
地轮轮距(mm)	1300
作业行数	双行
插条株距(mm)	250~300
插穗长度(mm)	150~180
工作效率(穗/台班)	72 000

链盘式投苗全自动插条机是一种能准确分苗和投苗的高效率插条机。该机的工作原理是：以 65~75 hp 轮式拖拉机作为前进动力，采用三点悬挂，液压升降；工人首先将装满切条的链盘式装条链(盒)，分别放置在插条机机架上(该机设有安放架)，以备后续扦插作业时使用。装有苗条的链条盒先放在前端的定位轴上，再将链条盒内的最外端链条拉出通过牙轮和限位导板将该端固定在收盘盒内，通过地轮、链条、锥齿轮传递扭矩使链盘内链条放收移动，实现苗条自动投条，苗条在自身重力作用下顺着投苗筒投到犁体开出的沟槽内，后边的镇压轮及时覆土和压实土壤，完成插条作业。

(四)苗木移植机

苗木换床移植作业是育苗生产中劳动强度最大、耗费人力最多的一道工序，且春季雇工难也是长期以来一直困扰着育苗生产的问题之一。目前，苗木移植基本采用原始的手工作业方式。高密度苗木机械化换床移植技术是我国育苗机械学术界公认的难题，是实现育苗全程机械化的瓶颈问题。20 世纪 70~90 年代，国家和地方政府几次拨款立项进行研究，也曾引进几台国外先进机型，结果都无法令人满意。主要原因是传统的苗木换床移植机都是采用纵向开沟的作业方式，由于受到机械结构和作业空间的限制，其换床密度难以满足我国育苗技术规程的要求。我国现有旧机型也存在消耗功率大、作业质量差、床体土壤分布不合理等问题。针对上述问题，由国家林业局哈尔滨林业机械研究所实施的“营林机械化关键技术研究与开发”课题，在苗圃机械化关键技术方面取得了重大突破，研究开发的 2ZYZ－20 型苗木移植机是我国具有完全自主知识产权的原始创新型的成果(表 2-18、图 2-26)。该机采用自行式电力传动底盘新技术，解决了我国没有配套动力的瓶颈问题；在横格式苗木换床移植新工艺的基础上，采用“广谱”夹苗技术，一种苗夹能够适应红松、落叶松、樟子松、云杉等多种苗木，解决了业内专家公认的高密度苗木移植的难点问题。在设计思路和结构上都是一种创新和突破，同行专家认为这项研究对国际上苗木移植机械化的发展是一项重大贡献。该机与国外同类最好机型相比，整机功率减少 50% 以上，作业效率反而提高 75% 以上，密度提高 60% 以上，使我国苗木高密度移植技术研究达到国际领先水平。该机的特点是：采用的“横格式苗木移植方法”获得发明专利，并基于该专利研制的基于横格式苗木换床移植工艺的自走式苗木换床机，采用了发电机组电力驱动底盘，动力可拆卸，有互换性；作业装置具有横向开沟、覆土、压实“三位一体”的功能，与直杆式夹

表 2-18　2ZYZ－20 型苗木移植机主要技术参数

类　别	参数数据
作业速度(km/h)	0.10~0.12
发动机功率(kW)	8~15
移植深度(cm)	12~15
移植密度(株/ m^2)	160~200
生产率(千株/h)	16~24
整机质量(kg)	≤1200
主要适用范围	落叶松、樟子松、云杉、红松等 1~2 年生床作裸根换床苗

图 2-26　2ZYZ－20 型苗木移植机及苗木移植作业

苗装置协同实现递苗、投苗、脱苗作业，结构新颖独创，解决了长期以来我国苗木高密度换床机械化中的难题。

（五）嫁接机具

1. 嫁接剪

嫁接剪也叫嫁接机，是一种具有枝剪和嫁接剪双重功能的多用途嫁接专用工具（图 2-27）。适合树木、蔬菜等植物枝接的嫁接作业。嫁接参数：枝条或者幼苗直径在 3～13 mm，嫁接口宽度 2 mm，深度 10 mm。其特点是：① 很容易将砧木和接穗剪成吻合的 U 型、V 型或者 Ω 型，愈合迅速；② 使用方便和迅速，比传统嫁接方法节省 40% 的时间和精力；③ 刀片可以更换；④ 可以用嫁接刀修剪无用的枝条；⑤ 刀片两端带刀刃，一片顶 2 片。

使用嫁接剪进行枝接，可以使砧木和接穗的切削变得更容易。一般嫁接的步骤为：第一是准备嫁接的接穗和砧木，即通过嫁接剪上的枝剪修剪待用接穗和砧木上所有多余的树叶和树枝；第二是砧木和接穗切削，即利用嫁接剪上的特用嫁接剪切削接穗和砧木，形成接穗和砧木一致的 U 型、V 型或者 Ω 型接口；第三是对接捆绑，即将接穗削面置入砧木切口内对接紧密，使二者形成层紧紧地结合在一起，枝条用黑色绝缘胶带包好。

2. 油茶嫁接机

机械嫁接技术是近年来在国际上出现的一种集机械和自动控制于一体的新技术，目前

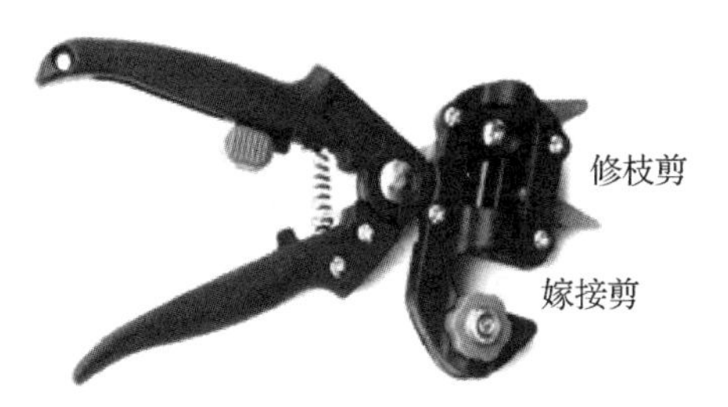

图 2-27　嫁接剪和接穗、砧木剪口

只有日本、韩国和中国等为数不多的几个国家开展了苗木自动嫁接研究。嫁接机械研究的主要对象为蔬菜，林木专用嫁接机械的发展尚处于起步阶段。湖南农业大学以桃树苗作为试验对象，在2004年研制了苗木切削试验台，进行苗的切削力学特性的研究，为苗木嫁接机半旋转切削系统的设计提供了设计依据。2009年中国林科院亚林所委托国家林业局哈尔滨林业机械研究所研制的专门用于油茶嫁接的设备，采取的设计方案是将传统嫁接工艺融入到要开发的油茶苗木嫁接机中，机械手模拟人工操作，其目的是取代油茶苗木手工嫁接技术，降低劳动强度、提高工作效率和嫁接苗成活率。

油茶嫁接机是基于劈接法的两种工作方式的油茶苗嫁接机器人，其特点是：砧木和穗木的切削采用了"一刀两用"的方法，提高了由于砧木个体差异而影响的嫁接接合精度，简化了机械结构；采用C型硅胶套管取代人工劈接作业中使用的铝箔包扎嫁接苗，提高嫁接效率和嫁接成功率；套管的输送采用了摩擦轮机构，提高了套管输送的可靠性；砧木、接穗搬运机械手是采用圆柱型坐标原理设计的多自由度串联机器人；开发出了以PLC为核心的控制系统，实现了嫁接过程的自动控制。油茶嫁接机主要工作部件包括：穗、砧木供苗盘，切削机构，砧木、接穗搬运机械手，套管输送与切削机构，上套管机构（图2-28、表2-19）。

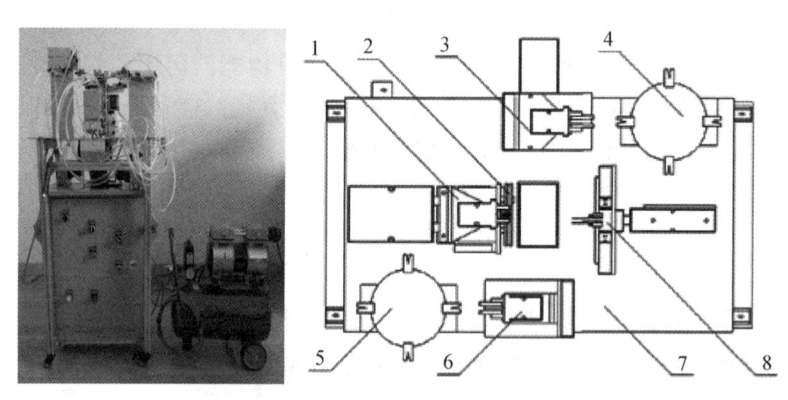

图2-28　油茶嫁接机及结构图

1. 上套管机构　2. 套管输送和切削机构　3. 砧木搬运手　4. 砧木供苗盘
5. 穗木供苗盘　6. 接穗搬运手　7. 机架　8. 切削机构

表2-19　油茶嫁接机各工作部件的执行机构选型

工作部件	执行机构的选型
砧、穗木供苗盘	57BYGH56－401A 步进电机
切削机构	双出轴气缸
砧、穗木搬运机械手	旋转气缸＋双出轴气缸＋气动手指
套管输送机构	57BYGH56－401A 步进电机
套管切削机构	双出轴气缸
上套管机构	双出轴气缸＋气动手指

五、喷灌机具

（一）喷灌系统类型

喷灌是把由水泵加压或自然落差形成的有压水通过压力管道送到田间，再经过喷头喷射到空中，形成细小水滴，均匀地洒落在圃地，达到灌溉目的的一种灌溉方式。喷灌系统是从水源取水并输送、分配到田间，实行喷洒灌溉的水利设施。由水源工程、输配水渠道或管道以及喷洒机具3部分组成。喷灌系统的类型较多，但根据其设备的组成，喷灌系统可分成机组式喷灌系统和管道式喷灌系统两大类。

1. 机组式喷灌系统

喷灌机是将喷灌系统中有关部件组装成一体，组成可移动的机组进行作业。其组成一般是在手抬式或手推车拖拉机上安装一个或多个喷头、水泵、管道，以电动机或柴油机为动力进行喷洒灌溉，其结构紧凑、机动灵活、机械利用率高，能够一机多用，单位喷灌面积的投资低。包括小型机组喷灌系统、平移式喷管系统、中心支轴式喷灌系统、卷管式喷灌系统。

2. 管道式喷灌系统

是指以各级管道为主体组成的喷灌系统，按照可移动的程度，可分成全固定式、全移动式和半固定式3种。

（1）全固定管道式

它由水源、水泵、管道系统及喷头组成。除喷头外喷灌系统的各个组成部分在整个灌溉季节甚至常年固定不动。水泵和动力机械固定，干管和支管多埋于地下，喷头装在固定的竖管上并可轮流在各个田块中使用。固定式喷灌系统操作管理方便，易于实行自动化控制，生产效率高，但投资大，竖管对机耕及其他作业操作有一定的影响，设备利用率低，一般适用于经济条件较好的城市园林、花卉和草地的灌溉，或灌水次数频繁、经济效益高的蔬菜和果园等，也可在地面坡度较陡的山丘和利用自然水头喷灌的地区使用，固定式喷灌系统布置示意图如图2-29所示。

（2）全移动管道式

系统组成与固定式相同，它的各个部分如水泵、动力机、各级管道和喷头等都可拆卸，在多个田块之间轮流喷洒作业，因此系统的设备利用率高、投资小，但由于所有设备（特别是动力机和水泵）都要拆卸、搬运，劳动强度大，生产效率低，设备维修保养工作量大，有时还容易损伤植物，一般适用于经济较为落后的地区（图2-30）。

（3）半固定管道式

系统组成与固定式相同，其中动力机、水泵及输水干管等常年或整个灌溉季节固定不动，支管、竖管和喷头等可以拆卸移动，安装在不同的作业位置上轮流喷灌。这种方式综

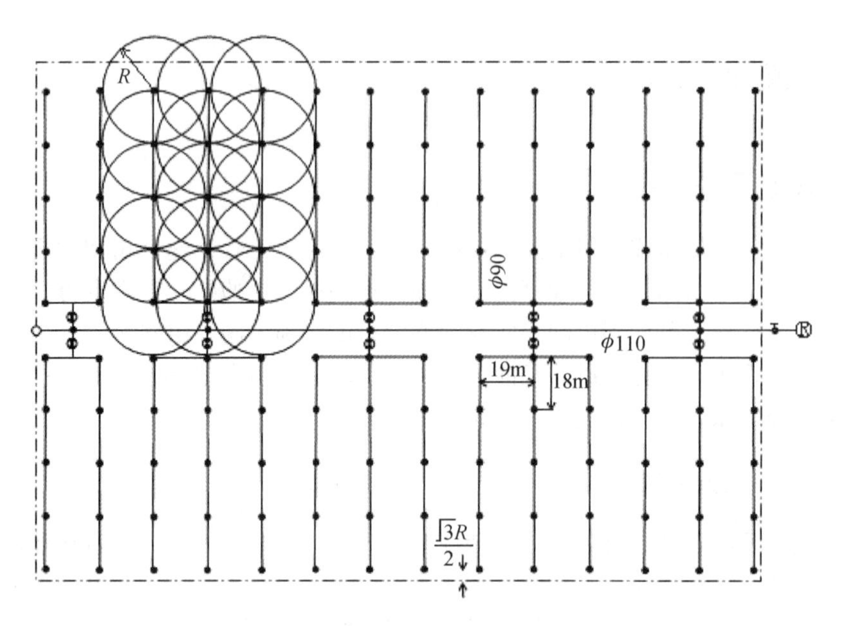

图 2-29　固定式喷灌系统布置示意图

图 2-30　移动式喷灌设备

合了全固定和全移动管道式喷灌系统的优缺点，投资适中，操作和管理也较为方便，是目前国内使用较为普遍的一种管道式喷灌系统，布置示意图如图 2-31 所示。

(二)设备构成

作为一项为育苗生产服务的工程措施，喷灌系统主要由水源工程、首部装置、输配水管道系统和喷头等部分构成。

1. 水源工程

包括河流、湖泊、水库和井泉等都可以作为喷灌的水源，但都必须修建相应的水源工

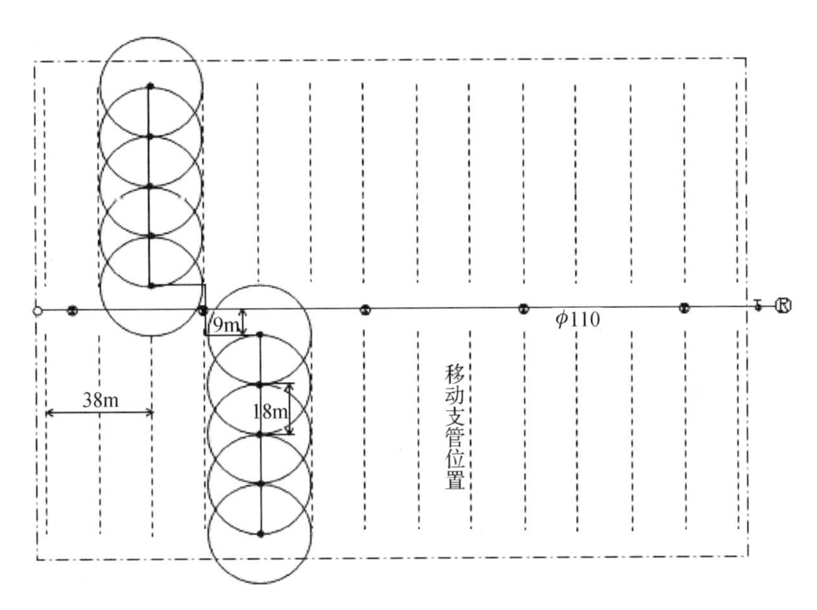

图 2-31　半固定式喷灌系统布置示意图

程，如泵站及附属设施、水量调节池等。

2. 水泵及配套动力机

喷灌需要使用有压力的水才能进行喷洒。通常是用水泵将水提吸、增压、输送到各级管道及各个喷头中，并通过喷头喷洒出来。喷灌可使用各种农用泵，如离心泵、潜水泵、深井泵等。在有电力供应的地方常用电动机作为水泵的动力机。在用电困难的地方可用柴油机、拖拉机或手扶拖拉机等作为水泵的动力机，动力机功率大小根据水泵的配套要求而定。选择水泵的原则是：必须满足灌溉设计标准各个时期的用水要求，即满足设计流量和设计扬程的要求；水泵必须在高效区运行，在长期运行中平均工作效率最高；根据选定的水泵型号及台数修建泵站的总投资最小，年运行费用最低；尽量选择标准化、系列化、规格化的新产品；便于运输、安装、维护、运行和管理，有利于今后的发展。

3. 管道系统及配件

管道系统一般包括干管、支管两级，竖管三级，其作用是将压力水输送并分配到田间喷头中去。干管和支管起输、配水作用，竖管安装在支管上，末端接喷头。管道系统中装有各种连接和控制的附属配件，包括闸阀、三通、弯头和其他接头等，有时在干管或支管的上端还装有施肥装置(图 2-32)。

4. 喷头

喷头将管道系统输送来的水通过喷嘴喷射到空中，形成下雨的效果洒落在地面，灌溉植物。喷头装在竖管上或直接安装于支管上，是喷灌系统中的关键设备。

5. 田间工程

移动式喷灌机在田间作业，需要在田间修建水渠和调节池及相应的建筑物，将灌溉水从水源引到田间，以满足喷灌的要求。

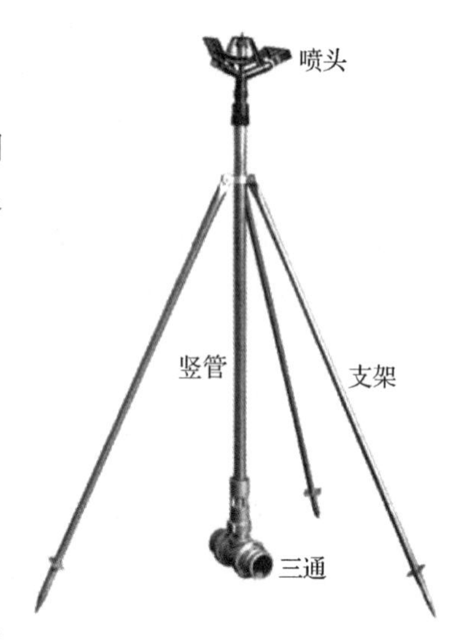

图 2-32 喷头 + 竖管 + 三通

六、田间管理和植物保护机具

（一）田间管理机具

1. 2BCS－402 型步道沟除草松土机

在苗圃的中耕除草作业中，垄式育苗作业通常使用农用中耕机培垄及清除行间杂草。床作育苗仍以手工作业为主，没有定型的专用设备。苗床步道沟的除草、松土、辅助防寒等作业可以使用一种新型的 2BCS－402 型步道沟松土机，该机生产效率较高。其特点是：① 采用窄铲式开沟装置进行开沟破土；② 主机架采用高梁双侧作业的结构形式，既可提高作业效率，又可使机组受力均衡，平稳作业；③ 动力传动系统采用圆锥齿轮进行减速变向，通过两个万向节传动轴向两端分力，再通过链传动的方式把动力传给作业装置。

步道沟除草松土机由左右松土铲、主机架、动力传动装置、除草碎土装置、防护罩等零部件组成，如图 2-33 所示。左右松土铲安装在作业装置前部；主机架由三点悬挂架、锥齿轮变速箱安装座、主横梁、杆座和销轴等零部件组成；动力传动装置由万向节传动轴、安全销、输入轴、锥齿轮变速箱、中间传动轴、链传动装置及其罩壳等零部件组成；旋耕碎土装置由刀轴、刀裤、旋耕刀和棱角式机罩等零部件组成。

根据我国育苗技术规程的一般要求，标准苗床床面宽度 1100 mm，床体高度 200～250 mm，步道宽 600 mm，床帮斜度 55°。经过播种或换床作业后苗床略有变化，一般播种后变化很小可忽略不计，换床后床高降低 50 mm 左右，考虑到机组作业过程中的操控误差，为了保证不伤苗，我们确定作业装置的作业幅宽为 400 mm，作业间距为 1600～1800 mm（可调），如图 2-34 所示。

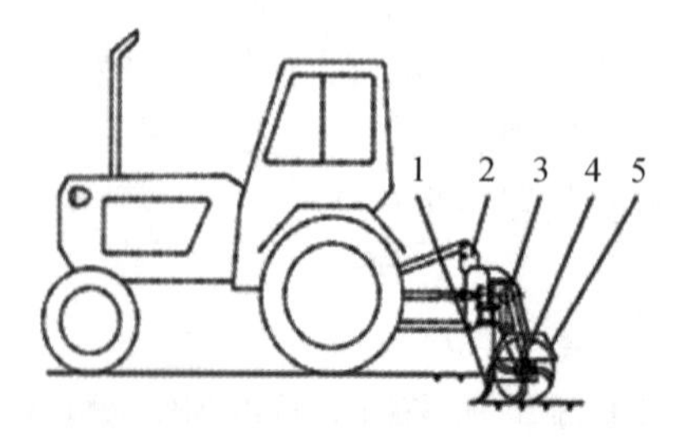

图 2-33 步道沟除草松土机及结构简图

1. 左右松土铲 2. 主机架 3. 动力传动装置 4. 除草碎土装置 5. 防护罩

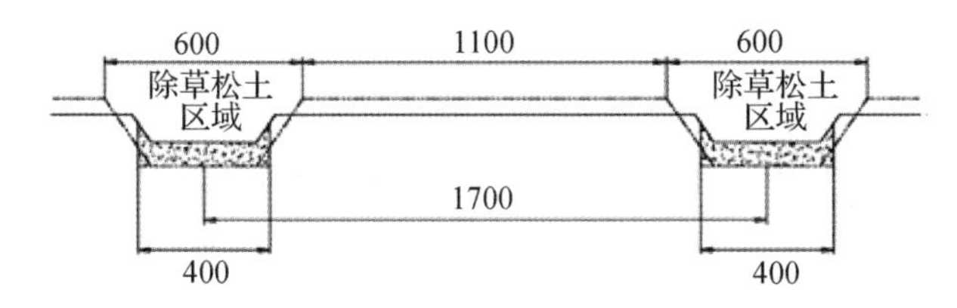

图 2-34　除草松土作业区域截面示意图

步道沟除草松土机与拖拉机三点悬挂连接，旋耕碎土装置动力由拖拉机动力输出轴经万向节传动轴输入。左右两个松土铲分别对步道沟硬土进行开沟破土，旋耕碎土装置则对杂草和土壤进行碎化和疏松。考虑到拖拉机自身所需功率，步道沟除草松土机的配套动力应为 40 hp 以上轮式拖拉机，轮距调整到 1700 mm 左右。

动力传动系统是步道沟除草松土机的主要部件之一，其主要由万向节传动轴、锥齿轮副、链传动副等机构组成。在作业过程中，拖拉机动力通过动力输出轴经过万向节传动轴输入锥齿轮变速箱，经过锥齿轮副减速变向后，再由万向节传动轴输出到两端链传动副，最终将动力传到除草碎土装置上。

除草碎土装置是步道沟除草松土机的关键作业装置，其借鉴农业旋耕机的作业原理，除草松土部件把经过开沟破土的步道沟土块和杂草高速打碎，形成比较疏松的混合土层，有利于苗圃多余的水分渗于地下，更有利于秋季覆防寒土作业。

除草碎土装置采用农用旋耕刀作为除草碎土部件，该旋耕刀既可碎土除草，又可避免杂草缠绕，而且通用性好，价格便宜，易于购买更换。

2. 自动灌溉施肥系统

自动灌溉施肥系统是通过施肥装置将溶解好的肥液注入到灌溉系统中，使肥料随灌溉水一起输送到田间的一种先进的施肥方式，是精确施肥与精确灌溉相结合的产物，灌溉施肥的主要优点是施肥均匀、准确，可以稳定且高精度地控制灌水量、施肥量、施肥时间等参数，从而提高了水和肥料的利用效率，有效地减轻了土壤和环境污染。

图 2-35　中农天陆自动施肥系统

如中农天陆精准配方自动施肥系统(图 2-35)，采用先进的计算机、工业自动控及物联网技术，根据作物不同生长时期的需肥规律，以全水溶性肥为原料，精确控制养分比例，精准配制各种作物所需的液体配方肥料，按需定量自动化施肥。其特点是：小型的液体肥加工系统，可应用于土壤及无土栽培；PLC 触控，易于操作；内置数十种配方，满足不同作物需求；精准定量的作物营养方案，手动或全自动运行，可与灌溉系统相结合定时运行，实现精确有效的水、肥利用和监控，可精准监控 EC 和 pH(可选)且实时调节。该系统可用于连栋温室、日光温室、果园、大田等，使用面积从 1 亩到 1000 亩(根据种植面积调整施肥系统规格)，施肥作物最多可预设 20 种，施肥设置可根据不同作物生长时期精准定量施肥。室内安装，温度保持在 0 ~ 35℃，湿度小于 70%。

(二)植物保护机具

植保机具很多，但目前还没有专门的苗圃苗木病虫害防治设备，可根据需要从农业植保机具中选用。

1. 自走式喷杆式喷雾机

自走式喷杆式喷雾机是将液体分散开来的一种农机具，是农业施药机械的一种。它将喷头装在横向喷杆或竖立喷杆上的机动喷雾机上，由拖拉机配套完成喷洒作业(图 2-36、表 3-20)。该类喷雾机的作业效率高，喷洒质量好，喷液量分布均匀，适合大面积喷洒各种农药、肥料和植物生产调节剂等的液态制剂，广泛用于大田作物、草坪、苗圃、墙式葡萄园及特定场合(如机场、道路融雪，公路边除草等)。喷杆式喷雾机作业面积已占到中国病虫草害防治面积的 5% 以上。随着农业种植结构的调整和规模化程度的提高以及大中型拖拉机市场占有率的快速增长，喷杆式喷雾机技术将会发挥越来越重要的作用。

图 2-36 喷杆式喷雾机

表 2-20 3WPJZ－2000 自走式喷杆式喷雾机主要技术参数

项 目	参 数	备 注
整机动力	柴油机	
功率(hp)	90	
驱动方式	机械四驱动/两驱动	可 选
液泵流量(L/min)	215	
工作压力(MPa)	0. 3～0. 9	
搅拌方式	回水搅拌	
喷杆形式	分五段，液压自动折叠	
喷杆升降形式	液压升降	
药箱容量(L)	2000	不锈钢药箱、永不生锈防腐蚀不风化、一体药箱高压搅拌均匀
喷洒系统	喷洒部件原装意大利进口	
喷杆喷幅(m)	18	
喷杆高度(mm)	500～3000	
轮距可调范围(mm)	1900～2600	可根据客户要求定做

自走式喷杆喷雾机的种类很多，目前仍处于快速发展期，一些新的技术如 GPS 定位系统图像处理系统等也正在应用于大田喷杆喷雾作业。根据不同的标准，自走式喷杆喷雾机的划分方法也各不相同。

根据喷杆型式不同可分为：① 横喷杆式，这是一种喷杆水平配置，喷头直接装在喷杆下面的常用机型，根据喷杆的高低也分为喷杆喷雾机和高杆喷雾机。② 吊杆式，这是一种在横喷杆下面平行地垂吊着若干根竖喷杆，作业时横喷杆和竖喷杆上的喷头对作物形成“门”字形喷洒，使植物的叶面、叶背都能较均匀地被雾滴覆盖。主要用在植物生长到一定高度时期喷洒杀虫剂、杀菌剂等。③ 气流辅助式，这是一种新型喷雾机，在喷杆上方装有一条气袋，气袋下方对着每个喷头的位置开有一排出气孔，作业时由风机往气袋里供气，利用风机产生的强大气流，经气袋下方小孔产生下压气流，将喷头喷出的雾滴带入植株冠丛中，提高了雾滴在作物各个部位的附着量，增强了雾滴的穿透性，使其可穿入浓密的植物中，作业时喷雾装置还可根据需要变换前后角度，大大降低了漂移污染。

根据机具作业幅宽的不同可分为大型、中型、轻型喷杆喷雾机，依次喷幅在 18 m 以上、10～18 m、10 m 以下。

该机的主要特点是：① 药液箱容量大，喷药时间长，作业效率高；② 喷药机的液泵，采用多缸隔膜泵，排量大，工作可靠；③ 喷杆采用单点吊挂平衡机构，平衡效果好；④ 喷杆采用拉杆转盘式折叠机构，喷杆的升降、展开及折叠，可在驾驶室内通过操作液压油缸进行控制，操作方便、省力；⑤ 可直接利用机具上的喷雾液泵给药液箱加水，加水管路与喷雾机采用快速接头连接，装拆方便、快捷；⑥ 喷药管路系统具有多级过滤，确保作业过程中不会堵塞喷嘴；⑦ 药液箱中的药液采用回水射流搅拌，可保证喷雾作业过程中药液浓度均匀一致；⑧ 药液箱、防滴喷头采用优质工程塑料制造。

2. 背负式机动喷雾机

MY－7 型育苗喷药机是一种背负式机动喷雾机（表 2-21）。该机能满足林业苗圃打药、喷施除草剂、液体化肥以及育苗播种后和幼苗期喷灌水的需要，也是农田、菜园及人工草场较理想的喷洒设备。MY－7 型育苗喷药机由拖拉机悬挂作业。它由增速箱、药液箱、水泵、喷管、微喷头及喷管液压起落机构等部分组成。

该机以拖拉机悬挂作业，并利用拖拉机输出动力驱动水泵给药液加压，采用不同型号的微喷头在移动中进行喷洒。增速装置是将拖拉机动力输出转速转换成水泵的工作转速，保证水泵能以额定转速工作。该装置采用自行设计的一级圆柱齿轮增速器，它结构紧凑、传动平稳、工艺简单、使用可靠。

该机喷洒宽度可控制 5～7 个标准苗床（床宽 1.1 m，步道宽 0.5 m）。喷药机中间喷管位置固定，两侧喷管用橡胶软管与中间连接，喷头在喷管整体工作长度上均匀布置。喷洒时湿润圆重叠均匀，保证在工作幅宽内有适当的喷洒均匀度。

喷药机喷管液压起落机构由液压系统和滑块机构两部分组成。喷管液压系统从拖拉机悬挂液压缸引出分支油路，与自行设计的柱塞式 ZG 型液压缸连接，当操纵拖拉机液压分配器手柄向该液压缸供油时，它推动滑块机构使喷管升起；当控制它回油时，在回位弹簧作用下柱塞回位而使喷管降落。在液压起落机构的作用下，喷药机两侧的喷管可实现起

表 2-21 MY－7 型育苗喷药机主要技术参数

项 目	参 数	备 注
配套动力	拖拉机	
功率(hp)	50~55	
连接方式	悬挂式(动力输出)	
外形尺寸(长×宽×高)(mm)	1760×8200×1360	喷管降落
	1760×2920×4230	喷管升起
轮 距(mm)	1600	
自 重(kg)	350	
药箱容积(L)	465	
药液有效容量(kg)	450	
最低通过高度(m)	0.50	
生产率(亩/台班)	424~664	
作业速度(km/h)	4.74~7.42	

落，具有升起和降落两个位置。喷管升起时减小整机宽度，提高喷药机在运输和回转时的机动性与通过性。

禹城市禹鸣机械制造有限公司生产的自走式四轮喷药机，可进行防治病虫害的化控药剂喷洒，该机型重点解决高干作物前期防病灭虫喷洒作业，可有效进行大面积喷雾作业，具有操控灵活方便，作业效率高的特点(表 2-22、图 2-37)。

表 2-22 自走式四轮喷药机主要技术参数

项 目	参 数	备 注
发动机功率(hp)	28	常柴单缸水冷
驱动方式	四轮驱动，四轮转向	
轮轮胎规格(直径×宽度)(mm)	1230×85	
行走速度(km/h)	前进挡 6 个 后退挡 1 个	
通过高度(m)	1.0	可定做
轮 距(m)	1.5~1.8	可调
整机重量(kg)	1600	
喷 幅(m)	12	可定做
药箱容量(L)	1000	加厚塑料药箱
额定工作效率 (亩/h)	20~30	工作速度 3km/h 计算
喷杆离地高度(m)	最低：0.5 最高：1.8	液压升降 喷杆液压伸展

图 2-37　自走式四轮喷药机施药

七、切根起苗机具

起苗犁按作业方式及起苗犁的工作能力可分为床作或垄作起苗犁、大苗或小苗起苗犁。有的起苗犁仅为单一功能的起苗犁，也有的起苗犁可以直接或经过简单改装具有起苗和切根两种功能。

(一)2QS－130 型振动式切根起苗两用机

苗圃的切根作业及起苗作业，是两种不同季节的作业工序。东北地区一般在 5、6 或 8 月进行切根作业，而起苗在 4 月下旬或 10 月进行，需要完成两种不同作业要求的不同机具。2QS－130 型振动式切根起苗两用机，通过将切根刀和起苗刀及其抖土机构安装在一部机械上，利用锥齿轮箱的两根相互垂直的轴，分别驱动各自的曲柄连杆机构，并分别带动切根刀的横向水平摆动及抖土栅板的垂直振动，以达到切根及起苗的目的，实现了一机多用的目的。

2QS－130 型振动式切根起苗两用机适用于 1～3 年生的播种苗的切根起苗作业。该机由机架、齿轮箱、切根刀、起苗刀、限深轮、支承板、抖土栅和抖土栅连杆组成，见图 2-38、表 2-23。

切根刀片工作形式设计：切根刀采用水平振动型式，即切根刀片在曲柄连杆作用下，以高速沿水平方向横向左右摆动，实现在机械作业时，切根刀可做横向往复切割运动，以使刀片刃部与苗木根部及刀片与土壤产生滑切效果，避免产生拖堆、窝根，从而保证切割后的根部茬口平齐。

起苗刀及抖土栅板的型式设计：起苗刀采用与机架刚性联结型式，苗木及土壤经起苗刀抬起后，落入后部的抖土栅板内，抖土栅板采用垂直振动型，作业时利用抖土栅的振动，将土壤疏松，使土壤与苗木分离。

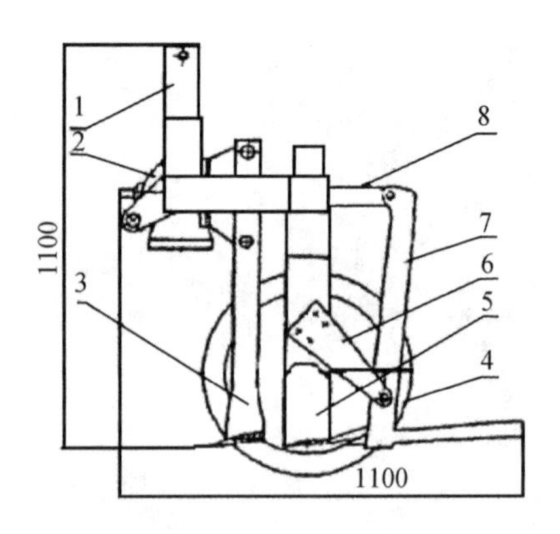

图 2-38 切根起苗两用机及结构简图

1. 机架 2. 齿轮箱 3. 切根刀 4. 限深轮
5. 起苗刀 6. 支承板 7. 抖土栅 8. 抖土栅连杆

表 2-23 2QS－130 型振动式切根起苗两用机主要技术参数

类 别		参数数据
拖拉机配套动力(hp)		50～75
连接型式		三点式悬挂
外形尺寸(长×宽×高)(mm)		1100×1700×1100
起苗作业	起苗幅宽(mm)	1300
	起苗刀入土角(°)	13
	起苗深度(mm)	80～280
	抖土栅振动频率(Hz)	6. 5
	抖土栅振幅(mm)	60、100、120
	作业行进速度(km/h)	2
切根作业	切根幅宽(mm)	1280
	切根深度(mm)	40～250
	切根刀入土角(°)	0～14
	切根刀振动频率(Hz)	9
	切根刀振幅(mm)	48
	作业行进速度(km/h)	2

该机作业时，由拖拉机牵引，整机处于悬挂状态，由限深轮仿形限深，该机可单独完成切根作业或起苗作业，也可同时进行联合作业。单独进行切根作业时，卸去起苗刀及抖土栅，拖拉机的动力通过锥齿轮箱及曲杆连杆机构，使刀片在土壤中高速振动，完成切根作业；单独进行起苗作业时，将切根机构卸去，利用起苗刀及振动栅板，完成起苗作业。

(二)2Q－1300 型起苗机

2Q－1300 型起苗机为较新型的振动式起苗机，该机采用动刀式切根作业方式，起苗刀在切根过程中有冲击加速动作，作业质量好，不产生壅土堆苗现象，如图 2-39 所示。

图 2-39 2Q－1300 型振动式起苗机

（三）LMXC－56 型起大苗犁

LMXC－56 型起大苗犁适用于垄作育苗，地径小于 6 cm 的 2～3 年生杨树、柳树大苗及果树成苗的起苗。

主要由悬挂架、机架、U 型犁刀、犁底、侧板、松土杆等部件组成，见图 2-40、表 2-24。该犁为侧悬挂机具，作业时拖拉机在已起完苗的圃地上行驶，不会碰伤苗干。

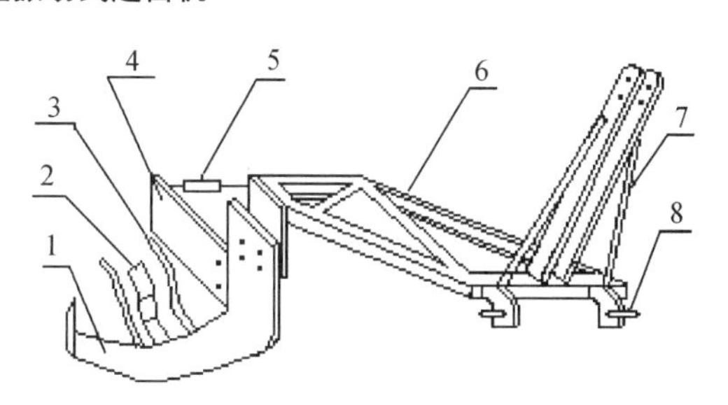

图 2-40 LMXC－56 型起大苗犁结构示意图

1. 犁刀 2. 犁底 3. 松土杆 4. 侧板 5. 侧板调节杆 6. 犁架 7. 悬挂架 8. 悬挂销

表 2-24 LMXC－56 型起大苗犁主要技术参数

类 别	参数数据
拖拉机配套动力（hp）	28
连接型式	三点式悬挂
外形尺寸（长×宽×高）（mm）	1900×1700×1400
重量（kg）	150
最大起苗深度（mm）	300
起苗刀幅宽（mm）	560
犁刀入土角（°）	11～13
侧板偏角（°）	1～3
适宜垄距（mm）	700
运输间隙（mm）	300
作业行进速度（km/h）	3.6～4.5
生产率（亩/台班）	30

作业前要选择适宜的拖拉机，并要细致地检查其悬挂装置各连接杆的调整螺丝是否灵活、可靠；挂犁时要达到横向平，纵向平，并在空地上试犁，做好作业前的准备工作。作业入犁时，先把拖拉机开到苗行的左侧，把犁调正，让犁刀对准苗行；起车时先将液压手柄放在“浮动”位置，使犁自由落下，然后再起车；犁的入土行程为2～3 m，故需要在距垄头外2～3 m处插犁，以免伤苗。耕深的调整是通过改变上拉杆的长度来实现的。侧压力的抵消，除了在犁刀结构设计上考虑外，还附有一个可调角度的侧板，用以保证机组的直线行驶。工作后犁刀应涂油防锈；工作时禁止将拖拉机液压操纵手柄置于“下降”位置上强迫插犁。要清除地头上的大树根及石块，以防把犁拉坏或拉变形。

(四)DQ－40型起大苗犁

DQ－40型起大苗犁是用于平床和低床的大苗起苗犁，并能在起苗的同时进行耕地。

主要结构是由机架、悬挂架、起苗铲、双铧左翻犁体、限深轮等部件组成，见图2-41，表2-25。其结构特点是：在机架左侧安装了双铧左翻犁体，用于平衡起苗铲作业时造成的偏牵引。

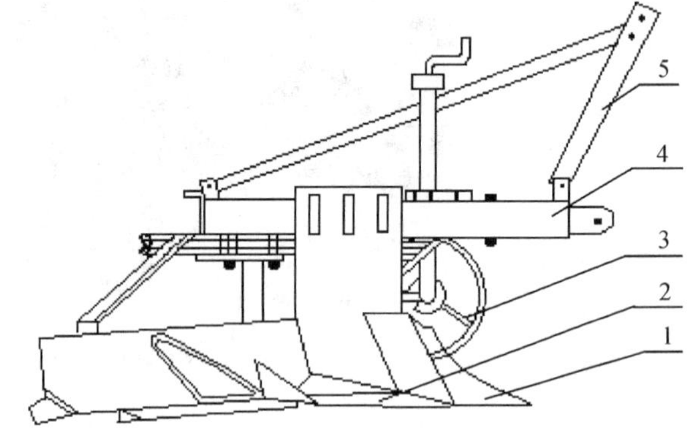

图2-41　DQ－40型起大苗犁结构示意图

1. 前犁体　2. 起苗犁　3. 限深轮　4. 机架　5. 悬挂架

表2-25　2DQ－40型起大苗犁主要技术参数

类　别	参数数据
拖拉机配套动力(hp)	55～75
连接型式	三点式悬挂
外形尺寸(长×宽×高)(mm)	1970×2700×1390
重量(kg)	约350
最大起苗深度(mm)	300
起苗铲幅宽(mm)	400
起苗铲入土角(°)	13
双铧犁左翻犁耕宽(mm)	400～500
限深轮高度调节范围(mm)	400
运输时地隙(mm)	620
起苗行距(mm)	400
作业人数	司机1人、拾苗员10人
生产率(亩/台班)	7～12

起苗犁在拖拉机外侧作业，要求挂接后的起苗犁中心线与拖拉机中心线对正，即用拉紧或放松拖拉机下悬挂板的拉链来实现；起苗犁横向调平是用悬挂结构的左右提升杆来调节；纵向平衡是用伸长或缩短上拉杆的方法来控制。起苗深度和犁的耕深调节是由左右限

深轮来实现的。

起苗机作业时，应切实注意拖拉机液压操作手柄置于“浮动”位置上；为避免在地头伤苗，应掌握好起苗机的入土和提升时间，严禁不提升就转弯，提升后禁止在机器下面修理和调整。在运输状态时，应将限位链适当调紧，减少机具横向摆动，同时将油缸活塞杆上部定位挡块下移，压下定位仪，以免在运输途中液压系统受冲击损坏部件。

要及时清除工作面上的泥污及缠草，以保证作业质量。每班工作前后检查各零部件紧固情况；定期检查铧犁铲刃，犁壁磨损情况，铲刃厚度超过 2 mm 应磨刃，严重损坏应更换，并定期检查限深轮润滑情况。长期停放时，应将整机清理干净，犁铲、铲刃等工作面和调节丝杆等应涂油防锈，并置于干燥处。

(五)U 型起苗犁

该犁适用于高床或高垄育苗的 1 或 2 年生针阔叶树种播种苗的切根或起苗。在切根时，将犁刀的刃口用铁锉磨薄如刀刃或换上切根刀，并把犁刀上的托土板御掉，以便切根时不破坏垄台和快速运行。开犁时先将犁刀插入床、垄台适宜深度，再开动拖拉机带犁进行切根或起苗作业。U 型起苗犁如图 2-42 所示主要技术参数见表 2-26。

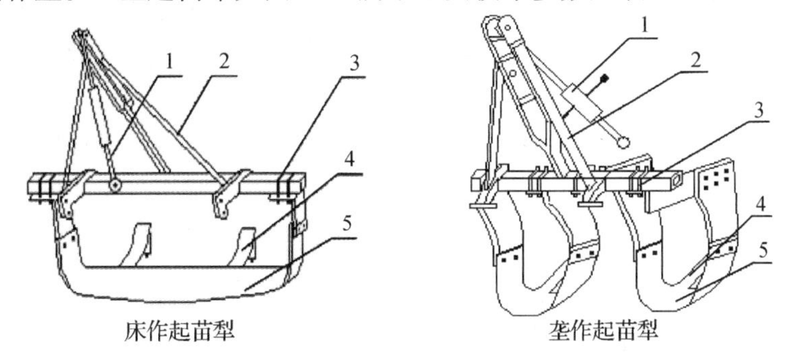

图 2-42　U 型起苗犁结构示意图

1. 连接丝杆　2. 悬挂架　3. U 型犁螺栓　4. 碎土板　5. 犁刀

表 2-26　U 型起苗犁主要技术参数

类　别		参数数据
拖拉机配套动力(hp)		28
连接型式		三点式悬挂
外形尺寸(长×宽×高)(mm)		1550×790×1400
重量(kg)		160
最大起苗深度(mm)		320
犁刀幅宽(mm)	床	1260
	垄	630
犁刀入土角(°)		11~15
运输间隙(mm)		380
连接丝杆长度(mm)		500~700
生产率(亩/台班)		48

作业前应检查各处联结螺栓是否紧固，犁刀的刃口是否锋利；要及时进行入土角、碎土角、耕深的检查与调整。正式作业前要进行试耕，在耕深合适、机具作业正常后即可正式作业。

作业时要在苗床(垄)前1 m左右入犁，待犁到苗床(垄)头时，可达到正常耕深，以免伤苗。拖拉机行至苗床(垄)尾时，操纵液压手柄立即起犁，转弯也必须将犁提起。

八、装卸、运输机具

苗圃田间土、肥、砂等运输量很大，虽然运距短，但是靠人工装卸不仅劳动强度大，而且降低运输车辆的生产率。装载机的作业对象主要是各种土壤、肥料、砂土等散状物料，主要完成铲、装、运、卸作业，具有作业速度快、效率高、操作轻便等优点，通过更换不同工作装置，还可以作为起重机、叉车等使用。苗圃多与18~55 hp的拖拉机配套，斗容量0.2~1 m^3，装载量400~1000 kg，最大可达2000 kg。

常用的单斗装载机，按发动机功率、传动形式、行走系结构、装载方式的不同进行分类。根据发动机功率分为：小于74 kW为小型装载机，74~147 kW为中型装载机，147~515 kW为大型装载机，大于515 kW为特大型装载机。根据传动形式分为：液力-机械传动、液力传动、电力传动3类。根据装卸方式分为：前卸式、回转式、后卸式3类。根据行走结构分为：轮胎式、履带式2类。履带式装载机接地比压小，通过性好、重心低、稳定性好、附着力强、牵引力大、比切入力大、速度低、灵活性相对差、成本高、行走时易损坏路面；轮胎式装载机质量轻、速度快、机动灵活、效率高、不易损坏路面、接地比压大、通过性差、但被广泛应用。

(一)轮胎式装载机

轮胎式装载机由动力装置、车架、行走装置、传动系统、制动系统、液压系统和工作装置等组成，如图2-43所示，比较适合苗圃使用。

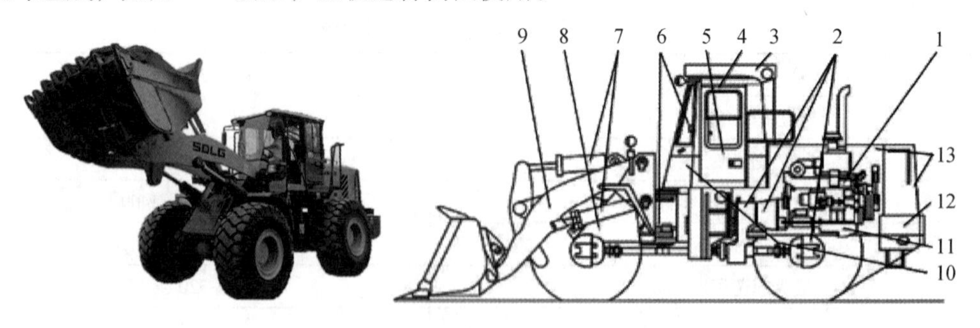

图2-43　轮胎式装载机及结构示意图

1. 柴油机　2. 传动系统　3. 防翻滚与落物保护装置　4. 驾驶室　5. 空调系统　6. 转向系统　7. 液压系统　8. 前车架　9. 工作装置　10. 后车架　11. 制动系统　12. 电器仪表系统　13. 覆盖件

1. 轮胎式装载机工作装置

由动臂、摇臂、铲斗、连杆、动臂油缸与转斗油缸等组成。在动臂油缸作用下铲斗升降时，连杆机构应保证铲斗保持平移或接近平移，避免物料撒落；铲斗在任何卸料位置，在转斗油缸作用下，通过连杆机构使铲斗向下翻转卸料，要保持卸料角度不小于45°，使卸料干净；连杆机构应具有良好的动力传递性能，运动中不发生干涉，视野良好，具有足够的强度和刚度。

2. 作业过程

动臂与转斗油缸活塞收，铲斗斗底贴地，整机Ⅰ、Ⅱ挡前驶，对较硬土推动臂油缸活塞不断伸缩，在抖斗中将物料铲入斗内，或在动臂油缸活塞依次外伸中实现阶梯状切土；转斗油缸活塞伸，整机驶至卸料地点后，在动臂油缸活塞伸中实现翻斗和举升；在转斗油缸活塞收中实现，且在抖斗中将物料卸尽。

3. 一般安全注意事项

① 驾驶员及有关人员在使用装载机之前，必须认真仔细地阅读制造企业随机提供的使用维护说明书或操作维护保养手册，按资料规定的事项去做。否则会带来严重后果和不必要的损失。

② 驾驶员穿戴应符合安全要求，并穿戴必要的防护设施。

③ 在作业区域范围较小或危险区域，则必须在其范围内或危险点显示出警告标志。

④ 绝对严禁驾驶员酒后或过度疲劳驾驶作业。

⑤ 在中心铰接区内进行维修或检查作业时，要装上“防转动杆”以防止前、后车架相对转动。

⑥ 要在装载机停稳之后，在有蹬梯扶手的地方上下装载机。切勿在装载机作业或行走时跳上跳下。

⑦ 维修装载机需要举臂时，必须把举起的动臂垫牢，保证在任何维修情况下，动臂绝对不会落下。

4. 发动机启动前的安全注意事项

① 检查并确保所有灯具的照明及各显示灯能正常显示。特别要检查转向灯及制动显示灯的正常显示。

② 检查并确保在启动发动机时，不得有人在车底下或靠近装载机的地方工作，以确保出现意外时不会危及自己或他人的安全。

③ 启动前装载机的变速操纵手柄应扳到空挡位置。

④ 不带紧急制动的制动系统，应将手制动手柄扳到停车位置。

⑤ 只能在空气流动好的场所启动或运转发动机。如在室内运转时，要把发动机的排气口接到或朝向室外。

5. 发动机启动后及作业时安全注意事项

① 发动机启动后，等制动气压达到安全气压时再准备起步，以确保行车时的制动安全性。有紧急制动的把紧急及停车制动阀的按钮按下(只有当气压达到允许起步气压时，按钮才能按下，否则按下去会自动跳起来)，使紧急及停车制动释放下，才能挂挡起步。无紧急制动的只需将停车制动手柄放下，释入停车制动即可起步。

② 清除装载机在行走道路上的故障物，特别要注意铁块、沟渠之类的障碍物，以免割破轮胎。

③ 将后视镜调整好，使驾驶员入座后能有最好的视野效果。

④ 确保装载机的喇叭、后退信号灯以及所有的保险装置能正常工作。

⑤ 在即将起步或在检查转向左右灵活到位时，应先按喇叭，以警告周围人员注意安全。

⑥在起步行走前，应对所有的操纵手柄、踏板、方向盘先试一次，确定已处于正常状态才能开始进入作业。要特别注意检查转向、制动是否完好。确定转向、制动完全正常，方可起步运行。

⑦ 行进时，将铲斗置于离地 400 mm 左右高度。在山区坡道作业或跨越沟渠等障碍时，应减速、小转角，要注意避免倾翻。当装载面在陡坡上开始滑向一边时，必须立即卸载，防止继续滑下。

⑧ 作业时尽量避免轮胎过多、过分打滑；尽量避免两轮悬空，不允许只有两轮着地而继续作业。

⑨ 作牵引车时，只允许与牵引装置挂接，被牵引物与装载机之间不允许站人，且要保持一定的安全距离，防止出现安全事故。

6. 停机时的安全注意事项

① 装载机应停在平地上，并将铲斗平放地面。当发动机熄火后，需反复多次扳动工作装置操纵手柄，确保各液压缸处于无压休息状态。当装载机只能停在坡道上时，要将轮胎垫牢。

② 将各种手柄置于空挡或中间位置。

③ 先取走电锁钥匙，然后关闭电源总开关，最后关闭门窗。

④ 不准停在有明火或高温地区，以防轮胎受热爆炸，引起事故。

⑤ 利用组合阀或储气罐对轮胎进行充气时，人不得站在轮胎的正面，以防爆炸伤人。

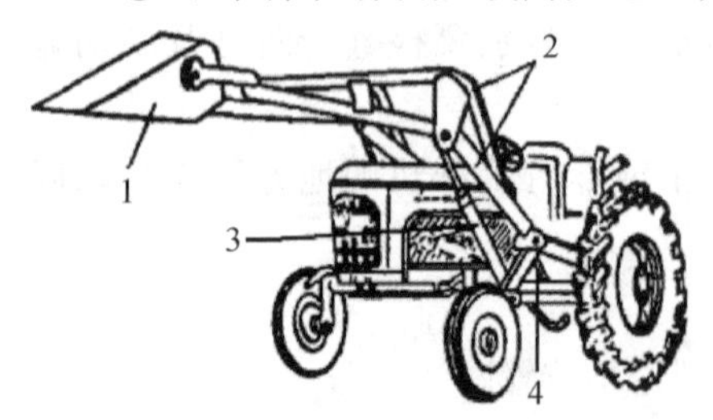

图 2-44　7Z－350 型装载机结构示意图

1. 铲斗　2. 机架　3. 液压装置　4. 操纵铲斗踏板

(二)7Z－350 型装载机

为提高苗圃机械作业程度，一些苗圃与科研院所合作，对现有机具进行改装，增加了机械的功能，取得了较好的施业效果。在装卸机械中，7Z－350 型装载机是在 ZHZ 综合装载机的基础上改制的，结构简单，操作方便，是苗圃机械化作业中的一种辅助性机具，可用于苗圃粪肥、砂土及其他散积物资的装车。

7Z－350 型装载机是由铲斗、液压装置、机架、操纵 4 个部分组成的，配套主机为东风－30 型拖拉机，如图 2-44 所示。主要技术参数见表 2-27。

表 2-27　7Z－350 型装载机主要技术参数

项　目	参　数
配套拖拉机功率(hp)	30
油缸压力(kg/cm³)	10
柱塞行程(mm)	470
操纵力(kg)	<10
装卸高度(m)	2
轮距(m)	1.5~1.8
机具装载量(kg)	350
装料斗容积(m³)	0.25
铲斗生产率(t/h)	20

安装前要将拖拉机前大灯以及驾驶室、风挡、挡泥侧板卸下以免碰坏，并使柴油机清洗油管接头及高压须灵活可靠，无卡死现象。

将底盘部分左右两个侧壁固定板分别用螺栓与离合器壳体两面的螺母拧紧，然后将矩形空心底梁与侧壁固定板用螺栓连接在一起，再将底盘三角形支架后端固定板用螺栓固定在半轴壳体上，且其前端与空心底梁用螺栓拧紧。拆下拖拉机的油缸至分配器间的液压油管，接上装载机的液压胶管，接上三通分别与装载机的两个举升油缸进油口相连，并依此法再连接油缸回油管，回油管的另一端与液压油箱加油盖顶上钻的 20 mm 孔联在一起。将举升油缸放入后，固定活动的油缸座侧板。在拖拉机左侧地板上割一个 3 cm×3 cm 的方孔，孔的两端焊上两个轴承座，传入操纵铲斗的踏板轴，然后安装操纵踏板。

使用装载机时，拖拉机液压手栖置于下降位置，当工作部件降到接触地面时，把液压手柄放到浮动位置。装载时，将装料斗逐渐升起，但必须保证工作部件离开装载物时，能够装满。拖拉机至卸料地点，脚踏踏板进行卸料，铲斗刚一翻转立即将脚松开。卸料后，铲斗自动返回由插销定位。

装载机不允许超规定负荷 350 kg，以免损坏拖拉机。作业时铲斗上升缓慢而不正常时，如果不是漏油造成的，可将油管卸下，洗净管道及接头部分杂质，检查油箱内机油，不够时添加。对铲斗的斗刃要经常进行检查，磨损严重时要更换新的斗刃，以防铲斗底部磨损。

九、其他机具

在设施育苗中，日光温室(连栋温室、智能温室)、塑料大棚、也是苗圃常用的设施，如育苗大棚及棚内喷灌系统和环境因子自控系统(图2-45)，它是采用双拱预应力结构的大棚骨架，并配有移动式及固定式喷灌系统和卷膜降温系统。实现棚内工厂苗喷灌系统的控制，实现棚内温度系统监控，对棚内二氧化碳浓度进行监控，以实现气体叶面施肥，对棚内光照强度进行监控。

图 2-45 育苗大棚及棚内喷灌系统和环境因子自控系统

随着科学技术的不断进步，苗圃设备的种类、性能也在不断的转型升级，以不断适应我国育苗生产方式对苗圃机械的种类、性能、质量、管理等方面提出的新要求。以往对于苗高在 1 m 以下的育苗生产设备，采用农用拖拉机作为配套动力完全可以满足使用要求，但近年来绿化苗木发展迅猛，除了一些低矮的花灌木以外，大部分绿化苗木都在 1 m 以上，采用农用拖拉机作为配套动力已经无法满足使用要求。因此，对适合于绿化苗生产机械的要求不断提高，如大苗起苗机、大苗移植机等。对此应从以下几个方面进行改进。

(1)解决瓶颈问题，研发适用于绿化苗生产的通用底盘

由于我国没有专用的高地隙苗圃机械配套动力，导致与其相应的育苗机具无法研发，严重影响了绿化苗木的机械化生产。美国制造的一种用于绿化大苗作业的通用底盘，我国农机领域已经研制出了这种底盘，如图 2-46 所示，这些都为高大苗木的田间管理机械的开发提供了基本的配套动力。

(2)解决生产实际问题，研发适用于绿化苗生产的机械设备

只有解决绿化大苗生产机械的配套动力问题后才能研发绿化大苗移植机、中耕除草机、施肥机、喷药机、起苗机等设备。

a

b

c

图 2-46 高地隙苗圃机械

a. 美国 TH1 型大苗作业通用底盘 b. 可调节轮距的作业底盘 c. 中国高地隙作业底盘

此外，要针对园林苗木生产的特点，解决关键技术、难点问题，实现绿化苗生产全程机械化；解决现有机型功能单一、效率不高等问题，研发复式高效作业技术装备；加强苗圃机械技术与育苗生产工艺的结合。

思考题

1. 如何理解园林苗圃布局？
2. 怎样选择园林苗圃地？
3. 生产用地包括哪几部分？怎样进行区划？
4. 辅助用地包括哪几部分？怎样进行区划？
5. 计算苗圃面积需要收集哪些数据？
6. 如何计算某一树种的育苗地面积？
7. 苗圃档案包括哪些方面的内容？为什么要建立苗圃档案？
8. 苗圃机械设备包括哪几部分？具有哪些功能？
9. 苗圃机械设备发展的趋势是什么？

参考文献

段光晨，魏俊义，刘少刚．1993. 2QS－130型振动式切根起苗两用机的研究设计[J]. 林业机械(4)：22－23，21.

郭克君，刘明刚，满大为，等．2008. 链盘式投苗全自动插条机[J]. 林业机械与木工设备，36(8)：16－17.

胡青．1981. ZXQ－1型自动选芽切条机[J]. 林业机械(6)：35，25.

李明，戴思慧，汤楚宙，等．2008. 苗木嫁接机器人切削机构模拟试验[J]. 农业工程学报，24(6)：129－132.

李明，汤楚宙，吴明亮，等．2004. 苗木切削试验台的研制[J]. 湖南农业大学学报(自然科学版)，30(6)：572－575.

梁玉堂．1995. 种苗学[M]. 北京：中国林业出版社.

沈国舫，翟明普．2013. 森林培育学[M]. 2版．北京：中国林业出版社.

沈海龙．2009. 苗木培育学[M]. 北京：中国林业出版社.

史延辉，吴兆迁，牛晓华，等．2012. 2BTR－5型推式播种机实验分析[J]. 林业机械与木工设备，40(10)：18－20.

苏金乐．2010. 园林苗圃学[M]. 2版．北京：中国农业出版社.

孙时轩．1985. 林木种苗手册[M]. 北京：中国林业出版社.

王存德．1985. CT－4A型插条机[J]. 林业机械(2)：27.

王丹阳，吴兆迁．2011. 2BCS－402 型步道沟除草松土机的设计[J]. 林业机械与木工设备，39(3)：34－36.

王锋锋，刘明刚，吴晓峰，等．2011. 油茶嫁接机器人的研究设计[J]. 林业机械与木工设备，39(4)：36－38.

王锋锋．2011. 劈接式油茶苗木嫁接机的研究[D]. 中国林业科学研究院．

吴兆迁，樊涛，牛晓华，等．2008. 苗圃精细筑床机设计[J]. 林业机械与木工设备，36(8)：28－30.

吴兆迁，牛晓华，樊涛，等．2009. 2MCX－1100 型精细筑床机实验分析[J]. 林业机械与木工设备，37(7)：17－19.

吴兆迁．2007. 国家林业局哈尔滨林业机械研究所“十五”国家科技攻关计划“自走式苗木换床技术及设备研究”课题通过农业部验收[J]. 林业机械与木工设备，35(1)：56.

吴兆迁．2015. 我国经济调整转型中的苗圃机械化[J]. 林业机械与木工设备，43(1)：9－11，18.

张丽春，申庆泰，张雷，等．1999. MY－7 型育苗喷药机的研制[J]. 林业机械与木工设备，27(1)：4－6.

第三章　园林树木的种子生产与品质检验

在园林苗圃学中，种子通常指用于繁殖园林苗木的种子或果实，有时统称为种实。它包括植物学意义上由胚珠发育而成的真种子，也包括果实及人工种子等。园林树木的种实是园林苗圃经营中最基本的生产资料，担负着园林树木世代遗传物质传递的重要使命。种子繁殖是园林苗木生产繁育的主要类型之一，多数园林树木都以种子繁殖为主。因此，种实质量的高低以及种实数量的充足与否，直接关系到苗木的生产质量和效益。优良种实是培育优质苗木的基础，数量充足的种实是顺利完成苗木生产的保证。为了提高种实的质量和产量，必须充分挖掘和利用优良的种实资源，积极建立园林树木种实生产基地；在园林树木种实生产过程中需要掌握园林树种结实的生物学特性，科学合理地进行种实采集和种实调制；并在深入了解园林树木的种实成熟、种子寿命、种子活力等的生理基础上，采取科学先进和积极有效的措施安全贮运种实、对园林树木种子进行品质检验，鉴定种子质量，以保障苗木培育工作中对种实数量和质量的需求。为提高园林苗木的生产水平，充分发挥园林树木在园林绿化中的综合效益打下坚实基础。

第一节　园林树木的结实规律

一、园林树木结实的概念

园林树木结实是指树木孕育种子或果实的过程。园林树木包括乔木和灌木，均为多年生多次结实的木本植物，其种类繁多，既有被子植物，又有裸子植物。不同的树种，结实特点有很大区别。如不同种类的园林树木，其结实能力的强弱、首次开花结实的年龄、种实的发育过程以及种实的成熟时期和成熟特征等均存在较大差异。有些阔叶树种当年开花授粉，当年结实，而有些针叶树需要 3~4 年才能完成种实发育过程。

种子是植物个体发育的一个特定阶段，也是植物最重要的繁殖器官，在植物的繁殖延续过程中，它能将植物所具有的遗传特性传递给下一代。同时，又受环境影响而具有变异性，使繁殖的植物后代表现出各种各样的变异特征。从植物学意义上讲，种子是指受精后由胚珠发育而成的繁殖器官，一般由胚、胚乳和种皮 3 部分组成，而果实则包括种子和果皮。胚是种子的核心，它由胚根、胚轴(胚茎)、胚芽和子叶四部分组成。种子萌发时，胚根形成根系，胚芽形成茎叶，子叶为胚的生长提供营养。胚乳是贮藏营养物质的重要器官，种皮主要起保护作用。不同种类的园林树木，种子的子叶数多少不一。竹类的种子只有 1 片子叶，称为单子叶植物；椴树和柳树等大多数阔叶树种的种子有 2 片子叶，称为双子叶植物；樟子松、红松等大多数针叶树种子叶在两片以上，称为多子叶植物。

生产上所说的种子是广义的。在《中华人民共和国种子法》(以下简称《种子法》)中，将林木的籽粒、果实，和根茎、苗、芽、叶等繁殖或者种植材料均归纳为种子的范畴。如生产上培育雪松、云杉、侧柏等实生苗时，所用的播种繁殖材料属于植物学意义上真正的种子；培育白蜡播种苗时，所用的种子实际上是指植物学上的果实；播种桃、梅和李时，所用的种子只是果实的一部分；而有些树种播种所用的种子仅仅是种子的一部分，如银杏播种繁殖时所用的种子，通常是除去肉质外种皮后，留下来的包括骨质中种皮和膜质内种皮的种子。在园林苗圃学中，通常将用于繁殖园林苗木的种子和果实统称为种实。

二、种实的形成

树木开花是结实的前提，花芽分化是开花的基础。花芽分化是植物由营养生长向生殖生长转化的过程。进入结实年龄的树木，每年形成的顶端分生组织，由开始时的不分叶芽和花芽，到分化成叶芽和花芽，这个过程称为花芽分化。不同种类的树木，花芽开始分化的时间及完成分化全过程所需时间的长短不同。多数园林树木的花芽分化期在开花的前一年夏季至秋季之间，如泡桐，7 月进行花芽分化，翌年 3 月至 4 月开花；有些树种在春季进行花芽分化，当年秋季或冬季开花，如油茶在 4 月进行花芽分化，当年秋季或冬季开花；一些生长在热带的树种一年可进行多次花芽分花并多次开花，如柠檬桉一年进行两次花芽分化并两次开花。

树木开花后经过传粉受精并逐渐发育形成种实。成熟的花粉传到同种或具有亲和力花的柱头上后，花粉粒在柱头液的刺激下，吸收柱头液的营养和水分，膨胀发芽形成花粉管，花粉管不断伸长，经过花柱进入子房中胚珠的胚囊内，花粉管中的精细胞与胚囊中的卵细胞发生融合，形成二倍体($2n$ 染色体)的合子(受精卵)。从花粉传到柱头上(授粉)至精细胞和卵细胞发生融合(受精)所经历的时间随树木种类而异。多数园林树木 10 min 即可完成。而有些树种在授粉后则需要很长时间花粉管才能进入胚囊，因而受精时间较长。如桦树的受精过程需要一个月左右，红松授粉后直至第二年才能完成受精。受精后的卵细胞通常要度过一定的静止期，然后才开始发生细胞分裂分化和物质积累等过程逐渐发育形成种子的核心部分——胚。在胚发育的同时，胚乳和种皮也逐渐发育形成。

在种实形成过程中，被子植物和裸子植物的结实特点有很大区别。大多数被子植物类的园林树木，授粉后当年种实可成熟，如杨树和榆树等不超过一个生长季，合欢仅需两个月左右。裸子植物中的樟子松和圆柏等，头年开花，第二年种子才能成熟。

被子植物的种子一般由胚(embryo)、胚乳(endosperm)和种皮(seed coat)构成。胚是种子的核心部分，是植株开花、授粉后卵细胞受精的产物，其发育是从受精卵即合子(zygote)开始的。受精时，花粉管中释放两个精细胞进入胚囊，其中一个精细胞与胚囊中的卵细胞融合，形成合子。合子是胚的第一个细胞，形成后通常经过一定时间的形态与生理准备后，开始进行分裂，经过原胚阶段、器官分化阶段和生长成熟阶段3个阶段的发育，最后形成成熟胚。胚由胚根、胚轴、胚芽和子叶四部分组成，播种后发育形成实生苗。胚乳是种子内贮藏营养的地方，其发育是从极核受精形成的初生胚乳核开始的。是由另一个精细胞和胚囊中的两个极核细胞发生融合，形成三倍体($3n$染色体)的初生胚乳核。初生胚乳核的分裂一般早于合子，往往当合子开始第一次分裂时，胚乳核已达到相当数量。初生胚乳核继续发育形成胚乳。胚乳发育早于胚的发育，有利于为幼胚的生长发育及时提供必需的营养物质。有的树种，胚乳发育后不久，其营养物质被子叶吸收，到种子成熟时，胚乳消失，而子叶通常发达，成为无胚乳种子，如槐树、樟树等；有的树种，胚乳则保持到种子成熟时供萌发之用，如荚蓬、牡丹等，种子成熟时主要部分是胚乳，胚占的比例很小。种皮是由胚珠的珠被发育而来的、包裹在种子外部起保护作用的一种结构。有些植物珠被为1层，发育形成的种皮也为1层，如胡桃；有的植物珠被有2层，相应形成内、外2层种皮，如苹果。在许多植物中，一部分珠被组织和营养被胚吸收，所以只有部分珠被成为种皮。一般种皮是干燥的，但也有少数种类是肉质的，如石榴种子的种皮，其外表皮由多汁细胞组成，是种子可食用的部分。大多数树种的种皮成熟时，外层分化为厚壁组织，内层分化为薄壁组织，中间各层分化为纤维、石细胞或薄壁组织。以后随着细胞的失水，整个种皮成为干燥坚硬的包被结构，使保护作用得以加强。成熟种子的种皮上，常可见到种脐、种孔和种脊等结构；有些种皮上具有各种色素，形成各种花纹，如樟树；有些种皮表面有网状皱纹，如梧桐；有些种皮十分坚实，不易透水透气，与种子休眠有关，如红豆树、紫荆、胡枝子等；有些种皮上还出现毛、刺、腺体、翅等附属物，如悬铃木、垂柳等。种皮上这些不同的形态与结构特征随树种而异，往往是鉴定种子种类的重要依据。

裸子植物种子同样由胚、胚乳和种皮3部分组成，是由裸露在大孢子叶上的胚珠发育形成的。银杏、松、柏、杉等裸子植物生殖过程中产生雄球花和雌球花。雄球花由小孢子叶(雄蕊)组成，小孢子叶上产生小孢子囊(花粉囊)，小孢子囊内产生小孢子(花粉粒)。雌球花由大孢子叶(珠鳞)组成，大孢子叶腹部着生裸露的胚珠，胚珠内产生雌性生殖器官——颈卵器，珠鳞逐渐木质化形成种鳞。大孢子叶类似于被子植物的心皮，只是没有闭合成为封闭的结构，常可变态为珠鳞(松柏类)、珠柄(银杏)、珠托(红豆杉)、套被(罗汉松)和羽状大孢子叶(苏铁)等结构。胚珠由珠被、珠孔、珠心构成，其中珠被发育为种皮，珠孔残留为种孔，珠心组织中产生的卵细胞在受精后发育为胚。与被子植物不同，裸子植物在珠心内发育出雌配子体，其内形成数个颈卵器，每个颈卵器又各有一个卵细胞，颈卵器接受来自花粉粒的精子后，精细胞和颈卵器中的卵细胞结合发育形成胚，所以种子常常具有多胚现象(polyembryony)，不过最后通常只有一个胚发育成熟，其余的则被吸收。胚乳由雌配子体除去颈卵器的部分发育而成，为单倍体(被子植物的胚乳是双受精的产物，是3倍体)。裸子植物中，不管卵细胞是否受精并发育成胚，其胚乳都已经先胚而发育，其作用也是为胚的生长发育提供营养物质。

被子植物在种子发育的同时，子房壁发育形成果皮。种子和果皮构成了果实。在种子和果实的发育中，花冠常凋落，一般说来，花被和雄蕊首先凋谢，柱头和花柱也随之萎缩，只有子房连同其中的胚珠继续生长发育；花萼凋落或宿存于果实之上；花托常发育成为果实的一部分；花柄发育形成果柄。裸子植物由胚珠发育形成的裸子植物的胚珠是裸露的，因此胚珠发育成的种子也是裸露的。松柏类的珠鳞逐渐木质化形成种鳞，种子着生在种鳞腹部，种子和种鳞等共同构成球果。

有些树木的果实完全是由子房发育而来的，称为真果(true fruit)；有些树木的果实形成过程中，除子房外还有花的其他部分(如花托、花被)参与，称为假果(pseudocarp 或 false fruit)，如苹果和梨的果实主要是由花托发育而来，桑葚和广玉兰的果实则由花序各部分共同形成等。真果外面的果皮由子房壁发育而来，通常可分为外果皮、中果皮、内果皮 3 层。因树木种类不同，果皮的结构、色泽、质地以及各层发育的程度变化很大，有时 3 层结构区分不明显，也因此形成了各种各样的果实。在植物学上，根据构成果实的心皮数量、果皮的质地及成熟时是否开裂等，将果实分为包括荚果、翅果、蓇葖果、蒴果、坚果、浆果、核果、梨果、聚合果和聚花果等十几种类型。从园林苗圃生产、种子采收和加工的角度，果实成熟时基本上可分为干果类(包括蒴果、荚果、翅果、坚果、蓇葖果、瘦果等)、肉果类(包括浆果、核果、梨果，肉质的聚合果、聚花果等)以及裸子植物的球果类三大类。

在受精卵形成种子的过程中，有时可能由于内部原因或是外部干扰而导致异常的发育过程。如胚囊内的助细胞、珠心或珠被细胞均可能发育而形成多胚现象。也可能由于遗传学的原因或生理等方面的不协调等出现只有胚乳而无胚的现象。还可能由于未受精的卵直接发育形成无融合生殖的单倍体胚。

胚珠能顺利的通过双受精过程，但却不能发育成具有发芽能力的正常种子，这种现象称为种子败育。种子败育如果发生在种子发育的早期，由于干物质未来得及积累，幼小的胚珠将干缩为极小的一点而使果实成为空壳；如果败育发生在种子发育的稍后期，则有可能形成有缺陷的种子。败育种子无正常的发芽能力，因而没有应用价值。

种子败育是一个很普遍的现象，在许多种子生产中都能发生。杂交育种中种子败育的现象更为严重。如果种子败育的比率高，会给种子生产和作物产量带来损失。引起种子败育的原因很多，有内在因素，也有外界环境条件的影响，一般可归纳为以下几种情况。

(1)生理不协调

在远缘杂交中，有时受精虽然能够完成。但由于生理不协调，种子常不能正常发育。生理不协调可分为三种情况：一是胚和胚乳发育都不正常而使种子早期夭折；二是胚乳可能发育正常但胚不正常，导致产生无胚种子；三是胚开始发育正常，但由于胚乳发育不正常，发育中的胚尤其是原胚因得不到胚乳的养分而停止发育或解体。在某些杂种后代中常表现为育性很低，有的虽能形成种子却往往不能正常发育和成熟，也多是由于这种原因。

(2)受病虫危害

种子在发育过程中常易遭受病、虫危害，有些是直接危害，如虫吃掉种子的重要部分或病菌寄生其中，有些则间接危害，如病、虫的分泌物使胚部中毒死亡等，这些都能造成种子败育。

(3)营养缺乏

种子在发育过程中，需要从植株吸取大量营养物质。如果植株由于自身或外界条件的影响导致营养缺乏，或者物质转运受阻，都能引起种子的败育。在栽培条件不好的地方，这种情况经常发生。例如植株遭受病虫危害或机械损伤，营养器官被损，或土壤贫瘠，肥水缺乏，或是气温不适，水涝湿害，盐碱过度，环境污染等。总之，凡是能引起植株营养物质缺乏或运输障碍的一切因素，都可能使种子由于营养物质缺乏而败育。种子败育多发生在果穗的顶部、基部等营养弱势部位，表明营养缺乏乃是种子败育的重要原因。

(4)恶劣环境条件影响

有些极为恶劣的环境条件如冰冻、高温、有毒药剂等，能直接使发育中的种子受伤致死。

造成种子败育的原因很复杂，除上述之外，还有许多因素，如激素调控失调、植物固有的遗传差异等，都有待进一步研究、探索。防止种子败育的措施要视其败育的原因而定。如果败育是由于生理不协调所致，可利用胚离体培养的方法，以得到珍贵的杂交种若为病、虫危害，应及早防病治虫。如果是由于营养缺乏引起，则应改善栽培条件，加强肥水管理，使营养生长和生殖生长协调发展，以获得种子高产。此外，还应有目的地选育遗传上败育率低、抗逆性强的品种。种子败育除了有对生产不利的一面外，还有可利用的一面，即有些杂种后代，其种子可育性低，易败育。但其营养体生长繁茂，营养器官品质好，而人们所需要的正是这种营养体，将这样的品种用于生产，将能大大提高经济效益，例如三倍体植株的选育和推广。

三、结实年龄与结实周期性

1. 结实年龄

园林树木生长发育到一定的年龄且营养物质积累到一定程度后，顶端分生组织开始分化并形成花原基和花芽，开始开花结实。树木开始结实的年龄决定于它的遗传基因和环境条件。不同树种的遗传基因不同，生长发育快慢不同，生物学特性不同，其结实年龄也不一样。不同树种开始结实年龄有很大差异，如紫薇1年生即可结实，梅花3~4年生可开花结实，落叶松、桂花约10年左右开花结实，而银杏则要到20年生后才开始开花结实。部分常见园林绿化树木开始结实的年龄见表3-1。

表3-1　部分园林树木开始结实年龄

树　种	开始结实年龄(年)	主要栽培地区
圆　柏	10~15	北　京
栾　树	5~7	北　京
楸　树	10	江　苏
木麻黄	1~2	广　东
侧　柏	5~6	黄河及淮河流域
马尾松	6~10	秦岭、淮河以南
红　松	80~100	东　北
华北落叶松	14	山　西
油　松	7~10	山　西

（续）

树　种	开始结实年龄(年)	主要栽培地区
樟子松	20～25	大兴安岭
火炬松	6～7	福　建
侧　柏	6～10	北　京
柳　杉	10	山东、河南、华南
麻　栎	20～30	浙江、江苏
栓皮栎	20～30	北京(天然林)
枫　杨	5～6	河北(人工林)
榆　树	5～8	河　北
板　栗	5～8	华　北
核　桃	6～8	华　北
花　椒	3～4	山　东
文冠果	3	内蒙古
沙　枣	4	西　北
云　杉	40	东　北
银　杏	20	江苏、广州
水　杉	20～25	湖北、湖南、四川、辽宁
白玉兰	5	华中、华东、华北
马褂木	15～20	长江流域及其以南
合　欢	15～20	华北、华南、西南
国　槐	30	华　北
刺　槐	5	华北、银川、西宁、沈阳
桑	3	长江流域、黄河中下游
楝　树	3～4	华北南部、华南、西南
元宝枫	10	华北、吉林、甘肃、江苏
黄连木	8～10	华北、华南
白蜡树	8～9	东北、华北、华南、西南

通常灌木比乔木早，速生树比慢生树早，喜光的比耐阴的早，温暖的气候和充足的光照会使树木提早开花。一般情况，就树种的生物学特性而言，阳性树种开始结实的年龄较早，而耐荫树种开始结实年龄较晚；从所处的环境条件讲，在同一树种的个体中，孤立木开始结实的年龄早，林缘木比密林中的树木开始结实的年龄早。在一个树种的分布区内，分布在南部或南坡的树木，比北部或北坡的树木结实早。在同一株树上，树冠梢部的枝条由于发育阶段较老而开花结实较早。同一树种，不同的起源和环境条件，开始结实时期也有差异，如银杏播种苗要20年才开始结实，而把结果母枝采下的枝条嫁接到较大的银杏

苗上，5 年即可结实。

园林树木结实是在营养器官生长基础上开始的。就同一树种而言，多数情况下，营养器官生长得好，生殖器官生长得也好，树木开始开花结实年龄也早。但在有些情况下，树木营养生长过于旺盛，枝叶徒长，往往不能开花结实或者是延迟开花结实年龄，这可能与各种激素未达到相应的水平有关。如对柳杉使用赤霉素(GA_3)处理，可促进其提早开花结实。在另一些情况下，也会出现营养生长并不旺盛但开花结实却早的现象。如在土壤贫瘠、干旱或含盐量较高的环境胁迫下，受机械损伤或发生病虫害时，树木个体早衰，有限的营养集中于生殖生长，结果，逆境造成了树木提早开花结实。

2. 结实周期性

从理论上讲，园林树木开始结实后，随着继续生长发育，其结实量应该逐年增加，到了一定的年龄阶段结实量就应稳定在一定水平上，保持相当长的一段时间，结实量才开始下降。但实际情况并非如此，树木进入成年后，每年的结实数量常常有很大不同。有的年份结实数量多，可称为“丰年”或“大年”。结实丰年之后，常出现长短不一的、结实数量很少的“歉年”或“小年”。歉年之后，又会出现丰年。这种各年结实数量丰年和歉年交替出现的现象，称为结实周期性，或称结实大小年现象。树木从一个结实丰年到相邻的下一个结实丰年之间相隔的年限称为结实间隔期。

树木结实的周期性随树种本身的生物学特性而异。多数灌木树种以及杨、柳、榆、桉等喜光树种，它们的幼年期较短，生长迅速，营养物质积累能力强，开花后种实的成熟期较短，种粒体积较小，消耗营养物质少，几乎每年能大量结实，这类树种的结实间隔期很短或没有明显的结实周期性现象。杉木、刺槐、泡桐和桦树等树种，各年种实产量相对稳定，丰年出现的频率比歉年多。樟子松和油松等多数温带树种，各年的种实产量不稳定，结实周期性变化特征较明显，但完全无收成的年份并不多。另一些高寒地带的针叶树种如云杉和落叶松等，从开花到种实成熟需要的时间较长，种实产量极不稳定，完全无收成的年份出现得相当频繁，结实周期性特别明显，结实间隔期达 3~5 年。

树木结实大小年现象产生的原因，一般认为主要是营养不足造成的，其次与环境条件有关。已经开始结实的树木，每年结实量的大小首先取决于开花的多少，花开多少又取决于上一年花芽形成的多少。花芽形成的多少受营养状况的控制。营养状况好，形成的花芽就多；否则形成的花芽就少。树木结实要消耗许多养分，特别是结实丰年，光合作用产物的大部分被种实发育所消耗，树体的营养积累减少，树势减弱，有时甚至消耗了植物体内积累的营养物质，造成花芽分化期营养不足，致使结实丰年后、甚至随后几年都难以形成足够数量的花芽，或花芽发育不充分，结果出现结实歉年。此外，由于结实丰年消耗营养多，影响了新枝新梢的生长，使形成的果枝减少，导致随后开花结实量减少。

环境条件常常是制约结实周期性变化特征的重要原因。在大范围内，树木结实周期性受光照、温度和降水量等气候条件制约。在各个年份又受具体的天气条件影响。在花芽分化、开花直至种实成熟的整个过程中，霜冻、寒害、大风、冰雹等灾害性天气常使种实歉收。此外，病虫为害也对结实周期性变化有重要影响。特别值得指出的是，人为经营活动与园林树木的结实周期性具有密切关系。掠夺式的采种，不加控制地折断过多的母树枝条，致使母树元气大伤，往往需要很长时间才能使母树恢复正常的结实，延长了树木结实间隔期。

可以看出，树木结实周期性并不是树木固有的特性，也没有必定的规律，起主导作用的是树木的营养状况。在深入了解树木结实的自然规律以及弄清影响树木结实因素的基础上采取科学的经营管理措施，如松土、除草、灌溉、施肥、防治病虫害、修剪、疏花疏果等可改善树木生长发育的环境条件，调节树木的营养生长和生殖生长的平衡关系，促进树木结实，大大缩短或消除结实的间隔期，实现种实高产稳产的目的。

四、影响园林树木开花结实的因素

影响园林树木结实的因素很多，如树木的年龄与生长发育状况、开花传粉习性、气候条件、土壤条件以及生物因素等综合起来共同均影响树木的开花结实，包括结实年龄、结实的产量与质量以及结实间隔期等。

1. 树木的生长发育阶段与生长发育状况

在正常情况下，园林树木初期结实量少，而且空粒、瘪粒较多。但是，用这个时期的种子培育成的幼树可塑性大，适应性强，这在引种驯化上有着特殊的意义。随着树木个体的生长发育，结实量逐渐增加，质量也随之提高。到了成年时期，树木结实数量、质量达到高峰。这个时期能维持相当长的一段时间，是采种的重要时期。当树木到了衰老期，结实数量逐渐减少，用这个时期的种实繁殖的植物适应性差，抗性也差，生长缓慢。

树木的生长发育阶段与开花结实密切相关。树木的生长发育过程可划分为 4 个阶段，即幼年期、青年期、成年期和老年期。

(1) 幼年期

幼年期指从种子萌发开始直到植株开始开花为止的时期。主要是树体的营养生长，积累营养物质，为随后的生殖生长(开花结实)奠定基础。树木在幼年期，发育的可塑性大，对环境条件的适应性强，枝条再生能力强。幼年期长短，是树种重要的生物学特性之一，主要是由遗传特性决定的，直接决定着树木的结实年龄，如一般紫穗槐为 2~3 年、牡丹为 3~5 年、刺槐为 4~6 年、云杉则为 20 年以上。

(2) 青年期

青年期是指树木开始开花结实的头几年。刚刚进人结实初期的树木，开花和结实量均少。此期花、果性状不十分稳定，树势生长相当旺盛、树冠相对扩大明显，又称逐渐成熟期，是植株以营养生长为主逐渐转入与生殖生长相平衡的过渡时期。例如，牡丹实生苗在开花后，其花型、花色每年都有很大变化，直到 3~5 年后才逐渐趋于稳定。处于青年期的树木能形成生殖器官和性细胞，已经开始开花结实，但仍以营养生长为主，树冠的分枝增加快，冠幅扩大和根系生长均较快。随着营养物质的积累和树体的不断增大，开花和结实量也不断地增加。

(3) 成年期

成年期是指从青年期结束开始，到结实开始衰退时为止的时期。进入壮年阶段，营养生长变缓且与生殖生长保持相对的平衡稳定状态，树体基本定型，花芽数量增加，结实量多而且稳定，种实品质好，是树木结实和采种的主要时期，也是生命周期中相对较长的一个时期。例如，紫斑牡丹的幼年期和青年期各为3～5年，但成年期常为10～20年，在栽培条件较好的情况下，还有可能长达50～60年或更长的时间。成年期树木的结果枝生长和根系生长都达到高峰，冠幅扩大趋于稳定，对养分、水分及光照的要求高，对不良环境条件的抗性强。

(4)老年期

老年期指植株开花结实量大幅度下降，种实质量降低，结实间隔期变长，生长开始衰退，并逐渐衰老死亡的时期。此时树体的各种生理活动明显减弱，新枝数量显著减少，抗性下降，易遭病虫危害，大量枝条枯死，直到全株死亡。对于一些单性花且雌雄同株的树种，树木进入老年阶段后，可能仅开雄花，或者雄花过多而雌花很少，雄花和雌花的比例严重失调。用这个时期的种子繁殖的植物适应性差，抗性也差，生长缓慢。

各种树木生命周期的基本过程是一致的，但各个时期开始的早晚和延续时间的长短是不同的；即使同一树种，在不同生长环境条件下，各个时期起始的早晚和持续的时间也会有一定变化。

树体内营养物质的积累是开花结实的物质基础。各种营养物质、内源生长促进物质和抑制物质之间的平衡，在树木的开花结实中起着重要作用。一般来说，高水平的碳水化合物和低水平的氮素比率，有利于花的孕育。当C/N比值大时，开花早；反之，C/N比值小时，则开花迟。此外，C/N比率的变化，还影响花的性别。C/N中等时，利于雄花的形成，C/N比率较高时，则利于形成雌花。植物激素是植物代谢的产物，一定浓度的植物激素，可对植物细胞的生理生化过程及组织器官的形成发生起调节作用。如在一定浓度范围内，赤霉素、生长素与细胞分裂素等激素类物质，能够刺激树木花芽的形成，促进树木开花。

2. 树木的开花与传粉习性

树木在开花传粉过程中，开花的时间、雌雄花比例、雌雄花异熟、自花授粉及花的着生部位等开花与传粉习性对结实均有重要的影响。比较明显的是某些树种的花期不遇、雌雄异熟现象。

树木的开花时间与结实量有密切的关系。树木从开花到种实成熟，整个生长发育过程不断地受到各种自然因子的影响。因此，这个过程经历的时间越长(短)，受灾害因子影响的可能性越大(小)。各树种的开花时间，以及从开花到种实成熟所经历的时间有差别很大。有些树种的种子成熟较快，如榆树3～4月开花，4～5月种实即成熟；多数树种，春天开花，秋天种子成熟，如银杏、白玉兰和白蜡等；另一些树种，种实成熟要经历更长时间，如华山松4月开花，到翌年9～10月种子才成熟。

有些雌雄异株或异花的树种，若雄株或雄花多，雌株或雌花的比例少，结实会受到严重影响。如落叶松结实间隔期长的主要原因之一，是雌雄花的比例差异大，通常雄花多，而雌花太少，导致出现结实歉年，在极端情况下甚至没有雌花，不能形成种实。另一些树种，又可能出现雌株多或雌花多，而雄株或雄花少的现象，不能满足传粉受精的要求，产生空粒或瘪粒种子。在银杏的栽培实践中发现，常由于雄株过少而使种实减产。为了提高银杏的产量，需要使雌雄株具有一定的比例，或从外地引进雄花枝，进行辅助授粉。

有些树种具有明显的雌雄异熟现象。雌花先熟或雄花先熟，造成雌花和雄花的花期不相遇，导致授粉受精不良，影响种实产量。如鹅掌楸为两性花，但很多雌蕊在花蕾尚未开放时已成熟，到花瓣盛开雄蕊发育成熟散粉时，柱头已经枯萎，失去接受花粉的能力，致使结实率很低。薄壳山核桃在南京自5月上旬至6月上旬都有花开，但每一单株的花只有4~5天，且多数雄花先开，散粉完毕后，雌花还未呈现可孕状态，故授粉困难。常绿乔木雪松，花单性，雌雄同株，雌雄异熟现象特别明显。雪松的开花期在10~11月，开花时期雄球花先开放，而雌球花后开放，二者的开花时间相差一个月左右。对于这些树种最好实行人工授粉，以保证结实。

自花授粉频率很高的树种，饱满种子的比例往往很低，且种子质量差，子代苗木死亡率高，植株矮小或多畸形。在自然条件下，有些树种如合欢、楸树等自花不孕，以避免自花授粉；另一些树种如红松和雪松等，雌球花多着生在树冠顶部、强壮主枝的顶端，而雄球花一般着生在中下部生长较弱的水平枝上，雌雄球花的这种分布有利于异株异花授粉。一般情况，孤立木虽然光照充足，树体生长强壮，结实量大，但由于自花授粉几率大，种子质量并不高，发育健全的种子数量不多。一些雌雄异株的孤立木，常常不结实，或虽然结实，却多为空粒。异花授粉频率较高的，结实量较高，种子质量也较好。

同一株树上，常因花的着生部位不同而导致授粉情况差异，进而引起结实差别。如鹅掌楸树冠上部的花，受孕率可达20%~40%，而树冠下部的受孕率很低，有时为零。白蜡树和桉树等，着生在树冠下部的种子通常较重。针叶树中，球果着生在树冠阳面及主枝上时，种子较重，种子的质量较好。

3. 气候条件

气候条件主要包括温度、光照、水分和风等。气候条件不仅会影响树木结实量，而且对质量也有很大影响。一个地区的气候条件如果对某树种的生长发育有利，也就是说树种在它适生的地区，那么它的丰年出现频率就高。例如毛白杨，在其适生地区河南开封基本上年年结实，且结实量大。而到了北京地区几乎就不结实了。

温度是影响树木开花结实的主要因素之一，不同树木的成花、开花、结实各有其一定范围的温度需求。有些树木则需要在一定时期内接受某种程度的低温和/或高温诱导才能成花，许多树木成花后仍需经过一段时期低温破除芽休眠，在适宜的温度下开花结实，如牡丹、垂丝海棠等。树木开花期若遇到寒流或晚霜等低温，冻坏子房和花粉，或使花粉管的延长受阻而迟迟不能完成授粉作用，或使花冻死等，可严重影响传粉受精，造成种实败育。极端高温也可能伤害花，或使果实不能正常发育，引起落花落果。在适宜生长的温度条件下，种实发育良好、充实而饱满，质优而量大。

同一树种，生长在温暖地区，由于生长期长，积累营养物质多，这对种子的发育有利，容易形成粒大而饱满的种子。在寒冷地区，尤其在开花、种子发育期间温度低，一般表现为种粒小，空粒多，瘪粒偏多。如马尾松种子，在广东茂名，年平均气温为23.5 ℃，种子千粒重是13.78 g。在贵阳，年平均气温为15.6 ℃，种子千粒重是11.69 g。温度降低

7.9 ℃，千粒重下降 2.09 g。

光照是树木生长发育不可缺少的重要环境因子。光照是树木光合作用的能量来源，光合产物为开花结实提供所需要的养分。光照强度、光周期和光质均影响树木的开花结实。光照强度对花的形成有特别明显的作用，树木光照充足时开花结实多，光照不足时结实少，甚至不结实。因此，采种母树应留足够的光照空间以提高种实产量。光照条件好时（如在阳坡），在接受充足光照的同时，相应的温度也会提高，也有助于树木生长与结实。

光照条件的差异明显地反映在树木结实的状况上。孤立木、林缘木光照充足，因此比树林中的树木结实早，产量高、质量好；阳坡光照条件好，受光时间长，光照强度大，相应的温度也高，有利于树木光合作用的进行和根的吸收，贮藏营养也多，因此结实就早且质量高；而阴坡则相反。据浙江省林科所的资料，23 年生杉木人工林，在南偏东的坡上采集的种子比西偏北的坡上采集的种子发芽率高 28%，发芽势高 27%，千粒重大 27%，产量高 61%。光照强度还与花的性别有关，如充足的光照有利于樟子松雌球花生长，而其雄球花的生长发育需要适当遮阴。云杉和红松等树种的雌球花多生在树冠顶部，雄球花多发生在树冠下部也是这个原因。

光周期与树木开花密切关联。树木的成花受基因控制，光是启动成花基因的最重要的因素之一。自然条件下不同种类的树木长期适应所分布地区的光周期变化，而形成了与之相对应的开花特性。生长在高纬度地区的树木如樟子松、红松和桦树等多为长日照树木。生长在低纬度热带区的椰子、柚木和芒果等属于短日照树木。生长在中纬度地区的垂柳和黄连木等则属中日照树木。对于短日照的树木，必须经历一段短日照的天数，才能开花。长日照树木则必须经历一定的长日照天数才能开花。

水分对树木花的形成、传粉和种实的生长发育产生明显的影响作用。水分条件充足，树木生长旺盛，通常能促进开花结实。在花芽分化期，适当的干旱有利于树木花芽的形成；过于干旱的天气，影响树木正常的生理过程，也会影响花芽分化，或由于树木养分不足而导致种实发育中养分缺乏，种实发育不良，质量差。许多树种因春旱而造成落花，夏旱而造成落果。但若花期降雨过多，则会由于湿度过大而花药不开裂，或即使开裂但花粉难以飞散，影响开花授粉，而且阴雨天气限制昆虫活动，影响虫媒花传粉。

另外，适宜的风利于风媒花的传粉，但大风易造成落花落果，导致种实减产。

4. 土壤条件

土壤条件包括土壤养分、pH 值、土壤结构和土壤水分等。一般情况下，大部分树种在深厚、肥沃、疏松、微酸性的土壤条件中生长迅速，结实多，质量好。良好的土壤结构将有利于根系的生长发育。土壤中水分和可溶性养分充足，则根系能吸收大量水分和养分、利于树木体内各种物质的合成和营养物质的积累，给花芽的形成、开花以及种实的发育提供充分的营养物质；并利于提高种实产量，且能缩短结实间隔期。值得注意的是，土壤中氮、磷和钾的供应比例状况常常与树木结实的早晚和结实量高低有关。土壤中氮营养元素供应较多时，树木营养生长旺盛甚至徒长，影响开花结实，种实产量减少。合理搭配磷、钾和其他营养元素、增施有机肥能促进种实生长发育，提高种实产量，适当增施磷、钾肥能提早结实。当土壤贫瘠，树木处于胁迫环境状态时，虽然开花期较早，甚至结实量很多，但种实质量低劣。土壤积水或板结，会造成根透气不良，影响树木生长结实，甚至导致死亡。

5. 生物因素

昆虫能提高虫媒花树种的结实率，在花期放养蜜蜂等能提高种实产量。但有许多树木在种实发育成熟过程中会受到病菌、害虫、鸟类、鼠类等生物因素影响而减少种实产量。如稠李痂锈病危害云杉果实，炭疽病使油茶早期落果而减产，橡栎类种子常遭受象鼻虫危害，鸟类喜欢啄食樟树、黄连木等多汁的果实，鼠类对松树和栎树等种子的取食等常常造成种实减产。有些虽不直接危害种实，如有些病虫害为害树干、树根、枝、叶、花等，间接影响树木结实。有些生物与树木则是协同进化的关系，如松鼠采集松科、壳斗科树种的成熟种实，埋藏于地下，促进了种子的传播和萌发；乌桕、朴、樟等树的种子经过鸟类啄食和消化更易萌发，但客观上也造成了种实减产。对此问题，一般可采取提前采摘半熟种实，进行堆藏后熟处理措施加以解决。另外，人、畜危害以及不合理的栽培措施也会影响树木结实。

第二节　园林树木种实生产

园林树木良种基地的建设是园林苗圃生产的一项重要基本建设，是保证提供品种丰富、品质优良，且具有良好适应性的优良园林树木种实的基础，是进行稳定和规模化生产优良园林绿化繁殖材料的根本途径。园林树木种类繁多，它们的生长发育习性、开花结实年龄、开花期与种实成熟期、种实成熟的特征等差异很大。在充分认识这些特性的基础上，不仅要正确地选择优良的采种母株，还应将选育或引种驯化成功的、具有重要观赏价值且具有一定经济价值的树种、变种或品种进行长远规划，利用优良无性系或家系建立繁殖基地。种实生产基地的建立，便于进行集约经营管理。通过科学的施肥、灌溉及应用先进的新技术进行调控，可促进树木提早开花结实，提高种实产量和质量，缩短或者消除结实间隔期，保证稳定的种实产量。同时，种实基地的建设有利于系统地观察树木的物候，可进一步探测树木的结实规律，了解自然条件和人为经营管理措施对结实影响的差异。可为预测种实产量，为不断地改善经营措施以提高种实产量和质量提供基本的依据。

一、优良种实生产基地的建立

为了满足大规模的绿化和引种驯化工作对种子的需要，除选择优良母树进行采种外，还要建立种实生产基地，如母树林（采种母树林的简称）、种子园、采穗圃和品种园等。

1. 确定建立优良种实基地的目标

一个区域完成树种规划并确定主要的园林绿化树种后，应对树种的种实产量、适应性、分枝特性、抗性以及适应临界生境的能力等进行详细了解，从而进一步确定树木良种。一般情况，树木良种在一定的区域内，其产量、适应性、抗性等方面应具有明显优势。对于这些优良树种要充分了解树种的生物学特性，如所确定的目的树种是雌雄同株还是雌雄异株，主要靠风媒传粉还是要借助昆虫传粉，开花结实的早晚，一株树能够收获多少有活力的种实，种实千粒重变化程度，树种的变异性有多大，树种是否具有所需要性状的基因等。还应了解对目的性状进行测定需要用多长时间才能完成。

建立种实基地时，首先对所确定的目的园林树种的需要数量和需用期等进行估计，还要决定需要保持和改良的性状，分析这些性状在生物学和经济上的重要性，预测通过选择和培育将获得的增益。此外，必须考虑为了获得所需要的改良目的，在种实基地经营中将主要应用改进的培育措施，还是要同时采用与遗传相结合的技术措施。

2. 种源选择

所谓种源，是指某一批种实的产地及其立地条件。早在18世纪中叶，欧洲就开展了种源试验。20世纪20年代，大量的试验揭示，种内存在遗传分化，即同一树种但地理来源不同的种实具有地理变异特征，如果种实原产地气候条件与造林绿化区的条件相差很大，则树木栽植后常生长不良，甚至会失败。因此，在优良种实基地的建设中要特别注意种源的选择。保证良种基地培育种实的种源清楚，在园林苗木培育和园林绿化时，使用最适种源区的种实，即种实产地气候和土壤等条件应该与绿化区一致。如果没有最适种源区，也要用绿化区附近的种源，或与绿化区条件相似的种源。

采种母树的选择，首先要看母树生长区的气候、土壤条件是否和栽植地区相仿。实践证明来自不同的原产地树木种子，引种到新地区种植后，树木生长状况有很大差异。如华北落叶松种子在小兴安岭播种后，苗木在苗圃生长比兴安落叶松生长快，而且健壮、嫩绿。第二年上山造林后则表现抗寒性差，幼树顶芽被冻死，影响了树木生长。兴安落叶松虽然在苗圃生长表现一般，但上山造林后则表现适应性强，生长良好，树干挺直，颜色正常。经过几年的观察，树木的生长、发育显然好于华北落叶松，因此采种母树应从育苗地的生长区环境条件相同或相似地区选择。种子或苗木向北移(高纬度地区)要注意防冻和冻害问题；向南移(低海拔、低纬度)注意徒长不结种子或果实。因此，乡土树种在其适生区有很强的生长优势。

母树的质量应具备该树种或品种的园艺特征，应选择生长健壮、发育正常、树形丰满、无病虫害的植株作为采种母树(图3-1)。母树的年龄宜选进入盛果期的植株，以保证种子的产量、质量，这对培育生长和发育良好的苗木具有直接的影响。

图3-1　选择表型优良的母树作为采种母树

(引自洑香香、喻方圆、郑欣民，2008)

3. 繁育优良种实的途径

当园林绿化中亟须大量优良种实时，建立母树林采种是充分利用现有种实资源，快速获得优良种实的重要途径之一。所谓采种母树林是指利用优良天然林或种源清楚的优良人工林，通过留优去劣疏伐，或用优良种苗以造林方法营建的，用以生产遗传品质较好的树木种子的林分。母树林是良种繁育的初级形式，能提供遗传品质好、数量多的树木种子。建立母树林比较简单，成本较低，见效快，从母树林的选建到大量收获种实之间的非生产性时间短，能够及早获得所需的种实。

从长远的观点看，建立种子园是有效地提高树木种实遗传品质的根本途径之一。种子园是指由人工选择的优良无性系(从一共同的细胞或植株繁殖得到的一群基因型完全相同的细胞或植株)或子代家系(经过子代测定后所选择出的优良子代)为材料建立起来的，以生产优质种实为目的的林地。优树是从条件相似、林龄相同或相近的同种天然林或人工林中选拔的表型优良的树木个体。优树无性系是指优树嫁接苗、扦插苗和组织培养苗等繁殖材料。从一株母树上采下来的枝条，属于同一无性系。优树家系是指由优树自由授粉或控制授粉后所形成的繁殖材料。种子园有别于母树林或种子林，母树林或种子林是没有经过人工遗传改良的树木，不是专门为经营种子而建的。种子园相对于母树林来说级别更高、生产遗传品质和播种品质更好的林木良种生产基地。种子园中的树木经过选择，按合理方式配置，并采取优良的栽培技术和隔离措施。

在现代的种实研究和生产中，可通过人工种子途径，快速繁育优良种实材料。人工种子(synthetic seeds)是指将植物离体培养中产生的胚状体，包埋在含有营养物质和具有保护功能的物质中形成的，在适宜条件下能够发芽，并能够生长发育成正常植株的颗粒体。人工种子的内部是具有活力的胚胎，外部具有营养和保护功能，与天然种子很相似，但在本质上属于无性繁殖材料。因此，具有许多优点。如自然条件下不结实或种子很昂贵的树木，可通过人工种子途径进行快速繁育。

二、母树林的建立与经营管理

母树林是良种繁育的初级形式。在目前种子园所产种子远远不能满足当前园林事业发展对种子需要的情况下，母树林则是我国园林树木良种生产的主要基地。一般从母树林采集的种子，千粒重大、发芽率高、所育苗木生长快而健壮。

1. 选建母树林

母树林建立的方法有两种。一种是由天然林或人工林(现有林)改建而成。在城市可利用风景区、公园的林片、林带、绿地等，选择性状优良的林分作母树林，通过疏伐、施肥、灌水、中耕、除草和保护母树等抚育管理措施，促其大量结实，以供应大量育苗所需要的种子。用这种方法建立起的良种基地收效快、费用低，各地采用较多。另一种方法是在苗圃中对一些速生树种用优良种苗直接营造母树林。可在苗圃划定一定的地块作为母树区，特别对一些珍贵树种，苗圃应定植一定数量的母株供采种使用。为使苗圃生产的苗木在品质上不断地提高，苗圃应有计划地建立采种母树基地或种子园，一般用优树上采下的种子进行播种，选择优良的单株进行种植，加强培育管理，以保证种子供应和种子质量。不管是从现有资源中选定，还是重新营造母树林，都必须根据树种的生物学特性及种源的适应范围确定母树林的最佳地理位置。

选建母树林时，首先根据种实需求量确定计划建立的母树林的总面积，且面积相对集中。母树林应在优良种源区或适宜种源区内，气候生态条件与用种区相接近；母树林选址最好处于地形平缓，背风向阳，光照充足，不易受冻害的开旷林地，在山地尽量选用坡度较缓的阳坡或半阳坡；排水良好，海拔适宜，地势平缓，交通方便，周围 100 m 范围内没有同树种的劣等林分；土壤应为高地位级或中等地位级，土壤肥力中等；林龄应选择同龄林。郁闭度应该在 0.6 以上；林分起源应该选择实生的林分，所选的林分应是优良的能够正常生长发育，并能大量结实的林分。母树林确定之后，要做好区划，标定母树林的周围界限，绘制母树林区划平面图，计算母树林的面积。

在林分内生长健壮、干形良好、结实正常，在同龄的林木中树高、胸径明显大于林分平均值的树木，可称其为优良木。而在林分内生长不良、品质低劣、感染病虫害较重，在同龄的林木中树高、胸径明显小于林分平均值的树木，则称劣等木。在林分中介于优良木和劣等木之间的树木，称为中等木。在同等立地下，与其他同龄林分相比，在速生、优质、抗性等方面居于前列，通过疏伐，优良木占绝对优势的林分，可认为是优良林分。选择的母树林应该是优良的林分(图 3-2)。

图 3-2 采种母树林的选择

2. 母树林经营管理

在母树林的经营管理中，为了使选留的优良母树相互传粉并且占有足够的结实所需的营养空间，通常要对母树林进行疏伐。依据留优去劣，照顾结实，适当考虑均匀分布的疏伐原则，伐除枯立木、风折木、病腐木、被压木、形质低劣的不良母树和非目的树种，逐步伐去不宜留作母树的中等木。疏伐后留下来的母树树冠能充分伸展，不得衔接，树冠距离相隔 1.0 m 左右。

在母树林的林地管理中，通过松土除草，及时铲除妨碍母树生长的灌木和杂草等，并可结合松土除草埋青培肥。在合理诊断土壤肥力的基础上，结合树种在各生长发育阶段对养分的需求，确定其施肥种类、数量和时间等，据此进行科学合理的施肥。

母树林的保护非常重要，母树林四周要开设防火道。母树林内禁止放牧、狩猎、采脂、采樵修枝。要注意病虫鼠害防治，以预防为主，防重于治，生物防治与化学防治并重。

母树林经营管理中还要进行科学的花粉管理。在母树林开花散粉期，应选择多个单株收集一定量的优良花粉，必要时实施人工辅助授粉，可补充自然授粉的不足，提高授粉效果。

母树林应进行子代测定，为评价和筛选提供依据。同时，要进行结实量预测预报。如在母树林内设置固定标准地，定期进行物候相观测、结实量调查和种子产量预报。

此外，要建好母树林档案。档案内容包括母树林的全部原始材料。母树林疏伐及经营管理技术设计，种子产量预测，历年种子产量、质量与物候观测资料，以及母树林经营中的各项经济技术材料等。

三、种子园的建立与经营管理

建立种子园是提高林木种子遗传品质的有效途径之一，可以得到优质、高产、稳定、性状优良的种子，并能节省生产费用。

1. 种子园的种类

种子园是用优树或优良无性系的树条和种子培育的苗木为材料，按合理方式配置，生产具有优良遗传品质的树木种子的场所。根据繁殖方法的不同，种子园可分为实生种子园和无性系种子园两大类。无性系种子园，是以优树或优良无性系个体作材料、通过嫁接或插条方法建立起来的。因大多数成年针叶树的枝条扦插繁殖不易成活，目前我国各地建立的针叶树种子园多数是用嫁接苗建成的。

无性系种子园：由于优树经过表型选择，遗传品质得到一定程度的提高，特别是对于遗传力高的性状尤其明显，无性系能够保持优树良好的遗传特性和原有品质，提早开花结实，使树形矮化，结实层低，便于管理和采集种子。所以凡能用无性繁殖，开花结实较迟的树种，应建立无性系种子园。但无性系种子园在嫁接时要考虑到不同树种或同一树种不同单株之间的亲和性问题，有时还会在后代出现不亲和的现象；在扦插时，由于成年母树的枝条发根力弱，在实际应用中往往受到一定限制。

实生种子园：是用实生苗建立起来的种子园。对于尚不能用无性繁殖的材料，嫁接后期有不亲和的树种，以及一些开花结实较早的树种，可建立实生种子园。由于繁殖容易，可以获得大量供建园所需的材料，生产成本较低，但实生种子园往往受早期选择效果的限制，同时有些树种结实较晚，结实初期种子产量往往不高。

2. 园址选择与建园

建立种子园时，园址选择非常重要。既要考虑区域性条件，又要考虑当地的基本条件。区域气候和当地的生态环境，都会影响树木的开花结实、种子的质量和产量。因此，在园址选择上，必须慎重。一般情况，种子园应设在树种的适生地区。但有些试验研究指出，从水平范围看，选在树种分布区以外较温暖的地区建园，有利于提前开花，提早种子成熟，且利于与不良花粉源进行天然隔离；从垂直范围看，与较高海拔范围的母树相比较，在较低的海拔范围的种子园内，种子千粒重和饱满种子百分率等明显提高。

应该选择地势平缓而宽敞的地方建立种子园。种子园的土壤肥力应在中等水平以上，土层要深厚，土壤结构良好。建园时必须避免由于人为选择不当而造成的地形因素所带来的漏斗状风道、霜冻等危害。

外来花粉的隔离是选择园址时必须考虑的重要因素之一。特别是风媒树种，园址应选在受同种或亲缘种影响很小的地方。通过选择园址，可形成适当的天然隔离地段或便于布设隔离带。隔离带宽度，可依据花粉传播距离而定。对培育树种的花粉飘散特性不清楚时，多数树种可设置500 m左右的隔离带。

从经营的角度考虑，种子园交通要方便、水源要充足，且能供电。种子园的面积可依据供种要求和树种的结实特性而定，但同时结合考虑经营管理条件。需要强调的是，种子园的优树等繁殖材料的成本很高，因此，种子园的整地和栽植工作，都必须高标准严要求。此外，确定适宜的无性系和家系树木(如不少于20~50个)，并进行合理配置，使同一无性系或家系的个体间应有最大的间隔距离，尽可减少无性系或家系间固定的邻居搭配，以减少自交和近交率。

3. 种子园的经营管理

种子园经营管理工作的目标，是使培育的母树健康发育，及早结实，并能持续地正常结实，且力争使实现上述目标的劳动和费用最少。

清除杂树灌草、土地平整及排水设施等基本作业，最迟要在定植前一年进行。在建园初期，可适当间种矮秆作物或绿肥植物。但应该严格控制滋生的杂草，合理地进行除草松土。

种子园合理施肥，是促进母树生长发育，提早开花结实，提高种实质量和产量，缩短结实间隔期的有效措施。开始结实以前，主要是促进母树树体营养生长；进入结实期后，特别是随着种实产量的提高，母树要消耗大量的营养物质，因此，要及时施肥，保证供应母树对营养物质的需求。

应依据土壤养分状况和土壤含水量的具体情况，以及培育树种对养分和水分的需求特征，同时进行合理的施肥和灌溉，有效地提高种实产量。需要注意的是，在花孕育期间，一定的水分抑制会促进花芽分化，而在花孕育之前以及种子发育期间，母树需要更多的有效水分。

种子园的初植株行距离一般较小，随着树木的生长发育，为保持树冠不相互遮阴，保证有足够的空间，使树冠接受充分的光照，要适时地进行疏伐。另外，通过疏伐，淘汰遗传品质低劣的植株，伐除花期过早或过晚以及结实量太低的植株。

要依据培育树种的生长习性进行适当的整形修剪。通过整形修剪使主干上的主枝配置适当，促进其形成低矮而宽阔的树冠，使整个树形保持均衡，枝叶分布适量，树冠受光均匀，既便于种实采收作业，同时也有利于提高种实产量。此外，通过剪切根系、环剥树皮和缢缚树干等措施，可促使树体内的碳水化合物水平向利于开花的方向发展，诱导树木开花。

进行科学的花粉管理，实施人工辅助授粉，补充自然授粉的不足，也是种子园经营管理中提高种实产量和质量的有效措施。

种子园的经营管理中，还要加强护林放火和病虫害防治工作。要建立系统的技术档案，保留好种子园的区划图、无性系或家系配置图、优树登记表、种子园营建情况登记表以及经营活动记录表等。

四、其他良种基地的建立

(一)采穗圃

1. 建立采穗圃的重要性

采穗圃是用优树或优良无性系作材料，为生产遗传品质优良的插条、根段而建立的良种繁育场所。

在苗木生产中，无性繁殖占有很重要的地位。许多树种，如杨树、柳树、水杉、池杉等主要是通过插条育苗。由于营养繁殖可以继承和保持亲本的优良遗传特性，随着选优工作的开展，在建立无性系种子园和生产性苗圃的无性繁殖，都需要大量的种条。为了能经常不断地提供大批优质种条，必须有计划地建立采穗圃。建立采穗圃有如下的优点：

①采穗圃母树都是经过选择的，所提供的种条的遗传品质能够得到保证；

②采穗圃进行集约经营，可以在短期内满足大量种条的需要，生产成本也比较低；

③通过对采穗母树的修剪、整形、施肥等措施，种条生长健壮、充实，粗细适中，发根率较高；

④在集中管理的条件下，对病虫害的防除也比较容易；

⑤采穗圃一般应设于苗圃附近，可以在插条适期及时提供种条，避免种条的长途搬运，有利于提高插条成活率。

2. 采穗圃的种类

根据建园材料和负担的任务不同，可将采穗圃分为两类。

(1)初级采穗圃

建圃材料是未经表型测定的优树，它只是提供建立初级无性系种子园，无性系鉴定和资源保存所需要的种条。

(2)高级采穗圃

建圃材料是经过表型测定的优良无性系或人工杂交选育定型的材料。它的任务是为建立第一代无性系种子园或优良无性系的推广提供材料。按其提供的繁殖材料的不同，可将采穗圃分为两类，一类是接穗采穗圃。以生产供嫁接用的接穗为目的，作业方式通常为乔林式。用材林树种可任采穗母树的树体自然发展，但应注意剪除病患枝、枯损技等；经济林树种，可进行人工整形修剪，整形修剪的原则和方法与果树相近。另一类是插槽采穗圃。以生产供插条繁殖用的插穗、根段为目的，通常采穗母树成垄或成畦栽植，3~5 年左右要进行一次更新。

(二)品种园

在园林树木中，有很多珍贵的树种，其中花木类、松柏类品种繁多，不同品种绿化效果差异极大，如丁香、碧桃、梅花等。紫丁香为丛生，波斯丁香则是选北京丁香做砧木，经过嫁接形成高接波斯丁香，由于它成乔木状在园林绿化中起着不同的点缀作用。又如梅花、牡丹等品种极多，要广泛地收集各类可供城市绿化应用的园林绿化树种和品种，建立不同的品种园，如梅花园、牡丹园、丁香园，为大量培育绿化用苗提供枝条和芽等繁殖材料。

第三节　园林树木的种实采集与调制

种实采集是种子生产最重要的环节之一，它是以优良种源为前提，种实成熟为基础，种实产量为目标的生产过程。园林绿化的优良种实应该从种子园和母树林中采集，或必要时从选择的优良目标母树采集。为获得品质优良的园林树木种实，除了选择优良母树以外，还必须能够识别种实的形态特征，掌握种子成熟和脱落的规律，确定采集种实的时期，适时采种，并依据不同种实类别和特性，采取适当的调制方法，才能够获得适于播种或贮藏的优良种实。

一、种实采集

(一)种实的类别

园林树木种子形状多种多样，具有不同的颜色和斑纹，重量相差悬殊，如樟子松的种子千粒重只有6 g左右，红松种子千粒重可达500 g以上。

有些树种的果实成熟后不开裂，不需进行处理就可用来直接播种，习惯上把这些果实也称为种子，如榆树的翅果。在被子植物中，果实由外果皮、中果皮、内果皮和种子构成。在裸子植物中，种子没有果皮包被，而是裸露在外，有些松柏杉类的种子与种鳞聚成球果；另一些裸子植物的坚果状种子，着生在肉质种皮或假种皮内，如红豆杉、罗汉松等。园林树木种实实际上是种子与果实的混称。由于种实的构造特性的差异，成熟时呈现许多不同的特征。大体上可将果实类型归纳为干果类、肉质果类和球果类。

1. 干果类

这类果实的突出特征是果实成熟后果皮干燥。其中，有些果实类型如蒴果、荚果和蓇葖果等，成熟时果皮开裂，散出种子，如杨、柳、丁香、连翘、太平花、卫矛、黄杨、刺槐、皂荚、合欢、紫藤、梧桐、白玉兰、珍珠梅等；另一些种实类型，如坚果、颖果、瘦果、翅果和聚合果等，种子成熟后果实不开裂，种子不散出，如板栗、栓皮栎、毛竹、蔷薇、月季、白蜡、水曲柳、榆、槭、鹅掌楸等。

2. 肉质果类

果实成熟后，果皮肉质化。可依据具体特征分为浆果、核果和梨果。如接骨木、金银花、金银木、女贞、榆叶梅、山桃、山杏、毛樱桃、山茱萸、海棠、花楸、山楂、山荆子等。

3. 球果类

有些裸子植物的雌球花受精后发育形成的种子着生在种鳞腹面，聚成球果，如落叶松、樟子松、云杉、柳杉、柏树等。

(二)种子的成熟

种子的成熟是指受精卵发育形成具有胚根、胚轴、胚芽和子叶的完整的种胚的过程。在种胚形成各个器官的同时，种子外部形态结构不断完善，内部发生一系列生理生化变化，不断积累营养物质，保证种胚生活及种子发芽所必需的贮存物质。从种子发育的内部生理和外部形态特征看，种子的成熟包括生理成熟和形态成熟。

1. 生理成熟

种子在成熟过程中，当内部的营养物质积累到一定程度，种胚发育完全，种实具有发芽能力时，称为种子的生理成熟。这时的种子含水量高，内部营养物质处于易溶状态并仍然在不断积累中；种皮不够致密，保护功能较差，内部易溶物质容易渗出，不能有效防止水分散失和病菌感染。如果此时采种，采收后易收缩干瘪，种粒不饱满，不耐贮藏保存，易丧失发芽能力。因此，仅仅生理成熟的种子是不宜采收的。但是夏季成熟的种子如榆，采后随即播种，往往发芽率较高，出苗整齐而迅速，这类种子可在生理成熟后立即采集并播种。另外，对一些种子休眠期较长的树种，如牡丹、椴树、水曲柳、山楂等，可以采集生理成熟的种子，采后立即进行沙藏或播种，可缩短种子的休眠期，提高发芽率。

2. 形态成熟

当种子完成了种胚的发育过程，结束了内部营养物质的积累，含水量降低，种子重量不再增加或增加很少，营养物质也由易溶状态转为难溶的脂肪、蛋白质和淀粉等，种皮变得更致密坚实并具备保护胚的特性时，特别是从外观上看，种粒饱满坚硬而且呈现特有的色泽和气味时，称之为种子的形态成熟。一般园林树木种子多在此时采集，种子呼吸作用微弱，抗性强，耐贮藏。

3. 生理成熟与形态成熟的关系

大多数园林树木的种子生理成熟在前，形态成熟在后，即种子在具备发芽能力以后，要经过一定阶段的发育才在形态上表现出成熟的特征，如松类、柏类和牡丹的种子等；也有些树种的种子生理成熟与形态成熟的时间几乎一致，二者相差时间很短，如旱柳、泡桐、杨、柳、白榆、木荷、台湾相思和银合欢等，当种子达到生理成熟后往往自行脱落，故要注意及时采收；还有少数树种的生理成熟在形态成熟之后，如银杏，当假种皮变黄变软，种子在形态上表现出成熟的特征从树上脱落时，其内部种胚仍然很小，尚未发育完全，需要在采后经过一段时间的贮藏，种胚才能发育完全，种子具备正常的发芽能力。这种在形态成熟后，要经过一定时期贮藏才能达到生理成熟的现象称种子的生理后熟。有生理后熟特征的种子，采收后不能立即播种，必须经过一段时间适当条件的贮藏(1~10 ℃层积沙藏4个月或0~5 ℃层积沙藏2~3个月)，采用一定的保护措施，才能正常发芽。

总的来看，种子成熟应该包括形态上的成熟和生理上的成熟两方面的意义，只具备其中一方面的条件，不能称为真正成熟的种子。严格地讲，完全成熟的种子应该具备以下几方面的特点：①各种有机物质和矿物质从根、茎和叶向种子的输送已经停止，种子所含的干物质不再增加；②种子含水量降低；③种皮坚韧致密，并呈现特有的色泽，对不良环境的抗性增强；④种子具有较高的活力和发芽率，发育的幼苗能够具有较强的生活力。

(三)种子成熟度的鉴别

鉴别种子成熟程度是确定种实采集时期的基础。依据种子成熟度适时采收种实，获得的种实质量高，有利于种实贮藏、种子发芽及其幼苗生长。采集种实时间过早，种粒不饱满，种子质量差，发芽率低，幼苗抗性弱。采收过晚，许多树木的种实可能会自然开裂，种子散落，也采集不到优良的、足够数量的种子。

判断种子成熟与否，可用形态鉴别、比重测定、解剖法、化学分析和发芽试验等方法。生产上一般依据物候观察经验和形态成熟的外部特征判断种子成熟期和确定采种期。物候观察即根据资料及多年的经验进行判断，差异不会很大。绝大多数树种的种子成熟时，其种实形态、色泽和气味等常常呈现明显的特征。

1. 形态鉴定法

大部分种实的成熟期是根据种子(果实)的外部形态特征来确定的。不同树种的果实成熟时，其特征也各不相同，主要表现在颜色、气味和果皮等方面的变化。

(1)球果类

果鳞干燥、硬化、微裂、变色。杉木、落叶松的球果由青绿色变为黄绿色或黄褐色，果鳞微裂；马尾松、油松、侧柏、云杉的球果变为黄褐色；红松果鳞先端反曲，成熟时果实变黄绿色。

(2)干果类

果皮由绿色转为黄、褐乃至紫黑色，果皮干燥、紧缩、硬化，其中蒴果、荚果的果皮因干燥沿缝线开裂，如刺槐、乌桕、香椿、泡桐等；皂角等树种果皮上出现白霜；坚果类如栎属树种壳斗呈灰褐色，果皮淡褐色至棕褐色，有光泽；鸡爪槭等槭树属种子的翅果为黄褐色；七叶树果实淡褐色，且果实下垂。

(3)肉质果类

果皮软化、颜色因树种不同而各有特色。女贞、樟树、楠木、黄波罗等果实由绿色变紫黑色；圆柏呈紫色；银杏、柿树、山桃呈黄色；荔枝等呈红色；有些浆果果皮出现白霜。肉质果类果实未成熟时多为绿色，成熟后果实变软、香、甜，色泽变鲜艳，酸味或涩味消失。

2. 物理方法

小粒纯净种子进行压磨或火烧，压后无浆，出现白粉或用火烧时有爆破声即说明种子成熟。对较大粒种子可用刀切开观察，切时费力说明种子成熟度好。

3. 比重测定法

主要用于判断针叶树球果的成熟程度。一些树种仅根据球果的外部特征判断种子成熟有一定困难，可结合比重测定法来加以判断。针叶树球果成熟时，由于失水，比重减轻。可选若干株树，每株采球果 1～2.5 kg，随机投入试液中，凡上浮的球果已成熟，下沉的未成熟。试液可用亚麻油(比重 0.93)、轻机油(比重 0.88)、95%酒精(比重 0.82)、煤油(比重 0.8)。国外常用此法测定种子成熟度。如湿地松，球果成熟时比重小于 0.9，可用轻机油；美国白松球果成熟比重为 0.92～0.97，可用亚麻油；美国黄松球果比重为 0.8～0.86，可用煤油；欧洲赤松为 0.88～1，可以用水。

4. 物候预报法

这是一种理论方法，主要依据林木种实成熟所需要的积温值来确定果实的成熟期。根据下列公式可确定成熟时期：

$$D = D_1 + A/(t - B)$$

式中　D——开始成熟日期；

D_1——当年开花日期；

A——开花到成熟需要的有效积温；

t——开花到成熟期间的平均气温；

B——开花到成熟期内有效积温的下限。

(四)种实脱落特性

一般种实形态成熟后，逐渐开始脱落，但脱落方式和脱落期因树种而异，对采集种子影响很大。

1. 种实脱落方式

多数针叶树球果类种实的脱落方式为种子成熟后整个球果脱落，如红松；或球果成熟后果鳞开裂，种子脱落，如云杉、落叶松和樟子松等；或是球果果鳞与种子一起脱落，如雪松、冷杉和金钱松。

阔叶树种实的脱落方式为：肉质果类和坚果类，整个果实脱落；蒴果和荚果等多数种实，果皮开裂后，种子脱落或飞散。

2. 种实脱落期

种实悬挂在树上、较长时间不脱落，如樟子松、马尾松、杉木、侧柏、悬铃木、苦楝、无患子、刺槐、槐、紫穗槐、紫椴、臭椿、水曲柳、白蜡、女贞、槭树、桉树、樟树、楠木、橡木等。

种实成熟期与脱落期相近，如云杉、冷杉、油松和落叶松等。

成熟后立即脱落或随风飞散。如栎、红松、七叶树、栲和胡桃等，种子成熟后即落地；杨树、泡桐、榆树和桦的小粒种子，成熟后很快随风飞散。

(五)确定适宜的种实采集期

种实的适时采收是种实采集工作中极为重要的环节。采种期是否适宜对种子质量影响很大。在生产中要通过对种实成熟的物候观测和记录，依据种实成熟特征、脱落方式、天气情况等确定采种期，做到适时采收。

每个树种在相同地区有大致固定的种实成熟期和采种期，大多数秋季成熟的种实在9月下旬至11月中旬采集，如银杏、油茶、白玉兰、紫薇、杉木等；春季成熟的种实在2~4月采集，如圆柏、八角金盘、白榆等；夏季成熟的在5~7月采集，如杨、榆、红楠、檫木、桑等；有些树种的种实在冬季采集，如女贞和圆柏、樟树等。

具体采集应根据下列条件来确定：

①成熟后立即脱落或随风飞散的小粒种子，如杨、柳、榆、桦、泡桐、杉木、冷杉、油松、落叶松、木荷、木麻黄等，成熟期与脱落期很接近，在脱落前必须采集，否则将采不到种子。

②成熟后立即脱落的大粒种子，如七叶树、板栗、核桃、油桐、栎类等，一般在种实脱落后，及时从地面上收集，或在立木上采集。落地后不及时采集，会遭受虫、兽危害及受土壤温度、湿度的影响而降低种子质量。

③形态成熟后，果实虽不马上开裂，但种粒小，一经脱落则不易采集，这类种子也应在脱落前采集，如杉木、马尾松、湿地松、桉树等。

④对于深休眠的种子，如山楂和椴树，在生理成熟后形态成熟之前进行采集，并立即播种或层积催芽，可缩短其休眠期，提高发芽率。

一般在少雨的年份，种实成熟期常提早，但空粒多。在多雨的年份，尤其在种子成熟前，阴雨天气多，会使种实成熟期推迟。天气晴朗，高温天气，种实容易成熟，也容易脱落。生长在肥沃土壤的母树，结实性好，籽粒饱满，种子品质好，种实的成熟期较晚。

(六)选择采集种实的母树

园林树木种实首先应考虑在种子园和母树林等良种繁育基地采集。此外，可在树种的适生分布区域内，选择稳定结实的壮龄植株作为采集种实的母树。采种母树的种实要具有优良的遗传品质和播种品质。通常情况，在相同的采集区，不同植株在生长状况、分枝习性、结实能力、种实的品质等方面具有明显差异。选择综合性状好的植株采集种实，可获得遗传品质优良的种实。采集种实的母树，应具有培育目标所要求的典型特征，且发育健壮，无机械损伤，未感染病虫害。具体的选择性状可依据各树种的培育目标而定。如培育目标为行道树，母树应具有主干通直、树冠整齐匀称等特点；花灌木则应冠型饱满，叶、花、果等应具有的典型观赏特征。母树的年龄以壮龄最好，种实产量稳定、产量高、种实品质好。主要树种适宜采集种实的年龄见表3-2。

表 3-2 主要树种适宜采集种实的母树年龄(苏金乐，2004)

树 种	适宜采集年龄(年)	树 种	适宜采集年龄(年)
红松 *Pinus koraiensis*	60~100	杉木 *Cunninghama lanceolata*	15~40
落叶松 *Larix*	20~80	水杉 *Metasequoia glytostroboides*	40~60
冷杉 *Abies fabri*	80~100	柳杉 *Cryptomeria fortunei*	15~60
云杉 *Picea*	60~100	马尾松 *Pinus massoniana*	15~40
侧柏 *Platycladus orientalis*	20~60	福建柏 *Fokienia hodginsii*	15~40
银杏 *Ginkgo biloba*	40~100	竹柏 *Podocarpus nagi*	20~30
华山松 *Pinus armandi*	30~60	麻栎 *Quercus acutissima*	30~60
油松 *Pinus tabulaeformis*	20~50	樟树 *Cinnamomum camphora*	20~50
樟子松 *Pinus sylvestris*	30~80	檫树 *Sassafras tzumu*	10~30
黄山松 *Pinus taiwanensis*	30~60	榉树 *Zelkova schneideriana*	20~80
紫椴 *Tilia amurensis*	80~100	楸树 *Catalpa bungei*	15~30
水曲柳 *Fraxinus mandshurica*	20~60	皂荚 *Gleditsia sinensis*	30~100
杨树 *Populus*	10~25	台湾相思 *Acacia confusa*	15~60
白榆 *Ulmus pumila*	15~30	喜树 *Camptotheca acuminata*	15~25
香椿 *Toona sinensis*	15~30	木麻黄 *Casuarina* spp.	10~12
刺槐 *Robinia pseudoacacia*	10~25	木荷 *Schima superba*	25~40
枫杨 *Pterocarya stenoptera*	10~20	乌桕 *Sapium sebiferum*	10~50
臭椿 *Ailanthus altissima*	20~30	桉树 *Eucalyptus* spp.	10~30
桑树 *Morus alba*	10~40	黄连木 *Pistacia chinensis*	20~40
色木槭 *Acer mono*	25~40	银桦 *Grevillea robusta*	15~20

(七)种实采集方法

采种方法要根据种实成熟后果实大小、脱落方式以及脱落时间来确定。主要有以下几种采收方法：地面收集、树上采种(立木采集)、伐倒木上采种和水上收集等。

1. 树上采集

树上采集法是生产上应用最多的方法。根据树木高矮及使用工具的不同可分为采摘法、摇落法和机械化采种。对种粒小或脱落后易飞散的种子，适于树上采集，如杨、柳、榆、鹅耳枥、雪松、水杉等。有些树种如枫香、鹅掌楸等种子易散失的树种宜早采，后晒干堆熟。一般种实可用竹竿击落或用高枝剪、采种钩、采种镰等各种工具采摘，球果类针叶树可用采种耙梳摘(图 3-3)。通过振动敲击容易脱落种子的树种，可敲打果枝，使种实脱落。也可用采种网，把网挂在树冠下部，将种实摇落在采种网中。对于高大树体可用梯架或上树采摘，但需注意安全，采种时不要剪摘母株过多枝条，以免影响其生长。在地势平坦交通方便处采种，可利用机械如车载升降梯或自行升降式采种机采集(图 3-4)。针叶树的球果可用振动式采种器采收球果。

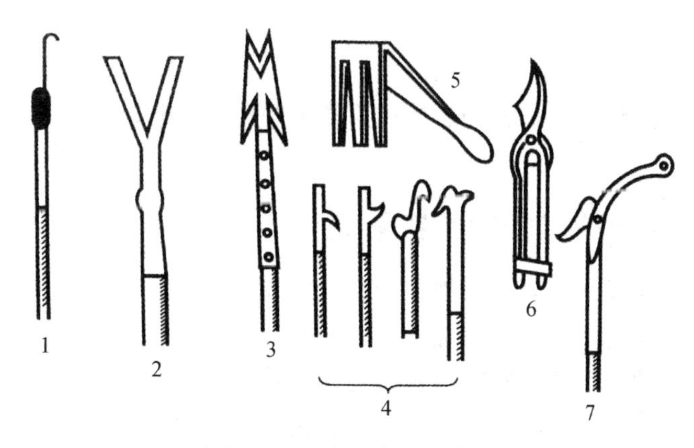

图 3-3　采种工具(引自王大平、李玉萍，2013)

1. 采种钩　2. 采种叉　3. 采种刀　4. 采种钩镰　5. 球果疏
6. 剪枝剪　7. 高枝剪

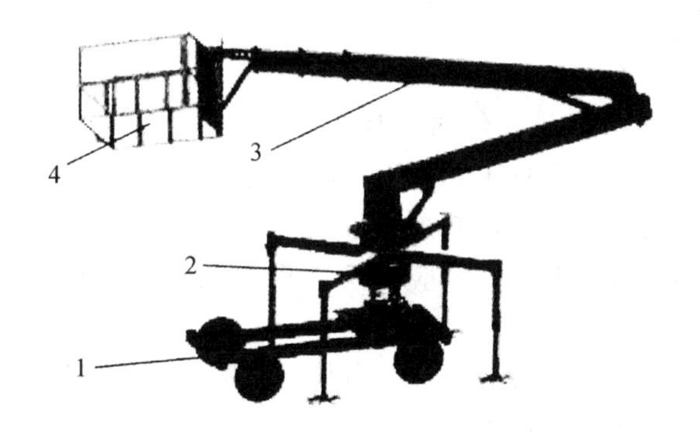

图 3-4　自行升降式采种机(引自王大平、李玉萍，2013)

1. 底盘　2. 动平台机构　3. 升降机构　4. 工作平台

2. 地面收集

种实较大的树种，如栎和核桃、板栗、油茶、七叶树等，可在种实脱落前，清理地面杂草或以塑料膜铺地等，待种实脱落后，立即收集或用人工或机械振动树体，促使种实脱落。也可在母树周围铺垫尼龙网，使种子落入网内。国外有专门的收网机，在收网过程中去除杂物，可获得较纯净的种子。最好每隔数日收集一次，边落边收。榆树、白蜡、枫杨等翅果，自然脱落后常被风吹集一处，可在地面扫集。地面收集种实相对安全，对树体影响小。值得注意的是，种实一旦落地就应及时拾取，否则易遭虫蛀、鼠害等，如栓皮栎、麻栎等。

3. 伐倒木上采集

在种实成熟期和采伐期相一致时，可结合采伐作业，从伐倒木上采集种实，简便且成本低。这种方法尤其适合于种实成熟后并不立即脱落的树种，如水曲柳、云杉、椴树和白蜡等非常便利。

4. 从水面上收集

一些生长在水边的树种，如赤杨、榆树、桤木等种子脱落后常漂于水面上，可以在水面上收集种子。

(八)采集种实前的准备和种实登记

采集种实之前制定详细的采集计划，确定采集的树种、采集数量、采集的母树林、种子园或采集母树的具体地点等，征得有关部门的许可，准备好采集工具及有关的记录表格，计划好需要的劳动力，准备好临时存放场地，并做好预算。

要建立健全种实采集登记制度，对每一批种实都要进行登记，并做详细记录。清楚地登记采集树种、地点、采集时间和方式，采集母树林、种子园或采集母树的状况，种实调制的方法和时间、种实贮藏的时间、方法和地点等等，为种实的合理使用提供依据。

二、种实调制

种实调制是指将采集后的种实经过干燥、脱粒、去翅、清杂、净种、分级等处理措施，获得适于贮藏、播种的纯净种子的过程。新采集的种实应及时调制处理，堆放过久易造成种实变质、发热、霉烂。种实调制是种子生产过程中的一道主要工艺，不同类型的种实调制方法不同，具体调制时要采取相应的调制工序。方法不当会严重降低种子品质，降低生产效益。

为了调制工作方便，一般把种实脱粒特点相近、可以采用相似调制方法的种实归为一类，分为干果类、肉质果类、球果类。

(一)球果类种实的调制

球果类种实，种子包藏在球果的种鳞内，种实调制中首先要进行干燥，使球果的鳞片失水后反曲开裂，种子才能脱出。球果干燥分自然干燥脱粒和人工干燥脱粒两种方法。

1. 自然干燥脱粒

自然干燥调制是指通过翻晒使球果自然干燥脱粒的过程。选择地势高燥、通风良好、阳光充足的地方，将球果摊放在铺席、塑料或水泥场上，摊放厚度不超过2~3个球果为宜，置于阳光下暴晒，每天翻动2~3次，夜晚堆起、覆盖，以防露、防潮。通常5~10天种鳞开裂，种子脱落；或用木棒轻击球果促使种粒脱出。需要指出，有的球果(如落叶松)敲打后更难开裂，所以忌用棍棒敲打。

针叶树种(如马尾松)的球果，含松脂较多，不易开裂，可先在阴湿处堆沤，用40 ℃左右温水或草木灰水淋洗，盖上稻草或其他覆盖物，使其发热，经两周左右待球果变成褐色并有部分鳞片开裂时，再摊晒一周左右，可使鳞片开裂，脱粒出种子。

自然干燥法的优点是作业安全，调制的种子质量高，不会因温度过高而降低种子的品质。因此，适用于处理大多数针叶树的球果，如落叶松、云杉、侧柏、水杉、柳杉、杉木和侧柏。缺点是常常受天气变化影响，干燥速度缓慢。因此当调制大量球果或难开裂的球果时，常常不能满足工作上的需要。

2. 人工干燥脱粒

有些地区气温低、湿度大或因天气的影响，干燥的球果数量多，又需及时脱粒，仅靠自然干燥不能满足需要，而用人工干燥法能大大提高工作效率。人工干燥脱粒是指利用球果干燥室或烘箱加热烘干球果并脱粒的过程。干燥室般有加温、通风设备，如加热器、排风扇等。干燥球果的温度一般在 35～60 ℃之间，不同树种球果干燥的最适温不同：樟子松在 40 ℃烘干 48 h，出种最多，发芽率最高，烘烤后仍未开裂的球果可在 25～30 ℃的水中浸 5～20 min 后再烘干脱粒；马尾松球果在干燥设备 50～60 ℃烘干效果较好；柳杉为 36～40 ℃；落叶松为 40 ℃；云杉不高于 45 ℃；杉木一般不高于 50 ℃；湿地松和火炬松不高于 50 ℃。温度过高、长时间高温或湿度过大都会伤害种子，应予避免。

也可使用球果脱粒机，脱粒种子。另外，可采用减少大气压力，提高温度的减压干燥法或称真空干燥法脱粒种子。使用球果真空干燥机进行脱粒，不会因高温而使种子受害，特别是能够大大缩短干燥时间，提高种实调制的工作效率。

为了便于贮藏和播种，对于云杉、冷杉、落叶松、油松等带翅的种实，完成脱粒工序后，要通过手工揉搓或用去翅机，除去种翅。净种用筛选、风选或水选，去除种鳞、种翅、空瘪粒或杂物。

目前国际上许多现代化专用的球果种子干燥处理设备，保证球果干燥的速度快，脱粒净。从球果取出种子到净种、分级等均采用一整套机械化、自动化设备，大大提高了种子调制的速度。

(二)干果类种实调制

干果类种实的调制主要是干燥种实，清除果皮、果翅和其他杂质，以获得纯净的种子。干果种类很多，差异较大，不同类型采用相应不同的调制方法。

1. 蒴果类种实调制方法

含水量低的蒴果，如丁香、紫薇、金丝桃、木槿和香椿等可直接在阳光下晒干脱粒、净种，对种粒比较小的杨、柳等树种应采集后立即放入干燥室干燥，经 3～5 天，当大多数蒴果开裂后，即可用柳条抽打，使种子脱粒、过筛、精选。对小叶黄杨等易丧失发芽力的种子，多采用阴干法进行脱粒，然后妥善处理。

2. 荚果类种实调制方法

多数荚果类种实一般含水量较低，如刺槐、合欢、紫荆和相思树等，采集后可直接摊放在晾晒场院的席子上晒干，待荚果开裂，用木棒敲打脱粒，用风车等除去其他夹杂物，获得纯净种子。对于不易开裂的果荚，如皂荚、紫藤等，可用石磙碾压、锤砸弄碎果皮，脱粒去杂净种。

3. 翅果类种实调制方法

多数翅果类种实不必除去果翅，干燥后清除杂质即可，如槭树、白蜡、水曲柳、香椿、榆树、枫杨、杜仲等，干燥后除去其他杂物即可贮藏。其中，榆树、杜仲等翅果在阳光下暴晒易失去发芽力，应在通风背阴处摊薄阴干。

4. 坚果类种实调制方法

含水量较高的坚果，如壳斗科、胡桃科、榛科树种的种实，不宜堆积暴晒，采集后及时水选或粒选，除去虫蛀种实，摊在通风处阴干，摊放厚度不超过 20 cm，注意经常翻动。当种实含水量降低到一定程度时，则可进行贮藏。有些坚果极易虫蛀，如栎属可用 50 ℃温水浸泡 20 min 杀灭潜藏的害虫。经浸泡处理的种子，要及时摊开散热并阴干，以防发热霉烂。

5. 蓇葖果类

调制方法与干果类相似，含水量高的种实如牡丹、白玉兰、梧桐等，宜阴干后沙藏或播种；含水量低的种实如绣线菊、珍珠梅、风箱果等，可晒干后贮藏。

（三）肉质果类种实调制

肉果类种实通常肉质多汁，含有较多的果胶和糖类，很容易发酵腐烂，因而采集后要及时调制，取出种子。调制主要是通过堆积、浸沤等过程去除果肉、取出种子，其方法因果实结构不同而有所区别。

对于核桃、山杏、山桃、银杏、贴梗海棠等树种，种实采后可堆积至果皮或种皮软化后，搓去果肉或种皮，水洗出或人工剥离取出种子。堆积期间可浇水盖草，经常翻动，保持湿润。对于种实肉质黏稠的树种，如桑、苦楝、黄波罗等，一般先用水浸沤，待果肉软化后，再捣碎或搓烂，然后加水冲洗，漂去果皮果肉，得到纯净的种子。对于种实细小而果肉较厚的树种，如海棠、杜梨等，可将果实堆积变软后碾压、漂洗即得净种。对于种实外壳外附有蜡质或油脂的树种，如乌桕、漆树、广玉兰等，可在脱粒后用草木灰或碱水浸洗，以脱去蜡质。对于具有胶质种子的树种，如圆柏、三尖杉、榧树、紫杉等，只用水洗不能使种子与富含胶质的假种皮分离，因此，要用石磙或木棒捣碎果肉，然后再用水洗以得到纯净的种子，或用苔藓加细石与种实一同堆放起来，沤制一段时间后，揉搓除去假种皮，再干燥后贮藏。一般能供食用的肉质果，如苹果、梨、桃、杏、李等，可从果品加工厂中取得种子。

另外，肉质果中取出的种子，一般含水量较高，应立即放到通风地方阴干，当种子含水量达到一定要求时，便可运输、贮藏或播种。

（四）净种与种子分级

1. 净种

净种是指清除混杂在种实中的鳞片、果皮、果柄、枝叶、碎屑、土块、空瘪种子、异类种子等夹杂物的种实调制工序。净种工作做得越细致，种子的纯度越高，越有利于种子的贮藏和播种工作。常用的方法有风选、水选、筛选、手选等。

(1)风选

借助风力，用风选机、簸扬机或簸箕进行净种。大部分中小粒种子可用风选，将饱满种了和轻的夹杂物分开。风选机一般由吸风道和沉降室组成，根据不同沉降位置还可进行种子分级。

(2)水选

根据杂质和种子的不同比重、密度，将待选种子倒入水里，使夹杂物、空瘪粒和受病虫害的种粒漂出，饱满种子沉于水底而选出。水选操作时间不宜过长，以避免杂物因吸水而下沉影响净种效果。水选后的种子不宜暴晒，应通风阴干。

(3)筛选

用不同孔径的筛子，筛除与种子大小相异的杂物。一般可先用大孔筛筛除较大杂物，再用小孔筛筛除小杂物。种子清选机通常就由筛选和风选两部分组成。

(4)手选

有些树木种子无法通过以上方法净种，只能通过手工清除种子中的杂物，如池杉、落羽杉等。手选较费工时。

2. 种子分级

种子分级就是将某一树种的种子按种粒大小或重量进行分类，即把不同质量的种子按一定标准，分成不同等级。是商业生产种子的重要环节。同一种源的种子，一般粒大饱满的种子千粒重大，含营养物质多，生命力强，发芽率高，幼苗生长好，苗木生长壮实。种子分级经常与净种同时进行，可利用筛孔大小不同的筛子进行筛选分级，也可利用风力进行风选分级，还可借助种子分级器进行种粒分级。种子分级器的设计原理是，种粒通过分级器时，密度小的被气流吹向上层，密度大的留在底层，受震动后，分流出不同密度的种子。

在我国的苗木种子生产中，种子分级常被忽略，结果造成种子品质下降(不同品质的种子混杂在一起)，增加了育苗管理的成本与难度。从某种角度讲，这是由对种子规格的重要性及其商品性认识不足造成的。

种子质量的优劣深受生产者、经营者、使用者和种子管理部门的关注。在商贸交易中，不同质量的种子应有不同的价格。划分出种子质量等级，按质量取价或不予使用，既体现了交易的公平，又能避免生产上的经济损失。我国曾制定并实施了 GB7908—1987《林木种子》，在此基础上，又有国家林业局提出、国家质量技术监督局发布了 GB7908—1999《林木种子质量分级》(修订标准)。在该修订标准中，将种子质量分为三级，以种子净度与发芽率(生活力或优良度)和含水量的指标划分等级，并适用于育苗、造林绿化及国内、国际贸易的乔木、灌木种子，尽可能地满足经济交流和种子生产使用的需要。实验证明，种子级别越高，播种后长成的苗木则越壮；若将同级的种子进行播种，则出苗整齐，生长均匀，苗木分化现象少。可见，种子分级对苗木生产也具有重要意义。

3. 种子登记

将树种学名、采种地点和时间、调制时间和方法等信息进行登记，可作为种子贮藏、引种、交换、科研等的依据。种子登记是种子生产的重要内容(表3-3)，是具有良好商业与应用价值的种子必不可少的组成部分。

表3-3 种子登记表

(引自成仿云，2012)

树　种		科　名	
学　名			
采集时间		采集地点	
母树情况			
种子调制时间与方法		种子数量	
种子储藏方法与条件			
采种单位		填表日期	

第四节　园林树木种子活力的生理基础

种子活力是种子发芽和出苗率、幼苗生长的潜势、植株抗逆能力和生产潜力的总和，是种子品质的重要指标。种子活力是种子生命过程中的重要特性，它与种子发育，成熟、劣变、贮藏寿命和萌发等生理过程有密切联系。

一、种子活力

1. 种子活力概念的认识

种子活力概念的出现和发展经历了一个世纪，才确定下来。1876年，种子学创始人德国的Nobbe发现在同一批种子内存在个体间发芽和幼苗生长速度的差异，首次提出了生长力(driving force)一词。1957年，ISTA(国际种子检验协会)首次讨论了种子活力(seed vigor)的概念，并在1977年的ISTA第18届大会上通过了种子活力的定义，即种子活力是决定种子在发芽和出苗期间的活力水平和行为的那些种子特性的综合表现。表现良好的为高活力种子，表现差的为低活力种子。1980年，北美官方种子分析家协会(AOSA)把种子活力定义为：在广泛的田间条下，决定种子迅速整齐出苗以及幼苗正常生长的潜力。由此可见，种子活力不像种子发芽率那样是一个单一的测定特性，而是描述种子出苗不同方面的综合特性。我国学者郑光华(1983)简明地概括为："种子活力是指种子的健壮度，包括迅速萌发的发芽潜力、生长潜力及生产潜力。"由此可以看出，种子活力至少反映4个方面的特征：①发芽期间的生理生化过程和反应；②发芽率和出苗率及其整齐度；③田间出苗和生长的整齐度与速度；④种子萌发及出苗后对逆境的抵抗能力，甚至持续到田间生长表现及最终产量。

种子活力(seed vigor)与通常所指的种子生命力(seed vitality)和种子生活力(seed viability)的含义不同。三者是种子质量中既相互区别又相互联系的3个概念。种子活力是指决定种子在发芽和出苗期间活性强度及该种子特征的综合表现(ISTA，1997)。是种子所具有的生活能力的总表现，它不仅包含生活力，而且包含能否发育成正常幼苗的含义。种子生命力是指种子有无生命活动的能力，即种子有无新陈代谢能力和生命所具有的属性。具有这些属性则称为有生命的种子(life seed)或活种子(living seed)；反之则称为无生命的种子(lifeless)或死种子(death seed)。种子生活力是指种子的发芽潜在能力和种胚所具有的生命力，通常指一批种子中具有生命力的种子数占种子总数的百分率，是生产上常用的术语。用生活力和发芽力不能完全代表种子的品质，因为，生活力只能说明种子能否发芽成苗，但并未反映能否发育成正常幼苗。由此可见，用种子活力更能全面地说明种子的品质。

2. 种子活力的形成

种子是植物从低等到高等的系统发育中逐渐演化而来的、进行有性过程的产物。受精后合子(受精卵)形成，种胚开始发育，意味着种子生命的起点，伴随着种子发育过程，种子活力逐渐形成。受精作用使种子接受了父母双亲的遗传物质，这些遗传物质作为内因，影响种子形成及其后的活力表现。遗传性决定种子活力强度的可能性。

种子活力是建立在物质基础上的生命活动能力和潜力。种子活力的物质基础包括：遗传物质；营养与贮藏营养物质；构成种子或胚各部位细胞与细胞器的结构物质；以及可以产生生理活性的物质。这些物质在种子发育过程中的增加程度影响着种子活力的形成。遗传因素是影响种子活力形成的最重要的原因之一。此外，从受精开始，到种实成熟、采收、调制、贮藏、催芽，直至播种和萌发等各个时期或生产过程的境遇及所处的环境，都影响种子活力。

3. 种子活力的表达

种子活力关系着种子萌发后植株在各个生长发育阶段的生命质量，是种子的重要品质。种子的代谢活性、发芽和生长能力是种子具有活力的重要表现。种子活力既是种子个体，又是群体种子的一种潜在能力。对种子个体而言，种子活力通常意味着在田间条件下发芽成苗及种苗生长表现能力。对于种群种子而言，种子活力还意味着发芽及幼苗生长的整齐程度。

有生命的种子并不能在任何时间里，都以生长能力和旺盛代谢作用表达其潜在的活性。如樟树、深山含笑、椴树、山楂、南方红豆杉等树种，在种子成熟中，随着种皮加厚、变硬，透气性能减弱，结果使种子越来越难以通过发芽表达还在继续增长的活力。又如白蜡树果皮和桃树种皮中含有抑制物质(ABA)常限制种子活力表达。因而，种子活力不能只根据有无现实发芽能力及当时的发芽生长速度与代谢强度来评价。

产生种子活力表达障碍的原因既有来自自身的，如种皮的机械阻碍和抑制发芽生长的化学物质，以及胚和胚乳的生理障碍等；又有来自环境的，如由于种子得不到足够的水分、氧气及适宜的温度而使种子活力不能表现；当这些条件具备时，种子活力可以很快以代谢增强及萌发表现出来。由此可见，只有消除表达障碍并得到萌发需要的基本条件，种子的活力才能以发芽方式表达。

种子活力的大小决定其萌发速度、整齐度和在不利条件下的萌发能力。种子萌发时具有或表现的活力水平，也是苗木活力的起点水平。因此，种子活力是种子生命质量的重要指标。高活力的种子，出苗快且整齐，同时，高活力的种子生命力强，对逆境具有较强的抵抗力，可为幼苗的生长奠定良好的基础。

二、种子化学成分

种子作为植物繁衍后代的最佳器官，是由各种各样化学物质组成的活的有机体。种子化学成分的种类、含量和分布，与种子的生理特性、耐贮性、营养价值、利用价值、检验方法原理、品质育种密切相关。

种子中的化学成分复杂多样，按化学组成，主要有糖类、脂类、含氮物质、水和矿物质等。不同植物种子，化学成分的种类基本相似，差异主要在含量上。

1. 种子的营养成分

种子的营养成分主要包括糖类、脂肪和蛋白质。其中，糖类和脂肪是呼吸作用的基质，蛋白质主要用于合成幼苗的原生质和细胞核。所有种子均含糖类，一般约占种子干物质的25%~70%，是种子呼吸的主要基质，在种子发芽时，提供生长必需的养料和能量。其中主要的糖类为淀粉、纤维素、半纤维素和果胶等不溶性糖，淀粉以淀粉粒的形式存在于胚乳、子叶中，纤维素和半纤维素为组成细胞壁的主要成分，果种皮中含量高；另外的糖类为蔗糖等可溶性糖，很少，主要存在于胚和胚乳的外围组织。脂类物质主要为脂肪和磷脂两大类，其中，脂肪是种子中的主要脂类物质，以脂肪体的形式存在于种子的胚和胚乳中，是油质种子中的主要贮藏物质，在种子生命活动中占重要位置；磷脂为种子中的结构物质，是生物膜的主要成分，磷脂具一定亲水性，具有限制种子透水性、阻氧化作用，有利于种子生活力保持。种子贮藏过程中，脂肪含量高的种子容易发生酸败现象(rancidity)，脂肪变质产生醛、酮和酸等物质，使种子产生苦味和不良气味。种子中的蛋白质主要以糊粉粒和蛋白体等简单的蛋白质状态存在于细胞内，另有少量的脂蛋白和核蛋白等复合蛋白质。

种子发育过程中，由于基因所控制的酶系的数量和质量的不同，形成的主要成分含量不同。依据不同树种其种子主要营养成分含量，可将种子划分为淀粉种子、油料种子和蛋白质种子三大类。淀粉种子的淀粉含量明显高，如板栗和银杏种子的淀粉含量高达80%以上。油料种子的脂肪含量明显高，如红松种子的脂肪含量在70%以上，核桃为65%，油茶为30%。

2. 种子内的生理活性物质

种子中含有少量的酶、维生素和激素类物质，虽然含量很低，但对种子生理和生化变化有非常重要的调节作用。在种子发育过程中，各种酶的活性较强，种子内的生理生化作用旺盛。随着种子成熟与脱水，酶的活性一般降低，种子内代谢活动减弱。种子中的维生素主要为维生素 B 和维生素 C 等水溶性维生素，以及维生素 A、E 等脂溶性维生素。维生素在种子中的功能有：作为酶的主要成分，直接影响酶的合成和活性；与萌发有关；与自交系配合有关。

植物激素在种子中有较植株的其他部位更多的含量，对种子和果实的形成、发育、成熟、休眠、脱落、衰老、萌发起调控作用。主要有生长素（IAA）、赤霉素（GA）、细胞分裂素（CK）、脱落酸（ABA）和乙烯（E）等。

种子中的生长素（IAA）并非直接来自母株，而是由色氨酸合成。IAA 以游离态和各种形式的结合态存在。存在于种子各部分，随果实种子的生长而增加，随成熟迅速降低，发芽时含量和活性又迅速升高。种子发芽前含量极低，多以酯或激素的前体存在。种子发芽后，以具有活性的游离态形式存在。

种子中的赤霉素（GA）种类有数十种，其中最主要的且活性最强的是 GA_3。GA 以游离态和结合态两种形态存在。结合态的 GA 常与葡萄糖结合成糖苷或糖脂。种子发育早期，大部分 GA 具活性，成熟时则钝化或进行分解。发芽过程中，结合态的 GA 又可转化为活性状态。种子具有合成 GA 的能力，种子中 GA 含量高于植株其他部分。

细胞分裂素（CK）可能由母株运入种子，但种子本身也可合成。从种子形成到旺盛生长期含量很高。种子长大进入成熟期开始逐渐降低，种子完全成熟时消失，萌发时又重新出现。CK 能打破因 ABA 存在导致的种子休眠。

脱落酸（ABA）在种子发育过程中含量较高，在种子脱水时迅速降低。它能够促进贮藏物质的积累。ABA 能诱导休眠、抑制发芽，随果实和种子的成熟而增加，随贮藏而减少，劣变时又升高。

乙烯（E）在成熟的果实、发芽的种子、衰老器官中均有存在，可促进果实成熟，对种子的休眠和发芽有调控作用。

3. 种子内的其他化学成分

种子内含有叶绿素、类胡萝卜素和花青素等许多色素。这些色素控制种子的色泽，据此可判断种子的成熟度和品质状况。种子所含的磷、钾、钠、钙、铁、硫、锰、铜、硅等多种矿质元素，在维持种子的生理功能方面有重要作用。此外，种子中还含有单宁及其他酚类物质。

三、种子活力差异及原因

种子活力是种子在发芽和出苗期间的活性强度及特性的综合表现，受遗传、种子发育期间的环境条件及贮藏条件等诸多因素的影响。

1. 遗传因素与树种的地理变异

种子活力首先由基因型决定，环境因素决定了种子活力的现实性。种子活力的最大遗传潜力是由基因控制的。这种遗传潜力在种子形成过程中因受生态条件影响，通常不能完全表现出来，而是有所降低。不同的树种，其种子活力大小客观存在差异，是受基因控制的，同时，又受环境影响。同一树种不同的种源，其种子的形态和活力通常存在差别。如樟子松、落叶松与杉木等树种。不同种源的种子，其种子大小、重量、发芽能力及幼苗表现等与活力有关的性状均存在差异。这可能是母树适应生存环境选择，发生变异，将所确定下来的性状，通过种子形成过程反映在种子活力上。

2. 种子成熟度

种子成熟状态影响种子生活力。种子成熟过程是物质的不断积累过程，种子活力的增加建立在物质积累的基础上。大量资料表明，种子成熟程度与活力密切相关。种子的活力随种子的发育而上升，至种子完全成熟时，活力达到最高峰。未达到完全成熟的种子，物质积累不充分，种子达不到高活力水平。而且，未充分成熟的种子，种皮薄，不具备正常保护机能，且含水量高，含糖量高，呼吸作用强，易受真菌的感染。因此，在种实时，切忌掠青采种而导致种子活力下降。

3. 种子发育过程

在种子发育过程中，凡是影响母株生长的外界条件对种子活力及后代均可造成深远的影响。开花、传粉和受精过程中，良好的天气状况，适宜的温度和湿度条件，有利于种子发育，形成的种子活力大。在胚珠发育为种子的过程中，温度、水分和相对湿度是影响种子活力的重要因素。不良气候和病虫感染，常常降低种子活力。种子内的许多无机养分来源于土壤，因此，良好的土壤肥力条件，母树营养充足，是形成高活力种子的基础。如许多试验表明，杉木、油松、落叶松和胡桃楸等树种，提供足够的营养空间和适度的施肥，不仅能够明显提高种子产量，而且能够明显提高种子活力。适宜的土壤水分条件，可促进母株的生长发育和提高种子饱满度，提高种子活力。种子形成时期，干旱缺水时，种子发育不良，体积和重量减小，种子活力降低。

4. 机械损伤

种实采集、调制、净种、分析、运输、贮藏和催芽等一系列作业环节，都可能造成种子的机械损伤。损伤种胚，使种子活力降低，导致种子不能发芽、造成幼苗畸形。损伤种皮，降低种皮的保护作用。种皮的损伤往往对种子活力造成严重影响。因为，几乎所有种皮对种子活力的保持具有保护作用。种皮受到伤害后，不仅改变了种子原来的封闭状况，使种子更易遭受不良外界环境的影响，加速种子老化劣变；而且，受伤部位容易遭微生物侵染，导致胚乳和胚发霉变质，致使种子失去活力。

5. 种子干燥与病虫害

种实采集后，干燥不及时，容易使种子活力降低。种实调制过程中，如果干燥方法不当，干燥温度过高，会使种子脱水过快，损伤胚细胞，降低或丧失种子活力。微生物和病菌容易引起呼吸作用加强和有毒物质积累，加速种子劣变，使种子活力迅速下降。虫害直接损伤种子完整性，导致种子活力降低。

综合来看，种子个体之间或种子群体之间，种子活力差异是绝对的。从动态的观点可将种子活力分为原初活力和现实活力两种情况。原初活力指种子完全成熟时所具有的最高生活力水平。现实活力是指种实采集、调制、贮藏、运输和催芽等过程中某一时间的种子活力水平。不同种源的种了地理变异和遗传特性、母株的生态环境及经营管理等因素，是种子群体间原初活力差异的主要原因。种子个体遗传差异、成熟程度、种子在母株上的着生部位等，是种子个体原初活力差异的主要原因。种子遗传性状、原初活力水平、种子损伤情况、种子经历的时间和境遇的环境条件等，都可以造成种子群体或种子个体现实活力的差异。

四、种子劣变与修复

种子是活有机体，与其他有机器官一样，有发生、发育和衰老过程。随种子成熟，种子活力逐渐升高，至种子成熟时活力水平最高，随之便会进入逐渐下降过程。通常种子成熟后在收获加工与在贮藏过程中，将会发生活力下降且不可逆的变化，即称为种子劣变(deterioration)或老化(aging)。种子劣变是不可避免的现象，劣变的最终结果是种子丧失活力。

种子劣变是一个种子内部及外部发生的一系列渐变的过程，从外部形态看，种皮会变色，光泽度降低，暗淡无光，油脂种子有“走油”现象。而从种子生理生态看，种子贮藏时的劣变导致膜透性增加、总脱氢酶活性下降、酸性磷酸酯酶活性降低等，脂肪酸成分及含量发生变化。种子劣变后，一方面表现为膜系统受损，膜结构和功能发生转变，渗漏加速，种子内部酶活性下降，呼吸速率下降，耗氧量减少，蛋白质合成速度下降，染色体受损甚至发生突变；另一方面，种子劣变会导致种子贮藏力和种子质量下降，萌发及生长缓慢，发芽率、发芽指数和整齐率下降，抗逆性下降，弱苗、白化苗、畸形苗增多，出苗率降低，严重时会导致生活力丧失，从而造成难以估计的经济损失。

种子劣变导致活力下降甚至丧失生命力，是一个渐进、累积的过程，其机理相当复杂。从相关研究分析，种子劣变可能的机制为：①膜结构及其功能的变异：研究表明，细胞膜完整性的丧失是种子老化的重要原因。对于种子劣变机制研究，最多的是生物膜损伤，大部分研究认为干贮种子的质膜最初出现质壁分离，然后老化质膜失去完整性，继而整个膜结构彻底瓦解；对于水合种子，主要是因为膜上磷脂发生重排，膜不能维持连续性，导致半透性功能丧失。除了磷脂，膜蛋白也发生排列紊乱现象，两者的共同作用导致膜损伤。膜结构的破坏引起一些具有膜结构的细胞器如线粒体、高尔基体的功能减退、解体，从而丧失功能并放出各种酶和有机酸，加速种子衰老。半透性膜破损，不能维持正常的选择透性作用，细胞中物质外渗量增大，外渗物还易招致并刺激微生物生长，导致种子发生霉烂。②生物大分子变化：种子劣变时，发生变化的生物大分子主要有贮藏物质和酶类。脂肪、蛋白质和淀粉等大分子贮藏物质减少量和它们的降解产物脂肪酸、氨基酸和糖的增加量不成等比关系；种子的新陈代谢受酶类控制，研究发现，劣变时酶类活性下降，阻碍生理生化过程，如杨树种子中的细胞色素氧化酶、抗坏血酸氧化酶、多酚氧化酶、过氧化物酶、过氧化氢酶和淀粉酶的活性，随着种子贮藏时间的延长而降低。贮藏蛋白与种子活力有一定的相关性。贮藏物质的变化与生理生化反应的直接关联性，特别是糖水解以及不饱和脂肪酸的自氧化、游离脂肪酸均可引发不同程度的劣变。③呼吸速率的变化：虽然在贮藏期间应该尽量减小种子的呼吸作用，但是若耗氧量极低，表明呼吸作用极弱，甚至不足以维持种子自身的生命活动，劣变加剧。劣变种子呼吸速率降低主要是因为线粒体膜上结合的呼吸链功能受损。④内源激素不平衡：激素既调节新陈代谢，又是代谢产物，其含量与种子活力有一定关系；如产生赤霉素、细胞分裂素和乙烯等激素的能力丧失，使这些具有促进作用的激素含量减少，而脱落酸等抑制物的积累增加。⑤有毒物质积累：有毒物质主要有胺酮酸类物质、丙二醛和多胺，这些物质会毒害细胞、降低生活力；超氧物歧化酶、维生素 C 等保护物减少，活性氧、生物碱等有毒物质增加，膜的结构和功能遭受伤害。

种子在生活过程中存在着劣变与修复两个相互的作用过程。种子修复是指种子劣变和衰老后内部所进行的一系列结构修复和功能恢复过程，它包括种子自身修复和人工辅助修复。种子自身修复是种子在长期进化过程中获得的一种自我防御机制，在劣变前期，种子在一定条件下可以自行修复部分甚至全部损伤，从而恢复活力；但劣变严重时，种子将失去修复能力，结果丧失活力。种子从生理成熟时开始发生劣变，至最终丧失活力，所经历的时间和发生劣变的程度视环境条件而异。种子本身状况良好并在适宜的环境条件下，可减慢种子劣变速度，降低劣变程度。在正常组织内，多数细胞质和核都有结构和功能上的修复机理，对损害具有恢复修补功能，被损害的组织不断为新形成的细胞器所代替，从而能保持种子活力。如在正常情况下，溶酶体膜经常修复，使细胞不受伤害。但风干种子中，溶酶体膜失去修复功能，吸水后，溶酶体内的水解酶从膜的损伤处逸到细胞质中，引起迅速的分解作用。如果种子吸胀速度快，损害程度过大，则不能进行修复，结果导致细胞溶解。

种子人工辅助修复主要有：①湿平衡处理和干湿处理、热击处理、电和磁场处理、射线处理、超声波处理等物理处理方法；②利用化学试剂如渗调剂类、无机盐类、激素、营养元素（如钾锌锰）等化学处理方法，播种前利用某些渗透调节剂如聚乙二醇（PEG，polyethylene glycol）处理樟子松、落叶松和油松等种子，可减缓种子吸胀速度，减小因吸胀速度过快而引起的伤害；③种子引发：指种子在具有一定渗透势的溶液中缓慢吸水，减少吸胀损伤，并停留在种子吸水的第 2 阶段，种子维持在胚根突出种皮前的状态，在此阶段细胞膜、细胞器、DNA 得到充分修复，生物酶得到充分活化。种子引发方法若按基质类别可划分为液体引发、水引发、固体基质引发、滚筒引发、生物引发等，针对不同植物种子所用引发方法不同。引发后的种子经回干处理，可以延长贮藏时间，但也有些人认为引发会带来负面效应，如耐贮藏性下降，具体机制尚不明确。

第五节　园林树木种子贮藏与运输

种子贮藏是种子经营管理中最重要的工作环节。种子从收获至播种需经或长或短的贮藏阶段。种子贮藏的基本目的是通过采用合理的贮藏设备和先进的技术，创造适宜的环境条件，控制种子的新陈代谢强度，使种子劣变减小到最低程度，最大限度地保持种子的活力，确保育苗时对种子的需要。种实贮藏期限的长短，视贮藏目的、种子本身的特性及贮藏条件而定。种子运输实质上是在特定环境下的一种短期的贮藏种子。

一、种子贮藏原理

种子贮藏期间发生的各种生理生化变化，都会直接影响种子的安全贮藏。而各种生理生化变化的发生，都与种子的呼吸作用具有密切关系。因此，认识种子呼吸作用的特点及影响呼吸的因素，是合理地调控呼吸作用和有效地进行种子贮藏工作的基础。

(一)种子的呼吸作用

具有活力的种子，时刻都在进行呼吸作用，即使非常干燥或是处于休眠状态的种子，呼吸作用仍在进行，只是强度较弱而已。

种子的呼吸作用是指种子内活组织在酶的参与下将本身贮藏的有机物氧化分解，同时释放能量的过程。这个过程中不断地将种子内的贮藏物质分解，为种子生命活动提供所需的物质和能量，维持种子体内正常的生化反应和生理活动。种子贮藏期间，主要是进行分解作用和劣变过程，所以呼吸作用是种子生命活动的集中表现。当有外界氧气参与时，种子以有氧呼吸为主。当种子处于缺氧条件时，则主要进行无氧呼吸。

有氧呼吸和无氧呼吸在初级阶段是相同的，直到糖酵解形成丙酮酸后，由于氧的有无而形成不同途径。有氧呼吸过程中，主要是通过糖酵解—三羧酸(EMP—TCA)循环途径，使呼吸底物(碳水化合物)分子被彻底氧化分解，释放出大量能量。在这个氧化还原过程中，细胞质中的葡萄糖经糖酵解转变为丙酮酸，在线粒体内膜内的衬质中经三羧酸循环，丙酮酸被彻底氧化成二氧化碳和水。能量的释放主要是通过电子传递体的氧化磷酸化作用产生 ATP(三磷腺苷)来实现的。这个过程可用下式简单表示：

$$\text{葡萄糖}\longrightarrow\text{丙酮酸} + \text{氧}\longrightarrow\text{二氧化碳} + \text{水} + \text{能量}$$
$$(C_6H_{12}O_6)\longrightarrow(C_3H_4O_3) + (O_2)\longrightarrow(CO_2) + (H_2O) + \text{能量}$$

无氧呼吸过程中，底物分解成为不彻底的氧化产物，释放出的能量大大低于有氧呼吸。经糖酵解产生的丙酮酸在缺氧条件下脱羧形成乙醛，再被还原成乙醇，这个过程也可称为乙醇或酒精发酵；丙酮酸也可直接被还原成乳酸，称乳酸发酵；或丙酮酸被还原成丁酸，称为丁酸发酵。如下式示意：

乙醇发酵：葡萄糖→丙酮酸(缺氧条件)→乙醛(CH_3CHO)→乙醇(CH_3CH_2OH) + 能量

乳酸发酵：葡萄糖→丙酮酸(缺氧条件)→乳酸($CH_3CHOHCOOH$) + 能量

丁酸发酵：葡萄糖→丙酮酸(缺氧条件)→丁酸(CH_3CH_2COOH) + 能量

无氧呼吸能量利用效率低，有机物耗损大，而且发酵产物的产生和累积，对细胞原生质有毒害作用。如酒精累积过多，会破坏细胞的膜结构，若酸性的发酵产物累积量超过细胞本身的缓冲能力，也会引起细胞酸中毒。

呼吸作用可以用呼吸强度和呼吸系数两个指标来衡量。呼吸强度又可称为呼吸速率，是指一定时间内，单位重量种子呼吸放出的二氧化碳量或吸收的氧气量，是表示种子呼吸活动强弱的指标。用 mg CO_2/(g·h)或 mg O_2/(g·h)作单位。呼吸强度大，表示种子体内物质分解过程快，意味着放出的水分和能量多。无论是有氧呼吸。还是无氧呼吸，呼吸强度的增强都不利于种子的贮藏。有氧呼吸增强时，释放出过多的水分和热能，这些过多的水分和热能，大部分郁积在种子堆中，发生所谓的“自潮”现象和“自热”现象，成为进一步加剧种子呼吸强度的因素，呼吸强度的增加，会加速种子内贮藏物质的消耗，加快种子劣变速度。强烈的缺氧呼吸，一方面会造成种子体内物质和能量的消耗；另一方面产生乙醇等有毒物质，这些物质的积累会反过来抑制种子呼吸，致使种胚中毒死亡。

呼吸系数又称呼吸商，是指种子在一定时间内，放出二氧化碳的量和吸收氧气的量之比，它是表示呼吸底物的性质和氧气供应状况的一种指标。一般贮藏的种子，可通过测定呼吸系数的变化，了解种子呼吸底物的状况。如呼吸底物为碳水化合物，氧化完全时，呼吸系数为1；呼吸底物为脂肪和蛋白质时，呼吸系数小于1；呼吸底物为含氧较多的有机酸类时，呼吸系数大于1。另外，依据呼吸系数的变化，还可估计种子呼吸过程中氧的供应情况。如缺氧条件下，种子进行无氧呼吸，呼吸系数大于1；氧气供应充足，种子进行有氧呼吸时，呼吸系数等于或小于1；如果呼吸系数很小，说明种子进行强烈的有氧呼吸。

种子贮藏过程中，究竟进行有氧呼吸还是无氧呼吸，与种子本身状况及贮藏环境有关。气干状态的、种皮致密的、完整饱满的种子，贮藏在低温干燥且密闭缺氧的环境条件下，以无氧呼吸为主，呼吸强度低，种子代谢活动十分微弱。反之，则以有氧呼吸为主，呼吸速率较高。在种子贮藏中，两种呼吸往往同时存在。通风透气时，以有氧呼吸为主。若通气不良、氧气供应不足时，则无氧呼吸占优势。如通风透气的种子堆，一般以有氧呼吸为主，但在大堆种子底部仍可能发生无氧呼吸。

因此，在种子的贮藏期间必须尽可能地降低种子的呼吸强度，使种子处于极微弱的生命活动状态，便可有效的保持种子活力。

(二)影响种子呼吸的因素

1. 种子本身状况

种子的呼吸强度，因树木种类、品种、成熟度、种子大小、完整度和生理状态等本身状况不同而有很大差别。如未充分成熟、损伤和冻伤的种子，可溶性物质多，酶的活性高，呼吸强度大；种粒和种胚的大小与呼吸强度有密切的关系，小粒种子接触氧气面较大，大胚种子由于其胚部活细胞占的比例大，均有较高的呼吸强度。

2. 种子含水量

贮藏期间种子含水量的高低，直接影响种子呼吸作用的强度和性质。呼吸强度随种子水分的升高而增强。种子中游离水和结合水的重量占种子重量的百分率为种子含水量。当种子内出现游离水时，水解酶、呼吸酶的活动便旺盛起来，呼吸强度显著增大。一般将游离水出现时的种子含水量称为临界含水量。临界水分与种子贮藏的安全水分有密切关系，种子水分在临界水分以下的可以安全贮藏。种子安全含水量(标准含水量)是指能保证种子安全贮藏的含水量。大多数树种其种子的安全含水量大致相当于充分气干时种子的含水量。安全含水量是人为制定的，除了和作物种类有关外还随各地区的温度不同而有差异，在国家农作物种子质量标准中，规定的不同作物种子的水分标准指的是其安全水分上限值。

种子含水量高，特别是游离水的增多，是种子新陈代谢强度急剧增加的重要因素。种子内游离水分多，酶容易活化，难溶性物质转化为可溶性的简单的呼吸底物，易加快贮藏物质的水解作用，使呼吸作用增强。当种子含水量低时，水分处于结合水状态，几乎不参与新陈代谢活动，种了呼吸作用微弱。但是，如果种子含水量太低，例如低于4%~5%，种子中的类脂物质自动氧化生成的游离基会对细胞中的大分子造成伤害，使酶钝化、膜受损、染色体畸变等，导致种子劣变加速。因此，种实调制过程中，掌握种子干燥程度极为关键。既要使种子含水量降低到最低程度，又不能低于种子安全含水量的下限。不同树种的种子安全含水量有很大差别(表3-4)。

表3-4　常见园林树木种子的安全含水量(标准含水量,%)

树　种	种子含水量	树　种	种子含水量	树　种	种子含水量
杨　树	5~6	桦　木	8~9	杉　木	10~12
皂　荚	5~6	侧　柏	8~11	椴　木	10~12
刺　槐	7~8	臭　椿	9	华北落叶松	11
白　榆	7~8	云南松	9~10	柏　木	11~12
红皮油松	7~8	元宝枫	9~11	杜　仲	13~14
油　松	7~9	白　蜡	9~13	麻　栗	30~40
马尾松	7~10	复叶槭	10	板　栗	30~40

3. 空气相对湿度

非密封的干藏种子，受空气相对湿度的影响很大。种子是一种多孔毛细管胶质体，有很强吸附能力。特别是干燥的种子，具有强烈的吸湿性，能从空气中直接吸收水汽。在相对湿度大的条件下，种子含水量会明显增加，使种子呼吸作用加强；在空气较干燥、相对湿度较低时，种子的含水量会下降。因此，入库状态良好的种子必须贮藏在适宜的环境中，安全含水量低的种子应贮藏在干燥的环境，安全含水量高的种子应贮藏在湿润的环境。

4. 温度

温度对呼吸作用的影响主要在于温度对呼吸酶活性的影响。在一定的温度范围内，种子的呼吸作用随温度升高而加强(图3-5)。温度高时种子的细胞液浓度降低，原生质黏滞性降低，酶的活性增加，促进种子代谢，呼吸作用旺盛。尤其在种子含水量同时较高的情况下，呼吸强度随温度升高而发生更加显著的变化。但是，温度过高时，如大于55℃，蛋白质变性，胶体凝聚，与蛋白质有关的膜系统、酶和原生质遭受损害，呼吸强度急剧下降，种子生理活动减慢或消失。高

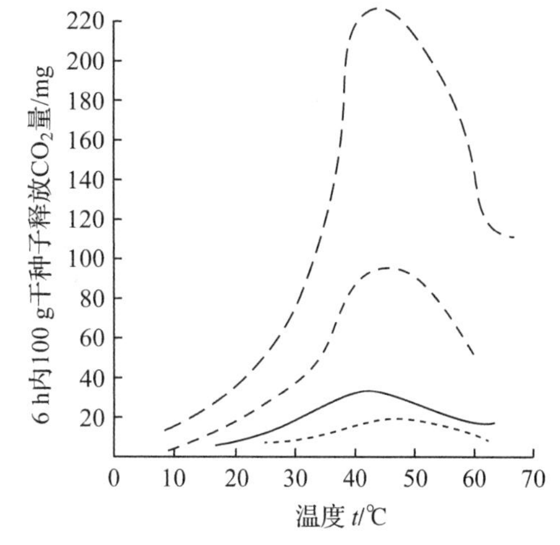

图3-5　温度对不同含水量种子呼吸强度的影响

(引自尤伟忠，2009)

温、高水分，种子死亡更快。因此，干燥、低温是控制种子呼吸强度，保证种子安全贮藏和延长寿命的必要条件。

5. 通气状况

空气流通状况与种子的呼吸强度和呼吸方式有密切的联系。一般认为充分的氧气和流通的空气可以促进种子的呼吸作用。空气流通的条件下，种子的呼吸强度较大；贮藏于密闭条件下，呼吸强度较小。而且种子水分和温度越高，通气对呼吸强度的影响越大。

含水量低的种子，由于呼吸作用本来就很微弱，需要氧气极少，在不通气的情况下，能够较长久地保持生活力，可进行密闭贮藏。含水量高的种子，呼吸作用旺盛，如果空气不流通，很快会把种子堆中的氧气耗尽，且旺盛呼吸释放的水汽、二氧化碳和热量会在种子中积郁不散，进一步加剧呼吸强度，氧气不足，迫使种子进行无氧呼吸，造成积累大量的醇、醛和酸等氧化不完全的物质，毒害种胚造成种子死亡。因此，含水量高的种子，尤其是呼吸强度大的油料种子，不能密闭贮藏，要特别注意空气流通。

6. 生物因子

种子在贮藏中常附着大量的细菌和真菌，种子堆中微生物和昆虫的活动会放出大量的热能和水汽，达到一定程度则间接导致种子呼吸作用增强。同时，由于微生物和昆虫的活动消耗氧气，放出大量二氧化碳，使局部区域氧气供应相对减少，会间接地影响种子呼吸作用的方式。

二、种子寿命

种子寿命(seed longevity)指种子从完全成熟到丧失生活力所历经的时间。种子寿命是由遗传基因所决定，与种皮结构、含水量和种子养分种类有很大关系；同时，种实采集、调制和贮藏条件等对种子寿命的长短影响极大。各类植物种子的寿命有很大差异，有些树种的种子无休眠期，寿命较短，如杨、柳、桑等；有些树种的种子休眠期长，寿命也较长，如红豆树、皂荚、刺槐等。种子是一个生命体，必须通过新陈代谢维持其生活状态，而它本身贮藏的营养物质有限，贮藏就是要根据树种或品种的不同要求，创造一个适宜的环境条件，控制种子的新陈代谢处于最微弱状态，以便减少营养物质的消耗，最大限度地保持种子的生活力，延长种子的寿命，反之，将会使种子劣变加速，缩短种子寿命。因此，种子寿命是树种遗传性、种子的生理与解剖特性以及贮藏环境等各种内外因素综合作用的结果。

园林树木的种子寿命通常指在一定环境条件下，种子维持其生活力的期限。种子寿命是一个群体概念，一般指一批种子从收获到发芽率降至原来的50%时的期限为种子的寿命，也称半活期。一般情况下，含脂类、蛋白质多的种子寿命较长，如松属种子；含淀粉多的种子寿命较短，如壳斗科种子。依据种子生活力保存期的长短，可将树木种子分为短命种子、中寿命种子和长寿命种子。

(1) 短命种子

主要指种子寿命保存期只有几天、几个月至 1～2 年的种子。大多数短命种子淀粉含量较高，如栗、栎和银杏等树种的种子。在种子生理代谢活动中，淀粉类物质容易分解，这意味着这些种子的贮藏物质维持生命活动的时间较短，故生命容易丧失。另外，杨、柳、榆等夏季成熟的种子，以及荔枝、可可和咖啡等热带地区高温高湿季节成熟的种子，本身含水量高，加之高温高湿条件下，种子呼吸作用旺盛，种子内部的养分很容易消耗掉，所以，这些种子的寿命也短。

(2) 中寿命种子

指种子寿命保存期为 3～10 年的种子。这类种子含的脂肪或蛋白质较多，如松、杉、柏、椴、槭、水曲柳等。脂肪和蛋白质在生理转化过程中的速度较慢，而且释放的能量比淀粉多，只要消耗少量养分就能维持生命活动，因此这类种子的寿命较长。

(3) 长寿命种子

指生命力保存期超过 10 年的种子。如合欢、刺槐、槐树、台湾相思、皂荚、牡丹、栾树等。这些树种的种子，种子本身含水量低，种皮致密不易透水、透气，有利于种子生活力的保存。气干状态下的种子，用普通干藏法可保持生活力 10 年以上。

三、常用种子贮藏方法

从种子呼吸特性及影响种子呼吸的因素看，环境相对湿度小、低氧、低温、高二氧化碳及黑暗无光有利于种子贮藏。具体的种子贮藏方法应依树木种子类型和贮藏目的而定，最主要依据种子安全含水量的高低来确定。园林苗木生产中常用的种子贮藏方法主要有干藏法和湿藏法。一般含水量低的适宜干藏，含水量高的适宜湿藏。

1. 干藏法

是指将种子贮藏在干燥的环境中，一般含水量低的种子可采用此法。有时也可结合低温和密封条件进行贮藏。适于干藏的松科、杉科、柏科、榆科、槭树科、刺槐、木槿、紫薇、梓树、枫香、丁香、连翘、金钟花、白蜡树、火炬树、合欢、紫荆、山梅花、乌桕、重阳木等树木的种子。

(1) 普通干藏法

适宜种子本身含水量相对低、计划贮藏时间较短的种子，尤其是秋季采收且准备来年春季进行播种的种子，可采用普通干藏法。方法是先将种子进行干燥，达到气干状态，然后装入麻袋、布袋、缸、瓦罐、木桶或其他容器内，置于干燥低温或常温的仓库中，相对湿度保持在 50% 以下。贮藏时勿堆得太厚，容器内要稍留空隙，并要注意及时观察；严密防鼠、防虫，防止潮湿。

(2) 低温干藏法

0～5℃低温、相对湿度 50%～60%，且通风的种子库贮藏。如紫荆、白蜡、冷杉、侧柏、槐树、小檗等，低温贮藏种子效果良好。

(3)密封干藏法

密封干藏法使种子在贮藏期间与外界空气隔绝，种子不受外界湿度变化的影响，而长期保持干燥状态。一般用于需长期贮藏，或因普通干藏和低温干藏易丧失发芽力的种子，如柳、桉、榆等种子，计划贮藏时间超过1年以上时，为了控制种子呼吸作用，减少种子体内贮藏养分的消耗，保持种子有较高的活力，可进行密封干藏。将种子装入容器内，然后将盛种容器密闭，贮藏在种子库中。容器可用瓦罐、铁皮罐和玻璃瓶等，也可用塑料容器。密封干藏时，使用的容器不宜太大，以便于搬运和堆放。种子不要装得太满。另外，容器内要放入适量的木炭、硅胶和氯化钙等吸湿剂。

(4)低温密封干藏

将密封干藏好的种子容器放在能控制低温的种子贮藏库内。

(5)特殊干藏

如将榆、杨、松、柏等种子放在局部真空中(减压中)，以延长种子寿命。因少氧可以控制种子呼吸，减少耗损及物质转化。也有在密闭容器中充入氮和二氧化碳等气体，利于降低氧气的浓度，适当地抑制种子的呼吸作用。

2. 湿藏法

湿藏法即把种子置于一定湿度的低温(0～10℃)条件下进行贮藏。这种方法适于安全含水量(标准含水量)高或干藏效果不好的种子，如银杏、红豆杉、罗汉松、木兰科、樟科、冬青科、无患子科、栎属、忍冬属、荚蒾属、胡桃属、苹果属、山楂属、女贞属、木犀属、珙桐、七叶树、椴树、海棠、木瓜、山茱萸、四照花、杜英、山楂、火棘、玉兰、马褂木、大叶黄杨等树种。种子湿藏的基质，生产上常用河沙(黄沙)，所以又称沙藏(图3-6)，由于贮藏中常采用种子与湿沙分层交互存放，因此亦称层积或层积处理。湿藏可采用室内堆藏、室外堆藏和挖坑埋藏等方法。

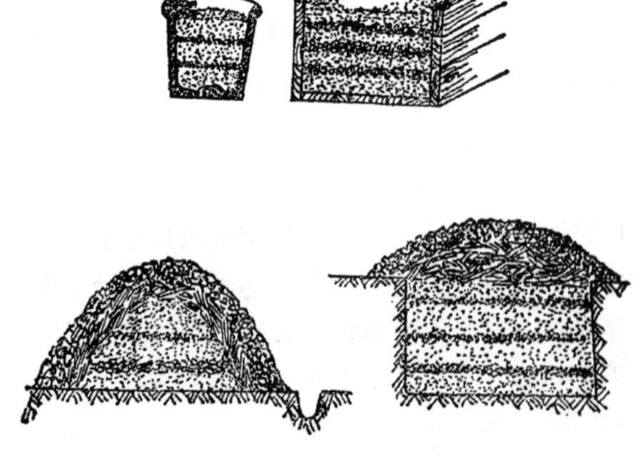

图3-6 沙 藏
(引自徐德嘉等，2009)

室内堆藏，一般用细沙与种子混合或分层铺盖，也可用珍珠岩、蛭石等基质混合。要选择空气流通，阳光直射不到的房间、种子库或地窖等处，先在地面上洒少许水，再铺一层10 cm左右的湿沙，然后一层种子一层湿沙分层铺放，或种沙混合堆放，湿沙体积为种子的2～3倍，堆至适当高度(一般50～80 cm)，最外边覆盖一层湿沙，以防种子干燥。为了通气，在种子堆中间每隔1 m左右插一秸秆把或竹笼。沙子湿度一般以手握成团，手捏即散为宜。温度以0～3 ℃为宜，太低易造成冻害，但温度高又会引起种子发芽或发霉。现在越来越多的苗圃经常结合自己的生产条件，把沙藏的种子装入各种袋、桶、箱等，然后放在室内保存，不仅有利于保持与控制适宜的湿度，而且易搬动、便于生产。

室外堆藏，要选择在背阴干燥处进行，堆藏方法同室内堆藏，但种子堆面上要做好覆盖，以免雨水淋湿和动物危害。为了及时地排除种子呼吸所产生的CO_2和热量，防止种子干燥，湿藏种子要经常翻动，适时加水。但要注意保持低温，水分不要过多。

室外挖坑埋藏是我国传统的贮藏种子的方法(图3-7)。最好选地势较高、排水良好、背风向阳的地方，通常坑的深和宽为0.8～1 m，坑长视种子多少而定。坑底先垫10 cm厚的湿沙，然后种子与湿沙按容积1∶3混合或分层铺盖放入坑内。坑的最上层铺10～20 cm厚的湿沙。贮藏坑内隔一段距离插一通气筒或作物秸秆或枝条，以利通气。地表之上堆成小丘状，以利排水。珍贵或量少的种子，可将种子和沙子混合或层积，置入木箱内，然后将木箱埋藏在坑中，效果良好。在北美的一些苗圃，经常在室外建造大型的种子贮藏箱，或使用专门容器来沙藏种子。

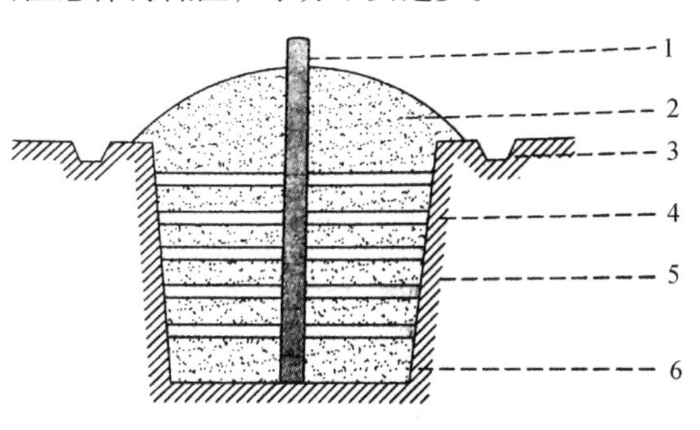

图3-7　坑藏种子示意图

1. 秸秆　2. 砂土　3. 排水沟　4. 种子　5. 细沙　6. 粗砂(引自尤伟忠，2009)

另外，还有一些种子可以在不结冰的流水中贮藏，如红松种子、橡栎类种子装在麻袋内沉于流水中贮藏，效果良好。其他湿藏种子的方法还有雪藏、井藏等。不论干藏、湿藏，都应定期进行检查，以防种子霉烂变质等。

四、其他种子贮藏技术

(一)种子超低温贮藏

种子超低温贮藏(cryopreservation)指利用液态氮将种子置于－196 ℃的超低温下，使其新陈代谢活动处于基本停止状态，不发生劣变，从而达到长期保持种子寿命的贮藏方法。自20世纪70年代以来，利用超低温冷冻技术保存种子的研究有了较大进展。这种方法设备简单，贮藏容器是液氮罐。贮藏前种子常规干燥即可。贮藏过程中不需要监测活力动态。适合对稀有珍贵种子进行长期保存。但有研究发现，榛、李、胡桃等树种的种子，温度在－40 ℃以下易使种子活力受损；许多木本树种如李属、胡桃属、榛属、咖啡属等含较高贮存类脂(如脂肪等)的种子无法用液氮贮存；有些种子与液氮接触会发生爆裂现象等。超低温贮藏种子的技术仍在发展中。目前，适宜的种子含水量、冷冻和解冻技术、包装材料的选择、冷冻保护剂的选择、解冻后的发芽方法等关键技术还有待进一步研究完善。

(二)种子超干贮藏

种子超干贮藏也称超干种子贮藏(ultra－dry seed storage)或超低含水量贮藏(ultra－low moisture seed storage)，是指将种子含水量降至5%以下，密封后在室温条件下或稍微降温条件下贮存种子的一种方法。常用于种质资源保存和育种材料的保存。种子超干贮藏用降低种子水分来替代降低温度，达到相近的贮藏效果而节省贮藏费用。以往的理论认为，若种子含水量低于5%~7%的安全下限，大分子失去水膜保护，易受自由基等侵袭，同时，低水分不利于产生新的阻氧化的生育酚(VE)。自20世纪80年代后期，国内相继对许多作物种子展开超干研究并取得一些研究成果。对许多作物种子试验研究表明，种子超干含水量的临界值可降到5%以下。种子超干贮藏的技术关键是如何获得超低含水量的种子。一般干燥条件难以使种子含水量降到5%以下，若采取高温烘干，则降低甚至丧失种子活力。目前主要应用冰冻真空干燥、鼓风硅胶干燥、干燥剂室温干燥等方法。此外，经超干贮藏的种子在萌发前必须采取有效措施，如PEG引发处理、逐级吸湿平衡水分等，防止直接浸水引起的吸胀损伤。目前来看，脂肪类种子有较强的耐干性，可进行超干贮藏；而淀粉类和蛋白类种子超干贮藏的适宜性还有待深入研究。

(三)种子引发

种子引发(seed priming)技术是基于种子萌发的生物学机制提出的，目的是促进种子萌发，并且提高萌发时间的稳定率和萌发整齐率，减小萌发时间的标准差，提高苗的抗性和素质、改善营养状况。

种子引发(seed priming)是控制种子缓慢吸收水分，使其停留在吸胀的第二阶段，让种子进行预发芽的生理生化代谢和修复作用，促进细胞膜、细胞器、DNA的修复和活化，处于准备发芽的代谢状态，但防止胚根的伸出。经引发的种子活力增强，不仅仅可以提高萌发率，而且抗逆性增强、出苗整齐、幼苗健壮、成苗率高。引发主要通过渗透调节、温度调节、气体调节和激素调节等来达到目的。目前常用的种子引发方法有渗调引发(osmo-priming)、滚筒引发(drum-priming)、固体基质引发(solid matrix priming)和生物引发(bio-priming)等。

五、种子包装与运输

种子的包装与运输实质上是一种在一个特定的环境条件下的短期的贮藏方法。运输时要对种子进行妥善包装，运输途中应防止高温或受冻、种子过湿发霉发热或风干死亡、机械损伤等。种子运输之前，检查包装是否结实可靠，编号并填写种子登记表，写明树种名称和种子各项品质指标、采集地点和时间、重量、发运单位、联系电话等信息。登记表装入包装袋内备查。大批运输必须指派专人押运。到达目的地要立即检查，发现问题及时处理。

对于含水量低、适于干藏的种子，如云杉、红松、落叶松、樟子松、马尾松、杉木、桉、椴、白蜡和刺槐等树木的种实，可直接用麻袋、布袋运输，包装不宜太紧或太满，以减少对种子的挤压和机械损伤。对于含水量高、适于湿藏的种子，如栎类等需要保湿运输的种子，可用锯末、苔藓、稻壳等混合、喷湿，装入袋内用木箱运输。对于极易丧失发芽力的种子，如杨、柳、榆等，可用塑料袋密封贮运。有些树种如樟、玉兰和银杏的种子，虽然能耐短时间干运，但到达目的地后，要立即进行湿沙埋藏。种子在冬季运输，气温低，相对安全，但需注意防冻；在夏季运输，种子易发热，风险较大，如檫木、红楠、银鹊树等夏季成熟的种子，可贮藏至秋冬季气温下降时再运输。

种实运输要尽量缩短时间。国内运输应尽量减少路上时间，运到目的地应立即检查，并根据种子类别和用途及时进行贮藏或播种处理。进行国际种子交换，邮寄种子包裹，需办理出口国的进口许可证、出口检疫证书，可通过空运（1 周内）、水陆路（2 个月内）、空运水陆路（1 个月内）等方式邮寄。DHL 等迅速发展的全球速递服务，对少量种子的交流与交换十分方便。受国家保护、珍稀濒危树种的种子禁止出口。

第六节　园林树木种子的品质检验

种子品质检验(seed quality testing) 又称种子品质鉴定，是指应用科学、先进和标准的技术方法对种子样品的质量(品质)进行正确的分析测定，评定其质量的优劣。种子品质检验是监测和控制种子质量的重要手段。种子品质是种子的不同特性的综合，包括遗传品和播种品质。遗传品质是与种子遗传特性有关的品质，决定于树种及其父母本；在苗木生产中，园林树木种子品质检验主要指种子的播种品质。因为只有了解种子的播种品质，才能合理安排诸如种子的调运、贮藏、催芽等工作，为播种育苗提供科学依据。通过检验种子的各项指标，可以确定种子的播种价值，便于制定针对性的育苗措施，合理使用种子，防止伪劣种子播种，减少生产中的损失；通过严格检验，加强种子检疫，可以防止病虫害蔓延；通过检验对种子品质做出正确评价，有利于按质论价，促进种子品质的提高。

园林树木种子品质检验的项目，主要包括种子净度、种子重量(千粒重)、种子含水量、种子发芽能力、种子生活力、种子优良度、种子健康状况(病虫害感染程度)等。检验结束后要进行签证，即由受检单位、检验单位以及上级种子部门审批签署意见，并由检验单位填写种子检验结果登记表和“种子检验证书”。签发检验合格证等作为调拨和使用种子的依据。关于检验的标准与方法，当前在国内应该执行国家标准局(现为国家标准化管理委员会)颁布的《林木种子检验方法》(GB2772—1999)的有关规定；在国际种子交流和贸易中，则应执行国际种子检验协会(ISTA)制定的《1996 国际种子检验规程 》(lnternational Rules for Seed Testing，1996)。

一、抽样和样品

进行种子品质检验，首先要抽样，又称扦样，即抽取具有供试种批代表性、数量能满足检验需要的种子样品。取样工作是检验工作的重要步骤，如果样品无充分的代表性，无论检验工作如何细致、准确，其结果也不能代表该批种子的质量。

1. 种批和样品

为使种子检验获得正确结果并具有重演性，必须从受检的一批种子(或种批)随机提取具有代表性的初次样品、混合样品和送检样品，尽力保证送检样品能准确地代表该批种子的组成成分。

种子批(seed lot)，简称种批，凡属同一树种或品种，其产地的立地条件、母树龄级、采种时间、调制和贮藏方法相同，重量不超过一定限额的种子，称为种子批或一批种子。每一批种子提取一个送检样品。为了使抽样能有充分代表性，当一批种子的数量超过规定种子批的最大限额时，应划分为若干个种子批，每个种子批的重量不得超过以下限额。

①千粒重为2000 g以上的特大粒种子，如核桃、板栗、油桐等，种子批的重量不超过10 000 kg。

②千粒重为600~1999 g的大粒种子，如杏、山桃、麻栎、油茶等，种子批的重量不超过5000 kg。

③千粒重为60~599 g的中粒种子，如红松、华山松、樟树、沙枣等，种子批的重量不超过3500 kg。

④千粒重为1.5~59.9 g的小粒种子，如油松、杉木、刺槐等，种子批的重量不超过1000 kg。

⑤千粒重不足1.5 g的特小粒种子，如杨、泡桐、桑、桉树、木麻黄等，种子批的重量不超过250 kg。

初次样品(primary samples)简称初样品，直接从盛装同一批种子的不同部位或不同容器中提取的每一份种子即称为一个初样品。为了使所取的种子具有最大的代表性，取样的部位分布要均匀、全面，所取数量也要基本一致。

混合样品(composite samples)是指将一个种子批中扦取的全部初次样品进行充分混合而成样品。它是供检验种子质量的各项指标和测定含水量用的种子样品，其数量一般不少于送检样品数量的10倍。

送检样品(submitting samples)，是送交检验机构的样品，按国家规定的分样方法(分样器分样法、对分法和抽取法等)和要求的重量，从混合样品中抽取的供进行常规检验的种子，称为送检样品。其数量要大于检验种子质量各项指标所需数量的总和，即应为净度检验样品的4倍以上。大粒种子重量至少应为1000 g，特大粒种子至少要有500粒。净度测定样品一般至少应含2500粒纯净种子。各树种送检样品的最低数量可参见表3-5。

表3-5 各树种送检样品的最低数量

(引自苏金乐，2003)

树　种	送检样品最低量(g)	树　种	送检样品最低量(g)
核桃、核桃楸	6000	杜仲、合欢、水曲柳、椴	500
板栗、栎类	5000	白蜡、复叶槭	400
银杏、油桐、油茶	4000	油　松	350
山桃、山杏	3500	臭　椿	300
皂荚、榛子	3000	侧　柏	250
红松、华山松	2000	锦鸡儿、刺槐	200
元宝枫	1200	马尾松、杉木、黄檗、云南松	150
白皮松、槐树、樟树	1000	樟子松、柏木、榆、桉、紫穗槐	100
黄连木	700	落叶松、云杉、杉、桦	50
沙　枣	600	杨、柳	30

检验样品(working samples)也称测定样品，是指从送检样品中随机抽取一部分，直接供作某项种子品质测定用的样品。

2. 抽样步骤与取样方法

抽样的步骤是：①用扦样器(图3-8)或徒手从一个种批取出若干初次样品；②将全部初次样品混合组成混合样品；③再从混合样品中按照随机抽样法、“十”字区分法等分取送检样品，送到种子检验室；④在种子检验室，按照“十”字区分法等从送检样品中分取测定样品，进行各个项目的测定。

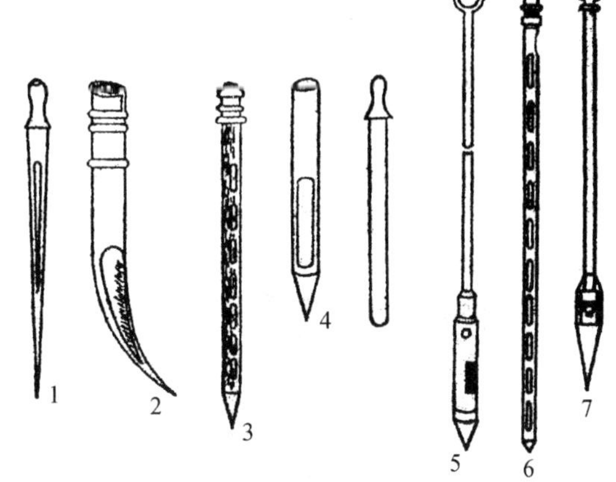

图3-8　袋装、散装扦样器示意图

1. 单管扦样器　2. 羊角扦　3. 双管扦样器　4. 单管木塞扦样器　5. 长柄短筒圆锥形扦样器　6. 圆筒形扦样器　7. 圆锥形扦样器

(引自柳振亮、石爱平、刘建斌，2001)

取样方法：

如果是从库房和其他大量散装种子中取出样品，可在种子堆的中心和四角设5个扦样点，每点按上、中、下3层扦样，也可与种子的风选、晾晒和出入库相结合。如果是从容器中扦样，则应在每一件容器中从上、中、下等不同的部位抽取样品。冷藏的种子应在冷藏的环境中取样，并就地封装样品。一般的送检样品可用布袋包装寄送，而检验含水量的供试样品，应当用铝盒或其他隔潮容器封装。

从混合样品种取样，可根据设备条件选用下列方法。

(1)分样器分样法

目前常用的分样器为钟鼎式分样器(图3-9)。使用前先将分样器清洗干净，关好活门，将种子放入分样器的漏斗中铺平，把盛接器放在漏斗下面，再迅速打开漏斗下的活门，使种子经过分样器的内外格漏下，盛接器中的两份种子数量基本相同。注意在使用分样器正式分样前，应将种子在分样器中充分混合2~3次，使样品均匀。

(2)对角线法(四分法或十字形分样法)

将混合样品倒在光滑的桌面上或玻璃板上，用两块分样板(直尺)从纵横两个方向将种子充分搅拌均匀，摊成正方形，其厚度为大粒种子不超过10 cm，中粒种子不超过5 cm，小粒种子不超过3 cm。再用分样板沿两对角线把正方形分为4个三角形，取两个对角三角形的种子，即为所需的样品。如数量仍太多，可再用此法对取得的种子继续分样，分样次数依所需样品的多少而定，直到达到要求为止(图3-10)。

(3)方格取样器法

将混合样品充分搅拌均匀，倒在方格取样器的木盖里摊平，再把方格器和另一个木盖扣在种子上迅速倒置，将混合样品分成基本相等的两份，去掉1/2，把余下的种子仍用此法再继续分儿次，即可得到所需数量的种子。

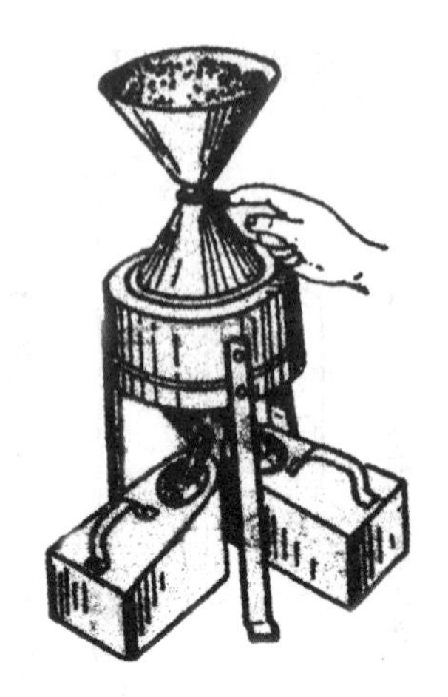

图 3-9　钟鼎式分样器

（引自柳振亮、石爱平、刘建斌，2001）

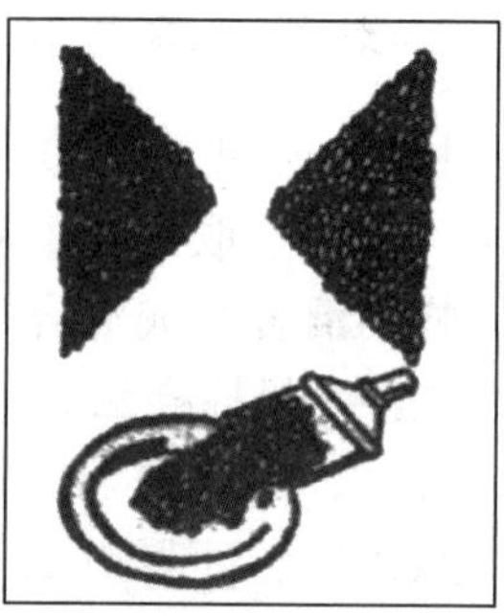

图 3-10　四分法分样示意图

（引自柳振亮、石爱平、刘建斌，2001）

二、净度测定

种子净度又称纯度，是指纯净种子的重量占共检种子重量的百分数，种子净度是种子播种品质的重要指标之一，也是确定播种量和划分种子等级的重要依据。净度高，表明种子品质好，使用价值高。净度低表明种子含杂质多，品质差，价值低。纯净种子是指完整的、没有受伤害的、发育正常的种子。带翅的种子中，凡加工时种翅容易脱落的，其纯净种子是指除去种翅的种子；凡加工时种翅不易脱落的，其纯净种子包括留在种子上的种翅。壳斗科的纯净种子是否包括壳斗，取决于各个树种的具体情况，壳斗容易脱落的不包括壳斗，难于脱落的包括壳斗。杂质是指除发育正常的种子外，发育不完全的废粒、不能识别的空粒种子、已破裂但仍具有发芽能力的种子、能识别的空粒、腐坏粒、严重损伤的种子、无种皮的种子、异类种子、杂草种子、碎种子、枝叶碎片、苞片、种翅、种皮、土块、沙石等成分。

测定样品种子净度的计算公式为：

$$净度(\%) = (纯净种子重/供检种子重) \times 100\%$$

三、种子重量测定

园林树木种子重量主要指千粒重，一般是指 1000 粒纯净种子在气干状态下的重量，以克为单位。千粒重能够反映种粒的大小和饱满程度，重量越大，说明种粒越大越饱满。同一树种种子因母树所处的地理位置、立地条件、海拔高度、年龄、生长发育状况、采种时期以及遗传性状等因素的不同而有所变化，一般千粒重越大，种子质量越好，内部含有的营养物质越多，发芽能力越强，发芽迅速整齐，出苗率高，幼苗健壮。种子千粒重测定有百粒法、千粒法和全量法。

1. 百粒法

多数园林树木种子可采用百粒法。从纯净种子中，随机抽取100粒为1组，共取8组，即为8个重复。分别称重，根据8组的平均重量，换算出1000粒种子的重量。

2. 千粒法

对于种粒大小、轻重极不均匀的种子可采用千粒法。将全部纯净种子用对角线法分成4份，从每份中随机取250粒，共1000粒为1组，重复2次。千粒重在50 g以上的可采用500粒为1组，千粒重在500 g以上的可采用250粒为1组，重复2次，计算平均值。

3. 全量法

当纯净种子粒数少于1000粒时，将全部种子称重，换算成千粒重。

目前，电子自动种子数粒仪(Electronic seed counter)是种子数粒的有效工具，可用于千粒重测定。

四、含水量测定

种子含水量是种子中所含水分的重量占种子总重量的百分比。种子含水量是影响种子品质的重要因素之一，与种子安全贮藏有着密切关系。种子在贮藏期间，含水量的高低直接影响到种子的新陈代谢活动，进而影响其生命力。种子含水量通常采用电热干燥法测定。将送检样品在容器内充分混合，种粒小的及薄皮种子可以原样干燥，种粒大的要从送检样品中随机取样，切开或剪碎，取测定样品。测定作2次重复，用105 ℃恒温烘干18 h，放入有干燥剂的干燥器内，冷却20~30 min后称重。

种子含水量公式为：

$$含水量(\%)=(试样烘干前重-试样烘干后重)/试样烘干前重\times 100\%$$

有些含水量高的树木种子，还需采用二次烘干法。除烘干测定外，还可采用电阻式水分仪、电容式水分仪、红外线水分速测仪等仪器设备来测定种子含水量。

五、种子发芽能力测定

种子发芽能力(germinating bility 或 germination capacity)，是指种子在适宜条件下发芽并长成幼苗的能力。测定的目的是测定种子批的最大发芽潜力。种子发芽能力是种子播种品质最重要的指标，可直接用发芽试验来测定，常用发芽率(germinative percentage)和发芽势(germinative energy)表示发芽能力。

1. 发芽率

种子发芽率，是指在规定日期内，正常发芽的种子数占供试种子总数的百分率。它是种子生命力的反映，其高低说明种子质量的优劣，是计算播种量的主要因子之一。种子发芽率高，表示有生活力的种子多，播种后出苗多。由于测定一般在实验室条件下进行，因此也称实验室发芽率。它与在场圃环境条件下测定的场圃发芽率不同，后者一般要低于实验室发芽率，但因测定条件与生产环境条件相同，现实意义更大。

2. 发芽势

发芽势是种子发芽整齐程度的指标，以种子发芽达到最高峰时种子发芽粒数占供检种子总数的百分比为标准，通常以发芽实验规定总时间的前 1/3 期间内的发芽数，占供试种子总数的百分比表示。发芽势高，表示种子活力强，种子出苗越齐，生产潜力大。

3. 室内发芽试验方法

从纯净种子中取出样品，用对角线法分成 4 组，每组取 100 粒种子，经过消毒浸种均匀地放入发芽器皿中。分组标记后，放在发芽箱或发芽室内，温度控制在 20～25 ℃，一般以 25 ℃为主。试验中保持发芽床湿润，发现种子发霉立即用水洗净、换床，种子开始发芽后按规定时间观察，统计发芽数目。不同树种种子发芽的标准不同，一般的种子是幼根长度超过种子长度的 1/2，小粒种子是幼根长度大于种子长度。发芽试验到规定结束的日期时，记录未发芽粒数，统计正常发芽粒数，对未发芽的种子要进行解剖，按健康种子、空粒、腐烂种子、硬粒等分别统计，最后计算出种子的发芽势和发芽率。种子放置发芽的当天，为发芽实验的第一天。各树种发芽实验需要持续的时间不一样，见表 3-6。

值得注意的是，大部分树木种子具有复杂的休眠特性，发芽试验应该以解除休眠的种子为试材，否则结果无法准确表达种子批的最大发芽潜力。

表 3-6 主要树种发芽终止天数

（引自尤伟忠，2009）

树 种	发芽势终止天数	发芽率终止天数	树 种	发芽势终止天数	发芽率终止天数
薄壳山核桃	20	45	杉木、马尾松、大叶榉、冲天柏	10	20
铅笔柏	14	42	侧 柏	9	20
樟 树	20	40	云杉、黄连木、白蜡	5	15
华山松	15	40	胡枝子、紫穗槐	7	15
柏 木	24	35	水 杉	9	15
白皮松	14	35	长白落叶松	8	15
乌 桕	10	30	水麻黄	8	15
竹 柏	8	30	桑	8	15
槐	7	29	红 杉	6	15
毛竹、檫树、福建柏	12	28	泡 桐	9	14
池 杉	17	28	桉 树	5	14
雪松、火炬松、栎类、悬铃木	7	28	油茶、茶树	8	12
金钱松	16	25	杜 仲	7	12
柳 杉	14	25	刺 槐	5	10
云南松、思茅松	10	21	樟子松	5	8
日本落叶松、黄山松	7	21	白 榆	4	7
银杏、梓树、皂荚、枫树、臭椿	7	21	杨	3	6
相思树、黑荆、锥栗	7	21	板 栗	3	5

六、生活力测定

种子生活力(seed viability)是指种子潜在的发芽能力或种胚所具有的生命力。测定种子生活力的必要性在于快速地估计种子样品尤其是休眠种子的生活力。许多园林树木种子由于处在休眠状态，尤其是休眠期长、难以发芽的种子，无法用发芽试验鉴定其生活力，即使采用各种处理解除休眠后进行发芽试验，所需时间较长，实验步骤烦琐，无法在短期内迅速测定种子生活力。需要在短时间内确定种子品质时，必须用快速的方法测定生活力。有时由于缺乏设备，或者经常是急需了解种子发芽力而时间很紧迫，不可能采用正规的发芽试验来测定发芽力，也必须通过测定生活力，借此预测种子发芽能力。

种子生活力常用具有生命力的种子数占试验样品种子总数的百分率表示，即生活率表示。测定生活力的方法有染色法、X 射线照影法和紫外线荧光法等。其中以染色法最常用且易行，即利用某些化学药剂的溶液浸泡处理，根据种胚(和胚乳)的染色反应来判断种子生活力。主要有四唑染色法、靛蓝染色法、碘—碘化钾染色法、红墨水染色法等，但正式列入国际种子检验规程和我国林木种子检验规程的生活力测定方法是四唑染色法。

四唑全称为2,3,5-氯化(或溴化)三苯基四氮唑，简称四唑或红四唑，英文缩写 TTC，所以四唑染色法又称为 TTC 测定。四唑是一种生物化学试剂，为白色粉末，分子式为 $C_{19}H_{15}N_4Cl$。四唑的水溶液无色，在种子的活组织中，四唑参与活细胞的还原过程，从脱氢酶接受氢离子，被还原成红色的、稳定的、不溶于水的 2,3,5-三苯基钾替(Triphenyl Formazam)，而无生活力的种子则没有这种反应。即染色部位为活组织，而不染色部位则为坏死组织。因此，可依据染色的部位及其分布状况判断种子的生活力。四唑水溶液的使用浓度多为0.1%~1.0%的水溶液，浓度高则染色时间短，常用0.5%。

根据鉴定记录结果，统计有生活力和无生活力的种胚数，计算种子生活力。

七、优良度测定

优良度是指优良种子占供试种子的百分数。通过对种子外观和内部状况的直接观察来鉴定其品质，具有简易快速的特点，适用于大多数树种。一般可依据种子形态、颜色、光泽、硬度、胚和胚乳的色泽、状态、气味等来进行评定。可结合采用解剖法、挤压法、X 射线摄影等。优良度测定适用于种粒较大的如银杏、栎类、油茶、樟树和檫树等的种子品质鉴定。

八、种子健康状况测定

种子健康状况测定也称种子病虫害感染程度检测，主要是测定种子是否携带有真菌、细菌、病毒等各种病原菌，以及是否带有线虫和害虫等有害生物。主要目的是防止种子携带的危险性病虫害传播和蔓延。其测定方法很多，如直观检查法、剖开法、染色法、比重法和 X 射线透视检查法、洗涤法和分离培养法等。

种子健康状况可用病虫害感染度表示，计算公式：病虫害感染度(%)=[(霉粒数+病害粒数+虫害粒数)/测定样品粒数]×100%

九、种子质量管理

完成种子质量的各项测定工作后，要填写种子质量检验结果单。完整的结果报告单应该包括签发站名称；扦样及封缄单位名称；种子批的正式登记号和印章；来样数量、代表数量；扦样日期；检验员收到样品的日期；样品编号；检验项目，检验日期。

评价树木种子质量时，主要依据种子净度分析、发芽试验、生活力测定、含水量测定和优良度测定等结果，进行树木种子质量分级。

中华人民共和国种子法规定，国务院农业、林业行政主管部门分别负责全国农作物和林木种子质量监督管理工作。县级以上地方人民政府农业、林业行政主管部门分别负责本行政区域内的农作物和林木种子质量监督管理工作。种子的生产、加工、包装、检验、贮藏等质量管理办法和标准，由国务院农业产林业行政主管部门制定。

承担种子质量检验的机构应当具备相应的检测条件和能力，并经省级以上农业、林业行政主管部门考核合格。处理种子质量争议，以省级以上种子质量检验机构出具的检验结果为准。种子质量检验机构应当配备种子检验员。种子检验员应当经省级以上农业、林业行政主管部门培训后，考核合格，被颁发《种子检验员证》。

思考题

1. 影响园林树木结实的因素主要有哪些?
2. 什么叫园林树木结实的“大小年”？如何缩小大小年?
3. 种子成熟有何特征？确定种子成熟的方法有哪些?
4. 简述种子园的建立与管理。
5. 如何科学合理的采种?
6. 举例说明不同类型种实的调制方法。
7. 影响种子生活力的内外因素有哪些？怎样延长种子寿命?
8. 种子贮藏最适宜的条件是什么？种子贮藏的方法有哪些?
9. 园林树木种子品质检验有何意义？主要的检验项目有哪些?
10. 如何测定种子发芽能力和种子生活力?

参考文献

成仿云. 2012. 园林苗圃学[M]. 北京：中国林业出版社.
丁彦芬，田如男. 2003. 园林苗圃学[M]. 南京：东南大学出版社.

洑香香，喻方圆，郑欣民. 2008. 林木种子采集、加工和贮藏技术[M]. 北京：中国林业出版社.

江胜德，包志毅. 2004. 园林苗木生产[M]. 北京：中国林业出版社.

刘晓东，韩有志. 2011. 园林苗木生产[M]. 北京：中国林业出版社.

柳振亮，石爱平，刘建斌. 2001. 园林苗圃学[M]. 北京：气象出版社.

苏金乐. 2004. 园林苗圃学[M]. 北京：中国农业出版社.

王大平，李玉萍. 2014. 园林苗圃学[M]. 上海：上海交通大学出版社.

徐德嘉，宋青，王建中. 2004. 园林苗圃学[M]. 北京：中国建筑工业出版社.

尤伟忠. 2009. 园林苗木生产技术[M]. 苏州：苏州大学出版社.

张红生，胡晋. 2010. 种子学[M]. 北京：科学出版社.

张康健，刘淑明，朱美英. 2006. 园林苗木生产与营销[M]. 杨凌：西北农林科技大学出版社.

张志国，鞠志新. 2104. 现代园林苗圃学[M]. 北京：化学工业出版社.

第四章　苗木的播种繁殖

播种繁殖是园林树木育苗的主要手段之一，本章对播种繁殖的意义与特点做了简要介绍，重点讲解整地做床、种子播种前处理以及播种苗的育苗技术和生长发育规律等，目的在掌握理论知识的基础上，能够将播种繁殖的方法与理论付诸实践，进而了解播种苗的生长发育规律与田间管理方法。

第一节　播种繁殖的意义与特点

一、播种繁殖的意义

播种繁殖是利用树木的有性后代——种子为材料，对其进行一定的处理和培育，使其萌发、生长、发育，成为新的一代苗木个体的繁殖方法。用种子播种繁殖所得的苗木称为播种苗或实生苗，是最原始的繁殖方法。园林树木的种子体积较小，采收、贮藏、运输、播种等都较简单，可以在较短的时间内培育出大量的苗木或嫁接繁殖用的砧木，因而在园林苗圃中占有极其重要的地位。

二、播种繁殖的特点

(1)播种繁殖方法简便，种子易得，便于大量繁殖。利用种子繁殖，一次可获得量大

(2)播种苗生长旺盛，健壮，根系发达，寿命长；抗风、抗寒、抗旱、抗病虫的力能

(3)种子繁殖的幼苗，遗传保守性较弱，对新环境的适应能力较强，有利于异地种引

如从南方直接引种梅花苗木到北方，往往不能安全越冬；而引入种子在北方播种育苗，其中部分苗木则能在 -17 ℃时安全过冬。

(4)常出现新变异类型，有利于园林新品种选育。用种子播种繁殖的苗木，特别是

(5)种子可消毒，在隔离条件下可育成无毒苗。

(6)播种苗生理年龄轻，开花结果较晚。种子繁殖的幼苗，由于需要经过期定时

(7) 后代性状易发生分离，遗传性状不稳定。由于播种苗具有较大的遗传变异性，

三、适宜播种繁殖的主要园林树种

播种繁殖是园林树木育苗的主要手段之一，许多园林树木都以播种繁殖方法进行苗木繁育。以播种繁殖为主要育苗方式的常见园林树种如下：

1. 常绿乔木类

南洋杉、油杉、冷杉、黄杉、银杉、云杉、红松、黑松、油松、马尾松、杉木、柳杉、侧柏、圆柏、罗汉松、广玉兰、樟树、枇杷、石楠、冬青、杜英、杨梅、榕树、蚊母树等。

2. 落叶乔木类

银杏、落叶松、水杉、金钱松、水松、白桦、栓皮栎、榆树、朴树、构树、望春玉兰、杜仲、合欢、紫荆、刺槐、槐树、楝树、火炬树、枫香、元宝枫、七叶树、栾树、木棉树、梧桐、珙桐、喜树、楸树、梓树、无患子、重阳木等。

3. 常绿灌木类

十大功劳、南天竹、含笑、海桐、铺地柏、黄杨、女贞、火棘等。

4. 落叶灌木类

小檗、太平花、金缕梅、绣线菊、黄槐、紫薇、石榴、云实等。

5. 藤本类

常春藤、金银花、紫藤、南蛇藤、爬山虎、凌霄等。

6. 棕榈类

苏铁、棕竹、棕榈、蒲葵、鱼尾葵、散尾葵等。

第二节　整地作床

一、整地

整地是苗圃地土壤管理的主要措施，播种前整地，为种子的发芽、幼苗出土创造良好条件，以提高场圃发芽率和便于幼苗的抚育管理。

(一)整地的作用

整地的作用在于通过整地可以翻动苗圃地表层土壤，加深土层，熟化深层土壤，增加土壤孔隙度，促进土壤团粒结构的形成，从而增加土壤的透水性、通气性；还可以促进土壤微生物的活动，加快土壤有机质的分解，为苗木的生长提供更多的养分。苗圃地轮作区的农作物或绿肥作物收割后进行的浅耕还有清除作物或绿肥残茬的作用，也叫做浅耕灭茬。浅耕的深度一般为4~7 cm。而在生荒地或旧采伐迹地上开辟的苗圃地，由于杂草根系盘结紧密，浅耕灭茬要适当加深，可达10~15 cm。冬季整地还可以冻垡、晒垡，促进土壤熟化；并可以冻杀虫卵和病菌孢子，减少苗圃病虫害的发生。

(二)整地的环节和方法

1. 平整圃地

苗木起出后，常是圃地高低不平，难于耕作，所以要先进行平整土地。

2. 耕地

耕地的关键是要掌握好适宜的深度和时间。耕地深度要根据土壤肥沃程度、土层深度、土壤结构、气候特点和苗木根系发育特性等条件而定。

(1)浅耕

起苗后，残根量多，或作物、绿肥收割后的裸土，土壤水分损失较大。起苗或收割后应立即进行浅耕，耕深4~7 cm。在生荒地、撂荒地或采伐迹地上新开垦苗圃时，耕深10~15 cm。

(2)深耕

有利于幼苗根系的生长。翻耕深度要因地制宜，秋耕宜深，春耕宜浅；干旱地区宜深，多雨地区宜浅；土层厚地区宜深，河滩地宜浅。北方宜在秋季深耕并结合施肥及灌冻水。

3. 耙地

是在耕地以后进行的表土耕作措施。目的是为了防止土壤水分蒸发，消灭杂草和寄生于表土或土壤表层的病虫害，减少耕地的阻力，提高耕地的质量。

(1)耙地的作用

疏松表土，耙碎垡片，平整土地，消除杂草，混拌肥料，耙实土壤和蓄水保墒。

(2)耙地的要求

做到耕实耙透，达到松、平、匀、碎。

(3)耙地的时间

一般耕后即耙，各地自然条件不同，因此整地的要求也不一样。在地处气候湿润或冬季降雪较厚的地区以及土壤黏重的圃地，秋耕后不必进行耙地，以促进土壤风化，改良土质，等第二年春再顶凌耙地；在秋冬干旱地区或无积雪地区，秋耕后要加紧耙地保墒；在南方土壤黏重的圃地，要进行三犁三耙，耕后宜晒垡，使土壤均匀细碎，待土壤干燥到一定程度耙地或第二年春耙地；休闲地，为了保水可在雨后适当湿度时耙地。

4. 镇压

干旱多风地区耕地后要镇压，目的在于压碎土块、平整地面、压紧地表松土，防止表层气态水损失，有利于蓄水保墒。

(三)整地的深度和时间

1. 整地深度

苗木根部在土壤中分布的深度一般在20 cm左右，因此一般的整地深度为20~25 cm，干旱地区整地深度为25~30 cm，培育大苗时30~35 cm。过去进行浅耕，表土较薄的圃地，应逐年加深2~3 cm，不宜骤然加大深度，以免将生土翻出影响苗木生长。盐碱层较浅的圃地，要用中耕器松土(要深耕深翻)，深度为35~45 cm，不要将含有盐分的底土翻到地表来。培育播种苗耕深20~25 cm。培育直根性树种应深耕，培育浅根性树种应浅耕；干旱地区和盐碱地，为了蓄水保墒和抑制返盐宜深耕；砂土地，为了防风蚀和防止水分蒸发宜浅耕；过于干旱或过于潮湿的地区都应深耕；春耕应比秋耕浅些。

2. 整地的时间

耕地的季节和时间在春季和秋季均可，一般秋耕优于春耕，可使土壤风化，留水保墒。在北方干旱地区和盐碱地区，秋季起苗后进行深耕效果最好；春季苗木出圃后应以早耕为好；易于风蚀的沙地适于早春耕地；雨季苗木出圃后要适时耕地。春播前可再浅耕一次，然后把地整平待播种。

3. 注意事项

整地是育苗的基础工作，要注意抓住各种土壤的适耕期及时进行，整地要平正、全面、不要漏耕。疏松的砂地不要在刮大风时翻耕，避免大风刮走细土。在春季干旱而播种较晚的地区，春季解冻后要视土表硬结情况进行整地。在深耕过程中要贯彻“保持熟土在上，生土在下，不乱土层，土肥相融”的原则。

(四)播种地的整地要求

1. 细致平坦

播种地要求土地细碎，在地表10 cm深度内没有较大的土块，种子越小要求土粒越细小，否则落入土壤细缝中吸不到水分影响发芽，也会因发芽后的幼苗根系不能和土壤密切结合而枯死。播种地还要求平坦，这样灌溉均匀，降雨时不会因土地不平低洼处积水而影响苗木生长。

2. 上松下实

上松有利于幼苗出土，减少下层土壤水分的蒸发；下实可使种子处于毛细管水能够到达的湿润土层中，以满足种子萌发时所需要的水分。上松下实为种子萌发创造了良好的土壤环境。为此，播种前松土的深度不宜过深，应等于大、中、小粒种子播种的深度。土壤过于疏松时，应进行适当的镇压，在春季或夏季播种，土壤过于干燥时，应播前灌水(俗称阴床)或播后进行喷水。

3. 整地的机械

(1)按耕作措施分类

可分为基本耕作机械和表土耕作机械(又称辅助耕作机械)两大类。基本耕作机械用于土壤的耕翻或深松耕，主要有铧式犁、圆盘犁、凿式松土机、旋耕机等；表土耕作机械用于土壤耕翻前的浅耕灭茬或耕翻后的耙地、耢耱、平整、镇压、打垄作畦等作业，以及休闲地的全面松土除草，作物生长期间的中耕、除草、开沟、培土等作业；主要包括各种耙、镇压器、中耕机械等。

(2)按动力传递方式分类

土壤耕作机械按动力传递方式有非驱动型和驱动型两类。非驱动型土壤耕作机械主要依靠牲畜或拖拉机的牵引力进行作业，其工作部件与机体之间没有相对运动，或只在土壤反力作用下作被动旋转或弹跳运动，如铧式犁、圆盘犁、凿式松土机、圆盘耙等；驱动型土壤耕作机械除由动力牵引作前进运动外，其工作部件同时由动力驱动作往复式或旋转式运动，如旋耕机、动力锹、旋转锄、旋转犁等。有些土壤耕作机械能一次完成两项或多项土壤耕作作业，称为联合耕作机，如耕耙犁、种床整备机等。

二、土壤处理

土壤处理是应用化学或物理的方法，消灭土壤中残存的病原菌、地下害虫或杂草等。以减轻或避免其对苗木的危害。园林苗圃中简便有效的土壤处理方法主要是采用化学药剂处理。

药剂消毒：在播种前后将药剂施入土壤中，目的是防止种子带病和土壤传播病菌。主要施药方法如下：

1. 喷淋或浇灌法

将药剂用清水稀释成一定浓度，用喷雾器喷淋于土壤表层，或直接灌溉到土壤中，使药液渗入土壤深层，杀死土中病菌。常用消毒剂有绿亨1号、2号等，防治苗期病害，效果显著。

土壤消毒首先要根据病害种类选择适当的杀菌剂，再根据药剂理化性质与土壤结构和性质选择适当的土壤处理方法。浇灌法适合于水溶性杀菌剂，将药剂调整到适当浓度以后，于每平方米地面上浇灌 5~10 kg 左右的药液，土壤较干燥时可以采用较低浓度的药液，适当增加浇灌体积；土壤潮湿时可以采用高浓度小体积浇灌法。蒸汽压较高的杀菌剂可以采用犁底或犁沟施药，即将药粉或药液均匀撒入第一犁的沟底，用第二犁翻上的土将药剂盖住，此法不适合过于黏重的土壤，还可以将药粉或药液施在土壤表面后，随即翻土。

2. 毒土法

先将药剂配成毒土，然后施用。毒土的配制方法是将农药(乳油、可湿性粉剂)与具有一定湿度的细土按比例混匀制成。毒土的施用方法有沟施、穴施和撒施。

3. 熏蒸法

利用土壤注射器或土壤消毒机将熏蒸剂注入土壤中，于土壤表面盖上薄膜等覆盖物，在密闭或半密闭的设施中扩散，杀死病菌。土壤熏蒸后，待药剂充分散发后才能播种，否则，容易产生药害。常用的土壤熏蒸消毒剂有溴甲烷、甲醛等。

4. 太阳能消毒

方法是在温室或田间作物采收后，连根拔除田间老株，多施有机肥料，然后把地翻平整好，在 7~8 月，气温达 35 ℃以上时，用透明吸热薄膜覆盖好，土温可升至 50~60 ℃，密闭 15~20 天，可杀死土壤中的各种病菌。

三、作床和作垄

根据不同地域，土壤条件及树种，一般分苗床育苗和大田育苗。

苗床育苗的历史最久，应用最广。苗床育苗需要做育苗床，一般把用苗床培育苗木的育苗方式称为床式育苗。培育需要精细管理的苗木、珍稀苗木，特别是种子粒径较小，顶土力较弱，生长较缓慢的树种，应采用苗床育苗。作床时间应与播种时间密切配合，在播种前 5~6 天内完成。

大田式育苗又称农田式育苗，不作苗床，将种子直接播于圃地，但需要做垄，故一般称为垄作育苗。垄作育苗，可以加厚肥土层，提高土温，有利于土壤养分的转化，苗木光照充足，通风良好，生长健壮。对于生长快，管理技术要求不高的树种，一般均可采用。大田育苗便于使用机械生产，节省劳动力。现在面积较大的苗圃为了提高工作效率使用机械经营，用大田育苗的比例逐渐增加。

(一)作床

苗床依其形式可分为高床、平床、低床 3 种(图 4-1)。

1. 高床

床面高出步道的苗床。床面的高度，比步道高 10~30 cm。床面宽度，用侧方灌溉的苗床一般 90 cm 左右为宜；用喷灌的床面可达 1 m 以上，步道宽度为 50～60 cm。苗床的长度依地形而定，其长度越长土地利用率越高。但太长灌溉不均匀。用地面灌溉的长度多为 10～20 m；用喷灌并其他生产环节机械化程度较高时，长度可达数十米以至 100 m 以上（图 4-1）。

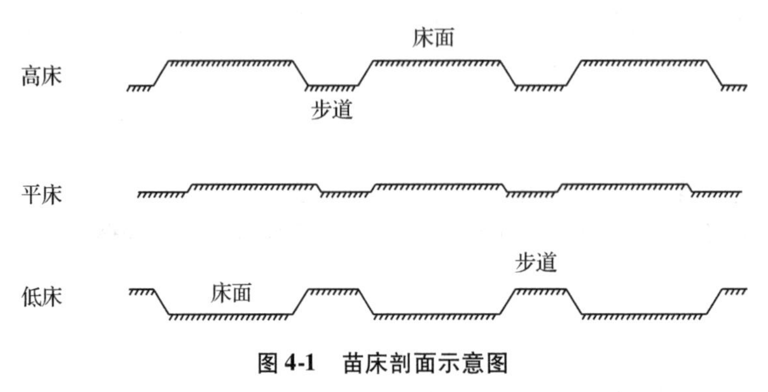

图 4-1　苗床剖面示意图

高床的优缺点及应用条件：高床的优点是排水良好；增加肥土层厚度；土温较高；通气性好；方便侧方灌溉，床面不易出现板结；步道既能用于灌溉又可排水。缺点是作床和以后的苗期管理比较费工，今后若利用作床机械作床能大大提高工作效率。

高床适用于要求排水良好，对土壤水分较敏感以及怕旱又怕涝或发芽出土较难，必须细致管理的树种如落叶松、杉木、柳杉、马尾松、红松、云杉、冷杉、油松等很多针叶树和部分阔叶树种；对易积水的圃地，降水量较多的或气候较寒冷的地区，应用高床育苗是合理的。

做床时先由人行步道线内起土，培垫于床身，床边要随培土随拍实。然后再于床的四边重新排线拉直，用平锹切齐床边，最后再把床心土壤翻松。

2. 平床

床面比步道稍高，平床筑床时，只需用脚沿绳将步道踩实，使床面比步道略高几厘米即可。适用于水分条件较好，不需要灌溉的地方或排水良好的土壤。

3. 低床

床面低于步道的苗床。低床的床面一般低于步道 15～25 cm，床面宽度 1～1.2 m，为提高土地利用率，可以根据需要加宽到 1.5 m。步道的宽度为 40 cm。确定苗床长度的原则同高床。

低床的优缺点及应用：低床的优点是保墒条件较高床好，故一般在降水量较少，无积水的地区应用。低床的缺点在于灌溉使苗床土壤板结，增加松土的工作量；在降雨量多的地区，床内容易积水；起苗较高床费工。

以树种而言，对土壤水分要求不严，稍有积水无妨碍的树种如大部分阔叶树种和少部分针叶树种如侧柏、圆柏等，多应用低床育苗。

做床时先按床面和步道的宽度划好线，然后由床面线内起土培起步道，随培土随压实，以防步道向床中坍塌。步道做好后，把床面耕翻疏松，将土面整平即可。现在面积较大的苗圃，一般多用机械作床。

(二)作垄

大田育苗的作业方式分为：高垄和平作。

1. 高垄

高垄作业一般要求垄距为 60～80 cm，垄高 20～50 cm，垄顶宽度 20～25 cm(双行播种宽度可达 1.45 cm)，垄长 20～25 cm，最长不应超过 50 m。垄的宽度对垄内的土壤水分状况有直接影响，在干旱地区宜用宽垄，垄内水分条件较好；在湿润地区宜用窄垄，以利于提高土地利用率(图 4-2)。

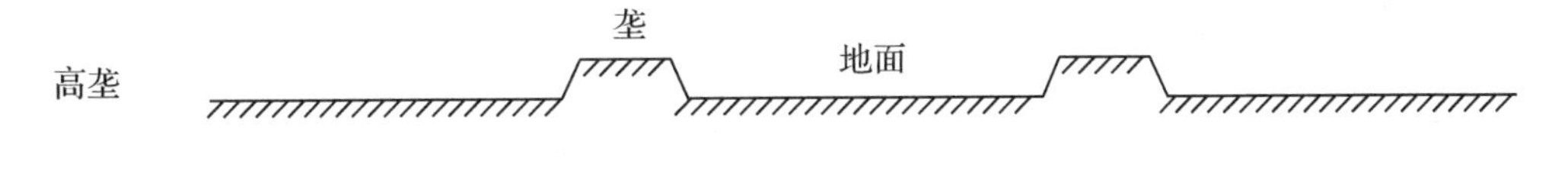

图 4-2　作垄示意图

高垄作业的优点：垄上的肥土层厚，土疏松，通气条件较好，垄的温热情况比平作和低床都好，垄距大，通风透光较好，由于上述的优点，所以高垄育苗比平作和低床育苗的苗木根系发达；便于灌溉和排水，节约用地；便于生产环节全部实行机械化或用畜力工具生产，节省劳动力。作垄可用机引作垄，小型苗圃可用耕地犁作垄。高垄适用于中粒及大粒种子，幼苗生长势较强，播后不需要精细管理的树种。

2. 平作

平作又称平垄，低垄，是不作床或垄，将圃地整平后进行育苗。平作适于多行式带播，能提高土地利用率，提高单位面积的苗木产量，同时也便于机械化作业。适用于大粒种子和发芽力较强的中粒种子树种。

第三节　播种前的种子处理

用作播种的种子，必须是经过检验合格的种子，未经检验不得用于育苗。播种前进行种子处理是为了保证种子的健康，提高场圃发芽率，使发芽迅速、出苗整齐，苗木生长健壮。主要包括种子精选、种子消毒、种子催芽以及种子接种(菌根菌、根瘤菌)等工作。

一、种子精选

种子品质的好坏，将直接影响苗木的质量，良种是保障培育优质苗木的根本。因此一定要选择遗传品质优良的种子。种子经过长时间贮藏，可能发生虫蛀、霉变腐烂等现象。为了获得纯度高、品质好的种子，确定合理的播种量，以保证播种苗齐、苗壮，在播种前应对种子进行精选，以除去杂质和废种子。其方法可根据种子的特性和夹杂物的情况进行筛选、风选、水选(或盐水选、黄泥水选)或粒选等。一般小粒种子可以采用筛选或风选，大粒种子可直接进行粒选。

二、种子消毒

为了消灭附在种子上的病菌，预防幼苗遭受病菌和鸟、鼠、兽危害，在种子催芽和播种前，都应进行种子消毒灭菌。苗木生产上常用的种子消毒方法可分为以下两种。

1. 浸种消毒

(1)硫酸铜溶液浸种

使用浓度为0.3%~1.0%的硫酸铜溶液，浸泡种子4~6 h，取出阴干，即可播种。若用3%浓度的硫酸铜溶液，则需浸泡1 h。硫酸铜溶液不仅可消毒，对部分树种(如落叶松)还具有催芽作用，可提高种子的发芽率。

(2)甲醛溶液浸种

在播种前1~2天，配制浓度为0.15%的甲醛溶液(即用1份40%的甲醛加入260份水稀释)，浸种15~30 min，取出后密闭2 h，然后将种子摊开阴干后播种。1 kg浓度为40%的甲醛溶液可消毒100 kg种子。用甲醛溶液浸种，应严格掌握时间，不宜过长，并且消毒后的种子也不宜久放，否则将影响种子的发芽率和发芽势。

(3)高锰酸钾溶液浸种

使用浓度为0.5%的高锰酸钾溶液，浸种2 h；也可用3%浓度的高锰酸钾溶液，浸种30 min，取出后密闭30 min，再用清水冲洗数次。采用此方法时要注意，对胚根已突破种皮的种子，不宜采用本方法消毒，否则将产生药害。

(4)石灰水浸种

利用石灰水进行浸种消毒时，种子要浸没石灰水中10~15 cm深，种子倒入后，应充分搅拌，然后静置浸种，使石灰水表层形成并保持一层碳酸钙膜，提高隔绝空气的效率，达到杀菌目的。用1%~2%的石灰水浸种24 h左右，对落叶松种子等有较好的灭菌作用。

(5)热水浸种

水温40~60 ℃，用水量为待处理种子的两倍。本方法适用于针叶树种或大粒种子，对种皮较薄或种子较小的树种不适宜。

(6)氯化汞溶液浸种

使用浓度为0.1%的氯化汞溶液，浸种时间15 min。此方法适用于樟树等树种。

(7)退菌特(80%)

此法为用800倍液浸种15 min。

以上用各种药液处理的种子都是指干种子，若是处理膨胀后的种子，则应缩短处理时间，若消毒后催芽，则无论用哪种方法催芽，都应先把黏附的药液冲洗干净。

2. 拌种消毒

(1)敌克松拌种

常用粉剂拌种播种，药量为种子重量的0.2%~0.5%。先用药量10~15倍的土配制成药土，再拌种。对苗木猝倒病防治效果较好。

(2)30%的苏化911粉剂拌种

每千克种子用药量2~4 g，用上述方法配制药土进行拌种消毒。

(3)氯化乙基汞拌种

又称西力生。每千克种子用药1~2 g，拌种后密封贮藏，20天后进行播种。松柏类树种种子用此法效果较好，具有消毒、防护和刺激种子萌发的作用。但由于含汞制剂会严重污染环境，建议今后尽量不用。

(4)ABT生根粉处理

用50 ℃温水间歇浸种2~3次，然后让温水自然冷却至室温浸种24 h后，先捞去浮在水面的劣种，再捞出种子放在0.2 mg/L ABT 7号生根粉溶液中浸种2 h，最后捞出种子装进箩筐里沥水晾干，即可播种。适用于樟树等树种。

另外，由于针叶树种子带壳出土，容易遭受鸟类啄食，可用相当于种子重量的1/10~1/5铅丹粉混拌于被喷湿的种子上，目的是将种子种皮全部染红，这样可以减轻鸟类的啄食。

为了防止鼠类兽类等危害橡实、板栗等种子，可用磷化锌拌种。即在播种前每2.5 kg种子用100 g的植物油，再加入80~100 g的磷化锌粉剂充分拌匀。稍加阴干后播种，因为该药有剧毒，使用时要注意安全。

三、种子休眠与催芽

(一)种子休眠

种子休眠是指树木种子在成熟后虽给予适宜的发芽条件但仍不萌发的一种自然现象。树木种子具有休眠期的特点，叫做休眠性。休眠状态的种子如果不加处理即进行播种，短期内不能顺利发芽。即使发芽，幼苗出土也不整齐。例如江西农大孟德悦对无患子层积催芽处理研究得出催芽后可缩短无患子种子出苗时间、提高了出苗率与质量，进而有利于根系、地径、苗高、冠幅和叶面积的生长。故种子休眠直接影响苗木的质量和苗期的管理工作。因此有必要弄清休眠原因，以及打破休眠的途径，以便采取相应的催芽措施，保证苗木正常发芽出苗。

(二)园林树木种子休眠的类型及原因

树木种子的休眠性是树木为了种的生存，在长期生长发育过程中形成的一种特性。树木种子多数在秋季成熟，成熟后的种子要遇到寒冷的冬季等不利的气候条件，乔灌木长期适应这种环境的结果，就形成了种子休眠的特性。不同种类的树木种子休眠特性各不相同，有的有休眠期，有的无休眠期；有的休眠期长，有的休眠期短。根据休眠原因和树木种子休眠程度的不同，可将休眠的树木种子分为自然休眠和强迫休眠两类。

(1) 生理休眠

又称自然休眠、长期休眠。具有自然休眠性的种子，在休眠期即使给予适宜的萌发条件，也不能萌芽生长，必须经过一段时间的休眠或采取人工打破休眠后才能萌芽生长。种子具有自然休眠性的园林树种较多，如：红松、铁杉、圆柏、白皮松、银杏、樟树、鹅掌楸、凤凰木、七叶树、厚朴、榉树、苦楝、冬青、女贞、刺槐、樱桃、相思树、合欢、黑荆、元宝枫、复叶槭、黄栌、火炬树、文冠果等。

树木形成自然休眠的原因较复杂，就目前的研究结果，具有以下几方面的因素。

① 种皮的机械阻碍　种子由于种皮(包括果皮)坚硬致密或具有油脂、蜡质等，不易透水透气，形成休眠，即使在湿润条件下也很难吸水膨胀，迅速发芽。如皂角、文冠果种皮厚且坚硬，外种皮有蜡层；樟树、栾树种皮致密，不透气；漆树、花椒等种皮具油、蜡质，不透气不透水；豆科种子多数透水通气性不良等。因种皮的机械阻碍而休眠的种子，用物理或化学的方法破坏其种皮阻碍，才能有效促进种子萌芽。另外用低温层积催芽也能软化种皮，增加透性，打破休眠。

② 种胚尚未充分发育成熟　在有些树种种实的外部形态虽然表现出形态成熟的特征，但种胚并未发育成熟，还需经过一段时间才能完成其发育过程，这种现象叫做生理后熟。生长在东北的刺楸种子形态成熟后种子内被胚乳充满着，相当部分还是由尚未分化的细胞组成的原胚，这样的种子不经处理是不能发芽的。如银杏，当种实达到形态成熟时，种胚还很小，其长度约为胚腔长度的1/3，这样的胚同样不具备发芽能力。在休眠期间种胚继续发育，经过一定时间才发育完全。具生理后熟性的种子，经过贮藏或低温层积处理，可获得较好的催熟效果。

③ 种子含萌发抑制物质　很多的植物种实中含有种类繁多的抑制种子萌发物质。如脱落酸、乙烯、脱水醋酸、香豆素等物质，及某些酚类、醛类、有机酸、生物碱等。这些抑制物质有的存在于果皮中(如欧洲白蜡)，有的存在于果肉中(如女贞、山楂等)，有的则存在于种皮中(如红松)或在种胚和胚乳中(如红松、山杏、苹果、水曲柳等)。它们都能抑制种胚的代谢作用，使种胚处于休眠状态。如对粗壮女贞种子萌发试验中发现，其果肉和外种皮均对种子萌发具抑制作用(表4-1)。

表 4-1　粗壮女贞种子发芽试验

处理	供试种子数	发芽种子数(粒)			发芽率(%)
		35 天	60 天	80 天	
剥除果肉	200	0	0	13	6.5
剥除果肉和外种皮	200	19	89	125	62.5
对照	200	0	0	11	5.5

只有当这些抑制物质，在外界环境条件下，通过自身的生理、生化变化过程，改变性质，解除抑制作用，种子才能发芽。否则，虽然具备发芽条件，仍难于发芽。可通过低温层积处理或植物生长调节剂如赤霉素的处理而打破休眠。

(2)强迫休眠

因环境条件不适，种子得不到发芽所需的基本条件而不能萌发的现象。强迫休眠的种子，如遇到适宜的温度、水分、空气等条件，就能很快发芽。如侧柏、杨、柳、桑、榆等。

对于某一树种来讲，种子不易发芽的原因，可能是一种或多种原因所造成。如东北红豆杉因为种皮坚硬角质化，阻碍了水气交换；风干种子中含有大量脱落酸；种胚体积太小，不具备发芽能力，这三种原因导致种子不能萌发。此外，椴树属、水曲柳属、红松、山楂、圆柏等都属于这种类型。具有休眠性的树种，种子必须经过一段时间放置后，或人工打破休眠处理后才能发芽，如红松、水曲柳、椴树、山茱萸等不经过处理播种后当年都不出苗。

(三)催芽方法

针对引起种子休眠的各种因素，通过物理、化学和各种机械损伤的方法打破种子休眠，促进种子长出胚根的措施称为种子催芽。通过人为地调节和控制种子发芽所必须的外界环境条件，以满足种子内部所进行的一系列生理生化过程，增加呼吸强度，促进酶的活动，转化营养物质，以刺激种胚的萌发生长，达到尽快萌发的目的。通过催芽，可使种子发芽出土快，出苗齐、苗木生长健壮，减少播种量，节约种子，减少苗期管理用工。因此种子催芽是育苗工作最重要的技术措施之一。

对种子进行催芽处理，要根据树种的特性和经济效果，选择适宜的催芽方法。苗圃生产中常用的催芽方法有：

1. 水浸种催芽

浸种的目的是促使种皮变软，种子吸水膨胀，有利于种子发芽，对大多数树种的种子来说清水浸种是不可缺少的一步。浸种法又分为热水浸种、温水浸种和冷水浸种。

(1)热水浸种

为了使种子加快吸水，可以采用热水浸种，但水温不要太高，以免伤害种子。一般温度为 70~80 ℃。如种皮坚硬致密的皂角、合欢、刺槐、相思树、黄栌、漆树等用 70 ℃的热水浸种，浸种时，先将种子倒入容器内，边倒热水边搅拌，至水冷至室温时为止。含有“硬粒”的豆科类种子应采取逐次增温浸种的方法，首先用70 ℃的热水浸种，自然冷却一昼夜后，把已经膨胀的种子选出，进行催芽，然后再用80 ℃的热水浸剩下的“硬粒”种子，同法再进行1~2次，这样逐次增温浸种，分批催芽，既节省种子，又可使出苗整齐。

(2)温水浸种

种皮较厚的如油松、落叶松、马尾松、侧柏、紫穗槐等可用40~50 ℃的温水浸种；对于栎类种子可用55 ℃恒温水浸种5~10 min不仅有利于吸水，而且能有效地杀死潜藏在种子内部的栗实象鼻虫。浸种时间一昼夜，然后捞出摊放在席上，上盖湿草帘或湿麻袋，经常浇水翻动，待种子有裂口后播种。

(3)冷水浸种

杨、柳、泡桐、榆、紫薇等小粒种子，由于种皮薄，一般用室温水(20~30 ℃)浸种4~12 h左右。

浸种的水温和时间对种子催芽效果影响很大，一般地说，对粒小皮薄的种子浸泡水温低、时间短，随着种皮坚硬致密程度的提高，浸种水温逐渐提高，浸种时间逐渐延长。坚硬的种子可延长浸种时间。另外，种子和水的比例，种子受热均匀与否，浸种的时间等都有着密切的关系。浸种时种子与水的容积比一般以1∶3为宜，要注意边倒水边搅拌，水温要在3~5 min内降下来。如果高于浸种温度应兑凉水，然后使其自然冷却。无论哪种浸种方法，在催芽过程中都要注意温度应保持在20~25 ℃之间。保证种子有足够的水分，有较好的通气条件，经常检查种子的发芽情况，当种子有30%裂嘴时即可播种。

2. 层积催芽

(1)层积催芽的概念和原理

把精选种子与湿润物(河沙、泥炭、锯末等)混合或分层放置于一定温湿度和通气条件下，促进其达到发芽程度的处理方法称为层积催芽。此法是完成种子后熟，解除种子休眠的重要方法。层积催芽又分低温层积催芽、变温层积催芽和高温层积催芽等。园林苗圃中常用的方法为低温层积催芽法，其适用的树种较多，对于因含萌发抑制物质而休眠的种子效果显著，对被迫休眠(杨、柳、桑、榆等皮薄粒小的种子除外)和生理休眠的种子也适用。如樟树、楠、黄柏、银杏、冷杉、栎树、楝树、卫矛、黄檗、白蜡、槭树、火炬树、七叶树、山桃等树种的种子都可以用这种方法催芽。

营养物质是种子萌发、幼苗生长的物质基础，尤其糖类和蛋白质的作用极为重要。种子在破除休眠过程中，其内源营养物质在相关酶类的作用下进行着新陈代谢，特别在向萌发的转化时期，大分子的贮藏物质逐渐降解，转化为可溶性物质，为胚的代谢和生长过程所利用。种子在层积催芽过程中，种子有了适宜的水分和充足的氧气，恢复了细胞间的原生质联系，增加了原生质的膨胀性与渗透性，提高了水解酶的活动，将复杂的化合物转为简单的可溶性化合物，为种子萌发提供了充足的营养物质，促使种子产生萌芽能力。低温层积催芽是综合因素的影响，其主要原理是种子在低温(0~7 ℃)处理的环境中，种子内部的脱落酸等萌发抑制物质的含量显著减少，抑制种子萌发的作用大大减弱，从而打破种子的休眠。在低温层积处理的条件下，还能促进产生刺激生长的赤霉素，赤霉素能解除抑制物质的抑制作用，促进种子发芽，还能增加苗木的生长量，因此经催芽的种子发芽率高，苗木生长好。另外一些后熟的种子如刺五加、银杏等树种，在层积的过程中胚明显长大，经过一段时间，胚长到应有的长度，完成了后熟过程，种子即可萌发。

(2)层积催芽的条件

种子催芽必须创造良好的条件，使其顺利地通过萌芽前的准备阶段，其中温度、湿度、通气条件最重要。

在层积催芽过程中，温度因不同树种而有所不同，但一般都应略高于0 ℃。因此，要根据具体情况来确定适宜的温度。多数树种为0~5 ℃，极少数树种为6~10 ℃。温度过高，种子易霉变，效果不好。低温层积催芽还要求一定的湿度，因此催芽前应进行浸种，要用间层物和种子混合起来(或分层放置)，间层物一般用湿沙、泥炭、沙子等，它们的湿度应为饱和含水量的60%，即以手用力握湿沙成团，但不滴水，手捏即散为宜。层积还要求有通气设备保证种子所需的氧气。种子数量少时，可用花盆，上面盖草袋子，也可以用秸秆作通气孔，种子数量多时可设置专用的通气孔。低温层积催芽一般要求天数较长，时间太短无法达到催芽的目的。

(3)层积催芽的方法

根据层积催芽温度不同，可分为低温层积催芽，变温层积催芽，高温层积催芽、混雪催芽等方法。具体做法如下：

① 低温层积催芽　首先对种子预处理，对种皮厚、不易吸水的种子，如桃、李、核桃、栾树等要事先浸种，可用40~50 ℃温水浸种2~3天(核桃可用冷水浸种6~7天)或更长，使其吸足水分。对于种皮特别坚硬、致密，透水性极差的种子可用伤皮催芽的方法，损伤种皮，增加透性，因层积时间长，还要用前述方法进行种子消毒。

然后混沙(或其他湿润物)埋藏，种子多时可在室外挖坑。一般选择背阴、地势高燥、排水良好的地方，坑的宽度以1 m为好，不要太宽。长度随种子的多少而定，深度一般应在地下水位以上、冻层以下(在河北80~100 cm左右，在吉林、辽宁120~150 cm)，由于各地的气候条件不同，可根据当地的实际情况而定。坑底铺一些鹅卵石或碎石，其上铺10 cm的湿河沙或直接铺10~20 cm的湿河沙，然后将浸种、消毒过的种子，与沙子按1:3的比例混合放入坑内，或者一层种子，一层沙子放入坑内(注意沙子的湿度要合适)，当沙与种子的混合物放至距坑沿20 cm左右时为止。然后盖上湿沙，其上与地面平，最后用土培成屋脊形。坑的两侧各挖一条排水沟。坑内每隔1 m，用竹筒、秸秆、干草、枝条等捆成一束，从坑底直通坑口，以利通气(图4-3)。

② 变温层积催芽　对于一些采用低温层积催芽效果不太明显或休眠期很长的种子可以采用变温层积催芽的方法。变温层积催芽是指先高温(15~25 ℃)后低温(0~5 ℃)，必要时再给予短时间高温的高温与低温相交替的催芽方法，同时还可以解决低温层积催芽时间较长的缺点。变温层积催芽过程中的高温可以使种皮软化，促进种子吸水，提高种子内酶的活性。低温能够使抑制萌发的物质含量降低。在高低温交替作用下，种子可以较快地打破休眠。一般高温时间短，低温时间长，例如红松(高温1.5个月，低温时间2~3个

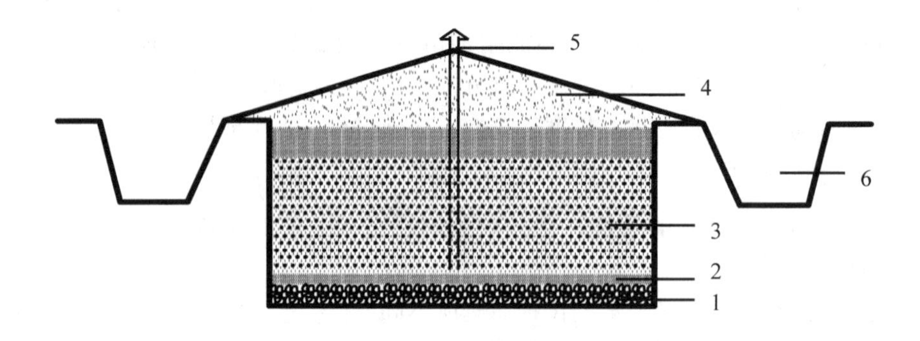

图 4-3 种子室外层积催芽法

1. 卵石 2. 沙子 3. 种沙混合物 4. 覆土 5. 通气竹管 6. 排水沟

月)；或者二者时间等长，如水曲柳，高低温都是3个月。变温催芽分室外和室内两种方法，室外变温层积催芽法类似低温层积催芽方法，只是入坑时间较早(伊春在5月，吉林、辽宁在8月)这样可以满足先高温后低温的节律。如采用室内变温催芽法，则在8~9月时，将种子浸水、消毒、洗净后混2~3倍湿沙，置于室内地面堆积，种堆高度不超过60 cm，保持60%左右的湿度，在8~9月高温季节，每两天翻倒种堆一次，以使种子受热均匀，到封冻前浇水，任期冻结，利用自然气温的变化促使种子发芽，翌春即可播种；若要再缩短催芽时间，高温阶段可把种子放到火炕上，摊成10~20 cm厚的种堆，保持种沙温度20~25 ℃，为了保持湿度，要经常淋温水，每6~8 h翻倒一次，经过30~35天能有1/2以上的种胚变为淡黄色，再转入低温(0~5 ℃)处理20天左右，然后移至室外背风向阳处晾晒，或到温室加温(注意保湿和保温)。这样大约一周后大部分种子可以发芽。天女花是一种深休眠的树木，温水、热水浸泡和普通沙藏催芽均无效，但水浸24 h，沙藏150天后，再移至暖炕上，昼温30~35 ℃，夜温16~19 ℃，经这样12天的变温催芽，发芽率可达40%。由此可见，变温层积催芽，虽然比较复杂，但处理发芽极为困难的深休眠种子，还是非常有效的。

③ 高温催芽　高温催芽在南方地区经常采用。

④ 混雪层积催芽　此法适用于北方冬季积雪较多且积雪时间较长的地区。也属于低温层积催芽的一种，但因催芽时间较短，更适合于休眠程度较浅的种子，如油松、落叶松、樟子松、侧柏、云杉、冷杉等树种。雪水中由于含有比正常水多的重水，对各种生命物质的活动均有较大的抑制作用，却可以加快种子内酶的活性，促进其新陈代谢。另外雪水中含有较多的氮化物，在某种意义上说也是一种肥水。因此用混雪催芽的种子要比用普通水层积催芽的种子发芽率高，苗木生长态势好，抗性强，越冬死亡率也较低。

具体做法是，在土地结冻前，选地势高燥，排水良好的背阴处挖坑(沟)，深度在土地结冻层以下，一般深宽各50~70 cm，在坑底先铺塑料布、草袋或席子，待降雪不化时，上铺雪10 cm，再把种雪混合物(比例1: 3)放入坑中，堆至距离坑沿20 cm处，上堆雪高于地面，并使其呈小丘状。为防止雪融化，在雪丘上再盖以草帘、秸秆等，厚度约数十厘米，到翌春播种前1~2周，将种子取出放于温暖处，待雪化厚，在雪水中浸泡1~2天，捞出进行高温催芽(15~20 ℃左右)3~5天后大部分种子可以萌动，当有1/3咧嘴时即可播种。

层积催芽的效果除决定于温度、水分、通气条件外，催芽的天数也很重要。层积催芽时间因休眠深度而异，休眠程度越深，层积时间越长(表 4-2)。低温层积催芽所需的天数随着树种的不同而不同，如圆柏 200 天，女贞 60 天。一般被迫休眠的种子需处理 1~2 个月，生理休眠的种子需处理 2~7 个月。应根据具体情况来确定适宜的天数。

表 4-2　部分树种种子低温层积所需时间表

树　种	所需时间(月)	树　种	所需时间(月)
油松、落叶松	1	榛子、黄栌	4
侧柏、樟子松、云杉、冷杉	1~2	核桃楸	5
黄檗、女贞、榉树	2	椴树	5(变温)
白蜡、复叶槭、山桃、山杏	2.5~3	水曲柳	6(变温)
山丁子、海棠、花椒、银杏	2~3	红松	6~7(变温)

层积催芽期间，要定期检查种子坑的温度，当坑内温度升高得较快时，要注意观察，一旦发现种子霉烂，应立即取种换坑。在房前屋后层积催芽时，要经常翻倒，同时注意在湿度不足的情况下，增加水分，并注意通气条件。

在播种前 1~2 周，检查种子催芽情况，如果发现种子未萌动或萌动得不好时，要将种子移到温暖的地方，上面加盖塑料膜，使种子尽快发芽。当有 30% 的种子露白裂嘴时即可播种。

3. 化学或机械处理

有些树木的种子外表有油质、蜡质，有的种皮致密、坚硬，有的酸性或碱性大。为了消除这些妨碍种子发芽的不利因素，必须采用化学或机械的方法，以促使种子吸水萌动。

(1)酸处理

常用硫酸浸种，又称酸蚀处理。主要是利用浓硫酸对坚硬种(果)皮适度的化学腐蚀作用以增加其透性，从而解除以种(果)皮障碍为主的种子休眠，起到催芽作用。

酸处理对一些种皮较厚的硬实种子以及种皮具有蜡质层或油脂层的种子处理促萌效果明显。浓硫酸浸种时，要严格把握时间，防止损伤种胚。处理后应每隔一段时间取出样品检查一下，若种皮多坑凹疤痕，甚至露出胚乳，表示浸泡过度；若种皮仍有光泽，表明处理时间不够；处理得当时，种皮暗淡无光但又未出现很深的坑凹疤痕。另外，凡用浓硫酸浸过的种子，必须用清水冲洗、浸泡后再催芽或播种。如刺槐、栾树、梧桐、厚朴等硬实种子，可用 60% 的浓硫酸(过稀的硫酸易浸入种子内部，破坏发芽)浸种。浸种时间，漆树为 30 min；刺槐为 5 min；厚朴为 3 min。在硫酸中浸渍后取出在清水中洗净，干燥后再播种。

(2)碱或其他化学物质处理

碱性溶液或一些氧化剂、含氮化合物等化学物质，如高锰酸钾、次氯酸盐和过氧化物等，能解除种子休眠。例如，对于玉兰、花椒、毛楝等外皮有蜡质或油脂的种子，要将种子放在 70 ℃草木灰水中，或在每 50 kg 水中加入碱面 20 g 浸泡。待冷却后，用手搓去蜡皮或油脂，再用清水冲洗，然后捞出，用生豆芽的方法催芽，至种子裂嘴后播种；或用小苏打水溶液洗漆树、马尾松等种子，对催芽有一定的效果；

(3)激素处理

一定浓度的植物激素溶液浸种催芽是近年兴起的有效的催芽方法，用得最多的是赤霉素(GA_3)和 ABT 生根粉。赤霉素能诱导多种水解酶的产生，从而促使碳水化合物、蛋白质和脂肪等储藏物质的水解，提高种子的生理活性，打破种子休眠，并促使细胞的伸长。应用赤霉素溶液浸种应掌握以下原则：强迫休眠的种子，以低浓度(0.0005%~0.003%)；而对生理休眠的种子则应该用较高浓度(0.01%~0.3%)药液浸泡才能奏效。例如用 800 mg/L GA_3浸种处理 24 h 对促进生理休眠乌饭树种子发芽的效果很显著。ABT 生根粉是广谱型系列生根剂，主要用于诱导插穗生根，也可以用于浸种催芽，其中 ABT6 号、7 号生根粉可以分别用 0.001%~0.003%、0.002%~0.005% 的溶液浸种 2~24h。吲哚丁酸、萘乙酸、2,4-D、激动素、6-苄腺嘌呤、苯基脲、硝酸钾等浸种也可以解除种子休眠。激动素和 6-苄腺嘌呤一般使用浓度为 0.001%~0.1%，而苯基脲、硝酸钾为 0.1%~1% 或更高，处理时不仅要考虑浓度，而且要考虑溶液的数量，还有种皮的状况和温度条件等。还可用微量元素如硼、锰、铜等浸种以提高种子的发芽势和苗木的质量。

近年来研究发现，稀土对树木种子发芽具有较好的促进作用。稀土浸种可提高树木种子发芽率，这是因为稀土能调节种胚的活性，调动种子幼胚氨基酸的转化。通过采用 50~150 mg/L 的稀土液对樟子松种子进行浸种 24 h，可提高种子发芽率 15%~20%。用不同浓度的稀土处理马尾松种子，能明显地提高种子活力、发芽率和发芽速度，促进根、芽的生长。

(4)机械方法催芽

是用刀、挫或砂子磨损种皮、种壳，促使其吸水、透气和种子萌动。机械处理后一般还需水浸或沙藏才能达到催芽的目的。例如莲子、五针松、蜡梅、黄花夹竹桃及凤凰木等的种子，在播种前用锋利小刀刻伤种皮或用锉刀磨破部分种皮，再用温水浸泡约 24 h，种子即吸水膨胀，能加速发芽。

(5)阳畦催芽法

播种前先在温床内填以 10 cm 厚的细木屑或麦糠，略压时摊平，浇水湿透，然后将处理过的种子均匀撒播，上面覆盖 1 cm 左右的木屑，喷小水让木屑湿透，然后用薄膜覆盖。待种子裂嘴时，取出播种。也可待长出芽苗后进行移栽。

总之，对不同树种采用哪种方法催芽处理，不同药剂以多大浓度和多长时间处理最佳，都有待进一步研究探讨。

(四)接种

对有些树种，播种前需要进行接种。

1. 根瘤菌剂接种

根瘤菌能固定大气中的游离氮供给苗木生长发育所需，尤其是在无根瘤菌土壤中进行豆科树种或赤扬类树种育苗时，需要接种。方法是将根瘤菌剂与种子混合搅拌后，随即播种。据报道，一种专门用于豆科木本植物(野皂荚、合欢、刺槐、紫穗槐)的根瘤菌剂——富思得已投入市场，可以将菌根菌剂加冷水拌成糊状，拌种后随即播种。

2. 菌根菌剂接种

菌根能代替根毛吸收水分和养分，促进苗木生长发育，在苗木幼龄期尤为迫切，如松属、壳斗科树木，在无菌根菌地育苗时，人工接种菌根菌，能提高苗木质量。方法是将菌根菌剂加水拌成糊状，拌种后立即播种。也可以用森林菌根土接种，即从老苗圃地或同一树种的林子内挖取表层湿润的菌根土，撒入苗床或播种沟内，并立即盖土以防晒干失去活力，待幼苗长出根系后即实现了接种。

3. 磷化菌剂接种

土壤中的磷很容易被固定，成为不能被植物利用的结合态磷或有机磷。磷化菌可以分解土壤中的磷，将磷转化为可以被植物吸收利用的磷化物，供苗木吸收利用。它包括无机磷细菌和有机磷细菌，前者能产生有机酸溶解结合态磷(如磷酸钙、磷酸铝等)为速效磷，酶分解有机磷为速效磷，从而在树木根际形成一个磷素供应较为充足的小环境，改善磷素供应，因此，可用磷化菌剂拌种后再播种。

接种的方法可以多种形式，比如将长有菌根的苗木移植到新建苗圃地上，或在老苗圃地上保留部分苗木，作为菌根母苗，对新培育的苗木进行自然接种，也能达到接种的目的。

第四节　播种育苗技术

一、播种时间

播种时间是育苗工作的一个重要环节，它直接影响到苗木的生长期，出圃的年限，幼苗对环境条件的适应能力、土地的使用率以及苗木的养护管理措施等。适宜的播种时间能促使种子提前发芽，提高发芽率，播后出苗整齐，苗木生长健壮，并具有较强的抗寒、抗旱和抗病能力，从而节省土地和人力。它包括播种期的确定，播种量的计算和播种后的管理技术。

适时播种是育苗取得成功的重要一环。播种时间的确定，要依树种的生物学特性以及当地的气候条件而定。我国地域辽阔，树种繁多，各地树种的生物学特性和气候条件差异极大。同一地点，树种不同，其种子发芽所需的生物学最低温度也不同；因而在同一季节，不同树种播种时间也有差异。南方一般四季均有适播树种；而北方则多数树种以春播为主。总之，播种时间要适时、适地、适树才能达到良好的效果。

播种时期的划分，通常按季节分为春播、夏播、秋播和冬播。

1. 春播

春季是园林树种主要的播种季节，适合于大多数地区、大多数树种。适当早播的幼苗抗性强，生长期长，病虫害少；松类、海棠等尤应早播。但春播要注意防止晚霜和炎夏的危害，对晚霜比较敏感的树种如刺槐、臭椿等不宜过早播种，应使幼苗在晚霜完全结束后才出土，以避开晚霜危害。所以在确保幼苗避开终霜期的前提下尽早播种。

优点是：①春天自然调节雨水充足，气温逐渐升高，土壤不易板结，适合种子发芽；②春天比较安全，减少播种地的管理时间，减轻鸟、兽、虫等对种子的伤害等。

缺点是：①时间紧，容易延误播种适宜日期；②准备发芽的时间长，苗木的生长期相应缩短。

因此应根据树种和土壤条件进行适当安排播种顺序。一般针叶树种或未经催芽处理的种子应先播，阔叶树种或经过催芽处理的种子后播；地势高燥的地方、干旱的地区先播，低湿的地方后播。各地春播时间可参考表4-3：

表4-3 我国各地区春播时间

地 区	播种时间
长江以南地区	3月中下旬
华北、西北其他地区	4月上旬
内蒙古高原	5月上中旬
东北东部、辽南	4月上旬
辽中、辽西	4月中旬
辽宁北部	4月下旬以前
大兴安岭北部	5月下旬

2. 夏播

适用于易丧失发芽力，不易贮藏的夏熟种子，如杨树、榆树、桑树、橑木等。随采随播，种子发芽率高。夏播应尽量提早，当种子成熟后，便立即进行采种、催芽和播种，以延长苗木生长期，提高苗木质量，使其能安全越冬。

优点是：①对某些种子可以获得最佳发芽率；②土地利用经济(当年既可收获)。

缺点是：外部环境条件对植物非常不利(干旱地区更为严重，应在雨后进行播种或播前充分灌水)，要严格管理，特别是水分。

3. 秋播

秋播是次于春播的重要季节。一些大、中粒种子或种皮坚硬的、有生理休眠特性的种子都可以在秋季播种。一般种粒很小或含水量大而易受冻害的种子不宜秋播。

秋播的时间，因树种特性和当地气候条件的不同而异。自然休眠的种子播期应适当提早，可随采随播；被迫休眠的种子，应在晚秋播种，以防当年发芽受冻。为减轻各种危害，秋播应掌握“宁晚勿早”的原则。

秋播（播种以后当年秋天不发芽为原则）的优点是：①可以节省种子的贮藏和催芽费用，降低育苗成本；②来春幼苗出土早，生长量大，扎根深，抗病能力强；③播种期限长，不会延误时期，影响生长。

缺点是：①种子易受到各种危害(虫、冻、晚霜等)，播种量较春播大；②留土时间长，土壤易板结，影响管理。

4. 冬播

我国南方气候温暖，冬天土壤不冻结，而且雨水充沛，可以进行冬播。冬播实际上是春播的提早，也是秋播的延续。部分树种(如杉木、马尾松等)初冬种子成熟后随采随播，可早发芽，扎根深，能提高苗木的生长量和成活率，幼苗的抗旱、抗寒、抗病能力均较强。

二、苗木密度和播种量的计算

(一)苗木密度

1. 苗木密度概念

苗木密度(stock density)是指单位面积育苗地或单位长度苗行上苗木的数量。它不仅直接确定苗木产量，而且通过影响苗木群体之间、苗木与环境之间的相互关系而影响苗木的质量。这也正是苗木产量和质量之间存在的矛盾问题。苗木过密，单株苗木的营养面积过小，通风不良，光照差，土壤养分和水分不足，苗木个体竞争激烈，苗木发育不良；表现为苗木细弱，叶量少，根系不发达，侧根少，干物质重量小，木质化程度低，顶芽不饱满，抗逆性差，易受病虫危害，移植成活率不高等。当苗木过稀时，不仅不能保证单位面积的产苗量，而且苗木空间过大，土地利用率低，苗床易干燥板结、滋生杂草，增加了土壤水分和养分的消耗，增加了抚育管理的费用，同样对苗木培育不利。

2. 确定密度的原则

合理的密度是合格苗产量最高的密度，换言之，就是在保证每株苗木生长发育健壮的基础上，获得最大限度的单位面积上的产苗量，也是育苗经济效益最高的密度。但合理密度是相对的，它的确定要兼顾树种生物学特性，培育年限和育苗的环境以及育苗技术要求等因素。在确定某一树种的苗木密度时，应考虑以下原则，结合本地区的具体情况而定。

(1)树种的生物学特性

喜光树种，速生树，阔叶树及所需营养面积大的密度应稀，反之应密些。如山桃、泡桐、枫杨等。

(2)苗龄及苗木种类

育苗年限不同，其密度也不同。一般培育两年生苗的密度要比一年生苗的小，年限越长密度越小。

(3)苗圃地的环境条件

土壤、气候和水肥条件好的宜密，条件差的宜稀。

(4)育苗方式及耕作机具

苗木密度大小取决于株行距，尤其是行距的大小。苗床播种一般行距为8~25 cm，大田式育苗一般行距为50~80 cm，所以苗床育苗产量高。另外，确定密度还必须考虑苗期管理所使用的机器、机具，以便确定合适的行(带)距。

(5)育苗技术水平

育苗技术水平高、管理精细的密度可高些；反之，育苗技术水平较低、管理条件较差的，密度宜稍低。

(二)播种量的计算

播种量是指单位面积(单位长度)上播种种子的数量。播种量确定的原则是用最少的种子，达到最大的产苗量。播种量一定要适中，偏多会造成种子浪费，出苗过密，间苗费工，增加育苗成本。播种量太少，产苗量低，土地利用率低，影响育苗经济效益(表4-4)。适宜的播种量，需经过科学的计算，计算播种量的依据是：单位面积(或单位长度)的产苗量；种子播种品质指标，如种子纯度(净度)、千粒重、发芽势；种苗的损耗系数等。

计算播种量可按下列公式：

$$X = C \times \frac{A \times W}{P \times G \times 1000^2}$$

式中 X——单位面积(或单位长度)育苗所需播种量，kg；

A——单位面积(或单位长度)计划产苗量，株/m^2；

W——种子千粒重，g；

P——种子的净度,%；

G——种子发芽势,%；

C——损耗系数；

1000^2——常数；

损耗细数因自然条件、圃地条件、树种、种粒大小和育苗技术水平而异。同一树种，在不同条件下的具体数值也可能不同。一般认为，种粒越大，损耗越小，反之亦反，如：

①大粒种子(千粒重在700 g以上)，$C=1$；

②中、小粒种子(千粒重在3~700 g之间)，$1<C\leqslant 5$；

③极小粒种子(千粒重在3 g以下)，$C=10\sim 20$。

例如，生产一年生油松播种苗1 hm^2，每平方米计划产苗量500株，种子的净度95%，发芽率90%，千粒重37 g，其所需播种量为：

$$每平方米播种量 = 500 \times 37/(95\% \times 90\% \times 1000^2)$$
$$= 0.0216(kg)$$

采用床播1 hm^2的有效作业面积是6000 m^2，则1 hm^2地播种量为：$0.0216 \times 6000 = 129.6$(kg)

这是计算的纯理论数字，由生产实际出发需再加上一定的损耗，如$C=1.5$，则1 hm^2油松共需种子200 kg左右。

表 4-4　部分园林树木播种量与产苗量参考

树　种	播种量(kg/100m²)	产苗量(株/100 m²)	播种方式
油　松	10~12.5	10 000~15 000	高床撒播或垄播
白皮松	17.5~20	8000~10 000	高床撒播或垄播
侧　柏	2.0~2.5	3000~5000	高垄或低床条播
桧　柏	2.5~3.0	3000~5000	低床条播
云　杉	2.0~3.0	15 000~20 000	高床撒播
银　杏	7.5	1500~2000	低床条播或点播
锦熟黄杨	4.0~5.0	5000~8000	低床撒播
小叶椴	5.0~10	1200~1500	高垄或低床条播
紫　椴	5.0~10	1200~1500	高垄或低床条播
榆叶梅	2.5~5.0	1200~1500	高垄或低床条播
国　槐	2.5~5.0	1200~1500	高垄条播
刺　槐	1.5~2.5	800~1000	高垄条播
合　欢	2.0~2.5	1000~1200	高垄条播
元宝枫	2.5~3.0	1200~1500	高垄条播
小叶白蜡	1.5~2.0	1200~1500	高垄条播
臭　椿	1.5~2.5	600~800	高垄条播
香　椿	0.5~1.0	1200~1500	高垄条播
茶条槭	1.5~2.0	1200~1500	高垄条播
皂　角	5.0~10	1500~2000	高垄条播
栾　树	5.0~7.5	1000~1200	高垄条播
青　桐	3.0~5.0	1200~1500	高垄条播
山　桃	10~12.5	1200~1500	高垄条播
山　杏	10~12.5	1200~1500	高垄条播
海　棠	1.5~2.0	1500~2000	高垄或低床两行条播
山定子	0.5~1.0	1500~2000	高垄或低床条播
贴梗海棠	1.5~2.0	1200~1500	高垄或低床条播
核　桃	20~25	1000~1200	高垄点播
卫　矛	1.5~2.5	1200~1500	高垄或低床条播
文冠果	5.0~7.5	1200~1500	高垄或低床条播
紫　藤	5.0~7.5	1200~1500	高垄或低床条播
紫　荆	2.0~3.0	1200~1500	高垄或低床条播
小叶女贞	2.5~3.0	1500~2000	高垄或低床条播
紫穗槐	1.0~2.0	1500~2000	平垄或高垄条播
丁　香	2.0~2.5	1500~2500	低床或高垄条播
连　翘	1.0~2.5	2500~3000	低床或高垄条播

（续）

树 种	播种量(kg/100m^2)	产苗量(株/100 m^2)	播种方式
锦带花	0.5~1.0	2500~3000	高床条播
日本绣线菊	0.5~1.0	2500~3000	高床条播
紫 薇	1.5~2.0	1500~2000	高垄或低床条播
杜 仲	2.0~2.5	1200~1500	高垄或低床条播
山 楂	20~25	1500~2000	高垄或低床条播
花 椒	4.0~5.0	1200~1500	高垄或低床条播
枫 杨	1.5~2.5	1200~1500	高垄条播

三、单位面积总播种行的计算

单位面积总播种行(或育苗行)，是计算播种量和产苗量所需，其计算方法为：

① 苗床育苗计算单位面积播种行总长度的公式为：

$$X = \frac{S \times K}{(K+B) \times (C+B) \times g} \times C$$

式中 X——单位面积的播种行总长度，m；

S——面积，m^2；

K——苗床宽度，m；

B——步道宽度，m；

C——苗床长度，m；

g——行距，m。

② 垄作育苗计算单位面积的播种行总长度的公式为：

$$X = \frac{S}{B} \times n$$

式中 X——单位面积的播种行总长度，m；

S——面积，m^2；

B——垄宽，m；

n——每垄的行数。

四、播种方法

播种方法因树种、圃地环境、育苗技术和自然条件等不同而异。生产上常用的播种方法有撒播、条播和点播。

1. 撒播

将种子均匀地撒于苗床上或垄上为撒播。小粒种子如杨、柳、桑、马尾松等，常用此法。为使播种均匀，可在种子里掺上细沙。由于出苗后不成条带，不便于进行锄草、松土、病虫防治等管理，且小苗长高后也相互遮光，最后起苗也不方便，且撒播播种量大。因此，最好改撒播为条带撒播，播幅 10 cm 左右。

2. 条播

按一定的行距将种子均匀地撒在播种沟内为条播。按一定的行距，将种子均匀地撒在播种沟中的播种方法。条播是应用最广泛的方法。中粒种子如刺槐、侧柏、松、海棠等，常用此法。播幅为3～5 cm，行距20～35 cm，采用南北行向。条播比撒 播省种子，且行间距较大，便于抚育管理及机械化作业，同时苗木生长良好，起苗也方便。

3. 点播

按一定的株、行距挖穴播种，或按行距开沟后再按株距将种子播于沟内，称为点播。点播主要适用于大粒种子，如银杏等。点播的株行距应根据树种特性和苗木的培育年限来决定。播种时要注意种子的出芽部位，正确放置种子的姿态，便于出芽(图 4-4)。点播具有条播的优点，但比较费工，苗木产量也比另两种方法少。一般最小行距不小于 30 cm，株距不小于 10～15 cm。为了利于幼苗生长，种子应侧放，使种子的尖端与地面平行。

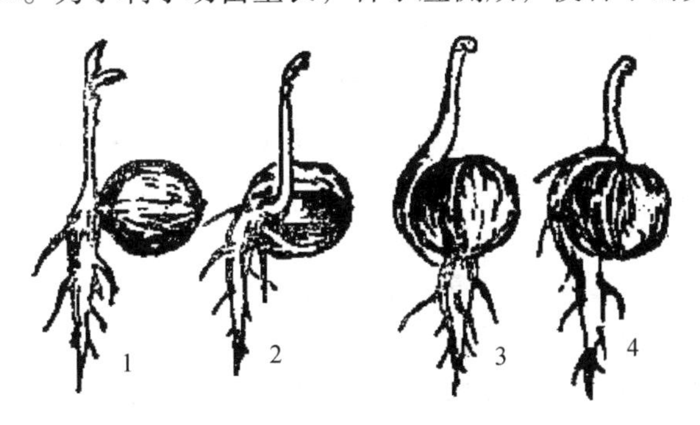

图 4-4　核桃种子放置方式对出苗的影响(引自苏金乐)

1. 缝线垂直　2. 缝线水平　3. 种尖向上　4. 种尖向下

五、播种技术

播种过程包括播种、覆土、镇压等环节。人工播种，这些环节分别进行；机械播种，这些环节连续进行。几个环节工作质量的好坏及配合，对育苗质量和苗木生长有直接的影响。

(一)人工播种

1. 划线

条播或点播时，先在苗床上划线定出播种位置，目的是使播种行通直，便于管理。

2. 开沟与播种

人工播种为了做到均匀播种、计划用种，在播种前应将种子按每床用量等量分开，进行播种；开沟后应立即播种，不要使播种沟较长时间暴晒于阳光下。撒播时，常两人一组，分别站于相对步道上，用手均匀撒下种子；为使播种均匀，可分数次撒播。

播种极小粒种子时，在播种前应对播种地进行镇压，以利种子与土壤接触。极小粒种子可用沙子或细泥土拌和后再播，以提高均匀度。播种前如果土壤过于干燥应先进行灌溉，然后再播种。

3. 覆土

是指用土、细沙、或腐殖土等材料覆盖种子，以免播种沟内的土壤和种子干燥。播种的深度与覆土厚度相同，播种后应立即覆土，否则影响播种沟中的水分、温度，进而影响幼芽出土。研究表明，种子播种的深浅，对种子的出苗数量和质量都有着直接影响。在播种时，如果埋种太深的话，就可能由于种子萌发时通气不畅导致种子腐烂，最终窒息死亡。因此，掌握好种子的适宜播种深度，可提高种子的出苗率，并促使幼苗健壮生长。

一般情况下，覆土厚度为种子直径的2~3倍为宜。具体覆土厚度取决于种子的发芽势、发芽方式和覆土材料等因素。小粒种子和发芽势弱的种子覆土宜薄，大粒种子和发芽势强的种子覆土宜厚；子叶不出土的宜厚，子叶出土的宜薄等；黏质土壤覆土宜薄，砂质土壤覆土宜厚；春夏播种覆土宜薄，秋冬播种覆土可适当厚一些；干旱地区宜厚，湿润地区宜薄。覆盖的材料可就地取材，一般用干净的稻草、麦秸、锯末、谷壳、苔藓，有条件的可用疏松的砂土、腐殖土、泥炭土等覆盖，有利于土壤保温、保湿、通气和幼苗出土。此外，覆土厚度要均匀一致，否则幼苗出土参差不齐，影响苗木产量和质量(图4-5)。覆土以后，除要适当地加以镇压，对小粒种子，在比较干旱的条件下还应盖草，以保持土壤湿润，防止土壤板结。部分树种覆土参考厚度见表4-5。

4. 镇压

播种、覆土后轻踩或用石磙适度镇压可使种子与土壤紧密接触，能顺利从土壤中吸取

表4-5 部分树种播种覆土厚度

树种	覆土厚度(cm)
杨、柳、桦、桉、泡桐等极小粒种子	以隐见种子为度
落叶松、杉木、柳杉、樟子松、榆树、黄檗、黄栌、马尾松、云杉等及种粒大小相似的种子	0.5~1.0
油松、侧柏、梨、卫矛、紫穗槐及种粒大小相似的种子	1.0~2.0
刺槐、白蜡、水曲柳、臭椿、复叶槭、椴树、元宝枫、槐树、红松、华山松、枫杨、梧桐、女贞、皂角、樱桃、李子及种粒大小相似的种子	2.0~3.0
胡桃、板栗、栓皮栎、油茶、油桐、山桃、山杏、银杏及种粒大小相似的种子	3.0~8.0

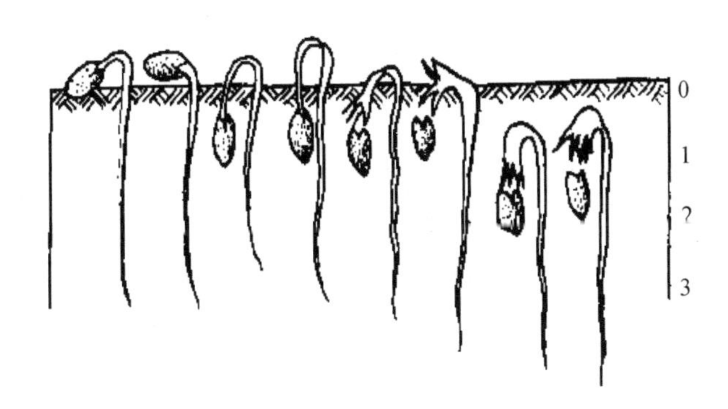

图 4-5　不同覆土厚度对苗木出土的影响(cm)

水分，在干旱地区或土壤疏松、土壤水分不足的情况下，尤其有必要。但对于较黏的土壤不宜镇压，以防土壤板结，不利幼苗出土。对于不黏而较湿的土壤，需待其表土稍干后再进行镇压。

在播种过程中，上述环节应连续进行，即边开沟、边播种、边覆土、边镇压，一气呵成。点播可参照上述技术要点；只是将开播种沟换成挖播种穴，同样注意播种深度与覆土厚度。撒播则只进行播种和轻微的覆土，或以河沙、锯末、腐殖土覆盖。

(二)机械播种

大规模播种育苗常采用各种类型的播种器或播种机作业。机械播种的优点表现在：

①工作效率高，节省劳动力，降低成本 ，能保证适时早播，不误农时；

②开沟、播种、覆土及镇压一次性完成，减少播种过程中水分损失；

③下种均匀，覆土厚度一致使出苗整齐，提高了播种质量。

机械化播种是大面积播种育苗的发展趋势，但每次使用播种机播种之前应认真检查和调试播种机械的性能，如下种量、播种深度、覆土厚度是否适宜，是否损伤种子等，另外还应注意播种机的工作幅度与育苗地管理用的机具的工作幅度是否一致。

第五节　播种苗的发育特点

一、播种苗的年生长发育特点

播种苗从种子发芽到当年停止生长发育到进入休眠期为止是其第一个生长周期。只有了解苗木不同时期生长发育的特点和对外界环境条件的要求，才能采取相应的有效抚育措施，获得高产优质苗木。根据一年生播种苗各时期的特点，可将播种苗的第一个生长周期分为出苗期、幼苗期、速生期和苗木硬化期 4 个时期。

(一)出苗期

又称幼苗形成期，从播种到幼苗出土、长出真叶(针叶树种脱掉种皮)、出现侧根为止的时期称为出苗期。

1. 出苗期的生长特点

出苗期的营养来源主要是种子内贮藏的营养物质。种子播种后首先在土壤中吸水膨胀，随着水分的吸收，酶的活动加强，在酶的作用下，种子中贮藏物质进行转化，分解成能被种胚所利用的简单有机物，促进种胚开始生长，形成幼根深入土层，随着胚轴的生长，幼芽逐渐出土。这时期地上部分生长缓慢，主根向下伸长速度较快。当地上部出现真叶，地下生出侧根时，出苗期即结束。

这一时期刚出土的小苗十分嫩弱、根系分布浅、抗性弱。

2. 出苗期的持续时间

此期长短因树种、播种期、催芽情况和当年气候等情况不同差异很大。一般春播需3~7周，夏播需1~2周，秋冬播则需几个月。如夏播的榆树、杨树一般需要7~10天；而春播的各类树种需3~5周或7~8周出苗。

3. 育苗技术要点

此期的主要影响因子有土壤水分、温度、通透性和覆土厚度等。这一时期育苗工作的要点是：选择适宜的播种期，做好种子催芽，采取有效的措施，为种子发芽和幼苗出土创造良好的环境条件，注意保持土壤水分，防止土壤板结。春季播种在北方要尽量创造提高土温的条件，减少灌水次数，避免大水漫灌；夏季播种为减少高温危害，要进行遮阴。加强播种地的管理，为幼苗出土创造良好条件。

（二）幼苗期

从幼苗出土后能够进行光合作用制造营养物质开始，到苗木进入生长旺盛期的时间段称为幼苗期。

1. 幼苗期的特点

这个时期幼苗地上部分出现真叶，叶型变化大，由过渡叶形逐渐变为固定叶形，生长缓慢，地下部分生出侧根，并形成根系。但根系分布较浅，苗木较幼嫩，对炎热、低温、干旱、水涝、病虫害等抵抗能力弱，易受害而死亡。植株生长量不超过全年总生长量的10%左右。

2. 幼苗期的持续时间

这一时期持续时间的长短，因树种不同变幅较大，一般情况下，春播为5~7周，夏播为3~5周。

3. 幼苗期的育苗技术要点

这一时期苗木抚育的主要任务是保苗，在保证成活的基础上进行蹲苗，促进根系的生长，给速生、壮苗打下基础。对生长快的树种，应在此期进行间苗或定苗，生长慢的树种，如果过密，也应进行间苗。此外要加强松土除草，适当的灌水，适量施肥和进行必要的遮阴、除虫等工作，为将来苗木快速生长打下良好基础。

（三）速生期

速生期又称生长旺盛期，指幼苗的高生长量迅速上升时开始，到大幅度下降时为止的阶段，是一年中苗木生长最旺盛的时期。

1. 速生期的生长特点

幼苗生长速度最快，苗的高度、粗度，根系的增长等都最显著，生长量最大，高度生长量约占全年生长量的80%以上。根系也猛烈增长，主根的长度依树种不同而异。

2. 速生期的持续时间

速生期的长短和来临的早晚，对苗木的生长量有直接影响。大多数树种的速生期从6月中旬开始到8月底、9月初结束，北方一般约70天左右，而南方可长达90天以上。

3. 速生期的育苗技术要点

此时期气温较高，水分充足，空气相对湿度大，最适合苗木的生长，因而这时期幼苗的生长发育状况基本上决定了苗木的质量。这一时期育苗的重点是：在前期加强施肥、灌水、松土除草、病虫害防治（食叶害虫）工作，并运用生长调节剂或抗蒸腾剂等新技术，促进幼苗迅速而健壮的生长。但在速生阶段后期，应适时停止施肥和灌水工作，以使幼苗在停止生长前充分木质化，有利越冬。

（四）生长后期

从幼苗的速生阶段结束，到落叶进入休眠为止，称为生长后期，又称苗木硬化期或成熟期。

1. 苗木硬化期的生长特点

这时期幼苗生长缓慢，最后停止生长，进入休眠。在苗木硬化期初期，高生长已不显著，但其茎干粗生长仍在继续，当地上部分停止生长时，通常根系的生长仍延续一定时间。这时期幼苗的形态也发生变化，叶片逐渐变红、变黄而后脱落，同时幼苗木质化并形成健壮的顶芽，以利安全越冬。

2. 苗木硬化期的持续时间

因树种和品种不同而异，同一树种或品种，环境条件不同也不相同。另外，播种期的早晚、催芽与否、覆土抚育措施等，都会影响硬化期的持续时间。

3. 苗木硬化期的育苗技术要点

此时必须停止一切促进幼苗生长的措施如追肥、灌水等，应设法控制幼苗生长，做好越冬准备，特别是对播种较晚的易受晚霜危害的树种更应注意。

二、留床苗的年生长发育特点

(一)留床苗的高生长类型

继续留在上年育苗地培育的苗木(包括播种苗和移植苗等)，称为留床苗，又叫留圃苗。2年生及其以上的播种苗的年生长发育规律与1年生播种苗的不同。除了生长过程不同外，主要的生长表现是茎的高生长。留床苗的高生长期在不同的树种中差异明显，表现出前期生长型和全期生长型两种生长类型。

1. 前期生长类型

前期生长类型又称春季生长类型，高生长持续时间很短，在东北、华北、西北、长江流域一般1~2个月，而且一般每个生长期只生长一次。在5月中下旬，最晚6月中旬停止高生长。属此类型的园林树种有油松、樟子松、白皮松、红松、华山松、黑松、云杉属、冷杉属、白蜡树、臭椿、栎类、漆树和胡桃等。

前期生长型苗木在气候温暖、圃地养分充足的情况下，在秋季发生二次生长，即当年形成的顶芽在早秋又再次抽枝生长。二次生长的部分由于入秋后木质化不完全而易遭受冻害，这样既消耗了树体的营养，又由于新形成的顶芽质量不好而影响来年生长，所以要注意防范。

2. 全期生长类型

在整个生长季苗木都有持续的高生长，北方树种一般持续3~6个月，南方树种可能持续7~8个月，有时达到9个月以上。属此类型的园林树种有杨、柳、榆、刺槐、悬铃木、落叶松、泡桐、侧柏、雪松等。它们的高生长在整个生长期都在进行，但生长速度在年生长周期中也不是直线上升的，期间可能出现1~2次暂缓现象，这是因为枝条高生长的速生高峰期与根系的速生高峰期交替进行的缘故，主要与营养供应以及气候因素的波动有关。

(二)留床苗的年生长发育特点与抚育

留床苗年生长过程可分为：生长初期、速生期和生长后期3个阶段。

1. 生长初期

生长初期是从冬芽开始萌动时开始，到高生长量大幅度上升时为止。

进入春季，随着温度回升，留圃苗根系首先恢复生长活动，开始吸收大量水分与养分；然后地上部分开始生长。整个生长初期内，苗木高生长较缓慢，根系生长较快。前期生长型苗木生长初期的持续期很短，约2~3周即转入速生期；全期生长型苗木的生长初期历时1个多月至2个月左右。

留床苗在生长初期对肥、水比较敏感，应尽早追肥和灌溉。第一次追肥的时间应在生长前期的前半段，主要追施氮、磷肥，磷肥要1次追够。对春季生长类型苗木更应早追氮、磷肥，并及时进行灌溉和中耕除草，注意防治病虫害，灌溉后要进行松土、除草。生长初期需要适宜光照。

2. 速生期

指从苗木高生长量大幅度上升时开始到大幅度下降时为止的时期。前期生长型苗木到苗木直径生长速生高峰过后为止。

该期苗木的高、直径和根系的生长量都达到最大。但两种生长型苗木的高生长持续时间相差悬殊。春季生长型苗木高生长速生期的结束期到5~6月。其持续期北方树种一般为3~6周左右，南方树种为1~2个月左右。春季生长型苗木速生期的高生长量占全年的90%以上。高生长速度大幅度下降以后，不久苗木高生长即停止。从此以后主要是叶子生长，如面积的扩大，叶子数量的增加，新生的幼嫩枝条逐渐硬化，苗木在夏季出现冬芽。高生长停止后，直径和根系还在继续生长。直径和根系的生长旺盛期(高峰)，约在高生长停止后1~2个月左右。全期生长型树种与1年生播种苗的速生期相似，中间可能出现高生长暂缓现象。

速生期苗木的抚育管理应采取一切加速生长的措施，尤其前期生长型树种，这一时期持续较短，更应及时追肥、灌溉；而全期生长型的苗木育苗技术要点可参考1年生播种苗。在高生长速生期施氮肥1~2次。高生长结束后，为了促进苗木直径和根系生长，可在径、根生长高峰期之前追氮肥，但追施量不要太多，以防秋季二次生长影响苗木木质化。要保证水的供应。春季生长型苗木的高生长速生期在华北和西北地区正值春旱。为了促进苗木高生长，必须及时进行灌溉。两种生长类型的苗木在速生后期都要及时停止灌溉和施氮肥。

3. 生长后期

留床苗生长后期是从苗木高生长量大幅度下降时开始(春季生长型苗木从直径速生高峰过后开始)，到苗木进入休眠时为止。

两种生长型的留床苗到生长后期的生长特点也有不同。前期生长型苗木的高生长在速生期的前期已结束，形成顶芽，到生长后期只是直径和根系生长，且生长量较大。在生长后期的前半阶段，即在增粗生长高峰到来之前仍要采取一定措施促进茎的增粗和根系的生长，但措施要得当，以免引起顶芽萌发而造成异常的二次生长。但到该期的后半段，要停止施肥、灌溉等促进生长的措施。而全期生长型苗木，高生长量迅速下降，而后顶芽形成。直径和根系在生长后期各有1个小的生长高峰，但生长量不大。生长后期的生理代谢过程，与1年生播种苗的生长后期相同。此期抚育管理上要停止一切促进生长，不利于木质化的措施。同时需要越冬防寒，如灌冬水等工作，宜在生长后期末进行。

第六节 播种苗的田间管理

一、出苗前圃地管理

指播种后出苗前的各项抚育措施。播种后为了给种子发芽和幼苗出土创造良好的条件，对播种地要进行精心管理，以提高场圃发芽率。主要内容有覆盖保墒、灌溉、松土、除草等。这一时期的管理关键是调节土壤水分。

(一)覆盖保墒

1. 覆盖的作用

播种后对床面进行覆盖，能起到保持土壤水分，避免因灌溉而导致床面板结的作用；用塑料薄膜覆盖，还具有提高土温的作用；通过覆盖，可促使种子早发芽，缩短出苗期，并能提高场圃发芽率，增加合格苗产量，尤其是对于特别小粒的种子及覆土厚度在 1 cm 左右的树种更应加以覆盖。此外覆盖还具有防止鸟兽对种子或幼苗的危害以及防止杂草的滋生。

2. 覆盖的材料

覆盖的材料应就地取材，以经济实惠、不给播种地带来杂草种子和病原菌为前提。常用的覆盖材料有塑料薄膜、稻草、麦草、竹帘子、苔藓、锯末、腐殖土以及树木枝条等。另外覆盖物不宜太重，否则会影响幼苗出土。厚度也要适宜，过薄达不到目的，过厚既影响土温又妨碍幼苗出土。

用塑料薄膜覆盖，要使薄膜紧贴床面，并用土将四周压实。幼苗出土时要注意监测中午薄膜下的温度，可采取降温措施或穿破薄膜露出幼苗，同时注意防高温灼伤幼苗。在生长期内追肥、松土、除草等需打开薄膜时，要随开随压实。用其他覆盖物覆盖时，覆盖物的厚度要根据当地的气候条件和覆盖物的种类而定，如用草覆盖时，一般以使地面盖上一层，隐见地面为宜。播种后应及时覆盖。

3. 撤除覆盖物

当幼苗大量出土(60%~70%)时，要及时分期撤除覆盖物。凡影响光照和不利于幼苗生长的覆盖物都要分次撤除。必要时可与喷水降温等措施配合进行。

在播种后覆土较厚的苗床，或水分条件较好，管理较精细的苗圃，播种后可不需覆盖，以减少育苗费用。

(二)灌溉和排水

种子发芽要求一定的水分条件，因此，要在播前灌足底水，播后只要墒情适宜就尽量不浇水，以免降低地温，引起板结，影响出苗。如遇干旱季节或出苗时间较长，苗床会失水干燥，影响种子萌发，需要适时适宜地补充水分，以保持土壤湿润。灌溉的时间、次数主要应根据土壤含水量、气候条件、树种以及覆土厚度而决定。对于种粒细小，覆土浅的播种地可进行喷灌；出苗期较短，有覆盖物的播种地可少灌或不灌。垄播灌溉，水量不要过大，水流不能过急，并注意水面不能漫过垄背，使垄背土壤既能吸水又不板结；灌溉时要控制水量，严防冲刷苗床使种子被冲走裸露和出现淤积。

在注意灌溉的同时，还应注意排水，每个作业区都要有排水沟，沟沟相连，直通到总排水沟，雨季可将积水全部排出。

(三)松土和除草

播种后种子需要一段时间才能发芽出土，而播种地土壤因降雨和灌溉的影响很容易发生表层土板结现象，使土壤的通气性不良。秋冬播种地的土壤常变得板结坚实，因此对已板结的播种地要适当进行松土，可减少土壤水分的蒸发，解除幼苗出土时的机械阻碍，并改善土壤的通气状况，促使种子早萌发。但松土不能过深，以免伤及幼苗。当灌溉造成床面土壤板结时，亦应及时进行松土。出苗期短的播种地，出苗前很少需要除草；但在黏重的土壤上或秋季播种时，幼苗出土前常滋生出各种杂草，为避免杂草与幼苗争夺养分、水分，应及时将杂草去除。一般除草与松土结合进行，而且宜浅不宜深，以免伤及种子。

(四)其他管理工作

播种覆土时，有时会覆土厚薄不均，使幼苗出土困难，故应在幼苗开始出土时，经常进行检查，发现尚无出苗之处，可将过厚的覆土扒除，助幼苗出土。以免幼芽久在土内不出，腐烂死亡。

对一些种粒较大，又属于子叶出土类型的树种，在幼苗出土时，可人工将胚茎和种壳轻轻挖露土面，以助其生长。

在沙地育苗播种，常遇风蚀、沙打等灾害。播种地四周及中部要设防风障，以防风蚀覆土或沙打幼苗。到季风停止时，苗木已增强抵抗力，可分期分段撤除防风障。

此外，许多园林树木种子出苗前后，特别是针叶树种幼芽带种皮出土时，常被鸟类或鼠类啄食致使幼苗死亡，要加强防护与看守。

二、苗期抚育管理

苗期的抚育管理是从幼苗出土开始到起苗之前的全部管理工作，主要包括土壤管理（如灌溉、施肥、松土、除草等）、苗木管理（如间苗、定苗、截根、修剪等）和苗木保护（如遮阴、防治病虫害、越冬防寒等）。苗期抚育的目的就是要给幼苗创造良好的营养条件和生长环境，为实现苗木速生、丰产与优质提供保障。

(一)遮阴和降温

大部分园林树木（如泡桐、桉树、小叶女贞、含笑、落叶松、樟子松、云杉、侧柏等）

在幼苗期组织幼嫩，抵抗力弱，既不耐低温侵袭也不能忍受地面高温的灼热，在夏季如果发生日灼，会造成苗木受伤甚至死亡。因而播种后如遇上高温或低温天气，要及时采取保护措施。遮阴便是一种保护幼苗免受高温危害的有效措施。遮阴的目的是为了降低土表温度，减少苗木的蒸腾和土壤的蒸发强度，防止根茎受日灼之害。

遮阴的方法：生产上应用遮阴的方法很多，有搭建荫棚、混播遮阴、苗粮间作等形式，其中搭建荫棚应用最广泛。一般采用苇帘、竹帘、黑色遮阳网等作材料搭设活动遮阴棚。以上方遮阴的荫棚较好，透光较均匀，通风良好。上方遮阴又分为水平式和倾斜式两种。水平式荫棚南北两侧等高；倾斜式荫棚则南低北高。具体高度要根据苗木生长的高度而定，一般是距床面 40～50 cm。

由于遮阴透光度的大小和遮阴时间的长短影响苗木生长，为了保证苗木质量，透光度宜大，一般的透光度为 1/2～2/3；遮阴的时间宜短，具体时间，因树种或地区的气候条件而异，原则上从气温较高，会使苗木受害时开始，到苗木不易受日灼为害时即止；多为从幼苗期开始遮阴，北方在雨季或稍早停止遮阴；南方有的地方遮阴可持续到秋季。一天中，为了调节光照，可在每天 10:00 开始遮阴，至 16:00 以后撤开遮阴。当苗木进入生长初期就应该开始逐步撤除，到苗木进入速生期时全部撤除。

高温期通过喷灌系统或人工喷水，也可有效地降低苗圃的地表温度，而且不会影响苗木的正常生长，是一种简单、有效的降温措施。

(二)间苗和补苗

1. 间苗

间苗又叫疏苗，是通过疏去密集株、病弱株来调节苗木密度，使苗木密度趋于合理，生长良好，以提高苗木质量。苗木过密的圃地，还易招引病虫害。通过间苗，使苗木生长整齐、健壮，从而获得最大的单位面积合格苗产量。

(1)间苗的时间

因树种、地区不同而异。主要根据幼苗的生长速度、幼苗的密度等决定。阔叶树种第一次间苗的时间，可掌握在幼苗生长初期的前期当幼苗展开 3～4 片(对)真叶、互相遮阴时进行，10～30 天后进行第二次间苗，生长初期的后期要定苗；针叶树种幼苗适于较密集的生态环境，间苗时间比阔叶树种晚，一般在生长初期的后期开始间苗，到速生期前期再定苗；对生长快的树种如落叶松、杉木、柳杉等，可在幼苗期进行间苗，在幼苗期的末期或速生初期进行定苗。生长慢的树种可在速生期初期进行间苗。在高温危害较严重的地区，宜在高温过后再定苗。

(2)间苗次数

苗木的生长速度决定间苗次数，一般 1～2 次即可，具体要以幼苗的长势、密度等情况而定，最后一次间苗又称定苗，定苗不能过晚，否则会降低苗木质量。速生树种或出苗较稀的树种，可行 1 次间苗，即为定苗。对生长速度中等或慢生树种，出苗较密的，可行 2 次间苗。

(3)间苗的强度和对象

间苗前应先按计划的单位面积产苗数，计算出每株苗木之间的间距，在定留苗数时，要比计划产苗量多5%~15%，作为损伤系数，以保证产苗计划的完成。间苗时，主要间除有病虫害的、受机械损伤的、发育不良的或生长弱小的劣苗，以及并株苗、过密苗等。间苗前，应先灌水，使土壤松软，提高间苗效率。间苗后，要及时进行浇灌，以淤塞被拔出的苗根孔隙。

2. 补苗

补苗工作是补救缺苗断垄的一项措施，是弥补产苗数量不足的方法之一。当种子发芽出土不齐，或遇到严重的病虫害，造成缺株断垄，影响产苗数量的完成时，可用补苗来弥补。补苗时间宜早不宜迟，以减少大量伤根，早补苗不仅成活率高，而且后期生长与原生苗无显著差异。

补苗时由于幼苗主根不长，同时尚未长出侧根，故可以带土或不带土，在补苗前将苗床灌足水，然后用小铲或手将密集的幼苗轻轻掘出，立即栽于缺苗处。如幼苗较大，主根较长，补苗可结合间苗同时进行，最好选择阴雨天或傍晚进行，避过高温强日照时段，以提高成活率。有条件的地方，补苗后进行2~3天的遮阴，可提高苗木成活率。

(三)截根和移栽

1. 截根

截根又称切根、断根，主要是截断苗木的主根。截根的作用在于除去主根的顶端优势，控制主根的生长，促进侧根和须根生长，扩大根系的吸收面积；同时，由于截根，暂时抑制了茎、叶生长，使光合作用产物对根的供应增加，使根茎比加大，利于苗木后期生长。通过截根还可以减少起苗时根系的损伤，提高苗木移植的成活率。

截根适用于主根发达、侧根较少的园林树木，如核桃、松、栎类、樟树等。截根的时期，一般在播种后苗木长出4~5片真叶、苗根尚未木质化时进行，使苗木在截根后有较长的生长期，以利侧根发展，截根过晚不利于苗木生长。

截根的时间，宜选择在秋季苗木停止生长以后或春季苗木萌动以前。并根据树种确定截根的深度，一般为10~15 cm。截根可采用截根刀，从苗床表面下截断主根；也可用铁锹在苗木旁向土中斜切，以断主根。截根后应立即灌水，并增施磷、钾肥，促使苗木增长新根。

2. 移栽

结合间苗进行。通过移栽幼苗既可达到合理的密度，又不浪费所间除的幼苗，并能促进侧根和须根发生，提高了种子的利用率。移栽一般在生长初期进行，阔叶树以幼苗长出2~5片真叶时为止，此时移栽成活率较高。对珍贵或小粒种子的树种，可进行苗床或室内盆播等，待幼苗长出2~3片真叶后，再按一定的株行距移栽。移栽作业一般适宜在阴雨天进行，然后即时灌水和遮阴。

(四)水分管理

水分在苗木生长发育过程中具有重要的作用，能直接影响苗木的成活率。水分管理包含灌溉和排水两方面。在苗木抚育管理中，灌溉和排水同等重要，特别是在重黏质土壤、地下水位高的地区、低洼地、盐碱地等，搞好灌溉和排水配套工程尤为重要。

1. 灌溉

土壤水分在种子萌发和苗木生长发育的全过程中都具有重要的作用，土壤中有机物的分解、苗木对营养物质的吸收都与土壤湿度有关。根系从土壤中吸收的矿质营养，必须先溶于水，植物的蒸腾作用需要水。同时水分对根系生长影响也很大，水分不足则苗根生长细长，水分适宜则吸收根多。因此，水分是培育优质苗、高产苗的主要条件之一。

(1)合理灌溉及灌溉量

出土后的幼苗组织嫩弱，对水分要求十分严格，稍微缺水就容易发生萎蔫现象；而水分过多则会造成土壤通气不良，苗木发生烂根涝害，影响苗木产量和质量。因此灌溉要适时适量，合理灌溉。干旱地区或干旱的季节，要及时进行灌溉，特别是小粒种子的树苗由于其覆土较浅，更要注意水分的及时补给。土壤保水性较差的砂土或砂壤土以及地下水位较低的地方，灌溉次数和灌溉量要适当增加；而黏土、低洼地等应适当控制灌溉次数。圃地土壤含水量是决定是否灌溉的重要依据，适合苗木生长的土壤湿度一般为15%~20%。树种不同，对水的需求量也不同，一些常绿针叶树种，性喜干旱、不耐水湿，灌水量应小；也有些阔叶落叶树种，水量过大易发生黄花现象，如山楂、海棠、玫瑰及刺槐等，灌水可少量多次进行。在季节上，春季多风干旱，比夏季灌水量要大，次数要多。同一树种不同的生长期需水量也不同，一般在出苗期和幼苗期需水量不多但较敏感，因此灌溉要少量多次进行。而在速生期，苗木茎叶急剧生长，蒸腾量大，对水的需求量也大，要加大灌溉量。对生长后期的苗木，要减少灌水量，控制水分，防止苗木徒长，促进硬化。

确定每次灌溉量的原则是：保证苗木根系的分布层处于湿润状态，即灌水的深度应达到苗木根系的主要分布层。因此，要熟悉、掌握所育苗木苗期不同时期的根系生长、分布特点。

(2)灌溉方法

灌溉方法主要有侧方灌溉、畦灌、喷灌、滴灌与微喷，根据圃地的实际条件选用适宜的方法。

(3)灌溉注意事项

① 灌溉时间　地面灌溉宜在早晨或傍晚，此时蒸发量较小，水温与地温差异也较小。

② 水温和水质　灌溉水温过低，对苗木生长不利；在北方如用井水灌溉，应尽量备贮水池以提高水温。另外，不宜用水质太硬或含有害盐类的水进行灌溉。

③灌溉的持续性　育苗地的灌溉工作一旦开始，要一直延续到苗木不需要灌溉为止，不宜中断，否则易造成旱害。

④灌溉停灌期　因树种不同而异，对多数苗木，在霜冻到来前6~8周为宜；停灌过

早，对苗木生长不利；停灌过晚，会降低苗木抗寒抗旱性。

2. 排水

排水在育苗中与灌溉同等重要，不容忽视。排水主要是指排除因大雨或暴雨造成的苗圃区积水。做好苗圃排水工作的关键是建立完整的排水系统。在每个作业区，每块地都应有排水沟，沟沟相连，直通到总排水沟，将积水及时排除。

(五)施肥

1. 肥料种类和性质

苗圃使用的肥料是多种多样的，概括起来分为有机肥料、无机肥料和生物肥料三类。

(1)有机肥料

苗圃常用的有机肥有人粪尿、厩肥、堆肥、泥炭肥料、森林腐殖质肥料、绿肥以及饼肥等。有机肥料能提供苗木所必需的营养元素，属于完全肥料，它的肥效长，并能改善土壤的理化性质，促进土壤微生物的活动，发挥土壤的潜在肥力。

(2)无机肥料

常用的无机肥料以氮肥、磷肥、钾肥三类为主，此外还有铁、硼、锰、硫、镁等微量元素。无机肥料易溶于水，肥效快，易为苗木吸收利用。但是无机肥料的成分单一，对土壤的改良作用远不如有机肥料。连年单纯地使用无机肥料，易造成苗圃土壤板结、坚硬，因此最好要有足够的有机肥料作基肥，再适当使用无机肥料。

(3)生物肥料

又称为细菌肥料。生物肥料是在土壤中活动着的一些对植物生长有益的细菌或真菌，将其从土壤中分离出来，制成生物肥料，如细菌肥料、根瘤菌剂、固氮细菌、真菌肥料(菌根菌)以及能刺激植物生长并能增强抗病力的抗生菌5406等。与其他肥料具有相同的效能。

2. 施肥的时间和方法

施肥分基肥和追肥两种。

(1)施基肥

一般在耕地前，将腐熟或半腐熟的有机肥料均匀地撒在圃地上，然后随耕地一起翻入土中。在肥料少时也可以在播种或作床前将肥料一起施入土中。施肥的深度一般为15~20 cm。基肥通常以有机肥为主，也可适当地配合施用不易被固定的矿质肥料，如硫酸铵、氯化钾等。苗木在生长初期对磷肥较敏感，用颗粒磷肥做基肥最适宜。

(2)施追肥

追肥分为土壤追肥和根外追肥，无论哪种方法都在苗木生长期间使用。土壤追肥可用水肥，如稀释的粪水，可在灌水时一起浇灌。如追施固态肥料，可制成复合球肥或单元素球肥，然后深施，挖穴或开沟均可，一般不要撒施。深施的球肥位置，应在树冠内，即正投影的范围内。不同的树种，不同的生长时期，苗木所需肥料的种类和肥量差异很大，应在使用时进行适当改变。

根外追肥，可用氮、磷、钾和微量元素，直接喷洒在苗木的茎叶上，利用植物的叶片能吸收营养元素的特点，采用液肥喷雾的施肥方法。这样既减少了肥料流失又可收到明显的施肥效果。常用肥料根外施肥参考浓度见表4-6。

表4-6　常用肥料根外施肥参考浓度

肥　料	浓度(%)	肥　料	浓度(%)
尿　素	0.3~0.5	硫酸氢钾	0.3~0.7
硫酸钾	0.5~1.0	硫酸铜	0.05~0.1
硫酸锰	0.1~0.5	过磷酸钙	1~2
硼　酸	0.01~0.5	磷酸锌	0.1~0.5
硫酸铵	0.5~1.0	钼酸钠	0.05~0.1

各种肥料的配合使用以有机肥和无机肥配合使用为主。前者为迟效性完全肥料(施肥时必须完全腐熟)，后者为速效性肥料，具体应根据植物的种类及各个生长时期的需肥特点进行合理搭配，以提高肥料的利用率。

(六)病虫害防治

对苗木生长过程中发生的病虫害，其防治工作必须贯彻“防重于治”和“治早、治小、治了”的原则，以免扩大成灾。

1. 栽培技术上的预防

①实行秋耕和轮作：选则适宜的播种时期；适当早播，提高苗木抵抗力；做好播种前的种子处理工作。

②合理施肥，精心培育，使苗木生长健壮，增强对病虫害的抵御能力。施用腐熟的有机肥，以防病虫害及杂草的滋生。

③在播种前，对土壤消毒处理。

2. 药剂防治和综合防治

苗木的病害常见的有猝倒病、立枯病、锈病、褐斑病、白粉病、腐烂病等；虫害主要有根部害虫、茎部害虫、叶部害虫等，发现后要注意及时进行药物防治。

3. 生物防治

保护和利用捕食性昆虫和寄生菌来防治害虫，可以达到以虫治虫、以菌制菌的效果，如用大红瓢虫可有效地消灭苗木中的吹绵介壳虫，效果很好，同时也减轻了土壤环境的药物污染。

(七)松土除草

1. 松土

松土是在苗木生长期间对土壤表土层进行疏松，松土可以在干旱时切断土壤毛细管，减少土壤水分的蒸发，增加保水蓄水能力，促进土壤空气流通，加速土壤微生物的活动和根系的生长发育，提高土壤中有效养分的利用率，松土通常与除草结合进行。松土在苗期宜浅，不要伤苗根，深度在2~4 cm为宜，要及时进行。每当灌溉或降雨后，当土壤表土稍干后即进行，以减少土壤水分蒸发，避免土壤发生板结和龟裂。随着苗木的生长，要根据苗木根系生长情况来确定中耕的深度，可达8~12 cm。

2. 除草

除草在苗木抚育管理中是一项费时、费力的重要工作。杂草与幼苗争肥、争水，严重影响苗木的正常生长，同时杂草也是病虫的根源，因此在整个育苗过程中都要及时做好除草工作。除草可以采用人工除草、机械除草和化学除草等方法。

(八)防寒越冬

苗木的组织幼嫩，尤其是秋梢部分，入冬时如不能完全木质化，抗寒力低易受冻害，早春幼苗出土或萌芽时，也最易受晚霜的危害。因此，要注意防冻。

1. 幼苗受冻害的原因

(1)低温

低温使苗木组织结冰，细胞的原生质脱水，损坏了植物体的生理机能而死亡或受伤。

(2)生理干旱

由于冬季土壤冻结，根系吸水少，冬、春季节干旱，幼苗蒸腾量相对增加，苗木体内水分失去平衡，而形成干梢或枯死。

(3)机械损伤

冬季土壤冻结，体积膨胀，亦将苗根拔起或因土壤冻结形成裂缝而将苗根拉断，再经风吹日晒而使苗木枯死，尤其在较低洼地或黏重土上更为严重。

2. 苗木的防寒措施

(1)增加苗木的抗寒能力

适时早播，延长生长季，在生长季后期多施磷、钾肥，减少灌水，促使苗木生长健壮、枝条充分木质化，提高抗寒能力，亦可进行夏、秋修剪，打梢等措施，促进苗木停止生长，使组织充实，抗寒能力增加。

(2)预防霜冻，保护苗木越冬

①埋土和培土　在土壤封冻前，将小苗顺着有害风向依次按倒用土埋上，土厚一般

10 cm左右，翌春土壤解冻时除去覆土并灌水，此法安全经济，一般能按倒的幼苗均可采用。较大的苗木，不能按倒的可在根部培土，亦有良好效果。

②苗木覆盖　冬季用稻草或落叶等把幼苗全部覆盖起来，翌春撤除覆盖物，此法与埋土法类似，可用于埋土有困难或易腐烂的树种。

③搭霜棚　又称暖棚，做法与荫棚相似，但棚不透风，白天打开、夜晚盖好。目前许多地区使用塑料棚，上面盖有草帘等，也有的使用塑料大棚，来保护小苗过冬。

④设风障　华北、东北等地区，普遍采用风障防寒，即用高粱秆、玉米秆、竹竿、稻草等，在苗木北侧与主风方向垂直的地方架设风障，两排风障间的距离，依风速的大小而定，一般风障防风距离为风障高度的2~10倍。风障可降低风速，充分利用太阳的热能，提高风障前的地温和气温，减轻或防止苗木冻害，同时可以增加积雪，预防春旱。

⑤灌冻水　入冬前将苗木灌足冻水，增加土壤湿度，保持土壤温度，使苗木相对增加抗风能力，减少梢条冻害的可能性，灌冻水时间不宜过早，一般在封冻前进行，灌水量应大。

⑥假植　结合翌春移植，将苗木在入冬前掘出，按不同规格分级埋入假植沟中或在窖中假植，此法安全可靠，既是移植前必做的一项工作，又是较好的防寒方法，是育苗中多采用的一种防寒方法。

⑦ 其他防寒方法　依不同的苗木，各地的实际情况，亦可采用熏烟、涂白、窖藏等防寒方法。

思考题

1. 名词解释：播种繁殖，实生苗，条播，生长初期，播种量。
2. 实生苗的特点是什么？
3. 举例说明适宜和不适宜播种繁殖的园林树木。
4. 整地的作用是什么？坐床的种类及特点为何？
5. 土壤消毒的目的和方法有哪些？
6. 种子消毒的目的、时间和方法是什么？
7. 试述种子长期休眠的原因及对育种的影响。
8. 怎样在播种前对土壤进行处理？
9. 简要回答层积催芽的目的，如何进行层积催芽？
10. 简述播种前土壤的准备工作。
11. 论述怎样确定园林苗木的播种期、播种量、播种方式及覆土厚度。

参考文献

成仿云.2012. 园林苗圃学[M]. 北京：中国林业出版社.

姜磊，刘能，等.2015. 播种方式对文冠果出苗和苗木质量的影响[J]. 辽宁大学学报，46(2)：190-192.

廖明，韦小丽，等.2005. 鹅掌楸播种苗生长发育规律及育苗技术研究[J]. 贵州林业科技，33(1)：20-23.

刘晓东，韩有志.2011. 园林苗圃学[M]. 北京：中国林业出版社.

马晓辉，刘燕，王良民.2012. 19种园林绿化树木1年生播种苗越冬研究[J]. 中国农学通报，28(34)：102-107.

孟德悦，刘细燕，等.2014. 层积催芽对无患子苗期生长的影响[J]. 江西农业大学学报，36(2)：351-356.

苏金乐.2010. 园林苗圃学[M]. 北京：中国农业出版社.

吴泽民，何小弟.2012. 园林树木栽培学[M]. 北京：中国农业出版社.

徐德嘉.2012. 园林苗圃学[M]. 北京：中国建筑工业出版社.

俞玖.2012. 园林苗圃学[M]. 北京：中国林业出版社.

第五章 苗木的营养繁殖

在适宜的条件下，植物的根、茎、叶、芽等营养器官或某种特殊组织能被培育成独立的新植株，这种繁殖方法称为营养繁殖，也叫无性繁殖。采用营养繁殖的方法培育的苗木称为营养繁殖苗(或无性繁殖苗)。总体来说，植物细胞的全能性是营养繁殖的重要基础。相比有性繁殖，营养繁殖的特点包括：①由于营养繁殖不是通过两亲本性细胞的结合，而是由体细胞直接分裂产生，所以这种繁殖方式能保持原有母本的优良性状和固有的表型特征，以达到对优良品种的保存和繁殖。②许多园林植物不结种子、种子很少或其种子存在深休眠的特性，营养繁殖是这些园林植物唯一的或主要的繁殖方法。③营养繁殖的个体，其发育阶段是母本营养器官发育阶段的延续，故能提早开花结实。④某些特殊造型的园林植物，如树(形)月季和龙爪槐等，其繁殖以及造型制作，需要通过嫁接等营养繁殖方式来达成。从以上几点可以看出营养繁殖在园林植物育苗、造型以及古树名木的复壮等方面的重要作用。然而，营养繁殖也存在一些不足之处，比如，营养繁殖苗没有明显的主根，不如实生苗的根系发达(嫁接苗除外)；其抗性较差，且寿命较短；多代重复的营养繁殖能引起某些树种的品质退化，致使苗木生长衰弱等。在园林树木育苗中，常用的营养繁殖方法有扦插、嫁接、分株、压条、埋条、埋根、组织培养等。

第一节 扦插繁殖

扦插繁殖是指在一定条件下，将离体的植物营养器官，如根、茎(枝)、叶的一部分，插入相应基质中，利用植物的再生能力，促进植物生根并继而长成新植株的一种繁殖方法。经过剪截用于扦插的部分叫插穗，而扦插繁殖所得的苗木称为扦插苗。

一、扦插成活的机理

扦插繁殖的首要任务是让插穗生根。插穗的发根没有固定的着生位置，故称为不定根。不定根的形成是扦插成活的关键所在。不定根发源于一些脱分化为分生组织的细胞群，扦插生根的部位随植物种类而异。

(一) 扦插生根的类型

按照不定根形成的部位和发生机制，插穗生根分为以下两种基本类型。

1. 皮部生根型

皮部生根型也称节间生根型，这种类型植物的根原始体在采穗前已经形成，或是经过药剂处理后在皮部形成，通过离体扦插诱导，迅速从插穗周围皮部的皮孔、节部等处长出不定根。这类扦插较少产生愈伤组织，且生根较快。

对皮部生根型植物来说，枝条的形成层部位能够形成许多特殊的薄壁细胞群，即为根原始体和根原基。它们多位于最宽髓射线与形成层的交叉点上。该处形成层细胞进行分裂，向外分化成钝圆锥形的根原始体，侵入韧皮部，穿过皮孔，突破表皮，向外形成不定根。在根原始体向外发育的过程中，与其相连的髓射线也逐渐增粗，穿过木质部通向髓部，从髓细胞中获取营养。一旦插条形成根原始体，在适宜的温度和湿度条件下，很短时间就能从皮孔中长出不定根，属于生根较快、扦插较易成活的类型，如柳树、杨树、沙棘等。

2. 愈伤组织生根型

该种类型的插穗需经过愈伤组织的诱导分化来形成不定根。首先，植物在受伤后，出于自我保护的自然属性，在插穗下切口的表面形成半透明、不规则的瘤状突起(具有明显细胞核的薄壁细胞群)，即初生愈伤组织。初生愈伤组织内部细胞逐步分化，渐渐形成和插穗相应组织发生联系的木质部、韧皮部和形成层等组织，继而充分愈合，逐渐形成根原始体，最终形成不定根。对于该种类型的植物，生根需经由愈伤组织，所需时间较长，所以凡是扦插成活较难、生根较慢的树种，大多是愈伤组织生根，如月季、酸橙、悬铃木等。有些树种的愈伤组织并不能保证根原始体的形成，如在水杉、刺槐等的插穗基部形成的愈伤组织并不能完全生根，有的甚至长期处于假活状态，愈伤组织生根前提在于形成愈伤组织，关键在于存在保证其分化生根的一些必要条件。

以上两种生根类型，其生根机理是不同的，在生根难易程度上也不相同。但也有许多树种的生根是处于中间状况，皮部和愈伤组织均能生根，即综合生根类型。在扦插后，不定根先从皮部长出，同时吸收水分和营养以维持生命，之后插穗切口的愈伤组织生根后，部分皮部所生的根会逐渐衰亡或退居次要地位，而由愈伤组织产生的根则发育成主要的根系，如花柏、夹竹桃、金边女贞等。

除此以外，扦插成活后，由插穗上部第一个芽(或第二个芽)萌发可长成新茎。这类新茎基部往往能在被基质掩埋后长出不定根，称为新茎根，以增加根系数量，提高苗木的产量和质量，如杨树、悬铃木、花石榴等。

(二) 扦插生根的理论基础

许多学者对扦插生根的机理做出了大量研究和实践。但是，由于植物种类的多样性和扦插生根的复杂性，人们至今对该领域了解不够清晰。现选择其中几种论点，给予简单介绍。

1. 生长素

1934 年，荷兰生理学家温特最早发现植物激素对生根有促进作用。之后，越来越多的研究表明，插穗的愈伤组织及不定根的形成均受到生长素的控调。此外，脱落酸和细胞分裂素也与生根有一定的联系。生长素能显著促进插穗生根。就插穗本身来说，以枝条上的嫩芽和嫩叶为主，合成内源生长素，并运输到基部，参与并促进根系的生成。基于以上发现，人们往往在扦插中施用外源生长素来提高生根率，并缩短生根时间。对于难生根的树种来说，使用生长素处理插穗基部能够促进对根原始体的诱导，同时也可以促进不定根的生长(图 5-1)。目前，生产中常使用的人工合成生长素有萘乙酸(NAA)、萘乙酰胺(NAD)、吲哚乙酸(IAA)、吲哚丁酸(IBA)及广谱生根剂 ABT 和 HL－43 等。不同种类和不同浓度的生长素对不定根产生的促进作用并不相同。例如，表 5-1 显示了不同生长素对蓝叶忍冬扦插生根的影响。可以看出，相比 IAA 和 NAA，IBA 对蓝叶忍冬插穗生根作用最显著。所以，在扦插时，需根据插穗树种的不同谨慎选择合适的生长素。并且，许多实验证明，各种不同生长素的混合使用具有更好的效果，将成为未来应用的一种趋势。

图 5-1 IBA 促进插穗生根(付喜玲, 2009)

表 5-1 不同生长素对蓝叶忍冬扦插生根的影响(朱永超等, 2016)

处 理	生根率	根 数	根 长
CK	63. 33a	5. 36c	7. 60a
IAA	63. 75a	7. 02b	6. 76a
IBA	69. 58a	11. 68a	7. 22a
NAA	59. 17a	7. 32b	6. 75a

注：小写字母不同表示差异显著。

2. 生根抑制剂

插穗中往往存在一些对生根有妨碍作用的物质。通过对难生根树种插穗浸提液的研究发现，其中大多数都含有类似于单宁、树脂、有机酸或有关成分的酸性物质。这些妨碍生根的物质总称为生根抑制剂。关于抑制剂对插穗生根的阻碍作用有两种推测：①抑制剂削弱或阻止生长素的作用；②抑制剂滞留在插穗切口表面，影响插穗吸水，使生根能力降低。不同植物种类、不同年龄阶段、不同采条时间以及枝条的不同部位，抑制物质的含量都不尽相同。一般来讲，往往在生根困难的树种中，存在较高的生根抑制剂；老龄树抑制剂含量较高；相较于树木年生长周期中的其他时期，休眠期含量最高；休眠枝扦插取插穗时，靠近树木梢部的插穗比基部的抑制剂含量高。为此，通常在生产实践中采取流水洗脱、低温处理、黑暗处理等措施，先试图消除或减少抑制物质，再进行扦插，这样可能会比较利于插穗生根。

3. 营养物质C/N比例

插穗生根过程中所消耗的营养物质主要是碳素和氮素，它们为插穗生长和生根提供能量。许多研究表明，发育良好的粗壮的插穗进行扦插比纤细的插穗更容易生根；采用环剥、刻伤等方法处理插穗，其生根率大大提高，这说明插穗内的营养物质对根原始体的分化有重要意义。碳素和氮素的含量，以及这两者的相对比例，与植物插穗的成活有一定关系。一般来说C/N比值高，即插穗内碳水化合物含量高，而含氮物质含量相对较低时，较利于不定根的诱导。总体来说，C/N比例与插穗的生根有一定关系，但不是很密切。

大量研究证明，对插条补充碳水化合物和氮，有助于生根。比如，在插穗下切口处用糖液浸泡，能明显增加不定根的数量。或在插穗上喷洒氮素(如尿素)，也能提高生根率。但外源补充营养液的浓度应加以控制，因为外源补充碳水化合物易引起微生物的大量滋生，最终造成切口腐烂。

4. 植物的发育

由于年代学、个体发育学和生理学三种衰老的影响，植物插穗生根能力随着母树年龄的增长而减弱。根据这一特点，对于一些稀有、珍贵树种或难繁殖的树种，为提高其扦插成活率，可采取以下措施使其在生理上“返老还童”，然后再截取插穗。

(1)绿篱化采穗

对即将准备采条的母树进行强剪，不使其向上生长。继而萌发许多新生枝条作为插穗。

(2)连续扦插繁殖

连续扦插2~3次，插穗生根能力急剧增加，生根率可提高40%~50%。

(3)幼龄砧木连续嫁接繁殖

把采自老龄母树上的接穗嫁接到幼龄砧木上，反复连续嫁接2~3次，使其“返老还童”，再采其枝条或针叶束进行扦插。

(4)用基部萌芽条作插穗

将老龄母树的树干锯断，使幼年(童)区产生新的萌芽枝用于扦插。

5. 茎的解剖构造

插穗生根的难易与茎的解剖构造也有着密切的关系。如果插穗皮层中有一至多层纤维细胞构成的一圈环状厚壁组织时，生根就困难；如果皮层中没有或有不连续的厚壁组织时，生根就比较容易。因此，扦插育苗时可采取割破皮层的方法，破坏其环状厚壁组织而促进生根。

6. 极性

植物的任何器官，甚至一个细胞，都具有极性。形态学上的上端和下端具有不同的生理反应。一段枝条，无论按何种方位放置，即使是倒置，它总是在原有的远轴端抽梢，近轴端生根。根插则在远轴端生根，近轴端产生不定芽。

二、影响插条生根的因素

(一)影响插条生根的内在因子

1. 植物的生物学特性

由于不同植物的生物学特性的差异，其扦插成活率也不尽相同。张兴等(2004)研究发现，不同松树扦插生根能力的差异较大。晚松、湿地松、辐射松、火炬松等生根能力强，而马尾松、日本五针松等生根能力较差。通过诸多类似的研究，人们总结出：即使同一个科、属，不同的种或品种，扦插生根的难易程度也有差异。总体来说，根据插穗生根的难易程度可分为以下4类：

①易生根的树种，如柳树、水杉、月季等；

②较易生根的树种，如悬铃木、杜鹃花等；

③较难生根的树种，如米兰、枣树、秋海棠等；

④极难生根的树种，如樟树、核桃、广玉兰等。

不仅如此，同一植物扦插生根的难易还会因扦插方法的不同而不同。比如，柑橘采用叶插比较容易生根，而核桃则宜采用根插。另外，许多从前认为难生根的植物，在科技不断进步的大背景下，可能已经找到了生根的好办法。因此，在扦插时，要注意参考已发表的资料。没有资料的品种，要先进行试插，在确认最适宜的扦插条件及方法后，再扩大繁殖系数。

2. 插穗的年龄

插穗的生根能力一般会随着母树年龄的增长而降低。并且，对于难以生根的树种来说，其年龄增长带来的生根能力的下降往往更明显。所以，为保证较高的生根率，插穗应尽量从年幼的母树上截取。北京林业大学师晨娟等(2006)从不同年龄青海云杉上截取插穗进行硬枝扦插，发现2年生母树的插穗生根率为68.4%，4年生母树生根率为62.3%，8年生母树生根率为53.6%，10年生母树该比率降至31.3%。究其随母树年龄增加而插穗生根能力下降的原因，一方面插穗生根所需的营养条件变差，枝条生活力下降；另一方面，可能阻碍生根的抑制物质有所增多。

另外，插穗本身的年龄也会显著影响生根。一般来说，当年生枝条的再生能力最强，这是因为嫩枝的内源生长素含量最高，细胞分生能力旺盛，促进了不定根的形成；一年生枝的再生能力也较强，但其具体年龄也因树种而异。例如，张德军等(2001)发现樟子松1年生插穗生根率为96.4%，3年生生根率为51.1%，而5年生生根率降为25.5%。但罗汉柏2~3年生的枝段生根率较高。

3. 位置效应

有些树种树冠上的枝条生根率低，而树根和干基部萌生枝的生根率高。由根茎部位萌蘖的枝条，其发育阶段较幼，且由于这些枝条靠近根系，其获取和积累的水分、矿物质及营养物质较多。这类枝条的长势往往超过树干上其他枝条，具有较高的可塑性，扦插后生根多，易成活，这就是所谓的位置效应。许多植物有明显的位置效应，如银杏、长白落叶松和红皮云杉等。干基萌发枝生根率虽高，但来源少。所以，作插穗的枝条用采穗圃母树上的枝条比较理想，如无采穗圃，可用插条苗，留根苗和插根苗的苗干，其中以后两者更好。

松柏类树木的侧枝类型对生根的影响非常显著。人们发现针叶树母树主干上的枝条生根能力强，侧枝尤其是多次分枝的侧枝生根力弱，若从树冠上采条，则从树冠下部光照较弱的部位采条较好。在生产实践中，有些树种带一部分2年生枝，即采用"踵状扦插法"或"带马蹄扦插法"，常可以提高成活率。

4. 枝条的不同部位

同一枝条的不同部位，由于着生部位及发育阶段的不同，其生活力的强弱有着较大的差异，且所含根原基的数量及碳水化合物的储量也有明显差异。因而，其插穗生根率，成活率和苗木生长量都有着明显的差异。一般来说，常绿树种的中上部枝条代谢旺盛，营养充足，且光合作用也强，对生根有利。然而，对于硬枝扦插的落叶树种来说，其中下部枝条发育充实，贮藏养分多，为生根提供了有力基础。若落叶树种嫩枝扦插，则中上部枝条较好。由于幼嫩枝条的中上部内源生长素含量最高，而且细胞分生能力旺盛，对生根有利，如毛白杨的嫩枝扦插，最好采用梢部枝条。

5. 插穗的粗细与长短

插穗的粗度与长度能在一定程度上影响其成活率。一般来说，较长的插穗上有较多根原基，并且也贮存较多的营养物质，生根较为容易。然而，过长的插穗会增加操作的难度。并且，插入土壤的插穗过长，会导致生根处通气性较差，温度较低，反而不利于生根。所以，插穗长短的确定要以树种生根快慢和土壤水分条件为依据，一般落叶树硬枝插穗10~25 cm；常绿树种10~35 cm。随着扦插技术的提高，扦插逐渐向短插穗方向发展，有的甚至一芽一叶扦插，如茶树、葡萄等，采用3~5 cm的短枝扦插，效果很好。

相对于较细的插穗，粗插穗储存了较多的营养物质，能够在更大程度上满足插穗在生根时的营养需求，所以扦插成活率一般较高。然而，过于粗大的插穗也可能因为木质化程度高，内源激素含量少，细胞分生能力低等原因而影响扦插成活率。所以，不同树种有其最适宜的插穗粗度，多数针叶树种直径为0.3～1 cm；阔叶树种直径为0.5～2 cm。

在生产实践中，应根据“粗枝短截，细枝长留”的原则，合理取用适当长度和粗细的插穗，以保证其生根率和成活率。

6. 插穗的叶和芽

插穗上的芽是形成茎、干的基础。插穗上的芽和叶能够通过光合作用产生插穗生根所必需的碳水化合物、含氮物质等营养物质。据研究，75%供给插穗生根和发育的养分来自插穗上的老叶。而新生叶芽主要负责形成生长激素，并且其光合产物主要供插穗地上部分新梢生长。由此可见，选择插穗的时候保留一定的叶和芽是非常必要的，尤其对嫩枝扦插及针叶树种、常绿树种的扦插更为重要。有研究显示，插穗生根率与插穗持有的叶片数量以及叶面积存在一定的相关性。一般情况下，插穗上可留叶2～4片。若有喷雾装置，定时保湿，则可留较多的叶片，以便加速生根。从母树上采集的嫩枝插穗，叶片若过多，蒸腾量则过大，使其对干燥的抵抗能力显著减弱，对生根反而不利。因此，在扦插时，一定要保持插穗自身的水分。为此，可用水浸泡插穗下端，既增加了插穗的水分，还能减少抑制生根的物质。

(二)影响插穗生根的外在因素

影响插穗生根的外在因素主要包括温度、湿度、光照、空气、扦插基质等。这些因素相互联系、相互制约，只有将各相关因素进行有机地协调，营造生根所需的最佳环境，才能达到提高插穗生根率的最终目的。

1. 温度

温度与插穗的成活以及生根速度有极大的关系，是扦插育苗中的一个限制因素。温度能影响插穗的酶活性，进而影响插穗的呼吸和代谢，最终影响生根。最适宜插条生根的温度因树种、扦插时间的不同而异。总体而言，温带植物扦插生根的适宜温度为15～25 ℃，并以20 ℃为最适宜；热带植物的最适温度一般为23～28 ℃。然而很多树种都有最低生根温度。一般规律为发芽早的树种的生根温度较低，如杨树和柳树所要求的生根温度可低至7 ℃；而发芽晚的或常绿树种，如栀子、桂花、珊瑚树等，其要求的生根温度较高。生产上多采用塑料大棚、温室、地热线及全光照间歇式弥雾扦插设备等育苗设施控制温度变化以提高扦插效率。

插穗生根对土壤的温度要求也因树种不同而不同，一般土温高于气温3～5 ℃时，有利于不定根的形成而不适于芽的萌动，养分集中供应不定根形成，然后再促使插穗上的芽萌发生长。因此，在生产实践上，应根据树种对温度要求的不同，选择最适合的扦插时间，以提高育苗的成活率。当插床温度不足时，可采用温床扦插，还可利用太阳光的热能进行倒插催根，提高扦插成活率。

相比硬枝扦插，温度对嫩枝扦插更为重要。30 ℃以下有利于插穗内部生根促进物质的利用，故而对生根有利；温度若高于30 ℃，可能会导致扦插失败。一般可采取遮阴、喷雾等方法降低插穗的温度。

2. 湿度

在插穗生根过程中，空气的相对湿度，扦插基质的湿度以及插穗本身的含水量是扦插成活的关键。尤其对嫩枝扦插，应特别注意保持合适的湿度。

(1)空气的相对湿度

空气的相对湿度对难生根的树种影响很大。插穗所需的空气相对湿度一般为90%左右。硬枝扦插可稍低一些，但一般不低于70%；嫩枝扦插空气的相对湿度一定要控制在90%以上，使插穗蒸腾强度最低，防止插穗叶片萎蔫。生产上可采用喷水、间隔控制喷雾等方法提高空气的相对湿度，使插穗易于生根。

(2)基质的湿度

插穗最容易失去水分平衡，因此要求插穗中有适宜的水分。扦插基质的湿度取决于其物理状况、扦插材料及管理技术水平等。据毛白杨扦插试验，插穗中的含水量一般以15%~25%为宜。如果基质的湿度过高，会降低通气性，阻碍插穗的正常呼吸和代谢，甚至引起插穗腐烂。然而，含水量低于20%时，插条生根和成活都受到影响。插穗在完全生根后，应逐步减少水分供应，以抑制插条地上部分的旺盛生长，增加新生枝的木质化程度，更好地适应移植后的田间环境。

3. 通气条件

氧气对扦插生根有很大影响。虽然湿度对插穗的生根非常重要，但其土壤水分不能过大。要尽量选用透气性较好的扦插基质，如结构疏松、通气性良好、能保持稳定温度而又不积水的砂质土壤。并且在灌溉后要及时疏松，否则容易因缺氧而影响插穗生根。日本藤井利重曾以不同氧浓度对葡萄扦插的成活率影响进行试验，结果是以土壤空气含量21%时生根成活率最佳；0%完全不生根；2%时仅有少数插穗生根，可见氧气与插穗生根的关系十分密切。不同树种对氧气的需求也是不同的。如杨、柳插穗需氧量不高，因此扦插深度可达60 cm；而常春藤、蔷薇的需氧量较高，若扦插过深，则容易因通气不良而影响插穗的生根。因此，合理选择基质或用各种基质混合配制，能够协调气、水矛盾，既保水又通气的基质对绝大多数树种扦插生根是有利的。

4. 光照

充足的光照能提高扦插基质的温度，促进插穗生根，对常绿树及嫩枝扦插来说，适宜的光照强度和光照时间有利于促进插穗叶片的同化作用，并促进内源生长素的形成，进而有利于插穗生根，是必不可少的外界环境因子。但强烈的直射光又会使插穗干燥或灼伤，降低扦插成活率。多数树种在扦插初期往往要进行遮阴，将透光量控制在30%~50%。但在不定根大量形成后，要逐渐加大光照量。在生产实践中，可采取喷水降温或适当遮阴等措施来维持插穗水分平衡。夏季扦插时，最好的方法是应用全光照自动间歇喷雾法，既保证了供水又不影响光照。

5. 扦插基质

不论选用何种扦插基质，都应满足插穗对基质水分和通气条件的要求，这样才有利于生根。目前常用的扦插基质主要有以下三种状态：

(1)固态

常用的有河沙、蛭石、珍珠岩、炉渣、炭化稻壳、泥炭土、花生壳、苔藓、泡沫塑料等。这些基质比较通气，利于排水。但多次使用后，其颗粒往往容易破碎，导致粉末部分增多，所以要定期更换新的基质。

①园土　普通的田间壤土经过暴晒、敲松、耙细等程序，即成为园土。一般园土适用于容易生根的树种扦插。可直接在大田中进行垄作或床作扦插。

②河沙　河沙是天然石在自然条件下经水力的长期冲刷形成的非金属矿石。取材容易、导热快、通气性好、排水力强，是夏季扦插广泛采用的优良基质。但由于其持水力太弱，在很多情况下，常与壤土混合使用。

③蛭石　黄褐色片状，来自黑云母或金云母的岩脉，经焙烧膨化而成，无菌无毒。质轻，具韧性，孔隙大，具有良好的保水、保肥、通气、隔热、保温作用，化学稳定性较好，是一种优良的扦插基质。然而，其不足之处在于不含营养物质。

④珍珠岩　是经高温煅烧膨化的铝硅天然化合物，无菌无毒。化学结构稳定，pH 值中性，长期使用不易溃碎，且不会对植物产生伤害。其内部含有许多封闭的孔隙。吸水量可达自身重量的2~3 倍，具有良好的隔热、保温、保水、保肥、通气等性能，是园艺栽培种改良土壤的重要物质。同等份混合黏土和珍珠岩，可大幅增加土壤通气性，为根系提供充足氧气。珍珠岩还可与其他基质配合使用，提高扦插成活率。

⑤泥炭土　是古代湖泊沼泽植物埋于地下，在缺氧条件下分解不完全的有机物质。质地疏松，较轻，含有大量腐殖质，pH 值酸性。其主要为团粒结构，含水量高，保水能力强，但通气性及吸热力差，常与砂土、蛭石、珍珠岩等混合使用。

⑥炉渣　煤炭经高温燃烧后剩下的矿物质残渣，价格低廉。由于颗粒大小和形状差异较大，需粉碎过筛后才可用作扦插基质。炉渣颗粒有较多孔隙，通气性强，保肥、保水、保温性能良好，也是较好的扦插基质。

⑦炭化稻壳、花生壳　透水通气，保温性良好，并且稻壳、花生壳等本身含有丰富的磷、钾等营养元素，可与其他基质配合使用。

(2)液态

把插穗插于营养液或水中使其生根，称为液插。该方法常用于易生根的树种。由于把营养液作为基质，插穗容易腐烂，一般情况下应该谨慎使用。

(3)气态

把空气与水混合，制造水汽迷雾状态，将插穗吊于雾中使其生根成活，称为雾插或气插。只要控制好温度和空气相对湿度，雾插能充分利用空间，插穗生根快，育苗周期短。但由于插穗在高温、高湿的条件下生根，炼苗就成为雾插繁殖苗成活的重要环节之一。

采用不同的基质也会影响到插穗生根率。研究表明，排水良好、透气性强、病菌少，能够与插穗紧密结合的基质，有助于提高松树类的扦插成活率。李振坚等(2009)发现泥炭是扦插梅花的优良基质(表5-2)。对北美红杉而言，用河沙∶泥炭＝2∶1配制的基质扦插效果较佳。由此可见，应根据树种的要求，选择最适宜的基质来进行扦插。露地扦插时，实际上不可能大面积更换扦插土，故通常选择排水良好的砂质壤土。硬枝扦插，最好也选用砂质土壤，因其通气性好，土温较高，并有一定的保水能力，插穗容易生根。嫩枝扦插时，一般常用几种基质进行混合。

生产实践上，应定期更换基质以满足长期育苗的需要。这是因为使用过的基质，或多或少地混有病原菌。如果处于经济因素的考虑，不得不使用旧床土，一般用高锰酸钾或甲醛进行喷雾或浇灌插床来消毒。

表5-2　梅花品种在5种单一基质中扦插生根率的变化(李振坚等，2009)

基　质	生根率(%)			
	‘美人’梅	‘江梅’	燕　杏	平　均
泥　炭	90.0a	88.9a	33.3a	70.7a
椰　糠	66.7b	81.8b	0.0c	49.5b
蛭　石	20.0d	72.7c	28.6a	40.4c
珍珠岩	10.0e	40.0d	16.7b	22.2d
河沙(对照)	30.0c	20.0e	0.0c	16.7e

注：小写字母不同表示差异显著。

三、促进插穗生根的方法

(一)采穗前处理方法

1. 机械处理

常用环状剥皮、刻伤或缢伤等方法。在树木生长季节，刻伤、环割或用麻绳、铁丝、尼龙绳等捆扎枝条基部，阻止光合产物向下运输，使基部伤处积累较多的营养物质和有益的内源激素。等到休眠期，将枝条从基部剪下作为插穗。在这种情况下，由于养分集中贮藏在插穗中，对生根非常有利，而且还有利于苗木的进一步生长。

2. 幼化及促萌处理

年龄较大、木质化程度较高的插穗成活率往往较低，而母树和插穗的幼化处理是提高扦插成活率的有效技术。实践表明，采用重度修剪以促进萌条的形成，或采用平茬以促进根蘖是获得易生根的插穗的有效措施。例如，阿月浑子和杜仲经复幼处理后扦插生根率可明显提高。此外，采用外源生长调节剂也可促使成熟树木的幼化，例如，细胞分裂素、赤霉素能诱导椰子、梨树、黑木金合欢的枝条幼化，而脱落酸和乙烯则会起到相反作用。要注意的是，幼化促萌预处理的时间比较长，需要提前采取措施。

3. 黄化处理

黄化植物叶片小而不开展，枝条延长，呈现黄色或白色，叶绿素缺乏。一般来说，将部分或整株植株置于黑暗中进行发育，可带来黄化现象。黄化处理不仅能够延缓插穗木质化进程，而且减少生根抑制剂的形成与积累，进而促进插穗生根。对一些含有色素、樟脑、松脂、油脂等生根抑制物质的难生根的树种，可提前进行黄化处理，再取黄化枝条作为插穗，能显著促进其生根(图 5-2)。其具体操作一般是在生长季前用黑色的塑料袋或泥土将枝条罩裹住，或用遮光棚整株遮光，形成较幼嫩的黄化组织。待黄化枝条发育到一定程度后，剪下来作插穗，会明显提高生根率。

1

2

图 5-2 黄化处理对插穗生根的影响(Howard, 1991)

1. 遮光荫棚 2. 黄化插穗与正常插穗生根情况比较(箭头所指为正常插穗)

(二)扦插前处理

1. 药剂处理

用于促进插穗生根的药剂主要有生长激素和生根促进剂两种。其操作简单、效率高、集约化程度高，但在使用时应提前进行试验，正确选择药剂的种类、处理浓度及处理时间。

(1)生长激素处理

常用的植物生长素有萘乙酸(NAA)、吲哚乙酸(IAA)、吲哚丁酸(IBA)、2, 4-D 等。低浓度生长素溶液(如 50~200 mg/L)可用于在扦插前浸泡插穗下端 6~24 h；高浓度溶液(如 500~10 000 mg/L)可对插穗进行速蘸处理(1 min 之内)。另外，也可将溶解的生长素与滑石粉或木炭粉混合阴干制成粉剂，用湿插穗下端蘸粉扦插；或将粉剂用水稀释成糊剂，浸蘸插穗；或做成泥状，包埋插穗下端。处理溶液的浓度及时间应随树种和插条种类的不同而异。一般来讲，生根较难的树种处理浓度高一些，生根较易的浓度可低些；硬枝扦插浓度高些，嫩枝扦插浓度低些。

(2)生根促进剂处理

目前使用较为广泛的有中国林科院林研所王涛研制的“ABT 生根粉”系列、华中农业大学林学系研制的广谱性“植物生根剂 HL-43”、昆明市园林所等研制的“3A 系列促根粉”、山西农业大学林学系研制并获国家科技发明奖的“根宝”等。它们均能提高多种树木的生根率，有的甚至可高达90%以上。且插穗生根后根系发达，须根数量增多。

(3)其他化学药剂处理

除以上的生长素和生根促进剂外，醋酸、高锰酸钾、硫酸锰、维生素、蔗糖、稀土元素等化学品也对促进插穗生根有一定的作用。在生产实践中，有人用醋酸水溶液浸泡卫矛、丁香，用蔗糖浸泡松柏类插穗，能显著促进生根；另外，还有人用高锰酸钾溶液浸泡水杉插穗，除促进生根外，还能起到杀菌消毒作用。

2. 洗脱处理

可以用温水、流水或酒精进行洗脱，它不仅能降低枝条内抑制物质的含量，同时还能增加枝条内的水分含量，是促进插穗生根最简易的方法。

(1)温水洗脱

将插穗下端放入30~35 ℃的温水中浸泡几小时或更长时间，具体时间因树种而异。某些裸子植物，如松树、云杉等，枝条中含有松脂，往往阻碍切口愈伤及不定根的形成。温水浸泡2 h，能起到脱脂作用，有利于插穗生根；另外，温水浸泡杜鹃花插穗5 h，亦可获得较好的生根效果。温水处理时，要保持容器的清洁，如果与生长素合并使用，需在温度下降后再用生长素处理。

(2)流水洗脱

将插穗置于流动的水中数小时，洗脱其中的抑制物质。具体时间因树种的不同而异。多数在24 h以内，某些可达72 h，有的树种甚至洗脱时间更长。流水洗脱处理对除去某些树种中的生根抑制物质有很好效果。

(3)酒精洗脱

也可有效地降低插穗中的抑制物质，从而提高生根率。一般使用酒精浓度为1%~3%，或者用1%的酒精和1%的乙醚混合，浸泡6 h左右，如杜鹃花等。

3. 营养物质处理

可用糖类、维生素、氮素等营养物质处理插穗，达到促进生根的目的。常用的维生素有VB_1、VB_6、VB_{12}和VC等，对山茶、杜鹃花等的生根有很好效果；对松柏类树种可用4%~5%的蔗糖溶液浸24 h后扦插，效果良好；在嫩枝扦插时，往插穗叶片上喷洒一定浓度的尿素，也能促进生根。

4. 低温贮藏处理

在硬枝扦插前，将硬枝在0~5 ℃的低温条件下冷藏一至数个月，能使插穗里的抑制物质分解转化，促进生根。北方硬枝春插，往往要在秋季剪取插穗后，进行贮藏处理。

5. 倒插催根处理

在秋冬季节，树木进入休眠时，剪取插穗，倒过来均匀地埋入事先准备的室外沟槽中，用细砂填充插穗之间的孔隙，并覆盖一定厚度的细砂，适量喷水，并用塑料薄膜搭成小拱棚。春季气温回暖快，导致地表温度高于坑内温度。导致的插穗基部早于上部打破休眠，有利于基部形成不定根，而上部由于较低的温度抑制顶芽萌发。这样为插穗基部愈伤组织的根原基形成创造了有利条件，从而促进生根。

(三)扦插后的处理

园林苗木的硬枝扦插主要在早春进行。由于春季气温升高较快，芽较易萌发生长，消耗了插穗中贮藏的养分，同时增加了插条的蒸腾作用，但这时地温仍较低，尚未达到生根的适宜温度，因而降低插穗成活率，可采用电热丝来增加土温或用热水管道来提高地温，以促进插穗生根成活；一般来说，当地温高于气温 3～5 ℃时，有利于插穗生根。在秋冬季节扦插时，地温较低，不适合插穗生根。因此，在插床内铺设电热线(即电热温床)或放入生马粪(即酿热温床)来提高地温，结合温室、拱棚、塑料大棚等设施的使用，不仅可创造适宜生根的温度环境，而且能大大延长适宜扦插繁殖与苗木生长的时间，从而实现促进生根、培育壮苗的目的。

四、扦插时期的选择

植物扦插繁殖一年四季皆可进行，适宜的扦插时期因植物的种类、特性以及扦插的方法而不同。

(一) 春季扦插

春插是利用前一年休眠枝直接进行扦插，或经冬季低温贮藏后进行的扦插，一般为硬枝扦插。春插适宜大多数树种。一般来说，春插的插穗，特别是经冬季低温贮藏的插穗，内部的生根抑制物质已经转化消除，而其中的营养物质却相对丰富，所以比较容易生根。春季扦插要注意的事项包括：扦插时间宜早，并要通过一些措施打破枝条下部的休眠，而保持上部休眠，这样会先诱发插穗不定根的形成，而后芽再萌发生长。所以，春插育苗的技术关键在于采取措施提高地温，生产上常采用的方法包括大田露地扦插和塑料小拱棚保护地扦插。

(二)夏季扦插

夏插是利用当年旺盛生长的嫩枝或半木质化枝条进行扦插，又称为嫩枝扦插。通常针叶树采用半木质化的枝条，阔叶树采用高生长旺盛时期的嫩枝。夏插枝条处于旺盛生长期，细胞分生能力强，代谢作用旺盛，枝条内源生长素含量高，这些因素都是利于生根的。但夏季由于气温高、枝条幼嫩，易引起枝条蒸腾失水而枯死。所以，夏插育苗的技术关键是提高空气的相对湿度，减少插穗叶面蒸腾强度，提高离体枝叶的存活率。夏季扦插常用的方法有荫棚下塑料小棚扦插和全光照自动间歇喷雾扦插。

(三)秋季扦插

秋插是利用发育充实、营养物质丰富、生长已停止但未进入休眠期的枝条进行扦插。

其枝条内抑制物质含量未达到最高峰，可促进愈伤组织提早形成，有利于生根。秋插宜早，以利物质转化完全，安全越冬。秋插技术的关键是采取措施提高地温，常用塑料小棚保护地扦插育苗，北方还可采用阳畦扦插育苗。

（四）冬季扦插

冬季进行扦插，温度往往偏低，有的树种处于休眠状态，细胞难以分裂，插穗也难以生根，故一般较少进行冬季扦插。当然，如果具有防冻保温措施，或者在温暖的地区，也是可以进行冬插的。一般来说，冬插是利用打破休眠的休眠枝进行温床扦插。其技术关键是插壤温度要合适。北方应在塑料棚或温室的温床上进行，南方则可直接在苗圃地扦插。由于冬季扦插成本较高，所以应用较少。

扦插时间不同，插穗的成活和生长情况往往也不同。一般而言，应该根据扦插作业区的气候特点、树种的生物学特性以及插穗的生长发育状况来确定适宜的扦插时间。在不同地区，可能选择不同的时期对不同树种进行扦插。总体来说，在我国，春季是最主要的扦插季节。因为植物在该时期的生命活动最旺盛、细胞分裂最活跃，其成活率往往较高。

落叶树种的扦插，以春、秋两季为主，其中以春季为多，宜在芽萌动前尽早进行。我国北方地区，秋冬季节寒冷干燥，秋插时插穗容易失水或遭冻害，所以最好将秋季截取的枝条贮藏，待春季土壤解冻后进行春插。在我国南方地区，由于气候相对温暖，普遍对落叶树种采取秋插。秋插宜在土壤冻结前，采取随采随插的策略。落叶树的生长期扦插，多在夏季第一期生长结束后的稳定期进行。在许多地区，许多树种四季都可进行扦插，如蔷薇、石榴、栀子、松柏类等在杭州均可四季扦插。

常绿树种在南方多于梅雨季节进行扦插。一般常绿树发根需要较高的温度，故常绿树的插条宜在第一期生长结束，第二期生长开始之前剪取。此时正值南方 5~7 月梅雨季节，雨水多，湿度较高，插条不易枯萎，易于成活。例如，有研究发现，在高温高湿的梅雨季节，桂花插穗中的细胞分生能力最强，有利于生根。

五、插穗的选择及剪裁

插穗因采取的时期不同而分成休眠期与生长期两种，前者为硬枝插穗，后者为软(嫩)枝插穗。

（一）硬枝插穗的选择及剪裁

1. 插条的剪取时间

硬枝扦插生根的主要能量来源来自于插穗本身贮藏的养分，与插穗剪取的时间有密切关系。应选择枝条贮藏养分最多的时期剪取插穗，即落叶树种在秋季落叶后或开始落叶时至翌春发芽前剪取。

2. 插穗的选择

根据扦插生根的机理，应选用优良幼龄母树上发育充实、生长健壮、无病虫害、已充分木质化、并且含较多营养物质的1~2年生枝条或萌生条。

3. 插穗的贮藏

由于我国北方冬季寒冷，插穗较难生根、存活。故一般来说，秋季采条后并不立即扦插，需将插条贮藏起来待翌春扦插。插穗贮藏方法有露地埋藏和室内贮藏两种。露地埋藏时，选择背风向阳、排水良好且非常干燥的地方挖50~60 cm深沟，将插穗每50~100根捆成一捆，立于沟底，用湿沙埋好，中间竖立草把，以利通气。最好保持适合的温湿度条件，每月进行检查，保证安全越冬。室内贮藏时，将枝条埋于湿沙中，堆积层数以2~3层为宜，过高容易造成高温，引起假发芽或枝条腐烂。室内贮藏要注意保持室内的通气透风和适当温度。在插穗贮藏的数个月时间里，其内部贮藏物质开始转化，生根抑制物质被大量消除，为春季的插条生根打下了良好基础。

4. 插穗的剪截

一般长穗插条为15~20 cm，须保证其上有2~3个发育充实的芽；单芽插穗长3~5 cm。剪截时上切口距顶芽1 cm左右，最好将上切口剪成微斜面，生芽的一方高，背芽的一方低，以免扦插后切面积水。下切口的位置须依植物种类而异，一般在节附近薄壁细胞多，细胞分裂快，营养丰富，易于形成愈伤组织和不定根，故插穗下切口宜紧靠节下。下切口有平切、斜切、双面切、踵状切等几种切法(图5-3)。插穗在未生根前主要通过下切口吸收水分，故切口性状对插穗生根有一定影响。平切口生根容易呈环状均匀分布，便于机械化截条。斜切口与插穗基质的接触面积大，可形成面积较大的愈伤组织，利于吸收水分和养分，提高成活率，在生根较难的树种上应用较多。Severino等(2011)发现小桐子插穗的斜切口除了有利于插穗插穗吸收水分以外，也有利于内源生长素集中在一侧，促进不定根的形成。然而，斜切口的根多生于斜口的一端，易形成偏根，同时剪穗也较费工。踵状切口，一般是在插穗下端带2~3年生枝段时采用，常用于针叶树。

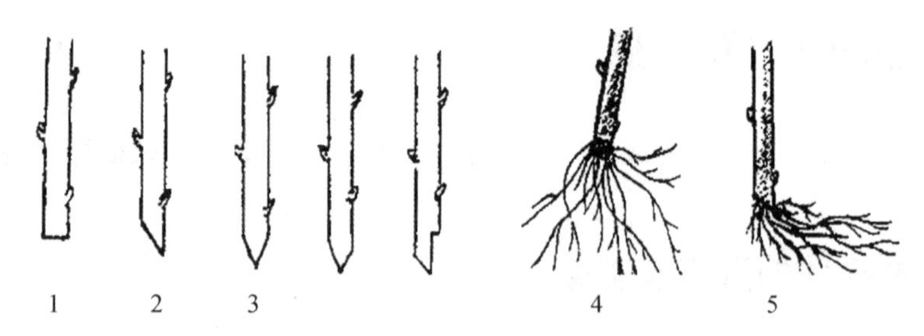

图5-3 插穗下切口形状与生根(苏金乐，2010)

1. 平切 2. 斜切 3. 双面切 4. 下切口平切生根均匀 5. 下切口切根偏于一侧

(二)嫩枝插穗的选择及剪裁

1. 嫩枝插穗的剪取时间

嫩枝扦插一般为随采随插。生长健壮的幼年母树上开始木质化的半嫩枝，其生命力强，内含充足养分，容易生根，是嫩枝扦插的最好选择。嫩枝插穗的采条应在清晨日出以前或在阴雨天进行，不要在阳光下、有风或天气极热时进行。

2. 嫩枝插穗的选择

对松树、柏树等针叶树来说，以夏末剪取中上部半木质化的枝条作为插穗较好。对阔叶树来说，一般截取生长最旺盛期发出的幼嫩枝条进行扦插；对大叶植物来说，须在叶尚未展开成大叶时采条为宜。嫩枝采条后要及时喷水，注意保湿。另外，要注意在嫩枝扦插前对母树进行预处理，含鞣质高和难以生根的树种可以在生长季以前进行黄化、环剥、捆扎等处理。

3. 嫩枝插穗的剪截

插穗采回后，在荫凉背风处进行剪截。一般插条长 10～15 cm，带 2～3 个芽，插条上保留叶片的数量可根据植物种类与扦插方法而定。下切口剪成平口或小斜口，以减少切口腐烂。使用的道具必须非常锋利，以减少对插穗的损伤。

六、扦插的种类及方法

在植物扦插繁殖中，根据使用繁殖的材料不同，可分为枝插、根插、叶插、芽插、果实插等。

(一)枝插

1. 硬枝扦插

通常根据插穗的长短，可将硬枝扦插分为长穗插和单芽插两种。长穗插用到的插穗有 2 个以上的芽；单芽插是用带 1 个芽的枝段进行扦插，由于枝条较短，又称为短穗插。

(1)长穗插

①普通插　大多数园林树木可采用此扦插方法。既可采用插床扦插，也可大田扦插。插穗长度应根据“粗枝稍短，细枝稍长；易生根的树种稍短，难生根的树种稍长；黏土地稍短，砂土地稍长；灌溉条件好时稍短，灌溉条件差时稍长”的原则确定，一般来说插穗长度 10～20 cm，其上保留 2～3 个芽。将插穗插入土中或基质中，插入深度为插穗长度的 2/3。凡插穗较短的宜直插，既避免斜插造成偏根，又便于起苗。而插穗较长则多采用斜插。

②踵形插　插穗基部带有一部分 2 年生枝条，形如踵足(图 5-4)，这种插穗下部养分集中，容易发根，但浪费枝条，即每个枝条只能取一个插穗，该种扦插方法适用于松树、柏树、桂花等难成活的树种。

③槌形插　是踵形插的一种，基部所带的老枝条部分长 2～4 cm，较踵形插多，两端斜削，成为槌状(图 5-4)。

除以上 3 种扦插方法外，为了提高生根成活率，在普通插的基础上采取各种措施形成

1　　2

图 5-4　踵形插和槌形插(Macdonald，1986)
1. 踵形插　2. 槌形插

了以下几种插法：

④割插　插穗下部自中间劈开，夹以石子等异物。利用这种人为创伤的办法刺激伤口愈合组织产生，扩大插穗的生根面积。此法多用于生根困难，且以愈伤组织生根的树种，如桂花、梅花、茶花等。

⑤土球插　将插穗基部裹在较黏重的土壤球中，再将插穗连带土球一同插入土中，利用土球保持较高的水分。此法多用于常绿树和针叶树，如雪松、松柏等。

⑥肉瘤插　此法是在枝条未剪下树之前的生长季，以割伤、环剥等方法在插穗基部形成愈伤组织突起的肉瘤状物，增大营养贮藏，然后切取进行扦插。此法工序较多，且浪费枝条。但成活率高，利于生根较困难的树种繁殖，因此多用于珍贵树种。

⑦长干插　即用长枝扦插，插穗一般长 50 cm，甚至长达 1～2 m，为一至多年生枝干，多用于易生根的树种，如柳树等。该方法可在短期内得到有主干的大苗，或直接插于欲栽处，减少移植。

⑧漂水插　此法利用水作为扦插的基质，即将插条插于水中，生根后及时取出栽植。水插的根较脆，过长易断，新根由白色变成浅黄色是要及时定植。

(2)单芽插(短穗插)

用具有一个芽的插穗进行扦插。选用枝条短，一般不足 10 cm，较节省材料，但插穗内营养物质少，且易失水。因此，下切口斜切，扩大枝条切口吸水面积和愈伤面，有利于生根，并需要喷水来保持较高的空气相对湿度和温度，使插穗在短时间内生根成活，此法多用于常绿树种的扦插繁殖，如扦插桂花，成活率达 70%～80%。

总体来说，休眠枝扦插前要事先整理好插床。露地扦插要细致整地，施足基肥，让土壤疏松，水肥充足。必要时需进行插壤消毒。扦插密度可根据树种生长速度、苗木规格、土壤情况和使用的机具等各种因素确定。一般株距 10～50 cm，行距 30～80 cm。在温棚和繁殖室，一般进行密插，插穗生根发芽后再移植。插穗扦插的角度有直插和斜插两种。通常采用直插。斜插的扦插角度不宜超过 45°。插入深度应根据树种和环境而定。落叶树种插穗全插入地下，上露一芽或与地面平。露地扦插在南方温暖湿润地区，可使芽微露。在温棚和繁殖室内，插穗上端一般都要露出扦插基质。常绿树种插入地下深度应为插穗长度的 1/3～1/2。

2. 生长枝扦插

用生长旺盛期的幼嫩枝或半木质化的枝条作插穗进行扦插，为生长枝扦插，也叫嫩枝扦插(图 5-5)。该方法适用于硬枝扦插难于生根的树种，目前已成为规模化繁殖园林苗木的主要技术之一。嫩枝扦插的技术关键为，需采取一定措施控制插条叶片的蒸腾强度，减少失水，维持水分代谢平衡。嫩枝的薄壁细胞多，生命力强，分生组织能力也较强，且嫩枝中水分及营养物质含量高，酶的活性强，枝上的叶能通过光合作用生产能量物质，这些都有利于生根。很多树种都适宜利用嫩枝扦插。插穗长度一般比硬枝插穗短，多数带1~4个节间，长5~20 cm，保留部分叶片，叶片较大的剪去一半。下切口可平可斜，位于叶及腋芽下，以利生根。

图5-5　常见嫩枝扦插方法(苏金乐，2010)

生长枝扦插时期，在南方，春、夏、秋三季均可进行，北方则主要在夏季进行。具体扦插时间为早上和晚上，最好选择阴天或无风天，随采随插，多在疏松通气、保湿效果较好的扦插床上扦插，为保持足够光合作用，以两插穗之叶片互不重叠为宜。一般采用直插。扦插深度一般为其插穗长度的1/2~1/3，如能人工控制环境条件，扦插深度越浅越好，可为0.5 cm左右，不倒即可。此类扦插在插床上穗条密度较大，多在生根后立即移植到圃地生产。

(二)根插

截取树木的根作插穗进行的扦插称为根插。对于一些枝插生根较困难的树种，可采用根插进行营养繁殖。另外，根插还是老树复幼的一种常用方法。根插成功的关键是根穗上要长出不定芽，并进一步发育为完整的植株。应注意的是，只有根上能形成不定芽的树种才能进行根插，如香椿、泡桐、牡丹、毛白杨等。

1. 采根

一般应选择健壮的幼龄树或生长健壮的1~2年生树苗作为采根母树，根穗的年龄以一年生为宜。一次从单株母树上采根不能太多，且不能伤害根皮，否则容易影响母树的生长。采根一般在树木休眠期进行，采后应及时埋藏处理。

2. 根穗的剪截

根穗的规格应根据树种的不同来确定。一般来说，根穗长度为15~20 cm，较粗一端的粗度为0.5~2 cm。为区别根穗形态学的上、下端，可将上端剪成平口，下端剪成斜口。此外，有些树种如香椿、泡桐等，可用长3~5 cm，粗0.2~0.5 cm的细短根段进行扦插。

3. 扦插

根插一般在早春进行，在扦插前将扦插基质细致整平，灌足底水。将根穗垂直或倾斜插入基质中。插时注意辨别根的上下端，不要倒插。扦插深度一般为上端与地面平齐，或堆 10 cm 高的土堆。插后到发芽生根前需保持苗床湿度，但最好不灌水，以免地温降低或由于水分过多而引起根穗腐烂。有些树种的细短根段还可以用播种的方法进行育苗。

(三)叶插

叶插是利用叶片的再生能力，使其在脱离母体的情况下，再生出芽和根，经培育形成新植株的方法。该方法在园林树木育苗中使用较少。多数木本植物叶插苗的地上部分是由芽原基发育而成。因此，叶插穗最好带芽原基，并在叶插时保护其不受伤，否则难以形成地上部分。其根部是愈伤部位诱生根原基而发育成的。木本植物叶插主要有针叶束水插育苗，其具体程序为：

1. 采叶

于秋冬季节，选择生长健壮的 2 年生苗木或幼龄枝的当年生粗壮针叶束作繁殖材料。

2. 针叶束处理

清水洗净针叶束，贮藏在经过消毒的纯沙中(叶束埋入砂土 2/3 即可，能起脱脂作用)，浇透水，并经常保持湿润，温度控制在 0～10 ℃之间，约 1 个月。沙藏后的叶束，用刀片在生长点以下将叶束基部切去(勿伤生长点)，造成一新鲜伤口，有利于愈合生根。切基后的叶束再进行激素处理。

3. 水插

配制水插营养液：硼酸 50～70 mg/L、硝酸铵 20 mg/L、维生素 B_1 20 mg/L，pH < 7，还可根据树种不同加入一些其他药剂，如维生素 B_6 等。将经过上一步处理的针叶束固定于营养液中。温度保持在 10～28 ℃之间，空气相对湿度 80%。一般每周要冲洗叶束及水培容器，并更换营养液。

4. 移植

当叶束根长到 1～2 cm 时，即可进行移植，同时还可接种菌根。移植时用小铲挖孔，插入带根叶束，深度以掩埋住根即可，轻轻压实，经常保持土壤湿润。移植初期，要适当在中午前后阳光强时遮阴。移植后最关键的问题是促进生长点的萌动、发芽、抽茎生长。叶束发芽与叶束的质量有密切关系。叶束健壮，重量大，则容易发芽。有时为促进发芽，还可喷洒赤霉素等。叶束苗长出新的根、芽、茎后，其后续管理与一般的育苗方法相同。

七、扦插后的管理

扦插后的管理对提高扦插成活率以及幼苗质量具有很重要的作用。插穗生根前的管理主要是调节适宜的温、光、水等条件，促使其尽快生根。其中以保持较高的空气湿度而避免插穗萎蔫最为重要。

扦插后应立即灌一次透水，以后注意经常保持扦插基质和空气的湿度(尤其是嫩枝扦插)，并做好保墒及松土工作。若未生根之前地上部分已经展叶，应及时摘除部分叶片，以防过度蒸腾。插条上若带有花芽，应及早将其去除。在新苗长到15~30 cm时，应留下一个健壮直立的枝条，其余除去，必要时可在行间覆草，以保持水分和防止雨水及泥土溅于嫩叶上。在空气温度较高而且阳光充足的地区，可采用全光照间歇喷雾扦插床进行扦插。

对不易生根的树种进行硬枝扦插，必要时需进行遮阴。嫩枝露地扦插也要搭荫棚，每天10:00以后至16:00以前最好遮阴降温，同时利用喷水保持湿度。用塑料棚密封扦插时，可减少灌水次数，每周1~2次即可，但要及时调节棚内的温度和湿度。

插条扦插成活后，需通过炼苗使其逐渐适应外界环境，再移到圃地。在温室或温床中扦插时，当插条生根展叶后，要逐渐开窗流通空气，使之逐渐适应外界环境，然后再移至圃地。

八、扦插育苗常用技术简介

(一)全光照自动喷雾技术

扦插过程中，插穗水分平衡的保持对其顺利生根具有极为重要的作用。早在20世纪40年代，世界上就出现了利用喷雾技术促进插穗生根的报道。目前，全光照自动喷雾技术已经推广到全国许多育苗单位，产生了很好的育苗效果和经济效益。

1. 全光照自动喷雾工作原理

全光照自动喷雾装置主要包括湿度自控仪、电子叶及湿度传感器、电磁阀、高压水源等几个部分。

电子叶和湿度传感器上有两个电极，当电子叶上有水时，闭合电路是接通的，有感应信号输入，产生的微弱电信号通过无线电路信号逐级放大。放大的电信号先输入小型继电器，再带动一个大型继电器，吸动电磁阀开关处于关闭状态。然而，当电子叶上无水时，感应电路断开，没有感应信号输入继电器。大型继电器未被带动，无法吸下电磁阀开关，于是电磁阀打开，喷头喷水。当水雾达到一定程度，水滴积在电子叶上，又会接通闭合电路，周而复始地工作。

2. 全光照自动喷雾扦插注意事项

(1)插床基质

利用全光照自动喷雾扦插，最重要的是基质必须疏松透气、排水良好，否则插床内容易积水导致枝条腐烂。

(2)生根激素处理

自动喷雾扦插由于经常的淋洗作用，容易引起枝条内养分及内源激素的溶脱。可使用生根激素处理插穗，增加激素含量，促使插穗生根。

(二)基质电热温床催根育苗技术

基质电热温床催根育苗技术是利用电加温线增加苗床地温，促进插穗生根的一种现代化育苗方法。在该技术中，可以通过植物生长模拟计算机人工控制电热加温，有利于插穗生根。该技术目前在很多育苗单位都已广泛使用。

先于温棚内或室内选择一块比较干燥的平地，用砖砌宽1.5 m的苗床，底层铺一层河沙或珍珠岩。在苗床的两端和中间，放置7 cm ×7 cm的方木条各1根，再在木条上每隔6 cm钉上小铁钉，将电加温线在小铁钉间来回绕，最终电加温线的两端引出温床外，接入育苗控制器。接下来，再用湿沙或珍珠岩覆盖电加温线，将插穗基部向下排列在温床中，再在插穗间填入湿沙或珍珠岩，以盖没插穗顶部为止。苗床中靠近插穗的地方插入温度传感探头。通电后，电加温线开始发热，当温度升至28 ℃时，育苗控制器会自动调节将温度稳定住。初次以外，每天自动开启弥雾系统喷水2~3次，以增加苗床湿度。一般植物插穗在苗床保温催根10~15天，插穗基部愈伤组织就会膨大，根原体露白，并长出1 mm左右长的幼根突起，此时即可移栽。过早或过迟移栽，都会影响插穗的成活率。

该技术特别适用于落叶树种的枝插。将插穗打捆后紧密直插于苗床，调节最适插穗基部温度，使伤口受损细胞的呼吸作用加强，加快酶促反应，愈伤组织或根原基尽快产生。该方法具有占地面积小、高密度等优点(单位面积可排列插穗5000~10 000株/m^2)。

(三)雾插技术

1. 雾插的特点

雾插一般在雾插室(或气插室)内进行，将当年生半木质化插穗竖直固定在固定架上，通过喷雾、加温，使插穗保持在高湿、适温及一定光照条件下，愈合生根。雾插因为插穗处于比土壤更适合的温度、湿度及适宜的光照环境条件下，所以愈合生根快，成苗率高，育苗时间短。如珍珠梅雾插后10天就能生根，而一般室外扦插生根需要1个月以上。气插法节省土地，充分利用地面和空间进行多层扦插。其操作简便，管理容易，不必进行掘苗等操作，根系不受损失，移栽成活率高。它不受外界环境条件限制，运用植物生长模拟计算机自动调节温度、湿度，适于苗木工厂化生产。

2. 雾插设施

(1)雾插室(或气插室)

雾插室一般为温室或塑料棚，室内安装喷雾装置和扦插固定架。

(2)插床

在地面用砖砌床，一般宽1~1.5 m，深20~25 m，长度依温室或棚的长度而定，床底铺 3~5 m 后的碎石或炉渣，以利渗水。上面铺 15~20 cm 厚的河沙或蛭石作基质，两床之间及四周留出步道，其一侧挖 10 cm 深的水沟，以利排水。

(3) 插穗固定架

在插床上设立分层扦插固定架。一种是在离床面 2~3 m 高处，用 8 号铁丝制成平行排列的支架，行距 8~10 m，铁丝上弯成 U 形孔口，株距 6~8 m，使插穗垂直卡在孔内。另一种是空中分层固定架，这种固定架多用三角铁制作，架上方塑料板，板两边刻挖等距的 U 形孔，插穗垂直固定在孔内，孔旁设活动挡板，防治插穗脱落。

(4) 喷雾加温设备

为了使气插室内具备穗条生根适宜及稳定的环境，棚架上方安装人工喷雾管道，根据喷雾距离安装喷头，最好用弥雾。通过植物生长模拟计算机使室内相对湿度控制在 90% 以上，温度保持在 25~30 ℃，光照度控制在 600~800 lx。

3. 雾插管理注意事项

(1) 插前消毒

气插室中相对湿度高，温度适宜，有利于病菌的滋生，所以插前及育苗过程中都要对气插室进行全面消毒。通常用 0.4%~0.5% 的高锰酸钾溶液进行喷洒，插后每隔 10 天左右用 1∶100 的波尔多液进行全面喷洒，防止菌类发生。如出现霉菌感染，可用 800 倍退菌特喷洒病株，防治蔓延，严重时要拔掉销毁。

(2) 控制气插室的温、湿和光照

要维持稳定适宜的插穗环境。如突然停电，为防治插穗萎蔫导致回芽和干枯，应及时人工喷水。夏季高温季节，室内温度常超过 30 ℃，要及时喷水降温，临时打开窗户通风换气，调节气温。冬季，白天利用阳光增温，夜间则用加热线保温，或用热风炉、火道等增温。

(3) 及时检查插穗生根情况

当新根长到 2~3 cm 时，即可移植或上盆。由于雾插室温湿度较高，移植前要经过适当幼苗锻炼，待生长稳定后移植到露地。

第二节　嫁接繁殖

一、概述

(一) 嫁接的概念

将一株植物的枝或芽移接到另一株植物的枝或根上，使之愈合生长在一起，形成一个独立植株的过程，称为嫁接。用来嫁接的枝或芽称为接穗，而承受接穗的部分称为砧木。用枝条做接穗的称枝接，用芽作接穗的称芽接。通过嫁接繁殖所得的苗木称为嫁接苗。在当今社会，嫁接已成为农、林业中改造植物本性、创造优质高产种质的一项关键技术，在园林育苗中也被广泛应用。

(二)嫁接育苗的意义

除具有一般营养繁殖的优点外，嫁接繁殖还具有以下重要意义：

1. 保持和发展优良种性

异花授粉植物的种子繁殖后代，一般容易发生性状分离，而无法保持母本原有特性。园林植物嫁接繁殖所用的接穗，均来自具有优良品质的母株。将来自优良母株的接穗嫁接到适宜的砧木上，嫁接苗的地上部分将会是接穗的继续生长发育，一方面表现出母株的优良性状，另一方面苗木品质也会非常一致，形成具有较高商品价值的无性系品种。

2. 改变树形

在园林苗木生产中，嫁接经常用来培育特型苗木。如利用矮化砧培育矮化佛手，利用乔化砧培育树形月季。另外，嫁接手法可用于培育园林树种中的垂枝型，如龙爪槐、垂直樱花等。这些下垂树种无法增高生长，必须用嫁接法来进行繁殖和塑形。

3. 提早开花结果

嫁接能使观赏树木及果树提早开花结果。嫁接所用的接穗，都是从成年树上采取的。这样的接穗嫁接后，一旦愈合和恢复生长，很快就会开花结果。另外，嫁接和环剥一样，会阻止接穗光合作用产生的营养物质向下输导，有利于营养物质在地上部分的积累，同样也能促进开花结果。

4. 提高抗性和适应性

许多具有优良性状的苗木往往在抗性和适应性上存在一定的不足。如果采用具有较强抗性和适应性的砧木，如一些野生种、半野生种和当地土生土长的种类来进行嫁接，则可增强优良接穗的抗性与适应性。如用流苏做桂花的砧木，可提高其抗寒性和耐盐性；苹果树嫁接到山荆子上，可提高其抗旱性，而如果用海棠做砧木，则可提高其抗涝性和减轻黄叶病；枫杨耐水湿，若将核桃嫁接到枫杨上，会扩大该核桃品种在水湿地上的栽培范围。

5. 克服不易繁殖现象

许多园林花木品种，往往具有非常高的观赏价值，如高度重瓣的牡丹、梅花等。但这一类的品种往往不结实或结实非常少，难以种子繁殖。并且种子繁殖也难以保持其高度杂合的优良性状。如果扦插繁殖困难或扦插后发育不良，用嫁接繁殖可以较好地完成繁殖育苗工作。

6. 快速育苗

嫁接是快速繁殖无性系的主要手段。只要能嫁接成活一个接穗，就可以发展成多棵生长和习性相同的无性系树木。这样就可以在只有少量植株提供接穗的情况下，在短时间内获得大量苗木。在急需发展某优良品种时，嫁接是快速育苗的最好手段。

7. 园林树木养护

当一些名贵树种逐渐衰老或受病虫危害导致树势衰弱时，可利用桥接、寄根接等方法引入砧木，借助砧木的强壮根系恢复名贵树种的树势。树冠出现偏冠、中空时，可通过嫁接调整枝条的发展方向，恢复丰满的树冠。

二、嫁接成活的原理

嫁接成活与否主要取决于砧木和接穗能否互相紧贴密接产生愈伤组织，并进一步分化产生新的输导组织而相互连接。

在接穗和砧木的伤口处，由于切削表面的细胞被破坏或死亡，会形成一层薄薄的浅褐色薄膜，称隔离层。介于木质部和韧皮部之间的形成层薄壁细胞，有着强大的生命力，是再生能力最强的部分。嫁接使得砧、穗受到刺激，促进接口处形成层细胞分裂，冲破隔离层，各自产生愈伤组织，并相互连接在一起。由于细胞之间有胞间连丝联系，是的砧、穗之间水分和营养物质得以初步沟通。此后，愈伤组织的进一步分化，将砧、穗的形成层连接起来，并进一步向内分化形成新的木质部，向外形成新的韧皮部，将两者木质部的导管和韧皮部的筛管沟通起来，输导组织才真正联通，恢复了水分、养分的平衡，开始发芽生长。接下来，愈伤组织外部的细胞分化成新的栓皮细胞，砧、穗真正愈合成一个新的植株。

三、影响嫁接成活的因素

(一)嫁接成活的内因

1. 砧木和接穗的亲和力

嫁接后，在合适条件下，砧木和接穗伤口处都能长出愈伤组织。虽然表面上看已经连接起来，但是否嫁接成活，还需看其是否有亲和力。嫁接亲和力指的是砧木和接穗通过嫁接，能够愈合、生长的能力。亲和力强的组合嫁接后，接口愈合良好，比较平滑整齐，寿命长，能正常生长、开花和结果；反之，嫁接成活的可能性就小。根据砧木和接穗的亲和情况，可以将嫁接亲和力分成强亲和、半亲和、后期不亲和及不亲和四种类型。一般来说，砧、穗间亲缘关系越近，亲和力越强。所以品种间嫁接最易成活，种间次之，不同属之间又次之，不同科之间则较困难。

2. 砧木、接穗的生活力

砧、穗之间的亲和力是嫁接苗成活的关键。其次，形成层再生能力的强弱和愈伤组织的形成也是一个重要因素。一般来说，砧、穗健壮、体内营养物质丰富，生长旺盛，形成层细胞分裂最活跃，嫁接就容易成活。所以，要选择生长健壮、发育良好的植株来作为砧木，接穗也要从健壮母树的树冠外围选择发育充实的枝条。

此外，如果砧木和接穗的细胞结构、生长发育速度不同，嫁接则会形成"大脚"或"小脚"现象。如在女贞上嫁接桂花，容易出现"小脚"现象。

(二)影响嫁接成活的外因

1. 温度

在适宜的温度条件下，愈伤组织形成较快且容易成活，温度过高或过低，都不适宜愈伤组织的形成。不同的树种间愈伤组织生长最适温度有较大差异。如杏树愈伤组织生长最适温度为20 ℃，山楂树最适温度为25 ℃，而枣树的最适温度为30 ℃。

在一定温度范围内(4~30 ℃)，温度高比温度低愈合快。如在华北地区枝接，早春气温较低，如嫁接过早，愈伤组织增生慢，嫁接不易愈合。

2. 湿度

湿度对嫁接成活的影响很大。当接口周围干燥时，伤口大量蒸发水分，细胞干枯死亡，无法形成愈伤组织。这往往是嫁接失败的主要原因。一方面，愈伤组织生长需要一定的湿度环境；另一方面，接穗需要在一定的湿度条件下才能保持生活力。砧木本身能利用根系吸收水分，通常都可形成愈伤组织；而接穗是离体的，保持接穗及接口处的湿度是嫁接成活的重要环节。因此，生产上多采用培土、涂接蜡或用塑料薄膜保持接穗水分，以利于组织愈合。另外，土壤含水量的多少也直接影响砧木的活动。土壤含水量适宜时，砧木形成层分生细胞活跃，愈伤组织愈合快，砧穗输导组织易连通；土壤缺水时，砧木形成层活动滞缓，不利于愈伤组织形成；若土壤水分过多，会引起根系缺氧而降低形成层的活力。不同树种所需土壤含水量大致在8%~25%范围内。

3. 空气

空气也是愈伤组织生长的一个必要因素。砧木与接穗的接口处需要充足的氧气才能保证薄壁细胞的正常生理活动。随切口处愈伤组织的生长，代谢作用加强，呼吸作用也明显加大，若空气供应不足，代谢作用会受到抑制，愈伤组织无法正常生长。

4. 光照

光照对愈合组织生长起着抑制作用。据观察，愈伤组织在黑暗中生长比在光照下生长要快3倍以上，愈伤组织白而嫩，愈合能力强。在光照下生长的愈伤组织较易老化，呈浅绿色或褐色，砧、穗不易愈合。因此，在生产实践中，往往在嫁接后人为创造黑暗条件，采用培土或用不透光的材料包捆，以利于愈伤组织的生长，促进成活。

5. 嫁接技术

嫁接技术水平的高低是影响嫁接成活的一个重要因素。嫁接技术注意要点可以总结为

“齐、平、紧、快、净”5 个字，砧木与接穗的切面要平整光滑、形成层必须对齐，紧密结合在一起。操作动作要迅速，尽量减少砧、穗切面失水。对含单宁较多的植物，可减少单宁被空气氧化的机会。并且，砧、穗切面应尽量保持清洁。嫁接操作注意得好，将直接影响到接口切削的平滑程度与嫁接速度，提高嫁接成活率。

综上所述，影响嫁接成活的因素很多，他们之间的关系和在嫁接过程中的相互影响，如图 5-6 所示。

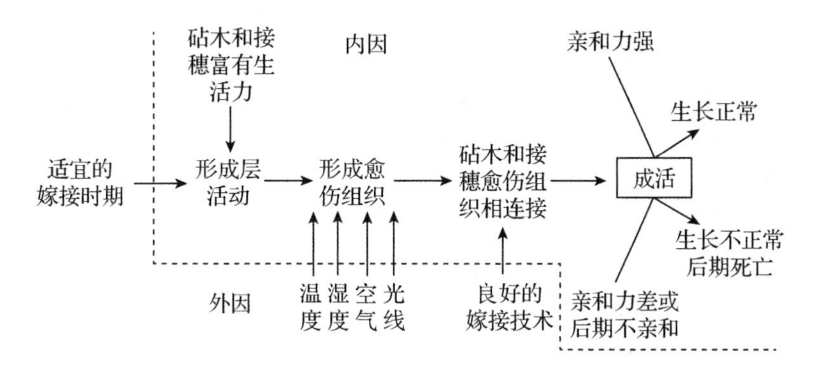

图 5-6　影响嫁接成活诸因素之间的关系（高新一和王玉英，2014）

四、砧木与接穗的相互影响

（一）砧木对接穗的影响

一般选择野生种、乡土种等具有较强生活力及环境适应性的树种作砧木。这样的砧木能增加嫁接苗的抗性与适应性。如用海棠做苹果的砧木，可增加苹果的抗旱和抗涝性，同时也增加对黄叶病的抵抗能力；枫杨做核桃的砧木，能增加核桃的耐涝性。在内蒙古呼和浩特一带，用当地的小叶杨做砧木嫁接毛白杨，可以使植株的抗寒能力增强。

有些砧木还能控制嫁接苗的高矮，使其乔化或矮化。能使嫁接苗生长旺盛、高大的砧木称为乔化砧，如山桃、山杏是梅花、碧桃的“乔化砧”；有些砧木能使嫁接苗生长势变弱，植株变矮小，称为矮化砧，如寿星桃是桃和碧桃的矮化砧。一般乔化砧能推迟嫁接苗的开花、结果期，延长植株的寿命；矮化砧则能促进嫁接苗提前开花、结实，缩短植株的寿命。

（二）接穗对砧木的影响

嫁接后砧木根系的生长是靠接穗所制造的养分，因此接穗对砧木也会有一定的影响、例如杜梨嫁接成梨后，其根系分布较浅，且易发生根蘖。

五、砧木、接穗的选择

(一)砧木的选择

选择优良的砧木是培育优良园林树木的重要环节。需要因地制宜、适地适树，选择适合当地条件的砧木，才能更好地满足栽培的要求。选择砧木的依据是：

①砧木与接穗间具有强亲和力；

②对接穗的生长和开花、结果有良好的影响，并且生长健壮，丰产，命长；

③对栽培地区的环境条件有较强的适应性，如具有较强的抗寒、抗旱、抗盐碱等能力；

④砧木的繁殖材料丰富，易于大量繁殖；

⑤对病虫害抵抗力强。

砧木多以种子繁殖的实生苗为好，根系深、抗性强、寿命长、繁殖容易。这一类砧木称为实生砧木。还有一类无性系砧木，用扦插、压条、分株等营养繁殖方法进行繁殖。

砧木的大小、粗细、年龄、与嫁接成活率和嫁接苗的生长都有密切关系。一般花木和果树的砧木以1~3 cm粗为宜。砧木年龄以1~2年生者为佳，生长慢的树种也可以用3年生以上的苗木为砧木，甚至可以用大树进行高接换头。

(二)接穗的选择和贮藏

选择接穗时应掌握以下原则：接穗品种应具有稳定的优良性状，具有市场销售潜力；采穗母树应为生长健壮的成龄植株；接穗应选用树冠外围中上部的1年生枝条；接穗枝条应健壮充实，芽体饱满，充分木质化，匀称光滑，无病虫害。

接穗的采集因嫁接方法不同而异，芽接使用的接穗一般采用当年的发育枝，宜随采随接。从采穗母树上采下的枝条，应剪去嫩梢，摘除叶片，保留叶柄，保护腋芽不受损伤。并及时用湿布包裹，防治枝条失水。若当天使用不完，可将下端浸于清水中，置于阴凉处，每天换水1~2次，可短期保存4~5天。若需保存较长时间，可用湿布或其他保湿材料包裹，置于5 ℃低温环境中保存。枝接使用的接穗一般是秋冬季节采集的休眠期枝条，需贮存至翌年春季用于嫁接。采回的穗条可以用沙藏或蜡封法进行贮藏。其中沙藏法与插条的沙藏方法相同。蜡封法具体操作程序如下：将工业石蜡加热融化，把接穗切成10~15 cm长，在蜡液中速浸(先在一端蘸一下，取出后蘸另一端)，然后成捆装入塑料袋中，置于0~5 ℃条件下贮藏。

六、嫁接的时期及准备工作

(一)嫁接的时期

嫁接时期与树种的生物学特性、物候期和嫁接方法都有密切的关系。一般来说，一年四季都可以嫁接。为保证嫁接成活率，需根据不同树种采用适宜嫁接方法，并在适宜时期开展嫁接工作。

一般枝接最适宜的时期是春季，以早春砧木树液开始流动而接穗芽尚未萌动时为好。春季气温逐渐升高，砧、穗愈合快，成活率高，而且管理方便。各种树木的芽萌发时期不同。早萌发的应该早嫁接，晚萌发的可以晚点嫁接。并且，对单宁含量较高的树种，如柿树、核桃等，嫁接时期应该比其他树木稍晚。由于全国各地气候不同，很难提出一个合适的嫁接时期，只要掌握物候期这个原则，在砧木芽萌动，而接穗芽尚未萌动时进行嫁接。如果接穗较早发芽，需提前采集尚未萌发的接穗，冷藏起来，等到砧木芽启动萌发时再行嫁接。

芽接可以在春、夏、秋三季进行，但以夏末秋初为最适宜。一般宜在枝条上的芽成熟之后进行。如果芽接过早，芽分化不完全，鳞片过薄，表皮角质化不完全，所取芽片过软、过薄，嫁接时就难以操作。如果芽接过晚，气温较低，砧、穗形成层不活跃，表现出不易离皮，这时愈伤组织生长慢，也会影响嫁接成活率。因此，生长期芽接最合适的时间，应该是在接穗开始木质化到砧木不离皮为止。在北方地区，应为 5 月下旬至 9 月上旬。南方常绿树的嫁接时期可以更长，一年四季都可以进行，但是以春、秋两季为最好，气温适宜，成活率高。

(二)嫁接工具及用品

①剪枝剪　用来剪接穗和较细的砧木。

②手锯　用来锯较粗的砧木。

③劈刀　用来劈砧木切口。刀刃用以劈砧木，楔部用以撬开砧木的劈口。

④芽接刀　芽接时用来削接芽和撬开芽接切口。芽接刀的刀柄有角质片，专用于撬开切口。也可用锋利的小刀代替。

⑤水罐和湿布　用来盛放和包裹接穗。

⑥绑缚材料　用来绑缚嫁接部位，以防止水分蒸发和使砧木、接穗密接紧贴。常用的绑缚材料有塑料条带、马蔺、蒲草、棉线、麻皮等。

⑦接蜡　用来涂盖芽接的接口，以防止水分蒸发和雨水浸入接口。

七、嫁接方法

(一)枝接

用一小段枝条作为接穗进行的嫁接称为枝接。一般在树木休眠期进行枝接，特别是在春季砧木树液开始流动、而接穗尚未萌芽时最好。枝接的优点是成活率高，苗木生长快，可当年萌芽发出新枝，且当年成熟。枝接对砧木的粗度有一定要求，多用于嫁接较粗的砧木或在大树上改换品种。且需要接穗数量大，可供嫁接时间也受到一定限制。枝接常用的方法有切接、劈接、靠接、插皮接等。

1. 切接(图 5-7)

切接法一般用于地径 1~2 cm 的小砧木。切接方法如下：

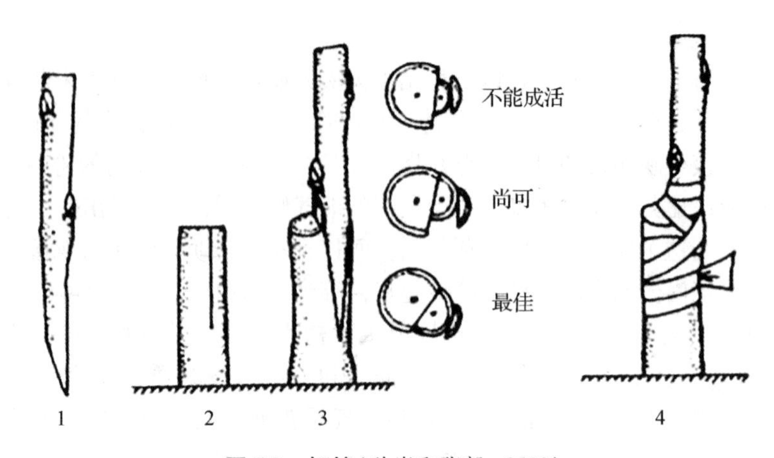

图 5-7　切接(孙岩和张毅, 2002)

1. 接穗切削　2. 砧木切削　3. 砧、穗接合　4. 绑扎

(1)砧木切削

在距地面 5 cm 左右处剪断砧木，选择砧木皮厚、平滑的地方，用切接刀在砧木一侧(略带木质部，在横断面上约为直径的 1/5～1/4)垂直向下切，切口深度 2～3 cm。

(2)接穗切削

接穗上要保留 2～3 个完整饱满的芽。在接穗下部芽的背面下方 1 cm 处切削，削掉木质部的 1/3，削面应平直，长约 2 cm，再在削面的背面下端斜削一个小削面，稍削去一些木质部。

(3)接合与包扎

将削好的接穗，长削面向里插入砧木切口，使双方形成层对准紧密接合。接穗插入的深度以接穗削面上端留白 0.2～0.3 cm 为宜。如果砧木切口过宽，可对准一边形成层，然后用塑料条由下向上捆扎紧密，使形成层密接和伤口保湿。为防止接口失水干萎，可采用套袋、封土和涂接蜡等措施。

2. 劈接(图 5-8)

通常在砧木较粗、接穗较小时使用，劈接方法如下：

(1)砧木切削

在离地面 5～10 cm 处将砧木锯断，断面要用快到削平。用劈接刀从其横断面的中心直向下劈，劈口深约 3 cm。

(2)接穗切削

将穗枝削去梢部和基部芽不饱满的部分，截成 5～6 cm 长，每穗保留 2～3 个芽。接穗下部芽下方约 3 cm 处削成楔形，削面长 2～3 cm，接穗外侧要比内侧稍厚。

(3)接合

用劈刀楔部把砧木劈口撬开，将接穗厚的一侧向外、窄面向里插入劈口中，使两者的

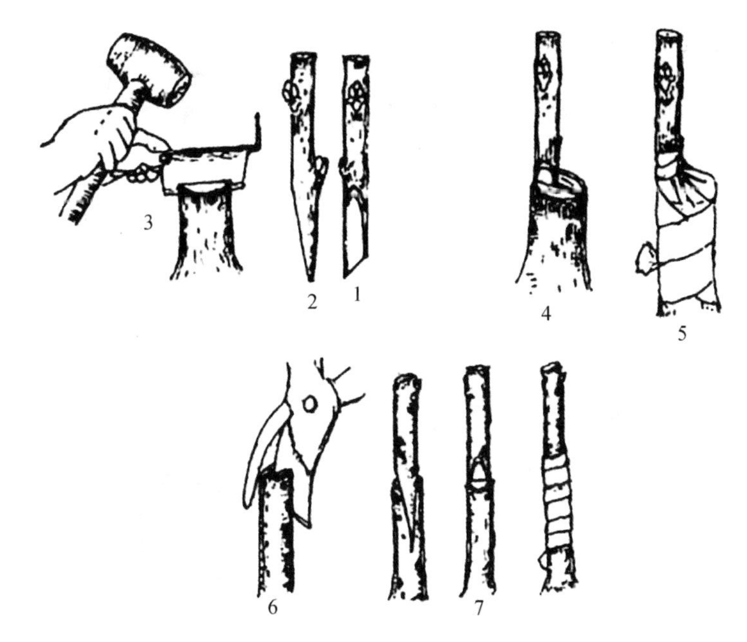

图 5-8　劈接(高新一和王玉英, 2014)

1、2. 接穗切削　3. 砧木切削　4. 砧、穗接合　5. 绑扎　6. 枝剪剪砧木　7. 砧、穗同等粗度的劈接

形成层对齐，接穗削面不宜全部插入，宜留白 0.2～0.3 cm。当砧木较粗时，可同时插入 2～4 个接穗。

(4)包扎

一般不必绑扎接口，但如果砧木过细，夹力不够，可用塑料薄膜条或麻绳绑扎。为防止劈口失水影响嫁接成活，接后可培土覆盖或用接蜡封口。

3. 舌接(图 5-9)

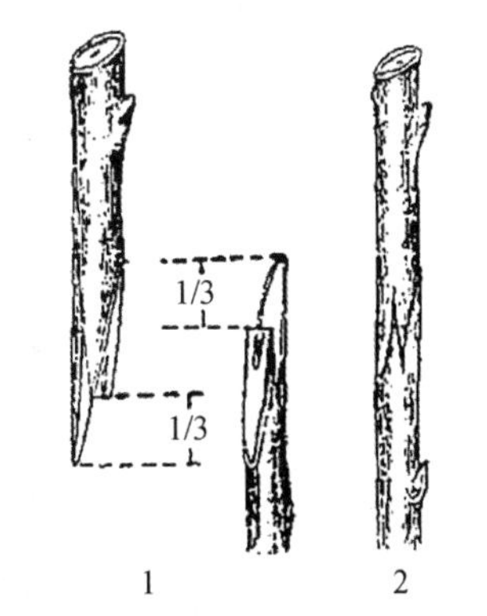

图 5-9　舌接(苏金乐, 2010)

1. 砧、穗切削　2. 砧、穗接合

适用于地径约 1 cm 的砧木，并且砧、穗的粗细大体相同。舌接方法如下：

(1)砧木切削

将砧木上端削成 3 cm 长的斜削面，再在削面由上往下 1/3处，顺砧木往下切 1 cm 左右的纵切口，形成舌状。

(2)接穗切削

在接穗下部芽背面平滑处削 3 cm 长的斜削面，再在斜面由下往上 1/3 处同样切 1 cm 左右的纵切口，和砧木斜面部位纵切口相对应。

(3)接合和包扎

插入接穗，使接穗和砧木舌状部位交叉，形成层对准。若砧木和接穗粗细不一，应有一边形成层对准、密接。包扎方法同切接。

4. 插皮接(图 5-10)

插皮接是将接穗插入砧木的形成层，即树皮与木质部之间，故又叫皮下接，要求在砧木较粗并易剥皮的情况下采用。插皮接切削简单、容易掌握、速度快、成活率高。但嫁接成活后容易被风吹断，因而要及时绑缚支撑。插皮接方法如下：

(1)砧木开口

在距地面 5~8 cm 处断砧，削平断面。选平滑处，自上而下垂直划一刀，深达木质部，划出一个长约 1.5 cm 的开口。

(2)接穗切削

接穗削成长 3~5 cm 的单斜面。削面略平直并超过髓心，厚 0.3~0.5 cm，背面末端削成 0.5~0.8 cm 的一小斜面，或在背面的两侧再各微微削去一刀。

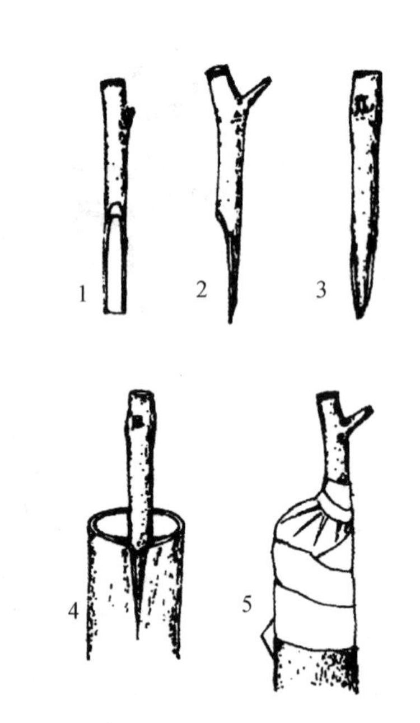

图 5-10　插皮接(高新一和王玉英，2014)

1. 接穗正面削一个大斜面　2. 接穗侧面
3. 在接穗背面左右各削 2 个小斜面，并将前端削尖
4. 在砧木皮光滑处切一纵口，插入接穗
5. 用塑料条把接口处绑紧

(3)接合和包扎

把接穗的长削面朝向砧木木质部插入开口，使削面在砧木的韧皮部和木质部之间，与形成层密切贴合，并留白 0.2~0.3 cm。最后用塑料薄膜条(宽 1 cm 左右)绑扎。如果砧木较粗可同时接上 3~4 个接穗，均匀分布，成活后即可作为新植株的骨架。

5. 插皮舌接(图 5-11)

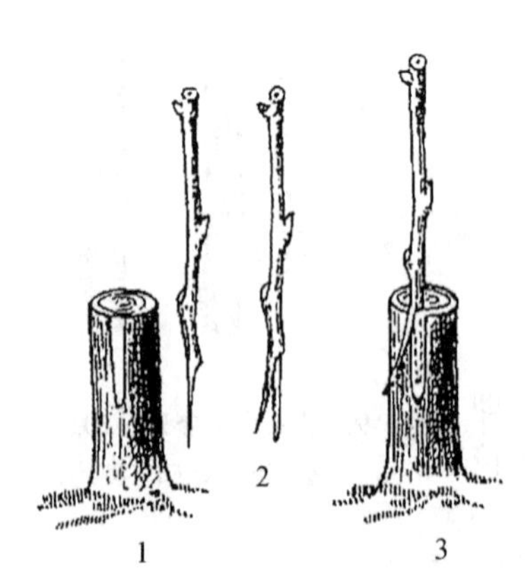

图 5-11　插皮舌接(苏金乐，2010)

1. 砧木切削　2. 接穗切削
3. 砧、穗接合

接穗木质部呈舌状插入砧木树皮中，叫插皮舌接。该法多用于树液流动、容易剥皮而不适于劈接的树种。并且，由于接穗也需离皮，所以接穗最后现采现接。其嫁接时期，一般安排在接穗芽开始萌动之时。插皮舌接方法如下：

(1)砧木切削

将砧木在离地面 5~10 cm 处锯断，选砧木平直部位，削平伤口，并在准备插接的部位，从下而上削去粗老皮，露出嫩皮。然后再中部纵切一刀。

(2)接穗切削

接穗留 2~3 个芽，下部削成约 4 cm 长的单面马耳形，削去部分约为 1/2，使其保留部分的前端薄而尖。然后用大拇指及食指捏一下接穗削口的两边，使其下端树皮与木质部分离。

(3)接合和包扎

将接穗木质部尖端插入已削去老皮的砧木形成层处，从纵切口处插入，使接穗的皮在外边和砧木韧皮部伤口贴合。这样一来，接穗既和砧木形成层相接，又和砧木韧皮部细胞相接。用塑料条捆紧。若砧木粗壮，插有2个以上接穗，也可用塑料口袋套上。

6. 腹接(图5-12)

将接穗接在砧木中部，像人身腹部的位置，故叫做腹接。分为普通腹接和皮下腹接两种。不剪除砧冠，待成活后再剪除上部枝条。常用于针叶树的嫁接繁殖。

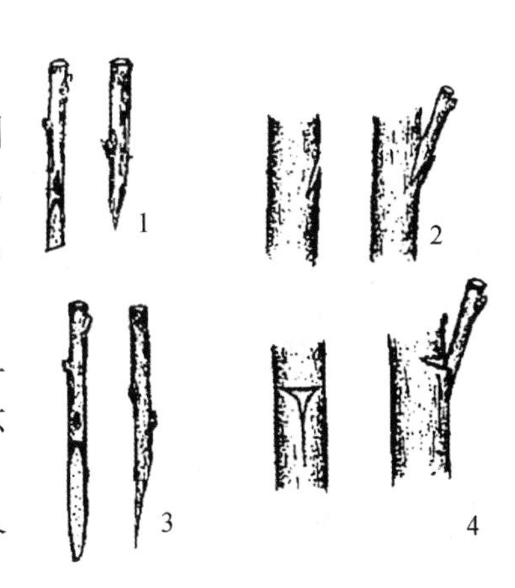

图5-12　腹接(苏金乐，2009)

1. 普通腹接接穗　2. 普通腹接砧木切削及接合 3. 皮下腹接接穗　4. 皮下腹接砧木切削及接合

(1)普通腹接

①砧木切削　在适当的高度，选择砧木平滑的一面，自上而下斜切一刀，深入木质部。但切口下端不宜超过髓心，切口长度与接穗长削面相当。

②接穗切削　接穗上端留3~4个芽，下端削两个马耳形斜面，一面长一些，约4 cm，另一面短一些，约3 cm。

③接合和包扎　将接穗长削面朝里插入切口，注意形成层对齐、密接，绑扎保湿。

(2)皮下腹接

①砧木开口　选择树皮光滑无疤处切一个"T"字形口，在"T"字形口的上面，削一个半圆形的斜坡伤口，以便使接穗顺势插入树皮内。

②接穗切削　最好选用弯曲枝条，在其弯曲部位外侧削一个马耳形斜面，斜面约5 cm，以露白为度。接穗一般留2~3个芽。

③接合和包扎　撬开皮层插入接穗，绑扎即可。

7. 靠接(图5-13)

嫁接时，砧木和接穗靠在一起相接，叫做靠接。这是一种特殊形式的枝接。嫁接成活率较高，可在生长期内进行，多用于亲和力较差，嫁接不易成活的树种。但要求接穗和砧木都要带根系，愈合后再剪断，操作麻烦。靠接方法如下：

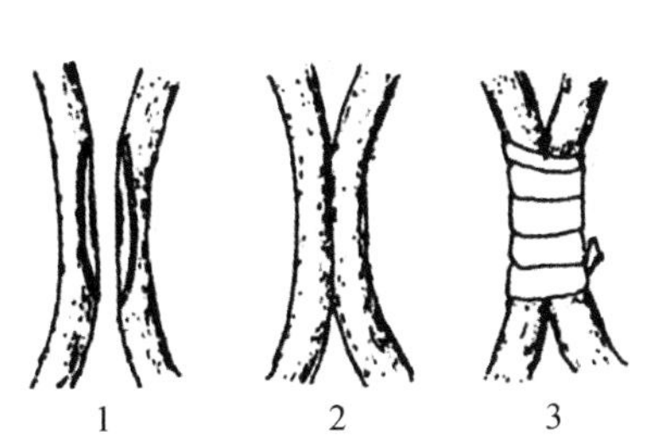

图5-13　靠接(高新一和王玉英，2014)

1. 砧、穗切削　2. 砧、穗靠接在一起　3. 绑扎

(1)砧、穗切削

嫁接前将砧木和接穗靠拢在一起。砧木和接穗粗度相等。将接穗和砧木分别朝结合方向弯曲，各自形成"弓背"性状。将双方在合适的部位各削一个伤口，长3~5 cm，伤口最宽处约等于接穗的直径，双方伤口大

小相等。

(2)结合和包扎

削面削好后，将接穗、砧木靠紧，使两者的削面形成层对齐，用塑料条绑缚。愈合后，分别将接穗下段和砧木上段剪除，即成1棵独立生活的新植株。

(二)芽接

采用芽接，一个芽能繁殖一株苗，节约接穗，繁殖系数大；对砧木的粗度要求不严，适宜嫁接的时间较长；技术容易掌握，成活率高，嫁接不成活对砧木影响也不大，还可以重新补接。常见的芽接法包括嵌芽接、套芽接、"T"形芽接、方形芽接等。

1. 嵌芽接(图5-14)

砧木切口和接穗芽片的大小、形状相同，嫁接时将接穗嵌入砧木中，称为嵌芽接。嵌芽接是带木质部芽接的一种重要方法。此法不受树木离皮与否的季节限制，且嫁接后接合牢固，利于成活，已在生产实践中广泛应用。嵌芽接方法如下：

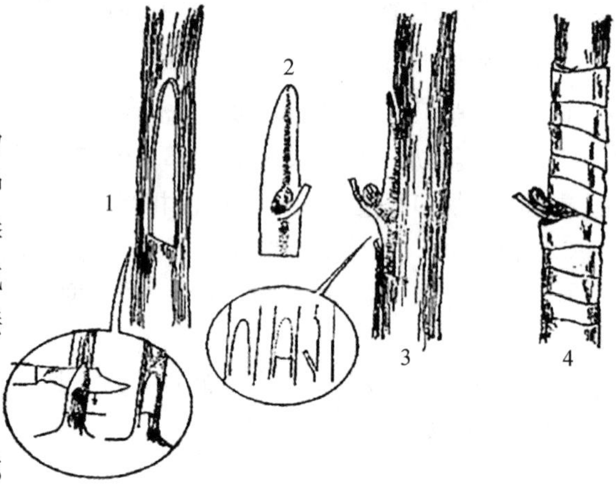

图5-14　嵌芽接(苏金乐，2010)
1. 砧木切削　2. 接芽切削　3. 接合　4. 包扎

(1)砧木切削

在选好的部位自上向下稍带木质部斜切一刀。再在切口上方2 cm处，由上而下地连同木质部往下削，一直削到下部刀口处，取下一块砧木。

(2)接芽切削

与砧木切削法方法相同。切削芽片时，自上而下切取，在芽的上部1～1.5 cm处稍带木质部往下切一刀，再在芽的下部1.5 cm处横向斜切一刀，即可取下芽。要求接穗芽片大小和砧木上切去的部分基本相等。

(3)接合和包扎

将接穗的芽片嵌入砧木切口中，下边要插紧，最好使双方接口上下左右的形成层都对齐。用塑料条带绑扎好即可，绑扎时必须把芽露出来。

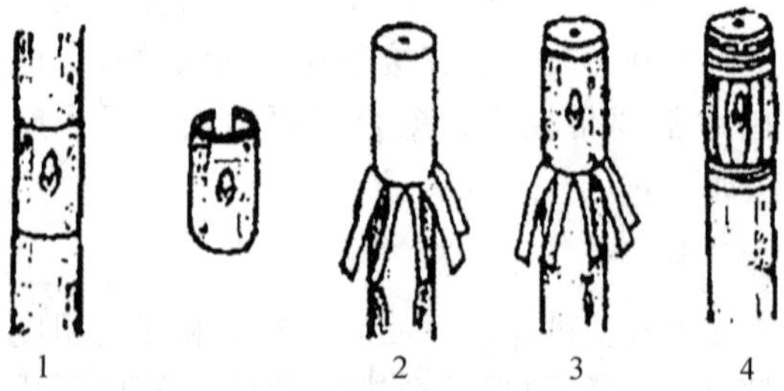

图5-15　套芽接(高新一和王玉英，2009)
1. 接芽切削　2. 砧木切削　3. 接合　4. 包扎

2. 套芽接(图5-15)

套芽接又称环状芽接，接穗芽片呈圆筒状，嫁接时套在砧木上。套接在生长旺季进行，一般用于芽接难以成活并且接穗枝条通直、芽不隆起的树种。其接触面积大，易于成活，主要用于皮部易于剥离的树种，在春季树液流动后进行。套芽接方法如下：

(1)砧木切削

选择砧木与接穗同一粗度的部位，将砧木剪断。把砧木的一圈树皮撕下来，长度约3 cm。

(2)接芽切削

选择未萌发的芽作为接芽。先从接穗枝条芽的上方1 cm左右处剪断，再从芽下方1 cm左右处用刀环切，深达木质部，然后用手轻轻扭动，使树皮与木质部脱离，抽出管状芽套。

(3)接合和包扎

把筒状芽自上而下套在砧木上。为了保护形成层不被伤害，套上接穗后不要来回转动。嫁接后可以不用塑料条包扎，只需将砧木皮由下往上翻，使其分布在接穗周围，起到保护作用，减少水分蒸发。

3. "T"字形芽接(图5-16)

"T"字形芽接又叫盾状芽接，是育苗中芽接最常用的一种方法，这种方法操作简单、嫁接速度快，且成活率高。砧木一般选用1~2年生的小苗或大砧木的当年生新梢(或1年生枝)。若砧木过大，不仅皮层过厚不便于操作，而且接后不易成活。具体操作方法如下：

(1)砧木切削

在砧木距地面5 cm左右，选光滑无疤部位横切一刀，深度以切断皮层为准，然后从横切口中央切一垂直口，使切口呈"T"字形。

(2)接芽切削

采当年生新鲜枝条为接穗，去除叶片，留有叶柄。削芽片时先从芽上方0.5 cm左右横切一刀，刀口长约0.8~1 cm，深达木质部，再从芽片下方1 cm左右连同木质部向上切削到横切口处取下芽，芽片一般不带木质部，芽居芽片正中或稍偏上一点。

(3)接合和包扎

把芽片放入切口，往下插入，使芽片上边与"T"字形切口的横切口对齐。然后用塑料带从下向上一圈压一圈地把切口包严，注意将芽和叶柄留在外面，以便检查成活与否。

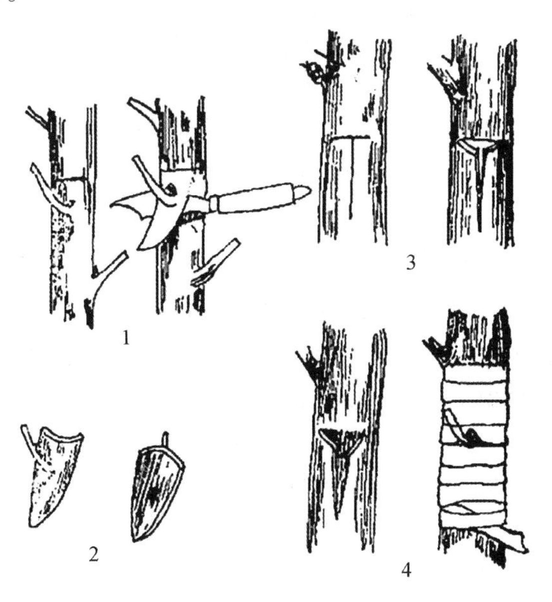

图5-16 "T"字形芽接(俞玖，1987)

1. 接芽切削 2. 芽片性状 3. 砧木切削 4. 接合和包扎

4. 方块芽接(图 5-17)

方块芽接又叫块状芽接。此法芽片与砧木形成层接触面积大，成活率较高，多用于柿树、核桃等较难成活的树种。方块接芽不能带木质部，且一定要在形成层活跃的生长期进行。因其操作较复杂，工效较低，一般树种多不采用。具体方法如下：

(1)砧木切削

嫁接前，先量好砧木和接穗切口的长度，用刀刻上记号。在砧木平滑处上、下、左、右各切一刀，挑取方形砧木皮。

(2)接芽切削

接穗切法与砧木切法相同，取出长方形芽片。

(3)接合和包扎

手拿叶柄，将方形芽片放入砧木切口中，使两者正好契合。若芽片小一些，放入时最好使上边对齐。注意接穗放入后不要来回移动，以免损伤形成层细胞。用塑料条包扎伤口，露出芽和叶柄。

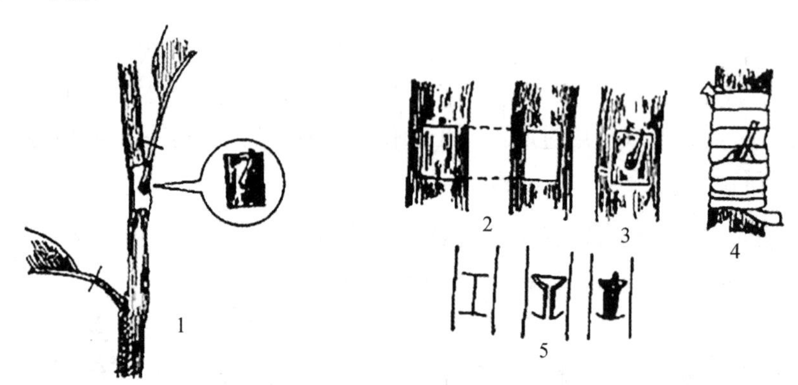

图 5-17 方块芽接(俞玖, 1987)

1. 接芽切削 2. 砧木切削 3. 芽片嵌入 4. 绑扎 5. I 字形砧木切削及芽片插入

(三)根接

根接(图 5-18)可以说是一种特殊的枝接方法，以树根为嫁接的砧木。如果砧根比接穗粗，可把接穗进行切削，继而插入砧根内，再进行绑缚，这被称为正接；如果砧根比接穗细，可将较细的砧根削成接穗状，然后将削好的砧根插入接穗中，称为倒接。其绑扎方法与其他枝接相同。

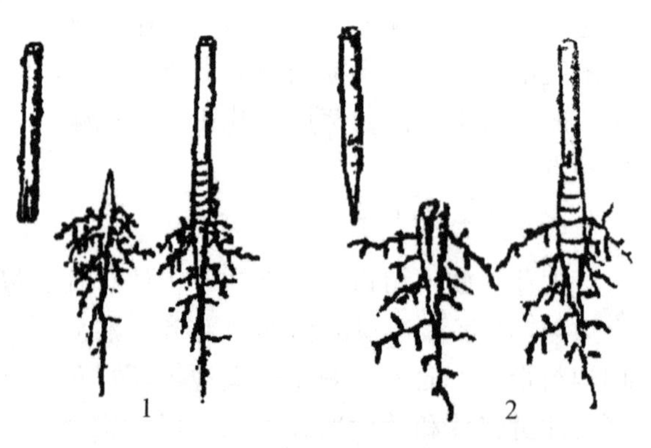

图 5-18 根接(鞠志新, 2013)

1. 倒接 2. 正接

八、嫁接后管理

（一）检查成活与补接

一般在枝接 20~30 天后，可检查成活状况。枝接成活的接穗上，芽体新鲜饱满，甚至已经萌发，开始生长；若芽体干瘪，接穗皮层失水皱缩，接穗干枯或变黑腐烂，则表明未能接活。若成活的接穗较多，应选择方向好、生长健壮的保留一枝，其余的剪除，以节约营养共接穗生长。而芽接成活情况的检查一般可在嫁接完成后 7~15 天进行。若芽接成活，接芽会呈现新鲜状态，不干缩，而原来保留的叶柄一触即落；若芽体变黑，而叶柄不易掉落，则是未接活。

枝接未接活的，可从砧木萌蘖条中选留一个健壮枝进行培养，用于补接，其余的均予以剪除。芽接未接活的，可在砧木上选择合适的位置立即补接。同时，对接后埋土保湿的枝接，当检查确认接穗成活并萌芽后，要分次逐渐撤出覆盖的土壤。

（二）解除绑缚材料

当确认嫁接已经成活，接口愈合已牢固时，要及时解除绑缚材料，避免因植株增粗使绑缚材料缢入皮层，影响植株生长。枝接一般在新梢长到 2 cm 以上时解除绑缚材料。枝接由于接穗较大，愈伤组织虽然已经形成，但砧木和接穗结合常常不牢固，若过早解除绑缚，接口仍有裂开或失水的危险而影响成活。一般在接穗上的芽开始生长时先松绑，待接穗萌芽生长一段时间后再解绑。对接后进行埋土的，扒开检查后仍需以松土略加覆盖，防治因突然暴晒或吹干而死亡。待接穗萌发生长，自行长出图面时，结合中耕除草，去掉覆土。

芽接一般 20 天左右接芽已经萌发时即可解除绑缚，以防止因加粗生长而绑扎物勒进树皮，使芽片受损，影响生长。但对秋季芽接的，不要过早解除绑缚，这样有利于保护接芽过冬，防止干枯。

（三）剪砧和除萌

芽接成活后要剪砧，即将接芽以上的砧木枝干剪掉，以促进接芽的生长。春、夏季芽接的，可在接芽成活后立即剪砧；夏、秋季芽接成活后，当年不剪砧，以防止接芽当年萌发，难以越冬，要等到翌年春季萌芽前剪砧。同样，在枝接成活后，为集中养分供给接口愈合并促进已接穗新梢的健壮生长，必须及时剪砧。并且，在剪砧后，砧木上往往可能萌发许多萌蘖。这些萌蘖会与接穗展开水分与养分的竞争，不利于接穗的生长。所以，应注意随时去除砧木上长出的萌蘖。

嫁接成活后，凡在接口上方仍有砧木枝条的，要及时将接口上方砧木部分剪去，以促进接穗的生长。一般树种大多可采用一次剪砧，即在嫁接成活后，春季开始生长前，将砧木自接口上 0.5~1 cm 处一次剪去。过高不利于接穗芽萌发，过低容易造成接穗芽的失水死亡。剪口要平，以利愈合。对于嫁接难成活的树种，可两次或多次剪砧，不要急于一次剪完，第一次剪完后留一部分砧木枝条，用以给接穗提供水分和养分。

(四)立支柱

嫁接苗长出新梢时遇到大风易被吹折或吹弯，从而影响成活和正常生长。故一般在新梢长出时，紧贴砧木立一支柱，将新梢绑于支柱上。用绳拢缚新梢，以便使嫁接苗直立生长，并防止被风吹折。芽接剪砧时剪下的砧木枝干可用作支柱，插在接芽的对面。也可以分两次剪砧。在生产上，此项工作较为费工，通常采用降低接口，在新梢基部培土、嫁接与砧木的主风方向等其他措施来防止或减轻风折。

(五)其他管理

嫁接苗的病虫害防治及施肥、灌水、排涝等日常管理，均与其他育苗方法相同。

第三节　分株繁殖

分株繁殖是人为地将植物体分生出来的根出条(根蘖)和萌蘖枝(茎蘖)从母株分离或分割出来单独栽植，使之形成独立的新植株的一种繁殖方法。分株繁殖是一种无性繁殖的传统方法，产生的后代能较好地保持母株的遗传特性、安全可靠，成活率高，成苗较快，能提早开花。但繁殖系数较低，不适宜大面积生产育苗，且所得苗木规格不整齐，因此多用于少数苗木或名贵花木的繁殖。

一、适宜分株繁殖的树种

对具有以下几种植物器官的植物可进行分株繁殖：

(一)根蘖

有些树种会在根上长出不定芽，并长成一些未脱离母体的小植株，称之为根蘖。为刺激根蘖的产生，早春可在树冠外围挖沟，切断部分1～2 cm粗的水平根，施入腐熟的基肥。在分株过程中要注意根蘖苗一定要有较完好的根系，这样有利于幼苗的生长。这一类的植物包括臭椿、银杏、刺槐、泡桐、文冠果、贴梗海棠等。

(二)根茎

根茎是增粗的地下茎，在地表下呈水平状生长，外形似根，先端有芽，节上常形成不定根，并有侧芽萌发而形成株丛。可将根茎进行分割来育苗。此类植物包括荷花、鸢尾、美人蕉等。

(三)块根

某些园林植物的侧根或不定根局部膨大而形成块根。在一棵植株上，可在多条侧根或不定根上形成多个块根。块根上没有芽，芽都着生在接近地表的根茎上，因此必须带有根颈部分的块根才能形成新的植株。此类植物包括大丽花、观叶番薯等等。

(四)块茎

指越冬的地下变态茎，末端常膨大成块状。块茎上有一些芽眼，内藏腋芽，可长成新的植物。此类植物包括仙客来、水鬼蕉、花叶芋等。

(五)球茎和鳞茎

球茎是植物的变态地下茎，为节间短缩的直生茎，分生能力较强，开花后老球茎能分生出几个大小不等的球茎，也可将球茎进行切球繁殖。这类植物包括唐菖蒲、小苍兰等。鳞茎也是植物的变态地下茎，有短缩而扁盘状的鳞茎盘，储藏丰富营养物质和水分。每年从老球基部的茎盘分生出几个子球，可对这些子球进行分株繁殖。此类植物包括百合、石蒜属、朱顶红属植物等。

(六)走茎和匍匐茎

走茎是某些植物自叶丛抽生出来的节间较长的茎，茎节能产生幼小植株。此类植物包括吊兰、虎耳草、草坪植物狗牙根等。

(七)吸芽

指某些植物能自根际或地上茎叶腋间自然发生的短缩、肥厚呈莲座状的短枝。吸芽下部可自然生根，用于繁殖新个体。此类植物包括美人蕉、石莲、芦荟等。

(八)珠芽及零余子

是某些植物所具有的特殊形式的芽。可生于叶腋间及花序中，这些珠芽和零余子脱离母体后，可落地生根，发育成新的植株。此类植物包括卷丹、秋海棠等。

二、分株时期

分株主要在春、秋两季进行，春季开花的树种宜在秋季落叶后进行，秋季开花的树种应在春季萌发前进行，这样在分株后给予一定的时间使根系愈合长出新根，有利于生长，且不影响开花。总体来说，一定要考虑到分株对母树生长开花的影响以及栽培地的气候条件。

三、分株方法

(一)灌丛分株

将母株一侧或两侧土挖开，将带有一定茎干(一般1~3个)和根系的萌株带根挖出，另行栽植。此法适用于易形成灌木丛的植株，如玫瑰、牡丹、火炬树、香花槐等。挖掘时注意不要对母株根系造成太大的损伤，以免影响母株的生长发育，减少以后的萌蘖。并且，在进行分株前，可对母株进行切根或平茬处理，以促进生出更大的灌丛。灌丛分株具体方法如图5-19所示。

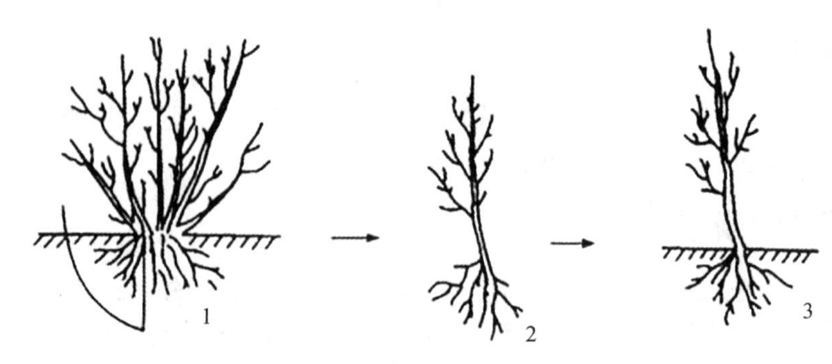

图 5-19　灌丛分株（王大平和李玉萍，2014）

1. 切割　2. 分离　3. 栽植

（二）根蘖分株

将母株的根蘖挖开，用利斧或利铲将根蘖株带根挖出，另行栽植。能用该方法繁殖的植物包括枣、金丝桃、紫荆等。进行根蘖分株时要注意，根蘖苗一定要有保持较好的根系，并且地上部分要根据树种和繁殖的要求，选留适当数量的枝干，可为 2～3 条或更多。根蘖分株具体方法如图 5-20 所示。

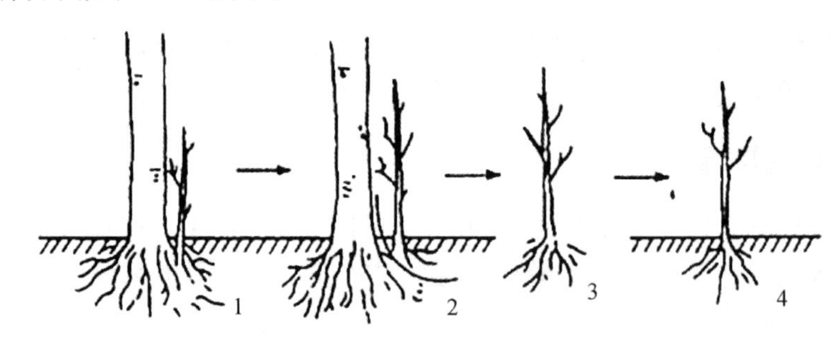

图 5-20　根蘖分株（王大平和李玉萍，2014）

1. 母株长出根蘖　2. 切割根蘖　3. 分离　4. 栽植

（三）掘起分株

将母株全部带根挖起，用利斧或利刀将植株根部分成有较好根系的几份，每份地上部分均应有 1～3 个茎干，这样有利于幼苗的生长。掘起时，要尽量保留较多的根，剪取太长的或老化的病根，以方便栽培和培育健壮的植株。掘起分株如图 5-21 所示。

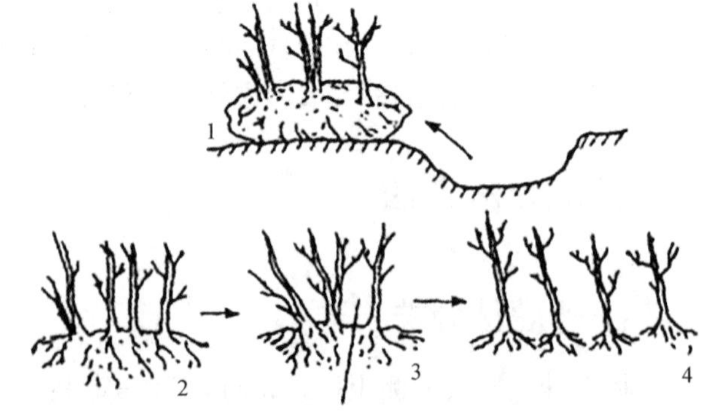

图 5-21　掘起分株（王大平和李玉萍，2014）

1、2. 挖掘母株　3. 切割　4. 栽植

第四节　压条繁殖

一、压条繁殖

压条繁殖是将未脱离母体的枝条压入土内或用其他湿润的材料包裹，促使枝条被压的部分生根，待生根后把枝条切离母体，成为独立新植株的一种繁殖方法。由于压条生根的过程中枝条不脱离母体，仍由母体给其供应水分和营养，所以压条苗成活率高。但压条繁殖受母体限制，操作麻烦，繁殖系数低，且生根时间较长，难以大规模应用。此法多用于扦插繁殖不容易生根的树种，如樱桃、龙眼等。

（一）压条的时期

按树木的生长状况，压条可分为休眠期压条和生长期压条两类。休眠期压条多采用普通压条法，利用1~2年生的成熟枝条在秋季落叶后或早春发芽前进行；生长期压条多采用堆土压条法或高空压条法，利用当年生枝条在雨季进行，北方常在夏季，南方在春、秋两季。

（二）压条的方法

根据压条的状态、位置及操作方法，可分为低压法和高压法。

1. 低压法

低压法是用土或腐殖土母株上接近地表的枝条压埋，促使其生根并发育成新植株的方法。根据压条的状态不同可分为普通压条、水平压条、波状压条及堆土压条等方法。

（1）普通压条法（图5-22）

普通压条法又称单枝压条法，适用于枝条离地面比较近而又易弯曲的树种，如迎春、木兰、无花果等。一根枝条只能产生一株新苗。具体方法为：

①挖沟　将母株上接近地面的1~2年生枝条弯到地面。在接触地面处，挖一宽10 cm、深10~15 cm的沟，靠母树一侧的沟做成斜坡状，相对壁垂直。

②压条　将枝条放入沟中，枝梢露出地面，并在枝条向上弯曲处插一木钩固定。

③成苗　待枝条生根成活后，从母株上分离即可。

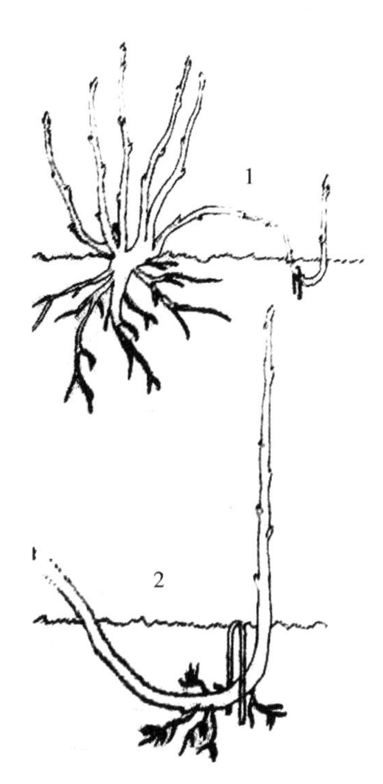

图5-22　普通压条法（Macdonald，1986）
1. 普通压条法　2. 压条生根

（2）波状压条法（图5-23）

波状压条法适用于枝条长而柔软或为蔓性的树种，如紫藤、铁线莲、地锦等。具体方法为：

①挖沟　在母株上所选枝条弯到地面，沿枝条挖一条浅沟。

②压条　将枝条弯曲成波浪状，压入沟中，波谷压入土中，波峰露出地面。一段时间以后，压入土中的部分产生不定根，而露出地面的芽抽省新枝。

③成苗　待成活后，将新苗分别与母株切离成为新的植株。

(3)水平压条法(图5-24)

水平压条法适用于枝条较长且易生根的树种，如连翘、紫藤、葡萄等。通常仅在早春进行。一根枝条可得多株苗木。具体方法如下：

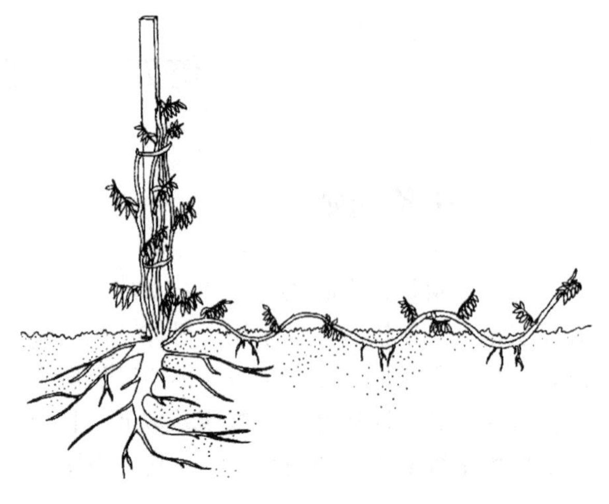

图5-23　波状压条法(Macdonald, 1986)

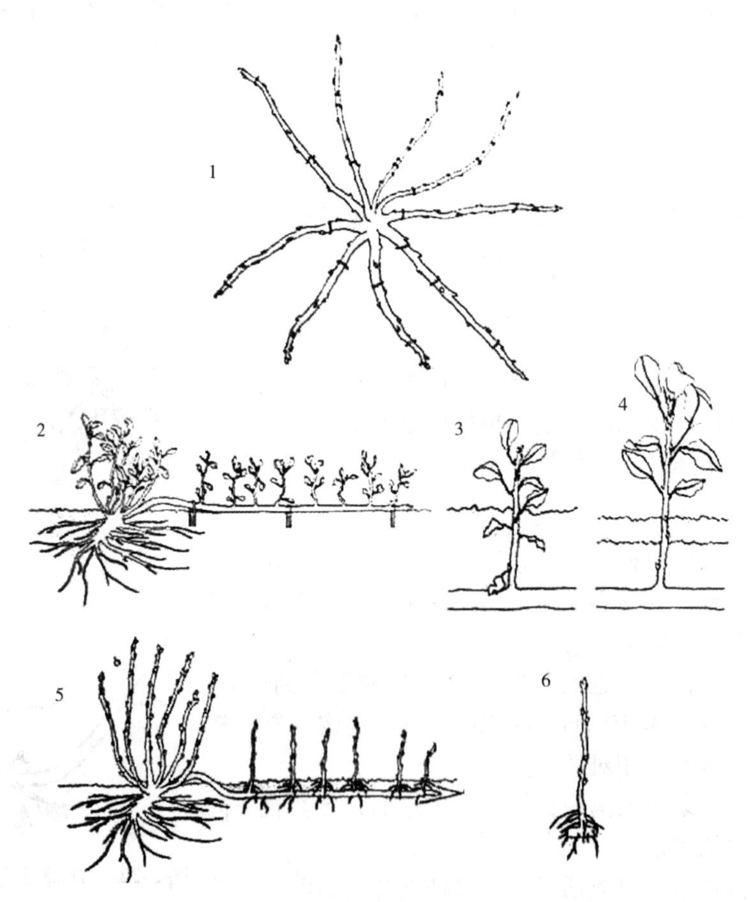

图5-24　水平压条法(Macdonald, 1986)

1. 枝条弯曲并固定于地面　2. 由腋芽发育成无根小苗　3、4. 将带无根苗的枝条置于浅层土壤　5. 长出不定根　6. 分割成独立小苗

①挖沟　在母株上所选枝条弯到地面，沿枝条挖一条浅沟。

②压条　将整个枝条水平压入沟中，使每个芽节处下方产生不定根，上方芽萌发新枝。

③成苗　待成活后分别切离母体栽培。

(4)堆土压条法(图5-25)

堆土压条法也叫直立压条法或壅土压条法，适用于丛生性和根蘖性强的树种，如杜鹃花、栀子、八仙花等。具体方法如下：

①平茬　于早春萌芽前，对母株平茬截干。灌木可从地际处抹头，乔木可于树干基部刻伤，促其萌发出多根新枝。

②堆土压埋　待新枝长到30~40 cm高时，即可进行堆土压埋。一般经雨季后就能生根成活。

③成苗　翌春将每个枝条从基部剪断，切离母体进行栽植。

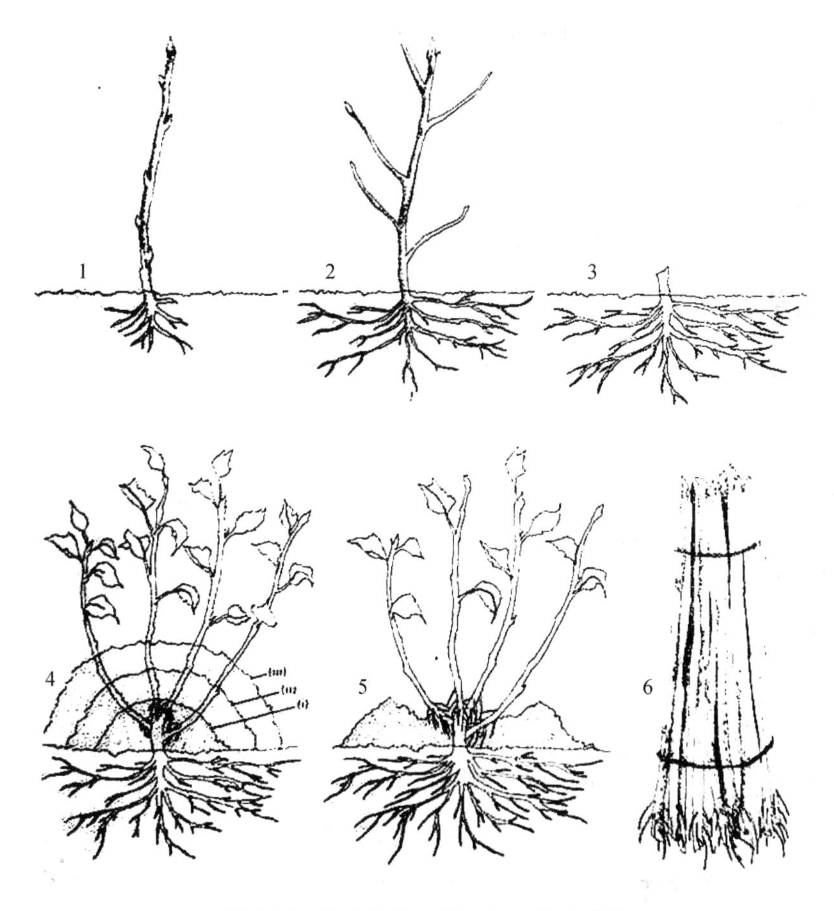

图5-25　堆土压条法(Macdonald, 1986)

1. 母株　2. 母株长出发达根系　3. 平茬截干　4. 堆土　5. 母株萌蘖生根
6. 分割成独立植株

2. 高压法

高压法又称空中压条法。凡是枝条坚硬不易弯曲或树冠太高、枝条不能被拉下土的树枝可采用高压法繁殖，如木兰、桂花、印度橡皮树等。高压法适合所有的乔木和灌木，常用来繁殖一些珍贵树种。最佳的压条时间为生长期(3~5个月)。压条时先将枝条环剥、环割或刻伤，或用激素与生根粉处理，刺激伤口生根。然后用疏松、肥沃土壤或苔藓、蛭石等湿润物敷于枝条上，外面再用塑料袋或对开的竹筒等包扎好。可透过塑料薄膜观察压条生根的状况，生根后即可与母株分离，成为新的植株。

(三)压条后的管理

压条之后应保持土壤湿润，调节土壤通气和适宜的温度，及时中耕除草。同时要注意检查埋入土中的压条是否露出地面，若露出则需重压。留在地上的枝条如果太长，可适当剪去部分顶梢。必须产生良好的根群才可以分割。初分离的新植株应注意养护，结合整形适量剪除部分枝叶，及时栽植或上盆。

二、埋条繁殖

埋条繁殖是一种特殊的压条法，是将脱离母体的一年生健壮发育枝或徒长枝全部横埋于土中，使其生根发芽的一种繁殖方法。

(一)埋条的方法

埋条多在春季进行，主要有平埋法和点埋法。

1. 平埋法

在苗床上，按一定行距开沟，将枝条平放沟内。放条时要根据枝条的粗细、长短、芽的情况等搭配得当，并使多数芽向上或位于枝条两侧。覆土1 cm左右，切不可太厚，以免影响幼芽出土。

2. 点埋法

按一定行距开一深3 cm左右的沟，种条平放沟内，然后每隔40 cm横跨条行堆出长20 cm、宽8 cm、高10 cm左右的长圆形土堆。两土堆之间枝条上应有2~3个芽，利用外面较高的温度发芽生长，土堆处生根。点埋法出苗快且整齐，株距比平埋法规则，有利于定苗，且保水性能也比平埋法好，但操作效率较低。

(二)埋条后的管理

埋条后应立即灌水，并且在生根前每隔5~6天灌一次水，用以保持土壤湿润。在埋条生根发芽之前，还要经常检查覆土情况，土厚的地方扒掉一些，露出枝条的部分用土掩埋。由于枝条天然存在的极性，一般在基部较易生根，而中部以上较易发芽长枝，因而容易造成根上无苗、苗下无根的偏根现象。因此，当幼苗长至 10~15 cm 高时，要在幼苗基部培土，促使新根的发生。新苗的其他日常管理与一般育苗方法相似。

一些常见园林绿化树种的繁育方法见表 5-3(陈志远等，2010)。

表 5-3　常见园林绿化树种的繁育方法

树　种	繁殖方法
苏　铁	播种和分株
雪　松	播种为主，也可扦插
侧　柏	播种，播前温水浸种催芽
广玉兰	播种、扦插、压条、嫁接。播种前应去除种皮油质，混沙催芽
女　贞	播种、扦插，播种前应混沙催芽
桂　花	嫁接、压条、扦插。嫁接以小叶女贞、女贞、小叶白蜡作砧木
棕　榈	播种，播前混沙催芽
水　杉	播种、扦插，实生苗条扦插生根率高
毛白杨	扦插、嫁接、留根、分蘖。根蘖苗条扦插易生根
垂　柳	扦插
悬铃木	播种，也可扦插。播前温水浸种或混沙催芽，实生苗扦插成活率高
梅	嫁接，也可扦插、压条。嫁接以桃、山桃、杏、山杏和梅的实生苗等砧木
樱　花	播种、嫁接、分蘖、扦插，播前应混沙贮藏，嫁接以樱桃作砧木
槐　树	播种，播前热水浸种或混沙催芽
泡　桐	埋根，也可播种
榉　树	播种为主
山　茶	扦插、嫁接或播种
月　季	扦插或嫁接。嫁接以蔷薇品种或劣种月季作砧木
小叶女贞	播种，也可扦插
栀子花	扦插，也可压条、播种和分株
蜡　梅	嫁接，也可压条和分株。嫁接用 2 年生的狗芽腊梅或其他腊梅实生苗或分蘖苗做砧木
牡　丹	播种、分株和嫁接。播前应混沙贮藏
木　槿	扦插，也可分株
杜鹃花	播种、扦插、分株、压条、嫁接及分株
迎春花	扦插、分株、压条
紫　藤	扦插、播种、压条、分株和埋根。播前热水浸种催芽
爬山虎	扦插、分株、压条、埋根。播前应混沙贮藏
常春藤	扦插、播种、压条，以扦插为主
美国凌霄	播种、扦插、压条和分株
凤尾竹	分株和扦插
佛肚竹	扦插或分株
龟甲竹	扦插和播种，也可分株

思考题

1. 苗木营养繁殖有哪些特点?
2. 分析并论述扦插、嫁接、分株、压条等几种营养繁殖方式的区别和联系。
3. 阐述影响扦插成活的因素，并且以此为依据罗列促进扦插生根的方法。
4. 硬枝扦插的主要方法有哪些?
5. 论述嫁接成活的原理和条件，以及提高嫁接成活率的措施。
6. 砧木和接穗应如何选择，请阐述相关依据。
7. 常用的枝接方法有哪些? 各有何技术要点?
8. 常用的芽接方法有哪些? 各有何技术要点?
9. 哪些类型的植物能采用分株繁殖的育苗方法?
10. 压条繁殖有哪些方法?

参考文献

陈志远，陈红林，周必成．2010. 常用绿化树种苗木繁育技术[M]. 北京：金盾出版社．

付喜玲，郭先锋，康晓飞，等．2009. IBA 对芍药扦插生根的影响及生根过程中相关酶活性的变化[J]. 园艺学报，36(6)：849 – 854.

高新一，王玉英．2014. 果树林木嫁接技术手册[M]. 北京：金盾出版社．

鞠志新．2009. 园林苗圃[M]. 北京：化学工业出版社．

李振坚，陈瑞丹，李庆卫，等．2009. 生长素和基质对梅花嫩枝扦插生根的影响[J]. 林业科学研究，22(1)：120 – 123.

师晨娟，刘勇，王春城，等．2006. 青海云杉扦插的年龄效应及其生根机理研究[J]. 西北农林科技大学学报：自然科学版，34(12)：101 – 104.

苏金乐．2010. 园林苗圃学[M]. 北京：中国农业出版社．

孙岩，张毅．2002. 果树嫁接新技术图谱[M]. 济南：山东科学技术出版社．

王大平，李玉萍．2014. 园林苗圃学[M]. 上海：上海交通大学出版社．

俞玖．1988. 园林苗圃学[M]. 北京：中国林业出版社．

张兴，李桐森，段安安．2004. 国内松树扦插技术研究进展及对策[J]. 西南林学院学报，24(1)：66 – 69.

张德军，房金华，张维勇，等．2001. 樟子松插穗条件与生根能力的关系[J]. 延边大学农学报，23(3)：157 – 160.

朱永超，李彬，廖伟彪．2016. 3 种生长素对蓝叶忍冬枝条扦插生根的影响[J]. 草业科学，33(1)：61 – 66.

HOWARD B H. 1991. Stock plant manipulation for better rooting and growth from cuttings [J]. Comb. Proc. Intl. Plant Prop. Soc. 41: 127 – 130.

MACDONALD B. 1986. Practical woody plant propagation from nursery growers[M]. Portland: Timber Press.

SEVERINO L S, LIMA R L S, LICENA A M A, et al. 2011. Propagation by stem cuttings and root systems structure of Jatropha curcas[J]. Biomass and bioenergy, 35(7): 3160 – 3166.

第六章　苗木抚育与大苗培育

目前在城市绿化以及其他企事业单位、旅游区、风景区、森林公园、公路、铁路两侧等绿化美化中几乎都采用大规模苗木进行栽植。其原因有三：第一，选用大苗进行绿化美化施工，可以收到立竿见影的效果，很快满足绿化、防护、美化功能及人们的观赏需要。第二，由于绿化环境复杂，人对树木花草的影响和干扰破坏很大，以及土壤、空气、水源的严重污染，建筑密集拥挤都极大影响树木花草的正常生长，而选用大苗有利于抵抗这些不良影响。第三，大规格苗木抵抗自然灾害的能力强。如抵抗严寒、干旱、风沙、水涝、盐碱能力强。

园林苗圃所培育出圃的都是大规模苗木，大苗的培育不是一年两年就能得到的，要经过多年多次移植、栽培管理、整形修剪等措施，才能培育出符合规格要求的各种类型大苗。

第一节　苗木移植

一、移植的意义和移植成活的基本原理

1. 移植的意义和作用

移植是把生长拥挤密集的较小苗木挖掘出来，按照规定的株行距在移植区栽种下去。这一环节是培育大苗常用的重要措施。

园林绿化美化选用的树种品种繁多，有常绿的、有落叶的，有乔木、灌木、藤本、草本以及各种造型植物等。它们的生态习性各不相同，有的喜光，有的耐阴，有的生长快，有的生长慢，大多数树种是用播种、扦插、嫁接、分株、压条等方法繁殖。育苗初期密度都比较大，单株营养面积较小，相互之间竞争难以长成大苗。未经移植的苗木往往树干细弱，没有树冠而成为废苗。因此，必须进行移植，扩大行株距，才有利于苗木根系、树干、树冠的生长，培养出具有理想树冠、优美树姿、干形通直的高质量的园林苗木。而且，也只有通过一次次的扩大行株距移植，苗木个体才能长大，才能逐步培养出园林绿化所需的大规格苗木。

苗木移植这一技术措施，在育苗生产中起着重要作用：

① 移植扩大了苗木地上、地下的营养面积，改变了通风透光条件，因此使苗木地上、地下生长良好。同时使根系和树冠有扩大的空间，可按园林绿化美化所要求的规格发展。

② 移植切去了部分主、侧根，使根系减少，移植后促进须根的发展，根系紧密集中，有利于苗木生长，可提前达到苗木出圃规格，特别是有利于提高苗木移植成活率。

③ 在移植过程中对根系、树冠进行必要的合理的整形修剪，人为调节了地上与地下生长平衡。淘汰了劣质苗，提高了苗木质量。苗木分级移植，使培育的苗木规格整齐，枝叶繁茂，树姿优美。

2. 移植成活的基本原理

苗木移植成活的基本原理是如何维持地上部与地下部的水分和营养物质的平衡。移植苗木挖掘时根系受到了大量损伤，苗木所带的根系，与起苗质量的好坏有直接关系，一般苗木所带根量只是原来根系的10%~20%。这就打破了原来地上与地下的平衡关系，为了达到新的平衡，一是进行地上部的枝叶修剪，减少部分枝叶量，也就等于减少了水分和营养物质的消耗，使供给与消耗相互平衡，苗木移植就能成活。相反，不对地上部进行修剪，水分和营养物质就会出现供不应求的局面，苗木就会因缺少水分和营养物质而死亡。二是在地上部不修剪或少修剪枝叶的情况下，保持地上部水分和营养物质尽量少蒸腾和消耗，并维持较长时间的平衡，苗木仍可移植成活，特别是常绿树种的移植。

二、移植的时间、次数和密度

(一)移植时间

移植的最佳时间是在苗木休眠期进行，即从秋季10月(北方)至翌春4月。也可在生长期移植。如果条件许可，一年四季均可进行移植。

1. 春季移植

春季气温回升，土壤解冻，苗木开始打破休眠恢复生长，故在春季移植最好，移植苗成活的多少在很大程度上取决于苗木体内的水分平衡。从这个意义上说，北方地区应以早春土地解冻后立即进行移植最为适宜。早春移植，树液刚刚开始流动，枝芽尚未萌发，蒸腾作用很弱，土壤湿度较好。因根系生长温度较低，土温能满足根系生长的要求，所以早春移植苗木成活率高。春季移植的具体时间，还应根据树种发芽的早晚来安排。一般讲，发芽早者先移，晚者后移，落叶者先移，常绿者后移，木本先移，宿根草本后移，大苗先移，小苗后移。

2. 秋季移植

秋季是苗木移植的第二个好季节，秋季移植在苗木地上部分停止生长，落叶树种苗木叶柄形成离层脱落时即可开始移植。这时根系尚未停止活动，移植后有利于伤口愈合，移植成活率高。秋季移植的时间不可过早，若落叶树种尚有叶片，往往叶片内的养分没有完全回流，造成苗木木质化程度降低，越冬时被冻死，所以，秋季移植稍晚较好。秋季移植后，即进入冬季，冬季北方干旱，多大风天气，常常造成苗木失水死亡。常误认为苗木是受冻害而死亡。秋季移植成活的关键是保证苗木不能失水。

3. 夏季移植(雨季移植)

常绿或落叶树种苗木可以在雨季初进行移植。移植时要起大土球并包装，保护好根系。苗木地上部分可进行适当的修剪，移植后要喷水喷雾保持树冠湿润，还要遮阴防晒，经过一段时间的过渡，苗木即可成活。南方常绿树种多在雨季进行移植。

4. 冬季移植

建筑工程完工后，人们急于改善周围生活、工作环境，苗圃工作需要冬季施工和移植苗木，冬季移植需用石材切割机来切开苗木周围冻土层，切成正方体的冻土球，若深处不冻，还可稍放一夜，让其冻成一块，即可搬运移植，东北农业大学冬季起苗边挖边冻，苗木成冻土球移植，成活率百分之百，在南方气候温暖、湿润、多雨、土壤不冻结，可在冬季移植。冬季移植成本较高。

(二)移植的次数与密度

培育大规格苗木要经过多年多次移植，而每次移植的密度又与总移植次数紧密相关。若每次苗木移植得密，相应移植的次数就多，每次移植得稀，相对移植的次数就少。苗木移植的次数与密度还与该树种的生长速度有关，生长快的移植密度小(稀)，次数少；生长慢的移植密度大(密)，移植次数多。

实际上，确定苗木移植的次数和密度(行株距)除考虑节约用地、节省用工、便于耕作外，主要是看苗木的生长速度，也就是苗木树冠的生长速度，苗木生长的快慢直接反映了圃地的肥、水等管理水平。苗木移植的次数、密度与树冠生长量三者之间关系如图 6-1 所示。

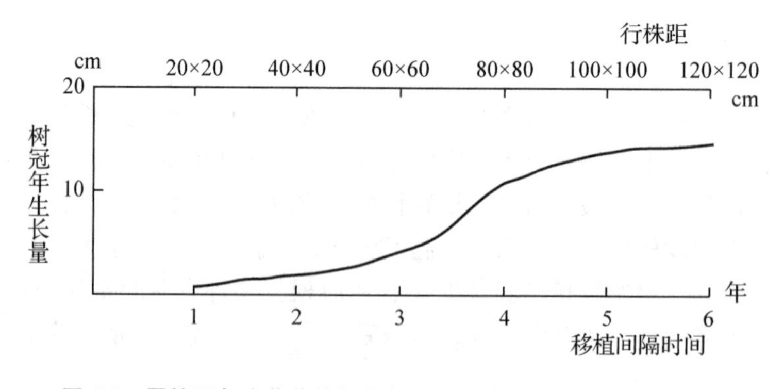

图 6-1　圆柏两年生苗移植间隔年限、相应生长量和密度的关系

可以看出圆柏移植次数(与间隔时间相反)与树冠平均年生长量呈负相关，也就是圆柏移植次数越多(移植间隔时间短)树冠生长量就越少。若 1 年移植 1 次，圆柏的树冠年生长量很小，几乎等于零。这时移植行株距可较小(密)，土地利用率最高。随着移植间隔年限加长，树冠年均生长量开始逐渐增加，也就是移植的间隔时间加长(次数少)圆柏在原地有较长时间的生长，生长量自然增大，移植间隔期越长，树冠平均年增加量越大，这种生长趋势在苗期表现明显。虽然移植间隔年限长(次数少)树冠年均生长量大，但同时移植所需要的行株距也大。行株距大，苗木又小，使土地的利用率降低，也就是相对空地的时间较长，若间隔6年移植，空地时间可达4~5年，单位面积产苗量太小，不能更经济地利用土地，因此，行株距又不能太大。圆柏移植间隔年限太短太长都有缺点(也就是移植的次数过多过少都有缺点)。同时还要考虑苗木的质量与土地利用率，所以，以4年间隔年限为最佳，即保证了树冠生长较快，又不至于降低土地利用率。

与圆柏树冠生长速度相差不多的针叶树种，可以按4年树冠的总生长量来确定移植的行株距。阔叶树种树冠生长速度比针叶树种快，相对移植的间隔年限可以缩短。以3年移植间隔期为宜。例如，圆柏一般播种苗1年生不移植，再留床保养1年后移植，即2年生苗开始移植。根据该树种树冠生长速度(树冠生长曲线)，移植后4年可生长到50 cm左右(北京)。要留出行间耕作量30 cm，株间耕作量20 cm，移植的行株距为树冠加上行间、株间耕作量，移植的行株距为80 cm×70 cm。前几年由于苗小，耕作宽度较大，操作方便，只有到第4年才感觉耕作宽度小，而马上又要进行下一次移植了。根据树冠生长曲线，4年后树冠直径可长到100 cm，移植的行株距为130 cm×120 cm。

阔叶树种元宝枫也是留床2年苗，根据树冠3年后生长到120 cm，阔叶树种耕作量不留或少留，第一次移植的行株距定为120 cm×100 cm。再3年后树冠生长到200 cm，第二次移植的行株距定为200 cm×180 cm，也是最后一次移植。直至树干长到一定粗度，即可成为大苗出圃。其他与元宝枫生长速度相差不多的阔叶树种，可按3年树冠生长量进行一次移植来考虑。

不同针、阔叶树种树冠生长速度不同，也可以按其生长快慢来安排移植的行株距，生长快的可适当缩小移植间隔期，2年一次移植，生长特别慢的树种(云杉)加长间隔期，可考虑5年一次移植。在南方苗木生长期长，生长量大，可缩短移植间隔期。在东北苗木生长速度慢，生长量小，可加长移植间隔期。另外，其他花灌木树种可以参考上述的移植间隔年限，来确定移植树种的间隔期。

三、移植方法和技术措施

(一)移植前准备

1. 移植用地准备

移植用地一般都是苗木出圃后的空闲地，这些地块由于前茬苗木的生长，养分消耗较大，同时，前茬苗木出圃时，有些带球出圃，造成耕作土层受损，土地坑洼不平。因此，在移植前需要进行整理：填平树坑，用剩下的耕作层土壤填平因出圃挖苗造成的树坑；回填土，根据缺土数量，有计划地回填质地较好的耕作土，并可根据实际情况，进行一定的土壤改良；漫灌大水，通过灌水，使回填土紧实，以便耕种。为了恢复土壤肥力和保证后期苗木的生长，移植前必须对移植地进行施肥。基肥最好是有机肥，能有效地提高土壤中有机质的含量。土壤消毒可以结合施肥一起进行，即施肥时混入杀虫剂、杀菌剂和除草剂，防止苗木受到病虫害和杂草的危害。在施肥和土壤消毒处理后，要进行土壤深翻。翻耕深度视苗木大小而定，大苗翻深些，小苗可浅些；秋耕地或休闲地初耕可深些，春季或二次翻耕可浅些。耕后碎土，然后整平。整平的同时要做好垄、排水沟、作业道，并与苗圃的灌溉系统及道路系统接通，为以后的管理创造良好条件。

可以根据计划要求，在作业区内划线定点，在定植点位置挖树坑，以保证移植后株行距整齐。需要的工具有测绳、皮尺、标杆、石膏粉等，或可自制一些简易的划线器具。划线时，先选一边为基线，相邻两边应与基线垂直，勾出方方正正的作业区。然后在勾方的基础上，按株行距取点，平均分布。在定植点位置挖树坑时，树坑大小要根据移植苗的规格和根系大小而定。大土坨苗坑直径应比土坨大 30～40 cm，以便于土坨在坑内摆正。坑深要与栽植深度相对应，可以适当挖深些，以便在坑内添加一些有机肥或耕作土。但注意，松类树种的移植苗不能埋得太深，应保证根颈在地表以上。

2. 苗木准备

需要移植的苗木，应做好分级和修剪，做到“随起苗、随分级、随运送、随修剪、随栽植”。通过分级，分别栽植不同规格的苗木，以保证苗木的均匀生长，便于后期管理以及出圃和销售。若无法立即栽植，必须假植或贮藏在背阴潮湿之处，以维持苗木的生命力。尤其要注意保持根系的湿润，切忌暴晒。移植前还需对苗木的根系和枝叶进行适当的修剪，剪去过长或劈裂的根，保持根系长度在 12～15 cm。侧枝也可适当进行修剪，并除去病枝、枯枝与过密枝等，以防止水分蒸腾，提高成活率。

随着苗木产业的发展与成熟，现在一些苗圃往往从专业的育苗公司(苗圃)或组培实验室购进供移植的苗木。这种情况下，在收到后要认真检查苗木的质量，要求做到名称、规格与苗木相符、根系完好无损、无病虫害。

(二)移植方法

1. 穴植法

人工挖穴栽植，成活率高，生长恢复较快，但工作效率低，适用于大苗移植。在土壤条件允许的情况下，采用挖坑机挖穴可以大大提高工作效率。栽植穴的直径和深度应大于苗木的根系。

挖穴时应根据苗木的大小和设计好的行株距，拉线定点，然后挖穴，穴土应放在坑的一侧，以便放苗木时便于确定位置。栽植深度以略深于原来栽植地径痕迹的深度为宜，一般可略深 2～5 cm。覆土时混入适量的底肥。先在坑底填一部分肥土，然后，将苗木放入坑内，再回填部分肥土，之后，轻轻提一下苗木，使其根系伸展，在填满肥土，踩实，浇足水。较大苗木要设立柱支撑，以防苗木被风吹倒。

2. 沟植法

先按行距开沟，土放在沟的两侧，以利回填土和苗木定点，将苗木按照一定的株距，放入沟内，然后填土，要让土渗到根系中去，踏实，要顺行向浇水。此法一般适用于移植小苗。

3. 孔植法

先按行、株距划线定点，然后在点上用打孔器打孔，深度同原栽植相同，或稍深一点，把苗放入孔中，覆土。孔植法要有专用的打孔机，可提高工作效率。

移植后要根据土壤湿度，及时浇水，由于苗木是新土定植，苗木浇水后会有所移动，等水下渗后扶直扶正苗木，或采取一定措施固定，并且回填一些土。要进行松土除草，追施少量肥料，及时防治病虫害，对苗木进行一次修剪，以确定其培养的基本树形。有些苗木还要进行遮阴防晒工作。

(三)移植成活的技术措施

大规格苗木能否移植成活除选择适宜的栽植季节，移植方法外，还要遵从树木的生态学和生物学原理，采取必要的技术措施，促进根系的生长和苗木的成活。

1. 带土球移植

常绿树种和一些落叶树种移植时，为了保持其冠形，一般地上部分较少修剪，造成地上部分枝叶外表面积远大于地下部分根系外表面积，体内水分和营养物质的供给与消耗处于不平衡状态，给移植带来影响。为了达到平衡，应尽可能地保留或尽可能的多带原有根系，所以，带土球移植是解决该矛盾的主要方法。起苗时的土球尽可能大些，土球直径要达到苗木地径的10~12倍及以上。移植时，栽植穴要稍大于土球。先将穴内填少量细土，再放苗入穴，在土球底部四周填入少量细土，使苗木直立稳定，然后剪开包装材料，将不易腐烂的材料取出。当填入表土达土球高度1/2时，用木棍将土球四周捣实，再填满细土踏实，以防栽后灌水土塌树斜。做好灌水堰，把捆拢树冠的草绳解开取下，及时浇水。苗木较大时，要设立柱支撑。

我国北方地区比较寒冷，可采用带冻土球移植方法。首先选好将要移植的苗木，于土壤封冻前灌水湿润土壤。待气温下降到－15~－12℃、土层冻结深达20 cm时，挖掘土球，如下部尚未冻结，可在坑穴内停放2~3天。如预先未灌水，土壤干燥结冻不实，可向土球外泼水促冻。挖好的苗木，未能及时移栽时应用秸秆等覆盖，以免阳光暴晒解冻或经寒风侵袭而冻坏根系。在东北等高寒地区，冬季土壤冻结很深，为减少挖掘困难，应在上冻前或冻得不深时挖掘。即冬初上冻前按照树木根茎的5~6倍为半径划圆，沿圆弧垂直挖20 cm深左右，待裸露的土球表面冻实以后，再向下挖。如此边挖边冻，直到大部侧根截断后，收底将主根截断。这样一个被冻得结结实实的冻球，在运输和定植过程中也不会散球，对于较大的常绿树和落叶树苗木，采用带冻土球移植法成活率都比较高。

2. 断根缩坨

大苗移植是否成活，与土球内根系的数量和质量也有重要关系。因此，在大苗移植前几年，采取断根缩坨措施，使吸收根回缩到主干根附近，有效缩小土球体积和重量，使大苗移植时能够携带大量的吸收根，可显著提高移植成活率。大苗断根缩坨一般在移植前1~3年内完成，分期切断较大的根系，促进须根的生长。

具体做法是：以苗木根颈为中心，以地径3~4倍为半径在地面画圆，在圆周外围2~3个方向挖沟，沟宽20~30 cm，深40~60 cm，将粗根沿沟内壁用枝剪或手锯切断。切口要平整光滑，并涂上涂料加以保护，也可用酒精喷灯将切口喷烧炭化，起到防腐作用。断根后，将挖出的土壤混肥，重新填入沟内。第二年在另外2~3个方向挖沟断根。正常情况下，经过2~3年，沟中长满须根后可起苗移植。在气温较高的南方，在第一次断根数月后，即可起苗移植。

3. 喷洒抗蒸腾剂

抗蒸腾剂又称抗干燥剂，是指喷洒于植物叶表面，起到降低蒸腾强度，减少水分散失的一类化学物质。抗蒸腾剂的适时使用，可有效抑制叶片的水分蒸发，有利于苗木的移植成活，特别对常绿树种效果更加明显。依据不同抗蒸腾剂的作用方式和特点，可将其分为气孔开放抑制型、薄膜型和反辐射降温型3种类型。薄膜型抗蒸腾剂是在枝叶表面形成薄膜而减少蒸腾，如有一种商品名为Vapor Guard的Wilt－Pruf NCF的极好抗干燥剂，冬天不冻结，秋天喷洒一次，有效期可延迟至越冬以后。此外，Potymetrics International，New York City制造的Ptantguard(植物保护剂)是较新研制的抗干燥剂，经适当稀释后，喷在植株上，形成一层柔软而不明显的薄膜，不破裂，耐冲洗。它可透过氧气和二氧化碳，并可阻止水汽的扩散。植物保护剂还具有刺激植物生长和防晒的作用。

4. 使用保水剂

目前国内外使用的保水剂分为两大类：聚丙乙烯酰胺和淀粉接枝型。保水剂的应用有根部涂抹和拌土两种方式。有研究表明，应用在苗木根部涂层可使油松、槐树等苗木含水率明显提高，较好地保持苗木的根活力，显著提高苗木的成活率。根部涂抹保水剂的粒径为0.18~0.425 mm，浓度控制在0.75%~1%。拌土使用方法为，在种植穴内先回填表土，然后放入树苗，并在树苗根部撒上适量细土，然后将混剂土撒入根系外围，尽量远离根部，并浇足量的水，让土壤中的保水剂充分吸水后可有效地储存水分供苗木吸收。拌土使用的保水剂粒径为0.5~3 mm。保水剂的使用可节水50%~70%，尤其适用于北方及干旱地区。当然，并非保水剂越多越好。用量过多，保水剂储存水分不足，反过来可能吸收土壤中的水分。合理的使用量一般为干土重量的0.1%。

5. ABT 生根粉和生长刺激素处理

大苗移栽时，可用生根粉处理树体根部，有利于树木损伤根系的快速恢复。目前应用较多的是1号和3号生根粉。有试验表明，樟树大苗移植时用ABT与IBA溶液制成泥浆处理根部，能大大促进移栽成活率。

树木移栽后，如果地下根系恢复缓慢，不能及时吸收足够的水分和养分供给地上部分生长的需要，可以浇灌生长刺激素溶液刺激根系生长，如2,4-D、萘乙酸、吲哚丁酸等。

6. 树冠喷雾降温

新移栽的大苗，在光照强烈、水分蒸腾较大的高温季节，确保适时适量的水分供应和适宜的局部环境温度，是提高大苗移栽成活的关键。树冠喷雾降温是一项行之有效的技术措施。喷雾设备由首部枢纽、输水管网、微喷头三部分构成，利用首部枢纽的电磁阀的定时定量的作用，经过输水管网，利用微喷头按时定量对树冠进行多次、少量的间歇喷雾，可以保证充足的水分供应。而笼罩在整个树冠外围的水雾，可起到降低树冠周围温度，减少树体水分蒸腾作用，达到树木地下部分和地上部分的水分平衡。

7. 搭建遮阳网

在生长期移植大苗，为防止树冠受强光的辐射，减少蒸腾强度，可在树冠上方搭建遮阳网。先用树干、竹竿或铁管搭建骨架，树冠上方和外围用遮阳网覆盖，遮阳网以遮光率60%~70%的效果较好，不但能降低太阳辐射，减少蒸腾强度，还可以透过一定的光线保证苗木光合作用的正常进行。待苗木恢复到正常生长(1个月左右)，逐渐撤掉遮阳网，减少喷水次数。搭建遮阳网时，上方及四周要与树冠保持50 cm左右的间距，以利于空气流通，防止树冠日灼。

中、小常绿苗木成片移植可全部搭上遮阳网，浇足水，过渡一段时间后逐渐去掉，也可以在阳光强的10：00~16：00盖上，早晚撤去。

8. 树干输液

采用向树内输液给水的方法 ，用特定的器械把水分直接输入树体木质部，可确保树体及时获得必要的水分，从而有效提高大苗移植的成活率。输入的液体主要以水分为主，可加入生根粉和磷酸二氢钾，生根粉可以激发细胞原生质的活力，促进生根；磷、钾元素可促进树体生活力的恢复。为了增强水的活性，可以使用磁化水或冷开水，每升水中可溶入ABT 5号生根粉0.1 g，磷酸二氢钾0.5 g。

注孔时用木工钻在树体的基部钻洞孔数个，孔向朝下与树干呈30°夹角，深至髓心为度。洞孔数量的多少和孔径的大小应和树体大小和输液插头的直径相匹配。常用的输液方法有注射器注射、喷雾器压输和挂液瓶导输。挂瓶输液时，需钻输液孔洞2~4个。输液洞孔的水平分布要均匀，纵向错开，不宜处于同一垂直方向。将装好配液的贮液瓶钉挂在孔洞上方，把棉芯线的两头分别伸入贮液瓶底的输液洞孔底，外露棉芯线应套上塑管，防止污染。配液可通过棉芯线输入树体。

9. 其他措施

在移植过程中做到快起苗，快运输，快栽植，尽量减少苗木根系在空气中的暴露时间。栽植苗木以无风阴天最好，晴天移植在10:00前或16:00后为佳。

对树木地上部分适当进行修枝，疏去过密、带病虫害及生长势弱的枝条；常绿树种可适当疏去部分过密叶片，以减少蒸腾面积。对树干进行草绳缠绑，对树冠进行捆扎，防止运输过程中的摩擦损伤。栽植后24 h内必须浇一次透水，使泥土充分吸收水分，并与根系紧密接触，有利根系发育。必要时用木棍、竹竿或钢管对树干立柱支撑，防止风吹摇动或吹倒苗木(图6-2)。

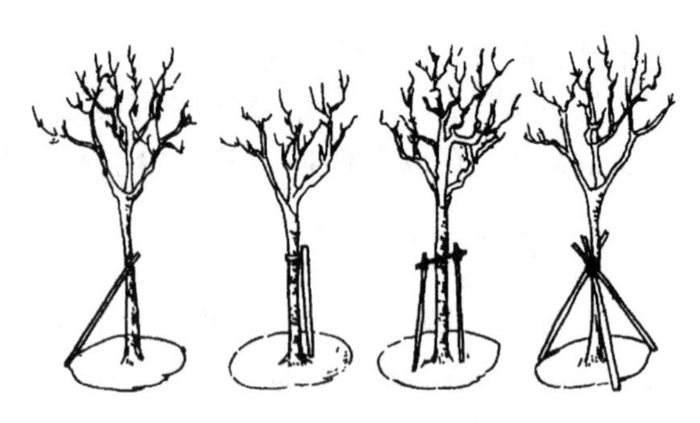

图6-2 设立柱支撑苗木

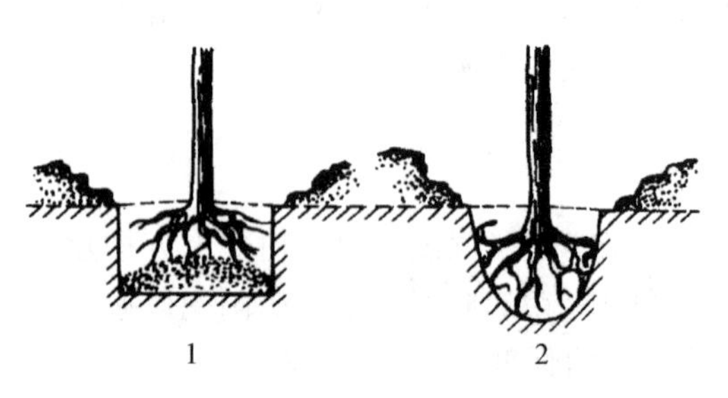

图6-3 裸根苗栽植方法

1. 正确的树穴和栽植方法(树穴上下一致，根系舒展，栽植深浅适当) 2. 不正确的树穴和栽植方法(树穴锅底形，根系卷曲，栽植过甚)

裸根苗移植，尽可能多带根系，一般掘苗根系直径为其地径的10~12倍。栽植穴要大于根幅40~80 cm，加深20~40 cm，穴壁应垂直，切忌挖成上大下小的锅底形。并将表土和底土分开堆放。栽植时，一人扶正苗木，一人先填入混有肥料的表土，填土深度达到穴深的1/2时，轻轻提苗，使根系自然向下伸展，然后踏实。继续填满坑穴后，再踏实一次，最后盖上一层细土，与地面相平。栽植深度以原根际痕迹与地面相平或略高于地面3~5 cm为宜。最后用剩下的底土在树穴外缘筑灌水堰，及时浇水(图6-3)。

第二节 苗木的整形修剪

整形与修剪在应用上两者既有密切的关系，却又有不同的含义。所谓整形一般是对幼树而言，是指对幼树实行一定的措施，使其形成一定的树体结构和形态；而修剪一般是对大树而言，修剪意味着要剪去植物的地上部或地下部的一部分。整形是完成树体的骨架，而修剪是在骨架的基础上调节树势，使苗木营养生长达到相对平衡。一般3~4年生以下的苗木，不需要或很少需要修剪，主要是整形，为了节约养分，可剪掉花序。3~4年生以上的大苗需要整形，更需要修剪，目的是培养具有一定树体结构和形态的大苗。有的大苗或盆栽大苗需要培养成带花、带果的苗木，就必须对其进行整形修剪。不进行整形修剪的苗木，往往枝条丛生密集、细弱干枯，不能正常开花结果，易发生病虫害，观赏价值低或失去观赏价值。

一、整形修剪的意义

整形修剪的意义主要有：

①通过整形修剪可培养出理想的主干，丰满的侧枝，圆满、匀称、紧凑、牢固、优美的树形，提高观赏价值。

②通过整形修剪可以明显改善苗木的通风透光条件，减少病虫害，使苗木生长健壮，质量提高。

③整形修剪能较好地调节营养生长与生殖生长的关系，使其提前开花结果或推迟开花结果。

④整形修剪可以使植物按照人们设计好的树形生长，培养特殊树形，并可使植物矮化等。

苗木的地上部分经过修剪后，会使其总生长量减少，而促进局部生长，也常常影响苗木的营养生长与开花结果的平衡关系。因为疏剪一部分枝条，减少了叶和枝条的数量，从而制造的营养物质数量减少，生长量下降。修剪的越重，影响越明显。经过修剪，苗木生长点减少，营养物质的分配利用相对集中，被保留下来的生长点会得到更多的营养供应，由此促进局部的生长。尤其是高位换头，可以有效地促使顶芽萌发出健壮的枝条，培养出圆满、健壮的树形。

园林绿化用的大苗整形修剪技术与果树相似，但目的要求不完全相同。园林绿化大苗整形修剪的基本要求是，要在控制好干形的基础上，适当控制强枝生长，促进弱枝生长，从而保证冠形的正常生长。

二、整形修剪的时间和方法

(一)修剪的时期

修剪时期可分为生长期修剪和休眠期修剪，或称为夏季修剪和冬季修剪。夏季修剪是当年4~10月树木生长期进行的修剪；冬季修剪是10月至翌年4月树木休眠期进行的修剪。在南方四季不明显的地区，均可称为夏剪。不同的树种生物学特性不同，特别是物候期不同，因此某一树种具体的修剪时间还要根据其物候期、伤流、风寒、冻寒等具体情况分析确定。例如，伤流特别严重的树种，如桦树、葡萄、复叶槭、核桃、悬铃木、四照花、元宝枫等不可修剪过晚，否则，会自剪口流出大量树液而使植株受到严重伤害。落叶树种最好是进行夏剪，夏剪做得好，可以省去冬剪。常绿树种既可进行冬剪也适宜夏剪。

(二)整形修剪方法

园林苗木常用的整形修剪方法主要有10种，即抹芽、摘心、短截、疏枝、拉枝(吊枝)、刻伤、环割、环剥、劈枝、化学修剪。修剪的原则是：通过修剪，促使苗木快速生长，按照预定的树形发展。剪去影响树形、密集、重叠、衰弱、感染病虫害的枝条，保留的枝条或芽构成树体的骨架。

1. 抹芽

许多苗木移植定干后，或嫁接苗干上萌发很多萌芽。为了节省养分和整形上的需要，需抹掉多余的萌芽，使剩下的枝芽能正常生长。如碧桃、龙爪槐的嫁接砧木上的萌芽。

落叶灌木定干后，会长出很多萌芽，抹芽要注意选留主枝芽的数量和相距的角度，以及空间位置。一般选留3~5枝，相距相同的角度。留3主枝者，其中一枝朝正北，另一枝朝东南，一枝朝西南；留5枝者相距70°左右即可。剩余芽有两种处理方法，一种是全部抹去，另一种是去掉生长点，多留叶片，这样有助于主干增粗。定干高度一般为50~80 cm。高接砧木上的萌芽一般全都抹除，以防与接穗争夺养分、水分，影响接穗成活或生长。

在树体内部，有时枝干上会萌生很多芽，将位置不合适、多余的芽抹除，保留的枝条和芽的分布要相距一定的距离，并具有一定空间位置。

2. 摘心

就是摘去枝条的生长点。苗木枝条生长不平衡，有强有弱。针叶树种由于某种原因造成的双头、多头竞争，落叶树种枝条的夏剪促生分枝等，都可采用摘去生长点的办法来抑制它的生长，达到平衡枝势、控制枝条生长的目的(图6-4)。

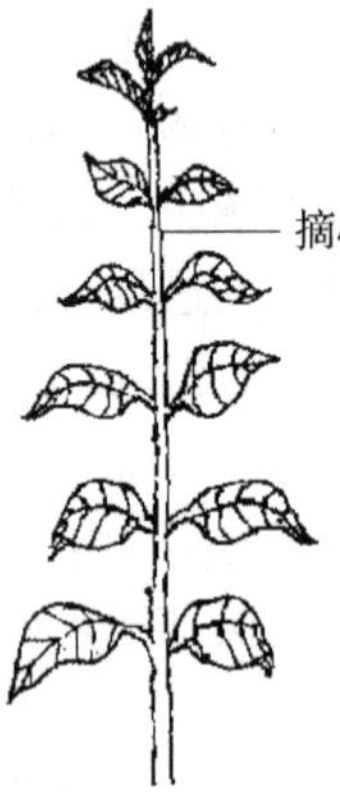

摘心

图6-4 摘 心

3. 短截

短截就是剪去枝条的一部分。一般是指短截一年生枝条。短截有极轻短截、轻短截、中短截、重短截、极重短截5种。

(1)极轻短截

只剪去顶芽及顶芽下1~3节的枝条。可促生短枝，有利于成花和结果，轻微抑制植物生长。

(2)轻短截

只剪去枝条的顶梢，一般不超过枝条全长的1/5。主要用于花、果类苗木强壮枝修剪。目的是剪去顶梢后刺激下部芽萌发，分散枝条养分，促发短枝。这些短枝一般生长势中庸，停止生长早，积累养分充足，容易形成花芽结果。

(3)中短截

剪口在枝条的中上部饱满芽处。一般是在枝条总长的1/2以下。由于剪口处芽饱满充实，枝条养分充足，且多为生长旺盛的营养枝。常用于弱树复壮和主枝延长枝的培养。

(4)重短截

剪去枝条的1/2以上至4/5的位置。几乎剪去枝条的80%左右。重短截刺激作用更强，一般都萌发强旺的营养枝。主要用于弱树、弱枝的更新复壮修剪。

(5)极重短截

只保留枝条基部2~3芽，其余枝条全部剪去。由于剪口芽在枝条基部，多为休眠芽，一般萌发中短营养枝，个别也能萌发旺枝。主要用于苗木的更新复壮。

在一种园林绿化苗木上，可能所有的短截方法都能用上，也可能只用一种或几种方法。如核果类和仁果类花灌木碧桃、榆叶梅、紫叶李、紫叶桃、樱桃、苹果和梨等，主枝的枝头用中短截，侧枝用轻短截，开心形苗木内膛用重短截或极重短截。只用一两种短截方法的苗木，如垂枝类苗木龙爪槐、垂枝碧桃、垂枝榆、垂枝杏等，常用重短截，剪掉枝条的90%，促使向上向前生长的枝条萌发和生长，形成圆头形树冠；如用轻短截，枝条会越来越弱，树冠无法形成(图6-5)。

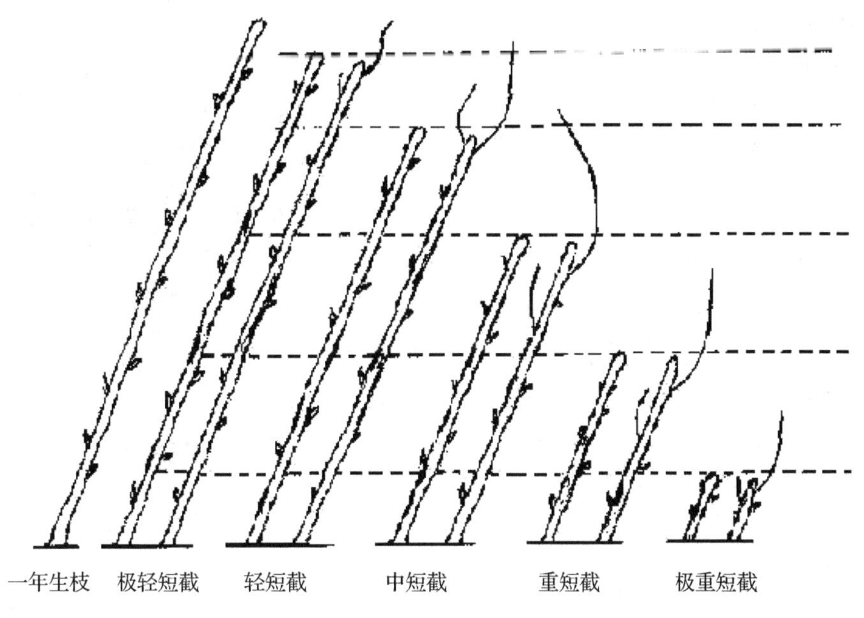

图6-5　枝条短截类型示意图

4. 疏枝

从枝条或枝组的基部将其全部剪去称为疏枝或疏剪。疏去的可能是一年生枝条，也可能是多年生枝组。疏枝的作用是使留下来的枝条生长势增强，因其营养面积相对扩大，有利于其生长发育。但使整个树体生长势减弱，生长量减小。疏枝后枝条少了，改善了树冠的通风、透光条件，对于花果类树种，有利于形成花芽，开花结果。如苹果、梨、桃等对枝条密集拥挤的疏剪，枝条密集拥挤，通风透光不良，一般都是采用疏枝的办法来解决。留枝的原则是宁稀勿密，枝条分布均匀，摆布合理。疏去背上枝、直立枝、交叉枝、重叠枝、萌芽枝、病虫枝、下垂枝和距离较近过分密集拥挤的枝条或枝组。在培养非开花结果乔木时，要经常疏除与主干或主枝生长的竞争枝。

针叶树种轮生枝过多、过密，过于拥挤，也常疏去一轮生枝，或主干上的小枝。为提高枝下高把贴近地面的老枝、弱枝疏除，使树冠层次分明，观赏价值提高。

5. 拉枝

拉枝就是采用拉引的办法，使枝条或大枝组改变原来的方向和位置，并继续生长。如针叶树种云杉、油松等。由于某种原因某一方向上的枝条被损坏或缺少，为了弥补缺枝可采用将两侧枝拉向缺枝部位的方法，弥补原来树冠缺陷，否则将成为一株废苗。拉枝用得最多的还是花、果类大苗培育。由于苗木向上生长，主枝角度过小，用修剪的方法往往达不到开角的目的。只能用强制的办法将枝条向四外拉开，一般主枝角度以70°左右为宜。

拉枝开角往往比其他修剪方法效果好。拉枝改变了树冠所占空间，有的甚至可增加50%的空间量。营养面积扩大，通风透光条件改善。拉枝还可使旺树变成中庸或偏弱树，使树势很快缓和下来，有利于成花和结果。

盆景及各种造型植物，常常用拉、扭、曲、弯、牵引等方法来固定植物造型，也都属于拉枝的范围(图6-6)。

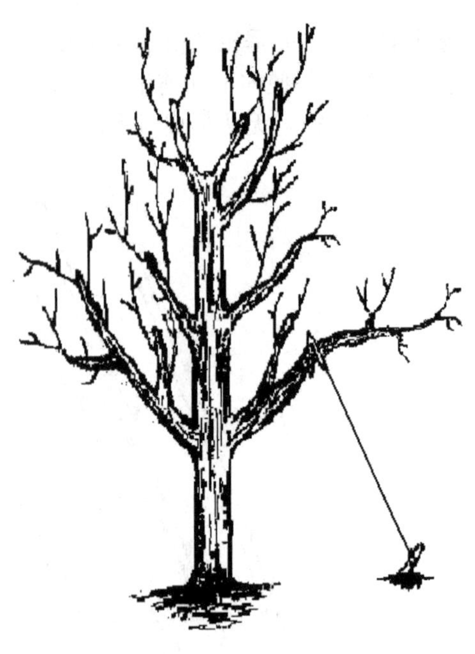

图6-6 拉 枝

6. 刻伤

在枝条或枝干的某处用刀或剪子去掉部分树皮或木质部，从而影响枝条或枝干生长势的方法叫刻伤。刻伤切断了韧皮部或木质部的一部分输导组织，阻碍了养分向下运输，也阻碍了树液向上流动。植物枝条或枝干受到刻伤后，形成愈合组织，同时由于伤口的阻挡，在刻伤处养分得到积累。根部吸收的水分、矿物质和少量有机物由下向上运输，根能贮藏并合成有机物，特别是能合成细胞分裂素、赤霉素、生长素等，由于伤口的阻碍，养分积累于刻伤口的下方，对于刻伤口上下芽和枝干产生影响。在芽或枝的下方刻伤，养分积累在刻伤口的下方，对伤口以下的芽或枝有促进生长的作用，但对刻伤口上面的枝或芽有抑制生长的作用。刻伤主要用于缺枝部位补枝。为了促发新枝，可在芽的上方刻伤，营养积累在芽上，刺激隐芽萌发，长成新枝，弥补了缺枝。也可以利用刻伤抑制枝条或大枝组的生长势，使枝条变成中庸，以利开花结果。在修剪中若将强壮枝一次剪掉，会严重削弱苗木生长势，对苗木生长很不利，可利用刻伤先降低强壮枝的生长势，待变弱后再将其全部剪掉。

7. 环割

环割就是在枝干的横切部位，用刀将韧皮部割断，这样阻止有机养分向下输送，养分在环割部位上得到积累，有利于成花和结果。环割可以进行一圈，也可以进行多圈，要根据枝条的生长势来定。

8. 环剥

环剥是在枝干的横切部位，用刀或环剥刀割断韧皮部两圈，两圈相距一定距离，一般相距枝干直径的1/10距离。把割断的皮层取下来，露出木质部。环剥能很快减缓植物枝条或整株植物的生长势，生长势缓和变中庸后，能很快开花结果，在盆栽观果和植物造型上应用较多(图6-7)。

环剥技术的使用要严格控制好环剥宽度和环剥时间。环剥太宽，树干不能及时愈合接通韧皮部，养分运输受到阻碍，造成根系饥饿而死亡；剥得太窄，起不到削弱枝条生长势的作用，上下运输很快沟通，抑制作用就没有了。环剥对树种要求严格，有些流胶流脂、愈合困难的树种不能使用。或先做试验，然后使用。环剥的时间以植物生长旺盛时进行，一般在夏季的6~7月，其他时间不宜环剥。环剥后包上塑料布以防病菌感染。

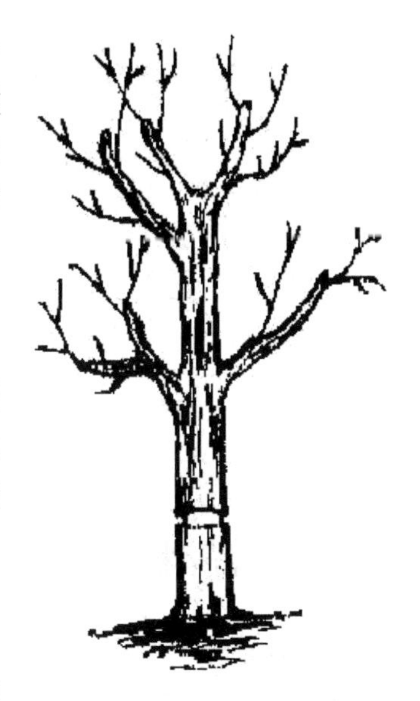

图6-7　环　剥

9. 劈枝

劈枝就是将枝干从中央纵向劈开分为两半。这种方法常用于植物造型造态等。在劈开的缝隙中可放入石子，或穿过其他种类的植物，使其生长在一起，制造奇特树姿。劈枝时间一般在生长季节进行。

10. 缩剪

缩剪指将较弱的主枝或侧枝回缩修剪到2年，或者对多年生枝条在适宜芽位短截，压低或抬高其角度或改变其方位，使之复壮，改造整体树形，促其通风透光，其效果和短截相同，常用于花灌木的整形。

11. 截干

从地表以上5~10 cm处，将1~2年生的茎干剪除掉，称为平茬或截干，常用于乔木养干。如杜仲、千头椿、栾树、槐等，截干后萌生出徒长干，茁壮挺拔，当年就能达到提干高度，养成很好的树形。

12. 截冠(抹头)

从苗木主干2.5~2.8 m(分枝点)处将树冠全部剪除的方法称为截冠或抹头。截冠一般在出圃或移植苗木时采用，多用于无主轴、萌发力强的落叶乔木，如槐、千头椿、栾树、元宝枫、白蜡树等。截冠后分枝点一致，种植后可形成统一的绿化景观。

13. 化学修剪

化学修剪就是使用生长促进剂或生长抑制剂、延缓剂对植物的生长与发育进行调控的方法。

促进植物生长时可用生长促进剂，既生长素类，如吲哚丁酸(IBA)、萘乙酸(NAA)、2,4-二氯苯氧乙酸(2,4-D)、赤霉素(GA)、细胞分裂素(BA)。抑制植物生长时可用生长抑制剂，如比久(B9)、短壮素(CCC)、控长灵(PP333)等。

化学修剪常用来抑制植物生长。抑制剂施用后，可使植物生长势减缓，节间变短，叶色浓绿，促进花芽分化，增强植物抗性，有利于开花结果，提高产量和品质。生长抑制剂使用浓度及方法见表6-1。

表 6-1 生长抑制剂使用浓度与方法

药物名称	施用浓度(mg/kg)	使用方法	使用时期与次数
B9	2000~3000	叶面喷雾	生长季1~3次
矮壮素(CCC)	200~1000	叶面喷雾	生长季1~2次
整形素(EMD~IT3233)	10~100	叶面喷雾	生长季1~2次
控长灵(PP333)	5000~8000	土壤浇灌	生长季1次

第三节 园林苗圃的灌溉与排水

一、灌溉

有收无收在于水，多收少收在于肥。水是收获的基础，水分是植物的主要成分，植物大约95%的鲜重是水分。水是植物生命活动的基础，一切生命活动都是在有水的情况下进行的，如光合作用、呼吸作用、蒸腾作用等。植物体内水分充足，生命活动旺盛；植物体内水分缺乏，生命活动微弱。水又是植物体组成的重要物质。因此，水是植物生长和发育不可缺少的重要条件。

土壤水分在苗木生长过程中具有重要作用。例如，土壤中有机质的分解与土壤水分有关；土壤中的营养物质只有溶解于水中才能被植物根系吸收利用。如果土壤中缺水干旱，苗木因吸收不到水分而枝叶发黄、萎蔫、生长缓慢甚至停止生长，干旱程度超过萎蔫系数苗木就会死亡。在水分条件适宜的情况下，吸收根多；水分不足，则苗根细长。显而易见，土壤中水分适宜是培育壮苗的重要条件之一。

(一)合理灌溉的原则

水虽是苗木生长中不可缺少的重要物质，但也不是越多越好。土壤水分过多使苗木的根系长期处在过湿的环境中，造成土壤通气不良，含氧量降低，苗木根系正常有氧呼吸受阻，从而转为无氧呼吸，产生酒精等有毒物质，造成苗木生长不良甚至死亡。此外，过量的灌溉，不仅不利于苗木生长而且浪费水，还会引起土壤盐渍化。

合理灌溉的原则是：①根据树种的生物学特性灌溉。有的树种需水量较少，如一些针叶树种落叶松、油松、赤松、黑松、马尾松等，比阔叶落叶树种需水量相对较少，耐干旱；有的树种需水量较多，如喜水湿的柳树、杨树、水杉、柳杉等比沙生干旱植物柽柳、黄连木、阿月浑子、沙棘、枸杞等需水量大。如果旱生沙生苗木灌水量多，反而会使苗木的根系发育受阻，造成根系腐烂。②根据苗木生长的不同时期进行灌溉。初次移植的苗木为了保证成活，需连续灌水3次。苗木定植第一年灌水次数要多，灌水量要大，定植2年后可逐渐减少灌水次数和灌水量。③灌水深度应达到主要吸收根系的分布深度。大水漫灌，许多水渗入到土壤深层，往往造成水的浪费。④根据土壤的保水能力进行灌溉。保水能力较好的黏土、黏壤土，灌溉间隔期可长些，灌水量可适当减少；保水能力差的砂土、砂壤土，灌水间隔期要短些。⑤根据气候特点灌溉。在长期没有降水和气候干旱的地区，灌溉的次数多些，间隔期短些；在降水量较大的雨季和我国南方，灌溉的次数少些，间隔期长些。⑥土壤追施肥料后要立即进行灌溉，而且必须灌透。

灌溉宜在早晨或傍晚进行，此时水温与地温差异较小，灌溉后对苗木生长影响不大。如果在气温最高的中午进行地面灌溉，此时水温与地温差异较大，灌溉会造成突然降温而影响苗木根系的生理活动，影响苗木的生长。春季水温较低，灌溉会使土温下降，影响种子发芽和苗木的生长。在北方如用井水灌溉，应使用蓄水池贮水以提高水温。

秋季停止灌溉的时间对苗木的生长、枝条的木质化和抗性都有直接影响。停灌过早不利于苗木生长；停灌过晚会造成苗木徒长，寒流到来之前仍没有木质化，降低苗木对低温、干旱的抵抗能力。适宜的停灌期应在苗木速生期的生长高峰过后停止，具体时间因地因苗而异，一般应在土壤结冻之前6~8周停止灌溉，寒冷地区还可以再早些。

不要用含有有害盐类的水灌溉。

（二）灌溉方法

灌溉方法与第四章苗期管理中相似，分为侧方灌溉、畦灌和其他节水灌溉。

1. 侧方灌溉

一般应用于高床或高垄，水从侧方渗入床或垄中。其优点是水分由侧方浸润到土壤中，床面或垄面不易板结，灌水后土壤仍有良好的通气性能，但耗水量较大。

2. 畦灌

畦灌又称漫灌。它是低床育苗和大田育苗中最常用的灌溉方法。畦灌的缺点是水渠占地较多，灌溉时破坏土壤结构，易使土壤板结，灌溉效率低，耗水量大。

3. 其他节水灌溉

其他节水灌溉方法如喷灌、滴灌、地下灌溉、移动喷灌、微型喷灌等。

二、排水

苗圃地如果积水，容易造成涝灾或引起病虫害。所以，雨季降水量大，容易产生涝灾，必须及时排出闹地多余的积水。核果类苗木在积水中浸泡1~2天即可死亡，因此排水特别重要。北方雨季降水量大而集中，特别容易造成短时期水涝灾害，因此在雨季到来之前应将苗圃地排水系统疏通，将各育苗区的排水口打开，做到大雨过后地表不存水。在我国南方地区降水量较多，要经常注意排水工作，尽早将排水系统和排水口打开以便排除积水。

第四节 园林苗圃的土肥管理

一、园林苗圃的土壤管理

(一)土壤耕作的目的及其效果

土壤耕作的目的是改良土壤物理状况，提高土壤孔隙度，加强土壤氧化作用，促进土壤潜在肥力发挥作用，调节土壤中水、热、气、养的相互关系和作用，并消灭杂草、病虫害等，给移植苗创造良好的生长条件。苗圃地通过合理耕作，能够取得如下作用：

①使土壤疏松，孔隙度增加，提高土壤的持水性，减少地表径流。由于耕作层的土壤疏松切断毛细管作用，减少土壤水分蒸发，既能提高土壤的蓄水能力，又能防止返盐碱。

②提高土壤的通气性，利于土壤的气体交换，使土壤中的二氧化碳和其他有害气体(如硫化物和氢氧化物)排出，利于苗木根系的呼吸和生长。同时也给土壤中好气性的微生物创造良好生活条件，加速有机质的分解，土壤养分能及时供应给苗木。疏松的土壤适于固氮菌的活动，所以能提高固氮量。

③土壤耕作使土壤水分和空气有所增加，由于水的热容量大和空气的导热性不良等原因，所以能改善土壤的温热条件。

④耕地后使土壤垡片经过冬冻或暴晒，能促进土壤风化和释放养分。对于质地较黏重的、潜在养分较多的土壤效果更显著。

⑤土壤耕作通过翻土掩埋肥料，能使肥料在耕作层中均匀分布，提高肥效。

⑥合理的土壤耕作，结合施用有机肥，能促进土壤团粒结构的形成。具有刚粒结构的土壤，能不断地给苗木提供养分、水分和空气。

⑦通过深翻能将表层的杂草种子、虫卵和病菌孢子一起翻入土壤深层，使其得不到繁殖生存条件而死亡。对适宜在土壤深层越冬的害虫，经翻耕到土壤表面，可被鸟类啄食或冻死。

(二)土壤耕作的内容

土壤耕作内容包括：耕地、耙地、镇压、中耕和浅耕灭草等。

1. 耕地

耕地又叫犁地。耕地涉及整个耕作层，耕作效果最明显，它是土壤耕作中最重要的环行。耕作效果如何，在很大程度上取决于耕地深度和耕地季节。

(1)耕地深度

耕地深度对土壤耕作的效果影响最大，深耕效果好。农谚说：“深耕细耙，旱涝不怕”，说明深耕对土壤保蓄水分有很好的效果。同时，深耕对于调节土壤的温热情况、通气条件、释放养分、消灭杂草、防治病虫害、促进根系生长等各项效果都起着主要作用。

移植区耕地深度一般以 30 cm 为宜。

在上述耕地深度的范围内，可根据不同的气候和土壤条件有所变动。如在气候干旱的条件下宜深，砂土宜浅；盐碱地为改良土壤，抑制盐碱上升，洗盐洗碱，耕地深度可达 40～50 cm，但不能翻土；土层厚的圃地宜深，土层薄的圃地宜浅；秋耕宜深，春耕宜浅。总之，要因地、因时制宜，才能达到预期的效果。为了防止形成犁底层，每年耕地深度不尽相同。对耕作层较浅的土地，可逐年加深 2～3 cm，以防生土翻到上层太多。

(2)耕地季节

北方一般在秋季起苗后进行耕地，对于改善土壤的水、热、气、肥的作用，消灭病虫害和杂节的效果好。秋耕后经过冬季晒垡、冻垡时间长，能促进土壤风化，并能充分利用冬季积雪。在无灌溉条件的山地和干旱地区的苗圃，在雨季前耕地蓄水效果好，这类地区不宜存春季耕地。在秋季或早春风蚀较严重的地区及沙地不宜秋耕。

春耕要早，最好是当土壤刚解冻即耕，耕地后要及时耙地。在南方因土壤不结冻，一般可于冬季耕地。对土壤较黏的同地，为了改良土壤，实行夏耕，耕后不立即耙地，进行晒白，促进土壤风化。对改良土壤有较好的效果。

(3)耕地时机

耕地时机与耕地质量和机耕的耗油量有关，具体时间要根据土壤湿度而定，既不宜于耕，也不要湿耕。当土壤含水量为饱和含水量的 50%～60% 时，土壤的凝聚性和黏着性最小，这时耕地的质量最好，阻力较小，效率高。在实际观测时，用手抓一把土捏成团，距地面 1m 高处自然落地而土团摔碎时即适于耕地，或者新耕地没有大的垡块，也没有干土，垡块一踢就碎，即为耕地最好时机。

2. 耙地

耙地是在耕地后进行的表土耕作措施。耙地的目的是耙碎垡块，覆盖肥料，平整地面，清除杂草，破坏地表结皮，保蓄土壤水分防止返盐碱等。

耙地时间是否适时，对耙地的效果影响很大。如对土壤的保水状况和以后作床或作垄的质量都有直接影响。农谚说："随耕随耙；贪耕不耙，满地坷垃"。如果土壤太湿，耕后立即耙地效果也不好，当能耙碎垡块时再耙，耙地的具体季节要根据苗圃地的气候和土壤条件而定。在北方有些地区春季干旱，而冬季有降雪，为了积雪以保蓄土壤水分，秋耕后不耙地，待翌年春"顶凌耙地"。在冬季不能积雪的地区，应在秋季随耕随耙，以利保蓄土壤水分。在春旱地区，春季当土壤刚解冻时，要及时耙地保墒。在盐碱地为防止返盐碱，耙地尤其必要。春季耕地要随耕随耙。南方地区土壤较黏重，为改良土壤，促进风化，耕地后常进行晒白，不立即耙地。

为了使土壤疏松，耙地常进行 3～4 次。耙地要细、耙均匀，将耙出的植物残根清除，以利播种。常用的耙地机具有钉齿耙、圆盘耙、柳条耥等。现多采用拖拉机耕地带耙，随耕随耙。

3. 镇压

镇压的目的是破碎土块，压实松土层，促进耕作层的毛细管作用。在干旱无灌溉条件的地区，春季耕作层土壤疏松，通过春季镇压能减少气态水的损失，对保墒有较好的效果。作床或作垄后也应进行镇压，或在播种前镇压播种沟底，或播种后镇压覆土。

但在黏重的土壤上如果镇压则可使土壤板结，妨碍幼苗出土，给育苗带来损失。此外，在土壤含水量大的情况下，镇压也会使土壤板结。要等表土稍干后才可镇压。

镇压的机具有环形镇压器、齿形镇压器、木磙子、铁磙子、石磙子等。用机械进行土壤耕作的，镇压工作与耙地同时进行。

4. 浅耕灭茬

浅耕灭茬是在挖掘苗木后，在圃地上进行浅耕土壤的耕作措施。其目的是为了防止土壤水分蒸发，消灭杂草和病虫害，减少耕地阻力，提高耕地质量。在苗圃的农作物或绿肥作物收割后要及时进行浅耕，深度一般为 4～7 cm。在生荒地开辟苗圃时，由于杂草根的盘结度大，浅耕灭茬深度要达 10～15 cm。

二、苗圃轮作

(一)连作

连作又叫重茬，是在同一块圃地上连年培育同一种苗木的栽培方法。实践证明，连作容易引起病虫害，或由于其他原因使苗木的质量下降，产苗量减少。如杨树、刺槐、榆树、黄波罗、合欢、紫穗槐等，连作会出现苗木质量严重下降的现象(表 6-2)。

表 6-2　连作与轮作效果比较

(《林木种苗手册》，孙时轩等，1982)

试验内容	刺槐			紫穗槐		
	平均苗高(cm)	平均地径(cm)	每平方米株数	平均苗高(cm)	平均地径(cm)	每平方米株数
连作(4 年)	47	0. 40	23	31	0. 30	11
轮　作	93	0. 65	35	85	0. 45	59

造成苗木质量下降的原因，一是某些树种对某些营养元素有特殊的需要和吸收能力，在同一块苗圃地上连续多年培育同一树种的苗木，容易引起某些营养元素的缺乏，致使苗木生长受到影响；二是长期培育同一树种的苗木，给某些病原菌和害虫造成适宜的生活环境，容易发生严重的病虫危害，如猝倒病、蚜虫等。但对于有菌根菌的树种，如松属的油松、樟子松、红松、落叶松等在不发病的前提下，连作效果好。

(二)轮作

轮作是在同一块圃地轮换种植不同树种苗木或其他作物，如农作物或绿肥作物的栽培方法。轮作又称换茬或倒茬。

1. 轮作的效果

轮作与连作相反，轮作可以提高苗木的质量和产苗量，并且通过轮作能达到以下效果。

①轮作能充分利用土壤肥力，调节根系排泄的有毒物质的积累。

②轮作能预防病虫害，如猝倒病、金龟子幼虫和蚜虫等。通过轮作使病原菌和害虫失去其适宜的生活环境，所以能明显降低病虫害的发生。轮作还能有效地防除杂草的危害。

③苗木与农作物轮作，不仅可收获一定的作物产量，还能增加土壤中的有机质含量，形成水稳性的刚粒结构；增加可溶性养分，并能防止可溶性养分的淋失；改善土壤的物理性质，使土壤疏松，对土壤有良好的改良作用，特别是砂土和盐碱土作用更加明显；农作物覆盖土壤地面，减少了土壤水分的直接蒸发，能够保蓄土壤水分。

④苗木与绿肥植物或牧草进行轮作，一是能收获绿肥或饲料；二是能提高土壤的含氮量。据统计，每公顷豆科绿肥植物的根瘤菌每年能固定游离氮 49 ~ 190 kg，相当于硫酸铵 240 ~ 900 kg。

2. 轮作方法

轮作方法就是某种苗木与其他植物或苗木相互轮换栽培的具体安排。目前常用的轮作方法有三种。

(1)苗木与苗木轮作

苗木与苗木轮作是在育苗树种较多的情况下，将没有共同病虫害、对土壤肥力要求不同的乔灌木树种进行轮换栽植。油松在板栗、杨树、刺槐、紫穗槐等茬地上育苗生长良好，病虫害较少。油松、白皮松、合欢、复叶槭、皂荚轮作，可减少猝倒病。杉木、马尾松在白榆、槐树茬地上育苗生长良好。实行树种间的轮作必须了解各种苗木对土壤水分和养分的要求，对易感病虫害的抗性大小，以及树种间互利和不利的作用等情况，才能做到树种间的合理轮作。

通过试验证明，某些锈病真菌是在不同树种上度过不同的发育阶段。为防止锈病，在苗圃里不应把这类树种种植在一起，如落叶松与桦木，云杉与稠李属，圆柏与花楸、棣棠、苹果等，在同一苗圃育苗时要隔离开。因此，在选择轮作植物时，要注意以下几个问题：①没有共同的病虫害，而且不是病害的中间寄主，也不会招引害虫；②能适应本圃的环境条件，对土壤肥力条件要求的高低要与育苗树种相配合；③轮作植物根系分布深浅与育苗树种相配合；④轮作植物与育苗树种前后茬之间无矛盾。

红松、落叶松、油松、马尾松、樟子松、日本黑松、华山松、白皮松、侧柏、云杉、冷杉等针叶树种，既可以互相轮作，也可连作。这些松类苗木具有菌根，因而连作苗木生长良好。但间隔数年后进行休闲或轮作阔叶树种，便于恢复土壤肥力。

(2)苗木与农作物轮作

苗圃适当地种植农作物，对增加土壤有机质、提高肥力有一定作用。目前在生产上多采用苗木与豆类或其他农作物进行轮作。在南方实践证明，松苗与水稻轮作效果良好，且杂草、病虫害少。一般是松苗连作几年后种一次水稻，以后再连续种松苗几年。在东北经验证明，水曲柳、大豆、杨树、黄波罗休闲的轮作顺序较好。在大豆茬上育小叶杨苗，可以提高苗木质量；大豆地、玉米地上育油松生长好。而落叶松、赤松、樟子松、云杉等不宜与黄豆换茬轮作，因易引起镰刀菌、丝核菌的侵染而遭受松苗立枯病和金龟子等地下害虫的危害。

(3)苗木与绿肥植物或牧草轮作

为恢复土壤肥力，选用绿肥植物或牧草进行轮作具备轮作的各项优点，尤其在改良土壤和提高土壤肥力方面效果更好。一方面，生产的牧草是理想的饲料，生产的绿肥是苗圃的良好肥料；另一方面，改善了土壤肥力，提高了苗木的质量和单位面积的产量。在土壤肥力较差的地区和砂地苗圃，气候干旱，土壤瘠薄，有机肥缺乏，通过绿肥植物轮作改良了土壤，解决了肥源不足等问题。能与苗木轮作的牧草有草木犀、苕子、紫云英、苜蓿、三叶草、二月蓝和鹅冠草等。

三、苗木套种

套种就是将苗木与苗木、苗木与绿肥或其他作物种植在一起的栽培方法。根据其大小、高矮和生态习性等不同，提高土地使用率，提高苗木产量和质量。

苗木与苗木套种在一起可以解决苗多地少、土地紧张的问题，可以更经济地利用肥沃土地，提高单位面积产苗量，提高单位面积的经济效益。目前苗木套种主要是利用苗木的高矮和大小进行套种。例如，北京小汤山苗圃银杏与小叶黄杨套种，在栽植初期两种苗木较小，行株间距较大，银杏较高占据上层空间，小叶黄杨占据下层空间，合理地利用了阳光；在冬季银杏苗又为小叶黄杨遮挡西北大风，起到防寒作用。河南鄢陵的玉兰与大叶黄杨套种、玉兰与圆柏套种、栾树与槐树套种等都取得了双赢的效果，北京东北旺苗圃元宝枫、玉兰与耐阴的玉簪、麦冬草套种效果良好。

在行间套种多年生豆科或禾本科绿肥作物，如毛叶苕子、紫花苜蓿、白花草木犀、沙打旺等，视其生长状况，每年刈割一次，翻入土中或移入树盘覆盖或让其自然死亡覆盖，能有效改善土壤肥力和团粒结构，增加土壤有机质的含量。还可先作饲料后变肥地间接利用。在幼树期间充分利用行间空地，种植花生、绿豆、黄豆、油菜等伏地及矮秆作物，增加收入。

套种要注意的问题是：套种苗木相对要小，行株距较大，高矮搭配，阳性树种与阴性树种搭配，深根系与浅根系套种；相互之间不能成为病虫害的中间寄主；生态习性尽可能不同，以便能更充分利用阳光、水分和空间。

四、施肥

(一)施肥的意义

培育生长健壮、根系发达、树形美观、生长快的优良苗木，必须有较好的营养条件。

因为苗木在生长过程中要吸收很多化学元素作为营养，并通过光合作用合成碳水化合物，供应其生长需要。苗木如果缺乏营养元素，就不能正常生长。从苗木的组成元素分析和栽培试验来看，苗木生长需要十几种化学元素。这些化学元素是：碳、氢、氧、氮、磷、钾、硫、钙、镁、铁、硼、锰、铜、钴、锌、钼等。植物对碳、氢、氧、氮、磷、钾、硫、钙、镁等需要量较多，故称大量元素；植物对硼、锰、铜、钴、锌、钼等需要量很少，故称微量元素；铁从植物需要量来看比镁少得多，比锰大几倍，所以有时称铁为大量元素，有时称铁为微量元素。在这些元素中，碳、氢、氧是构成一切有机物的主要元素，占植物体总成分95%左右，其他元素共占植物体的4%左右。碳、氢、氧是从空气和水中获得的，其他元素主要是从土壤中吸取的。植物对氮、磷、钾三种元素需要量较多，而这三种元素在土壤中含量少，常感不足，影响植物的生长发育最大，人们用这三种元素做肥料，称为肥料三要素。

苗圃如果只种苗，不施肥，会造成苗木生长缓慢，质量下降，病虫害严重。出圃年限延长，经济效益不高。而且苗木消耗的土壤养分要远比农作物为高。许多试验表明，多年种植苗木的圃地，氮、磷、钾含量严重不足，当施用肥料后，很快提高了苗木质量(表6-3)。因此苗圃地更应加强施肥，特别是施用有机肥料，对土壤的物理和化学性质都有良好的改善作用。

表6-3　各种一年生苗对矿质肥料的反应

(南京林产工学院，1984)

苗木种类	处　理	株　高		基　径	
		(cm)	(%)	(cm)	(%)
加拿大杨扦插苗	施肥	259.0	116	1.86	110
	无肥	224.6	100	1.67	100
二球悬铃木扦插苗	施肥	211.3	122	1.88	118
	无肥	173.8	100	1.60	100
麻栎实生苗	施肥	42.6	128	0.51	111
	无肥	33.3	100	0.46	100
白蜡实生苗	施肥	119.7	147	1.16	141
	无肥	81.5	100	0.82	100
响叶杨实生苗	施肥	84.7	167	1.11	166
	无肥	50.6	100	0.67	100
女贞实生苗	施肥	60.8	132	0.71	125
	无肥	46.0	100	0.57	100

注：每公顷(毛面积)施肥量为硫酸铵225 kg，过磷酸钙63 kg，氯化钾22.5 kg。

①通过施用有机肥料和各种矿质肥料，既给土壤增加营养元素又增加有机质，同时将大量的有益微生物带入土壤中，加速土壤中无机养分的释放，提高难溶性磷的利用率。

②能改善土壤的通透性和气热条件，给土壤微生物的生命活动和苗木根系生长创造有

利条件。

③通过施肥能促进土壤形成团粒结构，并能减少土壤养分的淋洗和流失。

④能调节土壤的酸碱度。

(二)主要营养元素的作用

1. 氮

氮是植物细胞蛋白质的主要成分，又是叶绿素、维生素、核酸、酶和辅酶系统、激素以及植物中许多重要代谢有机化合物的组成成分，因而，它是生命物质的基础。当苗木缺氮时，生长速度显著减退，叶绿素合成减少，类胡萝卜素凸现，叶子即呈不同程度的黄色。更由于氮可从老叶中转移到幼叶，缺氮症状首先表现在老叶上。长期缺氮，则导致苗木利用贮存在枝干和根中的含氮有机化合物，从而降低植株氮素营养水平，树体衰弱，抗逆性降低。

植物根系直接从土壤中吸收的氮素以硝态氮和铵态氮为主。在根内，硝态氮通过硝酸还原酶的作用转化为亚硝态氮，以后通过亚硝酸还原酶进一步转化为铵态氮。在正常情况下，氨态氮不能在根中累积，必须与其他化合物结合，形成氨基酸(如谷氨酸)。氮对苗木生长的作用，除取决于树体中氮素水平外，也受环境因子和树体内部因子所影响。

土壤水分与氮素代谢的关系：当土壤水分供应充足时，叶片气孔开张，能制造较多的光合产物，从而能合成较多的蛋白质，有利于生长。而在土壤水分供应减少时，导致氮的吸收也随之减少，在极端干旱的情况下，甚至不能吸收氮素。同时，苗木为了减少蒸腾作用，气孔关闭，使得光合作用受阻，不能制造出足够的碳水化合物，这就无从与吸入根系中的铵态氮进行氨基酸的合成，使得铵态氮在树体内积累。铵态氮的积累，能够抑制硝酸还原酶的作用，停止树体中硝态氮到亚硝态氮的转化。此时，即使土壤中有再多的硝酸盐，树体也不能吸收利用，因为只有铵态氮转化为氨基酸时，硝态氮才能进入细胞。

氮与激素的关系：施用氮肥有利于苗木生长，可使树上长出较多的幼嫩枝叶，这些幼嫩枝叶能合成较多的赤霉素，而赤霉素抑制树木体内内源乙烯的生成，因而起到抑制花芽形成的作用。同时，赤霉素可以抑制脱落酸的作用，使气孔不关闭。因此，适量氮肥可制造更多的光合产物，有利于根的生长以及更好地追踪土壤中的水分和养分。由此可见，氮素不仅起到营养元素的作用，而且还起到调节激素的作用。如果苗木矮小、细弱，氮素施用量过多，或偏施氮肥，其他矿质元素不能按比例相应增加，则能引起枝叶徒长，苗木抗性降低。

2. 磷

磷主要是以 $H_2PO_4^-$ 和 HPO_4^{2-} 的形态为植物吸收。磷进入根系后，以高度氧化态与有机物络合，形成糖磷脂、核苷酸、核酸、磷脂和一些辅酶，主要存在于细胞原生质和细胞核中。

磷对碳水化合物的形成、运转、相互转化，以及对脂肪、蛋白质的形成都起着重要作用。磷酸直接参与呼吸作用的糖酵解过程。磷酸存在于糖异化过程中起能量传递作用的三磷酸腺苷(ATP)、二磷酸腺苷(ADP)及辅酶A等之中，也存在于呼吸作用中，起着氢的传递作用的辅酶Ⅰ(NAD)和辅酶Ⅱ(NADP)之中。磷酸也直接参加光合作用的生化过程。如果没有磷，植物的全部代谢活动都不能正常地进行。

因此，在缺磷时，营养器官中糖分积累，利于花青素的形成，使叶片呈暗绿色或古铜色，有时呈紫色或紫红色；苗木生长迟缓、矮小，顶芽发育不良；同时，硝态氮积累，蛋白质合成受阻。适量施用磷肥，可以使苗木迅速地通过幼年生长阶段，提早开花结果与成熟。对于盆栽观果苗木非常有效。磷可以改善树体营养和增强苗木抗性。

磷在植物体内的分布是不均匀的，根、茎的生长点中较多，幼叶比老叶多，果实和种子中含磷最多。当磷缺乏时，老叶中的磷可迅速转移到幼嫩的组织中，甚至嫩叶中的磷也可输送到果实中。多施用磷肥，会引起树体缺锌。这是由于磷肥施用量增加，提高了树体对锌的需要量。而喷施锌肥，有利于树体对磷的吸收。

施用氮肥过多而缺磷，会引起含氮物质失调，根中氨基酸合成受阻，使硝态氮在植物体内积累，植株呈现缺氮现象。磷过剩会抑制氮素或钾素的吸收，引起生长不良；过剩磷素可使土壤中或植物体内的铁不活化，叶片发黄。

3. 钾

钾也是苗木体内含量较多的元素。主要以离子态(K^+)进入苗木体内，钾在苗木体内不形成有机化合物，但在光合作用中占重要地位，对碳水化合物的运转、储存，特别是对淀粉的形成具有重要作用，对蛋白质的合成也有一定的促进作用。钾还可以作为硝酸还原酶的诱导，并可作为某些酶或辅酶的活化剂。它能保持原生质胶体的物理化学性质。保持胶体一定的分散度和水化度以及黏滞性和弹性。使细胞胶体保持一定程度的膨压。因此，苗木生长或形成新器官时，都需要钾的存在。钾离子可以保持叶片气孔的开张，这是由于钾可存保卫细胞中积累，使渗透压降低，迫使气孔开张。钾能促进苗木对氮的吸收，促进茎干木质化，使茎干粗壮坚韧，增强植株的抗病、抗虫和抗机械损伤的能力。在生长季节后期。促进淀粉转化为糖，提高苗木的抗寒性。钾在苗木体内呈水溶性状态，使苗木体内的溶液浓度提高，苗木的结冰点下降，因而增强了苗木的抗寒性，有利于根系生长。

缺钾时，钾的代谢作用紊乱，树体内蛋白质解体，氨基酸含量增加，碳水化合物代谢受到干扰：光合作用受抑制。叶绿素被破坏。叶缘焦枯，叶片皱缩，苗木生长细弱，根系生长受到抑制；叶柔软，早衰，呈古铜色或叶尖呈亮铜色或叶尖和叶缘先死亡。

钾过剩，氮的吸收受阻，抑制营养生长，镁的吸收受阻，发生缺镁症，并降低对钙的吸收。

4. 钙

钙在苗木体内起着平衡生理活性的作用。适量钙素，可减轻土壤中钾、钠、氢、锰、铝等离子的毒害作用。使苗木正常吸收铵态氮，促进苗木生长发育。

钙离子由根系进入体内，一部分呈离子状态存在，另一部分呈难溶的钙盐(如草酸钙、柠檬酸钙等)形态存在，这部分钙的生理功能是调节树体的酸度，以防止过酸的毒害作用。钙一方面作为营养元素直接影响树木生长，另一方面又与土壤反应及其他土壤特性有关，从而间接影响树木生长。钙对苗木茎干生长的作用也很显著。钙又是影响土壤微生物和促进腐殖质转化的重要因素之一。

缺钙使苗木根系发育不良，针叶树种常形成黄尖或棕斑，过量的钙妨碍钾的吸收，使苗木发生缺钾现象，可能引起针叶树苗失绿症和猝倒病。钙过量时有些树种的苗木会生长不正常，甚至不能生长。按不同树种与土壤中碳酸钙含量的关系，可把苗木分成嫌钙型、钙生型和适应型。

5. 镁

镁是叶绿素的主要组成成分。缺镁时，即不能合成叶绿素，因此，缺镁的症状就是失绿。镁对树体生命过程能起调节作用，在磷酸代谢、氮素代谢和碳素代谢中，它能活化许多激酶，起到活化剂的作用。镁在维持核糖、核蛋白的结构和决定原生质的物理化学性状方面都是不可缺少的。镁对呼吸作用也有间接影响。但在生理功能上，镁不能代替钙的作用，如果土壤中镁的浓度较高，在根系吸收过程中，它可以代换钙离子，使钙的吸收相应减少。

镁主要分布在果树的幼嫩部分，果实成熟时种子内含量增多。砂质土壤镁易流失，施磷、钾肥过量也易导致缺镁症。在栽培上应注意增施有机肥料，提高盐基置换量，在强酸性土壤中施用钙镁肥，兼有中和土壤酸性作用。喷施也有良好效果。柑橘叶片镁含量0.05%~0.15%即不足，0.3%~0.6%为适量，高于1.0%为过剩。

6. 铁

铁虽不是叶绿素的成分，但对维持叶绿体的功能是必需的。铁是许多重要酶的辅基的成分，如细胞色素氧化酶、氧还蛋白、细胞色素等。铁可以发生三价铁离子和二价铁离子两种状态的可逆转变，因而在呼吸作用中起到电子传递的作用。缺铁可导致酶的活性降低，功能紊乱，氮的代谢破坏，苗木体内大量积累氮，使木质部中毒坏死，叶易烧伤早落，活跃根早期衰亡，输导根生长缓慢，树体衰弱。缺铁影响叶绿素的形成，幼叶失绿，叶肉呈黄绿色，叶脉仍为绿色，所以缺铁症又称黄叶病。严重时叶小而薄，叶肉呈黄白色至乳白色，随病情加重叶脉也失绿呈黄色，叶片出现棕褐色的枯斑或枯边，逐渐枯死脱落，甚至发生枯梢现象。土壤及灌溉用水的pH高，使铁成氢氧化铁而沉淀，不溶性铁苗木不能吸收利用而发生缺铁症。

7. 硼

硼不是植物体内的结构成分。在植物体内没有含硼的化合物，硼存土壤和树体中都呈硼酸盐的形态存在。硼对碳水化合物的运转，对生殖器官的发育，都有重要作用。有人认为硼还可以促进激素的运转。

柑橘叶片含硼量低于15 mg/kg即为不足，50 ~ 200 mg/kg为适量，高于250 mg/kg即过剩。缺硼时，体内碳水化合物发生紊乱，糖的运转受到抑制。由于碳水化合物不能运到根中，根尖细胞木质化。导致钙的吸收受到抑制。硼参与分生组织细胞的分化过程，苗木缺硼。最先受害的是生长点，由于缺硼而产生的酸类物质能使枝条或根的顶端分生组织细胞严重受害甚至死亡。缺硼也常形成不正常的生殖器官，并使花器和花萎缩，这是因为在花粉管生长活动中，硼对细胞壁果胶物质的合成有影响。因此，在人工授粉时，常常加入含硼和糖的混合溶液以提高坐果率。

8. 锌

锌可影响植物氮素代谢，缺锌的苗木色氨酸减少，酰胺化合物增加，因而总氨基酸含量增加。色氨酸是苗木合成吲哚乙酸(IAA)的原料，缺锌时，吲哚乙酸减少，苗木生长即受到抑制，表现为真小叶病或簇叶病等。

锌还是某些酶的组成成分，如谷氨酸脱氢酶、碳酸酐酶等。缺锌时，这种酶即减少。成熟叶片进行光合作用与合成叶绿素都要有一定的锌，否则叶绿素合成受到抑制，因此，缺锌的苗木叶片也发生黄化现象。沙地、盐碱地以及瘠薄的苗圃地容易缺锌。

9. 锰

锰直接参与光合作用，锰在光系统Ⅱ中直接参与光系统Ⅱ的电子传递反应。锰是叶绿体的组成物质，它在叶绿素合成中起催化作用。缺锰后，叶绿体中锰的含量显著下降，其结构也发生变化，并使叶片失绿或呈花叶。锰是许多酶的活化剂，例如，锰是核糖核酸(DNA)和脱氧核糖核酸(RNA)合成中所涉及的酶的活化剂，锰也是吲哚乙酸氧化酶的辅基的成分，因此，锰还可以影响激素的水平。大部分与酶结合的锰与镁有同样的作用，所以，有些镁可以用锰代替。在强酸性土壤中还原性锰增多，造成根系吸收锰盐过量，导致粗皮病、异常落叶病、叶片黄化等锰素过剩症。

10. 铜

铜在植物体内可以一价或二价阳离子存在，存氧化还原过程中起电子传递作用。铜是某些氧化酶的组成成分。叶绿体中有一个含铜的蛋白质，因此，铜在光合作用中起重要作用。

综上所述，每一种元素在植物生命活动中均有其特殊的生理作用，它们不能被其他元素所替代。当植物缺乏任何一种必需的矿质元素，植物体内的代谢都会受到影响，从而在植物体外观上产生可见的症状，即所谓的营养缺乏症或缺素症。现将植物缺乏各种必需矿质元素的主要症状归纳见表6-4，以供参考。

表6-4　植物缺乏必需矿质元素的症状检索表

(潘瑞炽，1984)

A. 老叶病征
　B. 病征遍布整株，基部叶片干焦和死亡
　　C. 植株浅绿，基部叶片黄色，干燥时呈褐色，茎短而细 ………………………… 氮
　　C. 植株深绿，常呈红或紫色，基部叶片黄色，干燥时暗绿，茎短而细 ………………… 磷
　B. 病征常限于局部，基部叶片不干焦但杂色或缺绿，叶缘杯状卷起或卷皱
　　C. 叶杂色或缺绿，有时呈红色，有坏死斑点，茎细 ………………………… 镁
　　C. 叶杂色或缺绿，在叶脉间或叶尖和叶缘有坏死斑，小，茎细 ………………… 钾
　　C. 坏死斑点大而普遍出现于叶脉间，最后出现于叶脉，叶厚，茎短 ………………… 锌

A. 嫩叶病征
  B. 顶芽死亡，嫩叶变形和坏死
    C. 嫩叶初呈钩状，后从叶尖和叶缘向内死亡 …………………………………………… 钙
    C. 嫩叶基部浅绿，从叶基枯死，叶捻曲 ……………………………………………… 硼
  B. 顶芽仍活但缺绿或萎蔫，无坏死斑点
    C. 嫩叶萎蔫，无失绿，茎尖弱 …………………………………………………………… 铜
    C. 嫩叶不萎蔫，有失绿
      D. 坏死斑点小，叶脉仍绿 ………………………………………………………………… 锰
      D. 无坏死斑点
        E. 叶脉仍绿 ………………………………………………………………………………… 铁
        E. 叶脉失绿 ………………………………………………………………………………… 硫

常用的植物缺素症诊断方法方法有：病症诊断法、化学诊断法和加入诊断法。特别需要注意的是，植物缺素时的症状会随植物种类、发育阶段及缺素程度不同而有不同的表现，同时缺乏多种元素会使病症复杂化。此外环境因素也可能引起植物产生与营养缺乏类似的症状。因此，在判断植物缺乏哪种矿质元素时，应综合诊断。

(三)苗圃常用肥料的种类及性质

苗圃常用肥料种类很多，有各式各样的分类。可按肥料发挥肥效的快慢分速效肥料和迟效肥料。如常用的无机化肥：硫酸铵、碳酸氢铵、尿素等发挥肥效快，称为速效肥料。有机肥料如堆肥、粪肥等肥效慢，称为迟效肥料。按化学反应可分为酸性肥料、中性肥料和碱性肥料。酸性肥料如硫酸铵、氯化铵、硫酸钾等。一般是把酸性肥料施入碱性土壤中。中性肥料施入土壤后不会影响土壤的酸碱变化，如尿素在任何土壤上都可使用。碱性肥料如石灰氮、草木灰、石灰和硝酸钠等，碱性肥料要用在酸性土壤中。按肥料所含有机物的有无可分为有机肥料和无机肥料；按肥料所含主要营养元素分为氮素肥料、磷素肥料、钾素肥料和复合肥料等。

随着科学技术的发展，生物肥料也在育苗上广泛使用。

1. 有机肥料

有机肥料是含有有机物的肥料。如堆肥、厩肥、绿肥、泥炭、腐殖酸类肥料、人粪尿、鸡粪、骨粉等。有机肥料含有多种元素，故称为完全肥料。有机质要经过土壤微生物分解，才能被植物吸收利用，肥效慢，又称为迟效肥料。

有机肥料含有大量的有机质，改良土壤的效果最好。有机肥料施于砂土中，能增加砂土的有机质，又能提高保水性能，给土壤增加有机质，利于土壤微生物生活，使土壤微生物繁殖旺盛，能使土壤形成团粒结构。所以它是提高土壤肥力、提高苗木质量和产量不可缺少的肥料。

(1)人、动物粪尿

人、动物粪尿含有各种植物营养元素，丰富的有机质和微生物，因此是重要的有机完全肥料(表6-5)。

表 6-5　人、动物粪尿的肥分含量(%)

(南京林产工学院，1982)

类别	成分	水　分	有机质	N	P_2O_5	K_2O	CaO
人	粪	70	20	1.0	0.50	0.37	—
	尿	90	3	0.5	0.13	0.19	—
猪	粪	82	15.0	0.56	0.40	0.44	0.09
	尿	96	2.5	0.30	0.12	0.95	—
牛	粪	83	14.5	0.32	0.25	0.15	0.34
	尿	94	3.0	0.50	0.03	0.65	0.01
马	粪	76	20.0	0.55	0.30	0.24	0.15
	尿	90	6.5	1.20	0.01	1.50	0.45
羊	粪	65	28.0	0.65	0.50	0.25	0.46
	尿	87	7.2	1.40	0.03	2.10	0.16

①人粪尿　人粪尿是重要的肥源之一，含有氮、磷、钾和有机质。其中含氮量较高而含磷、钾相对较少，所以一般把它看作氮肥。人粪尿肥分比一般有机肥料浓，用量远比一般有机肥料少，改良土壤的作用小。人粪尿应该腐熟后使用，这是为了加速它的肥效和杀灭对人有害的传染病原。腐熟时间为 2~3 周。人粪尿的肥效大致相当于硫酸铵的九成，可作基肥或追肥。

②牲畜粪尿　牲畜粪尿含有各种植物营养元素，丰富的有机质和微生物，因此是重要的有机完全肥料。牲畜粪中的氮主要是蛋白质态，不能被苗木直接吸收利用，分解释放速度比较缓慢，尿中的氮呈尿素及其他水溶性有机态，易转化为作物能吸收的铵态氮。牲畜尿中的磷、钾肥效也很好。牲畜粪尿分解速度比人粪尿缓慢，见效也比较迟，为迟效性肥料。牛粪粪质细密，含水量多，分解腐熟缓慢，发酵温度低，为冷效肥料。而马粪中纤维较粗，粪质疏松多孔，含很多纤维分解细菌，腐熟分解速度快，发热量大，一般称为热性肥料。羊粪发热性质近似马粪而稍差，猪粪发热性质近似牛粪而较好。马粪除直接用作肥料外，也可用于温床上做发热材料，在制造堆肥时加入适量马粪，可促进堆肥时腐熟。但马粪属“火性”，后劲短，而猪粪性质柔和，后劲长。通常牲畜粪尿在使用前先堆沤腐熟，使原来不能被作物直接利用的养料逐渐转化为有效状态，并且在一定程度上杀灭其中所带病原菌、虫卵、杂草种子等，但堆腐时间愈长，腐熟程度愈高，则有机质及氮的损失就愈大。厩肥不一定要等到完成腐熟过程后才使用。在轻质或有机质贫乏的土壤进行改良时，可直接施用新鲜厩肥。在苗圃用作基肥时，一般是均匀撒布在地表，然后翻埋入土壤中。对大苗开沟施用。苗木对厩肥中氮的利用率约为 10%~30% 左右。大量施用时一般都有良好后效。

(2)饼肥、堆肥

饼肥、堆肥含有丰富的植物营养元素(表 6-6)。

表 6-6 饼肥、堆肥的养分含量

（南京林产工学院，1982）

种 类	水分(%)	有机质(%)	N(%)	P_2O_5(%)	K_2O(%)	C/N 比
饼 肥	5.5	87	5.0	1.83	1.50	—
一般堆肥	60~75	15~25	0.4~0.5	0.18~0.26	0.45~0.70	16~20
高温堆肥	—	24.1~41.8	1.05~2.00	0.30~0.82	0.47~2.53	9.67~10.67

①饼肥 饼肥是作物种子榨油后剩余的残渣，因为含氮量高，施用量比一般有机肥少得多，通常把它视为氮肥，但其中的磷、钾也有良好的肥效。饼肥所含氮素，主要是蛋白质形态的有机氮，所含磷素主要是有机态的，绝大部分不能直接为苗木吸收，必须经过微生物分解后才能发挥肥效，所以是缓效性肥料，适宜做基肥。大豆饼当年肥效约为硫酸铵的七成。每公顷用量为 1500~2250 kg，要将饼肥磨碎，施用时与土壤混合均匀。

②堆肥 堆肥是用作物秸秆、落叶、草皮、杂草、刈割绿肥、垃圾、污水、肥土、少量人畜粪尿等材料，混合堆积，经过一系列转化过程所制成的有机肥料。我国各地很多苗圃使用堆肥做基肥。可以供给苗木所需的各种养分和植物生长激素物质，大量施用还可以增加土壤有机质、改良土壤。堆肥是迟效肥料，一般都用作基肥，施用时要与土壤充分混合。

(3)泥炭和森林腐殖质

①泥炭 也称草炭，一般含有机质 40%~70%，含氮 1.0%~2.5%，C/N 比率都在 20 左右。含磷钾较少，以 P_2O_5和 K_2O 计，均在 0.3% 左右。多呈酸性反应，pH 值 5~6.5 左右，并且大都含有一定量的铁素。泥炭中的养分绝大部分是处于苗木不能直接利用的有机化合物状态，但泥炭本身具有强大的保水保肥能力。通常分解程度较低的泥炭适宜作床面覆盖物。分解程度较高的泥炭适宜做堆肥、颗粒肥料及育苗的营养钵肥等。分解程度差的、酸性强的泥炭，可用于喜酸树种的育苗。分解强度高而酸性低的泥炭，可直接用作肥料，但肥效较差，最好与其他肥料配合施用。

②森林腐殖质 森林腐殖质是指森林地表面上的枯落物层，包括未分解和半分解的枯枝落叶无定形有机物。森林腐殖质的 pH 值通常在 5~6.5 之间，全氮量约 0.3%~1.5%，速效 P_2O_5在 50~270 mg/kg，速效 K_2O 约在 180~660 mg/kg，一般是阔叶林的腐殖质层养分含量高于针叶林下的。由于森林腐殖质中的养分大都呈苗木不能立即利用的有机状态。所以通常是用作堆肥的原材料，经过发酵腐熟后作为基肥。大量施入可改良土壤的物理性质。森林腐殖质还含有菌根，可为苗木接种菌根促进苗木生长和抗性提高。使用森林腐殖质育苗，由于其肥素单一应与其他化肥混合使用效果更好，如与磷酸铵和硫酸钾混合施用。

(4)绿肥

绿肥是用绿色植物的茎叶等沤制或直接将其翻入土壤中作为肥料。绿肥含营养元素全面，属完全肥料。绿肥的种类很多，如紫云英、苕子、沙打旺、芸芥、草木犀、羽扇豆、黄花苜蓿、大豆、蚕豆、豌豆、肥田萝卜、紫穗槐、胡枝子、荆条、三叶草等，绿肥植物的营养元素含量因植物种类而异(表 6-7)。

表6-7　几种绿肥植物的养分含量(鲜重,%)
(中国农科院土肥所，1979)

种　类	水　分	有机质	N	P_2O_5	K_2O
巢　菜	82.0	—	0.56	0.13	0.43
猪屎豆	77.5	22.5	0.44	0.09	0.41
田　青	80.0	—	0.52	0.07	0.15
木　豆	70.0	27.4	0.64	0.02	0.52
胡枝子	79.0	19.5	0.59	0.12	0.25
紫穗槐	60.9	—	1.32	0.30	0.79
羽扇豆	82.6	14.4	0.50	0.11	0.25
新鲜野草	70.0	—	0.54	0.15	0.46
苕　子	—	—	0.56	0.13	0.43
紫云英	—	—	0.4	0.11	0.35
青刈燕麦	80.1	—	0.37	0.13	0.56

在绿肥分析结果中，以紫穗槐的含量为最高。总之，绿肥植物磷、钾的含量少，在苗圃大量使用绿肥时要补充磷、钾肥，尤其磷肥不补充会影响苗木质量。绿肥的施用方式有刈割运入或就地翻埋，深度一般为10 cm，15~20天左右腐烂。

2. 无机肥料

无机肥料即矿物质肥料，包括化学加工的化学肥料和天然开采的矿物质肥料。不含有机质，元素含量高，主要成分能溶于水，或容易变为能被植物吸收的部分，肥效发挥快，大部分无机肥料属于速效性肥料。

(1)氮肥

①硫酸铵[$(NH_4)_2SO_4$]　又称硫铵，是一种速效性铵态氮肥，含氮量20%~21%。当施入土壤时，硫酸铵很快就溶于土壤水中，然后发生离子代换作用，大部分氨离子就成为吸附状态。这样可暂时保存，免于淋失。由于土壤中硝化细菌的活动，部分硫酸铵还会逐渐转化为硝酸与硫酸，成为部分硝态氮，铵态氮与硝态氮均可为苗木吸收，但硝态氮不被土壤吸附，易于淋失。苗木吸收NH_4^+比吸收SO_4^-快，对NH_4^+的需求也比SO_4^-需要量大得多，因此硫酸铵具有生理酸性，即由于苗木利用NH_4^+后残留SO_4^-于土壤中，从而使土壤逐渐变酸。施肥时应注意：硫酸铵可作基肥，也可作追肥，但在气候湿润的地区最好作追肥使用。施用时干施、湿施均可，干施可以同细土拌匀使用，撒施、条施也可；湿施可用水稀释后浇灌土壤。长期施用会导致土壤板结，所以要同有机肥配合施用。

②氯化铵(NH_4Cl)　含氮量24%~25%，易溶于水，也是生理酸性肥料，在土壤中的吸附与硫酸铵相似。氯化铵施入土壤中后，短期内不易发生硝化作用，所以损失量比硫酸铵少。氯化铵不宜作种肥，同时还要注意氯离子对苗木的毒害作用程度。

③碳酸氢铵(NH_4HCO_3)　含氮量17%~17.5%，易溶于水。在35~60 ℃的条件下逐渐分解为氨和二氧化碳，这是它的严重缺点，易造成肥分损失，所以贮存时要保持干燥，严密包装，并且放置于阴凉的地方。碳酸氢铵在土壤中溶解后，在土壤胶体上发生代换作用，铵态氮被吸附保存。由于这种肥料易挥发，而且刚入土壤时，也会由于水解而使土壤

反应暂时变碱。施用应注意不宜在播种沟中施用，因为暂时的碱性反应会影响种子发芽，可以用作追肥，开沟深施的效果比浅施好，施后要及时覆土，以减少肥分挥发损失。

④硝酸铵(NH_4NO_3)　又叫硝铵，它是速效氮肥，有一半呈硝酸态，一半呈铵态，都易被植物吸收。含氮率34%~35%，水溶液呈中性，在土壤中不残留任何物质，对土壤性质无不良影响，适用于各种土壤和苗木，硝酸态氮在土壤中易淋失，一般只有做追肥，硝酸铵不能和碱性肥料混合使用，否则会引起分解，损失氮素。由于硝酸铵具有吸湿、助燃和爆炸性，因此在运输及贮藏时要防湿防火，并且不能用铁器敲击。

⑤尿素[$CO(NH_2)_2$]　含氮量为44%~48%，易溶于水，是固体氮肥中含氮率最高的一种，是中性肥料，适用于各种土壤和苗木。尿素含有的氮素是酰铵态氮，其在土壤中经微生物的作用，转化为碳酸铵，才能被植物吸收，转化速度春秋季需5~8天，夏季需2~4天。也可进一步变成硝态氮。尿素做基肥、追肥均可，不宜用作种肥。做基肥最好和有机肥混合使用。做追肥用沟施为宜，施后要盖土以防氮的挥发。尿素还可用做根外追肥，浓度2‰~10‰，但缩二脲含量高的尿素不能用作根外追肥。

⑥磷酸铵($NH_4H_2PO_4$)　属于氮磷复合肥类，一般含氮12%~18%，含磷46%~52%。肥料易溶于水，但在潮湿的空气中易分解，造成氨挥发损失，不能与碱性肥料混用。磷酸铵为高浓度速效肥料，适用于各种土壤与苗木，也可作基肥使用。

⑦磷酸氢二铵[$(NH_4)_2HPO_4$]　为白色粉末，物理性状良好，易溶于水。含磷量50%，含氮量30%。适用于各种土壤与苗木，可用作基肥与追肥。

⑧氮肥增效剂　2-氯-6吡啶、硫脲、2-氨基-4-氯-6-甲基嘧啶等。许多研究表明，在苗圃施用的氮肥，苗木吸取的氮素化肥不超过施肥量的40%~50%。其余的氮素，有部分转化为有机氮，有部分由于挥发、淋溶和反硝化作用而损失。为提高氮素化肥的施肥效果，试用氮肥增效剂(硝化抑制剂)来抑制土壤中的硝化作用，以防止硝态氮的淋失。增效剂用量为所用氮肥的0.5%~5%，可使氮的损失减少1/5~1/2左右。此外有些除草剂、杀菌剂和杀虫剂也有类似的效果，如西马津、阿特拉津、氯化苦、乐果等。

⑨长效氮肥　脲甲醛、脲醛包膜氯化铵、钙镁磷肥包膜碳酸氢铵、异丁叉二脲、硫衣尿素等。化学氮肥见效快而肥效持续时间短，又易于挥发、固定和淋失，由于一般化学氮肥具有这种特性，人们企图制造出一种新型的化学肥料，期望它能在土中逐渐分解或溶解，使肥料中有效养分的释放大体符合于苗木整个生长期的要求，这样即可免除多次追肥的麻烦，又能提高肥料的利用率，防止有效养分的挥发或淋失，符合这种要求的肥料称长效肥料。

(2)磷肥

①过磷酸钙[$Ca(H_2PO_4)_2 \cdot H_2O + CaSO_4 \cdot 2H_2O$]　又叫过磷酸石灰。一般硫酸钙占50%左右，有效磷约16%~18%。过磷酸钙是水溶的速效肥料。磷酸根离子易被土壤吸收和固定，故流动性小，肥效期长。适用于中性和碱性土壤，也可用于酸性土壤。不能与石灰混在一起使用。苗圃施用过磷酸钙应力求靠近根部(不能施于根的上方)才能发挥良好肥效。分层施肥效果更好，也可用于根外喷施，浓度1%~2%。

②磷矿粉　磷矿粉是磷灰石[$Ca_5(PO_4)_3F$]或磷灰土[$Ca_3(PO_4)_2$]磨细制成的，是迟效性磷肥，因磷矿石不同，含磷量也不同，最低约为15%，最高达38%。施用于缺磷的酸

性土壤肥效好，如施在 pH 值 6.5 以下的土壤中，不宜施在中性或碱性土壤中。一般用作基肥，不宜做追肥。

③钙镁磷肥　是迟效性磷肥，含磷率为 14%~18%，含氧化镁 12%~18%，含氧化钙 25%~30%。不溶于水，能溶于弱酸。呈微碱性，适用于酸性、微酸性土壤和缺镁贫瘠的砂土，与有机肥堆制后再用肥效更好。

(3) 钾肥

①硫酸钾 K_2SO_4　硫酸钾是速效性钾肥，含钾率为 48%~52%，能溶于水，是生理酸性肥料。适用于碱性或中性土壤，如用在酸性土壤，要与石灰性间隔施用。做基肥、追肥均可，但以做基肥较好。

②氯化钾 KCl　含 K_2O 40%~50%，速效性钾肥，易溶于水，是一种生理酸性肥料，适用于石灰性或中性土壤，可做基肥和追肥。

(4) 新肥料

我国产的多元磁化肥，利用率比美国产的复合肥磷酸二氨还要高出 5%~10%（美国产的复合肥磷酸二氨养分利用率达 70%~80%）。

多功能专用复合肥“丰田宝”，经试验比普通肥增产 10%，并克服过去复合肥使用黏结剂导致土壤酸化和污染问题。

（四）苗圃施肥的原则和技术

1. 诊断植物的营养状况

(1) 叶营养分析法

叶组织中各种主要营养元素的浓度与苗木的生长反应有密切的关系。植物体内各种营养元素间不能互相代替，当某种营养元素缺乏时，该元素即成为植物生长的限制因子，必须用该元素加以补充，植物才能正常生长，否则植物的生长量（或产量）将处在较低的水平。植物体内营养元素的供给水平与其生长量或产量之间的关系如图 6-8 所示。

从图 6-8 可以看出，当树体中某种营养元素浓度很低时，如线段 AB，树木的生长量或产量很低。此时树木外观上表现典型的缺素症状。在这个线段的范围内，生长量或产量将随树体营养元素浓度的盈亏而升降，而且升降的陡度很大。树体营养元素浓度在线段 BC 时，生长量或产量有所上升，外观上已不表现缺素的典型症状，但是，在植物生理上尚感营养不足，致使生长量或产量仍在较低水平，这种状况叫做营养的“潜在缺乏”。在 C 点，树体营养浓度为最适量，生长量或产量也最高，这种浓度即为“最适临界点”。在这个点以外，称为“最适范围”。在线段 CD，营养元素浓度虽然继续增高，但产量或生长量则没有多大增长，这时，说明营养元素有“奢侈吸收”。在线段 DE，树体营养元素浓度过高，引起毒害，使生长量或产量受损或下降。

特别要指出的是，在生产上很少见到树木出现严重缺素情况，多数情况下都是潜在缺乏，常常容易为人们所忽视，因此，在营养诊断中，要特别注意区分出各种元素的潜在缺乏，以便通过适当的施肥来加以纠正。叶分析方法是当前较成熟的简单易行的树木营养诊

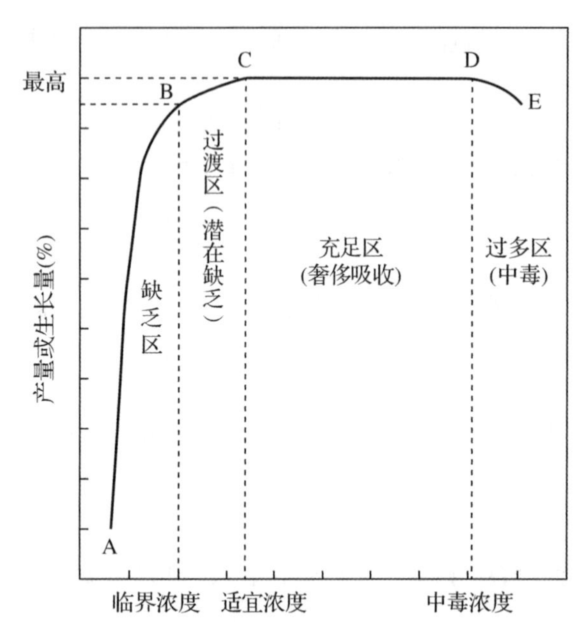

图 6-8 树体营养元素浓度与果树产量或生长量的关系

断方法。用这种方法诊断的结果来指导施肥，能获得较大的经济效益。主要仪器有原子吸收分光光度计，发射光谱仪、X 射线衍射仪等。

(2)土壤营养诊断法

用浸提液提取土壤中各种可给态养分，进行定量分析，以此来估计土壤的肥力，确认土壤养分含量的高低，能间接地表示植物营养状况的盈亏状况，作为施肥的参考依据。叶分析和土壤分析，虽说是不同的两个方面，但他们之间可以相互补充，联系分析。在实际施肥时，应当把叶分析与土壤养分分析结果结合起来使用更能准确的指导施肥，才有最大的实用价值。目前国内土壤养分速测仪器有土壤养分测定仪 TFC－1D 系列，电脑密码数控自动校准、自动调整、自动充电、自动打印结果。凯氏定氮仪；智能型多功能微电脑土壤分析仪；泰德牌土肥测定仪；睿龙牌系列土壤养分测试仪等。

叶分析和土壤分析，虽说是不同的两个方面，但它们之间可以相互补充，联系分析。在实际施肥时，应当把叶分析与土壤养分分析结果结合起来使用更能准确地指导施肥，才有最大的实用价值。

2. 施肥的原则和施肥量

施肥必须科学合理。如果施肥不合理，不但不能提高苗木的产量和质量，有时会得到相反的结果。要得到施肥的最好效果，必须在了解苗圃土壤、气候条件的基础上，参照育苗树种的特性。选用适宜的肥料，科学地确定施肥量、施肥时间、施肥方法，并且必须配合合理的耕作制度等。

(1)合理施肥的原则

①根据苗圃土壤养分状况施肥　缺少什么元素就施用什么元素。如在红土壤和酸性砂土中磷和钾的供应量不足，施肥时应增加磷、钾肥。华北的褐色土中磷、钾的供应情况比上述的土壤较好。但氮、磷不足，故应以氮、磷为主，钾肥可以不施或少施。

质地较黏的土壤通透性不好，为了改良其物理性状，施肥应以有机肥为主。砂土有机质少，保水保肥能力差，更要以有机肥料为主，追肥要少量多次。酸性土壤要选用碱性肥料，氮素肥料选用硝态氮较好。存酸性土壤中的磷易被土壤固定，钾、钙和氧化镁等易流失，故应施用钙镁磷肥和磷矿粉等肥料，以及草木灰、可溶性钾盐或石灰等。碱性土壤要选用酸性肥料，氮素肥料以铵态氮肥如硫酸铵或氯化铵等效果好。在碱性土壤中磷容易被固定，不易被苗木吸收利用，选用肥料时，选水溶性磷肥，如过磷酸钙或磷酸铵等。在碱性土壤中的铁易成难溶性的氧化物或碳酸盐状态，苗木不易利用，如刺槐等苗木常出现缺铁失绿症。在碱性土壤上除选用酸性肥料外，还要配合多施有机肥料或施用土壤调节剂如硫黄或石膏等。在中性或接近中性、物理性质也很好的土壤上，适用肥料较多，但也要避免使用碱性肥料。

我国一般土壤氮的水平相当低，在苗圃地上施用氮肥，可提高苗木的生长量和质量。但对一些有机质含量高、氮素极充足的土壤，应考虑加大使用磷、钾肥的比例。

②根据气候条件施肥　夏季大雨后，土壤中硝态氮大量流失，这时立即追施速效氮肥，肥效更好。根外追肥最好在清晨、傍晚或阴天进行，雨前或雨天根外追肥无效。在气温较正常偏高的年份，苗木第一次追肥的时间可适当提前一些。在气候温暖而多雨地区有机质分解快，施有机肥料时宜用分解慢的半腐熟的有机肥料，追肥次数宜多，每次用量宜少。在气候寒冷地区有机质分解较慢。用有机肥料的腐熟程度可稍高些，但不要腐熟过度，以免损失氮素。降水少，追肥次数可少，施肥量可增加。

③看苗施肥　一般苗木以氮肥为主，而刺槐一类豆科苗木却以磷肥为主。对弱苗要重点施用速效性氮肥；对高生长旺盛的苗木可适当补充钾肥；对表现出缺乏某种矿质营养元素症状的苗木，要对症施肥，及时追肥。对一些根系尚未恢复生长的移植苗，只宜施用有机肥料作为基肥，不宜过早追施速效化肥。

④混合施肥　如氮、磷、钾和有机肥料配合使用的效果好。因为三要素配合使用能相互促进发挥作用。如磷能促进根系发达，利于苗木吸收氮素，还能促进氮的合成作用。速效氮、磷与有机肥料混合做基肥，减少磷被土壤固定，能提高磷肥的肥效，又能减少氮的被淋失，提高氮的肥效。混合肥料必须注意各种肥料的相互关系，不是任何肥料都能混合施用，有些肥料不能同时混到一起施用，一旦混用会降低肥效。各种肥料可否混合施用见表6-8。

⑤肥料的选用　有机肥料与无机肥料配合施用效果更好。

矿质氮肥既可作追肥又可作基肥，但作基肥不要用硝酸铵等硝态氮肥，宜用硫酸铵和尿素。在冬季或早春降雨多，易发生肥料淋失的地区，不宜用氮肥作基肥。磷肥虽然可作追肥，但作基肥的效果好，故一般用作基肥。钾肥一般作追肥为主，也可作基肥。

寒害或旱害以及病虫害等较严重的地区，为使苗木健壮，要适当多用含钾的有机肥料如草木灰、草皮土和腐熟的堆肥等，适当减少氮肥施用量。基肥要以有机肥料为主，适当配合矿质肥料。而追肥必须用速效肥料。施肥要适时适量，并且基肥与追肥配合使用，保证及时而稳定的供应苗木养分，并能减少无机肥料的养分被淋失。

(2)施肥量

确定施肥量，首先要诊断土壤现有的养分含量是多少，根据所栽培树种需达到的养分等级(浓度)，两者之差即为要补充给土壤的养分量，再转变为施肥量。各地土壤养分成分都有，只是它们的含量和比例关系不同。各地土壤中含氮最丰富的是东北平原的黑土，全氮量为0.1%~0.5%，茂密森林覆被下的土壤为0.5%~0.7%，而一般耕地上土壤全氮量相当低，常低于0.1%。施肥时要考虑土壤原有的氮素状况，在一般苗圃土壤上，应以氮肥为主，但对于一些有机质含量高，氮素极充足的土壤，就应考虑加大使用磷钾肥的比例。

表 6-8 各种肥料混合施用表

（王淑敏，1991）

		1	2	3	4	5	6	7	8	9	10	11	12	13	14	15	16	17	18	19	20	21	22	23	24
1	硫酸铵																								
2	硝酸铵	●																							
3	氨　水	×	×																						
4	碳酸氢铵	×	●	×																					
5	尿　素	○	●	×	×																				
6	石灰氮	×	×	×	×	×																			
7	氯化铵	○	●	×	×	○	×																		
8	过磷酸钙	○	●	○	×	○	×	○																	
9	钙镁磷肥	●	●	×	×	○	×	×	×																
10	硼酸肥料	○	○	×	×	○	×	○	○	×															
11	硫酸锰	○	○	×	×	○	×	○	○	×	○														
12	骨粉类	○	○	×	×	○	×	○	○	×	○	○													
13	重过磷酸钙	○	●	○	×	○	×	○	○	×	○	○	○												
14	磷矿粉	○	●	×	×	○	×	○	●	○	○	○	○	●											
15	硫酸钾	○	●	×	×	○	×	○	○	○	○	○	○	○	○										
16	氯化钾	○	●	×	×	●	×	○	○	○	○	○	○	○	○	○									
17	窑灰钾肥	×	×	×	×	×	×	×	×	○	×	×	×	×	○	○	○								
18	磷酸铵	○	●	×	×	○	×	○	○	×	○	○	○	○	×	○	○	×							
19	硝酸磷肥	●		×	×	●	×	●	●	×	○	○	○	●	●	●	●	×	●						
20	钾氮混合肥	○	●	×	×	○	×	○	○	×	○	○	○	○	●	○	○	×	○	●					
21	氨化过磷酸钙		●	×	×	○	×	○	○	×	○	○	○	○	●	○	○	×	○	●	○				
22	草木灰、石灰	×	×	×	×	×	×	×	×	○	○	×	○	×	○	○	○	○	×	×	×	×			
23	粪、尿	○	○	×	×	○	×	○	○	×	○	○	○	○	○	○	○	×	○	○	○	○	×		
24	厩肥、堆肥	○	×	○	○	○	○	○	○	○	○	○	○	○	○	○	○	○	○	×	○	○	○	○	
		硫酸铵	硝酸铵	氨水	碳酸氢铵	尿素	石灰氮	氯化铵	过磷酸钙	钙镁磷肥	硼酸肥料	硫酸锰	骨粉类	重过磷酸钙	磷矿粉	硫酸钾	氯化钾	窑灰钾肥	磷酸铵	硝酸磷肥	钾氮混合肥	氨化过磷酸钙	草木灰、石灰	粪、尿	厩肥、堆肥

注：○可以混合　●混合后不宜久放　×不可混合

各地土壤中磷的总含量，最高的为 0.35%，东北平原黑土为 0.13%~0.15%之间，南方茂密森林覆被下的土壤表层可达 0.20%~0.25%，南方强酸性的荒地土壤、耕地及砂土中，全磷量很低，大都在 0.1%以下，在石灰性土壤中，磷可被固定为难溶性的磷酸三钙，苗木不易利用，通常在石灰性土壤中施入水溶性的过磷酸钙作肥料，苗木能够吸收一小部分。其余还是被土壤固定。应当采取降低土壤 pH 值的办法，使磷成为可给态。在微酸性到中性的非石灰性土壤中，磷肥的利用率稍高，在强酸性土壤上，磷也大都成为难溶性磷酸铝和磷酸铁状态。苗木较难利用。因此，在石灰性土壤或强酸性土壤上，都易发生缺磷状况，施肥时磷所占的比例要相应增大一些。各地土壤中全钾量，也有较大差异，在东北平原、华北平原土壤中约为1.8%~2.5%，长江以南的酸性土壤中则为0.5%上下。由花岗岩、片麻岩、斑岩、云母片岩、长石砂岩一类岩石发育的土壤，含钾量都特别丰富。一般说来，各地土壤中的全钾量和有效钾含量都是不少的，除石英砂土及某些热带砖红壤及类似的土壤以外，是不缺钾的。对苗木而言，只有在大量施氮、磷肥的圃地上，或者为了增强苗木的抗性，才需要补给钾肥。苗圃土壤的养分等级见表6-9。

表6-9　苗圃土壤养分分级标准

（南京林业大学，1981）

土壤养分等级	全氮量(%)	速效性养分(kg/hm^2)	
		P_2O_5	K_2O
甲　级	0.20	112.5	285
乙　级	0.12	78.75	225
丙　级	0.07	28.5	112.5

在全氮量低于0.1%的土壤上，单施氮肥或施用以氮为主的氮磷钾平衡肥料，对针阔叶树苗都有显著肥效。在一般苗圃土壤中施肥，应以氮肥为主，磷、钾肥适当配合，但在一些缺磷或缺钾土壤中，施肥时要适当增加磷或钾肥所占比例。

3. 施肥时期与方法

(1)施肥时期

苗木施肥时期应根据生产经验并且通过科学试验来确定。由于苗木的生长期长，所以苗圃生产中很重要的一条经验就是施足基肥(有机肥料和磷钾肥)，以保证在整个生长期间能获得充足的矿质养料。一年生苗木追肥时期通常定在夏季，把速效氮肥分1~3次施入，以保证苗木旺盛生长对养料的大量需要。有些地方在秋初也使用磷钾作后期追肥，目的是促进经向生长以及增加磷、钾在苗木体内的贮存，加速苗木木质化进程。对于一些生根快、生长量大的扦插苗可早期追肥。为了促进苗木木质化、增加抗寒能力，苗圃追氮肥的时间最迟不能超过8月，个别树种在南方不能超过9月。

(2)施肥方法

施肥分为施基肥、施种肥和追肥。

①施基肥　我国苗圃地的土壤肥力一般较差，为了改良土壤多施用基肥，基肥一般以有机肥料为主，如堆肥、厩肥、绿肥等，有机肥与矿质肥料混合使用效果更好。为了调节土壤的酸碱度，改良土壤，使用石灰、硫黄或石膏等间接肥料时也应用作基肥。

施基肥的方法，一般是在耕地前将肥料全面撒于圃地，耕地时把肥料翻入耕作层中，施的深度应在16 cm左右。

②施种肥　种肥是在播种时或播种前施于种子附近的肥料。一般以速效磷为主。种肥一般用过磷酸钙制成颗粒肥施用，与种子同时播下。容易灼伤种子或幼苗的肥料如尿素、碳酸氢铵、磷酸铵等，不宜用作种肥。

③追肥　追肥是在苗木生长发育期间施用的速效性肥料，能够及时供应苗木生长发育旺盛期对养分的需要，加快苗木生长发育，达到提高合格苗木产量和质量的目的，同时可以避免速效养分被固定或淋失。追肥有土壤追肥和根外追肥。

土壤追肥：常用的方法有撒施、条施和浇施。撒施：把肥料均匀地撒在苗床面上或圃地上，浅耙1~2次以盖土。速效磷、钾肥在土壤中移动性很小，撒施的效果较差。尿素、碳酸氢铵等氮肥作追肥时不应撒施。据资料，撒施尿素时当年苗木只能吸收利用其中氮的14%，随水灌溉可利用27%，条施可达45%。条施：又称沟施，在苗木行间或行列附近开沟，把肥料施入后盖土。开沟的深度以达到吸收根最多的层次，即表土下5~20 cm为宜，特别是追施磷、钾肥。浇施：把肥料溶解于水中，全面浇在苗床上或行间后盖土，有时也可使肥料随灌溉施入土壤中。浇灌的缺点是施肥浅，肥料不能全部被土覆盖，因而肥效降低，对多数肥料而言，不如沟施效果好，更不适用于磷肥和挥发性较大的肥料。

根外追肥：根外追肥是在苗木生长期间将速效性肥料溶液喷洒在叶片上，通过叶片对营养元素的吸收，立即供应苗木生长所需。根外追肥可避免土壤对肥料的固定或淋失，肥料用量少而效率高。喷后经几十分钟至2 h苗木即开始吸收，经约24 h能吸收50%以上，经2~5天可全部吸收。节省肥料，能严格按照苗木生长的需要供给营养元素。根外追肥主要应用于急需补充磷、钾或微量元素的情况下。根外追肥浓度要适宜，过高会灼伤苗木，甚至会造成大量死亡。如磷、钾肥浓度以1%为宜，最高不能超过2%，磷、钾比例为3∶1。尿素浓度以，0.2%~0.5%为宜。为了使溶液能以极细的微粒分布在叶面上，应使用压力较大的喷雾器。喷溶液的时间宜存傍晚，以溶液不滴下为宜。根外追肥一般要喷3~4次，只能作为一种补充施肥的方法。

(3)施肥新技术

近几年，国内外土壤肥料科研人员在施肥技术方面做了大量工作，取得了很多成果。

①二氧化碳气体肥施用技术　北京农学院研制了一套计算机测控封闭状态下(塑料大棚内)育苗CO_2浓度的系统设备。在自然状态下大气中CO_2浓度较低为300 mg/kg，给大棚内的苗木施用CO_2气体，使其浓度达到800~1000 mg/kg，苗木生物量(鲜重)平均增加30%左右。对槐树、黄栌、侧柏、银杏高生长和地径生长有极显著的促长作用。施气肥要与苗木的生长周期相适应，日施肥、月施肥、季施肥规律不同。利用酿酒厂废气CO_2进行施肥是一项环保新技术。

②高效测土平衡施肥技术　中国农业科学院土壤肥料所用联合浸提剂测定土壤各大、中、微量营养元素速效含量，只要一人就可操作，一天便可以完成60个样品11种营养元素840个项次的测定，比常规土壤测土推荐施肥技术提高工作效率8~10倍，大大提高了测土推荐施肥工作的时效性。计算出各营养元素的缺素临界值。并制作了电子表格软件，研制成功一种集统计分析计算、分类汇总、数据库管理、图表编辑、施肥推荐和检索查询等功能于一体的计算机数据库及数据管理系统。应用该系统，可在施肥推荐时，根据土壤测试和吸附试验结果，植物类型及测量目标等，用计算机确定各营养元素的施用量，由此而形成一套完整的土壤养分综合系统评价和平衡施肥推荐技术。

③精准农业技术　精准农业技术是按田间每一操作单元的具体条件，精细准确地调整各项土壤和植物管理措施，最大限度地优化使用各项农业投入，以获得最高产量和最大经

济效益，同时保护农业生态环境，保护土地等农业自然资源。精准农业是在信息科学发展的基础上，以地理信息系统(GIS)、全球卫星定位系统(GPS)、遥感技术(RS)和计算机自动控制系统为核心技术引发的一场高新农业技术革命。对土壤养分、水分、植物保护、播种、耕作进行管理。在北美，精准农业技术又以施肥的应用最为成熟。在美国和加拿大的大型农场上，农场主在农业技术人员指导下，应用 GPS 取样器将田块按坐标分格取样，约 0.5～2 hm^2取一个土壤样品，分析各取土单元(田间操作单元)内土壤理化性状和各大、中、微量养分含量。应用 GPS 和 GIS 技术，做成该地块的地形图、土壤图、各年的土壤养分图等。同时在联合收割机上装上 GPS 接收器和产量测定仪，在收获的同时每隔 1.2 s，GPS 定点一次，同时记载当时当地的产量，然后用 GIS 做出当季产量图。

作施肥决策时，调用数据库内所有有关资料进行分析，按照每一操作单元的养分状况和上一季产量水平，参考其他因素确定这一单元内的各种养分施用量。应用 GIS 做成各种肥料施用的施肥操作系统(GIS 施肥操作图)，然后转移到施肥机具上，指挥变量施肥，因而大大地提高了肥料利用率和施肥经济效益。减少了肥料的浪费以及多余肥料对环境的不良影响。因此有明显的经济、社会和生态效益。但在我国测土推荐平衡施肥尚未真正实现。在土壤养分状况、养分管理和施肥技术方面研究基础薄弱，施肥上存在很大盲目性。氮、磷、钾肥比例不合理，中、微量元素缺乏没有得到及时纠正。肥料利用率低，氮肥当季利用率平均仅为30%左右，亟须追赶世界先进施肥技术。

第五节　各类大苗培育技术

一、落叶乔木大苗培育技术

落叶乔木大苗培育的规格是：具有高大通直的主干，干高要达到 3.5～4.0 m；胸径达到 8～15 cm；具有完整紧凑、匀称的树冠；具有强大的须根系。

落叶乔木常见的有杨树、柳树、榆树、槐树、椿树、白蜡、泡桐、法桐、栾树、核桃、元宝枫、银杏、杜仲、玉兰、枫杨、合欢、椴树、柿树、水杉、落叶松、七叶树、楸树、马褂木等。

乔木树种无论是扦插苗还是播种苗。第 1 年生长高度一般可达到 1.5 m 左右。第 2 年以后可采取两种方法继续培养：一种方法是留床养护 1 年，因苗木未经移植，根、茎未受损伤，生长很快，如加强肥水等管理，第 2 年一般可长到 2.5 m 左右；第 3 年以 120 cm × 60 cm 行株距移植。采用小株距，促使苗木向上通直生长；第 4 年不移植；第 5 年隔一株移出一株，行距不变，这时行株距变为 120 cm × 120 cm，并加强施肥浇水等抚育管理；第 6 年或第 7 年时即可长成大苗出圃。另一种方法是将一年生苗移植，行株距 60 cm × 60 cm，尽置多保留地上部枝干，加强肥水管理，促进根系生长，地上部分不修剪，这一年重点是养根：第 3 年于地面平茬剪截，只留一壮芽，当年可长到 2.5 m 以上，具有通直树干的苗木；第 4 年不移植；第 5 年隔行去行，隔株去株，变成 120 cm × 120 cm 行株距；第 7 年或第 8 年即可长成大苗。

落叶乔木中有许多干性生长不强，采用逐年养干法往往树干弯曲多节，苗木质量差，如槐树、栾树、合欢、元宝枫、榆树等。可采用先养根后养干的办法，使树干通直无弯曲、少节痕。有些乔木如银杏、柿树、水杉、落叶松、杨、柳、白蜡、梧桐等，在幼苗培育过程中干性比较强，又不容易弯曲，而且有的生长速度较慢，不能采用上述培育方法。而只能采用逐年养干的方法。采用逐年养干必须注意保护好主梢的绝对生长优势，当侧梢太强超过主梢，与主梢发生竞争时，要抑制侧梢的生长，可以采用摘心、拉枝或剪裁等办法来进行抑制，也要注意病、虫和人为等损坏主梢。

落叶乔木为了培养通直的主干，并节约使用土地，一般采用密植，初期不留或少留行间耕作量。2 m 以下的萌芽要全部抹除，因为这些枝芽处于树冠下部内膛，光照不足，制造养分少，消耗养分多。在修剪方法上，要以主干为中心，竞争枝粗度超过主干一半时就要进行控制，短截或疏除竞争枝。每年都要加强肥水管理和病虫害的防治工作。

某一树种最合适的移植行株距，要根据该树种的干性强弱、分枝情况、生长速度快慢、修剪方法和土壤条件等而定。生长速度快、肥水条件好可适当加大行株距，生长速度慢、肥水条件差的可适当缩小行株距。

二、落叶小乔木大苗培育技术

这类大苗培育的规格是：具有一定主干高度，一般主干高 80~120 cm，定干部位直径 4~6 cm，要求有丰满匀称的冠形和强大的须根系。

主要树种有各种碧桃、金银木、梅花、樱花、樱桃、紫叶李、紫叶桃、桃、山杏、杏、苹果、梨、海棠、枣、石榴、山楂等。无论是播种苗还是营养繁殖苗，在第 1 年培育过程中，都可在苗木长至 80~120 cm 时摘心定干，留 20 cm 整形带。整形带在不同方向保留 3~5 个主枝，多余的萌芽和整形带以下的萌芽全部清除，或进行摘心控制其生长。第 2 年可按 60 cm×50 cm 行株距定植，移植后注意除去多余萌芽并加强肥水管理。第 3 年不移植。第 4 年可隔行去行，隔株去株，变成 120 cm×100 cm 行株距。再培养 1~2 年即可养成定干直径 4~6 cm 的大苗。在大苗培养期间要注意第二层和第三层主枝的培养。

落叶小乔木大苗冠形常有两种：一种是开心形。定干后只保留整形带内向四周交错生长的 3~4 个主枝，主枝与主干夹角 60°~70°。各主枝长至 50 cm 时摘心促生分枝，培养二级主枝，即培养成开心形树形。另一种是主干分层形树冠。中央主干明显，主枝分层分布在中干上，一般第一层主枝 3~4 个，第二层主枝 2~3 个，第三层主枝 1~2 个。层与层之间主枝错落着生，层间距 20~40 cm。要注意培养二级主枝。层间辅养枝要保持弱或中庸生长势，不能影响主枝生长。注意剪掉交叉枝、过密枝、徒长枝、直立枝等。主枝角度过小要采用拉枝的办法开张角度。

三、落叶灌木大苗培育技术

1. 丛生灌木大苗培育

落叶丛生灌木大苗要求每丛分枝 3~5 个，每枝粗 1.5 cm 以上，具有丰满的树冠丛和强大的须根系。

主要树种有丁香、连翘、紫珠、紫荆、紫薇、迎春、探春、珍珠梅、榆叶梅、棣棠、玫瑰、黄刺玫、贴梗海棠、锦带花、蔷薇、木槿、太平花、杜鹃花、蜡梅、牡丹等。这些树种一年生苗大小不均匀，特别是分株繁殖的苗木差异更大，在定植时注意分级定植。播种苗和扦插苗一般留床培养 1 年，第 5 年以 60 cm×60 cm 行株距移植，继续培育 1~2 年即成大苗。分株苗直接以 60 cm×60 cm 行株距移植，直至出圃。

在培育过程中，注意每丛所留主枝数量，不可留得太多，否则易造成主枝过细，达不到应有的粗度。多余的丛生枝要从基部全部清除。丛生灌木一般高度为 1.2~1.5 m。

2. 单干灌木大苗培育

丛生灌木在一定的栽培管理和整形修剪措施下，可培养成单干苗，观赏价值和经济价值都大大提高。如单干紫薇、丁香、木槿、连翘、月季、太平花等。

培育方法是选健壮、最粗的一枝作为主干，主干要直立。若主枝弯曲下垂，可设立柱支撑，将干绑在支柱上，剪除基部萌生的芽或多余枝条，以便集中养分供给单干或单枝生长发育。

四、落叶垂枝类大苗培育技术

垂枝类大苗的规格要求为：具有圆满匀称的馒头形树冠，主干胸径 5~10 cm，树干通直，有强大的须根系。这类树种主要有龙爪槐、垂枝红碧桃、垂枝杏、垂枝榆等。而且都为高接繁殖的苗木，枝条全部下垂。

1. 砧木繁殖与嫁接

垂枝类树种都是原树种的变种，如龙爪槐是槐树的变种，垂枝红碧桃是碧桃类的变种，垂枝杏是杏的变种，垂枝榆是榆树的变种。要繁殖这些苗木，首先是繁殖嫁接的砧木，即原树种。原树种采用播种繁殖，用实生苗做砧木，也可用扦插苗做砧木，

先把砧木培养到一定粗度，才开始嫁接。接口直径达到 3 cm 以上最为适宜，操作容易，嫁接成活率高。由于砧木较粗，接穗生长势强，接穗生长快，树冠形成迅速，嫁接后 2~3 年即可开始出圃。

嫁接接口高度因树种而异，0.8~2.8 m 不等，龙爪槐、垂枝榆等嫁接高度可达 2.2~2.8 m，垂枝杏、垂枝碧桃嫁接的高度一般在 100 cm 左右，有的盆景嫁接位置更低。嫁接的方法可用插皮接、劈接，以插皮接操作方便、快捷、成活率高。对培养多层冠形可采用腹接或插皮腹接。

2. 修剪养冠

要培养圆满匀称的树冠，必须对所有下垂枝进行修剪整形。原因是枝条下垂，生长势很快变弱，若不加生长刺激，很快就会变弱死亡。垂枝类一般夏剪较少，夏剪培养的冠枝往往过于细弱，不能形成牢固树冠。培养树冠主要在冬季进行修剪。枝条的修剪方法是在

接口位置规划一水平面，沿水平面剪截各枝条。一般修剪采用重短截，剪掉枝条的90%左右，剪口芽要选留向外向上生长的芽，以便芽长出后向外向斜上方生长，逐渐扩大树冠，短截后所剩枝条呈向外放射状生长。树冠内有空间的地方可留2~3个枝条，其余直径小于0.5 cm的细弱枝、严重交叉枝、直立枝、下垂枝、病虫枝要剪除，经过2~3年培养即可形成丰满的圆形树冠。生长季节注意清除接口处和砧木树干上的萌发条。

五、常绿乔木大苗培育技术

常绿乔木苗培育的规格要求为：具有该树种本来的冠形特征，如尖塔形、胖塔形、圆头形等；树高3~6 m，若有枝下高，应为2 m以上(雪松除外)；分枝均匀，冠形优美，根系强大。

1. 轮生枝明显的常绿乔木大苗培育

轮生枝明显的常绿乔木大苗培育。轮生枝明显的树种有油松、华山松、白皮松、红松、樟子松、黑松、云杉、辽东冷杉等。这类树种有明显的主干，主梢每年向上长1~2节，同时分生1~2轮分枝。幼苗期生长速度慢，每节只有几厘米、十几厘米。随着苗龄渐大，生长速度逐渐加快，每年每节生长可达40~50 cm。培育一株高3~6 m的大苗。需10~20年时间，甚至更长。这类树种具有明显的主梢，一旦遭到损坏，整株苗木将失去培养价值，因此，在培养过程中要特别注意保护主梢。

一般一年生播种苗刨床培养1年。第3年开始移植，行株距定为50 cm×50 cm。以后根据树冠大小每隔2~4年移植一次，逐次扩大行株距。调整行株距的原则是树冠不相互遮阴，不相互影响生长。每年从树干基部剪除一轮分枝，以促进高生长，直到培养成合格的大苗。

2. 轮生枝不明显的常绿乔木大苗培育

主要树种有圆柏、侧柏、龙柏、铅笔柏、杜松、雪松、樟树、大叶女贞、广玉兰、桂花等。这些树种幼苗期生长速度较快，一年生播种苗或扦插苗可留床培养1年(侧柏等生长快的也可不留床)。第3年移植，行株距可定为60 cm×60 cm。第6年苗高可达1.3~2.0 m，进行第二次移植，行株距定为150 cm×130 cm。至第8年苗木高度可达3~5 m，即可出圃。在培育的过程中要注意剪除与主干竞争的枝梢，或摘去竞争枝的生长点，培育单干苗。同时，还要加强肥水管理，防治病虫草害，促使苗木快速生长。

六、常绿灌木大苗培育技术

常绿灌木类树种很多，主要有大叶黄杨、小叶黄杨、枸骨、火棘、海桐、月桂、沙地柏、铺地柏、千头柏等。这类树种的大苗规格为株高1.5 m以下，冠径50~100 cm，具有一定造型、冠型或冠丛。主要用作绿篱、孤植、造型、组形、色带、色块等。这类苗木以扦插和播种繁殖为主，一年生苗高为10 cm左右。第2年即可移植，行株距为50 cm×

30 cm。以后 2 年不移植，苗高和冠径可达 25 cm。这期间要注意短截促生多分枝，一般每年修剪 3～5 次。第 5 年以 100 cm×100 cm 行株距进行第二次移植。第 6～7 年养冠或造型。注意生长季剪截冠枝，增加分枝数量。达到规格即可出圃。

在培养柏树造型植物时，播种幼苗往往出现形态分离现象，有的苗木枝叶浓密，有的枝叶稀疏。要选择枝叶浓密者作为造型植物。采用优良品种进行无性繁殖，苗木质量高，容易造型，单株造型树冠形成比较慢，多采用多株合植在一起造型的方法。如黄杨一般可 3～4 株合植。圆柏球可 3 株合植，合植一开始冠径就比较大，要适当加大行株距，定植初期 60 cm×60 cm，第二次定植为 120 cm×120 cm。

七、攀缘植物大苗培育技术

攀缘植物有紫藤、扶芳藤、地锦、凌霄、葡萄、猕猴桃、铁线莲、蔷薇、常春藤等。这类树种的大苗要求规格是：地径大于 1～1.5 cm，有强大的须根系。

培育的方法是先做立架，按 80 cm 行距栽水泥柱，栽深 60 cm，上露 150 cm，桩距 300 cm。桩之间横托 3 道铁丝连接各水泥桩，每行两端用粗铁丝斜托固定。将一年生苗栽于立架之下，株距 15～20 cm。当爬蔓能上架时，全部上架，随枝蔓生长，再向上放一层，直至第三层为止。培养 3 年即成大苗。利用建筑物四周或围墙栽植小苗来培养大苗，既节省架材，又不占用土地。利用平床培养大苗，由于枝蔓顺地表爬生，节间易生根，苗木根基增粗较慢，培养大苗需用时间较长。

思考题

1. 名词解释：大苗，移植苗，繁殖苗，保养苗，裸根移植，整形修剪，剪口芽，短截，疏枝，平茬。
2. 为什么要进行苗木移植？苗木移植成活的基本原理是什么？
3. 为什么说苗木移植的最佳时间是苗木休眠期？其他季节移植会受到哪些限制？
4. 保证移植成活的关键技术措施有哪些？
5. 如何确定整形修剪的时期？
6. 为什么要对苗木进行整形修剪？
7. 落叶乔木大苗培育技术有哪些？
8. 落叶灌木大苗培育技术有哪些？
9. 落叶垂枝类大苗培育技术有哪些？
10. 常绿乔木大苗培育技术有哪些？
11. 常绿灌木大苗培育技术有哪些？
12. 攀缘植物大苗培育技术有哪些？

参考文献

孙时轩．2004. 林木育苗技术[M]. 北京：金盾出版社．
吴泽民．2003. 园林树木栽培学[M]. 北京：中国农业出版社．
朱天辉，等．2007. 园林植物病虫害防治[M]. 北京：中国农业出版社．

第七章　苗木质量评价与出圃

苗木经过一定时期的培育，达到园林绿化要求的规格时，即可出圃。苗木出圃是园林苗圃生产培育苗木的最后一道工序，也是联系苗木生产与苗木应用的过渡环节。苗木是园林绿化的基础，它直接影响了园林绿化工程的成败，准确评价出圃苗木的质量，科学实施苗木出圃工作，才能确保出圃苗木的质量，保证园林绿化的效果。其中，苗木的掘取、运输、贮藏等过程都对苗木的生命力有很大影响。

第一节　苗木产量与质量调查

苗木调查就是对苗圃地里所有培育的园林苗木种类进行数量和质量的调查。

一、苗木调查的目的和要求

(一) 苗木调查的目的

为得到准确的苗木数量和质量数据，全面了解苗圃的生产水平，需进行苗木调查，即在苗木地上部分停止生长后，落叶树种落叶前，按照树种或品种、育苗方法、苗木年龄、苗木用途分别调查苗木产量和质量。调查结果可以为苗木的出圃、分配和销售提供依据，也为下一阶段合理调整、安排生产任务，提供科学准确的根据。还可以深入掌握各种苗木生长发育状况，科学地总结育苗技术经验，提高苗圃的生产、管理和经营效益。

(二) 苗木调查的要求

为了获得精确的苗木产量和质量数据，对苗木调查具体要求如下：
①产量有90%的可靠性，精度要达到90%以上；
②质量(如地径和苗高等)有90%的可靠性，精度要达到95%以上；
③计算各级苗木的百分率以及各类苗木的百分率和总产量。

(三) 苗木调查的工作步骤

1. 准备工作

首先要准备调查的工具，如量苗用具游标卡尺、钢卷尺、皮尺、测高尺，还有计算器及调查所用的各种表格等。

2. 工作步骤

苗木调查首先要划分同一调查区的范围，在调查之前先查阅育苗技术档案中所记载的育苗技术措施的差异，再到要调查的生产区进行踏查，根据划分同一调查区的条件，确定同一调查区的范围；选定抽样方法；确定样地的种类、规格及数量；测量施业面积(毛面积)及净面积；样地布点；调查样地内的苗木数量与质量；统计计算苗木产量和质量精度；计算苗木产量和质量；苗木质量分级。

二、调查区的划分

在苗木调查前，首先要了解育苗技术档案中记载的各种苗木的技术措施，还要到现场进行踏查，以便划分调查区。

一般要求将树种或品种、育苗方法、苗木种类和年龄、作业方式以及育苗的主要技术措施(如播种方法、施肥时间与施肥量、灌溉次数与灌溉量等)基本一致的育苗地划分为一个调查区，进行抽样统计。

调查区划分后，测量调查区毛面积，并将全部苗床或垄按顺序进行统一编号，以便抽取样地。

三、抽样方法及样地设置

(一)抽样方法

目前苗木调查的抽样方法广泛采用的是机械抽样法、随机抽样法和分层抽样法，这些抽样方法依据的是数理统计的原理，是科学的、可靠地，取得的苗木调查结果与过去所采用的标准行法和标准地法相比，可靠性大、精度高；调查的工作量反而小；在外业结束后还能很快计算出调查的精度，如果精度未达到要求时，能立即计算出需要补测的样地数量或样株数。

机械抽样法又称系统抽样法。由于它的起始点用随机法定点，所以它仍属于随机抽样的范畴。机械抽样法的特点是各样地(样方或样段)距离相等，分布均匀。一般起始点由随机法设在调查区的中部，然后根据计算好的间距确定所有的样地位置，在各点划定样方进行调查。

随机抽样法是利用随机数表决定样地的位置，因此全部苗木被抽中的机会相等，可排除人为因素的干扰。调查起始点的确定也多采用随机法。

机械抽样法与简单随机抽样法都属简单抽样法。简单抽样法适用于下列条件：①苗木密度比较均匀，苗木质量(粗度与高度)比较一致，差异不悬殊；②苗木密度虽然不太均匀，苗木质量也不够整齐，但是无明显的界限；③苗木的密度或质量虽然有较明显的差别，但其面积不到总面积的10%。机械抽样法适用范围大，它与简单随机抽样法相比，除了对撒播育苗地不太方便外，其他情况都适用。简单随机抽样法适用于撒播的育苗地，但对株、行距较大的育苗地不适用。

分层抽样法是将调查区根据苗木粗细、高矮、密度等分层因子，分成几个类型组(如好、中、差等)，再分别抽样调查的一种抽样方法。在苗木密度或质量差异较大的情况下，用分层抽样法抽样的调查精度比简单抽样法高，而且工作量少。但是分层抽样的统计计算工作比简单抽样法复杂。所以，凡是树种或品种、育苗方法、播种方法、苗木年龄、作业方式以及主要育苗技术措施都相同的调查区，只是苗木的密度或质量有明显的差异，而且界限明显，都可用分层抽样法。

分层调查法中决定苗木调查分层与否的分层因子有：①苗木的密度有明显差异；②苗木的生长状况如粗度和苗高等的差异明显；③任何一种类型层(好的或差的)的苗木的面积达到10%，界限明显而且成片。这3条中，以③为主，再具备①或②中的任何一条，即可采用分层抽样法。

(二)样地数量及形状

1. 样地数量

科学的确定样地数，以得出符合精度的调查结果是苗木调查工作的重要环节。根据数理统计的原理，样地越多，调查精度越高，但调查工作量也大。减少样地，虽然工作量减少了，但可能又达不到调查的精度要求，还需补设样地，增加工作量。最佳样地数量是在满足调查精度的要求下所需的最少样地数。调查样地的多少取决于苗木密度和苗木质量，如果密度均匀，变动幅度不大，则设置的样地数量可适当少些，否则，样地宜多；苗木生长参差不齐，质量差异较大，样地数量应适当增加，反之，可少设些样地。

根据数理统计理论和苗木调查经验，要达到产量精度90%、质量精度95%的要求，初设样地数应为20~50个，具体数量还要根据苗圃中苗木情况而定。如果苗木的密度和生长情况差异不大，可初设20个样地。对这20个初设样地进行苗木数量和质量的调查，应用调查结果计算调查精度，如果调查精度符合要求，则结束外业调查；否则，需根据调查所得到的产量变动系数，按下面的方法计算出实际需要的样地数。

$$n = \left(\frac{t \cdot C}{E}\right)^2$$

式中　n——实际需要的样地数；

t——可靠性指标(可靠性为90%时，t的近似值为1.7)；

C——变动系数；

E——允许误差百分率。

例如，调查落叶松留床苗(2－0)地，初设14块样地(表7-1)。

表7-1　样地调查产量数据(14块)(孙时轩，1996)

样地号	各样地株树 X_i	X_i^2	样地号	各样地株树 X_i	X_i^2
1	20	400	9	13	169
2	25	625	10	19	361
3	14	196	11	13	169
4	16	256	12	15	225
5	20	400	13	8	64
6	20	400	14	18	324
7	18	324	合　计	239	4313
8	20	400			

根据表 7-1 的数据，可计算得出：

$$平均值\ \overline{X}=\frac{\sum_{i=1}^{n}X_i}{n}=\frac{239}{14}=17.07(株)$$

$$标准差\ S=\sqrt{\frac{\sum_{i=1}^{n}X_i^2-n\overline{X^2}}{n-1}}=\sqrt{\frac{4313-4079.39}{14-1}}=\sqrt{17.97}=4.24$$

$$标准误\ S_{\bar{X}}=\frac{S}{\sqrt{n}}=\frac{4.24}{\sqrt{14}}=1.13$$

$$误差率\ E=\frac{t\cdot S_{\bar{x}}}{\overline{X}}\times 100\%=\frac{1.7\times 1.3}{17.07}\times 100\%=11.25\%$$

$$精度\ P=1-E=1-11.25\%=88.75\%$$

由于精度未达到 90% 的要求，还需求出补设样地数。

$$变动系数\ C=\frac{S}{\overline{X}}\times 100\%=\frac{4.24}{17.07}\times 100\%=24.84\%$$

$$样地数\ n=\left(\frac{t\cdot C}{E}\right)^2=\left(\frac{1.7\times 24.84\%}{10\%}\right)^2=17.8=18$$

$$18-14=4(块)$$

以调查 14 块样地的变动系数为 24.78% 来计算需设样地数是 18 块，所以还要补设 4 块。将 18 块样地调查产量数据重新进行精度计算(表 7-2)。

表 7-2 样地调查产量数据(18 块)(孙时轩，1996)

样地号	各样地株树 X_i	X_i^2	样地号	各样地株树 X_i	X_i^2
1	20	400	11	13	169
2	25	625	12	15	225
3	14	196	13	8	64
4	16	256	14	18	324
5	20	400	15	17	289
6	20	400	16	19	361
7	18	324	17	21	441
8	20	400	18	17	289
9	13	169	合计	239	4313
10	19	361			

$$平均值\ \overline{X}=\frac{313}{18}=17.39(株)$$

$$标准差\ S=\sqrt{\frac{5693-5443.42}{18-1}}=3.83$$

$$标准误\ S_{\bar{x}}=\frac{3.83}{\sqrt{18}}=0.9$$

误差率 $E = \frac{1.7 \times 0.9}{17.39} \times 100\% = 8.8\%$

精度 $P = 1 - 8.8\% = 91.2\%$

P 值达到91.2%，符合产量精度90%的要求。

2. 样地的种类和规格

苗木调查中调查苗木产量和质量的调查单元，又称作样地，它们是一些有代表性的、小面积的地段。根据这些地段的形状，样地分为线形、方形、圆形，分别称为样段、样方、样圆。样圆边际影响误差小，但是面积计算复杂繁琐，方形既好计算面积又容易调查。所以实际调查中，撒播育苗以及行距小的插条育苗和移植育苗等，最常采用样方。样段适用于条播、点播、插条和移植育苗。

样地面积的大小，从理论上讲，由苗木的密度及苗木的整齐度、育苗方法决定，如苗木密度小的、生长不整齐的样地面积宜大，反之宜小；播种育苗宜小，扦插和移植苗宜大。此外，为了调查结果具有较高的可靠性，还要求保证一定的样本数，即一定的苗木株数。一般来说，以适当加大样地面积而调查较少样地数为宜，这样既可保证调查精度，调查工作量也相对较小。实际工作中，样地面积一般根据苗木株数来确定，调查时先在调查区内选接近苗木平均密度的地段，再以这个地段内平均应有播种苗20~50株苗木(针叶树播种苗30~50株苗木、密度稀的插条苗和移植苗15~30株苗木)所占的面积为样地的面积，这时调查工作量一般较小，又可获得较高精度。

(三)样地布点

为了使样地具有代表性，保证调查结果的可靠性和精度，在调查区内应客观、均匀地布设样地。一般多采用机械抽样布点，由于其容易掌握，故应用较多。具体做法：首先每隔一定的床或垄(行)确定被抽中的床或垄(行)，然后再于被抽中的床或垄(行)内布设样地，同时对抽中的床或垄要测量净面积，当垄面宽度变化大时，应测量两面和中间求其平均宽度乘长度作为净面积。

四、苗木产量和质量的调查方法及计算

(一)调查方法

1. 产量调查

统计样地内的苗木总株数及感染病虫害、受机械损伤、畸形的苗木株数，用以计算各类苗木的百分率。

2. 质量调查

苗木质量调查指标有苗高(地面至苗木顶梢的高度)、胸径(距地面1.3 m处的苗干直

径）、地径（近地面处苗干直径）、枝下高（地面至苗木最下面一个分枝处的高度）、冠幅（取树冠东西方向和南北方向直径的平均值）、根幅（苗木根系的平均直径）、长于 5 cm 的Ⅰ级侧根数。调查精度与所测定的株数密切相关，所以确定需测定的苗木株数非常关键。测量株数多，精度高，意味着工作量大，所以一般要求在保证精度的前提下，以苗木数少为宜。另外，需测定的苗木株数与苗木质量的变化幅度也有关系。实际生产中，根据经验，如苗木生长整齐，测量 60～80 株就能达到 95% 以上的质量精度要求；如果高生长或径生长差异较大，则应增加测量株数（100～200 株）。大苗质量和数量的调查方法与其他苗木的调查方法不同，一般采取每株调查的方法。

园林生产上要求进行苗木质量调查时，样地内苗木的胸径或地径、苗高、冠幅、枝下高等的测量要精确，测量结果填入表 7-3；备注栏中要标明苗木受病虫危害、机械损伤程度及干形状况等。

表 7-3　苗木调查统计表

调查日期：　　年　月　日

作业区号	树　种	苗　龄	质量指标				株　树	面　积	备　注
			苗　高	主干高	胸径/地径	冠　幅			

调查人：

（二）计算方法

样地内苗木调查结束后，首先计算苗木产量和质量指标的调查精度。根据各样方调查的数据，计算样方平均株数的精度，如果以 90% 的可靠性，精度达到 90% 的要求则继续计算总产苗量及各类苗木的百分率。如果精度达不到规定要求，需补设样地或补测样株。

苗木质量的计算，先以调查数据计算平均苗高、平均地径、平均根长及各指标的标准差、标准误差及精度（方法同平均株数的计算），如果以 90% 的可靠性，精度未达到 95% 的要求，补设样地或补测样株，达到精度要求后，再计算平均苗高、平均地径、平均根长及其他各项苗木质量指标。

五、苗木年龄表示方法

苗木年龄一般以苗木主干的年生长周期为计算单位，即每年以地上部分开始生长到生长结束为止，完成一个生长周期为 1 龄，称 1 年生；完成 2 个生长周期为 2 年生，以此类推。移植苗的年龄还应包括移植前的年龄。

1. 播种苗和扦插苗

苗龄用阿拉伯数字表示，中间用“ – ”分开，第一个数字表示苗木的总年龄；第二个数字表示移植次数。如(1 – 0)，表示1年生，未移植；(2 – 1)，即2年生移植1次。

2. 截干苗和嫁接苗

用分数式表示，分子为苗干(接穗)的年龄，分母为苗根(砧木)的年龄，第二个数字仍表示移植次数。如(1/2 – 1)，即1年生的干(接穗)，2年生的根(砧木)，移植1次。

3. 幼苗移植

速生树种如桉树、木麻黄等在幼苗期移植，也用2个数字表示。例如桉树苗(1-1)，即1年生桉树移植苗，因苗龄是1年生，则表明是在幼苗期进行了移植。

我国有些地方还使用美国表示苗木年龄的方式，即用阿拉伯数字不仅表示苗木的总年龄，还表示出移植的次数及在每个移植区培育的年数。第一个数字代表播种苗或营养繁殖苗在播种地或营养繁殖地的年龄；第二个数字代表第一次移植后培育的年数；第三个数字代表第二次移植后培育的年数，依此类推。数字间用短横线间隔，各数字之和为苗木总年龄。如：2 – 2表示4年生移植苗，移植一次，移植后继续培育两年；2 – 2 – 2表示6年生移植苗，移植两次，每次移植后各培育两年。

第二节　园林苗木质量标准与评价

苗木质量是指苗木在其类型、年龄、形态、生理及活力等方面满足特定立地条件下实现绿化目标的程度。苗木质量评价就是了解和掌握苗木品质状况，确定其是否符合出圃的要求；通过评价各项育苗措施，了解苗木生长发育特点，近而决定苗木适宜栽植的造林地条件、合适的苗木处理和栽植措施，目的就是提高苗木培育技术水平、培育优质苗木并保障其优良品质，采取正确的栽培措施，以保证造林绿化成功，造林后苗木能够至少达到预期的生长表现，尽快满足人们对所造森林各种效益的要求。所以，苗木质量评价也是苗木质量调控的核心问题之一。

苗木质量的评价指标过去主要是苗高、地径和根系状况等形态指标，它们只反映了苗木的外形特征，不能完全说明苗木的生命力。从20世纪80年代以来，苗木质量评价研究有了较快的发展，目前评价苗木质量的指标有3类：苗木的形态指标、生理指标和苗木活力的表现指标。对于园林苗木，质量评价指标还应包括观赏价值。随着苗木质量评价、苗木质量调控研究不断深入和发展，这个指标体系也将不断的发展变化。

一、形态指标

苗木的形态指标特征是苗木生活状况、遗传特性与生存环境条件互相作用的外在表现，在一定程度上反映了苗木质量，而且这些指标直观，在生产上简便、易操作，因此，生产上使用较多。主要的形态指标有苗高、地径、苗木重量、根系(包括侧根数、根系总长度、根表面积指数等)、茎根比、高径比、顶芽等。其中，苗高、地茎在生产上测量十分简便，是最常用的两个形态指标。此外，采用多指标的综合指数来表示苗木质量，效果也较好，越来越引起人们的重视，如茎根比、高径比、苗木质量指数等。图 7-1 显示火炬松苗木根茎比与初期高生长及栽植成活率的关系非常紧密。

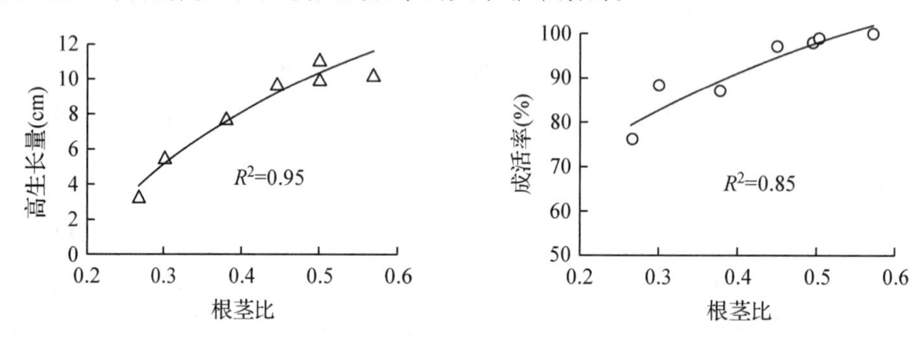

图 7-1 火炬松苗木根茎比与种植第一年成活率及高生长的关系

苗木质量评价的目的是保证壮苗的生产和应用。壮苗是优良苗木的简称，一般表现出生命力旺盛、抗性强、栽植成活率高、生长较快。对壮苗应具备的形态特征有具体规定：①根系发育良好，有一定长度，带有较多的侧根和须根，根幅大；②苗干粗壮而通直，树形骨架基础良好，主枝配备合理，枝下高合适，枝叶繁茂，上下匀称；生活力旺盛，色泽正常，枝条充分木质化，无徒长现象；③苗木根茎比值较大，高径比适宜，重量大；④无病虫害和机械损伤；⑤具有饱满的顶芽，尤其针叶树苗木必须具有饱满正常的顶芽，顶芽无显著的秋生长现象。这些形态特征也是许多苗圃苗木出圃的形态标准。

二、生理指标

实践证明，造林效果的好坏，在很大程度上取决于造林时苗木的生理状况。形态指标只能反映苗木的外部特征，而且苗木外部特征相对稳定，与苗木内部生理状况变化不同步，难以很好地反映苗木内在生命力的强弱。因此，各国对苗木质量的研究逐渐转到生理指标上，并已在这一领域取得了大量成果。

1. 苗木水分

水分是维持苗木生命活动不可缺少的物质，苗木体内的生理活动只有在水的参与下才能正常进行。大量生产实践证明，防止苗木失水是提高造林成活率的重要技术环节。而且，在一定范围内，苗木水分状况与造林成活率是一种线性关系，造林成活率随苗木体内水分的丧失呈下降趋势。因此，水分状况便成为苗木质量评价的一个重要生理指标。但用含水量来衡量苗木的生理活动是不准确的，吸足了水的死苗可以与正常苗木的含水量相同。相对含水量和饱和亏缺能敏感地反映苗木水分状况的变化，在一定程度上反映了其水分亏缺的程度。

(1)相对含水量(RWC)

相对含水量是指苗木组织含水量占组织饱和含水量的百分比，按下式计算：

$$RWC = \frac{鲜重 - 干重}{水分饱和时的重量 - 干重} \times 100\%$$

(2)饱和亏缺(WSD)

饱和亏缺计算公式如下，对苗木水分状况的变化反应敏感。

$$WSD = \frac{水分饱和时的重量 - 鲜重}{水分饱和时的重量 - 干重} \times 100\%$$

(3)水势

水势是反映苗木水分状况最重要的指标，也是目前得到广泛认可的苗木质量评定手段，不仅能敏感地反映出苗木在干旱胁迫下水分状况的变化，对解释(SPAC)系统中水分运动规律也具有独特的优点。目前应用中，常采用压力室法结合 P-V 技术测定苗木水势，作为初步判断苗木栽植成功的依据，并对苗木进行分级。下面是宋廷茂等提出的苗木生理品质等级划分方法的划分标准：

$\Psi_w \geqslant \pi_{100}$　　Ⅰ级苗(成活率 >80%)

$\frac{\pi_{100} + \pi_0}{2} \leqslant \Psi_w < \pi_{100}$　　Ⅱ级苗(成活率 40%~80%)

$\pi_0 < \Psi_w < \frac{\pi_{100} + \pi_0}{2}$　　Ⅲ级苗(成活率 <40%)

$\Psi_w \leqslant \pi_0$　　不合格苗

其中 Ψ_w 为苗木水势，π_{100}为苗木水分充分饱和时的渗透压，π_0为苗木膨压为 0 时的渗透压。

水分对苗木生命活动有至关重要的作用，苗木生命活动能否顺利进行在很大程度上取决于苗木体内的水分状况。因此，用水分来反映苗木的质量是可行的。但是苗木水分状况受到树种、苗木类型、季节、时间、气候、土壤含水量等多种因素的影响，使用苗木水势作为苗木质量评价指标具体指导生产时，还需要考虑这些因素。

2. 碳水化合物贮量

根作为苗木的重要吸收器官，能为苗木生长发育提供水分和营养物质，所以，苗木栽植后能否迅速长出新根，是园林苗木成活及生长表现的关键之一。而起苗后到栽植成活前，苗木的所有生命活动包括新根的萌发全靠苗木体内贮藏的碳水化合物支持，碳水化合物在苗木生命活动、促进苗木根和茎的生长、保证栽植成活等方面具有重要作用。所以，苗木体内的碳水化合物贮量也是评价苗木质量的一个生理指标。

3. 导电能力

植物组织的水分状况以及植物组织膜的受损情况与组织的导电能力紧密相关。电导率的增加与植物组织受伤的程度成正比，而与组织生活力成反比。因为植物组织细胞膜受到破坏后，细胞膜透性增大，对水和离子交换的控制能力下降、丧失。细胞内的 K^{+1}等离子的自由外渗，使细胞外溶液的电解质浓度增大，电导率增加。因此，测定苗木导电能力的变化，在一定程度上可以反映苗木的水分状况和细胞的受害情况，从而起到指示苗木活力的作用。目前，对导电能力的测定主要采取两种方法，一种是测定苗木组织外渗液的电导率；另一种是测定植物组织的电阻率。植物导电能力测定简单、快捷、便于野外操作且不具破坏性。但是，植物的导电能力受树种、生长季节、组织水分、测定部位及测定温度等诸多因素影响，会使测定结果具有不稳定性，需要事先作相应的修正。

4. 叶绿素含量

生活中植物叶的绿色是用以指示植物"活力"或"状态"而采用最 广泛的指标。人们通常以叶色来判断苗木的健康状况，而代表健康的叶色浓绿的植株，其叶绿素含量也较高，而且叶绿素含量的测定简单、快速，所以可以通过测定苗木叶绿素含量，定量地反映苗木健康状况。但需注意，叶绿素含量会随着树种、同一树种不同种源、生长条件及不同季节发生明显变化。

5. 四唑染色法测定根系活力

植物根系是活跃的吸收器官和合成器官，根的生长情况和活力水平直接影响地上部的营养状况及产量水平。因此，根系活力也是苗木质量评价的一个重要生理指标。四唑(TTC)染色法是常用的测定苗木根系活力的方法。其原理是：氯化三苯基四氮唑是标准的氧化还原色素，其氧化态无色并溶于水，还原态则是不溶于水的三苯甲臜(TPF)红色物质，它在空气中不会自动氧化、相当稳定，可使活组织染上红色。TTC 被广泛地用作酶试验的氢受体，而根系细胞中脱氢酶(如琥珀酸脱氢酶)(或活细胞的 DANH，NADPH)可作为 TTC 的氢供体，从而将 TTC 还原为 TPF。TTC 还原量能表示脱氢酶活性，脱氢酶活性又与细胞呼吸作用强度具有正相关关系，所以 TTC 的还原量也就与根系活力的强弱(根系被染红色的深浅)呈现正相关。因此，可根据根系被染红色的深浅作为根系活力强弱的指标。根系活力指数(RVI)可表示为：

$$RVI = \frac{TPF\ \text{生成量}(\text{g/mL}) \times \text{稀释倍数}}{\text{根系鲜重}(\text{g}) \times \text{反应时间}(\text{h})}$$

6. 苗木活力指标

苗木活力是指苗木栽植在最适宜生长环境下其成活和生长的能力。根据定义，苗木活力的生长表现指标最能代表苗木活力。因为苗木活力的生长表现指标是将整株苗木栽植在一定条件下，测定其表现状况，它综合了苗木形态的和生理。

苗木栽植后成活的关键在于根系能否迅速萌发新根来吸收水分和养分。因此发根的速度和数量可反映苗木活力的大小。根生长潜力(RGP)是苗木在最适宜生长环境中的发根能力，是评价苗木活力最可靠的方法。不同苗木的 RGP 是不同的，它与苗木的生理状况、形态特征、生物学特性及生长季节有密切的关系，能较好地反映苗木活力和预测栽植成活率。所以 RGP 目前是评价苗木活力最可靠的指标之一。RGP 的不足是不能快速评定苗木活力，测定时间较长，需要约 2~4 周。但是可以将它作为苗木活力测定的基准方法。当科学研究和生产上因苗木质量发生纠纷时，它还是非常有用的仲裁手段。此外，作为评价苗木活力最可靠的指标，*RGP* 不仅能反映苗木的死活，还能指示不同季节苗木活力的变化情况，这对了解苗木活力大小、抗逆性强弱，选择最佳起苗和造林时期都具有重要意义。

测定 *RGP* 时，将新起苗木根系冲洗干净，去掉所有白根尖(根生长点)，选用通气、排水能力较好、有一定保水能力的基质(如河沙或泥炭与蛭石(1∶1)的混合土)栽培，并将其放入适于根系生长的环境中培养，如白天温度 25 ±3 ℃、光照 12~15 h，夜间温度 16 ±3 ℃、黑暗 9~12 h，空气相对湿度 60%~80%，每隔 2~4 天浇水一次，保证苗木的水分供应。28 天后，将苗木小心取出，根系洗净泥沙后统计新根生长点(颜色发白)数量及新根长度，便可得到 *RGP*。

RGP 的表达方式有多种，如新根生长点数(*TNR*)、大于 1 cm 长新根数量(*TNR*1)、大于 1 cm 长新根总长度(*TLR*1)、新根表面积指数(*RSA*1 = *TNR*1 × *TLR*1)、新根鲜重和新根干重等。不同指标反映的是苗木生根过程中不同的生理过程，如 *TNR* 反映苗木发根情况，*TNR*1、*TLR*1、*RSA*1、新根重量则反映根伸长情况。

每个苗木质量评价指标是苗木在某一方面的具体表现，不能全面地反映苗木质量，而对于苗木质量评价，由于苗木受栽植环境条件、培育目标的影响强烈，单一指标很难完成。因此，需要在考虑苗木质量动态特性前提下，结合栽植地的立地条件，建立多种指标的苗木质量综合评价和保证体系，以便尽可能全面、准确地进行苗木质量评价。

第三节　苗木出圃

苗木出圃主要包括苗木调查、起苗、分级、假植、贮藏、包装运输和检疫消毒等工作，是育苗工作的最后一个环节。这一工作做得好坏直接关系到苗木质量和合格苗产量，所以，苗木出圃工作是关键环节。

苗木出圃前应做好各项准备工作。除了做好苗木调查工作外，还要根据调查材料编制苗木出圃计划，制定苗木出圃技术操作规程。另外，还要准备好出圃工具、材料、机械，如各种起苗农机具、用于起大土坨苗的吊车、苗木包装材料、蒲包草绳等。

一、苗木的掘取

起苗又称掘苗，是指利用人工或机械把苗木从圃地中挖掘出来并妥善包扎，使其适合运输、销售或移植的技术。起苗作业质量的好坏直接关系到苗木出圃后的移栽成活率，所以，起苗前要对出圃苗木进行严格选择，保证苗木质量。选苗时，除根据施工设计提出的规格要求外，所选苗木还应满足生长健壮、无机械损伤、树形优美和根系发达等要求；起苗时还要保证苗木根系完整，减少损伤，以提高栽植成活率。

1. 起苗规格

起苗的关键是要保护根系，因为苗根的长度和数量，直接影响苗木的质量。不同大小的苗木要求根系的长短和多少不同，因此，起苗规格应根据苗木的大小确定。裸根苗起苗时主要要求应留根系长度，大苗根据苗木胸径确定，小苗则根据苗木高度确定。带土球苗木高度决定了土球的规格（表7-4）。

表7-4 园林苗木起苗规格

小苗			大苗			带土球苗		
苗木高度(cm)	应留根系长度(cm)		苗木胸径(cm)	应留根系长度(cm)		苗木高度(cm)	土球规格(cm)	
	侧根(幅度)	直根		侧根(幅度)	直根		横径	纵径
<30	12	15	3.1~4.0	35~40	25~30	<100	30	20
30~100	17	20	4.1~5.0	45~50	35~40	101~200	40~50	30~40
101~150	20	30	5.1~6.0	50~60	40~45	201~300	50~70	40~60
			6.1~8.0	70~80	45~55	301~400	70~90	60~80
			8.1~10.0	85~100	55~65	401~500	90~110	80~90
			10.1~12.0	100~120	65~75			

2. 起苗时间

起苗时间不适宜也会降低苗木成活率。起苗时间由植苗绿化季节、劳力配备及越冬安全等因素决定。除雨季绿化用苗随起随栽外，其他造林季节由于劳力配备方面的矛盾，很难保证随起随栽。为了保存苗木生活力，适宜的起苗时间是苗木的休眠期，所以，多数树种在秋季苗木停止生长后和春季苗木萌动前起苗。具体的起苗日期还要考虑当地气候特点、圃地土壤条件、树种特性(如发芽早晚、越冬假植难易等)和经营管理上的要求(如劳力安排等)。

(1)秋季起苗

多数园林植物可在秋季起苗。从苗木的生理角度而言，秋季起苗有三种作用：第一种是随起苗随栽植，如侧柏。一般在秋季苗木地上部分停止生长后进行。此时土温还较高，仍适合根的生长，起苗栽植后有利于根系伤口的愈合、恢复，为翌春苗木快速生长创造有利条件。第二种是在寒冷地区或抗寒力差的苗木，在秋季起苗进行假植，有利于苗木安全越冬。第三种是春季开始生长很早的苗木，如落叶松苗，在落叶后即可进行起苗，苗木掘取后进行贮藏，待翌春再行栽植，以便控制萌动期和施工时间。

秋季起苗还可与苗圃秋耕作业结合，有利于土壤改良、病虫害防治；可利用空闲的劳动力，缓解春季农忙劳动力紧张状况。因此，秋季起苗应用较多，对落叶树种的苗木尤为适宜。但有些树种，特别是常绿树种如油松、樟子松苗木不宜越冬贮藏，秋季起苗后，经贮藏苗木生活力下降，影响栽植成活率，而以原床越冬；还有些树种苗木根系含水量高，贮藏时间不宜过长。这些树种苗木不宜秋季起苗，应早春起苗后尽快栽植。

(2)春季起苗

早春苗木开始萌动之前起苗及时绿化植苗，既免除了苗木的贮藏工作，又可以避免秋末起苗时因突发的恶劣气候而使苗木受到伤害的情况发生，便于保持苗木活力，提高苗木的成活率。春季是最适宜的绿化植树季节，绝大多数苗木，都适合在这时起苗，特别是常绿树种以及不适合长期假植的、根部含水量较高的落叶阔叶树种(如榆树)苗木适宜春季起苗，随起苗随栽植。春季起苗宜早不宜迟，应在苗木开始萌动前进行，否则芽苞萌动，既降低苗木的成活率，也影响圃地春季生产作业。

(3)雨季起苗

对于季节性干旱严重的地区，春、秋两季降雨较少，土壤含水量低，不利于苗木移植成活。采用雨季起苗移栽，土壤墒情好，苗木成活有保证。雨季起苗一般在下过一场透雨之后的阴雨天气进行。雨季起苗主要适用于常绿针叶树种，如侧柏、圆柏、油松、樟子松、云杉等。

3. 起苗方法

起苗方法有机械起苗和人工起苗两种。目前，我国中小型苗圃多用人工方法起苗，大型苗圃中机械和人工方法兼用。一些大型园林苗圃在起裸根苗时，使用由拖拉机牵引的床式或垄式起苗犁起苗，不仅起苗效率高，节省劳力，减轻劳动强度，而且起苗质量好，很少损伤苗木，还降低了成本。但由于我国目前的起苗机具标准化程度低，多数是自行改装设计的，像这种较成熟的技术还比较少，这也是制约我国机械化起苗发展的主要问题。所以，生产上仍以人工起苗为主。因树种和苗木大小而异，有裸根起苗和带土球起苗两种。

(1)裸根起苗

裸根起苗是指把苗木从圃地或苗床中不带土壤、裸露掘出的起苗方式。绝大多数落叶树种和容易成活的针叶树小苗均可采用裸根起苗的方式。

起小苗时，沿苗行方向距苗行 20 cm 左右处挖一条沟，在沟部下侧挖出斜槽，根据起苗要求的深度切断主根，再切断侧根，并把苗木和土一起推倒在沟中即可取出苗木。取苗时如有未断的根，先切断，再起苗，不要用力拔苗，以免损伤苗木的根系。起苗后，也不要用力除去根上的土，以保护根系免受损害(图 7-2)。

图 7-2　人工裸根起苗方法

大苗裸根起苗时要单株挖掘。挖苗前先将树冠拢起，以防碰断侧枝和主梢。然后在距离苗木约为其地径 8~10 倍(或视根系大小而定)以外的适当之处根据苗木的根深进行挖掘起苗，切段全部侧根。再于一侧向内挖深，将主根切断，注意不要使根系劈裂，再将苗木轻轻放倒，抖落根部泥土，尽量保留须根。

起苗后应注意苗木保湿，防止失水；如果不立即栽植，要及时进行假植。针叶树种的小苗及细须根多的阔叶树种小苗，起苗后要立即打浆，用湿草帘包住，以防风干。

(2)带土球起苗

带土球起苗是指把苗木从圃地中掘出时，同时携带一定大小的土球的起苗方法。适用于常绿树、名贵树种和较大的花灌木的起苗。土球的大小要适宜，过大易造成散落，过小伤根过多，都不利于苗木成活。土球的大小根据苗木大小、根系分布状况、树种成活难易程度、土壤质地等条件来确定。一般土球直径约为苗木地径的8~10倍、高度约为其直径的2/3。灌木的土球大小以其冠幅的1/4~1/2为宜。

起苗前先将树冠用草绳围拢在一起，一方面可以减少起苗时对枝叶的损伤；另一方面，也便于工人操作和运输。表土中根系密度很小，无利用价值。起苗时，将苗干周围的地表浮土铲去3~5 cm，这样使土球仅带有用的根系，既减轻了土球重量，又利于扎紧土球。然后在规定的土球直径的外侧挖一条操作沟，沟深与土球高度相等，沟的上下宽度要基本一致。遇到细根用铁锹斩断，3 cm以上的粗根，不能用铁锹斩，以免震裂土球，可以用枝剪剪断或手锯锯断。挖到所需深度后，用锹将土球表面及周围修平，自上向下修土球至一半高度时，应逐渐向内缩小至规定的标准，使土球上大下小呈坛子形。最后用锹从土球底部斜着向内切断主根，使土球与土底分开，然后立即用事前浸过水的蒲包、草绳等将土球包扎好(图7-3)，打包的形式和草绳围捆的密度根据土球大小和运输距离确定。使用牢固而较复杂的形式包扎远距离运输的大土球，反之可以使用较简单的捆扎方法。包装好的带土球苗木要求土球完好，表面光滑圆润，包装紧密，底部不漏土。常用的土球打包方式有“橘子包”“古钱包”和“五角包”(图7-4)。

图7-3 带土球起苗和土球包装

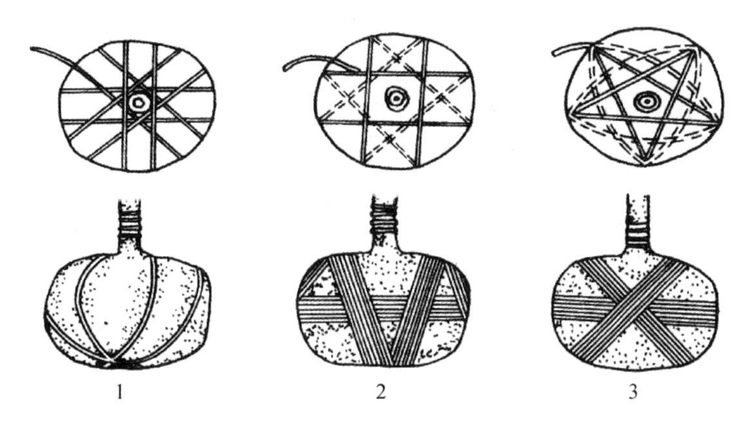

图 7-4　带土球苗木的包装方法

1. 橘子包　2. 古钱包　3. 五角包

(3)断根缩土球起苗

主要针对大苗或多年未移植过的苗木。根系的吸收作用主要是通过大量的毛根和须根来完成的，大苗或多年未移植过的苗木，根系分布广，掘取的土球内没有大量须根，从而影响苗木移植成活率，所以在起苗前 1～2 年，以树干为中心，按冠幅大小挖掘围沟，沟宽 30～40 cm，深度视树种根系特点决定，一般为 60～80 cm。截断根系，用伴着肥料的泥土填入并夯实，定期浇水，以促进新根的萌发。起苗时，在围沟外起土球。

4. 起苗注意事项

①起苗要注意苗根的长度和数量，尽量保证苗根的完整；②起苗时为减少苗木侧根和须根的损失，圃地土壤不宜太干。如果土壤很干，在起苗前 2～3 天要灌溉；③为防止苗根失水，要边起、边捡、边分级、边假植或及时包装运输。对萌芽力弱的针叶树苗木，在起苗过程中，要注意保护顶芽；④为避免根系失水过多，不宜在大风天起苗。

二、苗木分级与出圃规格

苗木分级又叫选苗，即在起苗后根据一定的质量标准把苗木分成若干等级，并将同级规格的苗木打捆、包装，准备假植、移植。通过苗木分级，即使出圃苗木达到国家规定的苗木标准，又保证了使用同等级的壮苗进行园林绿化，提高了造林成活率和林木生长量；减少了栽植后的苗木分化现象，也便于后期的养护管理。

园林苗木种类繁多，规格要求不同，各地尚无统一、规范的分级标准，目前使用较多的苗木分级标准主要包括苗高、地径、根系状况等苗木的形态指标和病虫危害状况、机械损伤状况。除上述要求外，常绿针叶树种还将有无正常顶芽以及叶色是否正常，作为分级的重要指标之一；特种整形的园林观赏树种苗木和景观设计要求的特殊苗木，还有一些特殊的规格要求，如行道树要求分枝点有一定高度；果树苗则要求骨架牢固，主枝分支角度大，接口愈合牢靠，品种优良等。在生产实践中，通常将苗木分为合格苗与不合格苗两大类，合格苗木需再按其胸径(地径)和苗高两项指标进一步划分为不同的规格级别。仅是形态指标不符合出圃标准的不合格苗木，可继续留圃培育，直至达到出圃标准。而对那些有病虫害感染、根系过少、严重损伤以及生长发育严重不良的不合格苗木，必须就地烧毁。

苗木分级过程中需注意保护苗木活力。起苗后，应立即在背阴避风处或搭设的荫棚下进行分级，并做到随起苗、随分级，以防风吹日晒或根系损伤。分级完毕，随即将一定数量的同等级苗木成捆包装、贮藏。

苗木出圃规格因树种、地区及观赏性状不同而异。具体各类园林苗木的成品苗分级标准可参照表7-5。

一般在分级的同时要进行苗木统计。苗木统计是统计各级苗木及废苗的数量。分级之后直接统计各级苗木数量，或用称重法称一定重量的苗木，然后计算该重量的实际株数，再推算苗木的总数。根据苗木规格大小，可按25、50、100或200株捆成捆。

表7-5 园林苗木成品出圃规格与分级标准

苗木类型	代表树种	出圃规格要求	分级标准
常绿乔木	雪松、云杉、油松、白皮松、侧柏等	要求苗木树冠丰满，有全冠和提干两种，有主尖的要主尖茁壮。出圃规格为苗高在1.5 m以上为合格	苗高每提高0.5 m即增加1个规格级别
大、中型落叶乔木	毛白杨、小叶白蜡、千头椿、槐、栾树、银杏等	要求树形良好，树干通直，分枝点在2.8 m，胸径在3 m以上即可出圃	胸径每增加0.5 m提高1个规格级别
落叶小乔木及乔化灌木	桃叶卫矛、北京丁香、紫叶李、西府海棠、嫁接品种玉兰、高接碧桃等	要求树冠丰满，主干通直，以基径达2.5 m为最低出圃规格	基径每增加0.5 m提高1个规格级别
多干式灌木	丁香、金银木、紫荆、紫薇等大型灌木	要求自地际分枝处有3个以上分布均匀的主枝，高度在80 cm以上	高度每增加30 cm提高1个规格级别
	珍珠梅、黄刺玫、木香、棠、鸡麻等中型灌木类	要求出圃高度在50 cm以上	高度每增加20 cm提高1个规格级别
	月季、郁李、金叶女贞、牡丹、紫叶小檗等小型灌木类	要求出圃高度在30 cm以上	高度每增加10 cm提高1个规格级别
绿篱类	圆柏、侧柏、大叶黄杨、锦熟黄杨等	要求树势旺盛，全株成丛，基部枝叶丰满，冠丛直径不小于20 cm，苗高50 cm以上	苗高每增加20 cm提高1个规格级别
攀缘类、藤木类	地锦、美国地锦、紫藤、金银花、小叶扶芳藤等	要求生长旺盛，枝蔓发育充实，腋芽饱满，根系发达，常以苗龄作为出圃标准	苗龄每增加1年提高1个规格级别
人工造型苗	黄杨球、龙柏球等	经过3~5年修剪培育，已经形成球形，球高1.5 m，冠径1 m可出圃	出圃规格不一，在达到造型标准基础上灵活掌握；艺术造型苗不以规格论级别
	龙爪槐、垂枝榆、垂直碧桃等	经过3~5年造型修剪形成垂枝树冠，冠幅1 cm以上为合格，在此基础上其雄金梅增加0.5 m提高一个规格级别	

第四节 苗木检疫与消毒

苗木检疫是在苗木调运中，国家以法律手段和行政措施，禁止或限制危险性病、虫、杂草等有害生物人为传播蔓延的一项国家制度。

在苗木的销售和交流过程中，包括各种植物病原物及有关的传病媒介、植食性昆虫、蛾类和软体动物、对植物有害的杂草等许多有害生物，可以随苗木一同扩散和传播。这些有害生物可能会给传入新区造成严重危害或留下无穷后患。如1860年，葡萄根瘤蚜随着葡萄苗木从美国进入了法国，几乎毁灭了法国的葡萄园；1873年，英国的葡萄露菌病传入法国，使法国葡萄酿酒业几乎全部停产。通过苗木从东方传入美国的栗疫病，在被检出后的25年内，几乎摧毁了美国东部的所有栗树。另外，随着人类生产活动和贸易交往的发展，国际或国内地区间种苗交换日益频繁，现代交通工具的使用，也加大了病虫害传播的危险性。因此，苗木检疫工作是十分重要和必要的。国家规定在苗木外运或进行国际交换时，只有由检疫部门检疫合格并发给检疫证书，苗木才能承运或寄送。对带有"检疫对象"的苗木，要停止调运，进行彻底消毒，如经过消毒仍不能消灭检疫对象的苗木，必须就地销毁。检疫对象是指国家规定的普遍或尚不普遍流行的危险性病虫及杂草。

苗木出圃前，要做好病虫害检疫工作。带有检疫对象的苗木，一般不能出圃，必须消毒，或是烧毁；即使对属于非检疫对象的病虫也应防止其传播。所以，条件较好的苗圃，最好对出圃的苗木都进行消毒，以便控制病虫害的传播。

苗木消毒方法分为药剂浸渍、喷洒。浸渍用的杀菌剂有石硫合剂(4~5波美度)、波尔多液(1%)、高锰酸钾溶液(0.05%~0.1%)、多菌灵(稀释800倍)等。消毒时，用药液浸苗木10~20 min，或用药液喷洒苗木的地上部分，消毒后用清水冲洗干净。还可以用0.1%~1.0%的硫酸铜溶液处理苗木根系5 min，然后再将其浸在清水中洗净，这个方法主要针对休眠期苗木根系的消毒。

第五节 苗木包装与运输

苗木怕失水，尤其是苗木根系更怕失水，如果苗木及根系暴露在阳光下，或长时间被风吹，就会失水。在苗木的运输过程中，苗木处于不断变化的环境中，环境温度、湿度及人为活动等因素都有可能使苗木失水或碰伤苗木及其根系，致使苗木质量降低，甚至因活力丧失而死亡。样的苗木不仅成活率低，还会影响栽植后的生长。所以，运输前，要对苗木进行包装，以防止苗木干燥，避免机械损伤，保证运输过程中苗木质量不降低，移植后成活率和生长情况不受影响，同时也方便运输、装卸。

一、苗木包装前的处理

为了减少运输过程中苗木自身因素带来的不良影响，在包装前要对苗木有损伤的、有病虫感染的部位及过长的根系、细弱的枝条等进行修剪。还可以通过使用保湿吸水物质或蒸腾抑制剂为苗木(主要是裸根苗)创造一个较好的保水环境，以便较长时间地保持苗木水分平衡，尽量延长苗木活力。常用方法有：

1. 泥浆

将根系放在泥浆中蘸根，使根系形成湿润保护层，能有效保护苗木活力。蘸泥浆土时既要在每株苗根上都形成一层薄薄的湿润保护层，又要使苗捆中每株苗木的根系不黏结在一起，容易分开，不伤害根系。据新西兰研究结果分析，适宜泥浆土的物理特性为：pH值为4.5~6.2，粗、细砂含量分别为1%~19%和31%~50%，16%~35%的淤泥和14%~26%的黏土。

2. 浸水

起苗后用流水或清水对苗木根部浸水，定植前再浸1次水，效果比蘸泥浆更好。浸水时间一般为1昼夜，不宜超过3天。

3. 吸水剂蘸根

是将苗根浸入到一定比例的吸水剂（强吸水性高分子树脂)加水稀释成的凝胶内，使根系表面均匀附着一层凝胶，防止水分蒸发的方法。与常规苗木包装方法相比，这个方法还有价格低廉和苗木重量减轻的优点。

二、苗木包装

苗木在运输、贮藏过程中需要一个温度、湿度适宜和安全稳定的环境，所以对包装材料要求保湿、透气、隔热、无毒，可防止碰撞和挤压。目前常用的包装材料有稻草片、草包、蒲包、纸箱、纸袋、布袋、麻袋、聚乙烯薄膜袋、聚乙烯编织袋等(图7-5)。不同包装材料，对苗木活力的保护效果也不同。例如落叶松、云杉、赤松、冷杉、栎类(橡树)和水青冈等苗木用聚乙烯袋包装，比涂沥青不透水的麻袋、纸袋和苔藓等均好。用聚乙烯袋包装运输鱼鳞云杉苗，经过1周，其成活率仍为100%，用黑色聚乙烯袋包装的效果也很好。在选择包装材料的时候，要根据苗木、环境条件、存放与运输条件及时间等因素选择最适合的包装材料。

苗木包装技术分为包装机包装和手工包装。包装机包装要求在一个温度低、相对湿度较高的车间内，所有苗木通过传送带时不合格苗木被去除，然后将合格苗木按照重量经验系数计数包装。手工包装，选择背风避荫处，先在包装材料上放湿润物，然后将苗木根向内、梢向外相对排列两排，使两排苗木根对根放在包装材料中间，以此分层交替堆放，然后在苗木根系间加些湿润物，如苔藓、湿稻草和麦秸等，根据苗木大小和重量将一定数量的苗木卷成捆，用绳子等捆紧(图7-6)。捆扎不宜太紧，以利通气。包装容器外要挂固定的标签，注明树种、品种、苗木种类和苗龄、苗木数量、等级、生产苗圃名称、包装日期等资料。

裸根苗的包装，与苗木运输的时间长短有关。运输时间不同，包装材料和包装方法也

图 7-5　苗木的包装材料

不同。苗木运输时间不超过 1 天的短途运输，可直接用篓、筐、蒲包等盛装或大车散装运输，在筐底或车底放一层湿草或苔藓等湿润物，再将苗木根对根地分层放在湿润物上，当苗木达到一定数量时，在苗木上覆盖湿润的草席或毡布。如果是超过 1 天的长途运输，必须选用保湿性好的材料，如塑料袋、KP 袋等，而且包装前，苗根一定要蘸泥浆等保湿物，再仔细包装。常绿树种包装应露出树冠，以利通气。

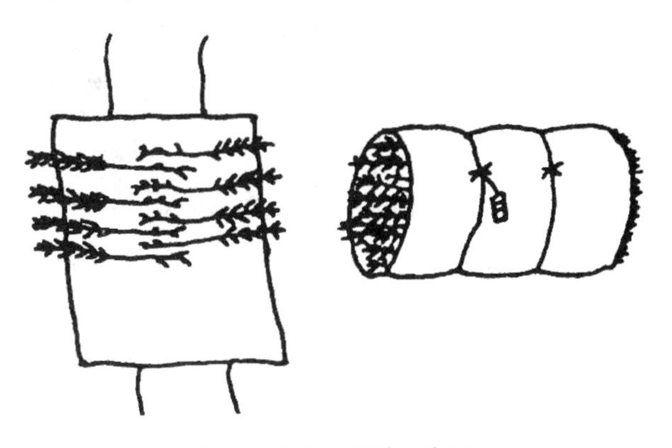

图 7-6　苗木的包装示意图

珍贵树种的苗木，要单株包装，将已用蒲包、草绳捆扎的苗木土球外再用聚乙烯薄膜袋、麻袋包装，既保证土球不松散，又减少了苗木根系失水，保持了苗木活力。还可以在土球外用木板订箱，再用湿润物质填充木板箱。

三、苗木运输

为了保持苗木活力，保证苗木质量，需要苗木运输环境近似于苗木贮藏的低温、高湿条件，即温度 0~3 ℃、空气相对湿度 90%~95%。只有冷藏车才能满足这些条件。但如果运输苗木，成本太高。在我国，目前很难有苗圃使用冷藏车，一般最常见的苗木运输工具是卡车。所以，运输前要对苗木进行妥善的包装，如果长距离运输，包装好的裸根苗还要再用湿苫布盖上。卡车上面必须有帆布棚遮挡，严禁苗木受风吹日晒，如图 7-7 所示。

图 7-7　苗木的运输

裸根苗装车先装大苗、重苗，大苗间隙填放小规格苗木。为了不压伤树枝和树根，装车不宜过高过重，压得也不宜太紧；苗木根部在车厢前面，树梢向车尾，顺序排码。树梢不准拖地，必要时用绳子围拴吊拢起来。树根与树身要覆盖，并适当喷水保湿，以保持湿润。为防止苗木滚动，装车后要将树干捆牢。

带土球苗，树高 2 m 以下的，可以直立装车，2 m 高以上的则应斜放，或完全放倒，土球朝向车头，树梢向车尾。为了使土球固定不滚动，土球两旁垫木板或砖块；树冠也应立固定支架，以免行车时树冠晃动，打散土球。斜放大苗的树冠要用草绳拢住，以免运输途中与地面接触，损伤树冠。最后用绳索将树木与车身拴牢。

无论是裸根苗还是带土球苗，装车后，绑扎时要注意避免绳物磨损树皮。树干之间、树根与车厢接触处要垫放稻草、草包等软材料，以免擦伤树皮，碰坏树根。为避免树皮磨损，绳子与树身接触部分，要也用蒲包垫好。

装好的运苗车，由于苗木的原因，常会出现车辆超长、超宽的问题，应事先到有关交管部门办好必要的手续。运输过程中，尽量保证行车平稳，尽量缩短运输时间。中途停车应停在有遮阴的场所；遇到刹车造成绑绳松散，苫布不严，树梢拖地等情况应及时停车处理；要经常检查苗木包装内的温度和湿度，必要时可打开包装，适当通气，更换湿润物，降低温度；湿度不够，可及时喷水。长途运苗还要用苫布将树根盖严捆好，并经常给树根部洒水，这样可以减少树根失水。冬季长途运苗时，由于多数苗木根系对干旱和冻害的抵抗力弱，要做好保温、保湿工作。苗木到达目的地后，应立即打开苗木包装，进行假植。但是如果苗根失水较严重的情况下，应先用水浸泡苗木根部，几小时后再进行假植或栽植。

第六节　苗木假植与贮藏

在起苗后栽植前的一段时间内，为了减少苗木水分蒸腾，防止发霉或根系腐烂等问题，最大限度地保持苗木的活力，保证苗木质量，要做好苗木的贮藏工作。苗木根系比较幼嫩，较地上部分不耐失水，特别是细根更容易失水而丧失生命力，而且根系又是苗木吸收水分和营养物质的关键器官，它的好坏，直接影响着苗木栽植的成活率。所以，苗木贮藏的关键是要保护好苗木根系不受伤害，不受风吹日晒。苗木的贮藏方法很多，常用的有假植和低温贮藏。

一、苗木假植

假植是为了防止根系干燥，保持苗木活力，用湿润土壤将苗木根系进行暂时埋植。假植根据时间长短，可分为临时假植和越冬假植。起苗后不能及时出圃、栽植，临时采取的保护苗木的措施，称为临时假植。因栽植的时间较短，也称短期假植，一般假植时间不超过 10 天。可就近选择地势较高、土壤湿润的地方，挖一条浅沟，浅沟一侧做成斜坡，沿斜坡逐个码放苗木，将苗木树干靠在斜坡上，根系放在沟内，用土将根系埋上并踏实。

在秋季起苗后当年不栽植，苗木通过假植越冬，来年春季才能出圃栽植，称为越冬假植或长期假植。具体方法是：选择背风向阳、排水良好、土壤湿润的地方，垂直于当地冬季主风向挖一条假植沟，沟的规格由苗木大小而定，沟的深度一般是苗木高度的 1/2，长度视苗木多少确定，沟壁迎风的一面做成 45° 的斜坡，将苗木靠在斜坡上，逐个码放，使苗木根部在沟内舒展，然后把苗木的根系和苗干的下部用湿润的土壤埋上，压实覆土，要求根系与土壤紧密结合。覆土深度一般要达到苗高的 1/2～2/3 处，至少将根系全部埋入土内。假植沟的土壤如果过干，应适量灌水，但要严格控制水量，以免过大湿度下，温度高时苗根腐烂。另外，如冬季风大时，可以用稻草、秸秆等材料覆盖假植苗的地上部分。对茎干易受冻害的幼苗，可在入冬前将苗木的茎干全部埋入土内。在风沙危害较严重的地区，可以在假植沟的迎风面设置防风障，既防风又保温。假植期间要经常检查，发现覆土下沉要及时培土。

为了春季方便起苗和运苗，假植地上要留出道路。假植时每条沟放置同种、同级、同样数量的苗木，并且每隔几百株或几千株做一记号，假植完要插写明树种、苗木年龄和数量等的标牌，以便于以后苗木的统计、调运。

二、苗木低温贮藏

将苗木放在可控制温度和湿度的低温环境中保存，克服了假植可能出现的干梢现象，保持了苗木的质量，同时由于低温，苗木的萌发期推迟，延长了栽植时间，实现了长期供应苗木。这种利用低温设施贮藏苗木的方式，称低温贮藏。

控制贮藏环境的温度、湿度和通气条件是低温贮藏苗木技术的关键。对于多数树种，温度以 -3~3 ℃较为适宜（北方树种耐寒，适当低一些， -3~3 ℃；南方树种可以稍高些，0~3 ℃），因为低温条件下，苗木处于休眠状态，降低了生理活动强度，减少了贮藏过程中的呼吸消耗，同时腐烂菌也不宜繁殖，从而保持了苗木的质量，但如果温度过低也会造成苗木冻伤；空气相对湿度要达到85%以上，苗木在这样高湿环境中可减少水分的散失及物质消耗；贮藏场所还要有完善的通风设施，适度通风有利于调节贮藏环境的温度和湿度及减少贮藏场所的病菌。病菌也是影响贮藏苗木质量的一个重要因素，因此除了需要保持贮藏场所的清洁外，在苗木贮藏前应进行清洗和消毒，尤其对贮藏时间长以及贮藏温度要求较高的苗木，在包装前的根系处理中可加入一定量的杀菌剂，有较好的效果。一般只要控制好上述条件，使用冷藏库、冰窖、地窖、地下室等贮藏苗木，就能收到良好的贮存效果。英国在温度为0.5~1.1 ℃，空气相对湿度为97%~100%的冷藏室贮藏苗木，苗木可贮藏6个月左右而不影响成活率。

思考题

1. 名词解释：苗木出圃，苗龄，起苗，苗木分级，假植。
2. 怎样进行苗木调查？
3. 如何评价苗木质量？
4. 简述带土球起苗技术。
5. 苗木出圃前为何要进行苗木分级？怎样确定苗木出圃规格？
6. 为什么要进行苗木检疫？常用的苗木消毒方法有哪些？
7. 试述苗木包装与运输过程中的注意事项。
8. 简述苗木的假植技术。
9. 试分析苗木出圃体系的组成环节与技术管理的关键。

参考文献

成仿云.2012. 园林苗圃学[M]. 北京：中国林业出版社.
梁玉堂.1995. 种苗学[M]. 北京：中国林业出版社.
柳振亮.2009. 苗木培育实用技术[M]. 北京：化学工业出版社.
沈国舫.2001. 森林培育学[M]. 北京：中国林业出版社.
苏付保.2004. 园林苗木生产技术[M]. 北京：中国林业出版社.
苏金乐.2010. 园林苗圃学[M]. 北京：中国农业出版社.
孙时轩.1992. 造林学[M]. 北京：中国林业出版社.

王大平. 2014. 园林苗圃学[M]. 上海：上海交通大学出版社.
徐德嘉. 2012. 园林苗圃学[M]. 北京：中国建筑工业出版社.
尤伟忠. 2009. 园林苗木生产技术[M]. 苏州：苏州大学出版社.
喻方圆. 2008. 林木种苗质量检验技术[M]. 北京：中国林业出版社.
张运山. 2007. 林木种苗生产技术[M]. 北京：中国林业出版社.
张志国. 2014. 现代园林苗圃学[M]. 北京：化学工业出版社.

第八章　苗圃常见病虫草害及防治

苗圃育苗过程中，不可避免地会发生病、虫、草害。病原物和害虫通过侵染和取食掠夺园林苗木的营养成分，同时在相应的部位造成病害伤口及机械损伤。杂草与园林幼苗争夺养分、空间和光照，影响苗木的正常生长，同时杂草也为多种病原菌和害虫提供栖息地，加重了苗木病虫害的发生。这些有害因素严重影响苗木的质量和产量，严重时能够给园林苗圃造成巨大经济损失，因此做好园林苗圃病、虫、草害的防治工作，是培育健壮、优良苗木的重要保证。防治工作应坚持预防为主、综合防治的原则，使病、虫、草害尽可能不发生或少发生。若一旦发生应尽快了解发生的原因、规律及发生范围，并及时采取相应的有效的防治措施，及时消灭有害的病原物、害虫及杂草，将苗木的损失降低到最低。本章主要讲述病、虫、草害的基础知识及园林苗圃中常见的病、虫、草害的种类及防治。通过本章的学习掌握园林苗圃中主要病、虫、草害的识别要点及防治方法。

第一节　苗圃常见病害及其防治

一、植物病害基础

园林植物在生长发育过程中，或种苗、种球、鲜切花和成株在储藏运输过程中，由于受到生物或非生物因素的持续干扰，其干扰强度超过了植物能够忍受的程度，整个植株、器官、组织和局部细胞的正常生理生化功能紊乱、结构破坏、形态改变，导致园林植物生长不良，观赏价值下降，甚至死亡，这种现象称为园林植物病害。

（一）病因

引起植物发生病害的原因有很多，包括不适宜的环境因素、外来生物侵染、植物自身抵抗能力下降等。概括地说，引起植物偏离正常生长发育状态而表现病变的因素称为病因。病因可以概括为病原、寄主和环境 3 个方面。在园林植物病害发生发展过程中，病原和寄主是一对基本矛盾，环境可以通过影响病原物和寄主植物决定这对矛盾的发展结果。环境一方面可以影响寄主植物的生活状态，使其抗病或感病；另一方面，环境可以影响病原物，促进或抑制其生长。这种需要病原生物、寄生植物和一定的环境条件三者配合才能引起病害的观点，称为“病害三角”。病害三角在植物病理学中占有重要的位置，在分析病因、侵染过程和流行，以及制订防治对策时，都需要对病害三角进行分析。

(二)病害症状

病害症状是指植物受病原生物或不良环境因素的侵扰后，内部的生理活动和外观的生长发育所显示的某种异常状态。植物的病害症状表现十分复杂，按照症状在植物体显示部位的不同，可分为内部症状与外部症状。在外部症状中，按照有无病原物结构体显露可分为病症与病状两种。病状就是在病部所看到的状态，如透明条纹、枝叶萎蔫或肿瘤等。病征是指在病部上出现的病原物的个体，如真菌的菌丝体、菌核、孢子器，细菌的菌脓，线虫的虫体等。习惯上对病征和病状的术语使用并不严格，统称为症状。常见的病害症状可以归纳为 5 种类型，即变色、坏死、萎蔫、腐烂和畸形。

1. 变色

变色指园林植物感病后，由于叶绿素的形成受到抑制或遭到破坏而减少，其他色素形成过多，而使叶片表现为不正常的颜色。变色以叶片最为明显，主要有三种现象：

(1)褪绿

叶绿素合成受抑制，叶片均匀变为淡绿色或黄绿色。如杜鹃缺铁褪绿病。

(2)黄化

叶绿素被破坏，叶片全发黄。营养贫乏或失调可以引起园林植物特别是花木黄化。

(3)花叶

叶绿素形成不均匀，使叶片颜色深浅不匀，表现为深绿色或淡绿色浓淡相间。花叶是病毒病的重要症状，如百合斑驳病毒病、茉莉花叶病。

2. 坏死

坏死指园林植物细胞和组织死亡的现象。根、茎、叶、花、果等都能发生坏死，因受害部位不同而表现各种症状，主要有以下类型：

(1)斑点

叶片、果实和种子局部坏死的表现。斑点的形状和颜色多样，形状有多角形、圆形、条斑、环斑、轮纹斑等，颜色有黄色、灰色、黑色、白色、褐色等。有的病斑中部组织枯焦脱落而形成穿孔。病斑可以不断扩大或多个联合，造成叶枯、枝枯、茎枯等。斑点病主要由真菌、细菌或病毒侵染所致，冻害、药害等也可造成斑点，如煤污病等。

(2)腐烂

园林植物的各种器官均可发生腐烂，幼嫩或多汁组织更易发生。腐烂的原因是真菌或细菌侵染植物细胞和组织后发生较大面积的消解和破坏，使组织解体。含水分较少或木质化的腐烂组织，形成干腐；含水分或其他物质较多的腐烂组织，则形成湿腐或软腐。

(3)溃疡

多见于枝干皮层，有时也有一部分木质部坏死，形成凹陷病斑。病斑周围常为愈伤组织所包围。树干上多年生的大型溃疡，其周围愈伤组织逐年被破坏而又形成新的愈伤组织，使局部肿大称为癌肿。小型溃疡有时称为干癌。溃疡由菌物、细菌的侵染或机械损伤造成，如杨树溃疡病、西府海棠枝溃病等。

(4)腐朽

枝干、根部木质部坏死、分解的现象，树龄、枝干直径越大发病率越高。古树名木的腐朽病可形成树洞。腐朽病由担子菌亚门真菌引起。

3. 枯萎或萎蔫

枯萎或萎蔫指园林植物因病而表现失水状态、枝叶萎垂的现象。萎蔫可以由各种原因引起。有生理性和病理性之分。生理性萎蔫是由于土壤中水量过少，或高温时过强的蒸腾作用而使植物暂时缺水，若及时供水，则植物可以恢复正常。典型的枯萎病是指病理性萎蔫，即病原物从植物的根部或干部侵入维管束组织，使水分的输导受阻，导致整株枯萎的现象，这种萎蔫一般是不可逆的。根据受害部位不同，萎蔫可以是全株性的或者局部的。根部或主茎的维管束组织受到破坏，引起全株萎蔫；侧枝的维管束组织受到侵染则使单个枝条或叶片发生萎蔫。如榆荷兰病、木麻黄枯萎病等。

4. 畸形

畸形指植物发病后细胞或组织过度生长或发育不足而造成的形态异常。主要有以下病状类型：

(1)肿瘤

根、干、枝条局部细胞(韧皮部或木质部)增生而形成肿瘤，多由真菌、细菌、线虫引起。如樱花、杨树根癌病等。

(2)丛枝

植物的主、侧枝顶芽被抑制，侧芽受刺激提早发育或发生许多不定芽，枝条的节间变短，叶片变小，枝叶密集成扫帚状，通常称扫帚病或丛枝病。产生植物丛枝主要是由于植原体侵染，或植物本身生理机能失调所致。如泡桐丛枝病、竹丛枝病等。

(3)变型

植物受害器官肿大、皱缩、枝条带化、袋果，失去原来的形状。常见的有由外子囊菌和外担子菌或其他生理因素引起的果实、叶片及枝条的变形。如月季带化病，梅花、杨树、桃缩叶病等。

5. 流脂或流胶

流脂或流胶指植物细胞分解为树脂或树胶自树皮流出。其发生原因复杂，有生理性原因，又有侵染性原因，或两类因素综合作用的结果。如桃流胶病，在树皮或裂口处流出淡黄色透明的树脂，树脂凝结后渐变为褐色。

（三）病害类型

植物病害按照病因的不同分为两大类，一类是由病原生物侵染造成的病害，称为侵染性病害，因病原生物能够在植株间传染，因而又称传染性病害；另一类是无病原生物参与，只是由于植物自身的原因或由于外界环境条件的恶化所引起的病害，这类病害在植物间不会传染，因此称为非侵染性病害或非传染性病害。侵染性病害（传染性病害）按病原生物种类不同，还可分为真菌病害、细菌病害、病毒病害、寄生植物病害、线虫病害和原生动物病害。非侵染性病害（非传染性病害）按病因不同，可分为植物自身遗传因子或先天性缺陷引起的遗传性病害或生理病害、物理因素或化学因素恶化所致病害。

（四）病害诊断

准确诊断是有效防控病害的前提。只有通过诊断查明病因，才能制定有效的防治措施。正确的诊断是园林植物病害综合防治的重要基础。

病害的诊断程序包括 3 个方面。首先要进行田间观察，每种病害在田间的发生和发展都有自身规律。在发病现场调查病害在田间的分布、病害情况、发病条件等，可初步判断出病害类型；其次要对发病植株进行症状鉴别，不同的病原物在不同的寄主上引起的症状有所不同，对于常见病和多发病一般通过症状观察即可对病害类型及病原物做出判断；再次，对于一些经过田间观察和症状鉴别后还不能确诊的病害，需要进一步做病原鉴定。在病原鉴定过程中常用显微镜、电镜等仪器对病原物形态特征进行观察。

侵染性病害的分布，初期往往是点发性的，有明显的发病中心和扩展趋势。一般通过田间观察及症状鉴别后即可得出结论。但遇到同原异症和异原同症的情况，就需要借助显微镜等工具进行病原鉴定。如遇到不熟悉的或新的病害时就需要用柯赫氏法则（Koch’s Rule）进行诊断，具体过程为：将怀疑为病原的微生物从病组织中分离出来，人工接种到健康植株上，如果被接种的健康植株发生同样症状，并能从接种发病的植株上分离出相同的病原菌，那么这种微生物就可以确定为该病害的病原菌。若在植物上看不到任何病征，也分离不到病原物，且往往大面积同时发生同一症状，没有逐步传染扩散的现象，则大体上可以认为是非侵染性病害。病害突然大面积同时发生，发病时间短，大多是由于环境污染或气候因子异常造成的，如冻害、日灼、干热风等。发病植株如有明显的枯斑或灼伤，且多集中在植株顶部的叶或芽上，则大多是由于农药或化肥使用不当造成。植株的老叶或顶部新叶如出现干枯、坏死、褪绿、萎蔫，大多是由于一种或多种营养元素缺乏所致。

（五）病害防治

防治植物病害的措施很多，按照其作用原理，通常区分为回避、杜绝、铲除、保护、抵抗和治疗 6 个方面。每个防治原理下又发展出许多防治方法和技术，分属于植物检疫、农业防治、抗病性利用、生物防治、物理防治和化学防治等不同领域。

植物病害种类很多，发生和发展的规律不同，防治方法也因病害性质不同而异。有些病害只用一种防治方法就可以得到控制，但大多数病害都要有几种措施相配合，才能得到较好的效果。过分依赖单一防治措施可能导致灾难性的后果，如长期使用单一的内吸性杀菌剂，因病原物抗药性的增强，常导致防治失败。早在20世纪70年代我国就提出了“预防为主，综合防治”的植保工作方针。在综合防治中，要以农业防治为基础，因时、因地制宜，合理运用化学防治、生物防治、物理防治等措施，兼治多种有害生物。园林植物病害综合治理关键是从提高寄主抗病力，防止病原物传播、蔓延和侵染寄主，创造有利于植物而不利于病原物的环境条件三方面着手，全面预防园林植物轻度受害，积极消除中度危害，以达到综合治理园林植物灾害性病害的目的。

1. 植物检疫

园林植物检疫的基本属性是强制性和预防性，其主要目的是防止危险性园林植物病虫及其他有害生物通过人为活动进行远距离传播，特别是本国、本地区尚未发生或者虽然已经发生，但仍局限在一定范围的危险性病虫，以此来保护本国、本地区园林植物生产的安全和严林植物生态系统的稳定。我国的园林植物检疫工作的开展，主要依据农业部发布的《进境植物检疫危险性病、虫、杂草名录》、国家林业局发布的国内森林植物检疫和各省、自治区、直辖市人民政府公布的补充检疫性有害生物。

2. 农业防治

农业防治又称为环境管理或栽培防治。园林植物栽培防治的目的是在全面分析植物、病原物和环境因子三者相互关系的基础上，运用合理的培育技术和经营管理方法，压低病原物数量，提高园林植物抗病性，创造有利于植物生长而不利于病害发生的环境条件。具体的措施包括选择无病原菌的繁殖材料、实行轮作制度、及时清理苗圃内的枯枝落叶及杂草、合理调剂环境因子、调整播期、优化水肥管理等。

3. 抗病育种

选育抗病品种是防治园林植物病害的一种经济有效的措施，特别是对那些无可靠防治措施的毁灭性病害，一个抗病品种的选育成功就能从根本上解决问题。抗病育种对环境影响较小，也不影响其他植物保护措施的实施，在病害治理中具有良好的相容性。目前应用的园林植物的抗病品种主要是针对松疱锈病、榆枯萎病和几种杨树病害。

4. 生物防治

生物防治是利用有益生物防治植物病害的各种措施。迄今所利用的主要是有益微生物，亦称生防菌。生物防治措施通过调节植物周围的微生物环境来减少病原物接种体数量，降低病原物致病性和抑制病害的发生。有些有益微生物已被制成多种类型的生防制剂，大量生产和应用。生物防治对人、畜安全，不存在残留和环境污染问题。但是由于生防制剂的生产、运输、贮存要求条件严格，防治效果不够稳定，适用范围较狭窄，其防治效益低于化学防治，目前仅用做辅助防治措施。在园林植物病害防治中已有一些成功的案例，如应用放射土壤杆菌K84防治樱花、月季根癌病，哈茨木霉防治幼苗猝倒病等。

5. 物理防治

物理防治是通过热力、冷冻、干燥、电磁波、射线、机械阻隔等措施抑制、钝化或杀死病原物，达到控制植物病害的目的。物理防治通常比较费工，效率较低，但在某些条件下也可取得良好效果，一般只作为辅助防治措施。园林植物病害防治中常用的措施有应用火烧、太阳能、蒸汽处理土壤防治土传病害；应用温水、热风处理生产杀死繁殖材料中的病原菌等。

6. 化学防治

用化学药剂防治植物病害的方法称为化学防治，用来防治植物病害的化学药剂主要有杀菌剂和杀线虫剂，是在一定浓度下起杀菌作用的物质。化学防治在园林植物病害综合治理中占有重要地位，使用方法简单、效率高、见效快，当病害大发生时，化学防治可能成为唯一有效手段。按照杀菌剂防治病害的作用方式，可分为保护性、治疗性和铲除性杀菌剂。按照杀线虫剂的作用方式，可分为经体壁的触杀性和经呼吸系统的熏蒸性杀线虫剂。为了最大程度的发挥化学药剂的效果，必须针对不同的防治对象，选择适宜药剂，抓住有利时机，结合环境条件，采用正确方法，才能达到科学合理用药、提高防治效果的目的。

二、园林苗圃常见病害

(一)根部病害

1. 根结线虫病

(1)分布

四川、湖南、河南、浙江、广东、广西、北京等省(直辖市、自治区)。

(2)寄主

危害范围广，包括杨树、槐树、梓树、柳树、桑树、槭、卫矛、榆树等 1700 多种植物。

(3)症状

苗木根部受害后，在主侧根上形成大小不等的虫瘿，直径达 1~2 mm。切开虫瘿可见白色颗粒物，为线虫的雌虫，显微镜下观察，呈梨形。苗木被侵染后，疏导组织被破坏，水分和养分运输被阻断，不能进行正常的生理活动。重病苗根短、侧根和根毛少，根部畸形。地上部分生长弱，大部分苗木当年枯死，部分苗木翌年春季死亡。

(4)病原

根结线虫属(*Meloidogyne*)，生活史可分为卵、幼虫和成虫 3 个阶段。雌虫全部或部分埋藏在寄主植物内，在胶质的介质内产卵，卵经过几小时即可发育幼虫，具口针在卵内卷曲。雌雄虫均呈蚯蚓状，无色透明，可见口针，食道球和排泄管道。成熟雌虫长 0.5~1.3 mm，平均宽度 0.4~7.7 mm，虫体对称或不对称，可进行孤雌生殖(图 8-1)。

(5)发病规律

一年可发生多代，幼虫、成虫和卵都可在土壤中或病瘤内越冬。多数线虫在土表下

图 8-1 根结线虫

1. 雄虫 2. 雌虫及卵囊 3. 卵 4. 卵壳内的幼虫 5. 2 龄幼虫 6. 3 龄幼虫 7. 4 龄幼虫 8. 线虫侵染根部 9. 雌虫寄生在根内及产卵

（引自许志刚，2003）

5~30 cm 处，但在种植多年生植物的土壤中，线虫可分布在 5 m 以下。可通过苗木、水流、土壤、农事操作进行传播。线虫的存活主要受到温度、湿度和土壤结构的影响。土温 20~27 ℃，土壤潮湿时，有助于病害发生。

(6)防治

调运种苗时严格检疫，防止病害向外地蔓延。已经发生根结线虫病的苗圃实行轮作，可栽种松、杉、柏等抗病树种。起苗后深翻掩埋病瘤、大水闷灌、日光暴晒均可减轻病害。

2. 猝倒病

(1)分布

我国各地普遍发生。

(2)寄主

松、杉、刺槐、桑、银杏、榆树、枫杨、桦树等。

(3)症状

不同时期苗木受害后表现的症状不同，主要有以下 4 种。① 种芽腐烂型：种子播种后至出土前即被病原菌侵染腐烂，腐烂的种子多呈水肿状，腐烂种子的外部披有一层白色或粉红色的丝状物。② 茎叶腐烂型：种子发芽后，嫩芽尚未出土前，土壤湿度过大或播种量过多，幼苗可遭受病原菌侵染而腐烂，最后全株枯死。③ 幼苗猝倒型：幼苗出土后，尚未木质化之前，苗茎基部受到病原菌侵染后，腐烂细缢，呈浸渍状病斑，上部褪色枯萎，甚至变成褐色，遇风吹时折断倒伏，故称为猝倒病。此为该病的典型症状，多发生在苗木出土后的 1 个月之内。④ 苗木立枯型：苗木茎部木质化以后，病原菌难以从根颈部侵入。此时如果土壤中存在病原菌较多，在环境条件适宜时，则侵害苗木根部，使其腐烂，全株枯死，但不倒伏，也称根腐烂型立枯病。

(4)病原

主要是立枯丝核菌(*Rhizoctonia solani*)、腐皮镰孢菌(*Fusarium solani*)、尖孢镰孢菌(*F. oxysporum*)、终极腐霉(*Pythium ultimum*)、瓜果腐霉(*P. aphanidermatum*)和细链格孢菌(*Alternaria tenuis*)等(图 8-2)。

(5)发病规律

病原菌都有较强的腐生习性，平时能在土壤中的植物残体上进行腐生。一旦遇到合适的寄主和潮湿的环境，病原菌可以从伤口或直接侵入寄主植物。几种病原菌可以单独侵染，也可以同时侵染。病原菌主要侵染一年生苗木，发病时间一般在 4~10 月，发病高峰期一般在苗木出土后 1 个月左右。病害发生的严重程度与土壤含水量、降水量、降水次数、空气相对湿度关系密切。降水量大，降水次数多，空气相对湿度大，土壤过于黏重，病害发生严重。整地粗糙、高低不平、积水圃地苗木易遭受病原菌侵染。未腐熟的有机肥常混有带菌的植物残体，施用时可向苗圃引入病原菌，另外肥料在腐熟的过程中产生热量，有助于病原菌的侵染。播种时期也影响猝倒病的发生。播种过早，土壤温度低，出苗时间延迟，易发生种芽腐烂型猝倒病。播种太迟，苗木出土晚，在雨季到来之前苗木未木质化，苗木脆弱，抗病性差，遇到高温高湿的环境易造成病害流行。

图8-2　猝倒病

1. 种芽腐烂型　2. 茎叶腐烂型　3. 猝倒型　4. 立枯型
5. 丝核菌　6. 镰孢菌　7、8. 腐霉菌　9. 链格孢菌
（引自朱天辉，2015）

(6)防治

选择地势平坦、排水良好的平地或缓坡地，且土壤肥沃、结构良好的砂质壤土和壤土为宜。低洼、土壤过黏重以及前茬为蔬菜、瓜果、棉花、马铃薯、花生、玉米的地块不易用作苗圃。40%甲醛80倍液均匀洒在种子上，盖严堆置2 h后将种子摊开，气味挥发干净后播种。还可用1.5%的多菌灵拌种，或用95%敌克松拌种进行消毒处理。可在播种前在床面上喷洒2%~3%的硫酸亚铁水溶液消毒土壤。

3. 苗木白绢病

(1)分布

四川、江苏、广西、安徽、河南、湖南、海南等地。

(2)寄主

危害38科128种植物，其中木本植物有油茶、核桃、泡桐、梧桐、楸树、梓树、乌桕、楠木、杉木、马尾松、樟树、木豆、香椿、柑橘、苹果等，主要危害苗木和扦插苗。

(3)症状

病菌侵染后，根茎皮层褐色，继而下陷，颜色变深，并在表面长出白色绢丝状菌丝体，菌丝迅速蔓延至细根、土壤及表土上的枯枝落叶，后期菌丝扭结成油菜子状的菌核，渐变黄色，最后变成褐色，直径1~2 mm。菌核布满根茎、侧根和表土。染病苗木叶片下垂，根部皮层腐烂，植株凋萎，最终导致全株死亡。

(4)病原

齐整小核菌(*Sclerotium rolfsii*)，菌丝体白色，棉絮状，菌核球形或近球形，似油菜子，直径1~3 mm，成熟时褐色至茶褐色，表面光滑，内部灰白色，细胞呈多角形，菌核易与

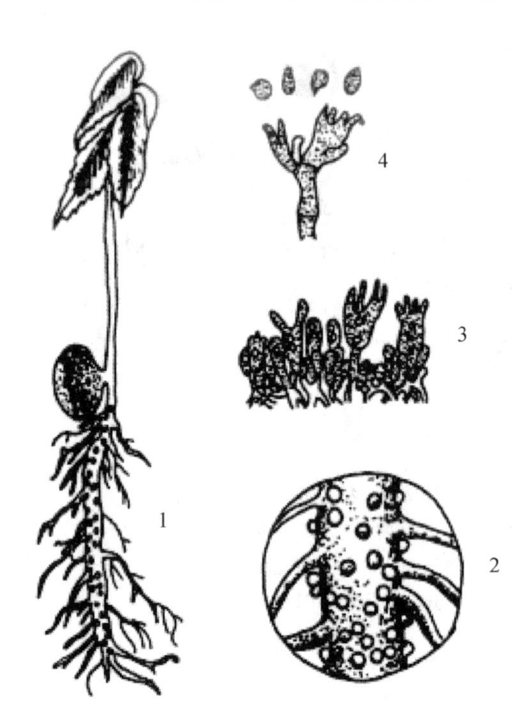

图 8-3 苗木白绢病

1. 病苗 2. 着生菌核的病根 3. 病菌的子实层 4. 病菌的担子和担孢子

（引自薛煜，1998）

菌丝分离。有性型为担子菌亚门的罗尔伏革菌[*Corticium rolfsii*（Sacc.）Curzi]，只有在温热条件下才产生担子，担孢子的传病作用不大。该病菌生长发育最适温度为 30 ℃，最适 pH 5.9，光线能促进产生菌核(图 8-3)。

(5)发病规律

病菌主要以菌丝或菌核在土壤及病株残体上越冬。菌核生命力较强，可在土中存活 4~5 年。翌年夏天，菌核长出菌丝，借流水或菌丝体在土中蔓延，侵染苗木根颈或根部。高温、高湿季节有利于发病。病区苗木连作以及排水不良的苗圃发病重，土壤贫瘠、植株生长纤弱时利于病害流行。

(6)防治

实行轮作，切忌在连年发病的地段育苗，造林时注意苗木不能带菌。深翻土地，清除病株残体，施足底肥，肥料要腐熟充分，并做好排灌工作。可用 10% 硫酸铜液喷苗木根部，或用百菌清液、代森锰锌进行防治。必要时在育苗前进行土壤消毒，每公顷用 70% 五氯硝基苯 15 kg 加细土 225 kg，拌均匀撒在播种沟内或树穴周围。

4. 紫纹羽病

(1)分布

云南、四川、广东、浙江、北京、江苏、安徽、山东、河南、河北、辽宁、吉林、黑龙江等地均有分布。

(2)寄主

危害 45 科 76 属 100 多种针阔叶树。主要包括松、柏、杉、刺梅、榆、杨、桑、柳、栎、漆树、苹果等。

(3)症状

从幼嫩新根开始发病，逐渐蔓延至侧根及主根，甚至到树干基部，皮层腐烂，易与木质部剥离。发病初期病根表面出现淡紫色棉絮状菌丝体，逐渐集结成网状，随后颜色逐渐加深呈深紫色，包围病根。在病根表面菌丝层中有时可见紫色球状的菌核。湿度大的环境中菌丝体可蔓延到地面包围干基。夏天菌丝体上形成一层薄的白粉状子实层。病株地上部分表现为顶稍不抽芽或叶黄，小叶，皱缩卷曲，枝条干枯，最后全株枯萎死亡。

(4)病原

担子菌亚门的紫卷担子菌(*Helicobasidium purpureum*)，有性阶段发现以前，曾以其无

图 8-4　紫纹羽病
1. 病根上紫色网状菌丝束
2. 担子和担孢子
(引自朱天辉，2015)

性阶段命名为紫纹羽丝核菌(*Rhizoctonia crocorum*)。担子圆筒形或棍棒形，无色，向一方弯曲，有3个隔膜。担孢子卵形或肾形，顶端圆，基部变细弯曲(图8-4)。

(5)发病规律

菌核能够抵抗不良环境条件，可在土壤中长期存活，遇到适宜环境萌发成菌丝体造成侵染。菌丝、菌核、菌索在病根上生活，借菌索在土壤中蔓延或通过病根与健根的相互接触在苗木间进行传播。该病4月开始发生，6~8月为发病盛期。地势低洼，排水不良的地区有利于病原菌生长。

(6)防治

选择排水良好、土层疏松的苗圃地育苗。调运苗木时进行严格检疫。重病区土壤可用多菌灵消毒。可疑苗木用20%硫酸铜溶液浸根5 min，或用20%石灰水浸根30 min。初期感染病苗可将病根全部切除，切面用0.1%氯化贡消毒，周围土壤可用20%石灰水或25%硫酸亚铁溶液浇灌，或用多菌灵消毒。

5. 根瘤病

(1)分布

世界各地均有发生。我国多集中在华北、华东、东北和西北地区。

(2)寄主

危害600余种植物，园林植物主要有杨柳科、蔷薇科，如樱花、梅、李、桃、丁香、杨、柳等。

(3)症状

苗木、幼树、大树均可发病。通常发生在植物根颈处，主根、侧根或地上部分的主干、枝条上也有发生。病原菌侵染后出现近圆形、灰白色或肉色小瘤，质地柔软，表面光滑。随着寄主植物生长，病瘤逐渐增大成不规则块状，且颜色变成深褐色，表面粗糙且龟裂，质地坚硬。随后在大瘤上又生出许多大小不等、形状不规则的小瘤。由于植物根部损伤，地上部分生长衰弱，枝条枯萎，严重的则整株枯萎死亡。

(4)病原

根癌农杆菌(*Agrobacterium tumefaciens*)，菌体杆状，有1~4根周生鞭毛，有些菌系无鞭毛有荚膜(图8-5)。

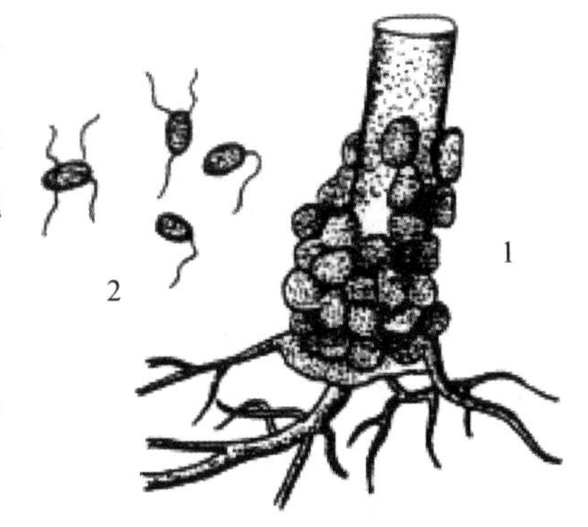

图 8-5　根癌病
1. 根部被害症状　2. 病原细菌
(引自薛煜，1998)

(5)发病规律

病原菌能够在病组织或土壤中寄主植物的残体中存活1~2年。病原菌可由灌溉水、雨水、插条和嫁接工具、起苗和耕作农机具以及地下害虫进行传播。带菌苗木及插条的运输能够造成该病的远距离传播。病菌通过伤口侵入寄主。从细菌侵入到显示症状的时间因气候等因素而异，需数周到1年以上的时间。湿度大的土壤发病率高，偏碱性和疏松土壤有利于病害发生。

(6)防治

选择无根癌的地方建立苗圃，如苗圃地染病3年以上，应用非寄主植物进行轮作。加强检疫，发现病苗立即拔除，集中销毁，清除圃内残留病根，防止病苗出圃。带菌苗木可用链霉素100~200倍液浸泡20~30 min杀菌。病圃土壤可施用硫黄粉、硫酸亚铁或漂白粉进行消毒。对刚从苗圃出圃的病株，用刀切除病瘤，然后用石灰乳或波尔多液涂抹伤口，或用甲冰碘液涂抹患处，可使病瘤消除。

(二)叶部病害

1. 杨树灰斑病

(1)分布

黑龙江、吉林、辽宁、河北、河南、陕西、内蒙古、江苏等地。

(2)寄主

加拿大杨、小叶杨、小青杨、钻天杨、青杨、箭杆杨、中东杨、哈青杨等多种杨树。

(3)症状

病害发生在叶片、茎和梢上。根据发病部位和发病条件可归纳为四种症状类。①灰斑型：病叶初生水渍状斑，很快变成褐色，最后变成灰色，周围褐色。病原菌的分生孢子堆在灰斑上产生许多小黑点，或连片成黑绿色。② 黑斑型：多发生在雨后或湿度大的条件下，病斑多从叶尖或叶缘开始发生，并迅速发展成大块环状坏死黑斑。在黑斑上产生黑绿色霉层。病叶干后扭缩，易碎。③ 枯梢型：病菌侵染嫩梢后，病部组织很快变黑枯死，常由病部弯曲下垂或由此折断，俗称“黑脖子”。病部下面又生出许多小枝条，形成多杈无顶的病苗。④ 肿茎溃疡型：以上症状类型可以单独存在也可以同时发生。

(4)病原

东北球腔菌(*Mycosphaerella mandshurica*)，子囊座初埋生，后突破表皮，散生、群生或几个连生，近球形，黑色，具短孔口，直径10~14 μm，子囊双壁，长椭圆形或棍棒形，无柄。子囊孢子近无色，双行排列，近梭形或椭圆形，中间有一横隔。其无性型为杨棒盘孢菌(*Coryneum populinum*)，分生孢子淡褐色，由4个细胞组成，上数第3个细胞最大且自此稍弯(图8-6)。

(5)发病规律

病原菌以分生孢子盘、分生孢子和子囊座在病部及其残体上越冬，翌年5~6月在子囊座内形成的子囊和子囊孢子是初次侵染的来源。孢子借雨水和气流传播，萌发后由气孔或伤口侵入寄主组织，少数则能穿透表皮侵入。潜伏期5~10天，发病后2天即可形成新的分生孢子进行再侵染。在自然界中，分生孢子在病害流行中起重要作用。病害发生与降雨、空气湿度关系密切，连续阴雨天后，病害常随之流行。苗床上1年生苗发病后，受害最重，幼树发病较轻，对大树影响不大。

(6)防治

播种苗不要过密，当叶片密集时，可适当间苗，或打去底叶3~5片，以通风降湿。及时除掉苗圃周围大树下的萌条，以免病菌大量繁殖。培育幼苗的苗床应远离大苗区。6月末开始喷药防治，喷65%代森锰锌500倍液或70%甲基托布津600倍液，50%多菌灵及10%双效灵100倍液，15天喷一次，共3~4次，均可收到较好的防治效果。

图8-6 杨树灰斑病

1. 灰斑症状 2. 黑斑症状 3. 黑脖子症状 4. 病原菌分生孢子 5. 病原菌子囊座、子囊、子囊孢子

（引自薛煜，1998）

2. 苗木阔叶树白粉病

(1)分布

分布于全国各地。

(2)寄主

杨、柳、栎、栗、白蜡、水曲柳、核桃、泡桐、桑、槭、橡胶树、苹果、梨、桃、葡萄、丁香等。

(3)症状

白粉病最明显的症状是在受害部位覆盖一层白色粉末状物，是病原菌的营养体和繁殖体。后期在白色粉末层中出现小颗粒，初为淡黄色，逐渐变成黄褐色、黑褐色，是病菌的有性繁殖体。主要危害植物叶片，叶片上病斑不明显，呈黄白色斑块，严重时病叶卷曲枯死。还可危害嫩梢、花、果实及枝条，造成嫩梢枯死，落花落果，嫩枝扭曲变形。

(4)病原

引起白粉病的病原菌均属于子囊菌亚门白粉菌目，是一类专化性很强的寄生菌类。引起不同树木的白粉菌常属于不同的种类，少数白粉菌能够寄生在两种以上的寄主上。菌丝体多生在寄主表面，分生孢子单生或成串生，多数呈白粉末状或毡状。闭囊壳黑色，球形，上生丝状、钩状或球针状附属丝。子囊孢子单胞，椭圆形。常见的有东北钩丝壳(*Uncinula mandshrica*)，危害杨树；柳钩丝壳(*U. salicis*)，危害柳、杨；榛球针壳(*Phyllactinia corylea*)，危害杨树和板栗；丁香叉丝壳(*Microsphaera syringae*)，危害丁香；黄栌钩丝壳(*U. verniciferae*)，危害黄栌；南方小钩丝壳(*U. australiana*)，危害紫薇(图8-7)。

(5)发病规律

病菌以闭囊壳在落地病叶上越冬，翌年从闭囊壳内释放出子囊孢子，借气流传播进行初侵染。病菌的分生孢子在适宜条件下，在一年内能够进行多次重复侵染。除了球针壳属的白粉菌由气孔侵入叶片外，多数白粉菌可由角质层直接侵入。苗圃管理粗放，苗木过密，通风不良，雨水多，土壤潮湿等情况下病害严重。高氮低钾以及促进植物生长柔嫩的条件有利于病害发生。

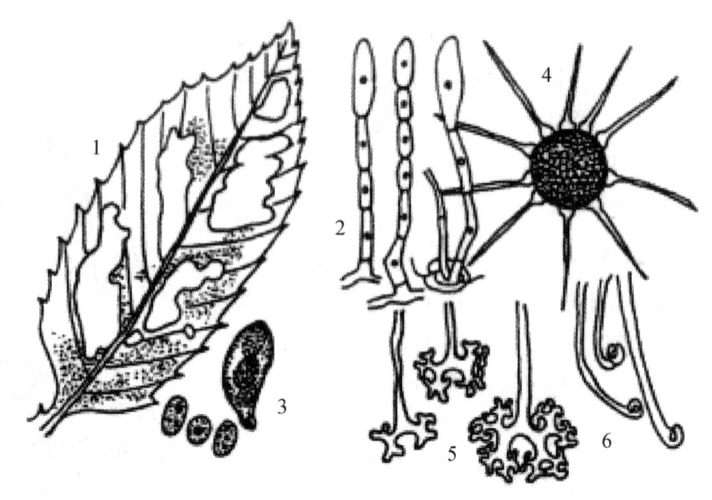

图 8-7 阔叶树白粉病

1. 闭囊壳 2. 分生孢子梗和分生孢子 3. 子囊及子囊孢子 4. 具针状附属丝的闭囊壳 5. 叉型附属丝 6. 钩状附属丝

（引自薛煜，1998）

(6)防治

栽种抗病品种，合理密植，科学管理，控制氮肥，防止徒长。春季剪除病芽、病枝，集中销毁，秋天清除病叶集中处理。春季萌芽前喷 3～5 波美度石硫合剂，生长期喷施0. 2～0. 5 波美度石硫合剂，或 70% 甲基托布津可湿性粉剂 800～1000 倍液，或 25% 粉锈宁 800 倍液。

3. 煤污病

(1)分布

我国各地均有分布。

(2)寄主

危害柳、泡桐、山茶、紫薇、黄杨、小叶女贞等多种园林树木。

(3)症状

树木叶片、枝条均可受害，以叶片症状最为明显。叶片最初形成煤烟状圆形、黑色小霉斑。病斑逐渐扩大，病斑间可连接成片，最终扩展至全叶片及枝梢，使其表面覆盖一层煤烟状物。发病严重时引起植株生长不良，叶芽、花芽分化受到影响。

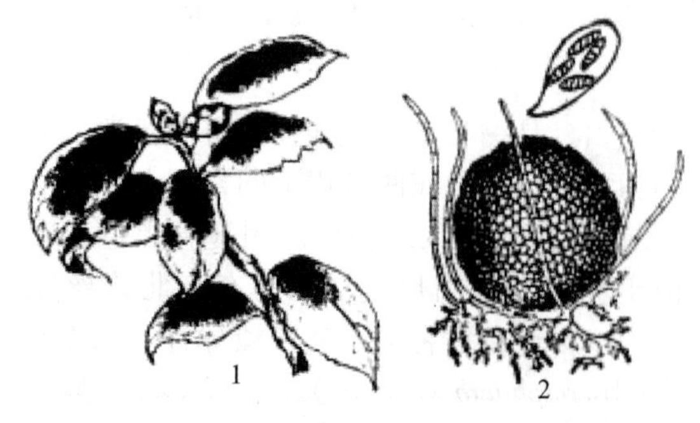

图 8-8 煤污病

1. 山茶上的症状 2. 病原菌：闭囊壳、子囊及子囊孢子

（引自朱天辉，2015）

(4)病原

有多种病原菌，主要是子囊菌亚门的煤炱属（*Capnodium* spp.）和小煤炱属（*Meliola* spp.）真菌（图 8-8）。

(5)发病规律

病菌以菌丝体、分生孢子或子囊果在苗

木受害部位或昆虫体上越冬。翌年产生分生孢子、子囊孢子，借风雨、流水和昆虫进行传播。蚜虫、介壳虫和植物的分泌物可为病原菌的生长提供营养，使煤污病发病严重。在一个生长季中，分生孢子可以造成重复侵染。苗木过密、空气湿度大、通风透光不良均有利用病害发生。

(6)防治

加强栽培管理，合理密植苗木，定期修剪，保证通风透光。及时清除病残体，减少侵染源。防治蚜虫、介壳虫可有效减少病害的发生。可用50%辟蚜雾4000倍液或50%抗蚜威4000~5000倍液进行喷雾。生长季节可喷洒0.3波美度石硫合剂或50%可湿性粉剂500倍液，每7~10天喷施一次。

4. 圆柏(桧)锈病

(1)分布

我国各地柏科植物上均有发生，尤其以城市及各地风景区附近有梨、苹果的地方发病普遍。

(2)寄主

危害圆柏、欧洲刺柏、龙柏、苹果、海棠、木瓜等蔷薇科的果树和园林植物。

(3)症状

圆柏感病后，起初在针叶、叶腋或小枝上出现淡黄色斑点，后稍肿大，有时在枝上形成膨大的纺锤形菌瘿。翌年3月，冬孢子角突破寄主表皮形成单个或数个聚生的圆锥形胶状物，红褐色至咖啡色。冬孢子角遇水膨胀成舌状胶质块，橙黄色，干燥时收缩成胶块。被害枝叶表现枯黄，小枝枯死。

(4)病原

锈菌目锈菌科胶锈菌属(*Gymnosporangium* spp.)梨胶锈菌(*G. asiaticum*)和山田胶锈菌(*G. yamadae*)。两种病菌都需转主寄生，我国梨胶锈菌发生较普遍。在圆柏、欧洲刺柏、龙柏等寄主上产生冬孢子角，内生纺锤形或椭圆形黄褐色冬孢子。冬孢子柄细长，外被胶质，遇水易胶化。冬孢子萌发形成担子，其上着生担孢子。担孢子卵形，淡黄色单细胞。担孢子转主寄生在梨、海棠、木瓜、山楂等，其上产生性孢子器和锈孢子器。性孢子器扁平形或近球形，埋于寄主叶片表皮下，孔口外露，内生许多无色、单胞、纺锤形或椭圆形的性孢子。锈孢子器丛生于病叶部肿大的组织上，细圆柱形，外观呈灰黄色毛状物，内生大量球型或近球型锈孢子(图8-9)。

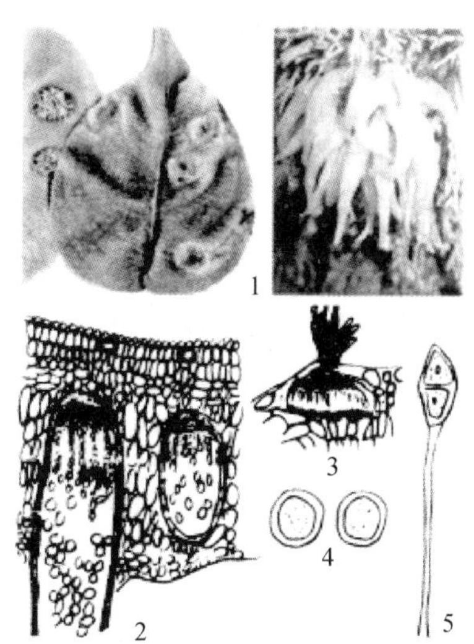

图8-9　圆柏锈病

1. 梨和圆柏上的症状　2. 锈孢子器　3. 性孢子器　4. 夏孢子　5. 冬孢子

(引自朱天辉，2015)

(5)发病规律

病菌以多年生菌丝体在圆柏等寄主病组织中越冬。

翌年3月开始显露冬孢子角。冬孢子角遇春雨后吸水膨胀为胶质状，随后萌发形成担孢子。担孢子经风雨传播后危害苹果、梨等植物。侵染发病后形成性孢子器、锈孢子器。性孢子和锈孢子不能再危害梨、苹果等植物，而是侵染圆柏的嫩叶或新梢，形成新的侵染循环。病害发生的严重程度与两类寄主的生长距离，以及春季雨水的多少和品种的抗病性有密切关系。两类寄主相距越近，越有利于病原菌传播，发病越重。在寄主幼嫩组织生长时期，遇雨水且气温适宜有利于病害发生。圆柏、龙柏和欧洲刺柏易受病菌侵染，球桧、翠柏中度感病，柱柏、金羽柏则较抗病。

(6)防治

园林苗圃在规划时避免两种寄主植物近距离分布，相距至少5 km以上。若不可避免时，应选择抗病性较强的树种以减轻发病。冬季可剪除圆柏上的菌瘿和重病枝，集中烧毁。10月中旬至11月底向圆柏喷施0.3%五氯酚钠可杀死锈孢子。3月上中旬向圆柏喷施3~5波美度石硫合剂1~2次或25%粉锈宁可湿性粉剂1000倍液，可有效抑制冬孢子萌发产生担孢子，减少对转主寄主的侵染源。

(三)枝干病害

泡桐丛枝病

(1)分布

山东、河南、陕西、河北、安徽、台湾、江苏、浙江、湖南、湖北等地。

(2)寄主

兰考泡桐、楸叶泡桐、绒毛泡桐、白花泡桐、紫花泡桐、台湾泡桐等。

(3)症状

病害开始在个别枝上发生，萌发出大量不定芽和腋芽，丛生出许多小细枝，节间短，叶小而薄，色黄，叶序紊乱，有不明显的花叶状，有的叶片皱缩。小枝不断丛生，形成鸟巢状。冬季呈扫帚状，且易枯死，翌年再生更多小枝，以后逐渐枯死。大树上有时发生花器变形，柱头变成小枝，小枝上腋芽又生小枝，如此往复形成丛枝。

(4)病原

植原体(*Phytoplasma*)多为圆形或椭圆形(图8-10)，直径200~820 nm，多在病丛枝韧皮部筛管细胞内，通过筛板移动，能扩及整个植株。

(5)发病规律

不同泡桐种或品系发病情况有差异，川桐、白花泡桐及毛泡桐比兰考泡桐抗病，白花泡桐比紫花泡桐抗病，新培育的豫杂一号泡桐也很抗病。实生苗繁殖的泡桐发病率低，平茬苗栽植的泡桐发病率高。病害可由带病的种根、病苗调运传播，病健苗嫁接能传染病菌。烟草盲蝽、茶翅蝽、小绿叶蝉也是传病媒介。有时被侵染的泡桐不表现症状(隐症)，也被选为采根母树。

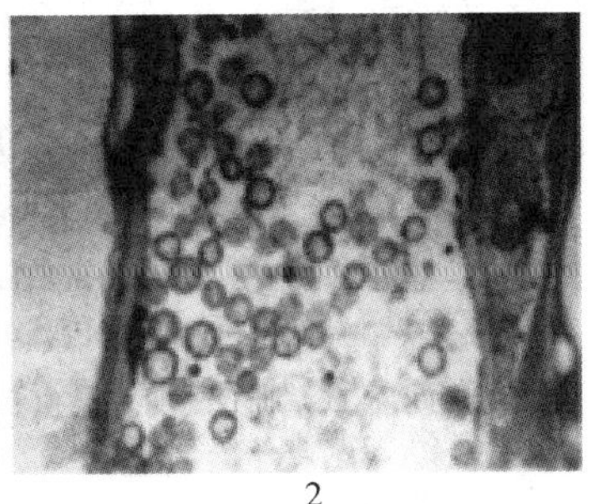

1　　2

图 8-10　泡桐丛枝病

1. 泡桐丛枝病症状　2. 泡桐丛枝筛管中的植原体

（引自朱天辉，2015）

(6) 防治

培育苗木时要选无病母树作采根植株，并尽可能用种子育苗，及时检查，发现病株马上剪掉病枝。用 50 ℃的水浸泡种根 10～15 min，或用 50 ℃温水加土霉素（浓度为 1×10^{-6}）浸根 20 min，可减少苗木发病率。苗木施鸡粪肥或钙镁锌肥料，可增强抗病力。也可用四环素等抗生素治疗。方法是用针管插入 1～2 年生苗或幼树的髓部，注入 1 万～2 万单位/mL 的四环素，幼苗注射 15～30 mL 即可防治。可用硼酸土霉素液喷洒埋根苗进行防治。5～6 月可对传播媒介昆虫喷药防治。

(四) 其他病害

菟丝子

(1) 分布

我国各地均有分布。

(2) 寄主

危害杨、柳、刺槐、枣、槭树、榆、木槿、蔷薇、扶桑、小叶女贞等多种植物。

(3) 症状

菟丝子以其细藤状的茎蔓缠绕在植物的茎、叶上，以吸器吸收寄主植物的养分和水分，造成寄主植物生长衰弱，植株矮小，叶片黄化甚至枯萎死亡。被缠绕的枝条，枝叶紊乱不舒展，通常形成较明显的缢痕。

(4) 病原

菟丝子是菟丝子科（Cuscutaceae）菟丝子属（*Cuscuta*）植物的通称，1 年生缠绕性草本植物，无根，借助吸器寄生于寄主上。茎为黄色、白色或紫红色丝状物，缠绕在寄主植物的茎和叶上。叶片退化为鳞片，不含叶绿体。花小，白色、黄色或粉红色，无梗或具短梗，穗状、总状或簇生成头状花序。蒴果球形或卵形，周裂或不规则裂（图 8-11），种子 2～4 粒。我国园林植物上最常见的菟丝子有 4 种：日本菟丝子（*C. japonica*）、中国菟丝子（*C.*

chinensis)、田野菟丝子(*C. campestris*)和单柱菟丝子(*C. monogyne*)。

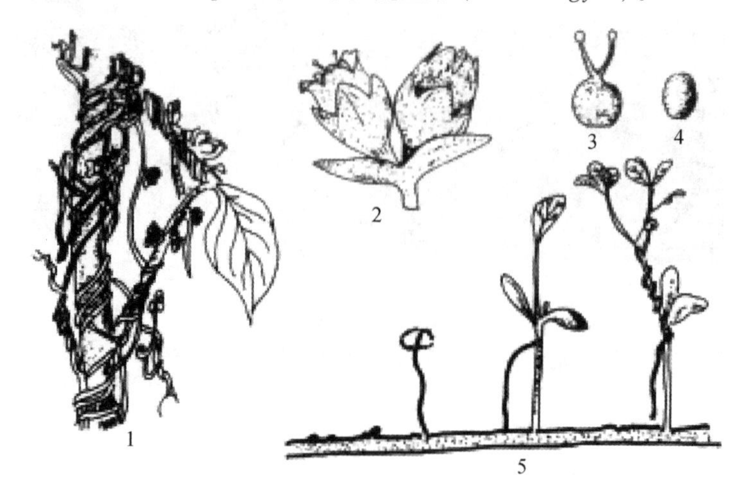

图 8-11 菟丝子

1. 寄主枝条被害状(菟丝子缠绕在寄主上)
2~4. 菟丝子花、子房和种子 5. 菟丝子种子萌发及侵染寄主过程
(引自朱天辉，2015)

(5)发病规律

种子成熟后落入土中，或混杂在草本花卉的种子中休眠过冬。翌年春末、夏初成为初侵染源。种子萌发后迅速生长，前端的幼茎在空中螺旋式旋转，当碰到寄主时便缠绕其上，在接触处形成吸器，伸入寄主维管束中，吸收养料和水分。此后不断分枝生长，缠绕寄主，向四周迅速蔓延扩展，最后布满整个寄主。夏末开花结果，9~10 月成熟。成熟后的蒴果开裂，种子散出。每株菟丝子能够产生约 3000 粒种子。土壤湿润、杂草灌木较多的圃地危害严重。

(6)防治

发生过菟丝子的圃地，每年播种前要深翻土壤，一般将其埋于地表下 30 cm 即可阻止其发芽。及时彻底清除被菟丝子侵染的植株，拔除的植株应立即深埋或烧毁，防止继续扩展蔓延。可用生物制剂“鲁保 1 号”进行防治，一般雨后阴天喷洒，使用前打断菟丝子蔓茎，防治效果更好。还可用化学农药禾耐斯、拉索、草甘膦、敌草腈、扑草净等进行防治。

第二节 苗圃常见害虫及其防治

一、昆虫学基础

昆虫属于无脊椎动物节肢动物门昆虫纲。园林植物中害虫种类繁多，危害巨大，有时可造成园林植物的毁灭性灾难。其中多种害虫危害隐蔽，防治困难，严重影响园林苗圃的生产。

(一)昆虫外部形态特征

昆虫的体躯分成头、胸和腹部3个体段。

1. 头部

昆虫头部着生口器、触角、眼等取食和感觉器官，是昆虫取食和视觉中心。

(1)口器

根据昆虫食性和取食方式不同，昆虫口器可分为咀嚼式与吸收式两大类。咀嚼式口器是最原始的口器类型，为取食固体食物的昆虫所具有，由上唇、上颚、舌、下唇、下颚5个部分组成。其危害特点是使植物受到机械损伤，如蝗虫、鳞翅目昆虫的幼虫等。吸收式口器根据吸收方式不同又可分为刺吸式、虹吸式和锉吸式等类型。对园林植物危害较大的是具有刺吸式口器的昆虫，如蝉、蚜虫、飞虱等。刺吸式口器具有特化的吸吮和穿刺构造。具有刺吸式口器的害虫危害植物后，植物外表通常不会残缺、破损，而是在取食部位形成变色斑点或造成枝叶卷缩扭曲。另外，许多刺吸式口器昆虫在吸食植物汁液的同时还能够传播病毒。了解昆虫口器类型和危害特性，不但能根据危害症状来判断害虫种类，还可针对害虫的口器类型选用适合的农药进行防治。

(2)触角

触角一般位于头前方或额的两侧，大多数种类昆虫具有1对触角，具有触觉与嗅觉的功能，对昆虫觅食、求偶、壁敌等活动具有重要作用。触角的基本构造分为三节：基部第一节为柄节，与身体相连，常短粗；第二节为梗节，一般较细小；梗节以后各节统称为鞭节。柄节和梗节的活动受肌肉控制，鞭节活动受血压调节。不同类型昆虫触角形状不同。

(3)眼

昆虫的眼分为单眼与复眼两种。复眼位于头顶上方左右两侧，由许多小眼组成，是昆虫的主要视觉器官。单眼通常3个，呈三角形排列于头顶与复眼之间。

2. 胸部

昆虫胸部是身体的第二部分，分为前胸、中胸与后胸。胸部3对胸足，分别着生于前、中与后，称为前足、中足和后足。胸部还有2对翅，分别着生于中、后胸，称为前翅和后翅。足与翅是昆虫的运动器官，因此，胸部是昆虫的运动中心。

(1)胸足

昆虫胸足由6节组成、从基部到端部依次为基节、转节、腿节、胫节、跗节和前跗节。原始的胸足类型是步行足，其他形态的足是在此基础上演变而成的。胸足功能与其生活习性相一致。

(2)翅

昆虫翅近似于三角形。翅面分布有翅脉。不同昆虫翅脉的多少和分布形式变化很大，而在同类昆虫中则十分相近。昆虫的翅多为膜质薄片，但是为适应环境变化，产生一些变异类型，主要有鳞翅、毛翅、鞘翅、半鞘翅等。

3. 腹部

腹部是昆虫躯体的第三部分，一般由9~11节组成，外面着生外生殖器，如雌虫产卵器、雄虫交配器。有的还有一对尾须。腹部是昆虫新陈代谢和生殖中心。

(二)昆虫生物学

昆虫生物学是研究昆虫生命活动的科学，包括生殖方式、胚胎发育、变态，以及胚后各生长发育阶段的生命特征和行为习性等。了解昆虫生物学是研究昆虫分类和进化的基础，而且对害虫的防治和益虫的利用都有重要实践意义。

1. 生殖方式

(1)两性生殖

自然界昆虫中普遍存在的繁殖方式，即通过雌雄交配后，精子与卵子结合，雌虫产下受精卵，再发育成新个体的生殖方式，也称为两性卵生。如玉米螟、黄刺蛾等。

(2)孤雌生殖

又称单性生殖，指卵不经过受精就能发育成新个体的生殖方式。孤雌生殖又可分为经常性的单性生殖、周期性的单性生殖(异态交替或世代交替)、偶发性的单性生殖三种方式。如蚜虫、介壳虫等。

除了上述两种生殖方式外，昆虫中还有幼体生殖、多胚生殖及卵胎生殖等方式。

2. 昆虫发育

昆虫发育昆虫发育分为卵、幼(若)虫、蛹和成虫4个阶段。不同发育阶段在形态上存在差异，对环境的适应能力也不同。

(1)卵

是昆虫发育的起点虫态。卵的外形变化很大，常为卵形。昆虫从产下卵至孵化所经过的时间称为卵期。不同昆虫卵期长短不同，短的1~2天，长的可达数周至数年。

(2)幼(若)虫

胚胎发育完成后，幼(若)虫从卵中破卵壳而出的过程称为孵化。卵孵化之后就成为幼(若)虫。刚孵化出的幼(若)虫称为1龄虫，以后每蜕皮一次就增加1龄。初孵幼(若)虫体小，抗药力弱，通常是防治的关键时期。

(3)蛹

是完全变态类昆虫从幼虫到成虫必须经历的一个阶段。蛹的类型有离(裸)蛹、被蛹和围蛹3种类型。

(4)成虫

是昆虫发育的最后一个阶段。不完全变态昆虫末龄幼虫蜕皮变为成虫或完全变态昆虫的蛹由蛹壳破裂而出变为成虫，称为羽化。成虫期的主要任务是交配、产卵、繁殖下一代。有些昆虫在同一性别的个体中出现不同类型分化的现象称为多型现象，如蚜虫、蜜蜂等。

3. 昆虫世代和年生活史

(1)世代

昆虫完成从卵到成虫性成熟并开始繁殖时为止的个体发育周期，称为世代。完成一个世代，即作为一代。

(2)年生活史

或称生活年史，指一种昆虫从越冬虫态开始活动起在一年内的发生过程。包括越冬虫态、一年中发生的世代数、各代及各虫态历期、生活习性等。

4. 休眠和滞育

(1)休眠

又称蛰伏，是由于不利环境条件引起的生命活动的暂时停滞现象，当环境条件变好时能立即恢复生长发育。其主要由温度、食料等原因引起。

(2)滞育

指昆虫在温度和光周期变化等外界因子诱导下，通过体内生理编码过程控制的一种发育停滞状态。昆虫滞育的主要因素是光周期。

5. 昆虫习性

(1)食性

昆虫食性是昆虫在长期演化过程中形成的各自特殊的选择取食对象的习性。分为植食性、肉食性、腐食性、杂食性等。生产上的害虫是植食性昆虫。按取食范围不同，植食性昆虫又可分为单食性、寡食性和多食性。

(2)假死性

指有些昆虫在受到突然惊动时，立即将足收缩，身体蜷曲或从植株上掉落到地面的习性。

(3)趋性

指昆虫对外界(光、温度、湿度和化学物质等)刺激所产生的趋向或背向行为活动。趋性是昆虫较高级的神经活动，仍属非条件反射。昆虫趋性主要有趋光性、趋化性、趋温性、趋湿性等。

(4)昆虫本能

是一种复杂的神经生理活动，为种内个体所共有的行为。如昆虫筑巢、结茧等。

(5)拟态

指昆虫在外形、姿态、颜色、斑纹或行为等方面模仿他种生物或非生命物体，以躲避天敌的现象。

(6)群集、迁飞、扩散

群集指同种昆虫的个体大量聚集在一起生活的习性。根据聚集时间长短分为临时性群集和永久性群集。临时性群集只是在某一虫态和一段时间内群集在一起，之后分散。永久性群集则是终生群集在一起，如群居型飞蝗。扩散是指昆虫群体因密度效应或因觅食、求偶、寻找产卵场所等由原发地向周边环境转移、分散的过程。迁飞是指一种昆虫成群地从某一发生地长距离转移到另一发生地的现象。

(三)影响昆虫发生的因素

1. 气候因子

气候因子主要包括温度、湿度、降水、光、风等。这些因子既是昆虫生长发育、繁殖、活动必需的生态因子，也是昆虫种群发生、发展的自然控制因子。

(1)温度

昆虫是变温动物，其体温主要取决于环境温度的变化。因此，环境温度对昆虫生命活动有重要影响。不同种类的昆虫对温度反应存在差异。大部分昆虫对温度的反应都有一定的范围，在此范围内，昆虫各项生命活动处于最适状态，寿命最长，生命活动旺盛，这个范围称为有效温区或适宜温区。昆虫发育需要一定的热量积累，发育所经过的时间与该时间内有效温度的积是一个常数，这个常数称为有效积温常数。

(2)湿度

湿度包括空气相对湿度、降雨等。湿度对昆虫的影响主要表现为影响昆虫的发育速率及成虫的存活率与繁殖能力。降雨能够影响空气湿度和土壤含水量，从而间接影响昆虫。另外，暴雨对一些弱小昆虫，如蚜虫等，具有机械冲刷作用。

(3)光照

光对昆虫的作用主要取决于光波长、光照度和周期。昆虫可见的光为波长250~750 nm的短波长，特别是对330~400 nm的紫外光有强烈的趋性。根据昆虫的这种特性可利用黑光灯进行诱杀。光照强度影响昆虫昼夜节律、交尾、产卵、取食、栖息、迁飞等。光周期对昆虫的生活节律起着一定的信息反应。许多昆虫的地理分布、形态特征、年生活史、滞育特性等现象都与光周期的变化有密切关系。

2. 生物因子

食物和天敌是影响昆虫的两个最主要的生物因子。昆虫与寄主植物是取食与被取食的关系，寄主植物的质与量影响昆虫的分布、生长、发育、存活和繁殖，从而影响种群密度。天敌是自然界中能够捕食或寄生昆虫的生物，或使昆虫致病的微生物。天敌对于抑制害虫种群数量具有重要作用。

3. 土壤因子

土壤是一些昆虫的生活场所，同时又能通过影响植物而间接影响昆虫。土壤的生态环境，如温度、湿度及理化性质均对昆虫产生较大的影响。土壤温度主要取决于太阳辐射，直接影响土壤昆虫的生长发育。土壤湿度的大小主要取决于降水量和灌溉。土壤湿度影响地下害虫的分布。土壤的成分、团粒结构、通气性、含盐量等理化性质对昆虫的种类和数量均有很大的影响，如蛴螬、东方蝼蛄喜欢在疏松的土中活动，而地老虎则多在黏重土壤中生活。

（四）昆虫防治

防治园林苗圃害虫的方法很多，按防治原理和应用技术可分为植物检疫、园林技术防治、化学防治、生物防治和物理机械防治五类。这些防治方法各有特点，在园林害虫综合治理体系中，必须从园林生态系统全局考虑，根据害虫种类、植物抗虫特性、植物栽培制度、天敌情况以及环境条件的关系，因地制宜地采取不同的防治技术，充分发挥其特点，相互补充，彼此协调，才能经济、有效地把害虫控制在经济受害允许水平之下，保证园林生态系统的安全。

1. 植物检疫

参考本章第一节中植物病害防治方法中的植物检疫。

2. 农业防治

即综合运用各项园林栽培管理技术，通过改变一些环境因子，有目的地创造有利于园林植物生长发育，有利于保护利用天敌，而不利于害虫发生的园林生态环境条件，从而消灭或抑制害虫发生危害。具体措施包括合理施肥灌溉，促进植物生长发育，增强植物抗虫性的同时降低虫口密度；结合整形修剪去除病虫枝叶；及时清理苗圃内的枯枝落叶及杂草，切断桥梁寄主；进行中耕、深耕消灭地下害虫等。

3. 化学防治

指利用化学杀虫剂防治农林害虫。化学防治具有杀虫速度快、效果显著、使用方便、成本低廉、杀虫范围广等优点，是园林害虫防治中最常用的方法，在害虫的综合防治中占有重要地位。根据杀虫的作用机制可将杀虫剂分为胃毒剂、触杀剂、熏蒸剂、内吸剂、忌避剂、不育剂、拒食剂、昆虫生长调节剂和性诱剂。在使用杀虫剂时要注意各种药剂的使用范围、防治对象、施药方法、适宜的药剂浓度和用量，以及不同药剂之间的合理混用。只有全面考虑不同杀虫剂的特性、害虫发生特点和植物生长特点，选用恰当的药剂及施用方法，才能达到防效好、用药少、持效长的目的。

4. 生物防治

指利用生物有机体或其天然产物来控制害虫，主要包括天敌昆虫和微生物。自然条件下，天敌群落丰富，通过悬挂益鸟人工巢箱、增加天敌食料、合理使用农药等措施能有效地保护利用本地天敌。还可以人工繁殖和释放天敌来防治园林苗木害虫。目前常用的天敌有草蛉、赤眼蜂、丽蚜小蜂及肿腿蜂等。能够侵染害虫的真菌、细菌、病毒等微生物在园林害虫的防治上也发挥了重要的作用，如苏云金杆菌和青虫菌等防治松毛虫、刺蛾、蓑蛾等均取得了较好的防效。

5. 物理机械防治

应用各种物理因子、机械设备和多种现代化的防治害虫的新技术防治害虫的方法。园林植物中常用的措施有利用害虫的趋光性、趋化性和其他一些习性进行诱集灭虫；根据害虫活动习性，人为设置障碍，阻止其扩散蔓延和危害；利用冬季低温或热水处理种子苗木杀灭害虫；利用铁丝钩杀驻干害虫等。物理机械防治法简便易行、成本较低、不污染环境，即可用于预防害虫，也能在害虫已发生时作为应急措施。

二、园林苗圃常见害虫

(一)地下害虫

1. 小地老虎

(1)分布

世界性害虫，我国各地均有分布，以雨量充沛、气候湿润的长江流域与东南沿海各地发生最多。

(2)危害

危害落叶松、红松、水曲柳、核桃楸、马尾松、杉木、桑、茶、油松、沙枣等多种苗木的幼苗。以幼虫咬食各种苗木根、茎，造成苗子死亡。

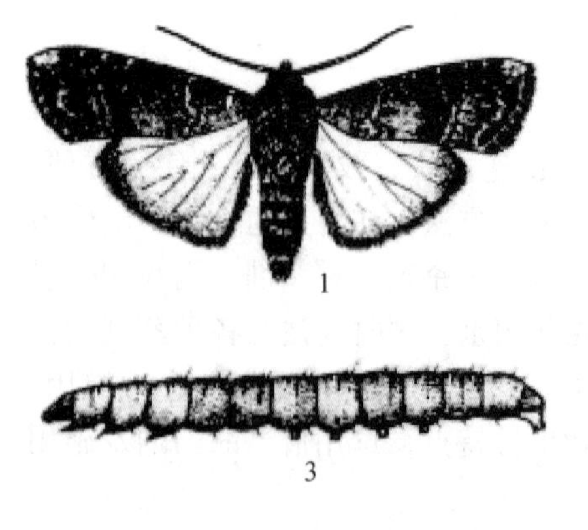

图 8-12 小地老虎

1. 成虫 2. 卵 3. 幼虫 4. 蛹

(引自朱天辉，2015)

(3)形态特征

小地老虎(*Agrotis ypsilon*)又名地蚕、土蚕，属鳞翅目夜蛾科。成虫体长 18~24 mm，翅展 42~54 mm。后翅灰白色，腹部灰色。前翅具有两对横纹，顶端黄褐色，中间暗褐色，近中间有一肾型纹，纹外有一尖端向外的楔形黑斑。末龄幼虫体长 37~50 mm，黄褐色至深褐色，表皮粗糙，布满大小不等的颗粒。腹部 1~8 腹节背面各节有 4 个毛片，黄褐色臀板上具两条明显的深褐色纵带(图 8-12)。

(4)发生规律

1年发生代数因地区、气候条件而异，我国从北到南发生1~7代。对园林植物造成严重危害的均是第1代，其余各代几乎都不成灾。小地老虎是一种迁飞性害虫，越冬最北在北纬33°，因此我国北方地区小地老虎越冬代成虫均由南方迁入。成虫白天隐伏于土缝、枯叶下及草丛中，夜晚出来活动。卵散产或成堆聚集在低矮叶密的杂草上。成虫对黑光灯有强趋性，喜食糖、醋等酸甜味物质。幼虫共6龄，个别7~8龄。1~2龄时昼夜均可取食危害幼苗，3龄后扩散，白天潜伏在杂草、幼苗根部土壤中，夜晚出土危害。3龄前幼虫群集于杂草或幼苗上，抗药力小，是防治的最佳时期。幼虫老熟后多潜伏于5 cm左右深土中筑土室化蛹。蛹期9~19天，羽化后的成虫陆续从田间迁出。土壤湿度是影响小地老虎发生的主要因素。沿河、沿湖的河川、滩地、内涝区、常年灌溉区发生严重，丘陵旱地很少发生。此外，圃地周围杂草多也有利于虫害的发生。

(5)防治

及时清除苗床及圃地杂草，对于清除的杂草集中烧毁，彻底消灭杂草上的卵和幼虫。可设置黑光灯诱杀羽化后的成虫，也可用糖醋液进行诱杀。幼虫3龄前田间施药可取得较好防治效果。每公顷可用50%辛硫磷乳油200 mL，拌湿润细土30 kg，于傍晚撒施于幼苗根际附近。也可用90%晶体美曲膦酯1000倍液或40%氯氰菊酯乳油2000倍液喷施幼苗。

2. 蝼蛄

(1)分布

我国普遍发生的有华北蝼蛄和东方蝼蛄两种。东方蝼蛄全国各地均有发生，以南方居多。华北蝼蛄分布在东北、西北、华北、江苏以北等北方地区。

(2)危害

危害松、柏、榆、槐、桑、海棠、樱花、竹、等多种园林植物幼苗。蝼蛄的成虫和若虫在土中活动，能够取食播下的种子、嫩芽和幼根或咬断幼苗、根茎。同时，蝼蛄的成虫和若虫在表土层活动，钻筑坑道，造成播种苗根部与土壤分离，可致使幼苗干枯死亡。

(3)形态特征

蝼蛄俗称拉拉蛄、地拉蛄，华北蝼蛄(*Gryllotalpa unispina*)成虫体长40~50 mm，茶褐色，腹部近圆筒状，翅短小，有尾须两根，前足变扁平强壮，后足股节内缘有刺1根，前胸背中央有一个心脏形暗红色斑点。东方蝼蛄(*G. orientalis*)成虫体长30~35 mm，灰褐色，全身密布细毛。腹部近纺锤形。前翅灰褐色，较短，仅达腹部中部。后翅扇形，较长，超过腹部末端。后足股节内缘有刺3~4根，前胸背板中间具一暗红色长心脏形凹陷斑(图8-13)。

(4)发生规律

东方蝼蛄在南方1年完成1代，在北方2年完成1代，以成虫或6龄若虫越冬。翌年3月下旬开始升至土表活动，5月中旬开始产卵。每只雌虫可产卵60~80粒。6月中旬为

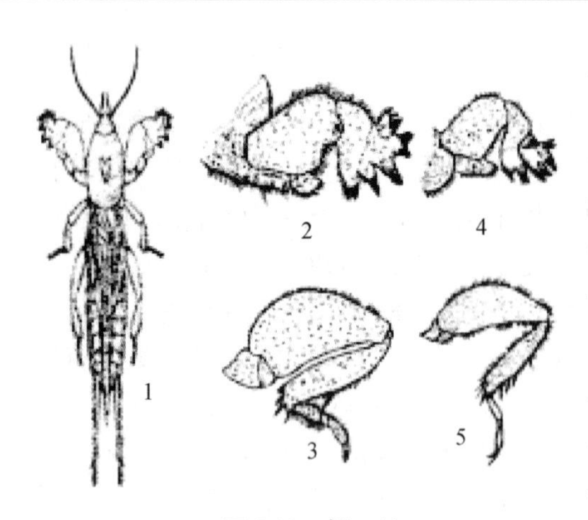

图 8-13 蝼 蛄

1. 华北蝼蛄 2. 华北蝼蛄前足 3. 华北蝼蛄后足
4. 东方蝼蛄前足 5. 东方蝼蛄后足
(引自朱天辉，2015)

孵化盛期，10 月下旬以后开始越冬。东方蝼蛄昼伏夜出，具有趋光、趋湿和趋厩肥习性，且喜食香甜食物。华北蝼蛄 3 年完成 1 代，若虫达 13 龄，于 11 月上旬以成虫及若虫越冬。翌年 3～4 月开始活动，6 月上旬开始产卵，6 月下旬~7 月中旬为产卵盛期。卵多产在轻盐碱地。土温 16～20 ℃，含水量在 22%～27% 最适宜蝼蛄活动，所以春秋两季雨后或灌溉后危害较重。土壤中大量施入未腐熟的厩肥、堆肥易导致蝼蛄发生。

(5) 防治

苗圃地施用充分腐熟的厩肥、堆肥等有机肥料，深耕、中耕可减轻蝼蛄危害。在苗圃周围栽种杨、刺槐等防风林，招引红脚、黄鹂、喜鹊、红尾伯劳等食虫鸟可防治蝼蛄。成虫羽化期间，夜晚可用灯光诱杀，或在苗圃步道每隔 20 cm 挖小坑，将马粪、鲜草放入坑内进行诱集，次日清晨可到坑内集中捕杀。还可用毒土或毒饵进行防治，每平方米用 5% 辛硫磷颗粒剂 0.5～5 g，加入 30 倍细土，均匀撒在苗床上，翻入土中。40% 乐果乳油 0.5 kg，加水 5 kg，拌饵料 50 kg，于傍晚将毒饵均匀撒在苗床上。饵料可用多汁的鲜菜、鲜草以及炒香的麦麸、豆饼或煮熟的谷子等制成。

3. 铜绿丽金龟

(1) 分布

我国除西藏、新疆之外，各地均有发生。

(2) 危害

成虫危害杨、柳、榆、松、杉、柏、苹果、桃、杏、樱桃等多种园林植物，对小树幼苗危害尤为严重，被害苗木叶片呈孔洞缺刻或被吃光。幼虫取食多种苗木的根部，造成苗木干枯死亡。

(3) 形态特征

铜绿丽金龟(*Anomala corpulenta*)成虫体长 18～21mm，体背铜绿色，有光泽。鞘翅铜绿色，头胸部腹面暗黄褐色。前胸背板为闪光绿色，密布刻点，两侧边缘黄色。幼虫体长 30 mm 左右，头部前顶毛每侧 6～8 根，肛腹板后部覆毛区具刺毛列，每侧 15～18 根。肛门孔横裂状。蛹长椭圆形，淡黄色(图 8-14)。

(4) 发生规律

该虫年发生 1 代，以 3 龄或 2 龄幼虫在土中越冬。次年 5 月开始化蛹，成虫一般在 6~7月出现。5、6 月雨量充沛时，成虫羽化出土早，盛发期提前。1～2 龄幼虫多出现在 7、8 月，食量较小，9 月后大部分变为 3 龄，食量猛增。11 月进入越冬。成虫昼伏夜出，闷热无雨的夜晚活动旺盛。成虫有假死性和趋光性。幼虫通常在清晨和黄昏由深层土壤爬到表土层咬食苗木的近地面部分。

(5)防治

利用成虫趋光性可设置黑光灯或频振式诱虫灯进行诱杀。还可利用成虫的假死性，震落捕杀。沟施5%辛硫磷颗粒剂，用量3.75 kg/hm^2，或用地亚农、倍硫磷，均匀撒于床面，深翻20 cm。成虫盛发期可喷施40.7%乐斯本乳油1500倍液或40%乐果乳油1000倍液。

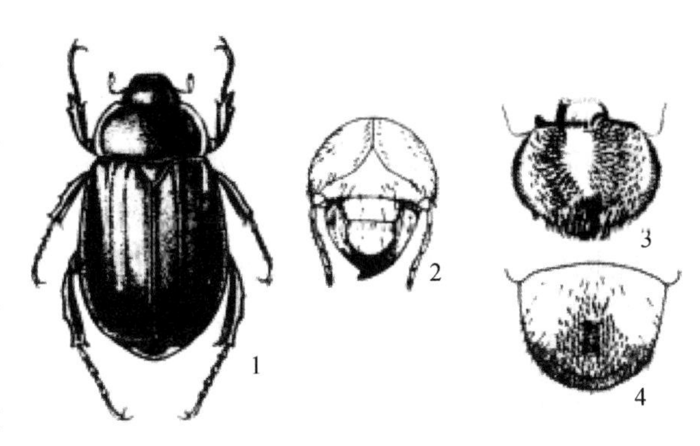

图8-14　铜绿丽金龟

1. 成虫　2. 幼虫头部　3. 幼虫内唇　4. 幼虫肛腹片

(引自朱天辉，2015)

4. 细胸金针虫

(1)分布

主要分布于我国华北、东北、江苏、山东、河南、湖北、甘肃、陕西、宁夏等地。

(2)危害

危害多种园林苗木，咬食苗木的嫩茎、嫩根或种子，致使苗木枯萎死亡。严重时常出现成片的缺苗断垄现象。

(3)形态特征

细胸金针虫(*Agriotes subvittatus*)成虫体长8~9 mm，暗褐色，密被灰色短毛。触角红褐色，第2节球形。前胸背板略呈圆形，长大于宽。鞘翅长约为头胸部的2倍，上有9条纵列的刻点。足赤褐色。卵乳白色，近圆形，直径0.5~1.0 mm。幼虫体长23 mm，圆筒形，淡黄色，有光泽。臀节的末端不分叉，呈圆锥形，背面有4条褐色纵纹，近基部的两侧各有1个褐色圆斑，顶端有1圆形突起(图8-15)。

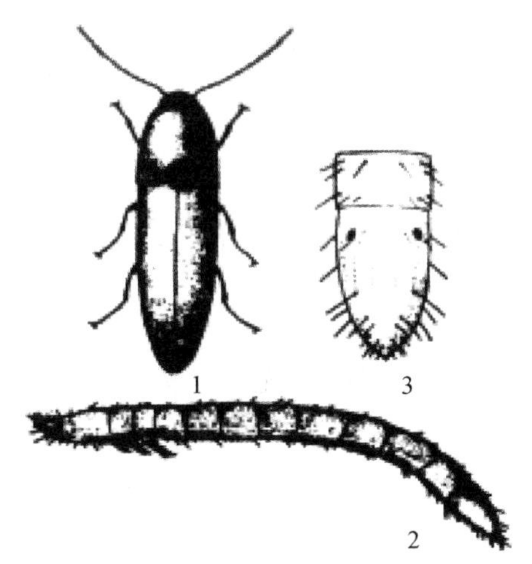

图8-15　细胸金针虫

1. 成虫　2. 幼虫　3. 幼虫尾节

(引自朱天辉，2015)

(4)发生规律

一般2年完成1代，也有1年或3~4年1代的，以幼虫和成虫在土中越冬。翌年5~6月开始出土，6月下旬~7月下旬为产卵期，卵期15~18天。幼虫成熟后，一般于6~8月化蛹，蛹期10天。成虫昼伏夜出，有假死性，趋光性弱，对腐烂植物的气味有趋性，常群集在腐烂发酵气味较浓的烂草堆和土块下。幼虫不耐高温，当土温超过17 ℃时，幼虫向深层移动。春雨多的年份，偏碱性潮湿土壤虫害发生严重。

(5)防治

利用金针虫喜食甘薯、土豆、萝卜等习性，在发生较多的地方，每隔一段挖一小坑，将上述食物切成细丝放入坑中，上覆草屑，可以大量诱集，每日或隔日检查捕杀。避免施用未腐熟的草粪等，土壤要精耕细作，以便通过机械将虫体翻出土壤便于鸟类捕食。可用50%辛硫磷乳油1000倍液喷浇苗间及根际附近土壤。用豆饼碎渣、麦麸等拌90%晶体美曲膦酯可制成毒饵进行诱杀。

(二)蛀干害虫

星天牛

(1)分布

我国各地广泛分布。

(2)危害

危害杨、柳、榆、刺槐、悬铃木、樱花、海棠、相思树等多种园林树木。星天牛的成虫咬食树叶或小树枝皮和木质部，幼虫蛀食树干，为害轻的影响苗木生长及其观赏价值，严重的能引起树木枯梢和风折。

(3)形态特征

星天牛(*Anoplophora chinensis*)成虫体长20~41 mm，体黑色有光泽。前胸背板两侧有尖锐粗大的刺突。每个鞘翅上有大小不规则的白斑约20个，基部有黑色颗粒。卵长5~6 mm，长椭圆形，黄白色。老熟幼虫体长38~60 mm，乳白色至淡黄色，头部褐色，前胸背板黄褐色，背板骨化区呈“凸”字形，上方有两个飞鸟形纹。蛹纺锤形，长30~38 mm，黄褐色(图8-16)。

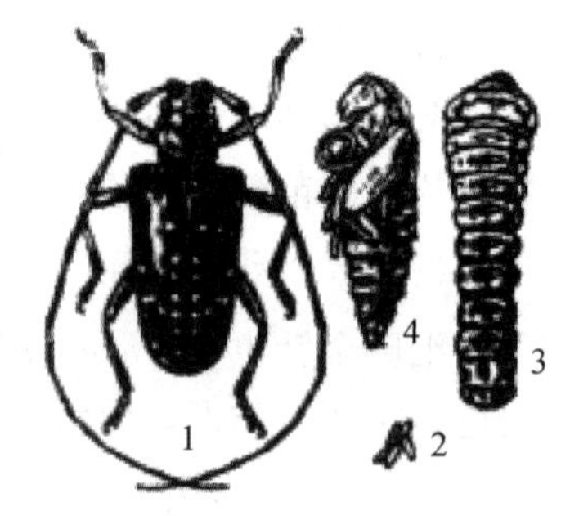

图8-16 星天牛

1. 成虫 2. 卵 3. 幼虫 4. 蛹

(引自王大平，2014)

(4)发生规律

南方1年1代，北方2~3年1代，以幼虫在被害枝干内越冬，翌年3月以后开始活动。成虫5~6月羽化飞出，6月中旬为盛期，成虫咬食枝条嫩皮补充营养。产卵时先在树干上咬出“T”字形或“八”字形刻槽，每一刻槽产一粒卵，产卵后分泌一种胶状物质封口。每个雌虫可产卵23~32粒。卵期9~15天，初孵幼虫先取食表皮，1~2个月后蛀入木质部，11月初开始越冬。

(5)防治

天牛类害虫大部分时间生活在树干里，易随苗木携带传播，所以在苗木、繁殖材料调运时要严格检疫。加强管理，增强树势，及时清理苗圃内的枯立木、风折木等，以减少虫源，定期检查及时剪除受害枝梢。寻找产卵刻槽，可用锤击、手剥等方法消灭其中的卵。可用铁丝钩杀幼虫。利用成虫的趋光性，可用黑光灯诱杀。在幼虫危害时期，先用镊子或嫁接刀将有新鲜虫粪排出的排粪孔清理干净，然后塞入磷化铝片剂或磷化锌毒签，并用黏泥堵死其他排粪孔，可杀死幼虫。在成虫危害期，可用2.5%溴氰菊酯乳油500倍液喷干进行防治。

(三)食叶害虫

1. 春尺蛾

(1)分布

我国西北、华北、东北、山东等地有发生。

(2)危害

危害沙枣、桑、榆、杨、柳、槐、海棠、核桃等多种园林苗木。幼虫以叶肉为食，造成叶片缺刻，严重时叶片全部吃光，仅剩叶柄。幼虫发育快，食量大，一旦发生常造成严重灾害。

(3)形态特征

春尺蛾(*Apocheima cinerarius*)又称沙枣尺蛾、杨尺蛾、榆尺蛾。雄蛾体长15~17 mm，灰褐色，触角羽状。前翅淡灰褐至黑褐色，有3条褐色波状横纹，中间1条常不明显。腹部背面有棕黑色横行刺列。雌蛾无翅，体长7~19 mm，触角丝状，体灰褐色，腹部背面各节有数目不等的成排尖端圆钝的黑刺，臀板有突起和黑刺列。卵椭圆形，灰白或赭色，有珍珠光泽。老熟幼虫体长22~40 mm，灰褐色，腹部第2节两侧各具1瘤突。体两侧各具1条灰黑色纵带图(图8-17)。

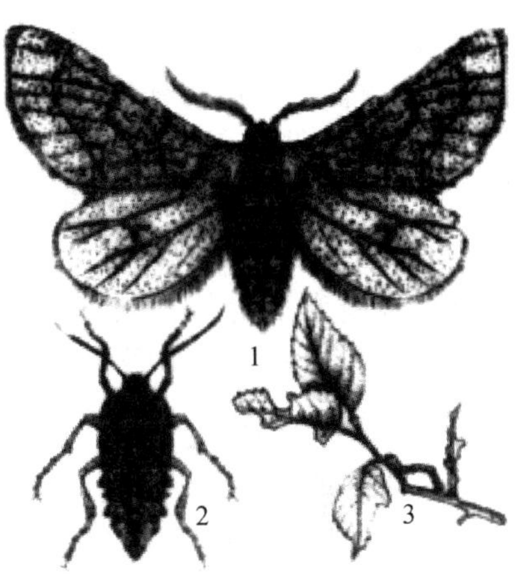

图8-17　春尺蛾

1. 雄成虫　2. 雌成虫　3. 危害状

(引自朱天辉，2015)

(4)发生规律

1年1代，以蛹在树冠下土壤中越冬。翌年当地表3~5 cm处地温达到0 ℃时开始羽化出土，3月上中旬产卵，4月上旬至5月初孵化。5月上旬至6月上旬幼虫老熟，入土化蛹越夏、越冬，蛹期可达9个月。雄虫有趋光性，白天静伏在枯枝落叶和杂草间，已上树的成虫则藏在干裂的树皮下、裂缝中以及树枝交错的隐蔽处。成虫白天有明显的假死性。每雌虫产卵200~300粒，卵成块产于树皮缝隙、枯枝、枝杈断裂等处。幼虫共5龄。初孵幼虫取食幼芽和花蕾，较大则取食叶片。幼虫可吐丝并借风力转移到附近的林木上危害。老熟幼虫在树冠下陆续入土做室化蛹，尤其以低洼处的土壤中蛹数量最多。

(5)防治

在蛹越夏、越冬期间，结合圃地深翻，将蛹锄死或翻于地表，集中杀死。利用雄成虫的趋光性，在有条件的地方可设置黑光灯诱杀雄蛾。幼虫大发生时，对低矮幼树可用2.5%溴氰菊酯乳油2000~3000倍液、90%晶体美曲膦酯800倍液、50%辛硫磷乳油2000倍液或25%西维因可湿性粉剂300~500倍液进行喷施。

2. 斜纹叶蛾

(1)分布

我国各地均有分布，主要分布于长江流域各地。

(2)危害

危害月季、丁香、桑树、杉、柳、泡桐等99科290余种植物。幼虫啃食叶背叶肉，仅残留上表皮。4龄幼虫进入暴食期，常在1~2天内将嫩叶、嫩梢一扫而光，形成枯梢、枯枝，严重时造成苗木死亡。

(3)形态特征

成虫体长16~27 mm，头、胸及前翅褐色。前翅略带紫色闪光，有复杂的黑褐色斑纹，内、外横线灰白色、波浪形，从内横线前端至外横线后端，雄蛾有一条灰白色宽而长的斜纹，雌蛾有3条灰白色的细长斜纹。后翅灰白色，具紫色闪光。腹末有茶褐色长毛。卵半球形，初产黄白色，孵化前紫黑色。幼虫分6龄，3龄前幼虫体线隐约可见，腹部第1节的1对三角形黑斑明显可见。4龄以后体线明显，背线和亚背线呈黄色。蛹圆筒形，长18~23 mm，褐色至暗褐色(图8-18)。

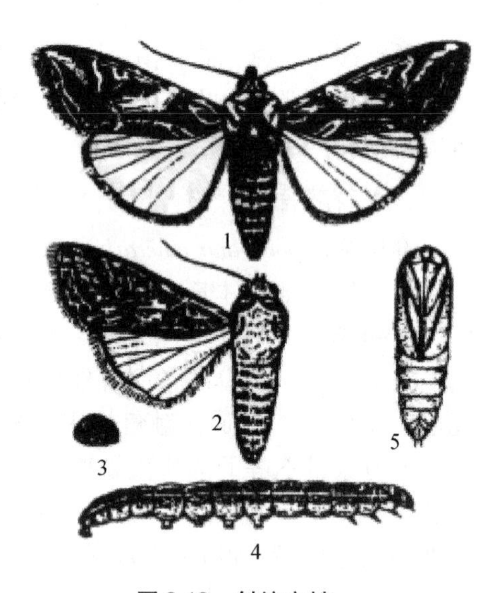

图8-18 斜纹夜蛾

1. 雌成虫 2. 雄成虫 3. 卵 4. 幼虫 5. 蛹
(引自朱天辉，2015)

(4)发生规律

斜纹夜蛾1年发生多代。在广东等南方地区可终年繁殖。长江流域1年发生5~6代，以幼虫或蛹在土中越冬，幼虫在7、8月危害重，黄河流域8、9月危害严重。成虫有趋光性，喜食糖酒醋等发酵物及取食花蜜作补充营养。雌成虫产卵于叶背。幼虫有假死和避光习性。白天多潜伏在地面或土壤缝隙中，傍晚至凌晨爬到植株上取食危害。幼虫老熟后即入土化蛹。

(5)防治

及时清除杂草，减少产卵场所。高龄幼虫期和蛹期做好深、中耕，消灭土中的幼虫和蛹。结合管理随手摘除卵块和群集危害的初孵幼虫，以减少虫源。可用黑光灯、频振式诱虫灯、糖醋液等进行诱杀。利用性诱剂诱杀雄蛾，减少雄蛾交尾的机会。斜纹夜蛾的天敌种类丰富，包括捕食性和寄生性天敌昆虫，如广赤蜂、小茧蜂、寄生蝇和蜘蛛等，保护和利用天敌可以减少虫害的发生。可在1~2龄幼虫群居时用0.5%甲氨基阿维菌素苯甲酸盐乳油2500倍液进行喷雾防治，将其消灭在3龄以前。

3. 黄刺蛾

(1)分布

东北、华北、华东、中南、西南及陕西、台湾等地区发生。

(2)危害

危害120种以上树木，包括杨、柳、榆、枣、梨、柿子、核桃、山楂、法国梧桐等阔叶树。主要以幼虫危害，幼虫取食植物叶片，严重时可将树木叶片食尽。幼虫体上毒毛对人皮肤有毒性，蜇后疼痛难忍、肿胀。

(3)形态特征

黄刺蛾(*Cnidocampa flavescens*)幼虫又叫洋辣子、八角等，成虫雌蛾体长15～17 mm，雄蛾体长13～15 mm，橙黄色。触角丝状，棕褐色，前翅黄褐色，内半部黄色，外半部褐色，有两条暗褐色斜线，在翅尖上汇合于一点，呈倒V形。后翅灰黄色。卵变平、椭圆形，淡黄色。老熟幼虫体长16～25 mm，略呈长方形，前端略大。体色鲜艳，基色为黄绿色。头部黑褐色，常缩在前胸之下。体背有1个紫褐色大斑，前后两端稍钝，中部狭，外缘常带蓝色。胴部第二节以后各节在亚背线上各有1对刺突。腹足退化，但具吸盘。蛹为椭圆形，长13～15 mm，淡黄褐色。茧椭圆形，长11.5～14.5 mm，灰白色，具有褐色纵条纹，形似雀蛋(图8-19)。

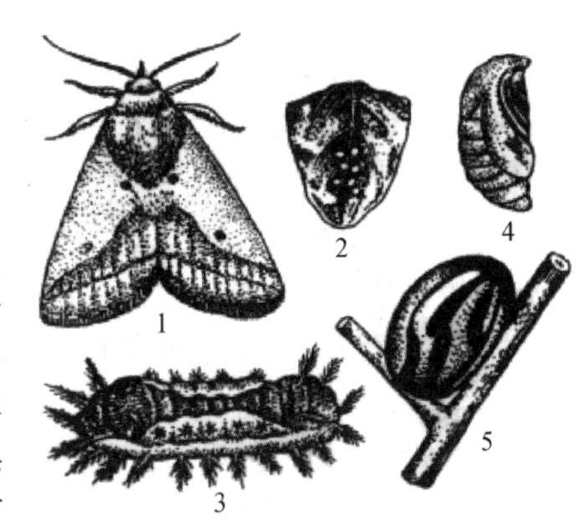

图8-19　黄刺蛾

1. 成虫　2. 卵　3. 幼虫　4. 蛹　5. 茧
(引自朱天辉，2015)

(4)发生规律

北方1年发生1代，南方1年可发生2代。以老熟幼虫在树上结茧越冬，翌年5～6月化蛹。成虫于6月出现，寿命4～7天，白天静伏在叶背面，夜间活动，有趋光性。产卵于树叶近末端处背面，散产或数粒在一起，每雌蛾产卵49～67粒。初孵幼虫取食卵壳，然后食叶，仅取食叶的下表皮和叶肉组织，留下上表皮，使叶呈透明圆形的小斑，后逐渐连成块。进入4龄取食叶片呈孔洞，5龄后可吃光整片叶，仅留主脉和叶柄。7月老熟幼虫先吐丝缠绕树枝，后吐丝分泌黏液营茧。茧一般多在树枝分叉处。羽化时破茧壳顶端小圆盖而出。新一代幼虫于8月下旬以后大量出现，秋后在树上结茧越冬。

(5)防治

冬季落叶后，树上茧显眼，可人工除茧。利用成虫的趋光性，可在成虫羽化期用黑光灯诱杀。用90%美曲膦酯晶体1500倍液，或2.5%溴氰菊酯乳油4000倍液，或50%杀螟松乳油的常规用量毒杀初期幼虫。

4. 大蓑蛾

(1)分布

主要分布于华东、中南、西南等地。

(2)危害

危害泡桐、垂柳、苹果、桃、核桃、月季、木兰等90科600多种植物。幼虫取食树叶、嫩枝及幼果，大发生时，几天就能将全树叶片食尽，继而剥食枝干皮层和树木的芽梢、花果，残存秃枝光干，严重影响树木生长和结实。

(3)形态特征

蒲瑞大蓑蛾(*Eumeta preyeri*)又名大蓑蛾、大避债蛾。雄成虫体长15~20 mm，体翅暗褐色，触角羽状。前翅沿翅脉黑褐色，翅面前、后略带黄褐色至赭褐色，有4~5个半透明斑。雌成虫体长22~30 mm，蛆状，头小淡赤色，胸背中央有1条褐色隆脊。卵近圆球形，初为乳白色，后变为淡黄棕色。雌性老熟幼虫体长25~40 mm，粗肥，头部赤褐色，腹部黑褐色，腹足趾钩缺环状。雄性老熟幼虫体长18~25 mm，头黄褐色，中央有1白色“八”字纹，胸部灰黄褐色，腹部黄褐色。雌蛹纺锤形，淡褐色至黑褐色。雄蛹长椭圆形，淡褐色至黑褐色(图8-20)。

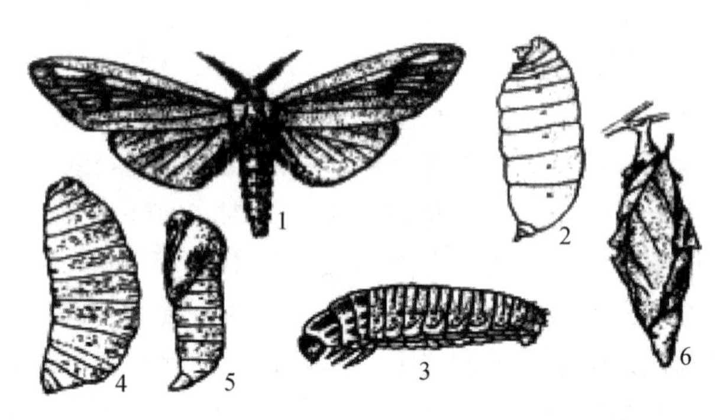

图8-20 大蓑蛾

1. 雄成虫 2. 雌成虫 3. 幼虫 4. 雌蛹 5. 雄蛹 6. 雄袋

(引自朱天辉，2015)

(4)发生规律

华南和福建部分地区1年发生2代，其他地区1年1代。绝大部分以老熟幼虫在袋囊中过冬。翌年4月中旬至6月下旬化蛹，5月上旬为化蛹盛期。5月中旬至7月上旬为成虫羽化期，盛期为5月下旬。成虫交配后在袋囊中产卵，每头雌虫可产2000多粒。5月下旬至7月下旬为幼虫孵化期。幼虫孵化后爬出母袋，吐丝下垂，随风传播。初孵幼虫取食植物组织碎片，以丝连接建造袋囊。幼虫取食迁移时负囊而行。11月以后老熟幼虫封囊过冬。干旱年份发生猖獗，初孵幼虫造袋营囊时如遇中至大雨，小幼虫易受雨水冲刷而大批死亡。幼虫有明显的喜光性。

(5)防治

冬季结合整枝、修剪，摘除虫囊，消灭越冬幼虫。幼虫和蛹有多种寄生性和捕食性天敌，如鸟类、姬蜂、寄生蝇等，应注意保护和利用。另外，生物农药苏云金芽孢杆菌或核型多角体病毒制剂等对于大蓑蛾都有良好的防治效果。在幼虫阶段，用90%美曲膦酯晶体2000倍液、50%乙酰甲胺磷乳油1000倍液，或25%灭幼脲悬浮剂1000倍液喷雾。喷雾时注意喷到树冠顶部，同时充分喷湿护囊。

(四)吮吸性害虫

1. 白粉虱

(1)分布

世界性害虫。我国主要分布于东北、华北及新疆、江苏、浙江等地，主要在北方地区发生严重危害。

(2)危害

危害500多种植物，危害兰花、一品红、牡丹、茉莉、月季、无色梅、扶桑等多种花卉和苗木。成虫和若虫群集在寄主植物的叶背刺吸汁液，导致寄主植物叶片卷曲、褪绿、萎蔫，甚至全株枯死。此外，成虫和幼虫还能够分泌蜜露，易引起煤污病发生。白粉虱还能够传播多种病毒病。

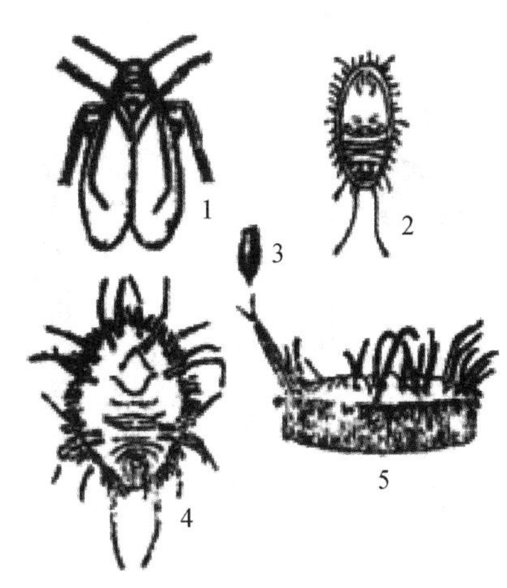

图8-21　白粉虱

1. 成虫　2. 幼虫　3. 卵　4. 蛹正面观　5. 蛹侧

(引自王大平，2014)

(3)形态特征

白粉虱(*Trialeurodes vaporariorum*)成虫体长1.0~1.2 mm，体浅黄色，被有白色蜡粉。停息时雌成虫两翅平坦合拢，雄成虫的翅内缘则向上翘，翅叠于腹背成屋脊。卵长约0.2 mm，长椭圆形，初为淡黄色，逐渐变成褐色。若虫淡绿色或黄绿色，4龄若虫又称伪蛹，体长0.7~0.8 mm，椭圆形，黄绿色，体背有长短不齐的蜡丝，两根尾须稍长(图8-21)。

(4)发生规律

在温室内可终年繁殖，1年10余代。繁殖能力强，世代重叠现象显著，以各种虫态在温室植物上越冬。成虫羽化后1~3天开始产卵。在较平滑的叶面上虫卵排列成环状或半环状，在多毛叶片上散产，每雌虫可产卵60~600粒。卵期6~8天，幼虫期8~9天。成虫白天活跃，早晚活动迟缓，受惊后可短距离扩散，具有强烈的趋黄性。成虫多选择上部嫩叶栖息、活动、取食和产卵。

(5)防治

注意检查苗木，避免将虫带入塑料大棚、温室和苗圃地。对于白粉虱发生较重的温室，收获后及时清除病株残体，集中烧毁或深埋，减少初侵染源。合理安排茬口，调整作物布局，轮作倒茬。利用白粉虱成虫对黄色有强烈趋性，可用黄色诱虫板诱杀。3~8月严重危害期，喷施10%吡虫啉可湿性粉剂1500倍液，40%乐斯本乳油2000倍液，2.5%溴氰菊酯乳油或25%扑虱灵可湿性粉剂2000倍液。

2. 日本龟蜡蚧

(1)分布

在我国各地广泛分布。

(2)危害

危害山茶、含笑、悬铃木、海桐、黄杨、柿、石榴、雪松、桂花等100多种植物。若虫和雌成虫在枝梢和叶背中脉处吸食汁液，削弱树势，导致落叶，严重时枝叶枯死。另外，日本龟蜡蚧分泌蜜露，易引起煤污病发生。

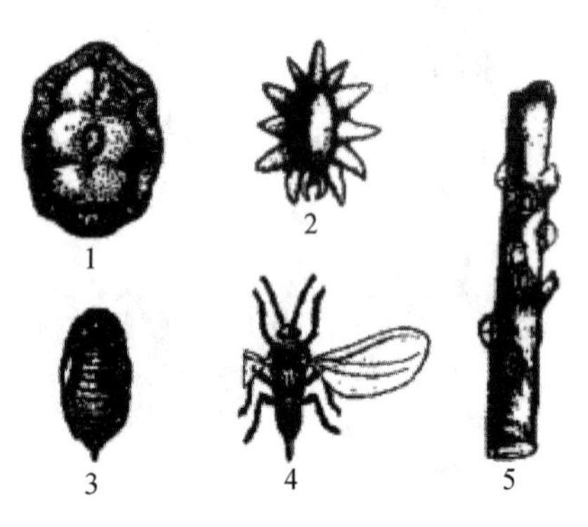

图8-22 日本龟蜡蚧

1. 雌成虫蜡壳 2. 雄若虫蜡壳 3. 雄蛹 4. 雄成虫 5. 被害状
（引自朱天辉，2015）

(3)形态特征

日本龟蜡蚧(*Ceroplastes japonicus*)雌成虫椭圆形，暗紫褐色，体长约3 mm，蜡壳灰白色，背部隆起，表面具龟甲状凹线，蜡壳顶偏在一边，周边有8个圆突。雄成虫体棕褐色，体长约1.3 mm，长椭圆形。翅透明，具2条翅脉。雌若虫蜡壳与雌成虫相似，雄若虫蜡壳椭圆形，雪白色，周围有放射状蜡丝13根(图8-22)。

(4)发生规律

1年发生1代，以受精雌成虫在1~2年生枝条上越冬。翌年5月雌成虫开始产卵，5月中、下旬至6月为产卵盛期，6~7月若虫大量孵化。初孵若虫爬行很快，找到合适寄主即固定在叶片上危害。雌若虫8月陆续由叶片转至枝干，雄若虫仍留在叶片上，至9月上旬变拟蛹，9月下旬大量羽化。雄成虫羽化当天即行交尾，交尾后死亡。受精雌成虫危害至11月进入越冬。该虫繁殖快、产卵量大、产卵期较长，若虫发生期不一致。

(5)防治

调运苗木、接穗时应加强植物检疫，禁止有虫苗木输出或输入。冬季或早春，剪去幼虫枝，集中烧毁，以减少越冬虫口基数。冬季和早春植物发芽前，可喷施1次3~5波美度石硫合剂、10~15倍的松脂合剂或40~50倍的机油乳剂，消灭越冬代若虫和雌虫。在初孵若虫期进行喷药防治，常用药剂有10%吡虫啉可湿性粉剂1500倍液、0.3~0.5波美度石硫合剂等。

3. 朱砂叶螨

(1)分布

我国华北、华东、西北、华南、华中地区都有分布。

(2)危害

危害桂花、香石竹、茉莉、月季、木槿、木芙蓉等多种园林植物。幼虫、若虫、成虫都能在叶片表面吸食汁液，造成叶片失绿变色，出现灰白或黄褐色斑点，严重时叶片枯黄或脱落。

(3)形态特征

图 8-23 朱砂叶螨

1. 雌成螨背面 2. 阳具 3. 肤纹突

(引自朱天辉，2015)

朱砂叶螨(*Tetranychus cinnabarinus*)又名红蜘蛛，雌成螨体长 0.45~0.5 mm，一般呈红色、锈红色。螨体两侧常有长条形纵行块状深褐色斑纹。雄成螨略呈菱形，淡黄色，体长 0.3~0.35 mm，末端瘦削。卵圆球形，长 0.13 mm，淡红到粉红色。幼螨近圆形，淡红色，足 3 对。若螨略呈椭圆形，体色较深，体侧透露出较明显得块状斑纹，足 4 对(图 8-23)。

(4)发生规律

1 年发生 12~15 代。主要以受精雌成螨在土块缝隙、树皮裂缝及枯叶等处越冬。越冬时一般几个或几百个群集在一起。次春温度回升时开始繁殖，在高温的 7~8 月发生严重。10 月中、下旬开始越冬。高温干燥利于虫害发生。降雨特别是暴雨的机械冲刷作用有利于降低虫口密度。

(5)防治

加强植物检疫，禁止有虫苗木输出或输入。及时清除圃地杂草和残枝虫叶，减少虫源。改善园地生态环境，保持圃地和温室通风凉爽，避免干旱及温度过高。初发生危害期，可喷清水冲洗。叶螨天敌很多，包括草蛉、瓢虫、小花蝽、植绥螨等，注意保护天敌，对叶螨有一定的控制作用。越冬卵孵化盛期，可喷施 1.8% 阿维菌素乳油 3000~5000 倍液，5% 尼索朗乳油或 15% 达螨灵乳油 1500 倍液等。

4. 桃蚜

(1)分布

世界性害虫，我国南北各地普遍分布。

(2)危害

危害 300 多种植物，其中主要园林植物有大叶女贞、木槿、桃、梅、樱花、月季、海棠、夹竹桃、石榴等。桃蚜常聚集于叶背与嫩梢处吸食植物汁液并分泌蜜露，使被害叶片呈不规则的蜷缩、叶色变黄、严重时叶片干枯脱落。排泄物能诱发煤污病，并影响植物光合作用。此外，桃蚜还是病毒传播的重要介体之一，可传播 100 多种病毒。

(3)形态特征

桃蚜(*Myzus persicae*)又名桃赤蚜、烟蚜。无翅胎生雌蚜体长 2 mm，黄绿色或赤褐色，卵圆形，复眼红色，额瘤显著，腹管较长，圆柱形。有翅胎生雌蚜头及中胸黑色，腹部深褐色、绿色、黄绿或赤褐色，腹背有黑斑。复眼红色，额瘤显著。无翅有性雌蚜，体肉色或橘红色。头部额瘤显著，外倾。腹管圆筒形，稍弯曲(图 8-24)。

(4)发生规律

桃蚜年发生代数各地不同，北方一般可发生 10 余代，南方可发生 30~40 代。桃蚜生

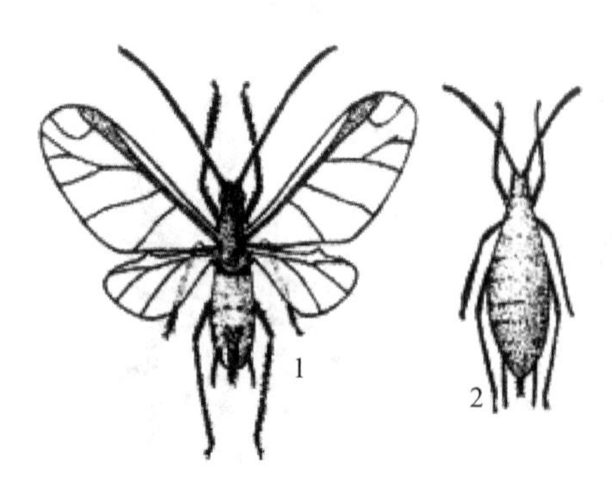

图 8-24 桃 蚜
1. 有翅胎生雌蚜 2. 无翅胎生雌蚜
(引自鞠志新，2009)

活史复杂，分为全周期型(迁移性)和半周期型(留守型)。全周期型桃蚜冬季以卵在桃等核果类果树的枝条、腋芽间及李等花木上越冬。3 月上中旬越冬卵孵化后进行孤雌生殖，繁殖 2～3 代，危害花木的芽、叶片及花。4 月下旬至 5 月上旬产生有翅蚜，迁飞扩散到十字花科、烟草等植物上危害。10 月中下旬产生有翅蚜迁返至樱花、桃树等树木，产下雌雄性蚜虫，雌雄性蚜虫交配后产卵越冬。半周期型桃蚜年生活史均以孤雌生殖完成，北方以卵或胎生雌蚜在菜窖内越冬，南方无明显越冬现象，终年繁殖。

(5) 防治

结合园林抚育、花圃管理，清洁圃地，铲除杂草，剪除残枝败叶，特别注意剪除虫叶或间去虫苗，防止其扩散蔓延。可利用铝箔或银色反光塑料薄膜壁蚜，也可用黄皿或黄色薄型塑料板诱杀有翅蚜。桃蚜危害期间可用 40% 乐果乳油 1000 倍液、50% 马拉松乳油 800 倍液、2.5% 溴氰菊酯乳油 2000 倍液或 20% 氰戊菊酯乳油 3000 倍液进行喷雾，可取得良好防治效果。

第三节 苗圃常见杂草及其防治

一、杂草基础

杂草通常是指那些分布广、危害明显、非人工种植的植物。苗圃杂草是指生长在苗圃、危害苗木的非人工栽培的植物。杂草生命力旺盛，普遍具有抗盐碱、抗高低温、抗旱涝等不良环境的特点。苗圃杂草吸收养分和水分的能力比园林幼苗强，且种类多、生长快，因此，杂草的孳生会大量夺取苗木生长所需的养分、水分和光照，影响园林苗木的生长发育。另外，杂草也是许多病原菌、害虫的栖息地，能引发病虫害发生。苗圃地通常精耕细作，土壤水肥条件好，为杂草的繁殖创造有利条件，所以苗圃杂草种类繁多、迅速蔓延，能够在整个生长季都对苗木造成危害。

(一) 杂草分类

1. 依据生物学特性分类

(1) 一年生杂草

苗圃一年生杂草指在春、夏季发芽出苗，夏、秋季开花、结实，之后死亡，整个生命周期在当年完成的杂草。这类杂草都是种子繁殖，幼苗不能过冬。一年生杂草种类繁多，是苗圃中的主要杂草，常见的有藜、小叶藜、稗、狗尾草、马齿苋等。

(2)二年生杂草

在两个生长季节完成出苗、生长、开花、结实的生活史。第1年发芽长叶，将营养物质积累在根部，第2年利用储存的营养物质继续生长，一般在夏季或秋季结籽后死亡，如看麦娘、猪殃殃、牛蒡、独行菜等。

(3)多年生杂草

苗圃多年生杂草一般寿命在两年以上，能多次开花结实。主要特点是冬季地上部分枯死，依靠地下器官越冬，次年又重新开始繁殖蔓延。所以，多年生杂草除能以种子繁殖外，还能利用地下营养器官进行营养繁殖。苗圃常见的多年生杂草有车前、芦苇、田旋花、绊根草、白茅、刺儿菜等。

2. 依据形态学特征分类

(1)禾草类

主要包括禾本科杂草，形态特征为叶狭长无柄，平行脉；茎圆或略扁，有节和节间，节间中空；叶鞘张开，常有叶舌。常见的有稗草、狗尾草、狗牙根、牛筋草等。

(2)莎草类

主要包括莎草科杂草，形态特征为叶片狭长无柄，平行脉；茎三棱形或扁三棱形，无节与节间的区别，茎常实心；叶鞘不张开，无叶舌。常见的有香附子、异型莎草等。

(3)阔叶草类

包括所有的双子叶杂草和部分单子叶杂草。主要特征为叶宽大有柄；茎圆形或四棱形，实心。常见的有藜、马齿苋、荠菜等。

(二)防治方法

杂草的防治是苗圃生产中的基础性常规作业内容。有效的杂草防治应在了解当地杂草种类和生物学特性的基础上，因地制宜进行综合防治，将杂草控制在最小危害程度下。

1. 杂草检疫

从外地、外国引入新种苗木或花草种子繁育时，必须实行严格的杂草检疫，凡属国内没有或本地尚未广为传播的而具有潜在危险的杂草必须禁止或限制试种。以前由于部分地区未能严格执行种子检疫制度，使一些危害性极大的恶性杂草传入我国，造成很大损失。因此，生产中对所有传播材料(种子、接穗、插条等)都应清选和检疫，使其尽可能不带检疫对象。2007年农业部公告(第862号)颁布了《中华人民共和国进境植物检疫性有害生物名录》，其中检疫杂草有40个种属。

2. 农业防治

杂草的农业防治是指利用耕作、栽培技术和田间管理等措施控制和减少农田土壤中杂草种子基数，抑制杂草的出苗和生长，减轻草害，提高苗木质量的杂草防治方法。农业防治是杂草防治中的重要环节，不会造成环境污染，可操作性强。但是农业防治很难从根本上消灭杂草。主要的措施有清洁苗圃环境、实行合理的轮作和耕作制度等。

(1) 清洁苗圃环境

苗圃周围和路旁杂草是苗圃杂草的重要来源，尤其在灌溉条件下，水渠两边生长的杂草产生的种子是重要的传播源。因此，应及时铲除苗圃周围、道路旁和水渠边的杂草，尽可能不让杂草完成生长发育史。铲除的杂草应挖坑堆沤处理，将其制成有机肥料。经充分腐熟后，绝大多数杂草种子丧失发芽能力，同时有效肥力也得到了大幅提高。

(2) 实行合理的轮作和耕作制度

园林苗圃地实行合理的轮作制度，不仅能减轻病虫害的发生和减少生理缺素症危害，还可以明显减轻杂草危害。土壤耕作(秋耕、中耕等)是苗圃地管理的经常性工作。一般耕作也具有双重作用，一方面可以铲除生长中的杂草；另一方面又将部分杂草种子翻入地下，促进一些杂草种子萌发。因此，苗圃中耕每年需要多次进行，一般至少3~5次，这样才能起到控制杂草的作用。

3. 物理防治

物理防治是指用物理性措施或物理作用力，如机械、人工等，导致杂草个体或器官受伤、受抑或致死的杂草防除方法。物理防治对植物、环境等安全、无污染，同时还兼有松土、保墒、培土、追肥等作用。人工除草是通过人工拔除、割刈、除草等措施来有效治理杂草的方法，是一种最原始、最简便的除草方法。尽管人工除草费时、劳动强度大，除草效率低，但是在不发达地区仍是主要的除草手段。机械除草是在植物生长的适宜阶段，根据杂草发生和危害的情况，运用机械驱动的除草机械进行除草的方法。机械除草显著提高了除草效率、降低了劳动强度。另外还可利用物理的方法如火焰、高温、电力、辐射等手段杀灭控制杂草。目前在园林苗圃中广泛使用的物理性除草方式是薄膜覆盖抑草。常规无色薄膜覆盖主要是保湿、增温，能部分抑制杂草的生长。近年来生产上采用有色薄膜覆盖，不仅能有效抑制刚出土的杂草幼苗生长，而且通过有色膜的遮光能极大地削弱已有一定生长年龄的杂草的光合作用。在薄膜覆盖条件下，高温、高湿能够有效地杀灭杂草。

4. 生物防治

生物防治是利用不利于杂草生长的生物天敌，像某些昆虫、病原真菌、细菌、病毒、线虫、食草动物或其他高等植物来控制杂草的发生、生长蔓延和危害的杂草防除方法。生物防治具有不污染环境、不产生药害、经济效益高等优点，比农业防治、物理防治更加简便。目前主要的生物防治措施有以虫治草，如叶甲防治空心莲子草等；以病原微生物治草，如泽兰尾孢菌防治紫茎泽兰等；以食草动物治草，如牛、羊、鹅、鸭取食消灭杂草等。

5. 化学防治

化学防治是应用化学药物(除草剂)有效防治杂草的方法。对大部分多年生、深根性杂草，人工拔除难以根除，施用化学除草剂进行防治最为有效。苗圃种植的苗木种类繁多，在进行化学除草时应根据苗木生长习性和生物学特性、栽培方式选择合适的除草剂，同时还要考虑杂草的生长习性及除草剂的特性，这样才能使化学防治具有一定的持效性，并可大幅降低除草成本，促进苗木的正常生长。

(1)除草剂分类

目前市售的除草剂种类繁多，将除草剂合理分类能帮助我们掌握除草剂的特性，从而能够合理、有效地使用除草剂。

根据作用方式大致可分为4类：①抑制光合作用：这类除草剂能够通过干扰杂草的光合作用，使杂草把储存的养分消耗枯竭，又得不到新营养，最后导致杂草“饥饿”而死亡，如绿麦隆、敌草隆、西玛津等。②抑制脂肪酸合成：脂类是植物细胞膜的重要组成部分，现已发现多种除草剂抑制脂肪酸的合成和链的伸长，如芳氧苯氧丙酸类、环己烯酮类。③抑制氨基酸合成：除草剂主要通过抑制芳香氨基酸、支链氨基酸和谷氨酰胺的合成防除杂草，如草甘膦、磺酰脲类、咪唑啉酮类、磺酰胺类和草丁磷等。④干扰植物激素：植物激素是调节植物生长发育的重要物质。有些除草剂被杂草吸收后，能够使杂草体内激素异常，产生生理紊乱，最终导致杂草死亡。

根据施用时间可分为苗前处理剂、苗后处理剂和苗前兼苗后处理剂。苗前处理剂对未出苗的杂草有效，对出苗杂草活性低或无效，如大多数酰胺类、取代脲类除草剂。苗后处理剂对已出苗的杂草有效，但不能防除未出苗的杂草，如喹禾灵、草甘膦等。苗前兼苗后处理剂既能做苗前处理剂，也能做苗后处理剂使用，如甲磺隆、异丙隆等。

根据对杂草的选择性，可分为选择性除草剂和灭生性除草剂。选择性除草剂对不同的植物存在选择性，能杀死某些植物而对另一些植物安全，甚至只能杀死某种或某类杂草的除草剂，如2, 4-D、苯达松、百草敌、燕麦畏等。灭生性除草剂对植物无选择性，对苗圃幼苗有毒害作用，因此只使用于苗圃播种前或栽培前除草。如草甘膦、百草枯等。

根据对不同类型杂草的活性，可分为四类：禾本科杂草除草剂，如芳氧苯氧基丙酸类除草剂能防除很多一年生和多年生禾本科杂草，对其他杂草无效；莎草科杂草除草剂，主要用来防除莎草科杂草，如莎扑隆能防除水、旱地多种莎草；阔叶杂草除草剂，主要用来防除阔叶杂草，如2, 4-D、麦草畏和灭草松等；广谱除草剂，可有效防除单、双子叶杂草，如烟嘧磺隆、草甘膦等。

根据在植物体内的传导方式可分为内吸性传导型除草剂和触杀性除草剂。内吸性传导型除草剂可被植物根、茎、叶、芽鞘等部位吸收，并经输导组织从吸收部位传导至其他器官，破坏植物体内部结构和生理平衡，造成杂草死亡。触杀性除草剂不能在植物体内传导或移动性很差，只能杀死植物直接接触药剂的部位，不伤及未接触药剂的部位，如敌稗、百草枯等。

(2)园林苗圃常用的除草剂种类

园林苗圃常用的除草剂及其防治对象见表 8-1。

表 8-1 园林苗圃常用的除草剂

除草剂类型	除草剂名称	防除对象
苯氧羧酸类	2,4-D、2 甲 4 氯、2,4-D 丙酸、2,4-D 丁酸、2 甲 4 氯丙酸、2 甲 4 氯丁酸等	苋、藜、苍耳、田旋花、马齿苋、大巢菜、波斯婆婆纳、播娘蒿等一年生和多年生阔叶杂草
苯甲酸类	麦草畏、敌草索、杀草畏、豆科威等	刺儿菜、牛繁缕、苋等阔叶杂草
芳氧苯氧基丙酸类	禾草克、盖草能、禾草灵、稳杀得等	看麦娘、野燕麦等禾本科杂草
环己烯酮类	拿捕净、稀草酮等	禾本科杂草
酰胺类	敌草胺、甲草胺、乙草胺、异丙甲草胺、丙草胺、丁草胺等	禾本科杂草
取代脲类	敌草隆、绿麦隆、异丙隆、莎扑隆等	一年生禾本科杂草和阔叶杂草
磺酰脲类	森草净、苯磺隆、甲黄隆等	阔叶杂草，有些种类可防除禾本科杂草
氨基甲酸酯类	灭草灵、燕麦灵、甜菜灵等	稗草、看麦娘、雀麦、野燕麦、苋、藜等禾本科杂草和阔叶杂草
三氮苯类	扑灭津、西玛津、阿特拉津、扑草净等	一年生杂草，对阔叶杂草防除效果好于禾本科杂草
硫代氨基甲酸酯类	禾大壮、野麦畏、燕麦敌、杀草丹等	稗草、野燕麦、莎草、阔叶杂草
二苯醚类	果尔、乳氟禾草灵等	阔叶草、莎草
N-苯基肽亚胺类	氟烯草酸、丙炔氟草胺	阔叶草
二硝基苯胺类	氟乐灵、地乐胺等	一年生禾本科杂草
有机磷类	莎草磷、草甘膦、抑草磷等	一年生及多年生禾草和阔叶草
其他	氟草定、百草松、农思它等	阔叶杂草、莎草、禾本科杂草

二、苗圃常见杂草

(一)禾草类

1. 狗牙草

(1)分布

黄河流域以南各省、自治区有分布。

(2)形态特征

狗牙草(*Cynodon dactylon*)多年生草本，有根茎及匍匐茎。叶鞘有脊，叶互生，下部叶片因节间短缩似对生。穗状花序指状着生于秆顶；小穗两侧压扁，常 1 小花，无柄，双行覆瓦状排列于穗轴的一侧，灰绿色或带紫色；颖有膜质边缘，几乎等长或第二颖稍长；外稃草质，有 3 脉，内稃几乎等长于外稃，花药黄色或紫色。幼苗第一片真叶带状，叶缘有极细的刺状齿，叶片具 5 条平行脉，具很窄的环状膜质叶舌，顶端细齿裂，叶鞘亦有 5 脉，紫红色，第二片真叶线状披针形，有 9 条平行脉(图 8-25)。

图 8-25　狗牙草

1. 成株　2. 幼苗　3. 鞘口

(引自强胜，2009)

2. 马唐

(1)分布

全国各地均有发生，是旱秋作物、果园、苗圃的主要杂草。

(2)形态特征

马唐(*Digitaria sanguinalis*)匍匐茎，节处着土常生根。叶舌 1～2 mm，叶鞘常疏生有疣基的软毛。总状花序 3～10 枚，指状着生秆顶；小穗双生，一有柄，一无柄或有短柄；第一颖钝三角形，长约 0.2 mm；第一颖长为小穗的 1/2～3/4，成熟时第二颖边缘具短纤毛。第一外稃与小穗等长，中央 3 脉明显，第二外稃边缘具短毛。幼苗第一片真叶卵状披针形，有 19 条直出平行脉，叶缘具睫毛。叶片与叶鞘之间有一不甚明显的环状叶舌，顶端齿裂。叶鞘表面密被长柔毛。第二片叶叶舌三角状，顶端齿裂(图 8-26)。

图 8-26　马　唐

1. 成株　2. 幼苗　3. 毛马唐小穗

4. 小穗　5. 鞘口

(引自强胜，2009)

3. 看麦娘

(1)分布

全国各地均有分布，以秦岭淮河流域一线以南发生严重。

(2)形态特征

看麦娘(*Alopecurus aequalis*)一年或二年生草本，秆多数丛生。叶鞘疏松报茎，叶舌长约 2 mm。穗形圆锥花序呈细棒状。小穗长 2～3 mm，颖膜质，近基部联合，沿脊有纤毛，侧脉下部具短毛；外稃膜质等长或稍长于颖，下部边缘联合，外稃中部以下伸出长 2～3 mm芒，中部稍膝屈，常无内稃；花药橙黄色。幼苗第一片真叶呈带状披针形，长1.5 cm，具直出平行脉 3 条，叶鞘亦具 3 条脉。叶及叶鞘均光滑无毛，叶舌膜质，2～3 深裂，叶耳缺(图 8-27)。

4. 双穗雀稗

(1)分布

分布于秦岭、淮河一线以南地区，多发生于湿润旱地。

(2)形态特征

双穗雀稗(*Paspalum distichum*)多年生，有根茎。秆匍匐地面，节上易生根，茎节处被有茸毛。鞘边缘有纤毛，叶舌长1~1.5 mm。总状花序2枚，叉状位于秆顶得名；小穗两行排列，椭圆形，第一颖缺，第二颖被微毛；第二小花灰色，顶端有少数细毛。幼苗胚芽鞘棕色，第一片真叶线状披针形，有12条直出平行脉；叶舌三角状，顶端齿裂，叶耳处有绒毛；叶鞘边缘一侧有长柔毛(图8-28)。

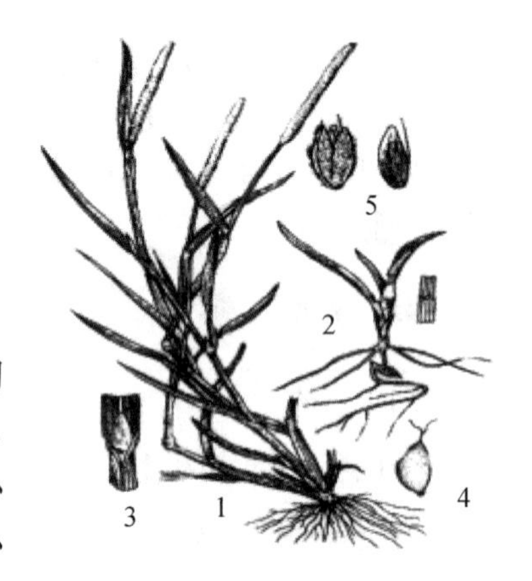

图8-27 看麦娘

1. 成株 2. 幼苗 3. 鞘口 4. 颖果 5. 小穗

(引自强胜，2009)

5. 狗尾草

(1)分布

全国各地均有分布，是园林苗圃主要杂草之一。

(2)形态特征

狗尾草(*Setaria viridis*)植株直立，基部斜上。叶鞘圆筒状，有柔毛状叶舌、叶耳、叶鞘与叶片交界处有一圈紫色带。穗状花序狭窄呈圆柱状，形似狗尾，常直立或微弯曲。数枚小穗簇生，全部或部分小穗下托以1至数枚纲毛，纲毛绿色或略带紫色。颖果长圆形，扁平，外紧包以颖片和稃片，其第二颖几与小穗等长。幼苗胚芽鞘紫红色，第一片真叶长椭圆形，具21条直出平行脉，叶舌呈纤毛状，叶鞘边缘疏生柔毛，叶耳两侧各有1紫红色斑(图8-29)。

图8-28 双穗雀稗

1. 成株 2. 花序 3. 小穗

(引自强胜，2009)

6. 千金子

(1)分布

吉林、辽宁、内蒙古、河北、陕西、甘肃、新疆、山东、江苏、安徽、浙江、江西、福建、河南、湖北、湖南、广西、四川、贵州、云南、西藏等地有分布。

(2)形态特征

千金子(*Leptochloa chinensis*)一年生直立草本或下部匍匐，茎下部几节常曲膝，生不定根。叶鞘无毛，叶柔软，叶舌膜质。圆锥花序，小穗紫色，含3~7朵小花，使整个花序呈紫色，复瓦状成双行排列在穗轴一侧，颖有1脉，无芒；外稃有3脉，无芒，顶端钝，无毛或下部有微毛。颖果长圆球形，长约1 mm。幼苗第一片真叶长椭圆形，具7条直出平行脉；叶舌白色膜质环状，顶端齿裂；叶鞘短，边缘薄膜质，脉 7 条；叶片、叶鞘均被极细短毛(图 8-30)。

图 8-29　狗尾草

1. 成株　2. 幼苗　3. 鞘口　4. 小穗

（引自强胜，2009）

图 8-30　千金子

1. 成株　2. 幼苗　3. 花序　4. 小穗

5. 颖片　6. 小花

（引自强胜，2009）

(二)莎草类

香附子

(1)分布

全国均有分布，砂质地发生尤为严重。

(2)形态特征

香附子(*Cyperus rotundus*)多年生草本，具匍匐根状茎，顶端具褐色椭圆形块茎。秆锐三棱形。鞘棕色，常裂成纤维状。叶状苞片 2～3。聚伞花序简单或复出。穗状花絮有小穗 3～10。小穗线形，有花 10～30 朵。花药 3，花药线形，花柱长，柱头 3。小穗呈棕红色。小坚果三棱状倒卵形，长约 1 mm。幼苗第一片真叶线状披针形，具明显的平行脉 5 条，常从中脉处对折，横剖面三角形。第三片真叶具 10 条明显的平行脉(图 8-31)。

图 8-31　香附子

1. 幼苗　2. 成株　3. 鳞片

4. 小穗　5. 雌蕊　6. 鞘口

（引自强胜，2009）

(三)阔叶草类

1. 藜

(1)分布

全国都有分布，但以秦岭、淮河以北地区发生严重。

(2)形态特征

藜(*Chenopodium album*)茎直立，粗壮，有沟纹和绿色条纹，带红紫色。茎下部的叶片菱状三角形，有不规则牙齿或浅齿，基部楔形；上部的叶片披针形，尖锐，全缘或稍有牙齿；叶片两面均有银灰色粉粒，以背面和幼叶更多。花簇生并构成圆锥花序，花黄绿色。胞果光滑，包于花被内；果皮有小泡状皱纹或近平滑。种子卵圆形，扁平，黑色。幼苗子叶长椭圆形，背面有银白色粉粒，具长柄。上、下胚轴均很发达，前者红色，后者密被粉粒。初生叶 2 片，对生、三角状卵形，叶缘微波状，两面均布满粉粒。后生叶卵形，叶缘波齿状。幼苗全体灰绿色(图 8-32)。

图 8-32 藜

1. 成株 2. 幼苗 3. 胞果

(引自强胜，2009)

2. 反枝苋

(1)分布

长江流域及其以北地区普遍发生。

(2)形态特征

反枝苋(*Amaranthus retroflexus*)茎直立，幼茎近四棱形，老茎有明显的棱状突起。叶菱状卵形或椭圆状卵形，顶端尖或微凸，有小芒尖，两面及边缘有柔毛，脉上毛密。花小，组成顶生或腋生的圆锥花序。苞片干膜质，透明，顶端针刺状，长 3～5 cm。花被片 5，白色，顶端有小尖头。雄花有雄蕊 5；雌花的柱头 3。胞果扁圆形而小，盖裂，包于宿存花被内。种子细小，倒圆卵形，黑色，有光泽。幼苗子叶卵状披针形，具长柄。上、下胚轴均较发达，紫红色，密生短柔毛。初生叶 1 片，先端钝圆，具微凹，叶缘微波状，背面紫红色。后生叶顶端具凹缺。第二后生叶叶缘有睫毛(图 8-33)。

图 8-33 反枝苋

1. 植株上部 2. 植株下部 3. 幼苗 4. 果实 5. 种子 6. 雄蕊 7. 花

(引自强胜，2009)

3. 一年蓬

(1)分布

我国东北、华北、华东、华中、西南等地区均有分布，是果、茶、桑园主要杂草。

(2)形态特征

一年蓬(*Erigeron annus*)二年生草本。茎直立，茎叶都生有硬毛。基生叶卵形或卵状披针形，基部狭窄成翼柄；茎生叶披针形或线状披针形，顶端尖，边缘齿裂；上部叶多为线形，全缘；叶缘具缘毛。头状花序排成伞房状或圆锥状；总苞半球形，总苞片3层；缘花舌状，雌性，2至数层，舌片线性，白色或略带紫蓝色；盘花管状，两性，黄色。瘦果披针形，扁平，有肋。冠毛异型。雌花有1层极短而成环状的膜质小冠；两性花外层冠毛为极短的鳞片状，内层糙毛状。幼苗子叶阔卵形，无毛，具短柄。下胚轴明显，上胚轴不育。初生叶1片，倒卵形，全缘，有睫毛，腹面密被短柔毛。后生叶叶缘疏微波状(图8-34)。

图8-34　一年蓬

1. 成株　2. 幼苗　3. 盘花　4. 缘花
(引自强胜，2009)

4. 小飞蓬

(1)分布

我国东北、华北、华东和华中地区有分布。

(2)形态特征

小飞蓬(*Conyza canadensis*)一或二年生草本，全株绿色。茎直立，有细条纹及脱落性粗糙毛。基部叶近匙形，上部叶线性或披针形，无明显的叶柄，全缘或有齿裂，边缘有睫毛。头状花序直径约4 mm，再密集成圆锥状花序或伞房圆锥状花序；总苞片2~3层，线状披针形；缘花雌性，细管状，无舌片，白色或微带紫色；盘花两性，微黄色。瘦果长圆形，略有毛，冠毛1层，污白色，纲毛状。幼苗子叶阔卵圆形，光滑，具柄。下胚轴不发达，上胚轴不育。初生叶1片，近圆形，先端突尖，全缘，具睫毛，密被短柔毛。第二后生叶矩圆形，叶缘出现2个小尖齿(图8-35)。

5. 刺儿菜

(1)分布

我国各个地区均有发生。北方及南方地下水位低的旱地发生较多。

(2)形态特征

刺儿菜(*Cirsium setosum*)多年生，有长的地下根茎，且深扎。幼茎被白色蛛丝状毛，有棱。叶互生，基生叶花时凋落，叶片两面有疏密不等的白色蛛丝状毛，叶缘有刺状齿。雌雄异株，雌花序较雄花序大；总苞片6层，外层短，苞片有刺。雄花冠短于雌花冠，但

图 8-35 小飞蓬

1. 成株下部 2. 成株上部 3. 幼苗 4. 瘦果

（引自强胜，2009）

图 8-36 刺儿菜

1. 植株 2. 幼苗 3. 小花 4. 雄蕊

（引自强胜，2009）

雄花冠的裂片长于雌花冠。有纵纹四条，顶端平截，基部收缩。幼苗子叶椭圆形，叶基楔形。下胚轴极发达，上胚轴不育。初生叶 1 片，缘齿裂，具齿状刺毛，随之出现的后生叶几乎和初生叶对生(图 8-36)。

6. 葎草

(1)分布

全国各地均有发生。

(2)形态特征

葎草(*Humulus scandens*)一年或多年生缠绕草本，茎、枝、叶柄有倒生皮刺。叶对生，叶片掌状深裂，裂片 5~7 个，叶缘有粗锯齿，两面均有粗糙刺毛，背面有黄色小腺点。花雌雄异株，圆锥花序，雄花小，淡黄色，花被和雄蕊各 5 个；雌花排列成近圆形的穗状花序，每 2 朵花有 1 卵形苞片，有白刺毛和黄色小腺点，花被退化成 1 膜质薄片。瘦果扁圆形，淡黄色。种子有肉质胚乳，胚曲生或螺旋状向内卷曲。幼苗子叶狭披针形至线性，无柄。下胚轴发达，紫红色；上胚轴短，并密被斜垂直生的短柔毛。初生叶 2 片，对生，卵形，3 深裂，裂片边缘有粗锯齿或重锯齿，具长柄，后生叶掌状分裂。全株除子叶和下胚轴外，均密被短柔毛(图 8-37)。

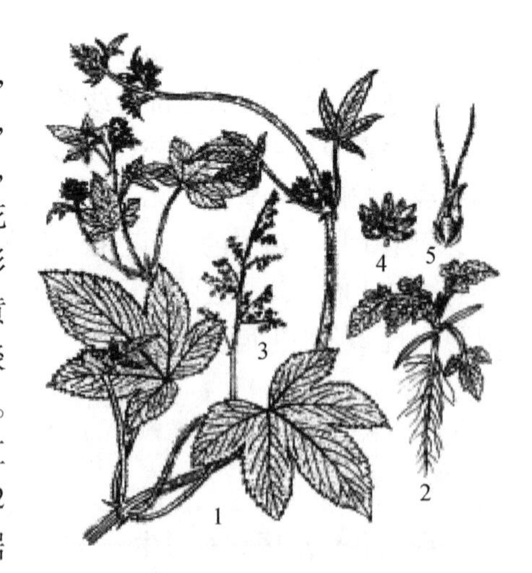

图 8-37 葎 草

1. 成株 2. 幼苗 3. 花序 4. 雄花 5. 雌花

（引自强胜，2009）

思考题

1. 园林苗木病害常见的症状有哪些？如何区分侵染性病害与非侵染性病害？
2. 简述苗木立枯病和猝倒病的症状特点及防治措施。
3. 苗圃常见主要病害有哪些？如何防治？
4. 苗圃食叶害虫有哪些？如何防治？
5. 园林苗圃地下害虫主要有哪些？如何防治？
6. 简述苗圃田间管理与病虫害发生的关系。
7. 除草剂有哪些种类？如何正确选用除草剂？
8. 苗圃常见杂草有哪些？怎样防治？

参考文献

成仿云. 2012. 园林苗圃学[M]. 北京：中国林业出版社.
鞠志新. 2009. 园林苗圃[M]. 北京：化学工业出版社.
雷朝亮，荣秀兰. 2003. 普通昆虫学[M]. 北京：中国农业出版社.
刘晓东. 2006. 园林苗圃[M]. 北京：高等教育出版社.
强胜. 2009. 杂草学[M]. 北京：中国农业出版社.
苏金乐. 2010. 园林苗圃学[M]. 北京：中国农业出版社.
王大平，李玉萍. 2014. 园林苗圃学[M]. 上海：上海交通大学出版社.
许志刚. 2003. 普通植物病理学[M]. 北京：中国农业出版社.
薛煜，刘雪峰. 1998. 中国林木种苗病害及防治[M]. 哈尔滨：东北林业大学出版社.
袁锋. 2011. 农业昆虫学[M]. 北京：中国农业出版社.
张志国，鞠志新. 2014. 现代园林苗圃学[M]. 北京：化学工业出版社.
朱天辉，周成刚. 2015. 园林植物病虫害防治[M]. 北京：中国农业出版社.

第九章　设施育苗

设施育苗是指在有某种覆盖物或有调节温湿度和光照的设施内进行的一种育苗方式。是世界各国由传统育苗向现代化集约型育苗转变的有效方式，因其科技含量较高，成为目前衡量一个国家或地区农业现代化水平的重要指标之一。本章介绍了工厂化育苗、组培育苗、容器育苗和无土栽培育苗 4 种育苗方法的操作过程及其关键技术环节等。

第一节　工厂化育苗

一、工厂化育苗概述

工厂化育苗是指在人工创造的环境条件下，利用轻质材料，通过机械化和自动化手段，稳定地批量生产优质种苗的一种育苗技术。

20 世纪 60 年代，美国率先开始研究开发穴盘育苗技术。70 年代，欧美等国在蔬菜、花卉等方面的育苗逐渐进入机械化、科学化的研究。随着温室业的迅速发展和机械的使用，工厂化育苗技术日趋成熟。

20 世纪 80 年代初，北京、广州和台湾等地先后引进了蔬菜工厂化育苗设备，许多农业高等院校和科研院所也开始开展相关研究，对国外的工厂化育苗技术进行了消化吸收，并逐步在国内推广应用。1987 年和 1989 年北京市相继建立了两个蔬菜机械化育苗场，进行蔬菜种苗商品化生产的试验示范。20 世纪 90 年代，我国农村的产业结构发生了根本性改变，随着农业现代化进程的发展，工厂化农业在经济发达地区已逐步展开，园艺作物的工厂化育苗技术也迅速推广开来。

工厂化育苗，由于育苗是在严格的保护条件下，对设施内的温度、湿度、光照、栽培基质和营养条件等植物生长条件实行人工调控，它可以解决露地育苗的幼苗污染和病菌传播问题。播种前对基质、工具、育苗容器和室内的所有设施进行消毒，使其不带病菌，并长期保持在无菌条件下，可以避免病源传播，从而为生产优质壮苗打下坚实的基础，可以实现优质种苗的周年生产。因此，工厂化育苗是大批量繁育高质量良种无病毒苗的唯一途径。

目前，工厂化育苗在国际上已经是一项成熟的先进技术，是现代设施栽培以及工厂化农业的重要组成部分。

二、工厂化育苗设施

工厂化育苗设施可以实现环境的高度自动调控，育苗区域与外界隔离，太阳光和人工光源兼用。植物的地上部分通过设施内部的照明设备、遮阴设备和加降温设备来调控光照、温度和二氧化碳等，地下部分则通过无土栽培、滴灌、水培、雾培等方式实行根区环境的完全调控。

工厂化育苗的设施，根据育苗流程和作业的要求可分为厂房建筑、育苗设施和育苗环境自动控制系统三大部分。厂房建筑主要为温室，包括现代化连栋式温室、日光温室、塑料大棚等；育苗设施主要包括基质处理车间，填盘装运及播种车间，栽培装置，发芽、驯化、幼苗培育设施，扦插车间，嫁接车间，组织培养设施等；育苗环境自动控制系统主要包括照明设备、空调设备、检测控制设备以及二氧化碳发生供给系统、空气环流机等。

(一)厂房建筑

为适应现代化工厂化育苗的需要，温室是重要的栽培设施。工厂化育苗设施主要有塑料大棚、日光温室和连栋式温室3种。

1. 塑料大棚

我国从1965年开始应用简易塑料大棚。塑料大棚的材料从竹、木、水泥预制件、钢筋直到现在最常用的镀锌钢管。经过科技人员数十年来的不断总结，塑料大棚的结构基本定型。由于它具有较连栋温室结构简单、拆建方便、一次性投资较少、土地利用率高等优点，所以从东北到华南都广泛采用，其发展面积仅次于日光温室。塑料大棚不仅用作设施育苗，还可以用来进行遮雨育苗及无土栽培育苗。镀锌钢管塑料大棚如图9-1所示。

2. 日光温室

日光温室是节能日光温室的简称，又称暖棚，由两侧山墙、后墙体、支撑骨架及覆盖材料组成，是我国北方地区独有的一种温室类型。是一种室内不加热的温室。它继承了我

图9-1　塑料大棚外观

国2000多年的暖棚栽培传统，吸取现代设施栽培中的新型覆盖材料和环境调控技术，经改良创新而研究而成。这些年来，日光温室在我国北方迅速发展，不仅成为我国北方主要的设施育苗形式，而且成为我国设施园艺中面积最大的栽培方式。与连栋温室相比，它在采光性、保暖性、低能耗和实用性等方面都有明显的优异之处，而且日光温室投资少，经济效益高；是我国北方地区面积持续增长的育苗及栽培设施(图9-2)。

图9-2 日光温室内部育苗情况、日光温室外观

日光温室的结构各地不尽相同，分类方法也较多，如按墙体材料分有干打垒土温室、砖石结构温室、复合结构温室等；按前屋面形式分二折式、三折式、拱圆式、微拱式等；按结构分，有竹木结构、钢木结构、钢筋混凝土结构、全钢结构、热镀锌钢管结构等。

日光温室产业作为我国设施农业产业中的主体，已成为农业种植中效益最高的产业。我国北方地区的日光温室主要在冬、春、秋三季使用，冬季太阳高度角低、日出在东南，日落在西南。因此，为了冬季最大限度利用太阳光，日光温室多采用坐北朝南、东西延长的方位。日光温室的保温由保温围护结构和活动保温材料两部分组成，活动保温材料主要有专用保温棉被、草帘、草苫等。

日光温室的围护墙体、后屋面和前屋面称为日光温室的“三要素”，其中前屋面是温室的全部采光面，白天采光时段前屋面只覆盖塑料膜进行，当室外光照减弱时，用活动保温材料覆盖前屋面，以加强温室的保温。

3. 连栋式温室

连栋式温室是目前正在发展的大型温室。它是温室的一种升级，其实就是用科学的手段、合理的设计、优质的材料将原来的独立温室连接而成的一种超级大温室。与传统温室相比，它以连栋形式存在，其利用面积远大于传统温室。同时，连栋式温室内面积大，可采用先进的生产环境调控技术与设备，利用计算机技术进行综合控制，管理更统一，效率更高，适用于大型工厂化苗木生产，可作为育苗首选温室设施(图9-3)。连栋式温室一般要求南北走向，透明屋面东西朝向，保证光照均匀。

另外，随着科技的发展，近年来出现了一种全新的空气大棚，空气大棚是利用空气的空压而形成的椭圆形状的大棚(图9-4)。空气大棚内部没有支柱和骨架，直接形成圆形空间，单个大棚面积可达5亩，3300 m^2，面积还可以根据实际需要进行调整。由于大棚内部没有支柱和骨架，建造工期短，投产快，节能保温性能好。适合机械化作业。空气大棚可以全自动调节温度、湿度、气压和换气，有显著的节能效果。

图 9-3　连栋温室内部育苗情况、连栋温室外观

图 9-4　空气大棚外观及室内空间

(二)工厂化育苗设施与设备

工厂化育苗一般要有性能良好的现代化连栋温室、日光温室或加温塑料大棚，面积依生产需求和生产能力而定。

1. 基质处理与装盘

工厂化育苗大都是大批量机械化生产，而且一般都使用复合基质，所以基质的使用量较大。根据生产的需要，选择合适的复合基质配方，将各种基质混合均匀后消毒。消毒后的基质要避免与未消毒的基质接触或距离过近，以免再被污染。

消毒后的基质，即可运到装盘车间。在装盘车间内由机械化精量播种生产线完成基质搅拌、填盘、装钵至播种、覆土、洒水等全过程。

2. 催芽车间

工厂化播种育苗的种子一般采用丸粒化种子或包衣种子，播种后必须覆土，覆土厚度因种子大小而异。播种后将穴盘基质浇透水，然后把穴盘运到催芽车间，放进催芽室内催芽。根据播种的不同种类，催芽室内的温度和湿度可根据发芽的最适温湿度条件自动调控。如果采用催芽后人工播种，可用恒温培养箱、光照培养箱催芽。

催芽室的体积和规格可根据供苗量自行设计，按每平方米可摆放30 cm×60 cm穴盘5个，摆放育苗穴盘的层架每层按15 cm计算，再由每张穴盘的可育苗数和每一批需要育苗的总数就可以计算出所需要的催芽室体积。建在温室或大棚内的催芽室可采用钢筋骨架，用双层塑料薄膜进行密封，两层薄膜间应有7~10 cm空间。因为薄膜能透光，既可以增加室内温度，又可使幼苗出土后即可见光，不会黄化。为避免阴雨低温天气。催芽室内应设加温装置。建造专用催芽室可砌双层砖墙，中间填充隔热材料或用一层5 cm厚的泡沫塑料板保温，出入口的门应采用双重保温结构，内设加温空调或空气电加热线加温。电器控制设备安装在室外。

3. 幼苗培育设施

种子经催芽萌动后，要立即转移到有光并能保持一定温湿度条件的保护设施内，幼芽见光后即可逐渐变成绿色。穴盘、营养钵培育的嫁接苗或试管培育的试管苗移进试管后，都要经过一段驯化过程，即嫁接伤口成功愈合或试管苗适应环境的过程。

（三）环境控制

在工厂化育苗中，传统的环境自动控制系统主要是指育苗设施内温度、湿度、光照等生态因子的控制系统。

1. 温度

针对北方的冬季寒冷的特点，育苗温室内的温度要求白天达到20~25 ℃，夜间能保持在14~16 ℃，如若不能满足，则要求增加加温设备，以满足苗木的生长要求。加温方式常见的有锅炉加温、火道加温、暖气加温、电热加温和热风加温等，其中，暖气加温是最理想的加温方法。在育苗床架下埋设电热加温线，可以保证幼苗根部温度在10~30 ℃范围内，可以满足在同一设施内培育不同植物苗木的需求。有条件的地方可以使用大型空调设备。

而在夏秋季，有时又需使用降温设备。要降低设施内温度，可通过通气、湿帘、室内喷雾和遮光等方式。通气还具有降低空气湿度和补充二氧化碳的作用。在高温季节，采用强制换气和喷雾相结合，可以使设施内温度快速下降。

2. 湿度

在工厂化育苗中，入冬前在温室四周要加装薄膜保温保湿。夏季在育苗温室上部设置外遮阳网，有效地阻挡部分直射光的照射，在基本满足幼苗光合作用的前提下，通过遮光降低温室内的温湿度；温室一侧应配置大功率排风扇，高温季节育苗时可显著降低温室内的温湿度；通过温室的天窗和侧墙的开启和关闭，实现对温湿度的有效调节。在夏季高温干燥地区，还可通过湿帘风机设备降温加湿。

3. 光照

育苗设施中的光照情况受设施状况、季节、天气影响，在自然光照不足时，开启补光系统可增加光照度，满足各种植物的生产要求。目前使用的光源主要有高压钠灯、金属卤化物灯和荧光灯。高压钠灯主要是长波红外线，热线占60%，后两种灯富含短光波段，长光波段很少。目前厂商正在研究开发带反射光的高压钠灯、高光效的荧光灯，以及各种灯的合理配置和设置，可显著增加光合有效辐射。

4. 灌溉和营养液补充设备

工厂化育苗生产必须有高精度的喷灌设备来调节灌水量和浇灌时间，并能兼顾营养液的补充和农药的喷施。对于灌溉控制系统，最理想的是能根据水分张力或基质含水量、温度变化来调节控制灌水时间和灌水量；应根据种苗的生长速度、生长量、叶片大小以及温湿度状况来决定育苗过程中的灌溉时间和灌溉量。

5. 检测控制设备

工厂化育苗的检测控制系统由内传感器、计算机、电源、监视和控制软件等组成，对育苗设施内的温度、空气湿度、光照、水分、营养液灌溉等实行有效的监控和调节。可以对加温、保温、降温、排湿、补光、微灌及施肥系统实施准确而有效的控制。目前各厂家都十分重视对植物非接触破坏而获得各种检测资料的仪器设备的研发，包括地上部环境检测感应器，如光照度、光量子、气温、湿度、二氧化碳浓度、风速等感应器；培养液的pH值、液温、溶氧量、多种离子浓度的检测感应器，以及植物本身光合强度、蒸散量、叶面积、叶绿素含量等检测感应器等。

随着社会的发展，经济的繁荣，现代科学技术得到越来越广泛的应用。在农业信息化和智能化的技术应用上，通过网络技术、感应技术、应用开发技术、互联网与3G网络的结合，通过物联网技术实现农业生产的精细化、远程化、自动化。现在的自动化控制系统，除了温度、湿度、光照等生态因子外，还可以实现视频远程监控、定制信息自动发送、温室卷帘、通风、滴灌等作业的自动控制等，并且精度显著提高，如温度测量精度可达0.01 ℃。连栋温室自动控制系统如图9-5所示。

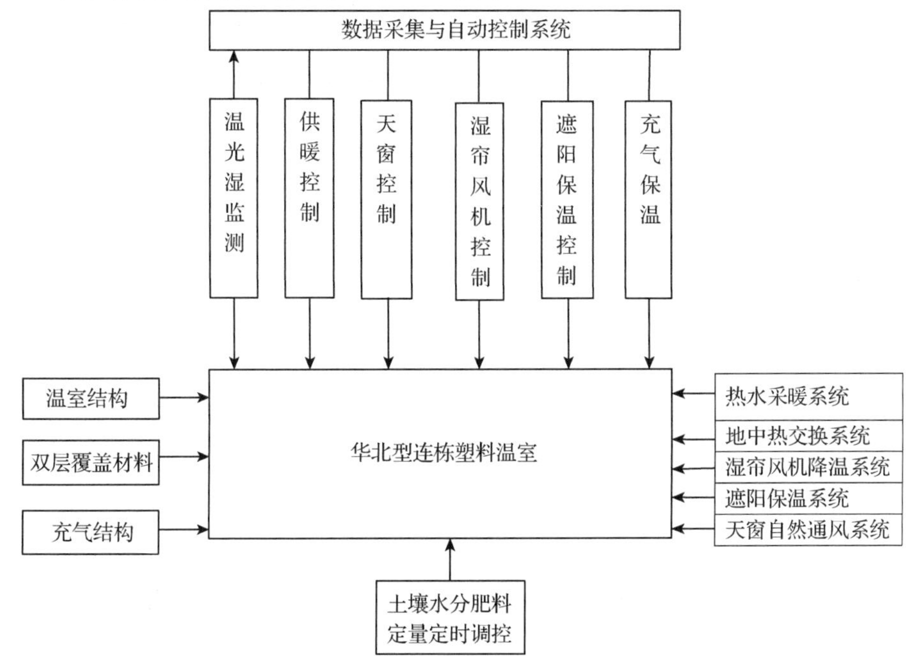

图9-5　连栋温室自动控制系统示意图

三、工厂化育苗技术

工厂化育苗是发达国家苗木集约化的一种先进模式，工厂化育苗中，依据其栽培植物品种和栽培方式的不同，所采取的育种手段也不同。苗圃按生产的要求分成不同的车间，把苗木繁殖与培育分解成不同的工艺，使育苗标准化，实现高效率生产。播种育苗是最主要和常见的方法，下面就以播种育苗为例，介绍工厂化播种育苗的生产流程，其生产流程可分为基质调配、播种、催芽、育苗和出室5个阶段，工厂化育苗工艺流程如图9-6所示。

工厂化播种育苗常采用穴盘育苗精量播种生产线，以蛭石、草炭、珍珠岩等轻型无土

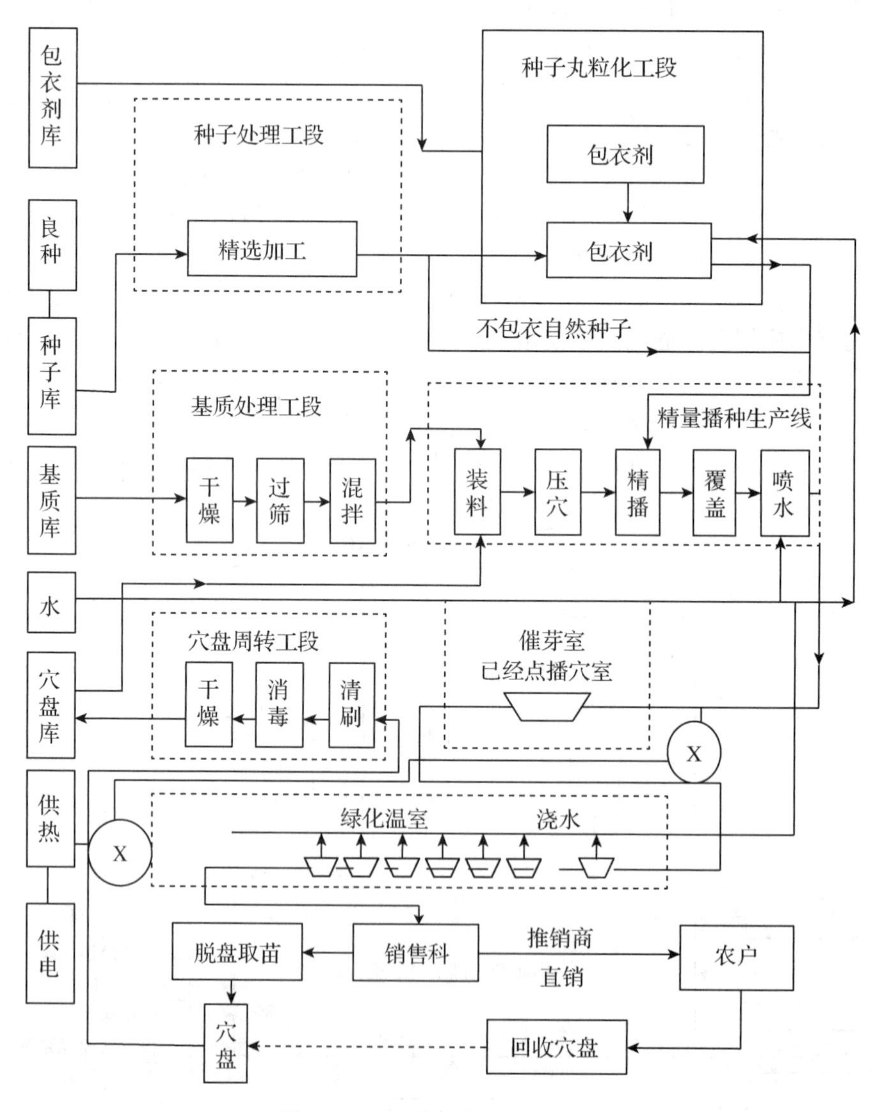

图9-6 工厂化育苗工艺流程图

材料作育苗基质，以塑料穴盘为容器，用机械化精量播种生产线自动完成填充基质、播种、覆土、镇压、浇水等过程，然后在催芽室和温室等设施内进行有效的环境管理和培育，一次性成苗的现代化育苗管理系统。该生产线的主要工艺过程包括：基质筛选—混料拌匀—装料—穴盘填料—刷平—镇压—精量播种—覆土—刷平—喷水等。

(一)播种与催芽

1. 基质填装与精量播种

按设定的基质配方比例，把育苗用的各种固体基质以及肥料加入基质粉碎和混配机中，经过适当的粉碎，混合均匀后输送到自动装盘机，装盘机将混合好的育苗基质均匀地撒入育苗穴盘中，穴盘装满后运行至机械压实和打穴装置上，进行刮平和稍压实，然后打穴。再传送至精量自动播种机，播种机根据穴盘的型号进行精量播种，每穴播 1 粒种子。播种后的穴盘继续前行至覆盖机，在种子上覆盖一层约 0.5 cm 厚的基质，最后将穴盘传送到自动洒水装置上喷水。图 9-7 为工厂化育苗中的一种自动装填机和精量自动播种机。

图 9-7　基质自动装填机和精量自动播种机

播种前，对一些不易发芽的种子，如种皮坚硬致密不易吸水萌发的种子，可采用刻伤种皮或强酸腐蚀等方法预处理；对具有休眠的种子，可采用低温或变温处理的方法，也可利用激素(如赤霉素等)处理来打破种子的休眠。

2. 催芽

播种后，将育苗盘运至催芽室进行催芽。催芽室内设有加热、增湿和空气交换等自动控制和显示系统，具有摆放育苗穴盘的层架。催芽室内温度控制在 20～35 ℃之间，相对湿度保持在 85%～90% 范围内，催芽室内温湿度相对均匀一致。当种子有 80% 脱去种皮、顶出基质，表明成功完成了催芽过程。

将催芽后的育苗盘移至育苗温室育苗床中，进入幼苗的生长阶段。幼苗生长期的管理是培养壮苗的关键。

（二）苗期管理

1. 温度管理

适宜的温度是苗木生长发育的重要环境条件之一。不同种类、不同生长阶段的苗木对温度有不同的要求，一般喜温性苗木要求白天在25～30 ℃之间，夜间能保持15～20 ℃；耐寒性苗木要求白天在15～20 ℃之间，夜间能保持10～15 ℃。

2. 光照管理

冬春季在设施内育苗，自然光照比较弱，有条件的可人工补充光照，以保证幼苗对光照的需要。夏季育苗，自然光照强度大，易形成过高的温度。可采用遮光、通风等方法降温。

3. 肥水管理

由于育苗穴盘的单株营养面积小，基质量少，养分不足会影响幼苗的正常生长。如果在育苗基质中加入适量化肥，苗期可以不用再施肥。如苗期较长，可采用浇营养液的方式进行追肥。播种后要喷透水，在幼苗的生长过程中，视具体情况适时补充水分。冬春季喷灌最好在晴天上午进行。起苗的当天要喷灌一次透水，起苗容易。若幼苗需要长距离运输，幼苗不能萎蔫。

4. 苗期病害防治

苗木幼苗期易感染的病害主要有猝倒病、立枯病、灰霉病等，由环境因素引起的生理病害有沤根、寒害、冰害，以及有害气体毒害、药害等。以上各种病理性和生理性病害要以预防为主，及时调整并杜绝各种传染途径，做好穴盘、器具、基质、种子和温室环境的消毒工作。对于环境因素引起的病害。应加强温度、光照、湿度及肥水的管理，严格检查，预防为主，保证各项管理措施到位。

发现病害症状及时进行适当的化学药剂防治。育苗期间常用的化学农药有75%百菌清粉剂600～800倍液，可防治猝倒病、立枯病、霜霉病和白粉病；50%多菌灵可湿性粉剂800倍液，可防治猝倒病、立枯病、炭疽病和灰霉病等；以及72%普力克水剂600～800倍、64%杀毒矾可湿性粉剂600～800倍液等对苗木的苗期病害都有较好的防治效果。

5. 定植前炼苗

幼苗在移出育苗温室前必须进行炼苗，以适应定植后的新环境。如果幼苗定植于有加热设施的温室中，只需保持运输过程中的环境温度即可；幼苗若定植于没有加热设施的塑料大棚内。应提前3～5天降温、通风、炼苗；定植于露地无保护设施的幼苗，必须严格做好炼苗工作，定植前7～10天逐渐降温，使温室内的温度逐渐与露地相近，防止幼苗定植时发生冷害。另外，幼苗移出温室前2～3天应施一次肥水。并进行杀菌、杀虫剂的喷洒，做到带肥、带药出室，保证幼苗移栽的成活率。

第二节　组培育苗

一、组织培养概况

植物组织培养(plant tissue culture)是指将植物体离体的器官、组织、细胞或原生质体，在无菌条件下，接种在人工配制的培养基上，并给予适合其生长、发育的条件，诱导出愈伤组织、不定芽、不定根等，最后形成完整新植株的技术方法。它是一种无性繁殖方法，因为是在培养器皿中离体培养的，组织培养又叫离体培养(culture in vitro)或试管培养(in test-tube culture)。

植物组织培养开始于19世纪后半叶，当时植物细胞全能性的概念还没有完全确定，但基于对自然状态下某些植物可以通过无性繁殖产生后代的观察，人们便产生了这样一种想法即能否将植物体的一部分培养成一个完整的植物体，为此许多植物科学工作者开始了培养植物组织的尝试。

1839年德国植物学家施莱登(Schleiden)和德国动物学家施旺(Schwann)提出细胞学说，指出细胞是生物有机体的基本结构单位，细胞(特别是植物细胞)又是在生理上、发育上具有潜在全能性的功能单位。在此理论基础上，1902年德国植物生理学家Haberlandt提出了高等植物的器官和组织可以不断分割、直至单个细胞的观点，并指出每个细胞都具有进一步分裂、分化、发育的能力。他用组织培养方法，培养植物的叶肉细胞，试图培养出完整的植株，来证实这一观点。但由于当时实验条件等的限制未获成功。不过这一观点却吸引和指导了很多科学工作者继续进行探索和研究。

在此后的50多年中，关于植物组织培养中的器官的形成和个体发育方面的研究进展很快。1934年，怀特(White)培养番茄离体根尖获得了成功。

20世纪30年代，植物组织培养领域出现了两个重要的发现，一是认识了B族维生素对植物生长的重要意义；二是发现了生长素是一种重要的天然生长调节物质。1954年，单细胞培养获得成功。1957年，提出了有关植物激素控制器官分化的概念。1958年，英国学者Steward在美国将胡萝卜的髓细胞培养成为一个完整的植株。这是人类第一次实现了人工体细胞胚，也证明了植物细胞的全能性，对以后的植物组织和细胞的培养产生了深远的影响。随后有许多科学工作者用植物的幼胚、植物的器官，通过组织培养获得了完整的植株。

20世纪60年代以后，随着对组织培养条件的不断研究，组织培养技术得到不断改善，以及由于植物激素种类的增加和广泛应用，使人们能更好地更精确地控制植物细胞的生长和分化，大大促进了植物组织培养技术的发展。

我国植物组织培养的研究，工作开展得也较早。1931年李继侗培养了银杏的胚。1935—1942年罗宗洛进行了玉米根尖的离体培养。其后罗士伟进行了植物幼胚、茎尖、根尖和愈伤组织的培养。20世纪70年代以后我国开展了植物花药培养单倍体育种，在园林植物方面对杉木、北美红杉、银杉、樟子松、柳杉、白皮松、欧洲赤松、油松、雪松、银杏、中山柏等进行了组织培养，其中大多数已诱导出不定芽，有些种类还生了根。特别是

2005年的全国科学大会以来，我国植物组织培养方面进行了大量研究，取得了一系列举世瞩目的成就，不少研究成果已走在世界的前列。

随着经济的发展和人们生活水平的不断提高，人们对环境的要求也不断提高，对园林植物的花色品种和质量也提出了更高的要求，为促进园林植物生产的迅速发展，国际上已广泛采用植物组织培养技术来解决生产中的质量问题。特别是植物器官的培养技术，从20世纪60年代开始即走出实验室进入生产领域。西欧和东南亚国家，利用植物组织培养方法，快速繁殖兰花的数量已达35个属150多种。美国现有10个以上兰花工业中心，应用组织培养技术，不断提供兰花新品种，年产值达5000万~6000万美元。目前世界上已采用组织培养技术投入工厂化生产的花卉有兰花、菊花、香石竹、非洲菊、非洲紫罗兰、杜鹃花、月季、郁金香、风信子等十余种。组培成功的植物有400余种。我国利用植物器官组织培养，快速繁殖花木的工作总的来说起步较晚，但进展很快，现已获得成功的园林植物也有100多种。

进入21世纪，植物组培技术日趋成熟和完善，对组织培养中细胞的生长、分化的规律有了新的认识，研究目的更加明确。同时，近代的分子生物学、细胞遗传学等有关学科的新成就，各学科之间的相互渗透和促进，以及PCR(聚合酶链式反应)和原位杂交等新技术的迅速发展，都对植物组织培养的研究有着深刻的影响，促进了植物组培技术的发展，并开始应用于实践，取得了很大发展。

二、植物组织培养的分类

(一) 依据培养方式分类

根据培养方式，植物组织培养可分为固体培养和液体培养两类，后者又分为静止培养、振荡培养等。

1. 固体培养

这是应用最为广泛而普遍的一种组织培养方法，就是在培养基中加入一定量的凝固剂，使培养基呈固态。琼脂是目前广为采用的良好凝固剂，使用时加热使之熔化，经冷却即凝固成固体培养基。

由于固体培养使用简便，目前仍然是常用的一种培养方法，大量的植物组织培养，如根、茎、茎尖、叶以及花药培养，大都以固体培养为主。

2. 液体培养

培养基中不加任何凝固剂，经消毒后的培养物直接置于液体中培养。一般又分静止培养和振荡培养两种形式。

无论采取哪种培养方法，植物在培养基上培养一段时间后，会积累一些代谢产物，又由于消耗了养分，必须及时更换培养基进行转移培养，这种转移培养一般又称为继代培养。

（二）依据被培养植物体的部位分类

依据被培养植物体的部位的不同，植物组织培养又可以分为植株培养、胚胎培养、器官培养、组织培养、细胞培养、原生质体培养等类型。详见图 9-8。

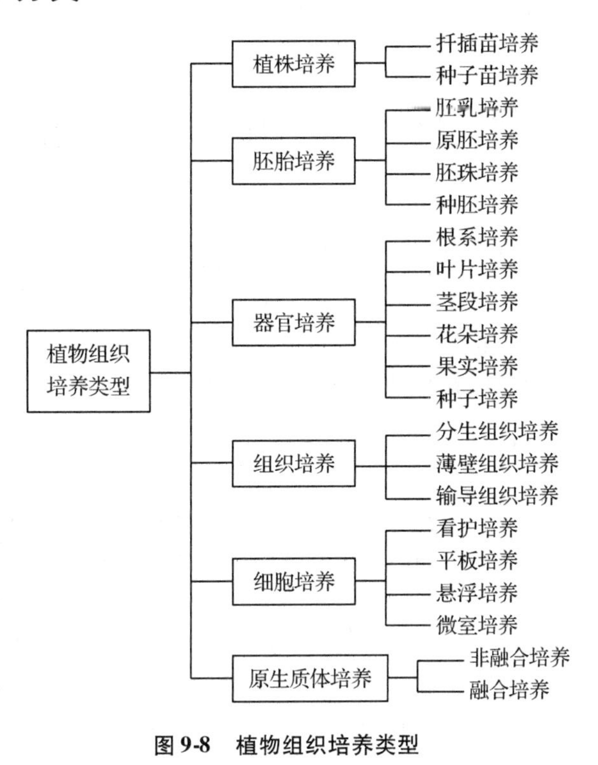

图 9-8 植物组织培养类型

1. 植株培养

植株培养指对幼苗、较大植株的培养。通常分为扦插苗培养和种子苗培养等类型。

2. 胚胎培养

胚胎培养是通过对幼胚、子房等的培养来使发育不全的胚胎形成完整植株的过程。又可以分为胚乳培养、原胚培养、胚珠培养、种胚培养等。通过胚珠培养在某种程度上可以克服杂交不孕等障碍，使植物远缘杂交育种成为可能。采用胚乳培养，为三倍体育种提供了新的途径。

3. 器官培养

器官培养是指对植物体各种器官的离体培养。又可分为根系培养、茎段培养、叶片培养、花朵培养、果实培养和种子培养等。器官培养在园林花卉生产中占有重要地位。例如，很多花卉种苗的繁殖都是通过茎尖、茎段来诱导不定芽，从而获得再生植株的，这有利于在短期内培育出大量的优质花卉种苗。

4. 组织培养

组织培养指对植物体各种组织的离体培养。通常分为分生组织、薄壁组织、输导组织的离体培养。

5. 细胞培养

细胞培养指对单个离体细胞或较小细胞团的培养。又可分为看护培养、平板培养、悬浮培养和微室培养等。其中，悬浮培养具有重要地位。

6. 原生质体培养

原生质体培养指对去掉细胞壁后所获原生质体的离体培养。通常分为非融合培养和融合培养。由于去掉了细胞壁，可使不同的原生质体进行融合，即进行体细胞杂交。原生质体培养能够为体细胞遗传研究提供理想的试验系统，刚被分离的原生质体可以用于细胞壁的合成、膜透性等方面的研究。另外，通过原生质体的融合可以为植物品种改良提供新的途径。

三、组织培养在园林育苗上的作用

近十几年来，木本植物的组培工作进展也很快。据报道，在国际上有61种木本植物通过组织培养方法获得了完整植株。近年来，我国各地也普遍开展组培工作，取得了显著成绩，仅上海植物园就进行50余种木本植物的组培实验，已有油橄榄、葡萄桉、灰桉、白鹃梅、金合欢等十余种树种获得了成功；北京的丰花月季试管苗也大批投入生产。植物的组织培养有以下几方面的作用。

1. 快速繁殖苗木

传统的繁殖育苗受气候、季节、基质等因素的影响，繁殖系数小、繁育时间长、母株利用率低。而组织培养育苗用材少，速度快、不受自然条件限制，可以快速大量繁殖苗木。对于不能用普通方法繁殖或用普通繁殖法繁殖太慢的植物，如兰科植物和许多观叶植物，组织培养技术是实现其商品化生产的最佳途径。

对于某些稀有植物或有较大经济价值的植物，由于受到地理环境和季节的限制，依靠自然条件在短时期内需要达到一定数量是很困难的，而通过组织培养的方法能够满足这一要求。

2. 培育脱毒苗

有很多植物都带有病毒，会影响植物的正常生长，也直接影响到苗木的观赏价值和经济价值。特别是无性繁殖植物，如康乃馨、马铃薯等，由于病毒是通过维管束传导的，因此利用这些植物营养器官繁殖，就会把病毒带到新的植物个体上而发生病害。但是感病植株并不是每个部位都带有病毒，如茎尖生长点尚未分化成维管束的部分可能不带病毒。若利用组织培养法进行茎尖组织培养，再生的植株有可能不带病毒，从而获得无病毒苗木，一般来说取得茎尖越小，脱毒效果越好，但操作难度也越大。

3. 保存植物种质资源，挽救濒于灭绝的植物

长期以来人们想了很多方法来保存植物，如储存果实、种子、块根、块茎、种球、鳞茎等各种植物材料；用低温、变温、低氧、充惰性气体等保存方法等。这些方法在一定程度上收到了比较好的效果，但仍存在一些问题。主要问题是付出的代价高、占用空间大、保存时间短，而且易受环境条件的限制。植物组织培养结合超低温保存技术，可以给植物种质保存带来一次大的飞跃。因为保存一个细胞所占的空间仅为原来的几万分之一。液氮中可以长时间保存，不像种子那样需要年年更新或经常更新。

环境的不断变化使许多种类的植物面临灭绝的危险，而且许多种植物已经灭绝，留给人类的只是一种遗憾。实践证明，通过组织培养的方法可以使一部分濒危的植物种类得到

延续和保存；如果再结合超低温保存技术，就可以使这些植物得到较为永久性的保存。

4. 培育新品种

通过花药和花粉组织培养可以获得单倍体植物，然后通过染色体加倍，就培育出了纯系的植物新品种，而且使新品种的培育过程简化，大大缩短了育种时间。

在植物远缘杂交中，杂交后形成的胚珠往往在未成熟状态时，就停止生长，不能形成有生活力的种子，因而杂交不孕，这给远缘杂交造成极大困难。利用组织培养技术进行胚胎培养，可以把多数植物的成熟或未成熟胚培养完整植株，克服了远缘杂交不亲和的障碍。

通过胚乳培养可获得三倍体植株，为诱导形成三倍体植物开辟了一条新途径。三倍体加倍后得到六倍体，可育成多倍体品种，其中植物组织培养技术是不可缺少的。

通过原生质体融合，可部分克服有性杂交不亲和性，而获得体细胞杂种，从而创造新物种或育成优良新品种。

5. 植物产品的工厂化生产

植物细胞在代谢过程中，能够产生一些有机化合物，如人参皂甙、奎宁、除虫菊酯、茉莉花油、番红素等，这些化合物在生产上广泛用做药物、杀虫剂、香料、色素等，对国民经济有重要意义。以前，人们都是利用植物体来提取或合成这些有机化合物。科学家发现，植物细胞在液体培养基上的分裂速度，比在固体培养基上的要快得多。经过多年的努力，人们能够通过大规模培养植物细胞，并从中提取所需的一些化合物。

总之，现在的植物组织培养仍然处于发展阶段，远远没有达到它的高峰期，很多机理人们还没有搞清楚，它的潜力还远远没有发挥出来。相信在今后的几十年内，组织培养将会有更大的发展，在农业、林业、制药业、加工业等方面将会发挥更大的作用，创造出更大的经济效益。

组织培养育苗也存在两大问题。一是技术问题，组织培养育苗生产程序复杂，使得组织培养需要较高的技术条件，虽然组培试验成功的植物达数百种，但利用组培进行规模化生产苗木的植物种类只有几十种；二是成本问题，由于组织培养育苗生产中所需设备和技术的投入较大，工艺复杂，使得组织培养育苗风险大、成本高。这两个问题成为当前限制组培育苗在生产上广泛应用的主要因素。

四、植物组织培养的基本设备和操作

(一) 基本设备和用具

1. 实验室

(1) 化学实验室

植物组织培养及组培育苗时所需器具的洗涤、干燥、保存；药品的称量、溶解、配制和存放；培养基的配制和分装；高压灭菌；植物材料的准备和预处理，以及各种生理、生化指标的分析等各种操作，都是在化学实验室进行。其要求与一般通用化学实验室相同。

(2)接种室(无菌操作室)

是进行各种无菌操作的工作室。室内设有超净工作台或接种箱，用于植物材料的接种、培养物的转移、试管苗的继代等。要求室内光滑平整，地面平坦，便于清洗和消毒，一般均采用耐水耐药的材料装修，避免消毒剂的腐蚀。室内应定期用甲醛或高锰酸钾熏蒸消毒灭菌，也可用紫外灯照射 20 min 以上进行消毒灭菌。

(3)培养室

培养室是在人工控制条件下培养接种物及试管苗的场所。要求电力供应稳定，最好有备用发电电源。有自动控温和照明设备。室内要求干净整洁。无论什么季节，室内温度一般要求能控制在25~27 ℃之间，或依所培养的植物可以调节温度。培养室内应有培养架等装置。照明光源以白色荧光灯为好。

(4)洗涤室

如果工作内容少，洗涤的器皿不多，洗涤可以在化学实验室进行。若育苗量大，需要配有专用洗涤室，洗涤室内装有水槽用于用具的清洗，地面要耐湿，并能排水。灭菌锅、干燥箱等可从化学实验室移入洗涤室，以便操作。

除以上必备实验室外，有条件的还可设置观察室、贮存室、细胞学实验室及摄影室等。

2. 仪器设备

(1)天平

应配备有精确度为0.1 g 的药物天平，用于称取培养基中的蔗糖、琼脂、大量元素等药品和材料的称量。精确度为0.0001 g 的分析天平，用于准确称取微量元素和激素类等药品，目前一般用电子天平。

(2)显微镜

用一般体视显微镜即可，用于剥取茎尖，以及隔瓶观察植物内部组织生长情况等。

(3)空调

温度过高、过低都不利于试管苗生长繁殖。所以必须配备空调，使培养室内保持植物生长所需的温度。

(4)冰箱

用以各种维生素、激素及培养基母液的贮藏保存，实验材料的保存，以及材料的低温处理等。

(5)酸度测定仪

用于测定培养基或溶液的 pH 值。

(6)培养架

进行固体培养时需用培养架。培养架分为多层，每层顶上有固定灯座，每层安装40 W

日光灯 2 个。

(7) 烘箱和恒温箱

用于烘干玻璃器具及测定培养物的干重等。

(8) 高压灭菌锅

用于培养基和玻璃器皿等用具的高压灭菌，目前全自动高压灭菌锅应用非常普遍。

(9) 光照培养箱

可自动调温、调光、调湿，用于少量培养材料的试验等。

(10) 超净工作台

超净工作台用于进行无菌操作，是组培育苗的主要设备。基本原理是将室内空气经过双层过滤，送出洁净气流通过无菌区，形成无尘无菌的工作环境。

除以上必备的仪器设备外，还可备有显微摄影、离心机以及悬浮培养用的转床、摇床等。

3. 玻璃器皿和用具

组织培养中的各种玻璃器皿只应使用硼硅酸盐玻璃器皿，钠玻璃对某些组织可能是有毒的，重复使用时毒害会更明显。一般常用的玻璃器皿有各种类型的试管、三角瓶、广口瓶、培养皿、量筒、烧杯、玻璃棒等。常用的器具可选用医疗器械或微生物实验所用的各种镊子、剪刀、解剖刀、解剖针等。

国内有些实验室，玻璃器皿已被塑料器皿取代。有些塑料容器可以进行高压灭菌，另外有些塑料容器，出厂时就是无菌的。这些一次性消耗品在国外已得到普遍应用，在国内也有生产。

4. 温室

主要用于组培苗的驯化炼苗和培育，要求有降温和加热设备、浇灌设备及营养床、移植盆等，浇灌设备最好有自动间歇喷雾装置。温室的面积根据育苗规模大小来确定。

(二) 植物组织培养的操作技术

1. 玻璃器皿的洗涤

新购置的玻璃器皿，都会有游离的碱性物质。使用前，先用 1% 的稀盐酸浸泡一夜，然后用肥皂水洗涤，清水冲洗，最后用蒸馏水冲净，晾干后备用。已用过的各种玻璃器皿尤其是分装培养基的大批三角瓶等，均应先用洗衣粉洗涤，再用清水冲洗干净，然后放入洗液中浸泡 24 h，用清水(最好为流水)冲洗，再经蒸馏水冲洗干净，放入烘箱中烘干备用。

洗液的配制：一般采用重铬酸钾 50 g，加入蒸馏水 1 L，加温溶化，冷却后再缓缓注入 90 mL 工业硫酸。

2. 培养基的制备

在组织培养中，不同的植物组织对营养有不同的要求，甚至同一种植物不同部分的组织对营养的要求也不同。因此，没有任何一种培养基可以适应一切类型的植物组织培养。

(1)培养基的组成

植物组织培养所用的培养基，主要成分包括各种无机营养成分、有机营养成分、糖类和生长调节物质(各种植物激素)。一般进行固体培养时，还应加入固化剂使培养基固化，一般使用琼脂。

①无机营养成分　无机营养成分即矿质元素，它在植物生长发育中非常重要。只含无机成分，即大量元素和微量元素的培养基常称为基本培养基，它是各种不同类型培养基的基础。

②有机营养成分　最常用的就是维生素和氨基酸，培养基中最常用的氨基酸是甘氨酸，其次是精氨酸、谷氨酸、谷酰胺丙氨酸等，都是很好的有机氮源。

③糖类　碳源是培养基的重要成分，各种培养基配方中都要加入一定的糖作为碳源，最常用的是蔗糖，也可用葡萄糖或果糖。糖类不仅是组培中植物生长所需的营养物质，还可以调节培养基中的渗透压。

④生长调节物质　主要指各种植物激素，它对组织培养中组织或器官的分化、生长发育有不可替代的作用。常见的植物激素有生长素、细胞分裂素、赤霉素、脱落酸等，此外还有叶酸、水杨酸、多胺等，也可用于植物的组织培养，取得了较好效果。

⑤琼脂　琼脂是植物组织培养中最常用的固化剂，它并不是培养基的必需成分。不加琼脂或其他固化剂时，培养基呈液态，主要用于愈伤组织培养和胚状体培养。

(2)培养基的配方

植物组织培养能获得成功，在一定程度上依赖于选择合适的培养基。培养基不同，植物材料的反应也有差异。植物组织培养常用培养基为 MS 培养基，常用培养基配方见表 9-1。

不同的培养基配方各有其特点，组织培养生产实践中，需要认真对比各种配方的特点，结合培养植物及外植体的种类、培养目的等确定筛选出最佳的培养基配方。如有的培养基矿质元素含量低，有的矿质元素含量高。有的培养基适合木本植物的培养；有的适合培养豆科植物，有的适合培养禾本科植物。愈伤组织的生长、分化和生根，取决于培养基中植物激素的种类和含量，因此，试验筛选出最佳植物激素种类和浓度也是植物组织培养获得成功的关键。

(3)培养基的制备

①母液的配制　培养基母液是指浓缩储备液。由于组织培养时不同植物需要不同的培养基，为减少工作量，可以先将培养基的通用成分配制成母液备用。如大量元素，一般配制成 10 倍浓度的溶液；微量元素通常配成 100 倍浓度的溶液；放入 2~4 ℃的冰箱内保存，同时，在母液瓶上贴上标签，注明母液种类、浓度、配制时间等信息，贮存时间不能过长，如果出现浑浊沉淀或霉菌等现象是，则不能再使用，需重新配制。配制好的母液用时再按比例稀释。

表 9-1　常用培养基营养成分　mg/L

培养基成分		培养基名称(年)								
		MS (Murashige 和 Skoog) 1962	LS (Linsrnaier 和 Skoog) 1965	H^+ (Bourgln Nitsch) 1967	T^+ (Bourgin Nitsch) 1967	B_3 (Gamborg 等) 1968	尼许 (Nitsch) 1951	改良怀特 (White) 1963	米勒 (Mider) 1963	N_6 1974
大量元素	NH_4NO_3	1650	1650	720	1650				1000	
	$(NH_4)_2SO_4$					134				463
	KNO_3	1900	1900	950	1900	2500	125	80	1000	2830
	$Ca(NO_3)_2 \cdot 4H_2O$						500	300	347	
	$CaCl_2 \cdot 2H_2O$	440	440	166	440	150				166
	$MgSO_4 \cdot 7H_2O$	370	370	185	370	250	125	720	35	185
	KH_2PO_4	170	170	68	170		125		300	400
	Na_2SO_4							200		
	$NaH_2PO_4 \cdot H_2O$					150		16.5		
	KCl							65	65	
微量元素	KI	0.83	0.83			0.75			0.8	0.8
	H_2BO_3			10	10	3	0.5	1.5	1.6	1.6
	$MnSO_4 \cdot H_2O$				25	10			4.4	
	$MnSO_4 \cdot 4H_2O$	22.3	22.3	25			3	7	1.5	4.4
	MoO_2							0.0001		
	$ZnSO_4 \cdot 7H_2O$	8.6	8.6	10		2	0.05	3		1.5
	$Na_2MoO_3 \cdot 2H_2O$	0.25	0.25	0.25	0.25	0.25	0.025			
	$CuSO_4 \cdot 5H_2O$	0.025	0.025	0.025	0.025	0.025	0.025	0.001		
	$CoCl_2 \cdot 6H_2O$	0.025	0.025			0.025				
有机成分	甘氨酸	2		2				3	2	2
	盐酸硫胺素(VB_1)	0.4	0.4	0.5		10		0.1	0.1	1
	盐酸吡哆素(VB_4)	0.5		0.5		1		0.1	0.1	0.5
	烟　酸	0.5		0.5		1		0.3	0.5	0.5
	肌　醇	100	100	100		100		100		
	叶　酸			0.5						
	生物素			0.05						
	蔗　糖	30 000	30 000	20 000	10 000	20 000	20 000	20 000	30 000	50 000
	琼　脂	10 000	10 000	8000	8000	10 000	10 000	10 000	10 000	10 000
	pH	5.8	5.8	5.5	6.0	5.5	6.0	5.6	6.0	5.8

②培养基的配制　培养基配方中的化学药品好母液种类众多，数量各异，配制时很容易遗漏或重复。因此，首先应根据培养基的配方计算好母液的取用量，按配方顺序吸取，每取用一种做一个记号，这样不至于出错。

为防止发生沉淀，加完大量元素后加适量蒸馏水，然后再加微量元素，定容至所需体积。糖和琼脂要随配随用。调整 pH 值。固体培养的加入琼脂等固化剂加热融化，趁热分注到试管、三角瓶或广口瓶中，一般加至容器的 1/5～1/4，封口放入高压灭菌锅中灭菌消毒，取出冷却凝固后备用，不同培养基在灭菌前应做好标记，防止混乱。

配制培养基最简单的方法是使用培养基干粉，干粉中含有无机盐、维生素和氨基酸。把这种干粉溶解在蒸馏水里，加上蔗糖、琼脂和其他必要的补充物，调节 pH 值，高压灭菌，就制成了所需的培养基。制作过程如图 9-9 所示。

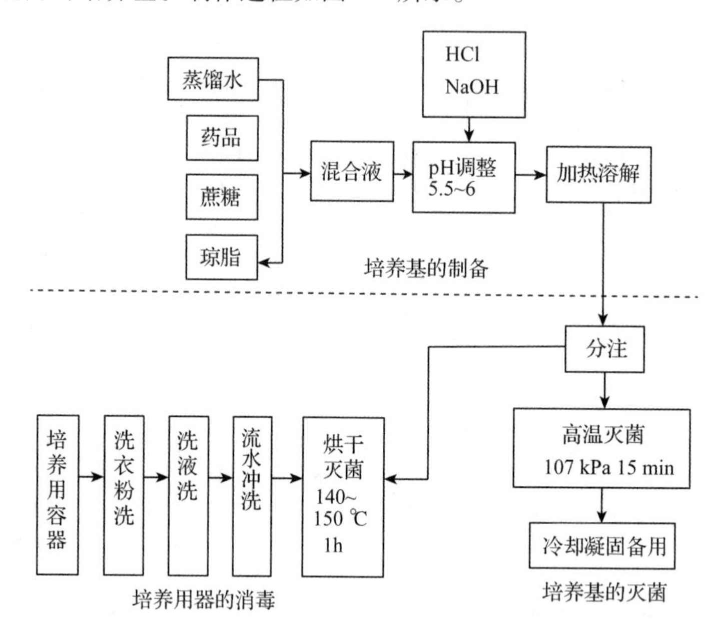

图 9-9 培养基的制作过程

3. 接种

(1) 外植体的选取和准备

外植体是指组织培养中的各种接种材料。外植体的选择对组培结果有不同程度的影响。一般要从生长健壮、健康的植株上选择外植体，通常选择幼嫩的部位比较容易培养成功。植物材料的大小和形状没有严格限制，但植物材料的大小要适当，太小细胞分裂难以发生，太大容易造成污染。外植体准备好后，用自来水冲洗干净。

接种所用的解剖刀、接种针、剪刀、镊子等工具要进行认真清洗、消毒；还要准备酒精、无菌水等药品及滤纸等物品。

(2) 灭菌

灭菌是指用物理或化学的方法，杀死物体表面和孔隙内的一切微生物或生物体，即把所有生命的物质全部杀死。而消毒是指杀死、消除或充分抑制部分微生物，使之不再发生危害作用，所以，在消毒后的环境里和物品上还有活着的微生物。

植物组织培养对无菌条件的要求是非常严格的，甚至超过微生物的培养要求，这是因为培养基含有丰富的营养，稍不小心就引起杂菌污染。要达到彻底灭菌的目的，必须根据不同的对象采取不同的切实有效的方法灭菌，才能保证培养时不受杂菌的影响，使试管苗能正常生长。

为了得到无菌材料，在接种前必须先对植物材料进行消毒灭菌。一般采用化学试剂进行表面消毒。消毒试剂的选择及消毒处理时间，依植物材料对试剂的敏感性来决定，并且要选用消毒后容易除去的药剂，防止产生药害，影响愈伤组织的发生。常用消毒剂的消毒效果见表9-2。

表9-2　常用消毒剂效果比较

消毒剂	使用浓度	去除的难易	消毒时间(min)	效　果
次氯酸钠	2%~5%	易	5~30	很好
漂白粉	饱和溶液	易	5~30	很好
溴　水	1%~2%	易	2~10	很好
次氯酸钙	9%~10%	易	5~30	很好
硝酸银	1%	较难	5~30	好
过氧化氢	10%~12%	最易	5~15	好
酒　精	70%~75%	易	0.2~2	好
抗生素	40~50mg/L	中	30~60	较好

消毒药剂有漂白粉(次氯酸钙)、次氯酸钠等在材料放入消毒剂之前，先用自来水冲洗或先在70%~75%酒精中漂洗一下，有利于消毒剂渗入植物材料并杀死微生物。放入消毒剂消毒后，必须用无菌水认真冲洗几次，将消毒液冲洗干净，才能进行接种。由于植物种类及所选用的植物器官或植物组织不同，在消毒顺序和消毒时间上也各有不同。

培养基用湿热灭菌，一般用全自动高压灭菌锅，高压灭菌锅内温度可高达121 ℃。在此蒸汽温度下，可以很快杀死各种细菌及其他微生物。

(3)接种

接种就是将已消毒好的根、茎、叶等离体材料，经切割或剪裁成小段或小块，放入培养基的过程。植物材料接种的全过程都必须在无菌条件下进行。在接种4 h前用甲醛熏蒸接种室，并打开其内紫外线灯进行杀菌。在接种前20 min，打开超净工作台的风机以及台上的紫外线灯。接种操作员先洗净双手，在缓冲间换好专用实验服，并换穿拖鞋等；上工作台后，用酒精棉球擦拭双手，特别是指甲处，然后擦拭工作台面。先用酒精棉球擦拭接种工具，再将镊子和剪刀从头至尾过火一遍，然后反复过火尖端处，对培养皿要过火烤干。

接种具体操作如下：将外植体材料放在超净工作台上的无菌器皿上，在工作台面上放一个烧杯，烧杯中倒入半杯无菌水用于冷却操作中烧热的镊子和解剖刀。左手拿试管或三角瓶，用右手轻轻取下封口膜，将容器口靠近酒精灯火焰，瓶口倾斜。以防空气中的微生物落入瓶中，瓶口外部在火焰上燎数秒钟，固定瓶口，然后用消过毒的镊子将外植体送入瓶中，包好封口膜，做好标记。

接种完毕后要清理干净工作台，可用紫外线灯灭菌30 min，若连续接种，每5天要大强度灭菌一次。

4. 培养

植物组织培养受温度、光照、培养基的 pH 等各种环境条件的影响，因此需要严格控制培养室的培养条件。由于植物的种类、所取植物材料部位等不同，所要求的环境条件也有差异。一般培养室的温度多要求保持在 25 ± 2 ℃的恒温条件，最低不低于 20 ℃，最高不超过 32 ℃；光照度为 1500 ~ 3000 lx，光照时间为 10 ~ 16 h。对培养室内的湿度，一般可以不加人为控制，装有培养基的容器内的湿度基本上能满足生长要求，但外界环境湿度过高容易造成污染。组培中培养基的 pH 通常为 5.5 ~ 6.5，pH 在 4.0 以下或 7.0 以上对生长都不利。

污染是组培无菌培养的主要障碍。接种后要勤于观察，接种后 7 天是发现污染的关键期。污染主要来自于外植体和人为因素两个方面。防止外植体的污染可利用表面消毒和抗生素防止内部病菌。人为污染的避免需酒精擦洗双手，戴口罩，穿工作服、工作帽等。防止褐变应选择合适的外植体及培养条件，如保持较低的温度等、在培养基中加入抗坏血酸等抗氧化剂或通过连续转移等措施，来避免或减轻褐变的毒害作用。

5. 移栽

当试管苗生长到具有 3 ~ 5 条根后即可移栽。但长期在容器内无菌条件下培养的小苗，移植到室外之前，必须经过一个驯化炼苗的过渡阶段。将组培幼苗移栽成活是组培育苗成功的最后一个重要环节。组培幼苗移栽过程较为复杂，影响成活的因素也较多。

移栽前几天先将培养试管苗的瓶口打开，使幼嫩的试管苗逐渐适应自然环境。移栽时用清水洗去根上的琼脂，栽入花盆中，其培养土可选用通气透水好的粗砂、蛭石等。幼嫩的试管苗需在室内培养 10 ~ 30 天，然后再移入田间正常生长。由组培苗改为盆栽苗是组培育苗成败的关键，如何调剂好温度、湿度及光照等环境条件，是移植成活的关键。培养的植物不同，对环境条件的要求也不一样。

五、组培育苗新技术

随着社会的发展和科技的进步，现代生物工程技术、信息技术、新型材料等科技成果在组织培养育苗上的应用越来越多。如 LED 新型光源、无糖组织培养技术、CO_2施肥技术等。

(一) LED 新型光源

LED 光源就是以发光二极管(LED)为发光体的光源。

植物生长发育过程中，光是非常重要的一个环境因子。在组培过程中，光能消耗所占比例为 20%~40%。所以，能耗问题一直是组织培养育苗规模化的限制性因素。近年来，发光二极管(LED)光源的研究开发与应用，为组织培养降低能耗提供了良好的前景。

1. LED 光源的特点

安全、节能。LED 光源的使用电压一般在 6~24 V，电流是 0.02~0.03 A，安全性好，节能，消耗的能量较同光效的白炽灯减少 80%。

(1)体积小、适用范围广

LED 光源是很小的晶片被封装在环氧树脂里面，体积小，也很轻。每个单元 LED 小片是 3~5 mm 的正方形，所以可以制备成各种形状的器件，以满足各种空间需求。

(2)可以调节光源的光谱分布

LED 发射的窄单色红光光谱、蓝光光谱与光合色素尤其是叶绿素 a，b 的吸收波长相匹配。另外，LED 光源能区分出不同的光质，可以调节植物的开花与结实、控制株高和植物的营养生长等。组织培养中的 LED 光源如图 9-10 所示。

图 9-10　组织培养中的新型 LED 光源

(3)高亮度、低热量

传统灯具体积大，占用空间大。而且在照明的同时，产生大量的余热，距植物材料太近容易发生烤伤。同时，气温也随之升高，需要空调降温，耗电量大大增加，提高会育苗成本。而 LED 光源使用冷发光技术，为冷光源，发热量比普通照明灯具低很多，可以离植物体很近，还可多层栽培充分利用空间。

(4)坚固耐用，使用寿命长

LED 光源被完全封装在环氧树脂中，非常稳固耐用。使用寿命可达到 10 万 h，是传统光源的 10 倍以上。

但目前 LED 光源价格比较昂贵。

2. LED 光源的应用前景

LED 光源由于具有高效、节能、环保、安全、耐用等优势，而随着技术的进步，其价格成本也会逐步降低，将成为未来组培育苗中光源的发展方向。

(二)无糖组培快繁技术

植物无糖组培快繁技术(sugar - free micropropagation)又称为光自养微繁殖技术，是指在植物组织培养中改变碳源的种类，以二氧化碳气体代替糖作为植物体的碳源，并控制影响试管苗生长发育的环境因子，促进植株光合作用，使试管苗由兼养型转变为自养型，进而生产优质种苗的一种新的植物组培繁殖技术。

这一技术概念是在1980年日本千叶大学的古在丰树教授提出的。20世纪90年代以后，这一技术成为植物微繁殖研究的新领域。受到广泛的关注，无糖组织培养技术也在各国得到推广应用。特别是近十几年来，这一技术逐渐成熟，并开始应用到植物组织培养工厂化生产中。

1. 植物无糖组培的特点

(1)用二氧化碳代替糖作为植物体的碳源

一般的组织培养，糖被视为是植物组织培养必不可少的物质添加到培养基中。而无糖组培以CO_2作为植株的唯一碳源，通过自然或强制性换气系统供给植株生长所需的CO_2，促进植物的光合作用，以进行自养生长。

(2)环境控制促进植物的光合速率

无糖组培是建立在对培养容器内环境控制的基础上，创造植株生长的最佳环境条件如光照度、CO_2浓度、环境湿度、温度、培养基质等，最大限度地提高植物的光合速率，促进幼苗生长。

(3)使用多功能大型培养容器

无糖组培不使用糖及各类有机物质，极大地避免了污染的发生，可以使用各种类型的培养容器，小至试管，大至培养室。

(4)多孔的无机材料作为培养基质

无糖培养主要是采用多孔的无机物质，如蛭石、珍珠岩、纤维等作为培养基质，可以极大地提高小植株的生根率和生根质量。

(5)闭锁型培养室

无糖培养采用的是闭锁型的培养室，通过人工或自动调控整个培养室环境，能周年进行稳定的生产。

2. 无糖组培的技术优势

植物无糖组织培养技术改变了传统的用糖和瓶子作为碳源营养和生存空间的技术方法，增加了植物生长和生化反应所需的物质流的交换和循环，促进植株的生长和发育，实现了优质苗低成本的生产，具有以下技术优势。

①通过人工控制动态调整和优化植物生长环境，为种苗繁殖生长提供最佳的CO_2浓度、光照、湿度、温度等环境条件，提高植株的光合速率，促进了植株的生长发育，幼苗

生长整齐、苗木健壮。

②继代与生根培养过程合二为一，培养周期缩短了40%以上。

③大幅度减少了植物微繁殖生产过程中的微生物污染率。

④消除了植株生理和形态方面的紊乱，种苗质量显著提高。

⑤提高了植株的生根率和生根质量，特别是对于木本植物来说，极大地提高了植株的生根率和生根质量，试管苗移栽成活率显著提高。

⑥节省投资，降低生产成本。与传统组织培养技术相比，综合成本可以降低30%。

⑦组培生产工艺简单化，流程缩短，技术和设备的集成度提高，降低了技术操作难度和作业强度。培养不受培养容器的限制，可实现穴盘苗商业化生产。也可实现大规模容器自动工厂化生产。

但植物无糖组织培养技术也有一些限制因素，如需要相对复杂的微环境控制知识和技巧；植物材料受到一定限制等。

3. 无糖组培快繁技术的应用前景

植物无糖组织培养技术经过近30多年的发展，基础技术理论的建立和研究已经成熟。到目前为止，植物无糖组培快繁技术已经在60余种植物中获得成功。但商业化的应用还处于起步阶段，一些关键技术有待进一步提高，如CO_2的供给和浓度的调控、微环境控制技术等。

随着无糖组织培养中培养容器的不断增大，强制性换气系统得到了应用，强制换气具有CO_2浓度容易控制，操作方便，植物生长发育加快、移栽成活率提高等特点。

随着材料科学、物理农业的发展，以及技术理论体系的成熟，这一技术将以低成本生产高质量种苗的优势，应用于植物的工厂化生产中，在生产中得到更大的应用和推广。

第三节　容器育苗

一、容器育苗概述

容器又称营养器、营养钵。容器育苗就是利用各种容器装入科学配方的营养土或培养基质来繁育苗木的育苗方法，所得的苗木称为容器苗。

20世纪50年代开始，国外开始用容器培育造林苗木，塑料工业的发展为容器育苗提供了更好的材料，加快了容器育苗的发展。20世纪60年代以后，世界各国将容器育苗应用于林业育苗技术上，大大提高育苗质量和造林的成活率。瑞典、芬兰、挪威、南非、巴西等国家的容器苗产量占其全国总产苗量的50%以上，高的达到90%。目前，芬兰、加拿大、美国、日本等国家已基本实现了容器育苗过程的机械化和自动化，实现了容器育苗的工厂化生产。

在我国，古代就开始用花盆培育木本观赏植物，可以说是历史悠久。但把容器栽培作为一种大规模的苗木生产方式，则是从20世纪的造林育苗开始的。20世纪70年代，在河北、山西、北京、内蒙古等地，将容器育苗应用于木麻黄、黑荆树、相思树、银合欢等树种的幼苗培育，开始用容器苗造林。80 年代后期，容器育苗技术不断改进和提高，研制出了多种新型的育苗容器，培育技术也逐步完善，容器苗的生产比重逐年提高。随着我国塑料工业的发展，方便且效果好的塑料薄膜袋育苗得到了广泛应用，近年来，以农林废弃物为主要原料的轻基质塑料薄膜袋育苗技术，在林业和园林苗木容器苗培育中得到了广泛推广与应用。

现在，容器育苗已经被广泛应用于蔬菜、花卉、苗木及观赏植物等的栽培，容器育苗成为集约化设施栽培的重要组成部分。我国容器育苗主要以露地大田育苗和塑料大棚容器育苗为主，部分花卉、蔬菜种苗和林木种苗示范基地实现了温室容器育苗和育苗作业工厂化，但机械化设备还没有形成规模化和商品化，限制了容器育苗的机械化和自动化，有些地方的容器育苗还是手工作业。近年来，随着我国园林苗木事业的快速发展，我国各地也开始大力发展园林苗木和花卉的容器育苗，容器育苗在园林苗木生产中显现出了强劲的发展势头。

二、容器育苗的优缺点

1. 容器育苗的优点

容器育苗之所以得到较快的发展，是因为容器育苗有许多其他育苗形式无法代替的优点。容器育苗的优点有：

(1)充分利用种子资源，提高成苗率

容器苗的种子经过精选和消毒，品质好，每容器只播 1～3 粒种子，节约良种，且种子分播均匀，成苗率高。特别是对遗传改良的种子或珍稀树种，由于种子数量有限，利用容器育苗能获得较高的出苗率和出圃率。

(2)提高苗木移植成活率

容器苗根系发育良好，为全根、全苗移植，减少了苗木因起苗、包装、运输、假植等作业对根系的损伤和水分的损失，苗木生活力强，因而提高了苗木的移植成活率。

(3)苗木移植时间长

容器苗的移植不受季节限制，可以延长移植时间，有利于合理安排用工。

(4)苗木生长快，整齐健壮，质量好

结合温室、塑料大棚等设施，容器育苗可以很好满足苗木对温度、湿度、光照的要求，提早播种，延长苗木生长发育期。加上适于植物生长的培养基质的选用，容器苗生长迅速，育苗周期短，有利于培育优质壮苗。同时容器苗移植后没有缓苗期，也有利于苗木的茁壮生长。

(5)适合于机械化、集约化管理

容器育苗的填料、播种与催芽等过程，均可利用机械完成，操作简单、快捷，适于规模化生产。有效提高了劳动生产率。由于采用容器、温室大棚、自动灌溉等设施，容器育苗可以不占用较肥沃的土地资源，便于集约化经营管理。

2. 容器育苗的缺点

容器育苗虽然有许多的优点，但在发展过程中也发现了一些缺点，如：单位面积产苗量低，育苗成本较高，营养土的配制和处理等操作较复杂，技术要求较高不容易普及等。同时对育苗容器、基质选择、施肥灌溉的控制及病虫防治等管理措施，都有待今后进一步总结和研究。在进行容器育苗生产之前，要对容器育苗及其特点和栽培管理技术有全面的认识。

三、容器育苗的基本条件

1. 生产设施

(1)育苗容器

育苗容器是容器育苗的基本生产资料，它是指装填育苗基质、培育容器苗的各种器具。可以使用不同的材料，具有各种不同的形状与规格。容器育苗的容器种类繁多，有不同的制作材料、规格和大小，并且还在不断改进中。容器有单个的，也有组合式的。有的容器可以与苗木一同栽入土壤中，有的则不能。有一次性使用的容器，也有可多次使用的容器。育苗容器根据其划分的依据不同而有不同的类型。

根据容器壁的有无，将容器分为有壁容器和无壁容器，有壁容器还可再分为一次性容器和可重复使用容器。一次性容器虽有壁，但易于腐烂，填入培养土育苗，移栽时不需将苗木取出。连同容器一同栽植即可。可重复使用容器有外壁，外壁选用的材料不容易腐烂，栽植时必须将苗木从容器中取出后进行栽植。

无壁容器本身既是育苗容器又是培养基质。如稻草—泥浆营养杯、黏土营养杯、泥炭营养杯等。这种容器常称营养钵或营养砖。栽植时苗木与容器同移同栽。

生产中容器的形状多种多样，一般根据容器材料特点、育苗目的与要求来选择容器形状。常见的容器形状有方形、圆形、圆柱形、圆锥形、杯状、六角形、袋状、网状、块状以及蜂窝塑料薄膜容器与无浆砖砌圆圈式容器等。

目前生产上使用的容器，主要由以下材料构成：软塑料、硬塑料、纸浆、泥炭、合成纤维、黏土、特制纸、厚纸板、陶瓷、无纺布、木板、竹篾、混凝土等。按生产阶段和用途划分，一般可分为育苗用容器、成品苗容器、大苗容器、周转用容器、水培用容器、盆栽式容器等。

由于不同的容器对苗木生长的影响不同，为满足不同栽培条件下的育苗要求，不断研制与使用了各种新型的容器类型。如盆套盆系统、控根容器、容器苗涵管容器等。

(2)常用育苗容器

常用育苗容器有穴盘、营养砖、泥炭杯、纸杯、木盆或木桶、草炭容器、塑料薄膜袋、草泥杯、蜂窝塑料薄膜容器等。

育苗穴盘技术在 20 世纪 80 年代引入我国，因其不伤根，成苗快，便于机械化、工厂化生产和远距离运输等优点而被广泛应用。穴盘有多种规格，形状一般为长方形，穴盘上的育苗穴有不同的形状和数量，可根据育苗植物种类选用不同规格的育苗穴盘(图 9-11)。常用的穴盘育苗配套机械有混料机、填料设备和自动播种机等。

图 9-11 育苗穴盘

我国苗圃业正孕育现代化的产业升级，主要方向之一是生产形态的升级，即全程容器化容器苗生产，园林一次成型。在此过程中，育苗容器的发展将扮演十分重要的角色。将来的育苗容器将向环保型、轻基质、多功能型发展。新型的育苗容器如环保型容器、育苗营养大砖、轻基质网袋容器、无纺布袋控根容器和地埋纤维微孔容器已经出现在容器育苗实践中。

2. 培养基质

(1)基质的种类

培养基质又叫营养土，是容器育苗的重要条件。培养基质的质量直接影响到容器苗的质量。培养基质常由几种材料按一定比例混合而成，其配制是容器育苗的关键环节之一。

目前，将育苗基质分为土壤基质和无土基质两大类。一般用天然土壤与其他物质、肥料配制的基质称为土壤基质，有时又可称为营养土。不用天然土壤，而用泥炭、蛭石、珍珠岩、树皮等人工或天然的材料配制成的基质称为无土基质。

无土基质又分为无机基质和有机基质。容器育苗常用的无机基质有河沙、蛭石、珍珠岩、岩棉、陶粒、膨化土等，常用的有机基质有泥炭、草炭土、树皮粉、锯末、枯枝落叶等。

(2)基质的选择

基质对容器苗的质量有着直接的影响，它的理化学特性(如容重、比重、总空隙度、pH 值等)决定了对苗木水分和营养的供给状况，影响着苗木的生长发育。良好的基质要能为苗木生长提供合适的水、肥、气、热等根际环境条件，具有支持固定植物、保持水分与透气的作用。基质的理化性质是栽培基质选择与配制的主要参考指标。因此，具体在选择基质时，主要考虑以下因素：

能就地取材或价格便宜；不会因温度或水分的变化发生太大变化、变质或板结，理化性质稳定；保水、排水、保肥性能良好，通气性好；重量轻，便于搬运；具有一定的肥力，含盐低，能长期供应种子发芽和幼苗生长所需要的各种营养物质，酸碱度适中；使用前应进行高温或熏蒸消毒，要求不带草种、害虫、病原体等。

(3)基质配方与配制

容器育苗的基质可以单独使用，也可以与其他基质配比混合使用。容器育苗的实践证明，不同基质按一定的配方配制基质，是保证育苗质量的关键技术之一。基质配制总的要求是降低基质的容重，使其比较疏松，增加孔隙度，增加透气透水性能。

一种容器苗的培育，以2～3种基质混合比较适宜，无论是有机基质或无机基质均可混合使用，如泥炭与蛭石各占50%，是目前国内外应用较广的一种配方。泥炭与锯末或炭化物与蛭石各占50%混合的基质，育苗效果也很好。泥炭、蛭石、锯末或土壤、炭化物、蛭石或土壤、锯末、蛭石各占1/3的混合基质，育苗效果都较好。我国各地在育苗基质方面研究与总结了很多行之有效配方，主要使用的材料有泥炭、森林土、塘泥、炉渣、蛭石、火烧土、腐殖土等。

基质配制是将已选择的基质材料粉碎过筛，按照基质配方配制，并调至一定的湿润状态，供填装容器进行育苗或栽培使用。基质配制有机械调配和手工调配两种方法，大规模或工厂化的容器苗生产，均采用专门的基质处理机，可以同时控制2种或3种基质的定量比例粉碎、过筛、混合，并可加入化肥或有机肥料搅拌均匀，一次性完成基质的混合配制。而小规模的容器育苗，则用移动式小型粉碎机或人工打碎过筛，加入肥料混合拌匀即可。

四、容器育苗技术

容器育苗既有穴盘育苗，也可以用单个容器如花盆、木桶等进行单个容器育苗。穴盘育苗适用于小粒种子和幼苗生长较缓慢植物的播种育苗，单个容器育苗常用于培育大苗和较珍贵植物。

1. 选择育苗场地

容器育苗一般使用基质栽培，摆脱了圃地土壤条件的限制，扩大了育苗地的选择范围，小规模的容器育苗以便于管理为原则。大规模容器育苗则对设施要求较高，最好在机械化程度高的日光温室或连栋温室内进行。一般也要求地理位置、交通条件、市场条件较好。用地的自然条件选择主要考虑地形地势，要求地势平坦、排水良好处，切忌选在地势低洼、排水不良、雨季积水和风口处；避免选用有病虫害的区域。

2. 基质装填与容器排列

根据繁殖苗木的育苗要求，按基质配方配制栽培基质或营养土，因栽培基质或营养土多混有肥料，在装填前必须把基质和肥料混合均匀，混合后堆放一段时间再用，以免烧伤幼苗。容器中装填营养土不宜过满，一般灌水后的土面要低于容器边口1～2 cm，防止灌后水流出容器。

在育苗容器的排列上，要根据苗木特性及枝叶伸展情况而定，以便于植物生长及操作方便，又节省土地为原则，紧凑排列。不仅节省土地，便于管理，还可以减少蒸发，防止干旱。但过于紧密又会形成细弱苗。

3. 播种与覆盖

容器育苗播种与一般大田播种过程相似，但要求更高。育苗所用的种子必须是经过检验和精选的优良种子，播种前要对种子进行催芽和消毒。根据发芽率试验的结果确定每个容器内的种子数量，种子发芽率在95%以上时，每个容器播1粒种子即可，播在容器中央。种子发芽率为75%时，每个容器播2粒种子，种子发芽率为50%时，每个容器播3粒种子，并使种子间有一定的间距。

播种后应覆土或基质，覆土厚度为种子短径的1~3倍，最深不超过1 cm。微粒种子以不见种子为度，覆土后要立即浇水。

为了提高土温，防止水分蒸发和太阳直晒，播种后必须覆盖。覆盖材料宜选择草帘或塑料薄膜等。覆盖草帘必须在出苗后及时撤掉。10:00~16:00进行覆盖，可以保湿和防止太阳直晒；19:00至翌日7:00覆盖可以提高地温。

4. 浇水与追肥

浇水要适时适量，容器育苗播种后第一次浇水要浇透，出苗期要多次、适量、勤浇，保持培养基达到一定的干燥程度后再浇水，使基质干湿交替。生长后期要控制浇水，出苗前一般要停止灌水，以减少重量，便于搬运。同时促进茎的增粗生长和苗木木质化，增加抗逆性。

浇水时不宜过急，否则水会从容器表面溢出而不能湿透底部；水滴也不宜过大，防止把营养土从容器中冲出，或溅到叶面上而影响苗木生长。因此，在灌水方法上最好采用滴灌或喷灌。

容器育苗施肥以追肥为主，前期施肥最重要。追肥可与浇水同时进行，施用液体肥料效果最明显，但要注意浓度不能太高，防止烧苗。将含有一定比例氮、磷、钾养分的混合肥料，用0.1%~0.5%的浓度配成水溶液，进行喷施，严禁干施化肥，追肥后要及时用清水冲洗幼苗叶面。根外追氮肥浓度为0.1%~0.2%。施肥时遵循薄施勤施的原则，并注意间隔。

5. 间苗与补苗

苗木过密会造成光照不足，通风不良，营养供应不足，苗木长势弱，降低苗木质量。播种后，在幼苗出齐1周左右，幼苗长出2~4片真叶时，要进行间苗和补苗。间除过多的苗木，一般每个容器中只保留1株壮苗，其余苗及时拔除，同时对缺苗的容器进行补苗。间苗和补苗后都需要及时浇水，但浇水量不宜过大。

6. 病虫害及杂草防治

容器育苗一般很少发生虫害，但要注意病害的发生，特别是灰霉病。在高温高湿条件下，要及时通风，降低空气湿度，并适当使用杀菌剂。或在种子萌发后，将容器苗从温室移到荫棚内。针叶树容器育苗要防止猝倒病。

当年换盆的容器内一般杂草相对较少，但随着时间的延长，杂草会越来越多，需要及时清除。

7. 驯化炼苗

幼苗在移出育苗温室前必须进行炼苗，以适应新的环境。主要是减少或停止浇水、施肥，促进苗木木质化以提高容器苗适应环境的能力和抗逆性，促进容器苗根团的形成，便于起苗、运输和栽植。一般在容器苗出圃前10~15天前炼苗，停止浇水后几天，观察苗木嫩叶及顶芽出现萎蔫时，立即浇水使苗木恢复到正常状态，然后再停止浇水，在出现萎蔫是浇水，如此反复两三次，容器苗的根团完好，可以较好地适应移栽环境。

五、容器苗的栽培技术

在容器育苗生产中，园林苗圃生产是在容器育苗基础上，继续把幼苗(容器移植苗)移入大规格容器中进行栽培养护，最后生产处符合出圃规格、满足园林施工应用的容器苗。

1. 上盆与换盆

在容器育苗栽培中，苗木上盆与换盆就是把容器苗移植到大规格容器中继续培养的过程。移植苗可以自己生产，也可以是从其他苗圃购买的，通过苗圃间的分工与协作，可以促进我国苗圃产业向市场化发展。在我国，容器苗上盆换盆基本还是人工操作，费时费工，效率较低。而在发达国家如美国，容器苗的上盆换盆工作有很多种类的机械，但基本操作过程都是一样的，机械化的操作大大提高了工作效率。随着我国社会的发展，容器苗的机械化操作是必然的发展方向。

2. 空气剪根技术

空气剪根技术又叫气切根育苗，简称气剪，是将容器苗放置在大棚或温室内离地面一定距离的育苗架上，使深处容器排水口或底部的根自动干枯，从而达到剪根的目的。研究表明：育苗容器底部与支架之间有1.5 cm的空隙，就可有效地断根。通过气剪培育的容器苗，根团发育良好，移栽成活率高，已广泛应用于容器育苗中。

3. 防止根深生长技术

容器育苗通常生产量都很大，不可能全部实现气切根育苗，大部分容器苗还是摆放在地面上生长。由于容器接触地面，容器苗生长一段时间后，根系就伸出容器底部扎入地下。为了保证容器苗的根团，起苗时少伤根或根团散落，要尽可能保持根系完整，可以采取另外的剪根措施。

(1)移动容器

这是最简单的防止根深生长的方法，人工定期移动育苗容器，扯断容器底部扎入土壤的根系，可防止根系扎入过深影响起苗。也可用平、薄而锋利的铁铲等工具插入容器与苗床的空隙，切断入土的根系。断根后，需对容器苗进行浇灌，使苗木水分保持平衡，影响苗木的正常生长。

(2)铺垫物料

在摆放育苗容器前，在苗床上铺垫苗根不易穿透的物料，起到阻止苗根扎入土壤的作用。国内用得较多的是铺垫塑料薄膜，其他物料如木板、砖块、薄铁皮、篷布等都可以使用。为保持床面平整，可在铺垫物与容器之间铺设1～2 cm的细沙，这样起苗时根系完整，根团不散。

(3)化学断根

化学断根主要是利用了铜离子既无害又能阻滞根生长的特点，在容器内壁涂抹一层铜离子化合物，使苗木根系触及内壁时停止生长。而这种阻止生长是可逆的，一旦根系脱离涂有铜离子的容器内壁，根尖又可恢复生长。

4. 容器苗的固定绑扎

木本植物容器苗由于初期摆放较密，植株生长快，茎较柔弱，一般需要立支柱支撑，再用绳索绑扎，以保证树木直立。对较大规格的容器苗，一般在苗行两端立固定支柱，顺苗行的方向架设横向铁丝或钢丝来固定苗木。

5. 控根容器育苗技术

控根容器育苗技术是一种以调控植物根系生长为核心的新型快速育苗技术。控根容器快速育苗技术能促使苗木根系健壮发育、数量增加，缩短育苗周期，减少移栽工序，提高移植成活率，特别对大苗移植和恶劣条件下树木栽植具有明显的优势。

控根容器育苗技术主要由三部分组成，即控根快速育苗容器、复合栽培基质和控根栽培与管理技术。育苗容器是技术的核心部分，容器的侧壁和底盘可以拆开，侧壁外面突起的顶端开有小孔，内壁表面涂有一层特殊的薄膜，这种设计利用空气自然修剪的原理调整苗木的根系生长。试验表明，总根量较常规育苗提高30倍左右，育苗周期缩短50%左右，苗木移栽成活率高达90%以上。控根快速育苗容器有增根、控根和促生长3个作用。

(1)增根作用

控根快速育苗容器内壁有一层特殊薄膜，且容器四周凹凸相间，外部突出顶端开有气孔，当种苗根系向外向下生长时，接触到空气(围边上的小孔)或内壁的任何部位，根尖则停止生长，实现气剪和抑制根生长。接着在根尖后部萌发3个或3个以上新根继续向外向下生长，当接触到空气(围边上的小孔)或内壁的任何部位时，又停止生长并在根尖后部长出3个新根。这样，根的数量以3的级数递增，极大地增加了短而粗的侧根数量，根的总量较常规的大田育苗的提高30倍左右。

(2)控根作用

常规的容器育苗方法由于主根发达，根的缠绕现象非常普遍。控根技术可以限制主根发育，使侧根形状短而粗，发育数量大，不会形成缠绕的盘根。

(3)促生长作用

控根快速育苗技术可以用来培育大龄苗木，缩短生长期，并且具有气剪的优点，可以节约时间、人力和物力。通过“空气修剪”，短而粗的侧根密布四周，可以储存大量的养分，满足苗木在定植初期的养分需求，为苗木的成活和生长提供了良好的条件。同时，控根容器育苗周期较常规方法缩短50%左右，管理程序简便，栽植后成活率高。

6. 双层容器育苗技术

双层容器栽培有两个容器，将栽有苗木的容器种植在埋在地下的容器(称为支持容器)中。支持容器套在栽培容器的外面，预先埋在土壤中，有了外界土壤的保护，栽培基质的温度变化比单容器栽培慢一些，因而双层容器栽培的小苗比单容器栽培对恶劣环境有更强的抵抗能力，能够避免冬季苗木根系冻害、枯梢，夏季根部热害的发生。

双层容器栽培系统是采用无土基质栽培，人为创造小苗生长的最优环境，水分、养分及通气条件良好，苗木生长旺盛。同时，冬季可采用覆盖措施，苗木提早发芽，生长期加长，大大缩短生产周期。出圃率提高，苗木质量得以保证，还不受土壤条件的限制。研究结果表明，双层容器栽培苗木生长率比普通苗圃的生长率高30%~40%，生产周期缩短，出圃率提高，而且移植成活率高，无缓苗期，绿化见效快。

双层容器育苗系统是一个崭新的现代化苗圃生产系统，具有一次性投入大、管理技术水平要求高、效益大的特点，是我国苗圃业未来的发展方向。特别是为我国开发利用盐渍土和其他土地资源提供了一条新的途径。

六、容器苗规格与销售

1. 容器苗规格

苗圃的苗木必须符合一定的规格才能出圃，出圃规格是衡量容器苗质量和商品性的主要标准，我国林业行业标准《容器育苗技术》(LY1000—1991)规定，对部分容器苗出圃规格做了规定，要求容器苗必须根系发达，已形成良好根团，容器没有破碎，苗木长势好，苗干直，色泽正常，无机械损伤，无病虫害。当容器苗在园林绿化中使用时，其出圃规格与造林容器苗有很大的区别，要求比造林容器苗要高，但目前我国尚没有建立相关标准。

园林树木种类多，不同树种有不同的生物学特性，因此，容器苗规格除了与容器规格有关外，其株高、冠幅等指标还应与树种类型一致。

2. 容器苗的销售与运输

容器苗起苗和运输不伤根系，成活率高，理论上可以周年生产和销售，但现实情况是销售也有淡季旺季之分。我国目前园林容器苗主要用于市政建设和绿化工程，苗木的销售有其特点。一般由使用单位或相关人员，到现场直接订购容器苗，然后由苗圃人员集中到运输区装车运输。若运输距离较长，为防止损伤苗木，应做好防护措施。

第四节 无土栽培育苗

一、无土栽培概况

无土栽培就是不用天然土壤，而是利用营养液浇灌栽培基质来培养苗木的栽培技术，或不用任何基质，利用水培或雾培的方式来育苗的技术。国外有些学者认为无土栽培就是营养液栽培，因此无土栽培又称为营养液栽培、水培、溶液栽培、水耕等。

无土栽培的历史，最早可以追溯到2000多年前，古埃及、巴比伦、墨西哥和我国都有文字记载的无土栽培方式。但科学的自主性地进行无土栽培试验研究也就是从19世纪中期开始的，1840年，德国化学家李比希提出了植物以矿物质为营养的“矿质营养学说”，为科学的无土栽培奠定了理论基础。1842年，德国科学家韦格曼和波斯托洛夫利用坩埚，以石英砂和白金碎屑作为基质来栽培植物获得了成功。到了1865年，萨克斯和克诺普用广口瓶做容器，用棉花塞固定植株，把植株悬挂起来而根系伸入瓶内的营养液中进行植物栽培试验，加入他们配制出的一种比较完整的克诺普营养液，试验获得了成功，这种方法至今还在许多科学研究中应用。萨克斯和克诺普被认为是现代无土栽培技术的先驱。

19世纪末到20世纪初，许多科学工作者对营养液进行了深入的研究，提出了很多营养液配方，有许多标准的营养液配方至今仍作为营养液的规范配方在广泛使用。特别是美国科学家霍格兰和阿农，通过试验研究阐明了营养液中添加微量元素的必要性，并发表了标准的营养液配方，至今仍广泛采用。

1929年，美国加州大学的格里克教授参照霍格兰营养液配方配制营养液栽培番茄，番茄植株高7.5 m，一株番茄收获果实14.5 kg，格里克成为第一个把植物无土栽培试验引入商业化生产的科学家。之后，他还用营养液成功栽培出了马铃薯、萝卜、胡萝卜及一些果树和花卉等，后来美国泛美航空公司还请格里克作指导，在太平洋中部的威克岛建立了一个蔬菜无土栽培基地，为航班的乘客和机组人员提供新鲜蔬菜，因此，无土栽培很快传到了欧洲和亚洲。

在第二次世界大战期间，无土栽培得到了快速发展，特别是在解决不毛之地的军需供应上做出了突出的贡献，无土栽培也推广到了日本、韩国和中国等东方国家。

由于无土栽培理论和技术日益趋于完善和成熟，在生产应用上也显示出了其优越性，作为一种理想的农业生产模式，引起了科技界和各国政府部门的重视，同时，由于广阔的应用前景和社会需求，吸引了众多研究者、农业部门和非农业生产部门介入，使无土栽培真正大规模生产应用阶段。20世纪50~60年代是无土栽培大规模商品生产的时期，在世界各国都得到了迅速的应用和发展。

但是，1973年的世界石油危机，造成水耕成本激增，使无土栽培处于停滞状态。营养液膜技术(NFT)和岩棉培技术(RW)的出现，极大地简化了无土栽培的设备和技术，节约了能耗，大大降低了生产成本。

进入20世纪80年代后，世界高科技日新月异的发展，对无土栽培也起到了巨大的推动作用，随着计算机技术的发展和普及，尤其是计算机自动控制技术的应用，无土栽培中的温度、湿度、光照、空气等环境条件的调控实现了自动化。许多发达国家的无土栽培实现了高产、高效、优质、低能耗和集约化、现代化、自动化、工厂化生产，效果十分明显。

在日本，采用了最新的调控系统，最大限度满足植物对水、肥、气、光、热等条件的要求，使一株番茄可生产果实13 132个，一株黄瓜产瓜3300条，一株甜瓜生产90个瓜，极大地发挥了植物的生产能力。

目前，无土栽培的面积还在不断扩大，在新西兰，50%的番茄靠无土栽培生产；在意大利的园艺生产中，无土栽培占有20%的比重；在日本，无土栽培生产的草莓占总产量的66%、青椒占52%、黄瓜占37%、番茄占27%，总面积已达2000 hm^2。目前无土栽培技术已在全世界100多个国家应用发展。

我国无土栽培技术在研究应用上起步较晚，而较原始的无土栽培技术却有悠久历史。我国的无土栽培在生产上的应用始于1941年，当时上海一个华侨农场进行了营养液栽培，由于生产成本太高而只得放弃。后来很长一段时间我国没有商业性的无土栽培。20世纪70年代后期，山东农业大学首先开始无土栽培生产试验，并取得了成功；80年代，进口的温室及无土栽培设施相继投产，主要应用在蔬菜生产中。近几十年来，我国的无土栽培发展异常迅猛。1985年，全国无土栽培的面积不足1 hm^2，1995年突破100 hm^2，1999年超过200 hm^2，2002年发展到865 hm^2。目前我国无土栽培绝大部分用于蔬菜生产和花卉生产，无土栽培的发展为我国园林、花卉、园艺、农业、林业等生产实现工厂化、自动化和清洁卫生开辟了广阔的前景。

无土栽培作为一项农业高新技术，和生物技术一起被列为20世纪两大具有划时代意义的高科技农业新技术。无土栽培技术的发展水平和应用程度已成为世界各国农业现代化水平的重要标志之一。

二、无土栽培育苗的种类

1. 根据是否使用固体基质来划分

(1)无固体基质栽培

指作物根系不用固体基质固定，根系直接生长载营养液或含有营养成分的潮湿空气中，根际环境中除了育苗时用的固体基质以外，一般不使用固体基质。按照根系与营养液接触的状态不同，无固体基质栽培又可分为水培和喷雾栽培两种类型。

①水培　水培是指作物根系直接生长在营养液液层中的无土栽培方式。它又可根据营养液液层的深度不同而分为多种形式：以1~2 cm的浅层流动营养液来种植作物的营养液膜技术，又称营养液膜法(NFT)；以6~8 cm的深液流水培技术，又称深液流法(DFT)；在5~6 cm深的营养液中放置一块泡沫板，泡沫板上面铺无纺布，根系生长在湿润的无纺布上的浮板毛管水培技术，又称浮板毛管法(FCH)。

②雾培　雾培又称喷雾栽培或气培，它是将营养液以喷雾的方法，直接喷到植物的根系上的无土栽培方式。植物根系悬空在容器内，容器内部有自动定时喷雾装置，定时将营养液以雾状喷洒到植物根系表面，可同时满足植物根系对养分、水分和氧气的需求。

(2)固体基质栽培

简称基质培，是指用固体基质固定根系，使作物根系通过基质吸收营养和氧气的栽培方法。基质培可根据选用的固体基质的不同而分为不同的类型，如以泥炭、秸秆等有机基质为基质的基质培称为有机基质培，以岩棉、细沙、砂砾等无机基质为基质的称为无机基质培。

①有机固体基质　采用草炭、锯末、树皮、稻草和稻壳等物质作基质。这些基质或来自有机物，或本身就是有机物。在各种有机基质中，以草炭的应用最广，其次是锯末。这些有机物在使用前要进行发酵处理。

②无机固体基质　采用岩棉、蛭石、砾石、砂、陶粒、珍珠岩、聚乙烯和尿醛泡沫塑料等无机物质作基质。在各种无机基质中，以岩棉使用最多。

基质培也可根据栽培形式的不同而分为槽式基质培、袋式基质培和立体基质培。

目前，世界各国大多采用无机固体基质进行无土栽培育苗。

2. 根据营养液利用情况来划分

根据无土栽培的营养液是否可以循环利用分为：

(1)开路系统式

无土栽培的营养液不能循环利用。因此在选用营养液时，最好选用阳离子代换量高的有机基质，以减少营养液中的矿质流失。

(2)闭路系统式

无土栽培的营养液可通过特定装置流回贮液池，营养液能循环利用，通过定期检测，添加消耗快的营养液成分，实现营养成分的充分利用。

三、基质与营养液

(一)无土栽培的固体基质

在无土栽培中，固体基质是使用最普遍的，无论是普通基质栽培，还是水培或喷雾培的育苗阶段，都需要固体基质来固定和支持植物，都需要用到不同种类的固体基质，常见的固体基质有沙、砾石、泥炭、草炭、蛭石、珍珠岩、锯末、岩棉等。

1. 无土栽培固体基质的作用

(1)支持固定植物

固体基质可以支持和固定植物，是植物扎根于固体基质中，保持植物直立，并有利于植物根系的生长。

(2)保持水分

固体基质一般保持水分的能力都很强，如珍珠岩可吸收3~4倍(质量比)于自身重量的水分，而泥炭可以吸收相当于自身重量10倍以上的水分。固体基质保持的水分能使植物在一定时期内不致失水而受害。

(3)透气、保温

固体基质的孔隙大，孔隙内存有空气，可供给植物根系所需的氧气。大部分固体基质具有较好的保温效果。

(4)提供营养

有机固体基质如泥炭等可为植物苗期生长提供一定的营养元素。

2. 无土栽培基质的分类

无土栽培用的固体基质种类很多，分类方法也有很多种。

(1)从基质的来源分

可以分为天然基质、人工合成基质两类。如沙、石砾等为天然基质，而岩棉、泡沫塑料、多孔陶粒等则为人工合成基质。

(2)从基质的成分分

可以分为无机基质和有机基质两类。沙、石砾、蛭石、岩棉和珍珠岩等以无机物组成，为无机基质；而泥炭、树皮、蔗渣、稻壳等是以有机残体组成的，属于有机基质。

(3)从基质的性质分

可以分为惰性基质和活性基质两类。所谓惰性基质是指本身不起供应养分作用或不具有阳离子代换量的基质；活性基质是指具有阳离子代换量或本身能供给植物养分的基质。沙、石砾、岩棉、泡沫塑料等本身既不含养分也不具有阳离子代换量，属于惰性基质。而泥炭、蛭石等含有植物可吸收利用的养分，并具有较高的阳离子代换量，均属于活性基质。

(4)从基质使用时组分的不同分

可以分为单一基质和复合基质两类。单一基质是指使用的基质是以一种基质作为生长介质的，如沙培、沙砾培使用的沙、石砾，岩棉培使用的岩棉，都属于单一基质。复合基质是指用两种或两种以上的基质按一定的比例混合配制而成的基质。生产上常将几种基质均匀混合形成复合基质来使用。一般在配制复合基质时，以2种或3种基质混合为宜。

3. 固体基质的选用

无土栽培固体的选用可以从适用性和经济性两个方面来加以考虑。基质的适用性是指选用的基质是否适合所要培育的苗木。一般来说，化学稳定性强、酸碱度接近中性、没有有毒物质存在的固体基质都是适用的。

有时基质的某个性状在一种情况下是适用的，而在另一种情况下就变成不适用了。例如，颗粒较细的泥炭，对育苗是适用的，但对袋培滴灌时则由于颗粒太细而被视为不适用。

除了基质的适用性，选用基质时还要考虑其经济性。有些基质虽对植物生长有良好的作用。但来源不易或价格太高，因而不能使用。岩棉、泥炭是较好的基质，但我国的农用岩棉只处在试产试用阶段，多数岩棉仍需靠进口，这无疑大大增加了生产成本。泥炭在南方的贮量较少，而且很多是埋藏在表土以下，要开采就会破坏农田，因而，南方的泥炭来源相对较少，而且价格也比较高。但我国南方作物茎秆、稻壳等植物性材料很丰富，如用这些材料作为基质，来源广泛，而且价格便宜。

总之。无土栽培选用的固体基质应对促进苗木生长有良好效果，并来源容易，价格低廉。

4. 基质处理

无土栽培基质使用一个阶段后，会吸附较多的盐类和其他物质，必须经过适当的处理才能继续使用。处理方法主要有以下几种：

(1)清洗盐分

用清水冲洗基质，监控处理液的电导率确定清洗效果。

(2)消灭病菌

可采用高温灭菌，即将高压水蒸气通入微潮的基质中，或将基质装入黑色塑料袋置于日光下暴晒，适时翻动。也可采用药剂灭菌法，即每立方米基质均匀喷洒甲醛 50～100 mL，覆膜 2～3 天后，打开薄膜，摊开基质，使剩余甲醛散发到空气中。

(3)离子导入

定期给基质浇灌高浓度的营养液。

(4)氧化处理

如沙、砾石等在使用一段时间后表面变黑，这是由于环境中缺氧而生成了硫化物的结果。可将基质置于空气中，游离氧与硫化物反应，从而使基质恢复原色。也可用不会对环境造成污染的过氧化氢来进行处理。

(二)营养液

在无土栽培中，含有营养元素的各种化合物及辅助物质溶于水即成为营养液。

1. 营养液的基本要求

营养盐溶于水即成为营养液。营养液的组成成分必须做到元素齐全，稳定有效，比例合理，化合物处于可利用状态。营养液中应包含植物生长所必需的全部元素，如 N、P、K、S、Ca、Mg、Fe、Mn、Cu、B、Zn、Mo 等。营养液中的各种化合物必须以植物可吸收的形态存在，即这些化合物有较好的水溶性，在水中呈离子状态，能被植物有效吸收利用。

营养液的浓度对幼苗生长是非常重要的，一般营养液的浓度为万分之五至五十之间，但个别植物能忍受较高的浓度。苗木的发育阶段不同，所使用营养液浓度也不同，一般幼苗期浓度宜低，成苗期可逐渐增高。

在无土栽培的过程中，营养液的 pH 值应控制在 5.5～6.5 之间，由于植物根系不断向营养液分泌有机酸等物质，因此要经常调节营养液的 pH 值，一般每周测试调整一次。通常用磷酸、碳酸钾调节。

营养液的温度控制在 8～30 ℃。同时注意保持营养液中溶解氧的含量，以利于根系的生理活动。

2. 配置营养液的原料

(1)水

水是营养盐的溶剂，水的性质与无土栽培有紧密的关系，无土栽培中对水质的要求高于国家农田灌溉水的标准，但可低于饮用水要求。水源有很多，有雨水、井水、泉水、自来水、河水、海水等，它们的性质有很大差异，其中主要是含盐量的不同。在无土栽培中，常用井水或自来水作为水源，有些地区可通过收集的雨水作为水源。自来水因价格较高而提高了生产成本，但是经过处理的，符合饮用水标准，因此作为无土栽培的水源在水质上是有保障的。如果以井水为水源，则要考虑当地的地层结构，井水要经过化验分析。符合无土栽培的水质要求就可以采用。

如果当地空气污染比较严重，则不能用雨水作为水源。需要特别注意的是，不能利用流经农田的水作为水源。

(2)各种营养元素化合物

在无土栽培中用于配置营养液的化合物种类很多，纯度也有较大区别，营养液配方中标出的用量是以纯品表示的，因此在配制营养液时，要按各种化合物原料标明的纯度来换算出原料的用量。又分为含氮化合物、含磷化合物、含钾化合物、含钙镁化合物、含铁化合物和微量元素化合物。常见的含氮化合物有硝酸钾、硝酸铵、硝酸钙、硫酸铵、尿素等，含磷化合物有过磷酸钙、磷酸二氢钾、磷酸二氢铵、重过磷酸钙、偏磷酸铵等，含钾化合物硫酸钾、氯化钾等，以及硫酸镁、硫酸铜、硫酸锌、硫酸锰、硼砂等。

(3)络合剂(螯合剂)

络合剂属于辅助物质，配制营养液时最常见的是铁和络合剂所形成的螯合剂。常见的络合剂有乙二胺四乙酸(EDTA)、二乙酸三胺五乙酸(DTPA)、1,2-环己二胺四乙酸(CDTA)等。

3. 常用营养液配方

每一定体积的营养液中，规定含有各种必需营养元素盐类的数量称为营养液配方。在无土栽培的发展过程中，专家和学者研制出了许多的营养液配方，园林上常用的营养液配方见表9-3，供参考使用。

在实际无土栽培工作中，要结合栽培植物种类、当地条件和栽培实践经验灵活选用营养液配方。有些地方根据经验，用以下简易配方来配制营养液。

(1)配方一

尿素5 g、磷酸二氢钾3 g、硫酸钙1 g、硫酸镁0.5 g；微量元素：硫酸锌0.001 g，硫酸铁0.003 g，硫酸铜0.001 g，硫酸锰0.003 g，硼酸粉0.002 g；再加水10 k g，溶解后即制成营养液。

(2)配方二

硝酸铵0.2 g、过磷酸钙0.6 g、硝酸钾0.55 g、硫酸镁0.54 g、硫酸钙0.08 g；微量

表 9-3 园林常用营养液配方(通用)

化合物名称		霍格兰配方(Hoagland&Amon, 1938)					日本园试配方(崛, 1966)				
		化合物用量		元素含量(mg/L)		大量元素总计(mg/L)	化合物用量		元素含量(mg/L)		大量元素总计(mg/L)
		mg/L	mmol/L				mg/L	mmol/L			
大量元素	$Ca(NO_3)_2 \cdot 4H_2O$	945	4	N112	Ca160	N210 P31 K234 Ca160 Mg48 S64	945	4	N112	Ca160	N243 P41 K312 Ca160 Mg48 S64
	KNO_3	607	6	N84	K234		809	8	N112	K312	
	$NH_4H_2PO_4$	115	1	N14	P31		153	4/3	N18.7	P41	
	$MgSO_4 \cdot 7H_2O$	493	2	Mg48	S64		493	2	Mg48	S64	
微量元素	0.5% $FeSO_4$和0.4% $H_2C_4H_4O_6$	0.6mL×3/(L·周)			Fe3.3/(L·周)						
	Na_2Fe EDTA						20		Fe2.8		
	H_2BO_3	2.86			B0.5		2.86		B0.5		
	$MnSO_4 \cdot 4H_2O$						2.13		Mn0.5		
	$MnCl_2 \cdot 4H_2O$	1.81			Mn0.5						
	$ZnSO_4 \cdot 7H_2O$	0.22			Zn0.05		0.22		Zn0.05		
	$CuSO_4 \cdot 5H_2O$	0.08			Cu0.02		0.08		Cu0.02		
	$(NH_4)_6Mo_7O_{24} \cdot 4H_2O$	0.02			Mo0.01		0.02		Mo0.01		

元素：硫酸亚铁 0.003 g、硫酸锰 0.002 g、硼酸 0.003 g、硫酸锌 0.002 g、钼酸铵 0.002 g；再加水 2 kg，溶解后即制成营养液。

(3)配方三

硝酸钾 0.7 g，硝酸钙 0.7 g，过磷酸钙 0.8 g，硫酸镁 0.28 g，硫酸铁 0.12 g；微量元素：硼酸 0.0006 g，硫酸锰 0.0006 g，硫酸锌 0.0006 g，硫酸铜 0.0006 g，钼酸铵 0.0006 g，加水适量配成营养液。

(4)配方四

硝酸钙 0.8 g，硝酸钾 0.04 g，磷酸二氢钾 0.25 g，硫酸镁 0.40 g；硫酸亚铁 0.015 g，硫酸锰 0.004 g，硼酸 0.006 g，硫酸锌 0.0002 g，硫酸铜 0.001 g，钼酸铵 0.0002 g，加水适量配成营养液。

4. 营养液的配制

营养液一般配制浓缩贮备液(母液)和工作营养液(栽培营养液)两种。生产上一般用浓缩贮备液稀释成工作营养液来使用，工作营养液是直接用来种植作物用的。所以，如果有大容量的容器或用量较少时，也可以直接配制工作营养液。

(1)母液的配制

图 9-12 母液的配制

为了防止配制母液是产生沉淀，不能将配方中的所有化合物放置在一起溶解。所以先将配方中的各种化合物分类，把配方中不会产生沉淀的化合物放在一起溶解，配方中的各种化合物通常分为三部分，配制成的浓缩液分别称为 A 母液、B 母液、C 母液，如图 9-12 所示。

①A 母液以钙盐为中心，一般包括 $Ca(NO_3)_2$、KNO_3，浓缩 100~200 倍。

②B 母液以磷酸盐为中心，一般包括 $NH_4H_2PO_4$、$MgSO_4$，浓缩 100~200 倍。

③C 母液由铁元素和微量元素配制而成，由于微量元素用量少，因此其浓缩倍数较高，配制成 1000~3000 倍液。

配制各种浓缩贮备液，要根据配置的母液量和浓缩倍数计算出配方中各成分用量，准确称取 A、B 母液中的各成分，分别在各自的贮存容器中依次充分溶解后加水至所需体积，搅拌均匀即可。配置 C 母液时，先称取 $FeSO_4 \cdot 7H_2O$ 的溶液缓慢倒入溶有 EDTA－2Na 的溶液中制成(络合)铁盐溶液；再称取 C 母液所需的其他微量元素化合物，分别溶解后缓慢加入铁盐溶液中，并加水至所需体积，搅拌均匀。

(2)工作营养液的配置

利用母液稀释成工作营养液时，也要防止出现沉淀。配制时，在贮液池内放入需配体积 1/2~2/3 的清水，量取所需 A 母液的用量倒入并搅匀，再量取 B 母液的用量，开启水阀，随清水加入贮液池，搅拌均匀，完成此过程时所加水量以达到总液量的 80% 为宜。最后量取 C 母液，C 母液的加入方法同 B 母液，定容并调整 pH 值，搅拌均匀。

5. 营养液的管理措施

(1)营养液的控制与补充

由于植物不断吸收营养液中的水分及营养物质，因此必须对消耗的水分及营养物质进行补充。

水分的补充，可以在营养液盆或容器内做一个标记，可以把营养液的最高水位及最低水位表示出来，液面的高度应介于两个标记之间，若营养液使用较长，可以完全更新该营养液；若营养液使用较短，水和营养液可交替补充。夏季每周补充一次营养液，冬季每两周补充一次，4 周完全更新一次。水的消耗是经常的，而营养盐相对消耗时间较长。当测出营养物质含量不缺少时，只需补充水。如果营养物质含量很低，则需对营养液进行完全更新。夏天 8 周、冬天 12 周就应全部更换营养液。

在生产中一般不进行营养液中单一营养元素的测量和调节，大多根据 EC 值进行调节控制，根据植物种类、气候条件、营养液配方和栽培方式的不同来具体确定。

(2)营养液的酸碱度

在无土栽培生产中，如果选用平衡营养液配方，一般不会过于偏离作物生长要求的pH范围。当pH上升时，可用稀硫酸或稀硝酸来中和，当pH下降时，可用稀碱如氢氧化钠或氢氧化钾来中和。经中和调节之后的营养液，过一段时间其pH仍会变化，因此，在整个栽培过程中要进程进行pH的测定和调节，一般每周进行一次。

(3)增氧措施

根系生长过程中需要足够的氧气，而无土栽培中植物根系大部分生长在营养液中，容易造成根系缺氧。通过自然扩散进入营养液的氧气极少，主要是人工增氧方法来补充氧气。常用的人工加氧方法有增氧器、喷雾、搅拌、压缩空气等，可多种方法结合使用，提高氧浓度。

夏天将营养液池建在地下，通过降低营养液的温度增加溶氧量，也可通过降低营养液的浓度来增加溶氧量。

四、水培与雾培

水培是无土栽培的主要形式，利用营养液作为栽培介质。雾培也是用营养液作为植物营养和水分的来源，但雾培解决了水培根际容易缺氧的问题。营养液可以根据栽培植物种类、植物生长阶段、栽培季节和栽培要求等进行调节。这两种无土栽培方式都是一种高科技、高水平的现代农业栽培方式。

(一)水培育苗

水培是指作物根系直接生长在营养液液层中的无土栽培方式。水培根据营养液液层的深度、设施结构及供氧、供液等管理措施的不同，可划分为深液流水培(有时也称深水培技术)和营养液膜技术(有时也称浅水培技术)两大类型。

1. 水培育苗的优缺点

(1)水培育苗的优点

①水培育苗产量高、质量好、生长快、移栽成活率高。水培可以直接供给植物生长所需要的全部养分和水分，为生长提供了优越的条件。由于基质的恰当选用，改善了通气条件，有利于苗木快速健壮生长。

②节约水分、养分，清洁卫生，杂草和病虫害少。

③水培育苗不受季节和环境条件的限制，许多不适合常规育苗的地方都可以进行水培育苗，便于集约化、规范化管理。在城市利用庭院、空地、屋顶、阳台等都可进行水培种植，不仅有所收益还美化了环境。也可设立大规模水培场，进行车间化生产、机械化管理，可大大提高育苗效果。

(2)水培育苗的缺点

尽管水培具有上述的优点，但它本身也具有一些无法克服的缺点，水培的应用受到一定条件的限制。水培要求有一定的设备，投资较大，比普通育苗成本高；技术要求高，生产管理过程较为复杂；如果管理不当，易造成某些病害的大范围传播，特别是根际病害一旦发生，极易蔓延扩散，造成重大损失。但随着水培技术的不断发展和改进，可逐步降低育苗成本。

2. 水培育苗的设备

(1) 场地

水培对场地没有严格要求，只要能满足光照、空气及充足的水源条件，人为提供矿质营养和水的地方即可。大规模园林苗木设施水培育苗，则需要有面积合适的现代化温室或大棚，并要求通水通电，交通方便。

(2) 种植槽

一般自行建造水泥种植槽，管理方便，结实耐用，造价较低。但不能拆卸搬迁。一般种植槽宽度 80～100 cm，深度 15～30 cm，长度可长达 10～20 m。

(3) 定植板和定植网框

定植板一般用密度较高、板体坚硬的白色聚苯乙烯板制成，板厚 2～3 cm，板面上有若干个定植孔，孔径 5～6 cm。每个定植孔中放置一个定植杯。定植杯为上大下小，可以卡在定植孔上，如图 9-13 所示。

图 9-13 水培及水培定植板

定植网框宽度与种植槽外延宽度一致，长度根据材料和生产方便而定。有木板或硬质塑料布或角铁做出边框，用金属丝或塑料绳织成网做底，框内盛放固体基质，幼苗定植在基质上。

(4) 贮液池

贮液池可建在地面上，也可以建在地下。贮液池的容量已满足整个种植面积循环供液为度，对大株型植物，贮液池一般建在地下，以便营养液及时回流到贮液池中。

(5) 营养液循环系统

营养液循环系统包括供液系统和回流系统两大部分。供液系统包括供液管道、水泵和调节流量的阀门等部分，回流系统有回流管道和种植槽中的液位调节装置组成。

简易的小型水培设备，可用一容器放入营养液，上面用细网隔开并放入基质，进行苗木培育。更简单的还可用一浅塑料箱，设几个排水孔，内放基质，稍倾斜放置，浇营养液来进行苗木培育。

3. 水培基质

水培育苗中，育苗槽上苗床中的基质是代替土壤，起着固定、支撑苗木的作用的。基质的选择要根据植物的要求和基质材料的来源而定，选用的基质应疏松通气，保水、排水性能好。水培常用的基质有蛭石、珍珠岩、石英砂和泥炭等，也可用其混合物。

(二)喷雾培(雾培、气培)

喷雾培是将营养液以喷雾的方法，直接喷到植物的根系上的无土栽培方式。植物根系悬空在容器内，容器内部有自动定时喷雾装置，定时将营养液以雾状喷洒到植物根系表面。雾培可同时满足植物根系对养分、水分和氧气的需求，是无土栽培方式中根系水气矛盾解决的比较好的一种形式，也是雾培得以成功的生理基础。同时，雾培易于自动化控制和离体栽培，可以提高设施空间的利用率。雾培的栽培床形状多种多样，可用硬质塑料板、泡沫塑料板、木板或水泥混凝土等制成。

雾培因设施结构的不同，可分为 A 型雾培、立柱雾培、箱式雾培、半雾培和移动式雾培等类型。

雾培的最大优点是很好地解决了植物根系水气矛盾问题，还具有节省设施空间，提高单位面积产量的优势，目前成为观光农业和展示现代农业的重要方式。

但是，雾培设施前期投资大，对生长环境的温度、湿度等要求高。因此，迄今没有成为无土栽培的主要形式，也未用于大规模的商业化生产。

五、固体基质育苗

固体基质栽培简称基质培，是利用非土壤的固体基质材料做栽培基质来固定植物，并通过浇灌营养液供应植物生长进行植物栽培的一种无土栽培形式。无土栽培育苗中，使用固体基质有许多优点。栽培设施简单、成本低，固体基质有缓冲作用，栽培技术和传统的土壤栽培相似，容易掌握。因此，目前我国大部分地区的无土栽培都是采用基质培。

在有固体基质的无土栽培中，固体基质是必要的基础。即使在水培中，无论是营养液膜技术，还是深液流技术，至少在育苗阶段和定植时也要使用少量固体基质来支持苗木。

近年来，随着工厂化育苗技术的推广应用，具有良好性能的新型基质的开发，使有固体基质的无土栽培得到迅速发展，并取得了较好的经济效益，因而越来越多采用固体基质栽培来取代水培。

有固体基质的无土栽培也有多种形式，按栽培空间状况可分为平面栽培和立体栽培，平面栽培又可分槽培和袋培等。立体栽培又可分为立柱式栽培和多层式栽培等。按采用的固体基质种类可分为砾培、沙培、岩棉培和有机基质栽培等。

下面简单介绍几种常见的固体基质栽培方式。

(1)钵培

在花盆、穴盘等栽培容器中填装基质，栽培植物。从容器的上部供应营养液，下部设排液管，将排出的营养液回收于贮液灌中供循环利用，也可人工浇灌。

(2)槽培

将基质装入栽培槽中，然后种植植物。目前多在温室地面上直接用砖(木条、竹竿等)构筑栽培槽。为了防止渗漏并使基质与土壤隔离，通常在槽的基部铺1~2层塑料薄膜。槽面一般宽0.48 m，深15~20 cm，长度根据灌溉能力、温室结构以及田间操作所需步道等因素来决定，槽的坡度至少为0.4%。如有条件，可在槽底铺一根多孔排水管，由水泵或利用重力把营养液供给植株，如图9-14所示。

图9-14　温室槽培

(3)岩棉培

生产上，一般把岩棉切成不同规格的方块，如制成边长为7~10 cm的小块，或制作长90~120 cm、宽20~30 cm、厚7~10 cm的岩板，在岩棉块的中央或在岩棉板上按一定的株距打孔，在孔内栽培植物。岩棉块除了上下两面外都要用黑色塑料薄膜包裹，以防止水分蒸发和盐类在岩棉块周围积累，还可提高岩棉块温度。当幼苗第一片真叶出现时，可把小岩棉块套到更大的岩棉块中，用滴灌管供应营养液。

工厂化育苗中，绝大部分也是采用固体基质的方法育苗，详见本章第一节工厂化育苗。

六、无土栽培育苗的播种与扦插技术要点

无土栽培在园林育苗中主要用于播种和扦插育苗，也可用于移栽苗的培育，下面主要介绍无土育苗的播种和扦插育苗技术要点。

(一)播种育苗

1. 育苗前的准备

(1)场地、容器和基质的准备

育苗场地如温室、大棚和苗床等；育苗容器可选用育苗穴盘、育苗钵、岩棉块等；根据育苗基质的种类和配比。根据育苗周期、育苗数量、预算等实际情况选择确定育苗场地、育苗容器和栽培基质的数量。

(2)种子处理

播种前进行种子处理，目的是促进种子快速萌发，防止病害传播。种子处理的方法因

种质不同而有所不同，如温水浸种、层积催芽、药物拌种、机械处理等，一般经催芽后的种子如果条件适宜1~3天即可萌发。这样既便于精量播种、节省人力、节约种子，同时又为种子萌发创造了有利条件。

(3)育苗容器、基质的消毒

在播种的前，将选好的育苗容器、育苗基质用清水冲洗干净，再用40%甲醛100倍液均匀喷洒。然后堆起用塑料薄膜盖好闷3~5天，再用清水冲洗净药液。

2. 基质的装填与播种

(1)穴盘、塑料钵育苗

首先在穴盘、育苗钵内装满消过毒的育苗基质。然后浇足水或喷施稀浓度的营养液至湿润状态。然后在每穴或每钵中打一深孔，播入1~2粒准备好的种子，播后覆盖较细的蛭石或细沙0.5~1 cm。有条件的可由机器连续操作完成基质消毒、搅拌、装盘、压孔、播种、覆盖基质、镇压到喷水等一系列作业，整个生产线由系统自动控制完成，然后放入催芽室进行催芽，保证一穴育一苗。到出苗后再转温室或大棚内，进行环境调控下的育苗。

(2)岩棉方块、基菲育苗块、聚氨酯泡沫育苗块育苗

首先在育苗床内铺衬塑料薄膜，将岩棉方块、基菲育苗块在育苗盘、育苗床内排好，并浇足水或稀浓度的营养液。然后在岩棉方块、基菲育苗块、聚氨酯泡沫育苗块中间切开一个十字形缝隙，将处理过的种子播入其中。

(3)育苗床育苗

可在育苗床内铺衬塑料薄膜，然后放入5~8 cm厚的基质。铺平后、播种前浇水或喷施稀浓度的营养液至湿润状态，按一定的距离播种，播后覆盖约2倍于种子大小的基质。

3. 育苗期的营养及环境调控

(1)营养

出苗后开始供给营养液，一般夏天气温高，每天喷水2~3次，每2天喷营养液1次；冬季可2~3天喷1次水、1次喷营养液。每次供液以底部稍有积液为宜。

(2)光

冬春季光照弱，应加大幼苗株行距，以免相互遮光，幼苗生长细弱。必要时需要进行人工补光。夏季育苗，为降低叶面温度和根际温度，要用遮阳网遮光降温或喷雾降温。

(3)温度

出苗期温度控制在25~30 ℃，空气相对湿度85%以上。出苗后温度随着苗的生长而逐渐下降，白天保持在22~28 ℃，夜间在15~18 ℃。定植前要降低温度进行炼苗。冬季可进行增温育苗，夏季要降温育苗。

(二)扦插育苗

无土栽培中，扦插的原理、插穗选取、扦插方法及类型均与一般的扦插育苗相同，这

里主要简述扦插基质和插后的环境条件控制。

1. 扦插基质

无论无土栽培还是常规育苗，扦插基质对插条生根的影响都很大，可分为基质扦插、水插和喷雾扦插(气插)。基质扦插是应用最广的一种扦插方式，扦插用的基质主要有珍珠岩、蛭石、河沙、草炭、炉渣等材料。选择泥炭再配上粗砂和大颗粒的珍珠岩扦插效果好，因为粗砂和大颗粒的珍珠岩有利于通气和排水，可促进植物生根。可根据不同植物对湿度和酸碱度的要求，按不同比例配制扦插基质。扦插一般植物时，珍珠岩、泥炭、黄沙的比例一般为1∶1∶1 较合适。

2. 水插

水插是不用固体基质，而直接用稀释营养液扦插育苗。可设置流动水插床，将插条基部约1~2 cm 插入稀释营养液中。水插所用的稀释营养液必须保持清洁，且需经常更换。其产生的不定根一般很脆，当它长到2~3 cm 时就可移栽或上盆。

3. 喷雾扦插

喷雾扦插(气插)也称无基质扦插，适用于皮部生根型的植物，方法是把本质化或半木质化的插条固定在插条固定架上，定时向插条喷雾。能加速生根和提高生根率，但在高温高湿条件下，插穗易于感病发霉。

4. 扦插环境条件的控制

无土栽培扦插育苗所要求的环境条件与一般扦插育苗一样，其控制方法如下：

(1) 湿度

湿度包括空气湿度和基质湿度，不同植物对湿度的要求不同，通常空气相对湿度以80%~90% 为宜，基质含水量以 50%~60% 较合适。用一个简单方法就可以大致判断基质的含水量，即用手抓一把基质，握紧，指缝不滴水，手松开后基质不散开或稍有裂缝，此时基质的含水量适合。如果握紧时指缝滴水，则含水量过高，应控制喷雾；手松开后，基质散开，表明含水量过低，应喷雾补水。国内外扦插湿度控制多采用全光照喷雾方法，尤其对嫩枝扦插，效果很好。

(2) 光照

夏季，过强的太阳光会使棚室内的气温高达 50 ℃以上，对插穗成活极为不利。若在全光照喷雾条件扦插可不遮阴，如果条件不允许，可根据扦插植物对光照进行调整，如在有外遮阴的塑料大棚内扦插效果会更好。

(3) 温度

一般来说春季硬枝扦插温度较为适宜，植物的愈伤组织活动旺盛，插条较易生根；秋冬季扦插温度较低，尤其在北方，需适当加温，可在苗床下铺设电热丝或其他加温方法，以促进生根。夏季的嫩枝扦插因温度高，湿度大，应采取喷雾或遮阳降温、通风降温，以防枝条腐烂。

思考题

1. 工厂化育苗的设施有哪些?
2. 工厂化育苗的厂房建筑主要有哪些? 它们有什么区别?
3. 组培育苗有哪些优缺点?
4. 依据被培养植物的部位，可以将组织培养分为哪些类型?
5. 组织培养在园林育苗上的有哪些作用?
6. 容器育苗有哪些优缺点?
7. 简述容器育苗营养土材料与配制方法。
8. 容器育苗有哪些主要技术措施?
9. 控根容器育苗技术的特点是什么?
10. 容器育苗管理应注意哪些事项?
11. 无土栽培育苗有哪些种类?
12. 无土栽培育苗有哪些优点和不足?
13. 常见的无土栽培基质有哪些?
14. 常见无土栽培的方式有哪些?

参考文献

陈其兵. 2007. 园林植物培育学[M]. 北京: 中国农业出版社.

成仿云. 2012. 园林苗圃学[M]. 北京: 中国林业出版社.

郭世荣. 2014. 无土栽培学[M]. 北京: 中国农业出版社.

黄俊轩，李双跃，李建科，等. 2007. 金鱼草高效植株再生体系的建立[J]. 安徽农业科学(9): 6039-6040.

黄俊轩，李建科，刘艳军，等. 2010. 油葵基因转化体系的建立[J]. 北方园艺，13: 176-178.

黄俊轩，刘艳军，杨静慧，等. 2016. 北美海棠组培快繁研究[J]. 天津农业科学，22(8): 22-26.

李志强. 2006. 设施园艺[M]. 北京: 高等教育出版社.

刘德良，廖富林. 2014. 园林树木栽培学[M]. 北京: 中国林业出版社.

刘玉冬，杨静慧，刘艳军，等. 2009. 巨型红掌茎尖组织培养及快繁技术的研究[J]. 安徽农业科学(12): 5358-5359.

苏金乐. 2003. 园林苗圃学[M]. 北京: 中国农业出版社.

王大平，李玉萍. 2014. 园林苗圃学[M]. 上海: 上海交通大学出版社.

张寅玲，刘艳军，黄俊轩，等. 2006. 含内生菌外植体红掌组培方法的研究[J]. 西南园艺(6): 9-11.

周厚高. 2014. 园林苗圃学[M]. 北京: 中国农业出版社.

第十章　园林苗圃的经营管理

园林苗圃的经营管理是指依据社会主义市场经济理论，按照现代企业管理的方法，结合植物材料的生长特点，对苗圃的人力、财力、物力等资源进行合理配置，采用先进的技术取得最大效益。

运营园林苗圃是市场经济发展下的新型经济。它是促进城镇园林绿化工程有效开展的关键，是满足人们对居住环境质量的保证。不仅带动了城市经济的发展，还为园林苗圃带来了一定的经济利益。随着社会需求的不断增长，园林苗圃市场有着良好的发展前景，为了适应这一新的经济发展模式，就要对其经营管理进行分析，提高园林苗圃的经营管理水平，进而带动整个园林苗圃产业的高速发展。

第一节　园林苗圃的经营

一、经营的概念

经营是为了减少无效消耗而进行的各种防御灾害破坏和促进物质金钱流通的程序行为，如安全、商业、财务、服务等。经营含有筹划、谋划、计划、规划、组织、治理、管理等含义。经营和管理合称经营管理。经营和管理相比，经营侧重指动态性谋划发展的内涵，而管理侧重指使其正常合理地运转。经营是以减少无效消耗量为目的的程序行为，也就是说，经营活动的主要目的，已经不是积累有效生产量(Y)，而是减少无效消耗量(X)—使得产品或建设能够“应用”或“运转”。而“应用”的媒介或“运转”的润滑剂往往是货币或金钱。

有些学者把“经营”说成是企业为实现其预期目标所开展的一切经济活动，等同于“经济行为”，从而包括了生产和建设。这样，就与我国经济生活中实际应用的“经营”一词的含义不符。我们说“由生产型单位向生产经营型单位转化”，而不说“由生产型单位向经营型单位转化”，其原因在于英语文献中的某些术语并不是与汉语一一对应的。在西方经济生活中不大需要把企业分成“生产型”和“生产经营型”，而我国又不大需要把“管理”分成智谋型、导控型和行政型。因此，汉语中的经营并不等于 manage 或 govern，管理也不等于 administer。事实上，除了涉及二者差别的场合，中文书刊都往往把 management 译成“管理”，而非“经营”。经济行为是受到一定的自然和社会环境制约的人类行为。我国受资源约束较紧，不可能以强烈的分工来开发利用资源。因此，不可处处套用西方经济在资源约束较松的环境中形成的术语。尤其不宜生搬硬套。否则，就可能导致“自己都说不明白，却要说服别人明白”的现象。

二、经营行为的内容

(一)安全行为

安全行为包括两方面：一是防护自然灾害；二是防护人为破坏。仓储、防雷、防虫、防鼠、活物的养护、基础设施的维修保养、环境卫生的清理等，属于前者，以技术行为为主。防人为失火、防爆炸、防偷盗抢劫等，属于后者，以文化行为为主。严格说来，“偷盗抢劫”不是真正的“无效消耗”——有关产品满足了窃贼抢匪的福利需要，他们也是社会成员的一类。但是，从“文化行为”的角度来看，偷盗抢劫等社会行为无论在哪一个文化圈中都是遭到排斥的(因为“占有器具”或“化物为奴”是早于其他文化行为的原初行为)，因此也属防范对象。不过，在统计中，这一部分产品不是计入“无效消耗量”，而是计入“游离覆盖度”，其效果是减小“保障比积”。

(二)商业行为

商业行为包括两方面：采购推销和包装运输。这是物资管理的重要内容——作为“商品”形态的产品、物资、设备等物质的管理。物资管理是物资管理、产品管理、设备管理、活物管理和基础设施管理的通称。由于物质管理问题在园林苗圃经营中所占的比重很大，所以合并在本节中一起讲述。对于财务管理，也是这样处理。

(三)财务行为

财务行为包括理财、聚财和保险 3 个方面。理财包括预算、收入、支出、决算、监督。聚财包括生产经营的赢利、征收、募捐、储蓄、发行债券股票货币，以及非法的聚财方式。保险包括投保和理赔。

通常所说的财务管理常兼含商业行为的管理，对某些部门来说，还包括会计行为。其实，会计是根据凭证对财金事务进行全面的复式记录以便核查(财务会计)，往往不止于经营活动及钱财记录，还包括生产、施工等活动的记录及统计分析(管理会计)。会计行为的目的是提供基础数据、建立起数据档案并利用有关数据来改善管理。它作为管理的辅助，在层次上略高于安全、商业、财务。但是，由于某些机构的记录主要是财务记录，所以有可能把财务会计合并成一个子机构。

经营活动之所以要促进“物”与“钱”的周转，是因为一切搁置的“物”都会自然消耗；而一切搁置的“钱”也会逐步被贬为“废纸”或递减为微不足道的“心理安慰”——对于发展中的市场经济国家和地区来说，适度的通货膨胀是与产业升级相伴的正常现象，搁置的金钱必然逐渐贬值。

(四)服务行为

服务行为就是为了促进物与钱的周转而发展起来的——它与安全、商业、财务行为之间有不少重合，却又有所不同——它所提供的各种“服务”(service)常常是以信息成分为主(有利于物与钱的周转，甚至是“刺激需求”)，与物质形态的“商品”(goods)和金钱都有所不同。服务行为包括面向法人(企业)、面向个人和兼营3个方面。企业服务包括管理咨询(如法律法规、管理模式、市场预测等)、会计审计、建筑及设备租赁、汽车服务、广告、公共关系、商品检验等。个人服务包括医疗保健、美容殡葬、教育培训、家庭服务、旅游消遣、宗教信仰、心理咨询等。兼营服务包括数据处理、法律代理、职业介绍、安全保卫等。

三、园林苗圃的物质管理

(一)园林苗圃的物资与产品管理

园林苗圃的物资与产品管理是园林苗圃经营活动中不可或缺的组成部分，它包括对苗圃所需生产资料的管理和苗圃所生产出的产品的管理。生产资料的管理通常包括所需物资计划的制订、采购、储备和取用几个环节。生产出的产品的管理则包括储备、包装、定价、流通，售后服务和信息反馈等环节。

在园林苗圃中对于大的物资需求，一般在年初都要制订计划，以便进行审批或组织采购，对于临时需要的小型物品，可以根据具体情况直接采购。近几年来，大型国有苗圃的大宗物资采购，一般采用“政府采购”的形式来实现，小额物资采用市场直采的形式来完成。

物资储备管理包括制定储备定额和保证定额储备。储备定额要根据物资进出等情况来制定，力争合理，防止储备积压。保证定额储备，就是要把库存物资控制好储备量，防止停工待料。在园林苗圃中，所需要储备物资种类名目较多，仓库管理是物资储备管理的重要组成部分。做好登记入库出库记录，分类存放，定期清仓盘点显得尤为重要。

园林苗圃产品的储存是园林苗圃产品经营的重要组成部分。园林苗圃主要生产园林苗木、插穗、接穗、果品等。因而在园林苗圃产品储存中，要保持产品的生命力和新鲜度，就要采用相应的技术措施，同时将在储存中发现的问题反馈到生产和科研部门，以改进生产和储存工艺。

(二)园林苗圃的设备管理

园林苗圃的设备管理也具极其重要的作用。因在园林苗圃建设、生产、施工中需要各种各样的机械设备，如浇水车、耕作机械、割灌机、草坪修剪机、草坪切根疏理机、草坪打孔机等。对设备安装调试要由专业技术人员，按照设备说明书载明的各项功能逐一检查调试，看是否达到要求。使设备高效运行是降低无效消耗，发挥设备潜力的有效途径。如果，盲目追求大型设备和先进机械，而不能使设备高效运行，设备潜力不能很好发挥，必然降低经济效益。在设备的使用过程中要杜绝超载超负荷运行，制定相应的安全规程，避免事故发生，确保操作人员的人身安全和设备的安全运行。加强设备的维修与保养工作，并定期检修，排除隐患。

(三)园林苗圃的活物管理

1. 生态、代谢

活物管理是园林苗圃经营与其他产品或服务的经营所不同的方面，常称为养护。养与护分别涉及技术行为和文化行为两个方面，相应的管理程序涉及规程或法规。一般说来，植物如花卉、树木等可以在花圃苗圃中引种、繁殖，而水、肥、草、虫等管理规程或法规就是为了保证植物的生态条件、新陈代谢。

2. 修剪、改良、更新

园林植物的修剪、改良、更新等既涉及技术行为，又涉及文化行为——有关审美方面的文化行为。对于技术方面的管理，程序性较强。但对于文化方面的追求，则程序性较弱，并且与不同文化圈相关——西欧北美往往注重显示人类改造自然的能力，以强度的修剪加工为美；中国往往注重人类与自然的协调，以不饰雕琢为美。应该指出，这二者不是互斥的，而是可以互补的。管理者应该扩大自身的审美情趣和范围。

在“更新”管理方面，合理“存旧”是园林经营中最为特殊的内容。人类文化行为的动因之一是“刺探隐秘”，而愈是古旧的活物，愈具有揭示时间隐秘的功能。活文物的价值甚至比死文物还要大。因此，苗圃经营中不仅要对管辖范围内的古树名木进行特殊养护，而且要诉诸现代科研，采取复壮措施。除此之外，目光远大的经营者还应该有意识地筛选可能长寿的植物加以特护及保存——随着岁月的推移，它们之中就可能产生“传园之宝”。

3. 防止人为损害

防止人为损害植物的管理可分为“疏导”与“阻禁”。用导游图、指路标、斜向穿插小路等疏导措施可有效减少“找路”或“抄近路”等“最小耗能”行为造成的活物损害。设置巡查人员是对有意破坏活物者的阻止以及对无意破坏者的示警。除了直接损害活物的行为应该防止之外，还应防止间接损害活物的行为，例如破坏环境卫生、排放有害气体及污水、污物等。对人的阻止是有相当对抗性的社会行为，往往需要制定相应法规。

四、园林苗圃的财务管理

有关资金收支方面的事务叫财务。财务管理是组织财务活动，处理财务关系的一项经济管理工作。财务管理可分国家、地区(部门)、单位、个人4个层次，其中，收支管理分为预算、支出、收入、决算、监督五项内容。当今在多变、竞争的市场环境中，财务管理是企业管理的核心所在。

预算是相对独立的经济实体对于未来年度(或若干年)的收入和支出所列出的尽可能完

整准确的数据构成。园林苗圃具有法人性。在市场经济条件下通常属于企业单位，其预算支出主要有工资、物资、管理费用等。苗圃产品或服务受需求影响而周转较快，赢亏幅度也受经营水平而起伏较大，因而对这类国营苗圃将逐步过渡到企业化管理，即预算收入全部来自单位自身的收入、集资或贷款，不含上级财政的预算拨款；同时预算支出也由其预算收入来支付。

园林苗圃的预算的编制是一个十分复杂而又欠缺经验和依据的工作，需要逐步的积累。就园林苗圃养护管理支出项目主要有员工工资及福利补贴、环卫费、引种费、苗木费、水电费、肥料费、维修费、工具材料费、机械费以及其他费用，将这些项目按劳动定额及物资消耗定额等加以汇总。

园林苗圃的收入管理，重点是对企业在经营过程中所获得的收入及出售产品、对外施工或提供服务所获得的收入的管理。收入管理的主要措施是对每一项收入都建立相关的票据、凭证。支出管理的主要措施也与收入管理相似，即每一项都要有收款人签章，除稳定性的支出(如工资)外，还要有票据等凭证，有主管人签章。决算是相对独立的经济实体对于过去年度的实际收入和支出所列出的完整、详尽、准确的数据构成。决算与预算的差异，源于实际收入支出环节出现的各种条件变化以及预算外收支。决算结果比预算方案具有更强的实践性，可成为后续预算的重要参照。

财务监督是对金钱的监督。财务监督的主要方式是定期清点对账，检查是否每一笔资金都有据可依、有档可查。审计机构是与财务机构并立的机构。审计机构的唯一职能就是对财务进行监督或审查，它具有独立性、公正性和权威性。审计的主要内容是：审查核算会计资料的正确性和真实性，审查计划和预算的制定与执行、经济事项的合法性与合理性，揭露经济违法乱纪行为，检查财务机构内部监控制度的建立和执行情况。

五、园林苗圃生产与经营

(一)生产与经营的关系

经济效果既取决于有效生产量，又取决于无效消耗量。生产单位致力于提高有效生产量，经营单位致力于减少无效消耗量，而生产经营型单位则兼有两者的功能。这三类经济实体都受到资源环境的约束及经济需求的牵引。

在受到较轻资源约束的经济系统中，由于市场需求不足，产品的无效消耗常成为制约经济效益的主要因素。因此，经营单位对经济系统的边际效用往往大于生产单位，由此导致经营单位常能以较高的均衡价格提供服务。经营单位获利较多，但却不一定与有关国家的资源条件相吻合——对于资源约束较重的经济系统，经营单位对经济系统的边际效用并不一定大于生产单位，而有可能小于生产单位。如果本来就是资源不足、供不应求，却受世界市场价格的左右而鼓励需求，其结果必然是更加供不应求，反而出现了更加有求于经营单位的局面。由于资源不足，经营单位往往是无源之水、无根之木，其结果就鼓励了假冒商品和劣质服务。由此导致的恶性循环必然使“二道贩子”猖獗。同时，也使得生产单位向生产经营型单位转化，减低了社会分工的强度——这是有关经济系统自发调节的一种方式。由于资源不足，过强的分工所导致的大规模消耗资源是有害的。

一般说来，无效消耗的物质越小，金钱的亏损越少、盈利越多。但是，由于人类需求受到许多因素的影响，对于某些特定物质来说，有可能在较多的消耗(较长时间库存)之后再投入市场而使得金钱上的盈利较大。因此，掌握市场信息、预测市场需求，常决定商业性经营的成败。

(二)园林苗圃经营特点

园林苗圃与一般企业不同，它的经营不是纯粹的商业性经营，而是包括生产、养护、服务等等，所以不仅依赖市场，而且对于公共分配系统的依赖较大。此外，其经营的优劣在很大程度上取决于内部的管理水平。

对园林苗圃来说，特别是尚未转制为企业的那些公益性苗圃的经营，约束条件有其特殊性，一般呈现市场需求不足，所以常是“公共产品(服务)”。其经济效益较多地相关于经营水平——除了物质金钱管理之外，促进物与钱的周转的重要内容之一就是在市场调查和预测的基础上增加苗木品种和服务项目，尽力提高产品质量，以此吸引顾客、激活需求。其中，又要在服务项目与服务质量之间进行适当安排——服务项目不应影响服务质量，服务质量又不应约束适度的服务项目。

例如，苗圃经营者可以充分利用园内各种植物资源开展观光采摘旅游、利用闲置土地举办花展、画展、科普知识讲座等活动。既符合借靠植物改善环境的总目标，也不会损害服务质量，还能树立苗圃的良好社会形象，取得收益。

总之，苗圃经营者必须结合自身的特点进行调度，安排好苗木品种及服务项目并提高服务质量。

随着社会经济和城市的发展，花木产品市场需求将呈上升趋势，于是园林苗圃经营中逐渐形成了对机关、企事业单位、私人住宅提供有偿服务的项目。这一类生产与服务通常提供法人产品，而不是公共产品。它们往往受到商品市场供求关系的较强影响，而经营者往往受到最大利润原则的支配，随着价格信号而调节其经营行为，以获得最大经济收益。这也是当前国有公益苗圃纷纷过渡为企业，以及大量私有苗圃涌现的主要原因。

商品或服务的市场价格主要取决于它们的消费边际效用与单位有效生产量中各生产要素的货币成本。有些商品如一些奇花异草，由于稀缺度较大而具有较高的边际效用，所以尽管从局部(如产地)来看成本较低，但其市场价格很高。这往往促使各地开发本地特有资源，并以生产经营型方式提供配套产品或服务。对于高新技术产品，也有可能出现这种情况。由于后者受资源约束较少，随着更多的生产者和经营者参与追逐较高利润，以及越来越多的从业人员获取较高工资，整个经济系统的各种产品都会因需求增长而向上浮动价格，产生与产业升级相伴的通货膨胀现象。另一方面，有些商品如蒸汽机车，虽然成本很高，但在内燃机车及电气机车问世后，其消费边际效用锐减，因此市场价格下降，并逐步被消费市场所淘汰。园林苗圃生产及服务接近于新型产业而不同于正被淘汰的产业；另一方面，它又不同于珍禽异兽或高新技术那样具有排他性或专利性，因此市场价格起伏有时很剧烈，导致一定的投机行为和盲目决策。例如，2005—2010 年北京花卉市场上中型蝴蝶兰价格在每株 20～30 元，但在 2010—2014 年仅每株 12 元左右，其中 2014 年出现过大量低价抛售现象，出现过6~8元的价格，2015—2016年价格略有回升维持在12~15元区间。其原因在于花农受一时一地的市场价格引导，盲目生产经营，使蝴蝶兰产量骤增，然而市场需求有限，结果经营失败。总之，经营决策应该建立在较全面的市场信息分析（长短期需求、供应难易程度、价格等）基础上，而不应把价格作为唯一指标。至于园林苗圃行业中作为公共产品的一部分，更不宜受市场左右而进行决策。

（三）市场调查预测

市场调查预测的步骤如下（表10-1）：

①确定目标及相关项目；

②收集整理资料及非正式调查了解，如座谈、访问、整理来信意见等（以上是预备阶段）；

③决定调查和预测方法；

④准备调查表格；

⑤抽样设计（方案）；

⑥实施调查（以上是正式调查阶段）；

⑦整理调查资料及数据，进行定性、定量分析及预测；

⑧提出调查和预测报告（以上是结果处理阶段）；

⑨分析比较预测结果与后续实况的差异，改进预测方法及准确程度（如对各种预测方案进行优选、对不同加权方案予以修改等等。这是实践检验及误差调节阶段）。

表10-1　市场调查和预测

<table>
<tr><th colspan="2">查测项目</th><th>查测内容</th><th>调查方法</th><th>预测方法</th></tr>
<tr><td rowspan="4">市场环境</td><td>管理秩序</td><td>政府法令，管理体制，价格，税收，财政政策环保，保险及工商管理法规，违规率及纠正率，执法人员素质</td><td>资料检索，法律咨询，观察了解，公关刺探</td><td>政法专家意见，公关刺探</td></tr>
<tr><td>经济技术</td><td>总人口，总产值，劳动生产率，人口结构，职业结构，产业结构，消费结构，国民收入，存款，物价，通信，交通能源供应</td><td>资料收集整理，实地考查</td><td>经济学家意见，统计模拟，经验估计</td></tr>
<tr><td>文化风俗</td><td>教育水平，家庭规模，语言风俗，思维方式，观念价值，宗教信仰，审美倾向</td><td>实地考察，资料检索，问卷调查</td><td>文化人类学家意见，时空参照</td></tr>
<tr><td>资源生态</td><td>气候，地质地理，土地，水源，森林，矿藏，特有景观，其他资源</td><td>遥感调查及监测，实地考察，资料检索收集</td><td>动态评估，灾害（含人为）研究</td></tr>
<tr><td rowspan="3">市场需求</td><td>本企业</td><td>现有和潜在需求量，现销量，占有率</td><td rowspan="3">抽样询问（面谈、电话、函件），现场观察记录，问卷，小规模实验，公关刺探</td><td rowspan="3">经验判断（经理、销售人员、销售者、专家）统计分析，分割，时序，回归</td></tr>
<tr><td>竞争企业</td><td>现销量，占有率，分布在几个企业及分布情况</td></tr>
<tr><td>产品或服务</td><td>整体质量（功能，档次），零部件供应，包装，商标，广告，交换渠道，方式及日期，付款方式，售后服务</td></tr>
</table>

（续）

查测项目		查测内容	调查方法	预测方法
消费者	类　别	终端消费与中间购买，集团与个人，个人的年龄，性别，民族，职业，文化水平	现场抽样询问或问卷调查	经验判断（经理、销售人员、销售者、专家）统计分析，分割，时序，回归
	动　机	必需，赶时髦，“摆阔”，偏爱，广告，公关		
	习　惯	时间，地点，常用同商标或常变换，一次购买量		
	购买力	工资水平，存款额		
竞争者	数　量	生产企业数，销售单位数	向管理部门咨询，从商品逆推，公关刺探	经验判断（经理、销售人员、销售者、专家）统计分析，分割，时序，回归
	背　景	生产能力及规模、技术水平，生产成本，运输成本		
	产品或服务	（同“市场需求”中的“产品或服务”栏）		

市场调查预测不仅可以用于国内市场，也可以用于国际市场。对于后者，“市场环境”中的“文化风俗”和“资源生态”的差异常有重要意义。因此联合国粮农组织等国际机构常雇用文化人类学家与有关专家共同组成调查小组。其中，“市场环境”中的“管理秩序”尤其重要，而它又是与“文化风俗”密不可分的——欧美市场经济的发展历程显示：管理秩序取决于经济增长、法制建设、人员素质这三者的互动。

（四）园林苗木的市场营销

园林苗木是园林苗圃的主要产品。由于园林苗木这种产品具有“公共性”的特点，在计划经济时期，园林苗圃中生产出的园林苗木、花卉、草坪等产品，在数量、质量和应用上都具有较强的独占性和垄断性。国营苗圃的产品生产、销售和应用，多是按国家计划执行的，不需考虑产品销路问题。与此同时，私营苗圃数量和规模都非常小，它们“见缝插针”，所产苗木大多“物美价廉”因而也不必为销售发愁。但随着社会主义市场经济体制的建立和不断完善，社会生产力得到迅速的发展，物质极大丰富，短缺经济时代已经成为过去。园林苗圃的数量急剧增加，规模越来越大，生产出的苗木出现滞销，市场营销成为决定企业生存和发展的大问题。

市场营销是企业通过一系列手段，来满足现实消费者和潜在消费者需求的过程。企业常采用的手段包括计划、定价、确定渠道、促销活动、提供服务等。市场营销是市场需求与企业经营活动的纽带与桥梁。

1. 市场营销的基本任务

(1) 为企业经营决策提供信息依据

经营决策是企业确定目标并从两个以上的经营方案中选择一个合理方案的过程。经营决策要解决企业的发展方向，依据来自市场信息，市场营销直接接触市场，有掌握市场信息的方便条件。

(2)占领和开辟市场

对企业来说，市场是企业生存和发展的空间，有市场的企业才有生命力。市场营销的实质内容是争夺市场。

(3)传播企业理念

一个长盛不衰的企业，必定有它坚定的信仰，将这种信仰概括成基本信条，作为指导企业各种行为的准则，这就是理念。理念演化为企业形象，良好的企业形象会为企业带来巨大的效益。营销活动最直接地塑造着企业的形象，传播企业的理念。

2. 市场营销的基本观点

(1)市场观点

市场是企业生存的空间，对企业来讲，市场比金钱更重要。市场营销的根本是抓住市场。

(2)顾客观点

企业要把顾客作为企业经营的出发点，同时又把顾客作为经营的归宿。市场营销就要随着消费者需求的变化，不断地调整自我，发展自我。

(3)竞争观点

竞争是与市场经济相联系而存在的客观现象，只要企业存在着独立的经济利益，相互间的竞争就是不可避免的。营销中不要消极地去看待竞争，而把其看成动力、看成条件、看成机会，主动参与竞争，以取得“水涨船高”的效果。

(4)赢利观点

赢利即赚钱，是市场营销无需回避的问题。市场营销所实现的赢利，应是一种合理的报酬，应是企业赢利、顾客受益的“双赢”局面。

(5)信息观点

当今已进入信息时代，企业对“信息”的占有甚至比“物质”的占有更重要。掌握了信息，才能有市场、有资源、有效益。市场营销要注意收集、善于分析信息，为企业的重大决策提供依据。

(6)时间观点

在市场营销中强调时间观点，要把握好时机，抢先一步，创造第一。

(7)创造观点

人的消费是不断地由低向高、由物质向精神发展的。市场营销肩负引导消费、刺激需求、创造市场的任务，使潜在消费变成现实。

(8)发展观点

市场营销要着眼于未来去发现机会，还要敏锐地意识到未来可能出现的风险。不满足现在的成功，去把握明天的机会。

(9)综合观点

市场营销中要特别重视各个方面的相互联系，不苛求一时一事的成败，而要确保全局的成功。讲求合作，互惠互利，最大限度地发挥自有资源的效能。

(10)广开资源观点

在市场营销中可供运筹的资源越多，就越易在竞争中保持优势地位。既要看到硬性资源，又要看到软性资源；既要看到有形资源，又要看到无形资源；既要看到物质性资源，又要看到精神性资源。这些资源一旦在市场营销中被调动起来，不但能转化为现实的经济效益，而且能为企业的长远发展创造良好的条件。

3. 园林苗木的市场营销策略

市场营销是一个十分复杂的工作，它要采取一系列的手段才能完成。因而市场营销的策略也是多种多样的，如何在市场竞争中取得优势，是市场营销是否成功的关键所在。

(1)成功市场竞争策略的特征

①成功的市场竞争者要总是从现实中寻找对策　人们往往由于思维的惰性、陈旧的观念、历史的包袱等原因对现实视而不见。其实只要充分地了解现实，面对强大的竞争者，发现其弱点，就能设计出自己的成功策略。随着国家对环境生态的重视和社会对园林苗木的大量需求，园林苗圃产业得到了迅速发展，园林苗圃和园林企业如雨后春笋般成长起来，这些企业要想得到进一步健康成长，就必须面对竞争，迎接挑战，扬己所长，避人所短，把握现实市场变化趋势，制定自己的竞争策略。

②成功的市场竞争者又要无定式地追求成功　用无定式的思维去寻找一定的成功目标，只有与众不同、具有特色的策略，才是成功的策略。

③成功的市场竞争者还要把成功看成历史　在激烈的市场竞争中，任何策略不断重复地获得成功的几率很小，要用创造来适应变化，才能赢得竞争的胜利。

(2)市场策略的形式

市场竞争策略的成功形式多种多样，各有特点，但毕竟有其共同性的东西值得借鉴。

①差别市场策略　它是指在同类产品销售活动中，充分展示出产品或销售策略与众不同的特征，以对消费者产生强大的吸引力。

②求异市场策略　它不是在相同产品中显示出自身的差异，而是采用与其他企业完全不同的策略，突出与众不同的特色，最后赢得市场竞争优势。

③创先市场策略　采用同样的销售策略，力争“创先”“争一”，可提高企业的知名度，竞争力。园林花木以观赏为主，新、奇、特是其在市场竞争中制胜的法宝。只有争先创新，才会立于不败之地。

④诱导市场策略　它是指先采用某种销售方式实现引导消费、刺激需求和创造市场的效果，然后再广泛地销售产品。在园林苗木的销售中，在一些新奇特的品种大量销售之前，先将少量产品免费赠送给用户或免费为客户做园林绿化。这样往往会带来很好的效果。

⑤时效市场策略　时效市场策略要求抓住某种市场需求苗头，及时组织生产，使产品

赶在需求高峰前上市，利用时间差来赢得效益。

⑥攻势市场策略　攻势市场策略是通过突破客观存在的某种市场限制，把某种被禁锢的市场需求释放出来。采取攻势市场策略能使企业在市场中的竞争地位产生根本性的改变。要指定出有效的攻势市场策略，就要调查出客观存在的某种需求和这种需求的限制条件，要把消费者的需求障碍看成企业的经营机会。

⑦填充市场策略　填充市场策略是指企业用自己的产品和劳务去填充某种市场需求的空白。填充的实质是企业在市场经营活动进行新的创造，以产生激发需求的效果。填充市场策略获得成功，不一定要发明复杂的产品，关键是使自己的产品与顾客的某种需求相吻合。

⑧迂回市场策略　迂回市场策略是指当企业在经营活动中遇到一时难以逾越的障碍时，采取一些措施避开某种限制，使企业的目标仍能得以实现。成功的迂回市场策略，出自于对障碍事物的深刻分析，进而对应于巧妙的措施。

⑨逆向市场策略　指企业在某种产品滞销积压，其他生产厂(场)家纷纷转产或倒闭的情况下，坚持逆流而上，渡过困难阶段，继续保持住产销势头。采用此策略的企业，关键是掌握准确的市场情报。否则，会有很大的风险。

⑩饥饿市场策略　所谓饥饿市场策略是指企业为了使自己的产品保持在传统市场上的销售优势，主动地适当减少产品在传统市场上的销售量，使传统市场保持一定的“饥饿”状态，同时，又在不断地努力开拓新的市场。采用该策略能在传统市场上造成一定的恐慌，给消费者留下深刻的印象，有利于开拓新市场。

⑪联合市场策略　有些市场需求存在着对产品的特殊要求，或者某种产品在某一地区销售存在着不利因素，这时可考虑采取联合市场战略来排除销售障碍，开辟出新的销售市场。如配套销售、相关产品联合销售等。

4. 市场营销策划

所谓市场营销策划，是指通过企业巧妙的设计，指定出一定的策略，安排好推进的步骤，控制住每一个环节，实现企业经营目标的营销活动。营销策划不同于决策，也不同于建议和点子，其基本思路是将企业现有的经营要素按新的思路重新组合，从而实现新的经营目标的营销活动。

(1)策划的构成要点

①目标　成功策划要设定明确的目标，并按目标要求展开全部经营活动。所立目标要具有战略性、明确性和方向性。

②信息　信息是策划构想的依据。用于策划的信息有三种：别人不知而我们知道的信息；别人无法利用而我们能利用的信息；别人没有意识到而我们意识到的信息。

③创意　创意是策划的灵魂。任何策划都起始于创意，没有创意根本谈不上策划，创意的水平决定着策划的质量。创意要经过三个阶段：深切体会，强烈渴求；思维启动，长期思索；触发事件，灵感产生。在创意的过程中要进行事件联想，弱化思维定势并进行视角转换，换一个角度思考问题。

④控制　创意固然重要，但并不是每个创意最后都能实现并达到预计的效果。在获得

创意的过程中，应忽略细节，但在落实创意时则要考虑周全，必须实事求是地对待实现创意的客观条件，充分估计所面临的障碍和困难，防范偶然因素出现所造成的干扰。

⑤理念　营销策划不可追求短期效益，策划的形式千变万化，而始终要体现的是企业的理念。否则，就会偏离企业的正确发展方向，影响企业发展战略的实施。理念的内容包括企业战略目标，价值观念，行为准则和行为规范。营销策划作为企业的一种市场行为，必须要受到企业理念的约束，而只有体现了企业理念的策划才有价值。

(2)营销策划是营销智慧的结晶

策划没有固定的模式，但策划是有规律地总结大量成功经验，会有一些参考和借鉴价值。

①在消费者心目中确立新的概念　随着营销向深层次发展和人的需要达到更高层次，购销产品就变成了一种载体，人们所追求的是通过购物而带来的精神满足。因此，营销决不仅是在推销产品，而是在向消费者陈述某种理由。当消费者接受了这种理由，并形成了新的概念，同时与自己的某种需求联系起来时，就产生了购买动机。

②提高营销策划的文化品位　人们的社会生活总是处在一定的文化氛围之中，社会越是进步，这种文化氛围越浓重。营销策划如能提高文化品位，就会使消费者在商品的使用价值之外获得某种精神上的享受。

③尽量隐蔽商业动机　任何商业活动背后都会有赢利的动机，但一心只想赚钱的商业活动往往以失败而告终。营销者赢利的动机暴露得越充分，消费者就越会产生“不值”的感觉。把购物过程与娱乐过程结合在一起，能达到隐蔽商业动机的目的。但这种营销策划不可有愚弄消费者的意思，不能使消费者感到上当受骗，自己赚了钱而又得到了人心，才是成功的营销策划。

④以人们关注的事件为主题　单纯的商业活动很难引起人们的广泛关注，但如果能与产生重大社会影响的事件联系起来，有意识地利用某一事件开展商业活动，往往会产生极好的效果。要想利用社会事件开展商业活动，就要保持对社会事件的敏感性，也可通过制造出某一事件，利用其达到商业的目的。

营销策划虽然十分重要，但也只能是企业营销战略的一部分，决不能抛弃实质性的内容去追求轰动效应，策划要提高企业的知名度，更重要的是赢得社会美誉度。因此，提高产品质量、提供周到服务、降低成本给用户更大实惠，才是屡试不爽的成功经验。

园林苗木与其他工业产品有很大的不同，它是活的有生命的产品。同品种、同规格产品的质量与其生长状况、病虫害情况、花色、花形、植株的丰满程度等因素有关。另外，园林苗木的营销工作受季节的限制较大，应充分考虑气候和地域情况对它的影响。还有，园林苗木这种产品，目前的应用范围仍集中在城市公共园林绿地、企事业单位庭院和居民区等场合。对于千家万户来说，则对花卉盆景的需求较多，而对绿化苗木的需求则是少之又少。园林苗木的营销是一项较新型的营销工作，没有成熟的经验可言。因而，园林苗木的营销，既要广泛借鉴一般商品的营销经验，又不能照抄照搬已有的模式。只有结合本行业的特点和企业自身的实际，才能创造出成功的园林苗木营销策略来。

第二节　园林苗圃的管理

一、管理概述

(一)管理的概念

管理是为了达到特定的经济目的，在群体中对人类行为所进行的程序制定，执行和调节。其效果是使人们在适当的时间、适当的空间、适当的方式，付出劳动，提高劳动效率，减少无效劳动和浪费，从而以较少的劳动时间获取较大的有效生产量。如果把特定的经济目的从生产推广到流通分配、资金财务，甚至进一步推广到经济秩序和社会福利，那么管理的效果就包括使人们在适当的时间、适当的空间、以适当的方式把产品投入到市场或公共分配子系统，把游余资金存入银行或进行投资，以及通过对政府投资及税收政策的调节来增大实现效益量、增大综合覆盖度、减少供养系数或游离覆盖度。

程序制定就是对于有关经济行为进行时间排序，如园林建设可分为园林筹建、设计、审批、组织、施工、验收 6 个阶段。其中每一个阶段又可进行更细致的程序制定，直至最后的操作环节。程序制定的优劣主要取决于信息管理和人员管理。比如信息情报的多少决定了对于一定资源条件下的生产要素及经济背景的了解，决定了是否能够知己知彼。程序制定者的知识水平主要指对于时间参照和空间参照的了解，以及关于有关经济行为的系统构成和规律的掌握。应变能力则决定了是否能够把“成型的知识”与“当前的条件”适当地结合起来以形成较好的行为程序。由于经济行为相当复杂，难以重复和检验，所以不存在一成不变的、普遍适用的“最好的”管理模式和方法，因此必须由有关人员把已有的知识灵活地应用到具体的环境条件之中(经济理论都是“学说”，其中证据最多的也只是“准科学”或“软科学”，而不是“科学”，因为它们未经“实验检验”，只经过“证据论证”。所以，经济现象中不存在像力学定律那样严格的普适定律，也不存在“在某日某时可以某地看日出”这样屡试不爽的程序指令)。

程序执行就是将各个阶段的具体环节付诸实施，一般来说，它特指各级管理人员的指挥和基层人员按照规程及指挥进行操作及相互配合。程序执行的优劣主要取决于质量管理(制定规程、执行规程、纠正违规或修订规程)、数量管理(合理调度、科学定额、控制进度)、物资管理(物资供应、设备良好、养护得法，储运得当)和人员管理(劳动者能否与指挥者相协调)。其中最复杂的是人与人之间的协调配合。由于不可能制定“无微不至”的详细的程序，指挥者需要发挥应变能力来把有关知识运用到具体的环境及人事之中，以求弥补次级程序的缺失，从而把整个程序衔接起来。因此，指挥者必须取得劳动者的合作，甚至辅助，其方法大致分为物质奖惩、心理激励、群体关系 3 种。这些方法的运用取决于人员管理水平及相关知识的运用，如对于人类行为及心理动机等的了解以及对于劳动者文化水平、文化类型等的掌握，更细致的管理甚至基于对个别劳动者的心理、生理状况的了解。劳动者的素质和积极性对于生产过程中未被标准化的环节具有极大的作用，还对于发现质量隐患、推动技术更新具有一定作用。应该指出：惩罚和奖励都不限于物质和金钱形态，也不限于职务晋升，还可能体现于关心(满足归属需要)、保险(满足安全需要)、尊重(满足自尊需要)、文体(满足娱乐需要)、分享机密(满足刺探隐秘的需要)、扶植成才(满足超越自我或自我实现的需要)等。

程序调节则是对于程序执行的效果加以控制。如果有关效果偏离了特定的经济目的，那么就要寻找原因并加以纠正。不具有调节程序的管理并不一定达不到目的，但是如果出现偏离，就只能在受到"硬性"约束时才能被发现，导致"紧张应变"的局面。相反，具有调节程序的管理则可以防微杜渐，把紧张应变化解在误差调节之中。调节程序的关键在于为有关的执行环节确定目标，在现代管理中常需确定数量化指标。这样才便于发现程序执行的结果是否偏离了特定的经济目的。早期指标主要针对数量，随着技术进步，工艺复杂化，越来越多的指标针对质量，力图进行"全面质量控制(TQC = Total Quality Control)"——对每一种质量事故总结教训，制定相应指标并落实到生产环节中去。日本企业有句名言："好产品是生产出来的，不是靠最后检查出来的。"程序调节的优劣，主要取决于信息管理和人员管理。前者如重要参量的选定及相关指标的制定、执行偏差的信息收集及加工等。后者如建立起不断权衡与调节的决策取向、上下配合纠偏、堵塞漏洞、修改工艺等。

管理就是要充分运用关于自然的和人类的各种知识和信息，形成时间上和空间上(指挥与协调)的特定秩序和流程，减少无效劳动和浪费，鼓励相互配合与创新，从而"最经济地"进行建设、生产和经营。

园林苗圃的管理受园林业自身的特点所决定，具有3个突出的特点，第一个特点是城市是园林苗圃行业的主要载体；第二个特点是园林"产品"既可能是公共产品，也可能是法人产品。因此，相关产品的生产数量、质量及分配即可能是独占性、垄断性的，也可能是市场性、竞争性的。虽然园林产品中法人产品的比重越来越高，但园林苗圃行业的效益仍不能简单地以金钱化的利润成本之比来衡量，它的社会效益应始终放在首位来考虑；第三个特点是活物管理把生产的过程和经营的过程紧密衔接在一起。

园林苗圃是城市园林的重要组成部分，是繁殖和培育园林苗木的基地，其任务是用先进的科研手段，在尽可能短的时间内，以较低的成本投入，有计划地生产培育出园林绿化美化所需要的各类苗木或相关园林产品。

(二)管理的基本职能

计划、组织、指挥领导和协调控制是管理的基本职能。

1. 计划职能

计划职能是管理的首要职能。它包括的主要内容是：按照经济发展规律的要求，通过充分的市场调查研究和对未来需求的科学预测，确定企业经营战略、经营方针和目标，制定各种经营方案并对其进行比较、选择、作出决策，从而制定出能体现企业发展目标要求的各项计划。具此将企业的各项计划分解到各部门、单位、个人，以保证企业经营计划的实现。

2. 组织职能

企业的各项经营是相互连接、相互制约的。通过组织职能按照既定计划的要求，将各方面的工作有机组织起来，使人、财、物、产、供、销、责、权、利等得到合理的运用和安排。组织职能的执行，要从企业经营的特点出发，建立健全合理的组织机构和各项规章制度，以保证各个经营环节的工作最合理、最有效地进行。

3. 领导职能

为了保证企业的经营活动有计划有组织地进行，必须有高度集中的指挥。在执行各项方针、政策、计划和法令中，企业的各项工作要做到指挥的统一，命令的统一，促使每个职工的工作与企业的总体目标紧密联系，避免多头领导，各行其是。企业在实行集中领导和严格纪律的时候，必须坚决保证广大职工及他们选出的代表参加民主管理的权力。

4. 控制职能

控制职能是指根据企业的经营目标与计划执行情况进行监督和检查。控制的目的在于及时发现问题，查明原因，采取必要的对策，以便及时消除执行计划中发生的偏差。若发现计划与客观情况不相符合时，应根据实际情况对计划作必要的调整或修改，以利于计划的贯彻执行。

二、园林苗圃的组织管理

(一)组织的概念

组织是同类个体数目不少于两个而且个体之间既有分化又有关联的相对稳定的群体，是人们为了实现一定的目标，而互相结合、指定职位、明确责任、分工合作、协调行动的人工系统及其运转过程。组织还是企业领导者实施有效领导的重要保证手段，是领导者联系职工群众的桥梁和纽带。组织也是企业与社会发生联系的实体。组织现代化是企业管理现代化的主要内容之一。现代化管理涉及思想、组织、方法、手段、人员各方面，而管理组织现代化是其中最基本的组成部分。

(二)组织设计

组织设计就是对组织活动和组织结构的设计过程，是一种把任务、责任、权利和利益进行有效组合和协调的活动。其目的是协调组织中人与事、人与人的关系，最大限度地发挥人的积极性，提高工作绩效，更好地实现组织目标。

组织设计应遵循相应原则：

1. 系统整体原则

系统整体原则要求管理组织结构完整。现代企业的组织也是一个系统，它由决策中心、执行系统、监督系统和反馈系统等构成，只有结构完整才能产生较好的功能；系统整体原则要求管理组织要素要齐全。既要努力提高人员素质，又要保持良好的人际关系，实现组织的高效运行。岗位和职务明确，权力和责任明晰，防止由于机构重叠、职责不明和副职过多而降低管理效能。信息要灵通，保证组织设计的信息联系及时可靠；系统整体原则要求管理组织确保目标。目标是一切管理活动的出发点和落脚点。要按目标要求进行组织设计，根据目标建立或调整组织结构。

2. 统一指挥原则

统一指挥原则是组织管理的一个基本原则。统一指挥原则是建立在明确的权利基础上的。权力系统依靠上下级之间的联系所形成的指挥链而形成。指挥链是指指令信息和信息反馈的传递通道。为确保统一指挥，应注意指挥链不能中断，切忌多头领导，不要越级指挥。

3. 责权对应原则

责权对应原则也是组织管理的一项极为重要的原则，责权对应主要靠科学的组织设计，深入研究管理体制和组织结构，建立起一整套完整的岗位职务和相应的组织法规体系。在管理组织运行过程中，要解决好授权问题，在布置任务时，应把责任权力以及能提供的条件一并说清，防止责权分离而破坏系统的效能。

4. 有效管理幅度原则

组织设计时要着重考虑组织运行中的有效性，即管理层次与管理幅度问题。管理层次是指管理系统划分为多少等级，管理幅度是指一名上级主管人员管理的下级人数。管理层次决定组织的纵向结构，管理幅度则体现了组织的横向结构。管理幅度是一个比较复杂的问题，影响因素很多，弹性很大。它与管理者个人的性格气质、学识才能、体质精力、管理作风、授权程度以及被管理者的素质密切相关。此外，它还与职能的难易程度、工作地点远近、工作相似程度以及新技术应用情况等客观因素有关。因此，管理幅度要根据具体情况而定。

管理组织按其层次和幅度的关系可分为高型结构和扁平结构。高型结构管理层次多，幅度小。其优点是管理严密，分工明确，上下级容易协调；其缺点是层次多，管理费用增加，信息沟通时间延长，不利于发挥下属人员的创造性。扁平结构则相反，管理层次少幅度大，管理费用较低，信息交流速度快，有利于发挥下属的主动性；其缺点是难以严密监督下级的工作，上下级和同级协调工作量增大。因此，在决定采用哪种结构时，要根据工作任务的相似程度、工作地点远近、下属人员的水平以及工作任务需要协调的程度而定。

(三)组织结构

目前，组织结构的基本模式主要有直线制、职能制、直线职能制、事业部制、矩阵制、超事业部制、新矩阵制、多维结构制等。园林苗圃的组织结构大多比较简单，一般采用直线制(图10-1)，而一些股份制的苗圃则多采用事业部制。一些小型的个人苗圃，组织

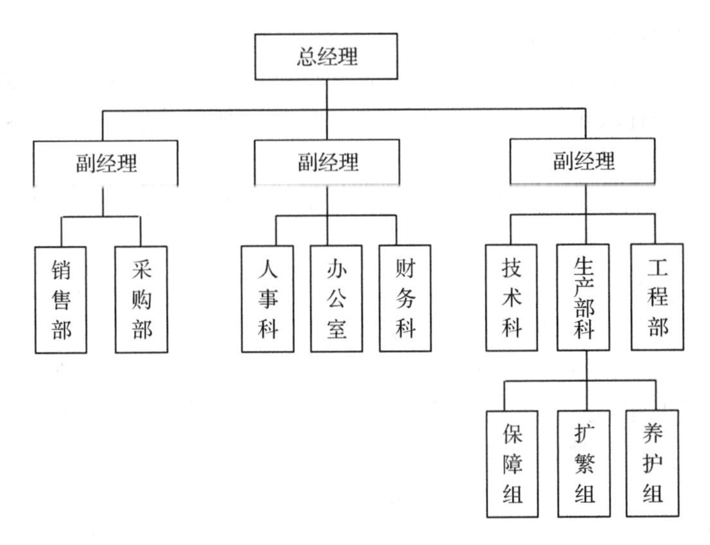

图 10-1　直线制组织结构形式示意图

结构松散，一人多职、多能，没有固定的组织模式。

三、园林苗圃的人员管理

（一）人力管理

人力管理是为了保证一定技术设备和资源条件下的劳动生产率，并使之有所提高所进行的程序制定、执行和调节。人力管理包括技能管理和知能管理两个方面。

技能管理是针对操作人员进行的。与技能管理密切相关的人文变量主要是：体质、特长、经验和个人覆盖度。各种工具设备都对其操作人员有一定的体质要求，为了保证操作人员达到一定的时空符合度，在任用之前必须对其进行体格检查和面试。园林苗圃生产与施工中有大量体力操作和设备操，以及在不同的气候条件下作业，故对体质的要求应与对智商的要求同等重视。一般来讲，操作人员的技能优势会随着经验的积累而逐步发展。一个操作人员所掌握的技能越多越精，其个人覆盖度（胜任多方面工作的能力）就可能愈大。除了技术行为之外，个人的覆盖度还与主体的文化行为相关，在某些情况下，甚至由体力及个性来决定。对个人覆盖度虽然目前尚无准确的评价方法，但它是技能管理的内容之一，是影响劳动生产率的一个重要变量。知能管理是为了保证并提高管理人员的工作效率，或为了保证并提高工艺、流程的质量、调度水平及进度水平而进行的程序制定、执行与调节。与知能管理相关的人文变量主要是：学历、资历、实绩、应变能力等。

（二）人才管理

人才管理是为了使单位时间的有效生产量大幅增长，或为了大幅减少无效消耗量，提高实现效益量，而对特殊人员即人才所进行的程序制定、执行和调节。对人才的管理主要包括人才的发现、使用和控制。选拔人才是靠一种动态的人才选拔机制来实现。在企业内部创造一种人才竞争的机制，使其在“公开”“公平”“公正”的环境下竞争并得到选拔。

与人才的发现、选拔相比，人才的使用能更好地发挥人才的作用，在人才管理中具有更为重要的意义。对比较出众的人才，要为其提供各种有利的条件给予照顾，为其创造较好的工作环境，提供考察、进修的机会。使其在较少的干扰中专注于科研、生产或经营。

实现园林苗圃的发展计划首先需要一批优秀的专业人才。这批人才不仅要有较高的苗木养护技术还要求有较高的品质以及管理合作精神。而要管理好这批优秀的技术人员就要由优秀的管理者来管理。这样才能不断地发掘人才的潜能，同时采用科学的、积极的管理模式提高员工的工作热情和积极性。为了提高苗圃生产的效率、扩大苗木市场范围。苗圃企业要制定一定的制度，不管是高技术的员工，还是普通种植员工，都应该有一套制度进行约束和管理。对人才的控制包括制度约束和鼓励竞争。制定完善、科学合理的规章制度或与其签订相关的合同，对其行为进行约束，防止人才外流；在人才使用上，要鼓励竞争，要建立人才梯队，减少对个别人的依赖，使人才在公平竞争的环境下发挥其更大的作用。这样才能保证苗圃企业正常的经营和管理。另外随着苗圃面积的扩大为了买现苗圃丰产化以及集约经营管理。就要有一定数量的技术员工加强对员工的技术培训以及教育指导。

四、园林苗圃的质量管理

在苗圃生产过程中，把好生产质量关尤为重要。生产质量的第一要务就是要确定苗木的质量方针、质量目标和质量职责。以有效的苗圃生产质量体系为核心，通过苗圃质量管理的四项有效措施来实施，即在苗木的生产中采取质量目标、质量控制、质量保证以及质量改进四项措施。

（一）苗木生产的质量目标

确定生产质量目标。根据苗木在生产过程中的特点，包括不同种类的苗木的生长发育习性以及对生长环境的基本要求，配合苗圃的现有条件，如：生产苗木的机械设备、生产苗木的技术管理人员和适合苗木生产的气候及土壤条件等，制定苗木生产应到达何种水平的质量目标。

确定达到生产质量目标的程序。选择有效科学的生产程序来实现苗木生产的质量目标。可以以目标分解、量化指标、生产管理工序(如播种、施肥、病虫的防治等)、质量管理来作为控制点。

配置有效资源，实现质量管理。实现生产质量管理需要配置各种有效资源，如：人、生产材料、生产工具、生产管理技术、生产管理信息以及机械设备。如何利用有效的配置来实现质量管理目标，这些资源是生产过程中的关键，必须在质量目标制定过程中加以重视。编制生产质量管理计划。

(二)苗木生产的质量控制

1. 系统控制

园林苗木的生产是由若干生产部门分配形成的整体系统控制。每个生产部门是由若干工序组合而成，如育苗、施肥、浇水、防虫、锄草以及苗木越冬所采取的防寒措施。苗圃的生产管理最基本的系统步骤就是生产工序，所以，在生产过程中的质量是形成整个苗圃成品质量的基础。此外，利用苗圃生产过程质量来衡量及监督苗圃的生产过程，对生产程序的改进和创新有着明显的检验效果。

2. 影响苗木生产质量因素控制

园林苗圃生产在质量上主要受五大因素影响：人、材料、机械设备、生产技术方法以及环境因素。

①人的因素　主要是对苗木生产管理者、技术人员以及工人的管理技术水平、生产技术水平、责任心等方面加以控制。将质量目标分解到每个人并与其经济利益相联系。

②材料控制　是指对苗木生产的物质基础加以调控，包括苗木种、农业生产资料等。对材料质量的控制是苗木生产的重要保证，主要从几个方面入手：掌握农业资料市场信息，合理选择苗木品种，保证对将来苗木市场的供应；对组织材料的供应要规范合理，确保生产顺利进行；合理使用各种生产资料，杜绝浪费；重视审查验收，把好生产质量关口；了解农业生产资料，掌握材料的性能、适用范围及质量标准，防止错用和使用质量不合格的材料。

③苗圃生产机械设备的控制　根据苗圃生产的特点来选择适合的机械设备的型号，包括与苗木种类生产繁殖相关的机械设备和整地机械、起苗机械等；除此之外，要有操作生产机械设备的专门人员；注意机械设备的维护，保障机械在生产过程中正常运行。

④生产技术及方法的控制　生产技术的提高与生产方法的运用直接影响到苗木生产的质量。技术与方法控制包括生产过程中育苗技术、栽培技术、病虫防治和水肥管理等过程控制。技术与方法的控制在一定程度上也是成本控制的关键。

⑤环境因素　环境因素主要是指自然环境的影响，包括气候、土壤、地形、水分及病虫草。在苗木栽培时，要注重苗木种类的生长环境和生长状况，适当调整苗木的生长环境，加强防病虫、锄草，合理选择栽培方式，进行水肥管理，为苗木生长创造更加优越的环境。

(三)苗木生长的质量保证

在苗木生长过程中的各个阶段，都要做到认真管理，以保证苗木在生长阶段的质量。苗圃生产部门主管策划，协调各部门与其他部门的关系连接，确定生产质量标准，采取相应的生产技术，协助生产流程安排，指导进行，必要时还需前往现场监督过程质量控制，保证苗木的生产正常顺利的进行。严格生产过程中的所有工作人员及管理人员，制定岗位职责。培养职工的责任心，时刻关注苗木的生产质量，将生产质量与生存利益相连接。苗木生产的质量保证分为对内与对外的质量保证。对内的质量保证是生产部门向苗圃经营者的保证，保证苗木的质量管理与企业生产经营目标相吻合。对外的质量保证是指对客户和认真机构的保证。对客户的保证是指满足顾客的需求，提供客户要求的苗圃。对认证机构的保证是指对国家质量安全技术监督下属的认证机构的保证，符合国家质量管理体系的规定。

(四)苗圃生产质量的改进

对苗木整个生产过程的改进。主要包括苗木种类确定，繁殖数量及生产规格，改进苗木生产技术，提高生产质量，降低生产成本。对苗木生产管理过程的改进。包括对苗圃生产企业的管理目标、经营目标和生产目标的调整及更改。实行生产部门机构变动，制定奖励制度、资源重新分配等方式来对生产过程进行调整。这种管理过程应针对所管理的对象来进行，改善内部人员关系，激励发挥生产水平，从而发挥更大的生产效益。

苗木生产质量管理与其他产业质量管理一样，需要做到有计划、有措施，在总结中有效改进，保证以后的生产过程能有更高的提升。制定生产管理目标，规范生产技术和管理水平，根据苗木生长发育的特点，找出影响苗木的质量因素，做到计划生产。按照生产计划进行，做到动态质量管理。若在实施的过程中发现新的问题，或有其他情况发生，如：苗木种质量规格问题、生产人员变动、生产技术改进，应及时修订计划，采取措施。

五、园林苗圃的安全管理

(一)安全管理

园林苗圃安全工作的管理是园林苗圃生产管理的一个重要组成部分。其中园林苗圃领导在安全工作管理中的作用和责任是非常重要的。在生产过程中，必须把安全工作放在首位，不能只抓经济效益，忽视安全工作，使生产过程中潜伏不安全因素。生产事故发生后领导对事故要负主要责任。

园林苗圃可配备专职的安全技术工作人员，采用现代安全管理的科学方法，对生产安全加强科学管理和宣传。安全技术工作人员按照安全生产规章制度，检查员工的操作和行为，对执行情况进行监督检查，参与或主持事故的调查分析。安全技术工作人员还负有对工艺设备进行安全技术验收，对职工进行安全教育的任务。通过加强园林苗圃安全工作管理可以预防生产事故。

(二) 安全教育

对工人进行安全技术训练和安全技术知识教育能有效预防生产事故的发生。在园林苗圃生产过程中，很多事故发生的原因在于作业工人缺乏安全意识及工作经验不足。安全教育可以帮助职工正确认识和掌握生产操作技能，提高安全生产技术水平，消灭工伤事故，保证安全生产。安全教育可分为规章制度教育、劳动纪律教育、安全技术知识教育、典型经验和事故教训教育等。

(三)安全检查

对园林苗圃生产系统安全性能进行检查和分析可以避免生产过程中的事故。每次检查之间的时间间隔越短、事故发生的可能性也越小。在发现安全隐患后、对安全隐患进行分析，找出问题，采用相应的安全对策消除事故隐患，以保证生产的顺利进行。

生产流程保持流畅也是预防事故的一个重要方面。生产过程中出现的“瓶颈”现象也是导致事故的隐患。生产中的，瓶颈给生产流程前方的工人施加很大的工作压力，使工人心情烦躁，容易引起作业中操作失误，导致生产事故的发生。做好园林苗圃清理工作也可预防生产事故的发生。园林苗圃若不清理苗木废弃物，不仅妨碍生产作业，易引起火灾，阻碍交通，苗木废弃物也是产生事故的不安全因素。园林苗圃应组织人员保持日清理一次，作为每天苗木生产的收尾工作。

思考题

1. 什么是园林苗圃经营管理？其特点有哪些？
2. 苗圃管理的组织设计应遵循哪些原则？
3. 提高苗圃质量管理的有效措施有哪些？
4. 园林苗圃的安全管理包括哪几方面的内容？

参考文献

成仿云 . 2012. 园林苗圃学[M]. 北京：中国林业出版社 .
黄凯 . 2015. 景区经营与管理[M]. 北京：中国林业出版社 .
柳振亮 . 2005. 园林苗圃学[M]. 北京：气象出版社 .
苏金乐 . 2003. 园林苗圃学[M]. 北京：中国农业出版社 .

第十一章　常见园林植物的繁殖与培育

第一节　常绿乔木类苗木的繁殖与培育

一、雪松(图 11-1)

1. 拉丁学名：*Cedrus deodara*

2. 科属：松科，雪松属。

3. 生态习性

喜阳光充足，也稍耐阴。对土壤要求不严，在气候温和湿润、土层深厚而排水良好的土壤上生长最好，能在微酸性及微碱性土壤、瘠薄地和黏土地上生长。喜年降水量为600~1000 mm。对空气中二氧化硫、氯化氢等有害气体有一定的抗性。

图 11-1　雪　松

4. 繁殖与培育

一般用播种和扦插繁殖。播种繁殖在3~4月进行，播种前，先用冷水浸种1~2天，捞出晾干再播种，3~6天后芽开始萌动，约15天萌芽出土。播种量为75 kg/hm^2。提早播种可增加幼苗抗病能力。苗床要选择排水、通气良好的砂质壤土。在幼苗期需注意遮阴、防治猝倒病和地老虎的危害。扦插繁殖在春、夏两季均可进行。春季宜在3月下旬前，夏季以7月下旬为佳。春季，剪取幼龄母树的一年生粗壮枝条，插穗基部在500 mg/L的萘乙酸浸润5~6 min，也可以用生根粉或500 mg/L萘乙酸处理，能促进其生根。然后插在透气良好的砂壤土上，充分灌水，搭双层荫棚遮阴。夏季，插穗要选取当年生半木质化枝条。加强遮阴管理，并加盖塑料薄膜以保持湿度。愈伤组织在插后30~50天形成，再用0.2%尿素和0.1%的磷酸二氢钾溶液进行根外施肥。

二、油松(图11-2)

1. 拉丁学名：*Pinus tabulaeformis*

2. 科属：松科、松属。

3. 生态习性

阳性树种，深根性，喜光，抗瘠薄，抗风，喜干冷气候，在土层深厚、排水良好的酸性、中性或钙质黄土上均能生长良好。

4. 繁殖与培育

常用播种和扦插繁殖。播种繁殖时，8月采种后播种，播种前先在地里施25 kg硫酸亚铁，深翻20 cm，耧平作床，打埂作畦，畦宽1.5 m，长20~50 m，株行距为1.5 m×1.5 m，穴为30 cm×30 cm，下留松土4~5 cm，每亩栽300株。将苗栽好后，平畦面并灌水，约10天后发芽。扦插繁殖时，春秋两季均可进行，春季选休眠枝，秋季选半木质化嫩枝，12~15 cm，插入沙、土各半的苗床，50~60天生根。

图11-2 油 松

三、广玉兰(图 11-3)

1. 拉丁学名：*Magnolia grandiflora*

2. 科属：木兰科、木兰属。

3. 生态习性

根系广，喜光，幼时稍耐阴，喜温湿气候，稍耐寒，忌积水，病虫害少，抗风力强。在干燥、肥沃、湿润与排水良好的微酸性或中性土壤上生长最好，在碱性土上生长易发生黄化。对烟尘及二氧化硫气体有较强抗性。

4. 繁殖与培育

常用播种、压条和嫁接繁殖。播种繁殖在 9 月中旬采集果实，放在通风处，聚果会逐步开裂，取出种子，再放入水中稍微泡一下，搓去种皮上的红色肉质膜，再用苏打水搓洗油脂，最后清水冲洗，得到净种，晾干后存放在木箱中，翌年 2 月中下旬播种。苗床选用无病虫害，土层深厚的黄木或砂壤土为宜，行距 30 cm，用火土肥盖种，厚度为种子直径的 3 倍，再覆稻草以保温保湿，4 月下旬幼苗出土时，要连续撒拌有晶体美曲膦酯，连撒 4~5 次，每次隔 2~3 天，毒杀地蚕，5 月上旬设透光度为 40% 的荫棚，9 月中下旬拆除，当年 10 月移栽。压条繁殖时在 4 月中旬到 5 月中旬进行，母树最好用幼龄树或苗圃的大苗，在不影响树形的原则下，宜选用 2~3 年生充实粗壮、向上开展的侧枝，于基部以上 10~15 cm 处环状剥长 3 cm 的皮，先用小棕绳勒剥木质部上残附的形成层，再以盛培养土的塑料薄膜包裹伤口。培养土选用质地经松、无病虫和保水力强的为宜。伤口的上方先涂萘乙酸溶液，干后再裹培养土。4 月压条，6 月生根，9 月下旬下树，7~8 月检查，如果

图 11-3 广玉兰

培养土干燥，用注射器注水补充。嫁接繁殖时，砧木选择紫玉兰，在早春发芽前进行切接，接穗长4~5 cm，不留叶片，操作技术要点和一般落叶花木一样。注意随时抹除砧芽，伤口扎缚的薄膜不能过早解去。

四、北美乔松(图11-4)

1. 拉丁学名：*Pinus strobus*

2. 科属：松科，松属。

3. 生态习性

喜阳光充足，稍耐阴，耐寒性强，耐干旱，对土壤要求不严格，在疏松肥沃、排水良好的微酸性砂质土壤上生长最好。极不耐空气中臭氧、硫等污染和盐碱土。

4. 繁殖与培育

以播种繁殖为主，播种繁殖时，先用温水浸种或沙藏60天催芽，以促进其萌发。高畦播种，畦面不能积水，播后为提高土壤温度和保墒，可以用塑料薄膜覆盖，约15~20天便能发芽出土，苗齐后立即拆除薄膜，同时要在行间撒上一层锯末，起到保墒和防止浇水时溅泥糊住幼苗的作用。为防止发生猝倒病，畦土不可过湿，当年苗高达到5~7 cm时，抗寒力较差，北方栽培要埋土防寒。第二年春季进行裸根移苗，2年后再带土移植1次，苗高能达到30 cm。

图11-4　北美乔松

五、白皮松(图 11-5)

1. 拉丁学名：*Pinus bungeana*

2. 科属：松科，松属。

3. 生态习性

喜光，耐旱，耐干燥瘠薄，抗寒力强。在气候温凉、土层深厚、湿润肥沃的钙质土或黄土上生长最好，是松类树种中能适应轻度盐碱土壤及钙质黄土的主要针叶树种。能适应零下 30 ℃的干冷气候，在 pH 值为 7.5～8 的土壤上和石灰岩地区也能生长，但在排水不良或积水地方不能生长。对烟尘及二氧化硫污染有较强的抗性。

4. 繁殖与栽培

用种子繁殖。播种前先对种子进行催芽处理，用波尔多液浸种消毒，用 50～60 ℃的温水浸种催芽或混沙层积催芽，当咧嘴种子数达到 50% 时即可播种。这样出苗壮而且整齐，15～20 天即可出土发芽。育苗地要深翻、整平、耙细，施足底肥，整地前每亩撒施 10 kg硫酸亚铁粉末进行深翻杀菌消毒。土地整好后，做成畦埂高 25 cm，畦宽 1 m 的南北

图 11-5 白皮松

向畦田，以备播种。先浇透水再播种，采用宽幅条播或撒播。土壤解冻后10~15天为宜。播后盖1~1.5 cm厚的细砂土，每亩用扑草净125 g加25%的可湿性除草醚250 g再对水25 kg，喷洒在苗床上除草。搭小拱棚以增温保湿，提高出苗率，出苗前不用浇水。

六、侧柏(图11-6)

1. 拉丁学名：*Platycladus orientalis*

2. 科属：柏科，侧柏属。

3. 生态习性

温带阳性树种，喜光，幼时稍耐阴，稍耐寒，适应性强，抗风能力较弱，耐干旱瘠薄，萌芽能力强，耐修剪，寿命长，抗烟尘，抗盐碱。对土壤要求不严，在酸性、中性、石灰性和轻盐碱土壤中均可生长。抗二氧化硫、氯化氢等有害气体。

4. 繁殖与栽培

主要以种子繁殖为主，也可扦插或嫁接繁殖。育苗地选择排水良好，地势平坦，较肥沃的轻壤土或砂壤土为宜，播种前进行催芽处理，可使种子发芽迅速、整洁。先进行水选，再进行种子消毒处理，用0.3%~0.5%硫酸铜溶液浸种1~2 h，或0.5%高锰酸钾溶液浸种2 h。一般在春季采用行条播，播种前必须要灌透底水，大约两周发芽。幼苗出齐后，立刻喷洒0.5%~1%波尔多液，每隔7~10天喷1次，连续喷洒3~4次，能有效预防立枯病发生。侧柏苗木多二年出圃，翌年春季移植。

图11-6　侧　柏

七、青杄(图 11-7)

1. 拉丁学名：*Picea wilsonii*

2. 科属：松科，云杉属。

3. 生态习性

性强健，耐阴性强，耐寒，适应力强。在凉爽湿润气候、排水良好的中性或微酸性土壤上生长最好，在 500~1000 mm 降水量地区均可生长。常与白桦、臭冷杉、红桦、山杨等混生，自然界中也有纯林。

4. 繁殖与栽培

常用播种繁殖。选择在向阳、交通便利、水源方便、地势平坦、土壤肥沃的砂质壤土或微酸性土壤、砂壤质草甸土作为育苗地。全面秋翻 1 次，深 30 cm，充分打碎土块，捡出石块、草根和杂物，使土层细碎疏松。苗床要在播种前 7 天用 1% 的硫酸亚铁消毒。播种前要进行催芽处理，解除种子休眠，使种子提前萌发，增强发芽势，增强抵寒力，缩短出苗时间，延长生育期，当地表温度在 10 ℃以上时就可播种，适时早播，促进苗木木质化，增强苗木抗害力。播种前要充分灌足底水，均匀撒播，及时覆盖，一般可以覆沙、草炭、土的混合物，镇压 1 次。覆土厚度一般是种子直径的 2~3 倍，厚度要均匀一致，不然会影响出苗和苗木的产量及质量。

图 11-7 青 杄

八、云杉(图 11-8)

1. 拉丁学名：*Picea asperata*

2. 科属：松科，云杉属。

3. 生态习性

浅根性树种，耐阴，耐寒，生长缓慢，耐干燥，在凉爽湿润的气候和肥沃深厚、排水良好的微酸性砂质土壤上生长最好。

4. 繁殖与栽培

常用播种繁殖和扦插繁殖。播种繁殖适宜在早春进行，播种前先进行催芽处理，一般经始温为45°的水浸种 24 h。由于云杉苗木自然死亡率较高，要适当密播，采用撒播法，每亩播种量为 7~9 kg，拌沙覆土 0.3~0.6 cm，盖草或薄膜，以保温保湿，7~15 天幼苗出土。要经常浇水以保持湿润，接去草后要设荫棚，避免苗木遭日灼危害。由于苗木生长缓慢，当年不进行间苗。幼树期要多设荫棚或栽植在高大苗木下方，在冬季要进行保护防御，避免受晚霜的伤害。移植时要避免伤害根系和枝叶，采取带土移植，以提高成活率。扦插繁殖时，插穗选择 1~5 年生实生苗上的 1 年生充实枝条为宜。硬枝扦插在 2~3 月进行，待落叶后剪取，捆扎后沙藏越冬，翌年春季插入苗床，每天喷雾保湿，30~40 天生根。嫩枝扦插在 5~6 月进行，选取长 12~15 cm 的半木质化枝条扦插，20~25 天生根。

图 11-8　云　杉

九、樟树(图 11-9)

1. 拉丁学名：*Cinnamomum camphora*

2. 科属：樟科，樟属。

3. 生态习性

喜光，稍耐阴，稍耐寒，较耐水湿，主根发达，深根性，能抗风，萌芽力强，耐修剪。对土壤要求不严，喜温暖湿润气候，不耐干旱、瘠薄和盐碱土。生长速度中等，存活期长。有很强的涵养水源、吸烟滞尘、固土防沙和美化环境的能力。具有抗海潮风及耐烟尘的能力，能抗多种有毒气体并能吸收。

4. 繁殖与栽培

常用播种繁殖和扦插繁殖。播种繁殖在 2 月上旬至 3 月上旬进行春播，也可在冬季随采随播。育苗地选择土层深厚肥沃、排水良好的土壤。翻耕时，施基肥，改良土壤，增强肥力。播种前先用 0.5% 的高锰酸钾溶液把种子浸泡 2h 进行杀菌，并用 50 ℃的温水间歇浸种 2~3 次进行催芽处理。采用高床为宜，土壤要整细压平。采用条播，条距为 30 cm，每亩播种量 25 kg。用黄心土或火土灰覆盖，厚度为 2~3 cm，浇透水。20~30 天发芽，而且整齐。苗床可覆稻草以保墒，出苗后即可揭去。这样出苗齐、出苗率高。当苗高达到 5 cm时要进行间苗、定苗。定苗株距为 7 cm 左右。定苗后施一次氮肥，以后每月施肥一次直到苗木进入生长期。樟苗可当年出圃，也可以等培育成大苗后出圃，出圃时要带泥球，并适当剪去枝叶，提高成活率。1 年生苗高可达 50 cm，根径 0.7 cm。

图 11-9 樟 树

十、榕树（图 11-10）

1. 拉丁学名：*Ficus microcarpa*

2. 科属：桑科，榕属。

3. 生态习性

喜阳光充足、温暖湿润气候，适应性强，不耐寒，不耐旱，较耐水湿，怕烈日暴晒。对土壤要求不严，在疏松肥沃的酸性土上生长最好，在微酸和微碱性土、瘠薄的砂质土中均能生长，在碱土中叶片会黄化。在干燥的气候条件下生长不良，在潮湿的空气中能发生大气生根，提高观赏价值。

4. 繁殖与栽培

多采用扦插或压条繁殖。扦插繁殖，南方多在雨季进行，在露地苗床上采用嫩枝扦插，成活率可达 95% 以上。北方多在 5 月上旬进行，采一年生充实饱满的枝条，扦插在花盆、木箱或苗床内。枝条按 3 节一段剪开，保留先端叶片 1～2 枚，插入素砂土中，遮阴养护，为提高空气湿度，每天要喷水 1～2 次，注意防风，20 天后生根，45 天后可起苗上盆。压条繁殖时，先在母株附近放一个装满土的大花盆，选择一根形态好的大侧枝拉弯埋入花盆，在上面压上石块，不用刻伤入土部分也能生根，2 个月后剪离母体。也可以在母株的树冠上选择几根很粗的侧枝进行高压繁殖，操作简单，成形快。

图 11-10　榕　树

十一、棕榈(图 11-11)

1. 拉丁学名：*Trachycarpus fortunei*

2. 科属：棕榈科，棕榈属。

3. 生态习性

喜光，耐寒性极强，稍耐阴，耐轻盐碱，稍耐干旱和水湿，易风倒，生长慢。喜温暖湿润气候，在排水良好、湿润肥沃的中性、石灰性或微酸性土壤中生长最好。抗大气污染能力强。

4. 繁殖与栽培

播种繁殖，在原产地可自播繁衍。栽培选择排水良好、肥沃的土壤。10～11 月果熟后，把果穗一起剪下，阴干后脱粒，以随采随播为宜，或置于通风处阴干，至翌年 3～4 月播种，发芽率达到 80%～90%。2 年后即可换床移栽，为保证成活，避免烂心及蒸发，移栽时要剪除叶片 1/2～1/3 浅栽。春播宜早，播前用 60～70 ℃温水浸一昼夜催芽，行条播，播种量为 750～1000 kg/hm^2，盆土深厚，保水效果好，以利于发芽，幼苗生长缓慢，置蔽荫处养护或适当遮光。盆播株距为 3 cm，覆土厚 3 cm，每隔 2～3 天浇 1 次水；上扣另一花盆半掩状，约 40 天可发芽，除去扣盆，苗期要加强除草、松土、肥水等管理。不能栽在风口处，起苗时要多留须根，小苗可以裸根，大苗带土球，栽种不宜过深，否则易引起烂心。新叶发生，应及时剪去下垂的老叶，其他管理均较粗放。

图 11-11　棕　榈

十二、橡皮树(图 11-12)

1. 拉丁学名：*Ficus elastica*

2. 科属：桑科，榕属。

3. 生态习性

耐阴，不耐寒，耐空气干燥，忌黏性土，不耐瘠薄，不耐干旱，忌阳光直射，喜高温湿润、阳光充足的环境，适宜生长温度为 20~25 ℃。越冬温度最低为 5 ℃。在疏松、肥沃和排水良好的微酸性土壤上生长最好。

4. 繁殖与栽培

多采用扦插法和高枝压条法。扦插繁殖在春末初夏进行，插穗选用 1 年生半木质化的中部枝条。插条截取后，伤口应及时用胶泥或草木灰封住，防止剪口处的乳汁过多的流出。插穗的长度以保留 3 个芽为宜，剪去下面的一个叶片，将上面的两片叶子合拢，并用绳绑好，以减少叶面蒸发。然后扦插在蛙石或素砂土为基质的插床上。保持较高的湿度，但不要积水，适宜温度保持在 18~25 ℃，经常向地面洒水来提高空气湿度，并做好遮阴和通风工作，2~3 周后即可生根移植盆内，先放稍遮阴处，待新芽萌动后再逐渐增加光照。高枝压条繁殖，选用组织充实、大小适当、发育良好的 2 年生枝条，在包土的部位作宽度为 1 cm 左右的轻度环状剥皮，并涂 30~50 mg/L 的萘乙酸液，在环割部位用湿土或吸足水分的蛭石或苔藓混合物包起来，外面用塑料薄膜包扎好，下端扎紧，上端留孔，以利于通气和灌水。注意养护，6 月压条，7~8 月生根，生根后即可剪下盆栽。

图 11-12　橡皮树

第二节 落叶乔木类苗木的繁殖与培育

一、银杏(图 11-13)

1. 拉丁学名：*Ginkgo biloba*

2. 科属：银杏科，银杏属。

3. 生态习性

深根性树种，喜光，萌蘖性强，不耐积水，耐旱，在湿润和排水良好的中性或微酸深厚壤土上生长最好，在 pH 为 4.5 的酸性土、pH 为 8.0 的石灰性土中均可生长良好，在过于干燥处及多石山坡或低湿之地生长不良。

4. 繁殖与栽培

可用播种、扦插、分蘖和嫁接法等繁殖，多用播种和嫁接法。播种繁殖在秋季采种，去掉外种皮，晒干带果皮的种子，当年冬播或次年春播。春播必须先进行混沙层积催芽。播种时，将种子胚芽横放在播种沟内，播后覆土 3～4 cm 并压实，幼苗当年可长至 15～25 cm高。选择排水良好的地段作苗床，可防止积水，使接近地面的幼苗腐烂。扦插繁殖，分为老枝扦插和嫩枝扦插，老枝扦插适用于大面积绿化用苗的繁育，嫩枝扦插则适用于家庭或园林单位少量用苗的繁育。老枝扦插一般是在春季 3～4 月，从成品苗圃采穗或在大树上选取 1～2 年生的优质枝条，剪成 15～20 cm 长的插条，上剪口剪成平滑的圆形，下剪口剪成马耳形。剪好后，50 根扎成一捆，并用清水冲洗干净，再用 100 mg/L 的 ABT 生根粉浸泡 1 h，然后插在细黄沙或疏松的苗床土壤上并浇足水，保持土壤湿润，约 40 天后即可生根，第二年春季移植。嫩枝扦插是在 5 月下旬至 6 月中旬进行，剪取枝上抽穗后尚未

图 11-13 银 杏

木质化或银杏根际周围的插条，长约2 cm，留2片真叶，插入容器，置于散射光处，每3天左右换一次水，直至长出愈伤组织，便可移植到黄沙或苗床土壤上。分蘖繁殖，剔除根际周围的土，从母株上用刀切下将带须根的蘖条，栽植培育。嫁接繁殖，先从良种银杏的母株上采集发育健壮的多年生枝条，剪掉接穗上的叶子，仅留叶柄，2~3个芽剪一段，然后将接穗下端包裹于湿布中或浸入水中，最好随采随接。砧木选2~3年生的播种苗或扦插苗。将接穗削面向内，插入砧木切口，使两者形成层对准，用塑料薄膜把接口绑好，5~8年即可结果。

二、臭椿(图11-14)

1. 拉丁学名：*Ailanthus altissima*

2. 科属：苦木科，臭椿属。

3. 生态习性

喜光，不耐荫，适应性强，生长快，根系深，萌芽力强，耐寒，耐旱，耐微碱，不耐水湿，长期积水会导致烂根死亡。对土壤要求不严，在深厚、肥沃、湿润的中性、酸性及钙质土或砂质土壤上生长最好，但在重黏土和积水区生长不良。pH的适宜范围在5.5~8.2。对氯气抗性中等，对氟化氢及二氧化硫抗性强。

4. 繁殖与栽培

一般用播种繁殖，也可采用分根、分蘖等方法繁殖。播种繁殖时，以春季播种为宜，采用条播，先去掉种翅，用始温为40 ℃的水浸种24 h后捞出放置在温暖的向阳处混沙催芽，温度在20~25 ℃之间，夜间要用草帘保温，10天左右种子有1/3裂嘴即可播种。行距为25~30 cm，覆土1~1.5 cm，镇压，每亩播种量5 kg左右。4~5天幼苗开始出土，每米留苗8~10株，每亩苗1.2万~1.6万株，当年生苗高达到60~100 cm。移植时截断主根，促进侧须根生长。

图11-14　臭　椿

三、白玉兰(图 11-15)

1. 拉丁学名：*Magnolia denudata*

2. 科属：木兰科，木兰属。

3. 生态习性

喜光，不耐干旱，也不耐水涝，在肥沃、排水良好而带微酸性的砂质土壤上生长最好，在弱碱性的土壤上也可以生长。对二氧化硫、氯气等有毒气体比较敏感，抗性差。

4. 繁殖与栽培

用嫁接、压条、扦插、播种等方法，最常用的是嫁接和压条两种。嫁接繁殖用靠接或切接的方法。整个生长季节都可以进行靠接，一般在4~7 月进行，以距离地面70 cm 处为最好的靠接部位。绑缚好后裹上泥团，并在外面用树叶包扎，防止雨水冲刷，60 天左右即可切离。使用切接比靠接的生长旺盛，但靠接较容易成活。压条繁殖有普通压条和高枝压条两种。普通压条在2~3 月进行最好，在所要压取枝条的基部割进一半深度，然后向上割开一段，在中间卡一块瓦片，轻轻压入土中，避免折断，用"U"形的粗铁丝插入土中，将其固定好并堆上土。待发出根芽后，切离分栽。高枝压条在入伏前进行，选择直径为1.5~2 cm 健壮和无病害的母株上的嫩枝条，在盆岔处的下部切开裂缝，用竹筒套上，

图 11-15　白玉兰

在里面装满培养土，外面用细绳扎紧，少量喷水，保持湿润，翌年5月生出新根定植。

四、水杉(图11-16)

1. 拉丁学名：*Metasequoia glyptostroboides*

2. 科属：杉科，水杉属。

3. 生态习性

喜光，喜气候温暖湿润，不耐贫瘠，不耐干旱，根系发达，生长缓慢，移栽容易成活。耐寒性强，耐水湿能力强，可以生长在轻盐碱地，在－8～24 ℃内也可以生长。

4. 繁殖与栽培

用播种和扦插繁殖。水杉种子多瘪粒，常应用扦插繁殖。播种繁殖在球果成熟后采种，经过曝晒，筛出优良的种子，干藏至翌春3月播种。每亩播种0.75～1.5 kg，采用条播或撒播，条播的行距为20～25 cm，播后要覆草，但不宜过厚，经常浇水以保持土壤湿润。扦插繁殖有硬枝和嫩枝扦插，硬枝扦插的插条在1月从2～3年生母树上剪取1年生健壮枝条。剪成10～15 cm长，每100根绑成1捆插在砂土中软化，注意保温保湿防冻，在扦插前要先用浓度为100 mg/L的ABT1号生根粉溶液浸泡10～20 h。每亩插2万～3万株，

图11-16　水　杉

注意浇水、除草、松土管理。嫩枝扦插在5月下旬至6月上旬进行。插穗选择长14~18 cm的半木质化嫩枝，保留顶梢及上部的4~5片叶，插入的深度为4~6 cm，每亩插7万~8万株。插后注意遮阴，每天要喷雾3~5次。在9月下旬撤去荫棚。保持湿润通风，苗期还要注意防治立枯病和茎腐病。

五、悬铃木(图11-17)

1. 拉丁学名：*Platanus acerifolia*

2. 科属：悬铃木科，悬铃木属。

3. 生态习性

速生树种，喜光，喜湿润温暖气候，较耐寒，生长迅速，易成活，耐修剪。根系浅，不耐风吹。在微酸性或中性、排水良好的土壤上生长最好，微碱性土壤生长易发生黄化。在年均气温6~25 ℃、年降水量500~1200 mm的地区生长良好。抗空气污染能力较强，叶片具有吸收有毒气体和滞积灰尘的作用，对二氧化硫、氯气等有毒气体有较强的抗性。

4. 繁殖与栽培

播种和扦插繁殖，以扦插为主要繁殖方式。扦插繁殖时，在秋末冬初采条，以生长健壮的母树干或实生苗干处萌生的1年生枝条为宜。种条采集后，立即截成长15~20 cm的插穗且保留2个节、3个饱满芽苞，下切口要离芽基部约1 cm左右，有利于愈合生根，为防止顶芽失水枯萎，上切口要距离芽先端0.5~1.1 cm。每50~100根捆成一捆，然后在背

图11-17 悬铃木

风向阳、排水良好处挖一个深 60～80 cm、宽 80 cm 的坑，坑长根据插穗的多少来确定。坑底需铺一层虚土，插穗要大头朝下，直立排放在虚土上，覆土掩盖成圆球形，以防止雨水渗入，第二年春季，取出进行扦插繁殖。

六、七叶树(图 11-18)

1. 拉丁学名：*Aesculus chinensis*

2. 科属：七叶树科，七叶树属。

3. 生态习性

喜光，稍耐阴；喜温暖气候，耐寒；在深厚、肥沃、湿润而排水良好的土壤上生长最好。深根性，萌芽力强；生长速度中等，寿命长。在炎热的夏季叶子易遭日灼。

4. 繁殖与栽培

主要用播种繁殖。母株选择树体高大、树干通直、果实较大且结实较多、无病虫害的。当七叶树果实外皮由绿色变成棕黄色，并有个别果实开裂时即可采集。果实采集后阴干，等果实自然开裂后剥去外皮，选出个大、饱满、色泽光亮、无病虫害，无损伤的种子。将筛选出的纯净种子与湿沙混匀以 1∶3 的比例，然后贮存在湿润且排水良好的土坑中，并且留有通气孔。多用点播，株行距为 15 cm×20 cm，覆土厚度为 3～4 cm，出苗前切勿灌水，避免表土板结。幼苗要适当遮阴。

图 11-18　七叶树

七、栾树(图 11-19)

1. 拉丁学名：*Koelreuteria paniculata*

2. 科属：无患子科，栾树属。

3. 生态习性

喜光，稍耐半阴，耐寒，不耐水淹，耐干旱，耐瘠薄，耐盐渍，耐短期水涝，深根性，萌蘖力强，生长速度中等，抗风能力较强，可抗 -25 ℃低温，对环境的适应性强，在石灰质土壤中生长良好。对粉尘、二氧化硫和臭氧有较强的抗性。多分布在海拔 1500 m 以下的低山及平原，最高海拔可达 2600 m。

4. 繁殖与栽培

用播种法繁殖。在果实显红褐色或橘黄色而蒴果尚未开裂时采集，不然会脱落。采集后去掉果皮、果梗，晾晒或摊开阴干，待蒴果开裂后，敲打脱粒，用筛选法净种。秋季播种，种子在土壤中完成催芽阶段，在晚秋时选择地势高燥，排水良好，背风向阳处挖宽 1~1.5 m 的坑，深度介于地下水位到冻层之间，大约 1 m，坑长根据种子数量而定。坑底可铺 1 层约 10~20 cm 厚的石砾或粗沙，坑中插 1 束草把，以便通气。将消毒后的种子与湿沙的以体积比为 1∶3 或 1∶5 混合，均匀地撒入坑内。沙子湿度要以用手能握成团、不出水、松手触之即散开为宜。撒到离地面 20 cm 左右为止，上覆河沙 5 cm 和秸秆 10~20 cm 等，四周要挖好排水沟。因种子的发芽率较低，用种量为 50~100 g/m^2。播种后，覆一层厚 1~2 cm 的疏松细碎土，防止种子干燥失水或受鸟兽危害。浇水及用草、秸秆等材料覆盖，以保持土壤水分，提高地温，防止杂草滋长和土壤板结，约 20 天后苗出齐，撤去稻草。约 30~40 天发芽出土。春季芽萌动前进行移栽，小苗带宿土，大苗带土球。

图 11-19 栾 树

八、鹅掌楸(图 11-20)

1. 拉丁学名：*Liriodendron chinense*

2. 科属：木兰科，鹅掌楸属。

3. 生态习性

喜光，喜温和湿润气候，忌低湿，忌水涝，稍耐寒，可经受 -15 ℃低温而完全不受伤害。在深厚肥沃、适湿和排水良好的酸性或微酸性土壤(pH 4.5~6.5)上生长良好，在干旱土地上生长不良。对 SO_2 气体有中等的抗性。

4. 繁殖与栽培

用种子繁殖，必须人工辅助授粉。秋季采种后在湿沙中层积过冬，翌年春季播种育苗。采用条播，条距为 20~25 cm，播种量为 10~15 kg/亩。3 月上旬播种，播后覆盖细土和稻草。20~30 天出苗，揭开稻草，及时中耕除草，适度遮阴，适时浇水施肥。第三年苗高 1 m 以上便可出圃定植。移栽植物时应保护根部，栽培土壤以深厚、肥沃、排水良好的酸性和微酸性的土壤为宜。

图 11-20　鹅掌楸

九、槐树(图 11-21)

1. 拉丁学名：*Sophora japonica*

2. 科属：豆科，槐属。

3. 生态习性

喜光，稍耐阴，耐寒，抗风，耐干旱，耐瘠薄，根深而发达。对土壤要求不严，能适应城市土壤板结等不良环境条件，在酸性、石灰性、轻度盐碱土和含盐量为0.15%左右的条件下都能生长良好，但在低洼积水处生长不良。对二氧化硫和烟尘等的抗性较强。

4. 繁殖与栽培

主要用播种繁殖，也可用扦插繁殖。在春季播种，播种前用始温为85～90 ℃的水浸种24 h，硬粒再处理1～2次，种子吸水膨胀后即可播种。采用条播，每亩播种量8～10 kg，行距为20～25 cm，覆土厚度1.5～2 cm，7～10天幼苗可出土，幼苗期要合理密植，防止树干弯曲，一般每米要留苗6～8株，一年生苗高达1 m以上。槐树萌芽力较强，在第二年早春截干，加大株行距，可培养成有良好干形的大苗，当年苗高即可达到3～4 m，且树干通直、粗壮和光滑。

图11-21 槐 树

十、垂柳(图11-22)

1. 拉丁学名：*Salix babylonica*

2. 科属：杨柳科，柳属。

3. 生态习性

喜光，较耐寒，耐水湿，萌芽力强，根系发达，生长迅速，虫害比较严重，寿命较短，树干易老化。在温暖湿润气候和潮湿深厚的酸性及中性土壤上生长最好，也能在土层深厚的高燥地区生长。15年生树高达13 m，30年后便渐趋衰老。能吸收二氧化硫，对有毒气体有一定的抗性。

图 11-22　垂　柳

4. 繁殖与栽培

多用扦插繁殖，也可用种子繁殖。扦插繁殖时，在早春进行，接穗采用较纯的雄株，砧木选用生长快，抗性强的速生柳树品种 J172。当年生健壮 J172 柳树的枝条粗度达到 0.5 cm以上，剪成长 18~20 cm 插穗，50 根为一捆，放在背阴干燥处并用干净的湿河砂贮藏。翌春土壤解冻后，施腐熟的有机基肥 3 m^3/亩，撒匀后整地做畦。一般畦宽1.5 m，长随苗圃地而定。采用直插或斜插，密度为 0.5 m×0.2 m，深度以插条上端和地面持平为宜，扦插完成后，插条的两侧要用脚踏实，浇透水。并且要及时松土、除草、浇水和防治病虫害。当年苗高可达 1.5 m 以上，根径达到 2 cm。苗木生长 1 年后，要隔一行除一行、隔一株除一株，将苗床密度调整到 1 m×0.4 m。再将起出的苗木分级并以同样的密度定植培育。

十一、元宝枫(图 11-23)

1. 拉丁学名：*Acer truncatum*

2. 科属：槭树科，槭树属。

3. 生态习性

耐阴，耐寒性强，深根性，生长速度中等，病虫害较少。喜温凉湿润气候，对土壤要求不严，在酸性土、中性土及石灰性土中均能生长，在湿润、肥沃、土层深厚的土壤中生长最好。有很强吸附粉尘的能力，对二氧化硫、氟化氢的抗性也较强。

图 11-23 元宝枫

4. 繁殖与栽培

主要用播种繁殖。种子在10月翅果由绿变为黄褐色时采集。采后晾晒3~5天，去除杂质，得到纯净翅果。选择交通便利、地势平缓、土层深厚、灌溉方便、质地疏松、背风向阳、排水良好的沙壤地种植，pH值以6.7~7.8为宜。播种前需要对种子进行低温层积催芽处理，将种子用40~45 ℃温水浸泡24 h，中间换1~2次水，捞出后置于室温为25~30 ℃的环境中保湿，每天冲洗1~2次，当种子有30%已咧口露白，即可进行播种。一般在4月初至5月中上旬播种，播种前灌底水，待水渗透后播种，采用条播，行距为15 cm，深度为3~5 cm，播种量为225~300 kg/hm^2，播种后要将搂沟时搂起的暄土填回沟内，覆土2~3 cm，稍加镇压，2~3周即可发芽出土，发芽后4~5天长出真叶，出苗盛期5天左右，一周内便可出齐。

十二、白蜡(图 11-24)

1. 拉丁学名：*Fraxinus chinensis*

2. 科属：木犀科，白蜡树属。

3. 生态习性

喜光，稍耐阴，耐寒，喜湿耐涝，耐干旱，萌芽、萌蘖力均强，耐修剪，生长较快，寿命较长。喜温暖湿润气候，对土壤要求不严，在碱性、中性、酸性土壤上均能生长。对烟尘和二氧化硫、氯、氟化氢有较强抗性。

4. 繁殖与栽培

用播种繁殖和扦插繁殖。播种繁殖在春天播种，一般在2月下旬至3月上旬。播种前先将种子用温水浸泡24 h或混拌湿沙，在室内催芽，待种子萌动后采用条播法播于苗床

图 11-24　白　蜡

内，每 1 hm^2 需种量为 45 kg，深度为 4 cm，覆土厚度为 2～3 cm。播种后要注意适量浇水、除草、施肥，当年苗高可达 30～40 cm，一般 1 hm^2 产苗量 30～45 万株。扦插繁殖时，在春季 3 月下旬至 4 月上旬进行，选取生长迅速，无病虫害的健壮幼龄母树上的 1 年生萌芽枝条，粗度为 1 cm 以上，长度为 15～20 cm，上切口平剪，下切口为马耳形。扦插前要细致整地，施足基肥，使土壤疏松，水分充足。每穴插 2～3 根，行距 40 cm，株距 20 cm，深埋并镇压，每亩插 4000 株。

十三、毛白杨(图 11-25)

1. 拉丁学名：*Populus tomentosa*

2. 科属：杨柳科，杨属。

3. 生态习性

强阳性树种，稍耐碱，耐烟尘，抗污染，深根性，根系发达，萌芽力强，生长较快，杨属中寿命最长的树种，长达 200 年。在暖热多雨的气候下易受病害。对土壤要求不严，

图 11-25　毛白杨

不耐过度干旱瘠薄，在凉爽湿润的气候和深厚肥沃的砂壤土上生长最好。

4. 繁殖与栽培

主要用嫁接、埋条、留根、扦插、分蘖等方法。埋条法一般在冬季 11~12 月间土地封冻前采当年生枝条进行，长 1~2 m，粗 1~2 cm，除去过嫩生有花芽的顶部，然后成捆假植沟中埋藏，待翌年春天取出，平埋在 2~4 cm 深的沟中，沟距 70 cm，覆土厚度与条粗一样，踏实灌水，为防止地表板结，出苗期间保持土壤湿润。嫁接法在母条缺少的情况下采用，用切接、腹接、芽接均可。因毛白杨扦插不易生根，成活率很低，所以很少用扦插繁殖。留根繁殖是等秋季苗木出圃后进行，适当松土，施肥，不要损伤留下的苗根。次年春天，便可长出萌条，然后进行间苗、摘除侧芽等管理，秋季时即可移植。

十四、合欢（图 11-26）

1. 拉丁学名：*Albizzia julibrissin*

2. 科属：豆科，合欢属。

3. 生态习性

喜光，喜温暖，耐寒，耐旱，不耐水涝，生长迅速。对气候和土壤适应性强，耐土壤瘠薄及轻度盐碱，喜温暖湿润和阳光充足环境，在排水良好、肥沃土壤上生长最好。对二氧化硫、氯化氢等有害气体有较强的抗性。

4. 繁殖与栽培

常用播种繁殖，在 9~10 月采种，选择子粒饱满、无病虫害的荚果，将其晾晒至脱粒，在干燥通风处干藏，以防发霉。春季育苗，播种前先将种子浸泡 8~10 h。采用开沟

图 11-26 合 欢

条播，用种量约150 kg/hm²，沟距为60 cm，覆土2~3 cm，播后保持畦土湿润，10天左右发芽。等苗出齐后，要加强除草、松土、追肥等管理工作。第2年春或秋季移栽，株距为3~5 m。移栽后2~3年，每年春秋季除草松窝，促进其生长。

十五、香椿（图11-27）

1. 拉丁学名：*Toona sinensis*

2. 科属：楝科，香椿属。

3. 生态习性

喜光，喜温，较耐湿，适宜栽培在地区平均气温为8~10 ℃，抗寒能力随苗树龄的增加而不断提高。在河边、宅院周围肥沃湿润的砂壤土上生长最好。适宜在pH为5.5~8.0的土壤上生长。

4. 繁殖与栽培

用播种繁殖和分株繁殖。播种繁殖时，播种前要先将种子在加新高脂膜30~35 ℃的温水中浸泡24 h，捞起后，置于25 ℃处催芽。当胚根露出米粒大小时播种，地温最低在5 ℃的时候播种。出苗后，当真叶有2~3片时间苗，4~5片时定苗，行株距为25 cm×15 cm。分株繁殖时，早春挖取成株根部幼苗，定植在苗地上，翌年苗长至2 m时即可定植。由于香椿根部易生不定根，因此也可以采用断根分蘖方法，在冬末春初时，在成树周围挖60 cm深的圆形沟，切断部分侧根，将沟填平，断根先端会萌发出新苗，翌年即可移栽。

图11-27　香　椿

第三节 常绿灌木类苗木的繁殖与培育

一、罗汉松(图 11-28)

1. 拉丁学名：*Podocarpus macrophllus*

2. 科属：罗汉松科，罗汉松属。

3. 生态习性

喜温暖湿润气候，耐寒性弱，耐阴性强，对土壤要求不严，在排水良好湿润的砂质土壤上生长最好，盐碱土也能生存。对二氧化硫、硫化氢、氧化氮等有害气体抗性较强。抗病虫害能力强。

4. 繁殖与栽培

常用播种和扦插繁殖。播种繁殖在 8 月进行，采种后即播种，行距为 20 cm，株距为 10 cm，深度以埋住种子为准，用草盖好使种子保持湿润，每天喷水 1 次，播后 8~9 天除去草盖，做好防晒遮阴，避免暴晒，约 10 天后发芽。1 年后移植，株行距为 20 cm × 20 cm，或移入 15 cm 的营养袋，每袋 1 株。一年后再移植 1 次，株行距为 1 m × 1 m，实

图 11-28 罗汉松

生苗经3年育苗后，苗高可达1～1.3 m，冠幅可达1 m^2。扦插繁殖在春秋两季进行，分为嫩枝扦插和硬枝扦插。嫩枝扦插的插条采用当年生半成熟的枝条，硬枝扦插是剪取前一年完全木质化的粗壮枝条作为插条。按长10 cm左右2～4节为一段，上面保留1～2片叶，下部去掉1～2片叶。扦插深度为5 cm左右。扦插完毕后浇透水，等插条叶面水珠干后，立即在苗床上再喷施一次农药以杀菌杀虫，然后插上竹弓，盖上塑料薄膜，之后再插一些竹弓，并在竹弓上面盖上黑色遮阴网。薄膜、遮阴网都要固定好。为防遮阴网的热量传到薄膜里面，烫伤苗木，支撑遮阴网的竹弓要比支撑薄膜的竹弓高出15～20 cm。约50～60天生根。

二、夹竹桃(图11-29)

1. 拉丁学名：*Nerium indicum*

2. 科属：夹竹桃科，夹竹桃属。

3. 生态习性

喜光，喜温暖、湿润的气候，不耐寒，耐旱力强，对土壤要求不严，在碱性土上也能生长。

4. 繁殖与栽培

扦插繁殖为主，也可分株和压条。扦插繁殖在春季和夏季进行。插条基部要浸入清水10天左右，保持浸水新鲜，成活率高。春季扦插剪取1～2年生枝条，截成15～20 cm的茎段，20根左右捆成一束，浸于清水中，入水深为茎段的1/3，温度控制在20～25 ℃，每1～2天换同温度的水一次，待发现浸水部位发生不定根时即可扦插。扦插时应在插壤中先用竹筷打洞再插，以免损伤不定根。由于夹竹桃老茎基部的萌蘖能力很强，常抽生出大量

图11-29　夹竹桃

嫩枝，可充分利用这些枝条进行夏季嫩枝扦插。选用半木质化程度的插条，保留顶部3片小叶，插于基质中，注意遮阳和水分管理，成活率也很高。压条繁殖时，先将压埋部分刻伤或作环割，埋入土中，2个月左右即可剪离母体，翌年带土移栽。

三、石楠(图11-30)

1. 拉丁学名：*Photinia serrulata*

2. 科属：蔷薇科，石楠属。

3. 生态习性

喜光，喜温暖、湿润气候，稍耐阴，稍耐寒，萌芽力强，耐修剪，深根性，对土壤要求不严，以肥沃、湿润、土层深厚、排水良好、微酸性的砂质土壤上生长最好，能耐短期-15 ℃的低温，对烟尘和有毒气体有一定的抗性。

4. 繁殖与栽培

用播种、扦插和压条繁殖，以播种繁殖为主。播种繁殖在果实成熟期采种，将果实捣烂、漂洗、取籽晾干，层积沙藏至翌年春播。种子与沙的比例为1∶3。选择土壤肥沃、深厚、松软的地块作为苗床，进行露地播种。2月上旬采用开沟条播，行距为20 cm，覆土2~3 cm，略微镇压一下，为保持土壤湿润要浇透水后覆草，有利于种子出土。播种量为每亩15~18 kg。扦插繁殖可在雨季进行，插床宽100 cm、长20~30m，插床四周要装12 cm高的挡板。床面用200倍的高锰酸钾溶液喷洒消毒，然后铺设基黄心土占70%~80%、细沙占20%~30%，厚10 cm左右的基质，将床面整平，24 h后进行扦插。选当年

图11-30 石 楠

半木质化的嫩枝，剪取长10~12 cm，带1叶1芽，剪去1/3叶片。插条采用平切口，切口要平滑，以防止其表皮和木质部撕裂而形成新的创口。用30 mL酒精溶化6 g金宝贝生根剂，再加入50%温水60 mL、清水1.4 kg、黄心土5 kg等搅成浆糊状，将插条捆成小捆，然后蘸取生根剂泥浆。株行距为4 cm×6 cm，深度为插条的2/3。要随剪随药剂处理随扦插，扦插完毕后要立即浇透水，对叶面喷洒1000倍的多菌灵和福·福锌混合液，搭好小拱棚，并用塑料薄膜覆盖，四周密封，紧贴薄膜，再覆盖透光率50%的遮阴网。

四、山茶(图11-31)

1. 拉丁学名：*Camellia japonica*

2. 科属：山茶科，山茶属。

3. 生态习性

喜温暖气候，喜半荫，喜空气湿度大，忌干燥，忌烈日，喜肥沃、疏松的微酸性土壤，pH以5.5~6.5为宜。生长温度为18~25 ℃，始花温度为2 ℃。略耐寒，一般品种能耐-10 ℃的低温，耐暑热，但超过36 ℃后生长受到抑制。宜在年降水量为1200 mm以上的地区生长。

4. 繁殖与栽培

用扦插、嫁接、压条、播种和组织培养等法繁殖，以扦插为主。扦插繁殖在一年四季均可进行，一般多在夏季和秋季进行。插穗以粗3~4 mm为宜，顶端带2叶片，留长8~12 cm，自节下1.5 cm处剪下，随剪随插。株行距为6 cm×12 cm。设置双层荫棚，避免阳光斜晒和防风吹。插后注意保持基质适当湿润。约1个月可产生愈伤组织，此后早晚要通气和略见阳光，1个月后即可生根。

图11-31　山　茶

五、桂花(图 11-32)

1. 拉丁学名：*Osmanthus fragrans*

2. 科属：木犀科，木犀属。

3. 生态习性

喜阳光，喜温暖和通风良好的环境，稍耐阴，不耐干旱和瘠薄，忌涝地、碱地和黏重土壤，生长特别缓慢，宜在土层深厚湿润，排水良好，肥沃、富含腐殖质的偏酸性砂质土壤中生长。对二氧化硫、氯气等有害气体有抵抗力。

4. 繁殖与栽培

常用种子播种法、嫁接繁殖法、扦插法、水培法和压条法，多用嫁接繁殖。嫁接繁殖的砧木多用女贞、小叶女贞、小蜡、水蜡、白蜡和流苏等。在春季发芽之前，在砧木自地面以上 5 cm 处剪断；剪取 1～2 年生粗壮的桂花枝条长 10～12 cm，基部一侧削成长 2～3 cm的削面，对侧则削成一个呈 45°的小斜面；在砧木一侧约 1/3 处纵切 2～3 cm 深的一刀；然后将接穗插入切口内，使形成层对齐，再用塑料袋绑紧，埋土培养。播种繁殖时，当果皮由绿色逐渐转变为紫蓝色时即可采收。采收后洒水堆沤，清除果肉，置阴凉处使种子自然风干，混砂贮藏。桂花种子有后熟作用，至少要有半年的沙藏时间，贮藏至当年 10 月进行秋播或翌年春播。采用条播的方法，播前整好地，施足基肥，播种时将种脐侧放，可以避免胚根和幼茎弯曲，影响幼苗生长。覆盖一层细土，盖上草毡，遮阴保湿，使土壤保持湿润，当年即可出苗。扦插繁殖在春季发芽以前进行，将一年生发育充实的枝条，切成5～10 cm 长，剪去下部叶片，上部留 2～3 片绿叶，插于河沙或黄土苗床，株行距为 3 cm×20 cm，插后要及时喷水，遮阴，保持温度在 20～25 ℃，相对湿度为 85%～90%，

图 11-32 桂 花

2个月后生根移栽。水培法要求光照、湿度和温度等方面和有土培育一样，一个星期左右浇一次营养液，3~5月期间处于生长期，需要酌加次数；11月至翌年的2月，是休眠期，次数需要酌减，半月或是一个月浇一次营养液都可以。压条法分为低压和高压两种。低压法在春季到初夏进行，必须选用低分枝或丛生状的母株，其下部1~2年生的枝条，选易弯曲部位用利刀切割或环剥，要深达木质部，然后压入3~5 cm深的条沟内，并用木条固定，仅留梢端和叶片在外面。高压法是在春季进行，从母树上选1~2年生粗壮枝条，同低压法一样切割一圈或环剥，或从其下侧切长6~9 cm的口，将培养基质涂抹在伤口处，上下用塑料袋扎紧，在培养过程中，始终保持基质湿润，直到秋季发根后，剪离母株养护。

六、红檵木(图11-33)

1. 拉丁学名：*Loropetalum chinense* var. *rubrum*

2. 科属：金缕梅科、檵木属。

3. 生态习性

喜光，喜温暖，稍耐阴，阴时叶色容易变绿。适应性强，耐旱，耐寒冷。萌芽力和发枝力很强，耐修剪。耐瘠薄，适宜在肥沃、湿润的微酸性土壤上生长。

4. 繁殖与栽培

常用的嫁接繁殖、扦插繁殖和播种繁殖。嫁接繁殖在2~10月均可进行，主要用切接和芽接。切接以春季发芽前进行为宜，芽接则宜在9~10月。砧木选用白檵木中、小型植株，进行多头嫁接，加强水肥和修剪管理，1年内可以出圃。多头嫁接的苗木生长势强，成苗出圃快，但费工。扦插繁殖在3~9月均可进行，扦插基质选用疏松的黄土，确保基质通气透水，具有较高的空气湿度，保持温暖但要避免阳光直射，同时还要注意扦插环境通风透气。在温暖湿润的条件下，红檵木插条20~25天形成红色愈合体，1个月后能长出

图11-33　红檵木

1~6 cm长、0.1 cm粗的新根3~9条。扦插繁殖的繁殖系数大，但长势较弱，出圃时间较长。嫩枝扦插在5~8月进行，剪取7~10 cm长的当年生半木质化枝条且带踵，作为插穗，插入土中1/3，插床的基质可用珍珠岩或用2份河沙、6份黄土或山泥混合。插后要搭棚遮阴，适时喷水，保持土壤湿润，30~40天即可生根。播种繁殖在春夏两季均可进行，红檵木种子发芽率高，播种后25天左右即可发芽。红檵木实生苗新根呈红色、肉质，前期必须精细管理，当根系木质化并变褐色时，方可粗放管理。有性繁殖用于红檵木育种研究，因为其苗期长，生长慢，且有白檵木苗出现，所以不用于苗木生产。一般在10月采收种子，11月份冬播或密封干藏至翌年春天播种，用沙子擦破种子的种皮后条播于半砂土苗床，播后25天左右即可发芽。1年生苗高可达6~20 cm，抽发3~6个枝。2年后可出圃定植。

七、米兰(图11-34)

1. 拉丁学名：*Aglaia odorata*

2. 科属：楝科，米仔兰属。

3. 生态习性

不耐寒，稍耐阴，喜温暖湿润和阳光充足环境，在疏松、肥沃的微酸性土壤上生长最好，生长适温在20~25 ℃，冬季温度不低于10 ℃。常生于低海拔山地的疏林或灌木林中。

4. 繁殖与栽培

用扦插、高枝压条或播种繁殖。扦插繁殖在6~8月进行，剪取10 cm左右的顶端嫩枝，插入泥炭中，2个月后开始生根。压条繁殖在梅雨季节进行，以高空压条为主，选用一年生木质化枝条，在基部20 cm处作1 cm宽的环状剥皮，在环剥部位敷上苔藓或泥炭，再用薄膜上下扎紧，2~3个月即可生根。

图11-34 米 兰

八、扶桑(图 11-35)

1. 拉丁学名：*Hibiscus rosa - sinensis*

2. 科属：锦葵科，木槿属。

3. 生态习性

强阳性植物，喜温暖湿润气候，不耐荫，不耐寒，要求日光充足，发枝力强，耐修剪。越冬温度保持 12～15 ℃，当温度低于 5 ℃时，叶片转黄脱落，低于 0 ℃则易遭冻害，在长江流域及以北地区栽培时，只能盆栽在温室或其他保护地栽培。对土壤的适应范围较广，在富含有机质 pH 为 6.5～7 的微酸性土壤上生长最好。

4. 繁殖与栽培

常用扦插和嫁接繁殖，以扦插繁殖为主。扦插繁殖在 5～10 月的梅雨季节进行时繁殖成活率高，插条以一年生半木质化的最好，剪取 10 cm 长，留顶端叶片，切口要平，插于沙床，用0.3%～0.4%吲哚丁酸处理插条基部 1～2 s 可缩短生根期，保持较高的空气湿度，室温为 18～21 ℃，插后 20～25 天生根，根长 3～4 cm 时移栽上盆。嫁接繁殖在春秋季进行，多用于生根较慢或扦插困难的扶桑品种，尤其是扦插成活率低的重瓣品种，用枝接或芽接，砧木用单瓣扶桑，嫁接苗在当年抽枝开花。

图 11-35　扶　桑

九、珊瑚树(图 11-36)

1. 拉丁学名：*Viburnum awabuki*

2. 科属：忍冬科，荚蒾属。

图 11-36 珊瑚树

3. 生态习性

喜温暖，喜光，稍耐寒，稍耐阴，根系发达、萌芽性强，耐修剪，在温暖湿润气候、潮湿肥沃的中性土壤上生长旺盛，也能适应酸性或微碱性土壤。对有毒气体抗性强。

4. 繁殖与栽培

主要靠扦插或播种繁殖。扦插繁殖全年均可进行，在春、秋两季进行时生根快、成活率高。选健壮、挺拔的茎节，在5~6月剪取成熟且长15~20 cm的枝条，插于苗床或沙床，随插随将苗床喷透水。扦插后第1周每天喷水5~6次，每次10min，第2周每天喷水3~4次，第3、4周后要根据天气情况，每天适当增减喷水次数，使床内的空气湿度保持在90%以上，基质温度保持在20~25 ℃，气温保持在25~30 ℃，扦插初期要用0.1%的退菌特液喷雾2次，防止烂根烂叶，为减少日照直射，避免床面温度过高，要覆盖遮光率为50%的遮阳网。20~30天生根后，秋季移栽入苗圃。播种繁殖在8月采种，冬季沙藏翌年春播或秋播，播后30~40天即可发芽，生长成幼苗。

十、九里香(图 11-37)

1. 拉丁学名：*Murraya paniculata*

2. 科属：芸香科，九里香属。

3. 生态习性

喜暖热气候，喜光，较耐阴，耐旱，不耐寒，当最低气温降至5 ℃左右时，移入低温

图 11-37　九里香

在5~10 ℃的室内越冬。最适宜生长的温度为20~32 ℃。室温过低易掉叶，影响翌年生长，低于0 ℃有可能冻死，室温过高，植株则不能很好休眠，甚至会在室内萌芽，等出室时冷风一吹，芽会缩回，影响当年的生长。

4. 繁殖与栽培

用种子繁殖，扦插繁殖和压条繁殖。种子繁殖时，采摘饱满成熟的鲜果，在清水中揉搓，去掉果皮及浮在水面上的杂质和瘪粒、晾干备用。春、秋两季均可播种。一般多采用春播，春播为3~5月，气温16~22 ℃时，播后25~35天发芽；秋播以9~10月上旬为宜。要选择水肥条件较好的地做苗圃，深翻，碎土，耙平作畦，畦宽1~1.2 m。采用条播或撒播均可，条播按行距30 cm，撒播将种子与细沙混合均匀再撒在苗床上，覆土1.2 cm，上面盖草，灌水。出苗后及时揭去盖草，当出现2~3片真叶时间苗，保留株距10~15 cm，及时除草、施肥，苗高15~20 cm时定植。扦插繁殖宜在春季或7~8月雨季进行，插条要选取中等成熟、组织充实、表皮灰绿色的1年生以上的枝条，不宜采用当年生的嫩枝条。剪取长10~15 cm插条，具4~5节，剪口要平整，斜插于苗床内，株行距为12 cm×9 cm，插后要浇水，保持床内土壤湿润。春播苗当年即可定植，秋播要等翌年定植。压条繁殖一般在雨季进行，将半老化枝条的一部分经环状剥皮或割伤埋入土中，待其生根发芽，在晚秋或翌年春季削离，即可定植。

十一、海桐(图 11-38)

1. 拉丁学名：*Pittosporum tobira*

2. 科属：海桐科，海桐属。

3. 生态习性

喜肥沃湿润土壤，对光照的适应能力较强，耐烈日，但以半阴地生长最佳。能耐寒

图 11-38 海 桐

冷，较耐阴，也耐暑热，稍耐干旱，耐水湿。萌芽力强，耐修剪，在干旱贫瘠的土壤生长不良。

4. 繁殖与栽培

用播种或扦插繁殖。播种繁殖时，采集果实在蒴果 10~11 月成熟时进行，摊放数日，果皮开裂后，敲打出种子，用湿水拌草木灰搓擦出假种皮及胶质，冲洗干净，得出净种。翌年 3 月中旬播种，用条播法，种子发芽率约 50%。幼苗生长较慢，实生苗一般需要 2 年生上盆，3~4 年生可以带土团出圃定植。扦插繁殖在早春进行，在新叶萌动前，剪取 1~2 年生嫩枝，截成每 15 cm 长一段，插入湿沙床内。稀疏光照，喷雾保湿，大约 20 天发根，1 个半月左右后方可移入圃地培育。平时管理要注意保持树形优美，干旱时适当浇水，冬季施 1 次基肥，注意防治虫害，主要有吹绵蚧，开花期有蝇类群集。

第四节 落叶灌木类苗木的繁殖与培育

一、蜡梅（图 11-39）

1. 拉丁学名：*Chimonanthus praecox*

2. 科属：蜡梅科，蜡梅木属。

3. 生态习性

喜光，也稍耐阴，喜温暖湿润气候，耐寒力较强。在肥沃排水良好的轻壤土上生长良好。在黏土中生长不良，不耐盐碱，适生于深厚、肥沃、输送、排水良好的微酸性土壤。喜肥，怕风，忌水湿，耐旱力强，花农有“旱不死的蜡梅”之说。发枝力强，耐修剪。抗氯气、二氧化硫污染能力强。

4. 繁殖与培育

播种、扦插、分株、压条、嫁接繁殖均可，以嫁接繁殖为主。

图 11-39　蜡　梅

①播种繁殖　种子干藏容易丧失发芽力。翌年春播的种子最好在冷库低温沙藏。播种前要检查种子萌动情况，如未达到播种要求，要及时移到 25 ℃的环境下催芽。一般多采用床作条播，行距 20 cm，覆土厚度 2～3 cm。播后 10 天左右即可出苗，当年苗高可达10～20 cm。冬季寒冷地区可埋土防寒或假植越冬。经移植后，在光照和水、肥条件较好时，一般 3 年生以上可开花。

②扦插繁殖　以夏季嫩枝为宜，接穗于 100 mg/L α-萘乙酸浸蘸 1 min，插于遮阴棚内比较容易生根。

③分株繁殖　落叶后或春季芽萌动前，掘取母株周围具有根蘖的壮株，连根带土栽植于穴内，覆土压紧，浇水，或将整个株丛带土挖出，劈成几份，每份保留 2～3 个枝干并带些根，分株栽植。株距 30～40 cm，行距 50～60 cm，为提高成活率，可将上部枝条剪掉，减少水分蒸腾。

④压条繁殖　高枝压条技术快速育苗。具体做法是：选择健壮的蜡梅枝条，进行环状剥皮处理，然后用塑料薄膜包裹七成水湿的青苔，套包两端扎牢，5～6 月套枝，11 月中旬生根良好，剪下盆栽，当年可开花。

⑤嫁接繁殖　砧木采用播种苗或原种'狗牙梅'。嫁接方法因随季节而异，春、冬宜用切接，夏、秋宜腹接。切接时将接穗剪成长 3～4 cm，留一对芽，下端削成楔形，稍见木质部，砧木在离地面 4～5 cm 处剪断切接。接好后用土封堆，冬季覆盖一层薄膜。翌年 3～4 月可出土去膜。夏季选新生的半木质化或木质化的长 4～5 cm 的枝条作接穗，留一对芽，砧木在离地面 40 cm 处切口，摘除下部叶子。接好后在接穗以上的砧木处盖薄膜帽防雨。待接穗生长 3～4 cm 时，从接口以上 5～6 cm 处将砧木枝干剪断。20 天后再剪去接口以上砧木枝干。

二、紫薇（图 11-40）

1. 拉丁学名：*Lagerstroemia indica*

2. 科属：千屈菜科，紫薇属。

3. 生态习性

喜光照充足和温暖湿润气候，较耐寒，北京可以露地栽培，耐旱忌涝，偶遇水渍也能忍受，对土壤要求不严，适生于深厚肥沃、排水良好的微酸性至中性土壤，较耐盐碱，喜肥，不耐贫瘠。枝的萌芽能力强，耐修剪，易萌生根蘖。

4. 繁殖与培育

繁殖可采用播种、扦插、压条、嫁接等方法。

图 11-40 紫 薇

①播种繁殖 种子干藏，播种前用 40 ℃温水浸种，待种子充分吸水后进行播种。一般多采用春季床做条播，播种行距 30 cm，播幅 5 cm。种子细小，混以适量的草炭土或细沙，利于播种均匀和种子出土。覆土为种子直径的 2~3 倍，不可过厚，播后盖草。出苗后逐步撤除。定苗株距为 10~15 cm。在正常情况下，当年秋季可开花。北京地区当年播种苗必须掘出，进行假植沟防寒。

②扦插繁殖 硬枝扦插于春季萌芽前进行，选择无病虫害的壮枝，剪成长 16 cm 左右插穗，扦插深度为插条的 2/3，插后适时喷水保湿，40 天后即发芽；嫩枝扦插在 6 月上旬至 9 月上中旬进行。采集 1 年生枝剪成 15 cm 左右，上端留 2~3 片叶，扦插深度 2/3，浇透水，用薄膜搭拱棚封闭，苗株长成 15~20 cm 后改成遮阴网，适时浇水。

③压条繁殖 11 月至翌年 2 月。选取发育充实的 1~2 年生枝，径粗 1~4 cm，长度不限，在清水中浸泡 2h 后，挖沟斜埋，覆土踏实根部，上部顺沟覆土 10~15 cm，浇 1 次透水，用塑料薄膜覆盖增温保湿。空中压条法可在 1~2 年生枝条上，用利刀刻伤并环剥 1.5 cm左右，露出木质部，涂抹生根粉液于刻伤部位上方 3 cm 左右，待干后用筒状塑料袋套在刻伤处，装满疏松园土，浇水后两头扎紧即可，生根后剪下另植。

④嫁接繁殖 时间通常为每年立春半个月左右，嫁接砧木选择一般为生长状况良好的实生苗。嫁接形式可根据苗木实际情况，选择切接或撕皮接。

三、暴马丁香(图 11-41)

1. 拉丁学名：*Syringa reticulata* (Bl.) Hara var. *mandshurica*

2. 科属：木犀科，丁香属。

3. 生态习性

落叶灌木或小乔木，又名暴马子，中生树种；喜温暖湿润气候，耐严寒，对土壤要求不严，喜湿润的冲积土。常生于海拔 300～1200 m 山地针阔叶混交林内、林缘、路边、河岸及河谷灌丛中。

图 11-41　暴马丁香

4. 繁殖与培育

繁殖方法主要有播种和扦插繁殖。

①播种繁殖　11 月中旬用 45 ℃温水浸种，自然冷却到室温，冷水浸种 7 天，每天换水 1 次，然后用 0.1% 高锰酸钾水溶液消毒后按种沙比 1∶3 拌匀，在 20～25 ℃条件下处理 60 天左右，然后转入 0～5 ℃条件下处理 60 天，播种前将种子在常温下增温，1/3 裂口即可播种。也可于播种前将种子用 40～45 ℃温水浸泡，再用凉水浸 2 天后高锰酸钾浸 20～40 min，在 15～20 ℃下沙藏 25～30 天后进行播种。平均气温在 15 ℃以上即可播种。播种前用多菌灵对土壤消毒，播种量 25 g/m^2，播种后及时覆土，厚度约为种子直径的 3 倍，适时浇水，保持土壤湿润，30 天后幼苗出齐。

②扦插繁殖　所用插穗的长度为 12 cm，粗度为 0.3～0.5 cm。下切口距离底芽侧下方 0.5～1.0 cm，切口平滑，马蹄形。将下部叶片全部摘除，只留最上端 2～3 片，且均垂直于主脉切剩 1/2。插穗下切口浸入 150 mg/kg 的 1 号 ABT 生根粉和多菌灵 200 倍液混合液中，处理时间 30 min 后扦插，扦插深度 3 cm。扦插后根据具体情况保证每天至少 2 次浇透水。床面温度控制在 20～25 ℃，床面以下 5 cm 温度平均高于床面 3 ℃。扦插 12 天后形成愈伤组织，15 天后部分生根。

四、牡丹（图 11-42）

1. 拉丁学名：*Paeonia suffruticosa*

2. 科属：毛茛科，芍药属。

3. 生态习性

喜阳光，也耐半阴，耐寒，耐干旱，耐弱碱，忌积水，怕热，怕烈日直射。适宜在疏松、深厚、肥沃、地势高燥、排水良好的中性砂壤土中生长。酸性或黏重土壤中以及低洼处生长不良。

图 11-42 牡 丹

4. 繁殖与培育

繁殖方法主要有播种、分株和嫁接。牡丹扦插成活率低，即使成活，其初期生长缓慢，养护难度大，因此生产上很少采用。

①播种繁殖 8月下旬至9月中旬播种，播种前用50 ℃温水浸种24~30 h，再用3号ABT生根粉 25×10^{-6} 液浸种2h即可播种。播种采用高床或大田条行点播，沟深4~6 cm，株距10 cm，覆土厚2~3 cm。播种后覆地膜保墒及提高地温。

②分株繁殖 在9月下旬为宜。分株前将植株叶片剪掉，保留叶轴及芽。挖取时保证母株地下部分完整，不能伤及根系。晾晒1~2天后，顺着根系自然生长纹理分株，每小株2~3个枝条，带一定数量根系。若无萌蘖枝，可保持枝条上的潜伏芽或枝条下部的1~2个腋芽，然后剪掉上部；若有萌蘖枝，可在根茎上部3~5 cm处剪掉枝条(平茬)。将分株后的苗木以根茎处与地面相平或稍低深度栽植，然后浇水、培土越冬。

③嫁接繁殖 多在休眠季节进行，一般在9月下旬至10月底。选择品种优良、生长健壮母株上的枝条为接穗，以2~3年生芍药或4~5年生牡丹为砧木，在距地面5~6 cm处平截，接上接穗后就地培土封埋。此法避免根系受伤害，苗木成活后生长旺盛。缺点是操作困难，须贴近地面进行，因此亦可采用将砧木挖出的掘接。

五、贴梗海棠(图 11-43)

1. 拉丁学名：*Chaenomeles speciosa*

2. 科属：蔷薇科，木瓜属。

3. 生态习性

落叶灌木。性喜阳，耐寒，耐旱，对土壤要求不严，能耐轻度盐碱，但在湿润、肥沃与有机质多、排水良好的土壤中生长良好。

4. 繁殖与培育

繁殖主要播种，亦可采用扦插、压条、分株等方式。

①播种繁殖 种子需提前50~60天低温处理。春播前2~3个月用60 ℃温水浸种，水冷后换清水浸种24 h，然后混湿沙催芽，种子“裂嘴”时即可播种。播种时播幅3~5 cm，覆土厚度1~1.5 cm，播种量15~20g/m²，播后镇压，也可播种床上覆盖地膜。播后2周

即可萌芽。

②扦插繁殖　生产中多采用秋季硬枝扦插。选当年生发育充实的枝条，粗度0.3～0.5 cm，剪成10～15 cm插穗，每段带3个以上芽。插前用500mL/L生根剂处理后插入沙质基质中，深度4～5 cm，密度15 cm×10 cm。插后浇透水，遮阴、保湿，翌春3～4月可大部分生根。再培养2年即可出圃。

图11-43　贴梗海棠

③分株繁殖　在秋季落叶后或春季萌动前进行，将母株及萌生苗挖出，分成几份，每份保留2～3个带根的枝干，以株距30～40 cm，行距50～60 cm栽植，为提高成活率，可适当修剪枝条。栽植2～3年可再行分株。

④压条繁殖　在春末或夏初进行，选择健壮的枝条，将其压弯埋入土中，深度7～10 cm，并固定枝条。30天后即可生根，将带根的枝条于翌年春季剪离母株分栽即可。

六、西府海棠（图11-44）

1. 拉丁学名：*Malus micromalus*

2. 科属：蔷薇科，苹果(海棠)属。

3. 生态习性

喜光，好肥沃且排水较好的砂壤土，耐寒，耐旱，较耐盐碱和水湿。

图11-44　西府海棠

4. 繁殖与培育

繁殖可播种嫁接或扦插方法。

①播种繁殖　种子有休眠特性，需进行55～60天低温沙藏处理。2～3月可将沙藏的种子进行增温催芽，3月下旬种子萌发后即可播种。播种易出现白花和单瓣现象，降低观赏价值。

②嫁接繁殖　以山荆子或海棠为砧木进行芽接，8月进行嫁接，接活后于秋季在嫁接位置上方1～1.5 cm处，将砧木枝条剪除。砧木选用均可。

七、稠李(图 11-45)

1. 拉丁学名：*Prunus padus.*

2. 科属：蔷薇科，李属。

3. 生态习性

性喜光稍耐阴，在肥沃深厚而湿润的山谷、山地缓坡生长良好，耐寒性强，在北京的山谷(海拔 100 m)能适应生长。

图 11-45 稠 李

4. 繁殖与培育

采用播种、扦插繁殖方法。

①播种繁殖 秋播的种子，在播种前用清水浸种 7 天后 0.3%~0.5%高锰酸钾水溶液泡种 2 h 消毒后即可播种；春播种子采用沙藏催芽，次年春播，处理时间 3~4 个月。采用条播，播幅 5~10 cm，条距 20 cm，覆土厚 1~2 cm。播种量 15~18 kg/亩。播后覆盖保墒。

②扦插繁殖 硬枝插条在 3 月下旬进行，将 1 年生根蘖苗剪成长度为 8 cm 的茎段。插后地温控制在 18~22 ℃，湿度控制在 85% 以上。嫩枝扦插在 6 月中下旬，选择 1 年生健壮的半木质化枝条作插穗，长度 15~20 cm，粗度 0.5~0.6 cm。只留最上端 2 片，并各剪去一半。插穗切口浸 ABT 1 号生根粉溶液 30 min。扦插深度为 3 cm，株行距为 5 cm×5 cm。插后浇透水，并用百菌清进行叶面消毒。生根前，湿度保持在 80% 以上，温度控制在 25~30 ℃，22 天后部分生根。

八、紫叶李(图 11-46)

1. 拉丁学名：*Prunus ceraifera*

2. 科属：蔷薇科，李属。

3. 生态习性

喜光也稍耐半阴，有一定抗寒力，以温暖湿润的气候环境和排水良好的酸性、中性土壤最为有利。怕盐碱和涝洼。浅根性，萌蘖性强，对有害气体有一定的抗性。

4. 繁殖与培育

常采用扦插和嫁接进行繁殖，以嫁接繁殖为主。

①扦插繁殖　于9~10月进行，选择幼壮龄母株上的1年生健康粗壮的枝条为插穗，剪成15~18 cm长度，上端封蜡，深插外露1~2个芽。扦插后保温保湿，翌年即可成活。

图11-46　紫叶李

②嫁接繁殖　在北方地区多选用山桃、山杏为砧木，南方以毛桃、梅为砧木。砧木以当年生实生苗为佳。枝接或芽接均可成活。春季蜡封接穗进行枝接，时间在3~4月进行，嫁接成活后及时除去砧木萌蘖芽，加强肥水管理，当年苗高1 m左右；7~8月进行芽接，即接穗砧木离皮时进行，嫁接成活后，在接口上10~15 cm处剪砧，入冬假植防寒，翌年即可定植。用山桃作砧木成活后生长势好，但叶色暗紫，山杏作砧木生长势较差，但叶色鲜亮。

九、山桃（图11-47）

1. 拉丁学名：*Prunus davidiana*

2. 科属：蔷薇科，李属。

图11-47　山　桃

3. 生态习性

喜光，耐寒、耐旱、耐瘠薄，不耐水涝。在肥沃土壤中生长良好。

4. 繁殖与培育

用播种繁殖，多用作嫁接砧木。

播种繁殖　春季播种的种子需进行温水浸种后沙藏。播种前1~2个月将种子用40 ℃温水浸种24 h增温催芽。待种子出现裂口长出胚根，即可播种。秋播可减少种子处理环节，多在生产中采用。播种时以高垄点播。垄距 70 cm，播种间距 8～10 cm，覆土厚度 3～4 cm，播种量 100～125 g/m^2。播种后注意去萌蘖，保持土壤湿度 10 天左右可出苗。当年 7 月下旬～8 月上旬，苗高 80～120 cm 时即可嫁接，接活的芽苗掘出假植，一年春季可栽植。

十、珍珠梅（图 11-48）

1. 拉丁学名：*Sorbaria sorbifolia*

2. 科属：蔷薇科，珍珠梅属。

3. 生态习性

图 11-48　珍珠梅

落叶丛生小灌木。喜光而耐阴，多生于海拔 400～1000 m 山地阴坡缓坡地及溪河岸边，常可自成群落或与蔷薇类、绣线菊类、忍冬类形成灌丛，也可生于落叶树、桦木及杂木林缘及疏林下。耐旱，耐寒，根孽力强，适应范围广。

4. 繁殖与培育

可采用播种、扦插、分株繁殖。

①播种繁殖　播种前种子进行混沙催芽。春季进行平床撒播或条播，播种前浇足底水，种子混以适量泥炭土或细沙，均匀撒于床面，覆土 0. 5 cm，保持床面湿润。10 天左右出苗，出苗后遮阴，适当间苗，水肥加强管理的苗圃，当年苗高可达 1 m。

②扦插繁殖　扦插生根率较高，可采用嫩枝或硬枝扦插。

③分株繁殖　落叶后春季萌芽前，掘出母株及周围苗丛，分割成几份，每份保留 2～3 个枝干，带一定量根系，分株栽植，株距 30～40 cm，行距 50～60 cm。生长势良好可一年出圃。

第五节　绿篱类苗木的繁殖与培育

一、枸骨(图 11-49)

1. 拉丁学名：*Ilex corunta*

2. 科属：冬青科，冬青属。

图 11-49　枸　骨

3. 生态习性

常绿灌木或小乔木。喜光，稍耐阴，喜肥沃、湿润、排水良好的微酸性土壤，稍耐寒，耐湿。萌芽力强，耐修剪。抗二氧化硫和氯气。

4. 繁殖与培育

播种、扦插、分株繁殖均可。

①播种繁殖　枸骨是单性异株，选择雌株，10～11月采种，种子洗净，阴干，低温沙藏至翌年春。播种在采用条播，行距25～30 cm，深度2～3 cm，出苗前苗床保湿。约15～20天出土，做好保温保湿。一般当年不出圃，可培养3～4年或整形后出圃。

②扦插繁殖　盆栽可进行嫩枝扦插，选择1年生嫩枝，剪成长8～10 cm的插穗，上端留1～2片叶，并将叶片剪去一半，插入砂土中4～5 cm，遮阴，喷水保持适度。约50天开始生根。硬枝扦插选择生长健壮的2年生枝条，剪成12～15 cm插穗，插入土中6～8 cm，之后遮阴，喷水保湿。

③分株繁殖　于落叶后或春季萌芽前进行，可掘取母株周边萌生苗，也可将母株株丛挖出，劈成几份，每份保留2～3个枝干并带根系，分株栽植。株距30～40 cm，行距50～60 cm，可修剪上部枝条，减少水分蒸发。

二、鹅掌柴（图 11-50）

1. 拉丁学名：*Schefflera octophylla*

2. 科属：五加科，鹅掌柴属。

图 11-50　鹅掌柴

3. 生态习性

喜温暖、湿润及半阴环境，在肥沃酸性土壤生长良好。

4. 繁殖与培育

播种、扦插、压条繁殖。

①播种繁殖　4月下旬至5月初，腐殖土或砂土盆播，将2份腐叶1份土混合好，装盆2/3压平，将种子均匀播于盆中。覆土以不见种子为宜，

播后保湿。20~25 ℃的条件下，15 天后逐渐出苗。待苗高长到 5~10 cm 时移栽。

②扦插繁殖 春季新梢生长前，剪取 1 年生枝条作插穗，穗长 8~10 cm，保留顶端 1~2 片叶。插穗插入 2/3，间隔 10~15 cm，插后覆膜保水，4~6 周可生根栽植。

③压条繁殖 4~10 月都可。选择 2 年生枝条环剥，宽 1~1.5 cm，深见绿色的形成层为宜。用潮湿的苔藓或腐熟的牛粪与田园土 1:1 或腐叶土等包在伤口周围，最后用塑料膜包紧并扎好上下两端。40 天左右生根。将生根下部剪断即为新的植株，栽植即可。

三、紫叶小檗（图 11-51）

1. 拉丁学名：*Berberis thunbergii* var. *atropurea*

2. 科属：小檗科，小檗属。

3. 生态习性

喜光，不耐阴，对土壤适应性强。耐寒，耐旱。萌蘖性强，耐修剪。

图 11-51 紫叶小檗

4. 繁殖与培育

采用播种和扦插繁殖。

①播种繁殖 春季播种前 20~50 天内进行催芽，浸种 2~3 天，层积沙藏，待种子开始萌芽即可播种。一般苗床条播，行距 25~30 cm，播幅 5 cm，覆土 0.5 cm。苗长出 4~6 真叶时进行间苗去杂工作。

②扦插繁殖 以硬枝扦插较好，秋季选择生长健壮 1 年生枝，剪成 12~15 cm 长的枝段，每个插条留 3~4 个芽，扦插株行距为 5 cm×5 cm，每平方米 400 根。插后浇水保湿，即可。

四、小叶黄杨（图 11-52）

1. 拉丁学名：*Buxus bodinieri*

2. 科属：黄杨科，黄杨属。

3. 生态习性

图 11-52　小叶黄杨

喜半阴，不畏强光，较耐旱、耐寒，耐修剪，根系较浅，但是较为密集发达，适宜中性或微酸性的土壤。

4. 繁殖与培育

播种、扦插均可繁殖。

①播种繁殖　种子随采随播，也可湿沙层积翌年播种。播种前种子用清水浸泡30 h。条播或撒播，播种量为 50~70 g/m²，覆土厚度 1.5 cm，覆草厚度 1~2 cm。浇透水 1 次，之后每周 2~3 次至种子生根。翌年春即可移栽。

②扦插繁殖　4 月中旬~6 月下旬随剪条随扦插。选择 3~4 生小叶黄杨基部和外围的健壮萌发条，径粗 0.3~0.4 cm，剪成 8~10 cm 长的插穗，顶端留 1~2 片小叶。用 ABT 1 号生根粉处理插穗，扦插深度为 3~4 cm。插后浇水，每隔 7 天浇 1 次透水，温度保持在 20~30 ℃，相对湿度保持在 75%~85%。4 月中上旬扦插，50 天左右即可生根，6 月下旬扦插则 20 天即可生根。

五、大叶黄杨（图 11-53）

1. 拉丁学名：*Euonymus japonicus*

2. 科属：卫矛科，卫矛属。

图 11-53　大叶黄杨

3. 生态习性

喜光，喜温暖湿润气候，耐阴，耐寒性差。根系发达，耐整形修剪，生长较快。对土壤要求不严，耐轻度盐碱土壤。抗污染性强。

4. 繁殖与培育

播种、扦插、压条等方法均可繁殖，以扦插繁殖为主。

①播种繁殖　采种后洗净、阴干，将种子水浸 2 天，混沙层积催芽，第二年春有 1/3 的种子露嘴时播种。一

般采用条播，每亩播种量 8 kg 左右，播深 1.5 cm，播后注意保温保湿。

②扦插繁殖　春季或 9～10 月都可以进行。春季选择当年生枝条带踵扦插，剪成长 15～20 cm，上端留一对叶子，株行距为 10 cm×20 cm，将插穗插入土中约 2/3，插后立即灌水，遮阴，一般 40 天左右才能生根。秋季 9～10 月选择当年枝条，剪成长 15～20 cm。插穗上端留两枚叶片，株行距 10 cm×10 cm，插入土中约 2/3，插后灌水、遮阴，一般 40 天左右即可生根。一年后可移栽，株行距 20 cm×40 cm，在经 2～3 年后高达 80～120 cm 即可出圃。扦插一些稀有品种，如日本北海道黄杨，为提高扩繁系数、加大繁殖量，可以采取单芽扦插，即一个叶片带一个腋芽和少量木质部，生根成活率也很高。

③嫁接繁殖　对一些优良品种的大叶黄杨，如金心黄杨、银边黄杨、北海道黄杨等可采取嫁接方法繁殖。桃叶卫矛作砧木，多采用芽接。嫁接时间为春、夏季都可。根据造型需要，嫁接部位可低接在地表以上 15～20 cm，也可以高接在 1.2～1.5m。也可用丝棉木作砧木，在春季进行枝接，培养高干黄杨球。小苗移植要沾泥浆，大苗移植要带土球，移植时施足基肥，一般每年要修剪 2～3 次，但下部的枝条应保护，尽量不要修剪。

④压条繁殖　选用两年生长枝条压入土中，不用刻伤，把枝条拧成“V”形，压埋深度 5～6 cm，1～2 个月生根，3～4 个月与母株切离，压后一年移植分栽。

六、‘金叶’女贞(图 11-54)

1. 拉丁学名：*Ligustrum vicaryi*

2. 科属：木犀科，女贞属。

3. 生态习性

喜光，稍耐阴，北京可露地越冬。萌枝力强，耐修剪。耐旱，耐高温，对土壤要求不严。

4. 繁殖与培育

因种源缺乏，生产中以扦插繁殖为主。

扦插繁殖可采用硬枝扦插和嫩枝扦插。

①硬枝扦插　小苗生长势旺盛，移植缓苗快，移植成活率高。具体方法：在秋末冬初开始休眠时，选择生长健壮，组织充实，无病虫害的 1 年生枝条，剪成长 5～8 cm 插穗，将插穗底部放入浓度为 100×10^{-6} 吲哚乙

图 11-54　‘金叶’女贞

酸溶液中，浸泡 12~24 h；或 100×10^{-6} ABT 生根粉溶液中浸泡 4h。扦插株行距 3 cm × 4 cm，冬季用地膜覆盖越冬，15 天检查并浇水 1 次，翌年春季 3~4 月插条生幼根并且发出新叶。当年可长 50 cm 以上，扦插成活率可达 90% 以上。

②嫩枝扦插　在 7~9 月选取半木质化的嫩枝梢，插穗剪成长约 5~10 cm，每段有 3~4 节，剪除每段下部枝叶，仅留上部 1~2 片叶，深插穗长的 1/2 于土中。插后搭荫棚遮阴，阴荫透光度随苗木生长而增大，10 月后撤掉荫棚。插后每 3 天于傍晚浇水 1 次，苗木成活后 7~10 天浇水 1 次。嫩枝扦插比硬枝扦插容易发根，但对土壤和空气温度要求严格，使用全光喷雾机械，取代人工浇水管理，可以达到快速繁育目的。

七、火棘(图 11-55)

1. 拉丁学名：*Pyracantha fortuneana*

2. 科属：蔷薇科，火棘属。

3. 生态习性

喜光，稍耐阴，耐旱，耐寒性较差，要求土壤湿润而不积水，萌蘖力强，耐修剪。

4. 繁殖与培育

一般采用播种和扦插繁殖。

①播种繁殖　可秋季采收后即播，也可种子沙藏，翌春播种。因种子较小，不宜深播。常混沙撒播，播后扫动表土，使种子入土，镇压土壤，覆草，保湿，出苗后，逐渐撤除覆草，遮阴。

②扦插繁殖　春秋均可硬枝扦插，插穗长 10~15 cm，上部带 2~3 叶，基部用 400~500 mg/kg 吲哚丁酸或乙酸速蘸，插后喷水，搭棚保湿、保温。春插苗当超过 30 ℃时，打开拱棚通风，并浇水或搭荫棚降温。秋插后期温度降低，可用塑料薄膜封闭，夜间加草帘保湿。嫩枝扦插，选当年半木质化的枝条，剪取插穗 10~15 cm，带 2~3 个叶片，插后喷水，遮阴。

图 11-55　火　棘

八、月季(图11-56)

1. 拉丁学名：*Rosa chinensis*

2. 科属：蔷薇科，蔷薇属。

3. 生态习性

性喜温暖，大多数品种最适温度白天为15~26 ℃，晚上为10~15 ℃；较耐寒，冬季气温低于5 ℃即进入休眠，有的品种能耐 -15 ℃的低温。喜光，耐旱。对土壤适应性较广，但以富含有机质、排水良好的微带酸性砂壤土为好。

图11-56 月 季

4. 繁殖与培育

月季主要嫁接和扦插繁殖，培育新品种可结合杂交进行播种繁殖。

①播种繁殖　一般于10月采收春季第一茬生产的果实，经过浸水、揉搓、漂洗后获得纯净的种子。采用低温沙藏可打破休眠，于春季播种即可，当年苗高可达20~30 cm。

②扦插繁殖　月季一年四季均可扦插，但由于各类群的品种间存在差异，有的品种扦插不易成活。春季扦插，选生长健壮、嫩芽饱满的一年生枝条，剪成15~20 cm长的插穗，生长季节(7月前后)插穗上都可带1~2片小叶。插前用500 mg/kg萘乙酸速蘸，可以提高生根率，插后浇透水，温度保持20~30 ℃左右，相对湿度90%左右，空气干燥时覆膜、搭棚，保持土壤和空气湿度。一般一月后就可生根。当腋芽开始萌动时，就可进行带土定植移栽；夏季或雨季扦插，选不开花的枝条或弱花的短花枝扦插为好。取条时多半带踵，去下部叶片，顶部保留2~3个叶片，长度为10~15 cm，扦插深度为穗长的1/2~2/3，插后立即浇水。温度保持在20~30 ℃左右，相对湿度90%左右生根后要及时移栽；秋季扦插结合冬前的修剪，进行扦插繁殖，利用半木质化枝条，最好利用花后枝条，即刚开过花的下部枝条生根最好；冬季扦插较好的方法是在专用的温床上扦插，生根时间短，成活率高。

③嫁接繁殖　扦插繁殖不易生根的月季品种可采用嫁接繁殖，如黄色的月季品种，藤本月季等。繁殖砧木常用各种蔷薇。具体枝接、芽接均可，目前主要采用芽接法繁殖。萌芽前采用嵌芽接，7~8月芽接最好。以蔷薇品种或劣种月季做砧木，剪去叶片，保留叶柄。接芽萌发后，注意及时抹除砧木萌蘖和顶枝，促使接穗生长旺盛，一般60天左右可开花。秋季嫁接成活的，一般不剪砧，翌春剪砧。

九、六月雪(图 11-57)

1. 拉丁学名：*Serissa japonica*

2. 科属：茜草科，六月雪属。

3. 生态习性

喜温暖、阴湿环境，不耐严寒。在疏松肥沃、排水良好的土壤中生长较好。萌芽力强，耐修剪。

4. 繁殖与培育

以扦插、分株繁殖为主。

①扦插繁殖　全年均可进行。一般采用嫩枝扦插，于6~7月进行。选择生长健壮的枝条嫩枝扦插。将木质化的绿枝剪成3~5 cm长的枝段，保留一个生长点，均匀地插于苗床，以透水良好的沙质壤土为宜。先浇透水，再铺2~3 cm细沙。扦插株距3~5 cm。插后需遮阴，注意浇水，保持苗床湿润，在20 ℃的条件下，约1个月可生根，成活率高，成活后要及时分床培育；如用六月雪作微型盆景材料或是山石盆景的植物材料，以硬枝扦插为宜。选取多年生的姿态优美的老枝(直径粗6 mm左右)，并有针对性地选择如大树型、圆片型枝条做插穗，插口用利刃削平，呈马蹄形。插入透气土壤中，插后保湿，约30天即可生根。

图 11-57　六月雪

②分株繁殖　于3月进行，对丛生的老株或根蘖苗进行分株。

第六节　地被类苗木的繁殖与培育

一、铺地柏(图 11-58)

1. 拉丁学名：*Sabina procumbens*

2. 科属：柏科，刺柏属。

3. 生态习性

阳性树，能在干燥的沙地上生长良好，喜石灰质的肥沃土壤，忌低湿地点。耐寒，萌芽力强。

4. 繁殖与培育

繁殖可采用扦插、压条、嫁接等方法繁殖，一般以扦插繁殖为主。

图 11-58 铺地柏

①扦插繁殖 嫩枝扦插在新梢生长缓慢期到新梢停止生长前进行。以7月下旬至8月上旬为宜。选择半木质化的生长健壮的嫩枝作插穗。插穗粗度为0.3~0.5 cm，长度6~10 cm，带2~3小叶片。插穗下端用0.02%的萘乙酸液浸泡5 min。扦插深度2~5 cm，株行距5 cm×10 cm，插后喷1次透水。设遮阴棚和及时喷水，保温保湿。生根后逐步揭去遮阴物；休眠枝扦插在3月下旬或4月初进行，选壮年母树上1~2年粗壮枝条，将其剪成12~15 cm，剪去下部叶，将基部浸70~80mg/L的萘乙酸20~24h。扦插株行距12 cm×5 cm，深5~6 cm，插后充分浇水、遮阴。翌年3月末或4月初可分栽。

②压条繁殖 于6月进行，选择基部近地面的1~2年生枝条，将其埋入土中，深10~12 cm。覆土，顶梢露出地面，绑缚固定。充分生根后翌年早春萌芽前，将枝条自基部带根剪离母株，分株移栽。此繁殖方法不适于苗圃大量繁殖。

③嫁接繁殖 可于2月下旬至3月上旬腹接，选2年生3~4 cm粗壮生长健壮的侧柏或圆柏作砧木，接后埋土至接穗顶部，成活后先剪去砧木上部枝叶，第二年齐接口剪去，成活率90%以上。若培养悬崖式树姿作盆景用，应采用高接法。

二、南天竹（图 11-59）

1. 拉丁学名：*Nandina domestically*

2. 科属：小檗科，南天竹属。

3. 生态习性

喜半荫，生长较慢。喜温暖湿润，排水良好，土壤肥沃及通气良好的环境，较耐寒，也耐旱，耐轻盐碱，不耐积水，在石灰质土壤中生长良好。萌芽力强，萌蘖性强，寿命长。

4. 繁殖与培育

播种、扦插、分株均可繁殖。

①播种繁殖　可随采随播，或沙藏后翌年再播。春播需搭荫棚遮阴。北方多在小拱棚或塑料温室大棚内秋播，2~3 月左右出苗，露地秋播则需盖草越冬，但要注意该种子出芽能力弱，需帮助除去表土。一般需两年后带土球移栽。

图 11-59　南天竹

②扦插繁殖　在春季或雨季进行，选取 1~2 年生长健壮的顶部枝条，插穗长 15~20 cm，顶部保留两复叶，下切口用生长激素萘乙酸、吲哚丁酸处理，插入砂土中 10~15 cm 左右，插后遮阴，并盖塑料薄膜保湿，保持 25~30 ℃温度，空气湿度 85%~95%，可提高扦插生根成活率，插后约 1~2 月生根。

③分株繁殖　宜在秋季或春季芽萌动前进行，南天竹的根比较坚韧，可全株挖起，在根系易分处劈开，每丛应有 2~3 株及带 1~2 个嫩芽为好。分株栽植株距 30~40 cm，行距 50~60 cm，为提高成活率可将上部枝条剪掉，减少水分蒸腾。分后盆栽的 3 年可开花，地栽的约 2 年可开花。

三、金银花(图 11-60)

1. 拉丁学名：*Lonicera japonica*

2. 科属：忍冬科，金银花属。

3. 生态习性

喜光，也耐阴，耐寒性强，耐干旱及水湿，对土壤要求不严，酸碱土壤均能适应，在肥沃湿润深厚砂壤中生长最好，根系发达，萌蘖力强，茎蔓着地即能生根。

4. 繁殖与培育

播种、扦插、压条、分株均可繁殖，以扦插繁殖为主。

①播种繁殖　种子可随采随播，或春季播种。春季播种前将种子放 25 ℃温水浸 24h，

图 11-60 金银花

混沙催芽。有 1/3 种子萌发即可播种。采用条播，条距 50 cm、条幅 3~5 cm。播种深度 1~2 cm，覆土 1 cm。播后保持土壤湿润，当苗高 3~5 cm 时即可间苗，株距 10 cm。幼苗当年生长高达 30~40 cm 以上。

②扦插繁殖 嫩枝扦插，生根快，成活率高，雨季选取当年生健壮的枝条，剪成长 15~20 cm 的插穗，保持土壤湿润，30 天左右即可生根。第二年移植后即可开花，成活率高。

扦插生根很容易，夏季扦插 2~3 周即可生根。选取木质化程度高的、节间短的、组织充实的枝条为插穗，剪成 15~20 cm 左右，每根留有 3~4 个芽。由于插条较细、软，可用开沟斜埋法，沟深 10 cm 左右。床插、垄插都可以，深度为 1/2~1/3，行株距为 30 cm×15 cm。插后保持土壤湿润，1 个月左右即可生根，大田扦插可以留床养护。保护地设施扦插苗生根、根系丰满后适时移植。冬季进行覆土防寒。

③压条繁殖 6~7 月，选 1~2 年生枝条，埋入土中 4~5 cm，保持湿润，极易生根。

四、锦鸡儿(图 11-61)

1. 拉丁学名：*Caragana sinica*

2. 科属：豆科，锦鸡儿属。

3. 生态习性

生于山坡和灌丛。喜光，常生于山坡向阳处。根系发达，具根瘤，抗旱耐瘠，能在山石缝隙处生长。忌湿涝。萌芽力、萌蘖力均强，能自然播种繁殖。在深厚肥沃湿润的砂质壤土中生长更佳。

4. 繁殖与培育

可行播种、扦插、分株等法繁殖。

①播种繁殖 播种最好随采随播，如经干藏，翌春播种前应行浸种催芽。

图 11-61 锦鸡儿

春播前宜用30 ℃温水浸种2~3天后，待种子露芽即可播种。可垄播或床面条播，播后覆土2~3 cm，保持种子湿润，5~10天发芽出苗，保持小苗间距6~10 cm。

②扦插繁殖　可于2~3月进行硬枝扦插，也可于梅雨季节行嫩枝扦插，插条截成8~12 cm，插深1/2，插后搭棚遮阴，适量浇水，生根后拆去阴棚，充分接受光照，健壮生长，成活率较高。

③分株繁殖　早春萌芽前2~3月进行，在母株周围挖取带根萌条，勿损伤根皮，以利于成活。

五、连翘(图11-62)

1. 拉丁学名：*Forsythia suspensa*

2. 科属：木犀科，连翘属。

3. 生态习性

喜光，略耐阴，对土壤要求不严，耐寒，耐干旱、瘠薄和盐碱，但怕水湿，特别是夏季要及时排除根部积水，过阴或过湿不易开花。抗病虫害的能力也很强，南方不适合栽植。

4. 繁殖与培育

播种、扦插、压条、分株方法均可繁殖，以扦插繁殖为主。

①播种繁殖　种子采后干藏。翌年春播前，将种子用温水浸2~4 h，然后混湿沙层积催芽，有1/3的种子露嘴时播种。也可温水浸种后，清水浸1~2天，种子充分吸涨后播种。垄播、床播均可，每亩播种量10 kg，播种深度或覆土1 cm左右。播后覆草，出苗后逐步撤除。当年苗高50 cm以上。

图11-62　连　翘

②扦插繁殖　早春萌芽前悬1~2年生健壮枝条，剪成15~20 cm长的插穗，用清水浸泡4~8 h，按行距30 cm，株距15 cm，插入2/3，浇水，2~3周即可生根。

③压条繁殖　极易生根，枝条拱形下垂接触土壤就可生根，如果埋土压条，则成活生根率跟高，生根后剪离母株分栽即可。

④分株繁殖　落叶后或春季芽萌动前，掘取母株周围的萌生苗，连根带土栽植于穴内，覆土压紧，浇水或将整个株丛带土，劈成几份，每份保留2~3个枝干并带些根，分株栽植。株距30~40 cm，行距50~60 cm。

六、迎春(图 11-63)

1. 拉丁学名：*Jasminum nudiflorum*

2. 科属：木犀科，茉莉花属。

3. 生态习性

喜光，稍耐阴，较耐寒，北京可露地越冬。耐干旱，忌水湿涝洼。对土壤要求不严。根系发达，萌芽力强。

4. 繁殖与培育

通常不结果，主要用扦插、分根、压条等繁殖方法。

①扦插繁殖　春季采 1 年生枝条，剪成 15～18 cm 插穗，株行距 5～6 cm，插入基质中 3～5 cm 左右。外露一个节，插后保持土壤湿润，30 天左右可生根。6～7 月进行扦插生根较快，成活率高。可选择半木质化枝条，剪去嫩梢，截成 10～12 cm，去掉下部叶片，顶部可带小叶。扦插深度为插穗的 2/3，插后浇水，注意遮阴保湿，约 30 天生根。生根后的小苗根系很快接触到下部营养土，可以留床养护，第二年春移植。

图 11-63　迎　春

②压条繁殖　春、夏、秋均可进行，雨季生根最快。将自行生根的匍匐枝分株。或将枝条接触土壤，保持土壤湿润，不必刻伤，20 天左右可生根。第二年春剪离母株，分栽即可。

③分株繁殖　以春季芽萌动时为宜。每大丛分成几小丛，每小丛 2～3 个茎干，带根系，栽植即可。株距 30～40 cm，行距 50～60 cm。干旱多风的秋季不宜分株，以免枝条抽干。

七、水蜡树(图 11-64)

1. 拉丁学名：*Ligustrum obtusifolium*

2. 科属：木犀科，女贞属。

3. 生态习性

喜光，稍耐阴，较耐寒，在湿润肥沃的酸性土生长迅速，中性、微碱性土亦能适应。萌芽力强，耐修剪。

4. 繁殖与培育

一般采用播种、扦插和分株繁殖。

①播种繁殖　春天播种前温水浸种3天，部分种子露白时即可播种。或冷水处理2~3天，每天换水1次，消毒后混湿沙催芽，1/3裂嘴时即可播种。一般采用条播，条距30 cm，播幅5~10 cm，深2~3 cm，覆土约1 cm。注意浇水，保持土壤湿润。

图11-64　水蜡树

②扦插繁殖　冬初选择当年生健壮枝条，剪成15~20 cm长插穗，沙藏以形成愈伤组织。翌年春进行扦插，株行距20 cm×30 cm，深为插穗长度1/3，插后遮阴，保持湿润，勿渍水，30天左右即可生根。管理1年后可移植。亦可于花末期或开花后剪萌条，或带顶芽的1~2年生半木质化枝条，长约15 cm，随采随插于床，留顶部少量叶片，插入1/3，遮阴保湿。

③分株繁殖　落叶后或春季萌芽前，可掘取母株周边萌生苗，栽植于种植穴内，覆土压实浇水即可。也可将母株株丛挖出，劈成几份，每份保留2~3个枝干并带根系，分株栽植。株距30~40 cm，行距50~60 cm，可修剪上部枝条，减少水分蒸发。

八、珍珠绣线菊(图11-65)

1. 拉丁学名：*Spiraea thunbergii*

2. 科属：蔷薇科，绣线菊属。

3. 生态习性

喜光，稍耐阴，抗寒，抗旱；萌蘖力和萌芽力均强，耐修剪。

4. 繁殖与培育

主要采用播种和扦插繁殖。

①播种繁殖　种子混10倍细沙加水少量，充分拌匀，催芽3~5天以备播种。或将干种子加冷水浸泡1~2天后，混入20~30倍的细沙催芽3~5天，准备播种。种子撒播在床面，

图 11-65 珍珠绣线菊

或条播，播幅 5～6 cm，播幅间距 4～5 cm。播种子量为 115～2125 kg/hm^2。播种后细土覆盖、拍实。再用塑料薄膜或落叶松针叶覆盖，及时浇水。

②扦插繁殖 在 6～7 月进行。剪取当年生半木质化枝条，长 8～10 cm，插穗只保留上部少量叶片，基部剪成斜形，插穗打捆。插穗用生根粉浸泡或速蘸 1000 mg/kg 吲哚丁酸。扦插株行距 5 cm × 5 cm，深度 5 cm，直立插，插后底部压紧，浇透水。扣上塑料棚保温保湿。棚内温度控制在 25～30 ℃，相对湿度在 85% 以上，30 天左右生根。生根后逐渐撤去遮阴网和塑料膜炼苗，第 2 年春季移栽，定植到大田。

九、八仙花（图 11-66）

1. 拉丁学名：*Hydrangea macrophylla*

2. 科属：虎耳草科，八仙花属。

3. 生态习性

喜荫，喜温暖湿润气候，耐寒性不强，怕干旱。忌阳光直射。喜富含腐殖质而排水良好的酸性土壤，怕盐碱。华北地区只能盆栽，多在温室越冬。

4. 繁殖与培育

扦插、压条、分株等方法均可繁殖。

①扦插繁殖 早春采用硬枝扦插。初夏用嫩枝扦插易生根，选当年生半木质化的枝条做插条，长 15～20 cm 上端留 2 片叶，插入土中 1/2，插后浇透水，遮阴保湿。20 天左右即可生根，1 年生扦插苗顶端即可开花，但不能积水。

②压条繁殖 春季或夏季均可进行。

③分株繁殖 掘出多年生大丛八

图 11-66 八仙花

仙花，待根稍变软后用利刀劈成几份，每份 3～4 株，然后栽植。或落叶后或春季芽萌动前，掘取母株周围的萌生苗，栽植于穴内，覆土压紧，浇水，株距 30～40 cm，行距 50～60 cm，可将上部枝条疏剪，减少水分蒸腾，提高成活率。

十、枸杞(图 11-67)

1. 拉丁学名：*Lycium chinensis*

2. 科属：茄科，枸杞属。

3. 生态习性

喜光，喜干燥凉爽气候和比较肥沃、排水良好的砂壤土，性强健，萌芽力强，耐寒、旱及轻度盐碱土；怕涝，忌低洼积水。

4. 繁殖与培育

可采用播种、扦插或分株繁殖。

图 11-67　枸　杞

播种繁殖　10～11 月采收成熟果实获得纯净的种子，可立即播种，也可将果实晒干后翌年春天播种前水浸、揉搓取种。果实的出种率约为 35%～40%，千粒重 1.9～2.4 g，发芽率 20%～30%。播种前，种子用 40 ℃的温水浸种，使种子充分吸水后混适量细沙或泥炭土进行播种，采用床作条播，行距 25～30 cm，覆土 1 cm 左右，盖草或覆塑料薄膜，1 周左右幼苗即可出土，苗高 5～10 cm 时间苗、定苗，株距为 15 cm 左右，当年苗高可达 80～100 cm。

十一、阔叶箬竹(图 11-68)

1. 拉丁学名：*Indocalamus latifolius*

2. 科属：禾本科，箬竹属。

3. 生态习性

喜温暖、湿润气候。耐阴，林下、林缘处生长好。

4. 繁殖与培育

常采用建植竹林(圃)后进行分株(移植母株)的方法。

图 11-68 阔叶箬竹

挖取母株　母株选 2~3 年生，生长旺盛的立竹。根据竹竿稀密，以 2~3 株为一丛，连兜挖取，根据竹子最下一盘枝条的方向，确定去鞭的方向。留来鞭，去鞭各 30~40 cm，去鞭的长度可大些。土坨形状及规格根据来鞭、去鞭决定，厚度 25~30 cm。做好包装，保护根系不失水。起竹时注意做到五不伤，即不伤鞭根、不伤笋芽、不伤须根、不伤螺丝钉(秆与鞭的连接处)、不伤本竹。母株挖好后留枝 5~7 盘，用利刀靠竹节砍掉竹尾。有的移植时不留枝叶，这种作法叫"截干移栽"，好处是运输方便，节约成本。但由于失去枝叶，自身不能制造养分，其表现为头几年新竹细小，成林，成材都较慢，不能很快成景观。

栽植时先垫松土，然后放入母株，鞭根要自然舒展。栽植深度比原母株根茎部深 3~5 cm。周围土填严实后灌水。栽植过程中不要用脚踩土坨，避免伤芽。不要用手提竹竿，避免伤螺丝钉。竹子栽植时期以春季 3 月中旬(土壤已经解冻)至 4 月上旬，雨季(夏季)移植以 7 月中至下旬为宜。这段时间鞭根停止生长，处于休眠状态，竹鞭养分积累丰富，竹子体内液流缓慢，因此抓紧这段时间大面积移植比较适宜，成活率高。在竹子生长时代谢旺盛，气温高，蒸腾作用强，不宜移栽。

第七节　竹藤类苗木的繁殖与培育

一、猕猴桃(图 11-69)

1. 拉丁学名：*Actinidia chinensis*

2. 科属：猕猴桃科，猕猴桃属。

3. 生态习性

喜光，稍耐阴，忌强光。喜温暖湿润的气候。喜肥沃疏松砂质壤土，pH 在 5~6.5 之间，土壤黏重，排水不良的地方不宜种植。根系肉质，主根发达。萌芽力强。

4. 繁殖与培育

播种、扦插、分根、嫁接等方法均可繁殖。

图 11-69　猕猴桃

①播种繁殖　种子低温贮藏。播种前与湿沙混合沙藏，2~8 ℃条件下经50天左右即可播种。撒播，每亩播种量0.5 kg，覆土厚度以不见种子为度，播后立即覆草，遮阴。立秋后去掉荫棚。幼苗长出6~8片真叶时按行距15 cm×30 cm移栽。

②扦插繁殖　硬枝扦插，选择生长健壮的1年生枝作插条，长10~15 cm，粗0.4~0.8 cm，每根插条留2~3个芽，插条下部用500 mg/kg吲哚乙酸或萘乙酸浸1~3 min，扦插深度为2/3，插后浇水。嫩枝扦插，于6月初采集生长充实的枝条作插条，长约10~12 cm，上端留1~2片叶，插前用吲哚乙酸500~1000 mg/kg溶液速蘸，然后插入插床。插后遮阴，温度保持在90%左右，插床温度25 ℃左右。插后20天左右可生根。根插在春季进行，在母树周围掘起，根条长10~15 cm，以斜插较好，插条顶部应与地面相平。保持土壤湿润，40天即可发芽。

③嫁接繁殖　采用嵌芽接法。砧木粗度0.5 cm左右，芽片以2~3 cm为宜。不宜一次剪砧，应留10 cm左右保护桩，并将桩上的芽抹除，保证接芽的顶端优势。春季嫁接要先剪砧，后嫁接，夏季嫁接，成活后再剪砧，秋季嫁接则在翌年早春树液流动前剪砧。之后做好日常管理。

二、常春藤(图 11-70)

1. 拉丁学名：*Hedera nepalensis* K. Koch var. *sinensis*

图 11-70　常春藤

2. 科属：五加科，常春藤属。

3. 生态习性

极耐阴，怕阳光直射。在温暖湿润的气候条件下生长良好，要求肥沃而湿润的土壤。有一定耐寒性，对土壤和水分要求不严，适生于中性或酸性土壤，不耐碱。茎节具气生根，常攀缘于林缘树木，路缘、墙壁或疏林、裸岩上。

4. 繁殖与培育

扦插、播种、压条法均可繁殖。生产上以扦插繁殖为主，极易生根。

①扦插繁殖　6月下旬至7月上旬进行，剪取当年生半木质化枝条，剪成10~15 cm枝段作插穗，上部留1~2叶，剪除1/2，扦插株行距15 cm×20 cm，插深3~5 cm，插后浇透水、遮阴，20~30天后可生根，40天后撤除荫棚，适时浇水。翌年春季移植，株行距25 cm×70 cm，移植后遮阴15天左右。

②压条繁殖　适于雨季进行，枝条埋土部分应适当环割。

三、凌霄（图11-71）

1. 拉丁学名：*Campsis grandiflora*

2. 科属：紫葳科，凌霄属。

3. 生态习性

喜光，较耐阴，喜温暖湿润气候，不甚耐寒，北京地区可露地越冬。在排水良好，背风向阳的沙质壤土上生长良好，耐弱碱和瘠薄。耐干旱，忌积水，萌芽力、萌蘖力强。花粉有毒，能伤眼睛。

4. 繁殖与培育

播种、扦插、压条、分蘖法均可繁殖。

①播种繁殖　豆荚状蒴果于10月下旬成熟，采后干藏到翌年4月初播种，播前最好温水浸种，使种子充分吸水，然后播种。北方一般采用低床，穴播，每穴播2~3粒，株行距20 cm×30 cm，播后7~10天出苗，苗高10 cm以上时可引附枝条，秋起时起苗假植，翌年春季移栽培育大苗。

图11-71　凌　霄

②扦插繁殖　硬枝扦插，在11~12月上旬选择1~2年生粗壮枝条作插穗，剪取插穗具2~3节为一段，湿沙埋藏，翌年3月中旬扦插，株行距20 cm×40 cm，深度为插穗的2/3，插后灌水，5~6月即可生根。成活率可达90%以上。如剪取具有气生根的枝条成活率更高；也可采用根插繁殖，在

3月中旬挖取粗壮的1~2年生根系，截取长8~10 cm，株行距15 cm×40 cm，平埋于床内，覆土厚1~2 cm，保持床面湿润，出苗率可达90%以上。

③压条繁殖 春季3月上旬，在母株周围将1~2年生枝条每隔3~4节埋入土中一节，埋深4~5 cm，保持湿润，经20~30天即可生根。入秋后分段切离成独立植株。

④分株繁殖 落叶后或春季芽萌动前，掘取母株周围的萌生苗，连根带土栽植于穴内，覆土压紧，浇水或将整个株丛带土挖出，劈成几份，每份保留2~3个枝干并带些根，分株栽植，极易成活。株距30~40 cm，行距50~60 cm。

四、紫藤（图11-72）

1. 拉丁学名：*Wisteria sinensis*

2. 科属：蝶形花科，紫藤属。

3. 生态习性

喜光，略耐阴，适应性强，耐寒、耐瘠薄、也能耐干旱和水湿，但以在深厚肥沃、排水良好的酸性至微碱性土壤上生长良好，而且寿命长；主根发达，侧根较少，大树不宜移植，移植最好带土球，并对地上部适当进行疏剪。对二氧化硫、氯气、氟化氢有一定抗性。

4. 繁殖与培育

播种、扦插、埋根、压条、分株均可繁殖。

①播种繁殖 荚果采集晾晒后，干藏越冬。春播前用70~80 ℃热水浸种，作短期沙藏催芽，有部分种子萌动时即可播种。可采用高垄穴播，垄距70~80 cm，播种深度3~4 cm，穴距10~12 cm，每穴2~3粒种子。床播也可以穴播，行距70 cm，株(穴)距10~12 cm。当年生长可达30~40 cm，秋季掘苗假植沟防寒。

图11-72 紫 藤

②扦插繁殖 晚秋或春季进行。采1~2年生充实藤条，粗1~2 cm，截成15 cm左右的插穗，将插穗基部用清水浸泡3~5天，每天换一次清水。垄距60~70 cm，在灌足底水的垄面上，按株距30 cm左右扦插，插深入土2/3，覆地膜保湿、增温。1~2年生小苗冬季进行覆土防寒。

还可采用根插，苗木挖取后，挖取0.5~2 cm的粗根，剪成10 cm左右的根段，按株行距35 cm×75 cm直或斜埋入苗床，入土7~9 cm，成活后可由根段顶端的不定芽抽出茎蔓来。

紫藤也可用1年生枝压条。

五、西番莲（图11-73）

1. 拉丁学名：*Passiflora caerulea*

2. 科属：西番莲科，西番莲属。

3. 生态习性

喜阳、温暖、湿润环境，不耐寒，忌水涝。

4. 繁殖与培育

播种、扦插或压条繁殖。

①播种繁殖　种子用水浸泡2~3天，去掉净种子外层胶质。每千克种子用10~15 g多菌灵或甲基托布津拌种，20~30 min后即可播种。把种子均匀撒在苗床上，覆盖1~2 cm的细河沙及一层5 cm的草。充分浇透水，遮阴保湿。7~10天后种子萌动，去盖草。之后可移栽。

图11-73　西番莲

②扦插繁殖　10月下旬至11月上旬进行，翌年3月底至4月初可出圃。把成熟硬枝条剪成长约12 cm，带有2~3个节，只留1~2叶或不留叶，下切口在节位稍下，上切口稍高于节，下切口可300mg/L IBA预浸约30s。扦插时插入2/3，然后压实。同时要遮阴并保持土壤湿润和较高的空气湿度，20天左右便生根成活。

③压条繁殖　在植株侧蔓开始成熟、皮色由绿转淡时进行压条，去除入土部分的叶片，靠近芽点下预备生根处用刀划破形成层，加速诱导生根。30天后生出须根，便可分株移植。

六、毛竹(图 11-74)

1. 拉丁学名：*Phyllostachys heterocycla*

2. 科属：禾本科，刚竹属。

3. 生态习性

大型散生竹类。喜光，喜凉爽，要求温暖湿润气候。年平均温度不低于 15 ℃。对土壤要求不严，以土层深厚肥沃、湿润排水良好的酸性土为宜。

图 11-74　毛　竹

4. 繁殖与培育

繁殖有播种、分株、埋鞭等方法。

①播种繁殖　播种前 0.3% 高锰酸钾浸种 2～4h，拌湿沙催芽，至种子露白即可点播或条播。条播行距 30 cm，点播株行距为 20 cm×30 cm。播后覆土 0.5 cm，覆盖地膜保湿。出苗后撤出地膜，培土促分蘖。注意浇水及雨季排水。

②分株繁殖　立春前后进行，将 1 年生实生苗挖出，将成丛幼苗的蔸部单株或双株分离，剪去 1/3 枝叶，立即用黄泥浆根。按株行距 20 cm×26 cm，单株或双株移植于苗圃。翌年可重复将移栽苗分株繁殖。

③埋鞭繁殖　于立春前后，将挖掘的 1 年生苗所截下的多余的径粗约 0.6 cm 的幼嫩竹鞭，截成 16 cm 左右，实施埋鞭繁殖。繁殖沟宽 12 cm，深 10 cm，沟距 26～33 cm，将竹鞭平放于沟内，鞭芽置于两侧，覆土 5 cm 左右，踏实后覆土或盖草。不需遮阴，应注意抗旱、除草、松土等管理工作。

七、‘刚竹’(图 11-75)

1. 拉丁学名：*Phyllostachys sulphurea*

2. 科属：禾本科，刚竹属。

3. 生态习性

喜光，喜凉爽，要求温暖湿润气候。年平均温度不低于 15 ℃。喜酸性土，在 pH 8.5

左右的碱性土和含盐0.1%的土壤均能生长，能耐－18℃低温。

4. 繁殖与培育

一般采用分株繁殖方法。

分株繁殖　分株前2～3天浇透水，挖掘出母竹，竹蔸带土直径至少40 cm，以便包裹竹鞭，要求竹鞭不脱土。挖掘母竹时，勿摇晃竹竿，以防影响母竹成活。栽植时将竹蔸、竹鞭下部与土壤紧密接触，保证竹鞭根舒展，竹蔸底部不可有空隙。分层填土、踏实。栽植深度较原土痕深1～2 cm。栽植后立支柱并浇透水，水渗后培土保墒。

图11-75　刚　竹

八、佛肚竹（图11-76）

1. 拉丁学名：*Bambusa ventricosa*

2. 科属：禾本科，簕竹属。

3. 生态习性

喜温暖湿润，喜光，不耐旱，亦不耐寒，以肥沃疏松砂壤土为宜。

4. 繁殖与培育

可扦插、分株和埋杆繁殖。

①扦插繁殖　雨季选择基部带嫩芽的嫩枝3～5节，并带部分小叶，用500 mg/kg萘乙酸浸插穗基部10 s，然后斜插入土壤或蛭石中，种植行距20 cm，枝距10 cm，深度以末端露出土面为宜，覆草，喷水保湿，20天作用即可发不定根。新根长出后减少喷水。待发第二批笋时可移植。

图11-76　佛肚竹

②分株繁殖　秋季挖取部分植株，进行分栽，越冬温度不低于5 ℃，喷水保湿，松土利于透气。

③埋杆繁殖　选2～3年生茎秆，从地面砍下，截取靠下部的1～2 m长茎秆埋入育苗床，覆土5 cm，畦面盖2 cm厚谷草，喷水保湿。15～20天节上可发幼芽，60～90天后基部长出大量须根，可

将带苗的竹竿挖出，在节间处锯断，选留带芽及须根部位进行移栽。

九．紫竹(图 11-77)

1. 拉丁学名：*Phyllostachys nigra*

2. 科属：禾本科，刚竹属。

3. 生态习性

喜温暖、湿润，不抗寒。宜在疏松、肥沃、排水良好的土壤生长。

4. 繁殖与培育

常采用埋鞭和分株繁殖。

①埋鞭繁殖　采用根插法。2 月上旬至下旬截取 2~3 年生的根鞭，一般取其鞭中段 45~65 cm 为好，不伤或少伤鞭芽和笋芽，多带须根多留缩土。每隔 20~25 cm，埋一行竹鞭，覆细黄心土 7~10 cm。覆膜保温。6~7 月将已出新竹连同竹鞭起出，按株截鞭，使一条竹鞭上的竹苗变为单株栽植，株行距 30 cm，遮阴。

图 11-77　紫　竹

②分株繁殖　宜在早春 2 月间进行。选秆形较矮小生长健壮的 2~3 年生母竹，挖母竹时，应留鞭根 1 m，并带宿土，除去秆梢，留分枝 5~6 盘，以利成活。

思考题

1. 蜡梅的无性繁殖方法有哪些？
2. 简述牡丹的繁殖与培育要点。
3. 简述月季的主要繁殖与培育方法。
4. 如何进行六月雪快速繁殖？
5. 简述鹅掌柴的繁殖与培育技术要点。
6. 简述南天竹的繁殖与培育技术要点。
7. 简述连翘的繁殖与培育技术要点。
8. 简述水蜡树的繁殖与培育技术要点。
9. 简述紫竹的繁殖与培育技术要点。

10. 紫藤的繁殖方法有哪些?
11. 凌霄的繁殖方法有哪些?
12. 如何对常春藤进行大量繁殖?

参考文献

白育英，郭永盛．2010. 珍珠绣线菊繁育技术[J]. 内蒙古林业科技，36(12)：58-59.

蔡胜国．2005. 稠李嫩枝扦插繁殖技术[J]. 河北林业科技(4)：91.

曹德伟，秦勇，姜士友，等．2002. 稠李硬枝扦插技术[J]. 林业科技，27(4)：5-6.

陈光胜，陈添基，王伟民．毛竹种子育苗技术[J]. 广东林业科技，23(2)：61-62.

陈洪德．2014. 西番莲扦插育苗及其栽培园土壤改良试验[J]. 亚热带农业研究，10(1)：31-34.

范辉华，李乾振，姚湘明，等．2015. 紫薇规模化扦插繁殖关键技术[J]. 安徽林业科技，41(4)：58-60.

高凤菊．2004. 西番莲绿枝扦插繁殖试验[J]. 中国果树(2)：58.

高志民，王雁，王莲英．2001. 牡丹、芍药繁殖与育种研究现状[J]. 北京林业大学学报，23(4)：75-79.

郭树义，李云江，郭新元．2011. 珍珠绣线菊育苗及栽培管理[J]. 吉林农业科技学院学报，20(2)：22-24.

韩彩萍，吴国平，崔秀梅，等．2008. 稠李苗木繁殖技术研究[J]. 陕西农业科学(1)：67-69.

郝建华，陈耀华．2003. 园林苗圃学[M]. 北京：化学工业出版社．

何武江，王艳霞，郑祥辰．2005. 稠李育苗方法研究[J]. 中国林副特产(3)：29-30.

胡中成，蒋文娟，马新乔，等．2005. 牡丹嫁接繁殖技术[J]. 浙江林业科技，25(5)：34-36.

姜楠．2008. 铺地柏繁殖技术[J]. 中国林副特产(6)：60.

金勇，张贞，常娟．2011. 金叶女贞育苗技术及园林应用[J]. 农业科技与信息(12)：28-29.

兰丽萍．2013. 祁连山区爬地柏扦插育苗技术[J]. 林业实用技术(7)：57-58.

兰永生．2008. 暴马丁香全光喷雾嫩枝扦插繁殖技术[J]. 安徽农学通报，14(14)：116-117.

李学润，郑继华，何勇．1999. 西番莲育苗技术[J]. 云南热作科技，22(1)：43.

林春山．2012. 金雀锦鸡儿的播种育苗技术[J]. 林业勘查设计(1)：55-56.

龙文华．2014. 金叶女贞扦插繁殖技术的探讨[J]. 中国科技信息(6)：181-182.

龙雅宜．2003. 园林植物栽培手册[M]. 北京：中国林业出版社．

陆奇勇，杨庆安，张弼，等．2009. 毛竹笋期切秆育苗与造林技术研究[J]. 中南林业科技大学学报，29(4)：31－36.

骆仁祥，林树燕，房惠萍．2009. 紫竹苗无土繁殖技术[J]. 林业科技开发，23(2)：121－122.

年晓利，独军，李平英，等．2005. 火棘育苗技术[J]. 甘肃林业科技，30(1)：56－57.

彭莉．2001. 鹅掌柴繁殖与管理[J]. 安徽林业(4)：16.

宋殿臣，刘成宇．2014. 暴马丁香播种及多干高丛型大苗培育技术[J]. 防护林科技(10)：125－126.

宋凤梅，何树松，马希才．2000. 小叶黄杨育苗技术研究[J]. 辽宁林业科技(2)：4－5.

孙茂盛，孙鹏，杨汉奇．2012. 紫竹秆枝连体埋穗育苗技术研究[J]. 世界竹藤通讯，10(2)：23－26.

孙喜庆，孙长平．2000. 珍珠绣线菊播种育苗技术[J]. 辽宁林业科技(4)：42.

汤智慧．2014. 干旱地区暴马丁香的育苗技术[J]. 防护林科技(6)：119－120.

唐宇，吉牛拉惹，刘建林．2002. 火棘的繁殖技术和管理措施[J]. 四川农业科技(11)：19.

田兴旺，刘金郎．2002. 大叶黄杨扦插育苗技术[J]. 林业科技，27(4)：7－8.

王昌礼．2014. 金叶女贞的繁殖技术及病虫防治[J]. 农林科技(24)：19.

王锋，申军伟，刘改芝，等.2011. 牡丹繁殖技术[J]. 现代农业科技(6)：219.

王遂芳．2008. 火棘繁育技术及其应用[J]. 现代农业科技(17)：60.

王振东，李忠诚，纪俊清，等．2012. 暴马丁香苗木培育技术探讨[J]. 绿色科技(4)：155.

韦城登．2003. 佛肚竹竹枝扦插繁殖技术[J]. 农业科技通讯(10)：15.

徐德嘉，宋青，王建中.2012. 园林苗圃学[M]. 北京：中国建筑工业出版社.

颜宪武．1996. 小叶黄杨扦插繁殖技术[J]. 辽宁林业科技(6)：13－14.

杨殿发．1997. 小叶黄杨播种育苗技术研究[J]. 辽宁林业科技(1)：17－18.

杨印春，石英杰，张文军．2014. 珍珠绣线菊育苗技术[J]. 吉林林业科技，43(5)：54.

岳含云．2008. 火棘扦插繁殖的研究[J]. 中国林副特产(3)：19－20.

曾端香，尹伟伦，赵孝庆，等．2000. 牡丹繁殖技术[J]. 北京林业大学学报，22(3)：90－95.

张东林，束永华，陈薇.2002. 园林苗圃育苗手册[M]. 北京：中国农业出版社.

张润生.2012. 大叶黄杨播种育苗技术研究[J]. 江西林业科技(1)：16－17.

张晓芹．2007. 火棘的应用与繁殖栽培技术[J]. 北方园艺(11)：148－149.

张源润，王双贵，石仲选，等．2003. 稠李的播种育苗[J]. 陕西林业科技(1)：88.

张遵强，何希诚，胡超宗，等．1998. 紫竹鞭段繁殖研究[J]. 竹子研究汇刊，17(2)：40－43.

郑胜彬.2013. 紫薇扦插繁殖及大苗培育技术[J]. 安徽林业科技，39(4)：63－64.